内 容 简 介

本书对长江流域的水产种质资源保护区和以水生生物为保护对象的自然保护区进行全面梳理,阐明保护区的分布、位置、面积和功能区划分,以及主要保护对象等基础信息,对保护区的管理和保护现状进行总结,分析目前水生生物保护区存在的普遍问题,提出增强保护区保护效果的措施建议。

本书可供从事水生生物研究的科研工作者、爱好环保的非专业读者阅读参考。

审图号:GS 京〔2025〕0384 号

图书在版编目(CIP)数据

长江水生生物保护区 / 吴金明等著. -- 北京:科学出版社,2025.3. --(长江水生生物多样性研究丛书). -- ISBN 978-7-03-081061-8

Ⅰ. Q178.42

中国国家版本馆 CIP 数据核字第 2025H6R199 号

责任编辑:王 静 朱 瑾 习慧丽 陈 昕 徐睿璠 / 责任校对:杨 赛
责任印制:肖 兴 王 涛 / 封面设计:懒 河

科 学 出 版 社 和 山东科学技术出版社 联合出版
北京东黄城根北街 16 号
邮政编码:100717
http://www.sciencep.com
北京中科印刷有限公司印刷
科学出版社发行 各地新华书店经销
＊
2025 年 3 月第 一 版 开本:787×1092 1/16
2025 年 3 月第一次印刷 印张:29
字数:688 000
定价:298.00 元
(如有印装质量问题,我社负责调换)

"长江水生生物多样性研究丛书"
组织撰写单位

组织单位　中国水产科学研究院

牵头单位　中国水产科学研究院长江水产研究所

主要撰写单位

中国水产科学研究院长江水产研究所

中国水产科学研究院淡水渔业研究中心

中国水产科学研究院东海水产研究所

中国水产科学研究院资源与环境研究中心

中国水产科学研究院渔业工程研究所

中国水产科学研究院渔业机械仪器研究所

中国科学院水生生物研究所

中国科学院南京地理与湖泊研究所

中国科学院精密测量科学与技术创新研究院

水利部中国科学院水工程生态研究所

国家林业和草原局中南调查规划院

华中农业大学

西南大学

内江师范学院

江西省水产科学研究所

湖南省水产研究所

湖北省水产科学研究所

重庆市水产科学研究所

四川省农业科学院水产研究所

贵州省水产研究所

云南省渔业科学研究院

陕西省水产研究所

青海省渔业技术推广中心

九江市农业科学院水产研究所

其他资料提供及参加撰写单位

全国水产技术推广总站

中国水产科学研究院珠江水产研究所

中国科学院成都生物研究所

曲阜师范大学

河南省水产科学研究院

《长江水生生物保护区》
著者委员会

主　　任　吴金明

副 主 任　罗　刚　李君轶　杜　浩　张　辉　朱传亚　危起伟

撰写人员（按姓氏笔画排序）

王　娜　田辉伍　乔新美　仲　嘉　刘　旭　刘　源

刘志刚　刘明典　李　鑫　李鹏程　杨俊琳　杨海乐

吴金平　冷小茜　沈　丽　张　晴　罗　江　周　琼

屈万民　胡　烨　段辛斌　高　雷　黄　君　程佩琳

序

长江，作为中华民族的母亲河，承载着数千年的文明，是华夏大地的血脉，更是中华民族发展进程中不可或缺的重要支撑。它奔腾不息，滋养着广袤的流域，孕育了无数生命，见证着历史的兴衰变迁。

然而，在时代发展进程中，受多种人类活动的长期影响，长江生态系统面临严峻挑战。生物多样性持续下降，水生生物生存空间不断被压缩，保护形势严峻。水域生态修复任务艰巨而复杂，不仅关乎长江自身生态平衡，更关系到国家生态安全大局及子孙后代的福祉。

党的十八大以来，以习近平同志为核心的党中央高瞻远瞩，对长江经济带生态环境保护工作作出了一系列高屋建瓴的重要指示，确立了长江流域生态环境保护的总方向和根本遵循。随着生态文明体制改革步伐的不断加快，一系列政策举措落地实施，为破解长江流域水生生物多样性下降这一世纪难题、全面提升生态保护的整体性与系统性水平创造了极为有利的历史契机。

为了切实将长江大保护的战略决策落到实处，农业农村部从全局高度统筹部署，精心设立了"长江渔业资源与环境调查（2017—2021）"项目（简称长江专项）。此次调查由中国水产科学研究院总牵头，由危起伟研究员担任项目首席专家，中国水产科学研究院长江水产研究所负责技术总协调，并联合流域内外24家科研院所和高校开展了一场规模宏大、系统全面的科学考察。长江专项针对长江流域重点水域的鱼类种类组成及分布、鱼类资源量、濒危鱼类、长江江豚、渔业生态环境、消落区、捕捞渔业和休闲渔业等8个关键专题，展开了深入细致的调查研究，力求全面掌握长江水生生态的现状与问题。

"长江水生生物多样性研究丛书"便是在这一重要背景下应运而生的。该丛书以长江专项的主要研究成果为核心，对长江水生生物多样性进行了深度梳理与分析，同时广泛吸纳了长江专项未涵盖的相关新近研究成果，包括长江流域分布的国家重点保护野生两栖类、爬行类动物及软体动物的生物学研究和濒危状况，以及长江水生生物管理等有关内容。该丛书包括《长江鱼类图鉴》《长江流域水生生物多样性及其现状》《长江国家重点保护水生野生动物》《长江流域渔业资源现状》《长江重要渔业水域环境现状》《长江流域消落区生态环境空间观测》《长江外来水生生物》《长江水生生物保护区》《赤水河水生生物与保护》《长江水生生物多样性管理》共 10 分册。

这套丛书全面覆盖了长江水生生物多样性及其保护的各个层面，堪称迄今为止有关长江水生生物多样性最为系统、全面的著作。它不仅为坚持保护优先和自然恢复为主的方针提供了科学依据，为强化完善保护修复措施提供了具体指导，更是全面加强长江水生生物保护工作的重要参考。通过这套丛书，人们能够更好地将"共抓大保护，不搞大开发"的要求落到实处，推动长江流域形成人与自然和谐共生的绿色发展新格局，助力长江流域生态保护事业迈向新的高度，实现生态、经济与社会的可持续发展。

中国科学院院士：陈宜瑜

2025 年 2 月 20 日

前　言

- - - - - - - - - - - - - - - -

　　长江是中华民族的母亲河，是我国第一、世界第三大河。长江流域生态系统孕育着独特的淡水生物多样性。作为东亚季风系统的重要地理单元，长江流域见证了渔猎文明与农耕文明的千年交融，其丰富的水生生物资源不仅为中华文明起源提供了生态支撑，更是维系区域经济社会可持续发展的重要基础。据初步估算，长江流域全生活史在水中完成的水生生物物种达4300种以上，涵盖哺乳类、鱼类、底栖动物、浮游生物及水生维管植物等类群，其中特有鱼类特别丰富。这一高度复杂的生态系统因其水文过程的时空异质性和水生生物类群的隐蔽性，长期面临监测技术不足与研究碎片化等挑战。

　　现存的两部奠基性专著——《长江鱼类》（1976年）与《长江水系渔业资源》（1990年）系统梳理了长江206种鱼类的分类体系、分布格局及区系特征，揭示了环境因子对鱼类群落结构的调控机制，并构建了50余种重要经济鱼类的生物学基础数据库。然而，受限于20世纪中后期的传统调查手段和以渔业资源为主的单一研究导向，这些成果已难以适应新时代长江生态保护的需求。

　　20世纪中期以来，长江流域高强度的经济社会发展导致生态环境急剧恶化，渔业资源显著衰退。标志性物种白鱀豚、白鲟的灭绝，鲥的绝迹，以及长江水生生物完整性指数降至"无鱼"等级的严峻现状，迫使人类重新审视与长江的相处之道。2016年1月5日，在重庆召开的推动长江经济带发展座谈会上，习近平总书记明确提出"共抓大保护，不搞大开发"，为长江生态治理指明方向。在此背景下，农业农村部于2017年启动"长江渔业资源与环境调查（2017—2021）"财政专项（以下简称长江专项），开启了长江水生生物系统性研究的新阶段。

　　长江专项联合24家科研院所和高校，组织近千名科技人员构建覆盖长江干流（唐古拉山脉河源至东海入海口）、8条一级支流及洞庭湖和鄱阳湖的立体监测网络。采用20km×20km网格化站位与季节性同步观测相结合等方式，在全流域65个固定站位，开展了为期五年（2017～2021年）的标准化调查。创新应用水声学探测、遥感监测、无人机航测等技术手段，首次建立长江流域生态环境本底数据库，结合水体地球化学技术解析水体环境时空异质性。长江专项累计采集 25 万条结构化数据，建立了数据平台和长江水生生物样本库，为进一步研究评估长江鱼类生物多样性提供关键支撑。

本丛书依托长江专项调查数据，由青年科研骨干深入系统解析，并在唐启升等院士专家的精心指导下，历时三年精心编集而成。研究深入揭示了长江水生生物栖息地的演变，获取了长江十年禁渔前期（2017～2020 年）长江水系水生生物类群时空分布与资源状况，重点解析了鱼类早期资源动态、濒危物种种群状况及保护策略。针对长江干流消落区这一特殊生态系统，提出了自然性丧失的量化评估方法，查清了严重衰退的现状并提出了修复路径。为提升成果的实用性，精心收录并厘定了 430 种长江鱼类信息，实拍 300 余种鱼类高清图片，补充收集了 130 种鱼类的珍贵图片，编纂完成了《长江鱼类图鉴》。同时，系统梳理了长江水生生物保护区建设、外来水生生物状况与入侵防控方案及珍稀濒危物种保护策略，为管理部门提供了多维度的决策参考。

《赤水河水生生物与保护》是本丛书唯一一本聚焦长江支流的分册。赤水河作为长江唯一未在干流建水电站的一级支流，于 2017 年率先实施全年禁渔，成为长江十年禁渔的先锋，对水生生物保护至关重要。此外，中国科学院水生生物研究所曹文宣院士团队历经近 30 年，在赤水河开展了系统深入的研究，形成了系列成果，为理解长江河流生态及生物多样性保护提供了宝贵资料。

本研究虽然取得重要进展，但仍存在监测时空分辨率不足、支流和湖泊监测网络不完善等局限性。值得欣慰的是，长江专项结题后农业农村部已建立常态化监测机制，组建"长江流域水生生物资源监测中心"及沿江省（市）监测网络，标志着长江生物多样性保护进入长效治理阶段。

在此，谨向长江专项全体项目组成员致以崇高敬意！特别感谢唐启升、陈宜瑜、朱作言、王浩、桂建芳和刘少军等院士对项目立项、实施和验收的学术指导，感谢张显良先生从论证规划到成果出版的全程支持，感谢刘英杰研究员、林祥明研究员、方辉研究员、刘永新研究员等在项目执行、方案制定、工作协调、数据整合与专著出版中的辛勤付出。衷心感谢农业农村部计划财务司、渔业渔政管理局、长江流域渔政监督管理办公室在"长江渔业资源与环境调查（2017—2021）"专项立项和组织实施过程中的大力指导，感谢中国水产科学研究院在项目谋划和组织实施过程中的大力指导和协助，感谢全国水产技术推广总站及沿江上海、江苏、浙江、安徽、江西、河南、湖北、湖南、重庆、四川、贵州、云南、陕西、甘肃、青海等省（市）渔业渔政主管部门的鼎力支持。最后感谢科学出版社编辑团队辛勤的编辑工作，方使本丛书得以付梓，为长江生态文明建设留存珍贵科学印记。

危起伟　研究员　　　　　　　　　　曹文宣　院士

中国水产科学研究院长江水产研究所　　中国科学院水生生物研究所

2025 年 2 月 12 日

前　言

　　水生动植物是水域生态系统的重要组成部分，物种之间以及物种与环境之间的相互作用和依赖关系是维持水域生态系统平衡的重要力量。同时，水生野生动植物资源也是大自然赋予人类的宝贵财富，在经济、科研、生态和人类文明建设中具有不可替代的价值。

　　长江作为我国第一大河，自西向东横跨我国中部地区，流域总面积为 180 万 km²，完善的淡水生态系统孕育了丰富多样的水生生物，是世界淡水水生生物多样性最为丰富的水系之一，许多水生野生动物栖息于此。近年来，受高强度人类活动的影响，长江水域的生态功能显著退化，保护形势十分严峻。长江流域水生生物中列入《中国濒危动物红皮书》的濒危鱼类物种达 92 种，列入《濒危野生动植物种国际贸易公约》附录的物种近 300 种。"水中大熊猫"白鱀豚 2007 年被宣布功能性灭绝；长江江豚数量急剧下降，"淡水鱼王"白鲟被宣布灭绝；中华鲟野生种群基本绝迹，难以稳定自然繁殖；经济鱼类资源量接近枯竭，与 20 世纪 80 年代相比，"四大家鱼"鱼苗发生量下降了 90% 以上。为了保护长江流域的水生生物资源，我国在长江流域的干流、支流、通江湖泊和水库等水域建立了 300余个水生生物保护区，保护区总面积超过 20 000km²，保护对象超过 200 种，包含哺乳动物、鸟类、两栖动物、爬行动物、鱼类、甲壳动物、软体动物和水生植物等多个类群。根据 2017 年中央一号文件中关于率先在长江流域水生生物保护区实现全面禁捕的要求，2018年开始，长江流域水生生物保护区的全方位禁捕工作开始启动，2019 年底，长江流域 332个水生生物保护区实现全面禁捕。

　　本书分为两个部分，第一部分包含两章，对水生生物保护区的相关概念、长江流域保护区的建设现状以及保护区建设和管理中存在的问题等进行了总结分析；第二部分共一章，对禁捕的 332 个水生生物保护区进行了详细介绍，以期为长江流域水生生物保护区的物种保护、保护区建设、管理机制优化、整体设计提供参考。第二部分引用的资料主要来自保护区建立的批复或公告，由于种种原因，批复或公告中涉及的坐标、面积、长度、地名、物种名等可能存在不准确之处，在撰写本书时未做调整仍按照公告或者批复的内容进行描述。此外，由于本书涉及的水生生物保护区数量较多，少数保护区近年来进行了范围和功能区调整和优化整合，范围、坐标等发生了变化，受资料获取条件的限制，可能未能全部更新。受编者水平限制，书中难免还存在其他疏漏和不足，敬请广大读者批评指正。

作　者

2025 年 1 月

目　录

01

第 1 章　长江流域水生生物保护区分析与评价

1.1 我国水生生物保护区概况

水生生物保护区是指为保护水生动植物物种，特别是具有科学、经济和文化价值的珍稀濒危物种、重要经济物种及其自然栖息繁衍生境，而依据相关法律划出一定面积的陆域和水域，予以特殊保护和管理的区域（彭燕等，2015）。目前，我国水生生物保护区主要有自然保护区和水产种质资源保护区两大类别。

自然保护区是指"对具有重要保护作用的自然生态系统、具有特殊意义的自然遗迹、珍稀濒危野生动植物种群的自然集中分布区，由法律指定并受特殊保护和管理的区域"（彭燕等，2015）。根据国家标准《自然保护区类型与级别划分原则》（GB/T 14529—1993）等有关规定，我国自然保护区分为自然生态系统类、野生生物类和自然遗迹类 3 大类别，共分为 9 种类型（薛达元和蒋明康，1994）。1956 年建立的鼎湖山国家级自然保护区是我国最早建立的自然保护区（桑吉，2019）。21 世纪初，我国共建立各级水生生物保护区 500 余个，保护的山川、河流、沼泽、湿地等自然区域的总面积达 20 万 km² 以上，以中华白海豚（*Sousa chinensis*）、海龟（*Chelonia mydas*）、斑海豹（*Phoca largha*）、中华鲟（*Acipenser sinensis*）、大鲵（*Andrias davidianus*）等为代表的国家重点保护物种均受到保护（樊恩源，2016）。

水产种质资源保护区是指"为保护和合理利用水产种质资源及其生存环境，在被保护对象的产卵场、索饵场、越冬场、洄游通道等主要生长繁育区域依法划出并予以特殊保护和管理的一定面积的水域滩涂和必要的土地"（李思发，1996）。截至 2022 年 1 月，农业农村部正式公告[1]11 批次 535 处国家级水产种质资源保护区面积范围和功能分区，保护面积达 13 万 km²，包括全国主要内陆水域及海区，保护了上百种国家重点保护珍稀鱼类，涵盖国家一级重点保护野生动物白鲟（*Psephurus gladius*）、中华鲟、长江鲟（*Acipenser dabryanus*）、川陕哲罗鲑（*Hucho bleekeri*）、长江江豚（*Neophocaena asiaeorientalis*）、白鱀豚（*Lipotes vexillifer*）等 10 余种，以及国家二级重点保护野生动物秦岭细鳞鲑（*Brachymystax lenok tsinlingensis*）、圆口铜鱼（*Coreius guichenoti*）、水獭（*Lutra lutra*）、中华秋沙鸭（*Mergus squamatus*）、山溪鲵（*Batrachuperus pinchonii*）等 31 种。

1.2 长江流域水生生物资源

长江地处我国中南部，位于 24°30′～35°45′N，90°33′～122°25′E，东西直距 3000km 以上，除长江源和长江三角洲地区外，南北宽度均为 1km 左右。长江历史悠久，被誉为中

---

[1] 2018 年以前由农业部正式公告国家级水产种质资源保护区面积范围和功能分区。

华人民的"母亲河",与黄河一道养育了一代又一代的中国人。长江发源于唐古拉山脉的格拉丹东雪山,是我国第一、世界第三大河。流域涉及我国 15 个省(区、市),总长度约为 6300km,最高点和最低点的海拔相差 5300km 以上,江河湖泊以及人造水库星罗棋布。流域总面积达 180 万 km²,水域面积占流域总面积的 4%。年入海水量达 9.6×10^{12}m³(李美玲,2009)。长江流域的水资源量和生物资源量均位于我国各大流域之首,因此长江被誉为我国淡水渔业的种源基地(李美玲,2009)。长江流域现有鱼类 370 种(亚种),占我国淡水鱼类总数的 48%,隶属于 17 目 52 科。鲤科鱼类为长江鱼类的主要组成部分,且多为经济鱼类,其中以"四大家鱼"最为著名,包括青鱼(*Mylopharyngodon piceus*)、草鱼(*Ctenopharyngodon idellus*)、鲢(*Hypophthalmichthys molitrix*)、鳙(*Aristichthys nobilis*);其次为鳅科、鮡科、虾虎鱼科、平鳍鳅科和其他科鱼类。

在《国家重点保护野生动物名录》中,有 5 种长江鱼类被列为一级重点保护野生动物,分别是中华鲟、长江鲟、白鲟、鲥(*Tenualosa reevesii*)、川陕哲罗鲑;有 25 种长江鱼类被列为二级重点保护野生动物,如胭脂鱼(*Myxocyprinus asiaticus*)、松江鲈(*Trachidermus fasciatus*)等(表 1.1)。长江鱼类资源在全球鱼类多样性保护中发挥着重要作用(蔡其华,2006)。

表 1.1 长江流域国家重点保护水生野生动物

中文名	拉丁名	保护等级
白鲟	*Psephurus gladius*	一级
长江鲟	*Acipenser dabryanus*	一级
中华鲟	*Acipenser sinensis*	一级
鲥	*Tenualosa reevesii*	一级
川陕哲罗鲑	*Hucho bleekeri*	一级
胭脂鱼	*Myxocyprinus asiaticus*	二级
稀有鮈鲫	*Gobiocypris rarus*	二级
鳡	*Luciobrama macrocephalus*	二级
多鳞白鱼	*Anabarilius polylepis*	二级
圆口铜鱼	*Coreius guichenoti*	二级
长鳍吻鮈	*Rhinogobio ventralis*	二级
多斑金线鲃	*Sinocyclocheilus multipunctatus*	二级
滇池金线鲃	*Sinocyclocheilus grahami*	二级
乌蒙山金线鲃	*Sinocyclocheilus wumengshanensis*	二级
四川白甲鱼	*Onychostonua anguslistomata*	二级
多鳞白甲鱼	*Onychostoma macrolepis*	二级

续表

中文名	拉丁名	保护等级
鲈鲤	*Percocypris pingi pingi*	二级
花鲈鲤	*Percocypris pingi regani*	二级
细鳞裂腹鱼	*Schizothorax chongi*	二级
重口裂腹鱼	*Schizothorax davidi*	二级
厚唇裸重唇鱼	*Gymnodiptychus pachycheilus*	二级
小鲤	*Cyprinus micristius*	二级
岩原鲤	*Procypris rabaudi*	二级
红唇薄鳅	*Leptobotia rubrilabris*	二级
长薄鳅	*Leptobotia elongata*	二级
昆明鲇	*Silurus mento*	二级
青石爬鮡	*Euchiloglanis davidi*	二级
金氏䰲	*Liobagrus kingi*	二级
秦岭细鳞鲑	*Brachymystax lenok tsinlingensis*	二级
松江鲈	*Trachidermus fasciatus*	二级

就"四大家鱼"而言，长江以其丰富的鱼苗资源支撑起我国的淡水养殖业。在"四大家鱼"的人工繁殖成功以后，人工繁殖所用的种源仍需从长江中捕获（李思发，2001）。20世纪80年代至90年代，长江中天然鱼苗在我国天然鱼苗中仍占主导地位，占比高达63%。同时，长吻鮠（*Leiocassis longirostris*）、鳗鲡（*Anguilla japonica*）、黄颡鱼、中华倒刺鲃（*Spinibarbus sinensis*）、团头鲂（*Megalobrama amblycephala*）、鳜、南方鲇（*Silurus meridionalis*）、中华绒螯蟹（*Eriocheir sinensis*）等诸多名特优水产养殖动物均产自长江。据不完全统计，我国的59种淡水养殖品种中有26种在长江中自然分布，长江水系中许多养殖品种的种质是我国所有水系中最优的（李美玲，2009）。长江渔业的发展既代表了我国淡水渔业的发展，也是推动我国淡水渔业发展，走在世界前列的基础。

近半个世纪的围湖造田、江湖阻隔、筑坝建闸、酷渔滥捕、水污染、水土流失、渔政管理制度不完善以及流域管理体制制约等诸多因素导致长江渔业资源急剧减少，致使长江达到了最差的"无鱼"的等级（吴铭和陶摘，2014）。同时2020年1月，白鲟灭绝的消息再次把长江渔业资源衰退推到舆论的焦点（Zhang et al.，2020）。中华鲟和长江鲟作为长江的另外两个旗舰物种，它们的状况也不容乐观。从2000年开始，野生的长江鲟就未发生过自然繁殖（危起伟等，2020）。相关调查研究显示，自2013年至今，中华鲟仅于2016年在葛洲坝下进行了小规模的自然繁殖，其野外种群状况也不容乐观（张辉和危起伟，2016；吴金明等，2017）。

2019年12月底，农业农村部发布通告称"自2020年1月1日起长江流域的332个水生生物保护区全面禁捕。最迟自2021年1月1日0时，除保护范围之外的长江流域其他的天然水域也需全面禁捕，开展为期十年的全面禁捕"（http://www.cjyzbgs.moa.gov.cn/tzgg/201912/t20191227_6334009.htm）。长江流域十年禁捕通告的发布，直接将当前最直接、最重要的影响生态的酷渔滥捕取缔，极大地减小了长江水生生物的生存压力。当前缺乏对长江流域水生生物保护区内主要保护物种的研究（王四维，2020）。有关水生生物保护区的研究主要是针对自然保护区或是某个保护区（杨应等，2017；朱忠胜和宋娇文，2018；杨丽琴，2019；梁正其等，2019；李妮娅等，2019）。本书以332个长江流域禁捕保护区为基础，分析长江流域水生生物保护区建设格局、存在的问题和不足，为更好地建设发展长江流域水生生物保护区提供科学参考和依据。

1.3 长江流域自然保护区建设情况

长江流域的54个自然保护区总面积达8462.38km²，占长江流域总面积的0.47%，自然保护区的数量和总面积均逐年增长（图1-1）。其中，2006年自然保护区总面积增长较快，数量增长也较快；2008～2013年自然保护区总面积增长较缓，而数量增长较快，主要是由于其间新增的自然保护区为省级、县市级或面积较小的山区河流型自然保护区。

长江流域国家级自然保护区有12个，占总数的22.22%，面积为2082.86km²，占总面积的24.61%；省级自然保护区有21个，占总数的38.89%，面积为2840.17km²，占总面积的33.56%；县市级自然保护区也有21个，占总数的38.89%，面积为3539.35km²，占总面积的41.82%。省级和县市级自然保护区在数量上是国家级自然保护区的1.75倍（表1.2）。

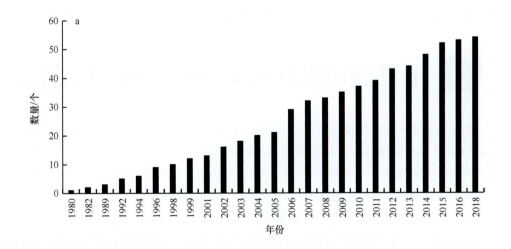

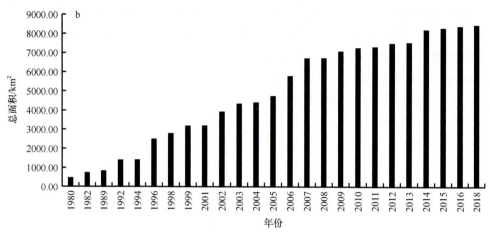

图 1-1　长江流域自然保护区数量 a 和总面积增长 b

表 1.2　长江流域各级自然保护区的数量和面积统计

保护级别	数量/个	数量占比/%	面积/km²	面积占比/%	平均面积 ± 标准误/km²
国家级	12	22.22	2082.86	24.61	173.57±146.73
省级	21	38.89	2840.17	33.56	135.25±200.13
县市级	21	38.89	3539.35	41.83	168.54±184.46

统计数据显示，长江流域各级自然保护区的平均面积为国家级＞县市级＞省级，其中县市级自然保护区的平均面积为 168.54km²，国家级自然保护区的平均面积为 173.57km²，省级自然保护区的平均面积为 135.25km²（表 1.2）。县市级自然保护区的平均面积比省级自然保护区更大，主要原因是有 3 个县市级自然保护区的面积均大于 400km²，其中岳阳东洞庭湖江豚市级自然保护区的面积更是达到了 107 726.3hm²，若除去这 3 个县市级自然保护区，则县市级自然保护区的平均面积为 101.75km²。

1.4　长江流域水产种质资源保护区建设情况

长江流域水产种质资源保护区总面积达 11 652.55km²，占长江流域总面积的 0.65%。2007～2017 年长江流域水产种质资源保护区的数量和总面积均在稳步增长（图 1-2），2012 年面积增幅最大，主要是由于长江刀鲚国家级水产种质资源保护区（1904.15km²）成立，其面积约是水产种质资源保护区平均面积（401.63km²）的 4.7 倍。

国家级保护区水产种质资源保护区有 250 个，占总数的 89.93%，总面积为 11 349.44km²，占水产种质资源保护区总面积的 97.40%，平均面积为 45.40km²；省级水产

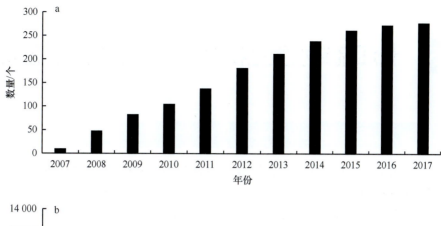

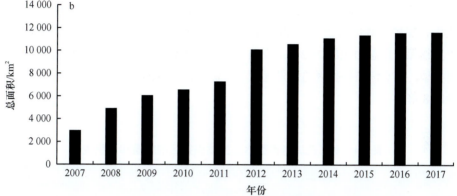

图 1-2　长江流域水产种质资源保护区的数量和总面积增长

种质资源保护区仅 28 个，占总数的 10.07%，总面积为 303.11km²，占总面积的 2.60%，平均面积为 10.83km²。统计数据显示，全面禁捕的水产种质资源保护区以国家级保护区为主（表 1.3）。

表 1.3　长江流域各级水产种质资源保护区的数量和面积统计

保护级别	数量 /个	数量占比 /%	总面积 /km²	面积占比 /%	平均面积 ± 标准误 /km²
国家级	250	89.93	11 349.44	97.40	45.40±148.06
省级	28	10.07	303.11	2.60	10.83±13.75

长江刀鲚国家级水产种质资源保护区为同类保护区中面积最大者，达 1904.15km²，该保护区横跨安徽省、江苏省和上海市三个省（市）。面积最小者为上犹江汝城段香螺省级水产种质资源保护区，面积仅有 0.11km²，前者面积是后者的 1.7 万多倍。

1.5 长江流域水生生物保护区水域类型与空间分布

1.5.1 水域类型

长江流域支流型水生生物保护区数量为 203 个，占保护区总数的 61.14%，面积为 6123.74km²，占保护区总面积的 30.44%；湖泊型水生生物保护区数量为 104 个，占水生生物保护区总数的 31.33%，面积为 8710.15km²，占水生生物保护区总面积的 43.30%；干流型水生生物保护区数量为 25 个，占水生生物保护区总数的 7.53%，面积为 5281.06km²，占水生生物保护区总面积的 26.25%（表 1.4）。支流型保护区是长江流域水生生物保护区的主要类型，且支流型保护区的数量远大于干流型保护区的数量，其数量约为干流型保护区数量的 8 倍。

表 1.4　长江流域各类型水生生物保护区的数量和面积统计

水域类型	数量 /个	数量占比 /%	面积 /km²	面积占比 /%	平均面积 ± 标准误 / km²
干流	25	7.53	5281.06	26.25	211.24±167.53
支流	203	61.14	6123.74	30.44	30.17±160.85
湖泊	104	31.33	8710.15	43.30	83.75±162.17

统计结果显示，各类型水生生物保护区的平均面积为干流型＞湖泊型＞支流型。其中，干流型保护区的平均面积为 211.24km²，湖泊型保护区的平均面积为 83.75km²，支流型保护区的平均面积为 30.17km²。支流型保护区的平均面积显著小于干流型保护区和湖泊型保护区的平均面积。

1.5.2 空间分布

根据长江的水文特征，并结合我国的地理区划，自长江源至湖北省宜昌市的长江干流江段统称为长江上游，长度约为 4500km；宜昌市至江西省湖口县称为长江中游，长度约为 900km；湖口县至长江口称为长江下游，长度约为 850km（李美玲，2009）。

长江流域内已禁捕的 332 个水生生物保护区分布在中国的 13 个省级行政区（图 1-3）。拥有 30 个以上水生生物保护区的省份有湖北省（83 个）、湖南省（45 个）、安徽省（44 个）、四川省（43 个），江西省和江苏省的水生生物保护区数量相同，为 35 个。水生生物保护区面积较大的 6 个省级行政区分别是湖南省＞湖北省＞安徽省＞江西省＞江苏省＞上海市（表 1.5）。湖南省水生生物保护区数量远小于湖北省，但其水生生物保护区面积大于湖北省，主要原因是湖南省水生生物保护区中有 5 个面积均在 300km² 以上。上海市水生生物保护区数量最少，但是其面积大，主要是由于上海市长江口中华鲟自然保护区（696km²）和长江刀鲚国家级水产种质资源保护区（1904.15km²）的面积较大。

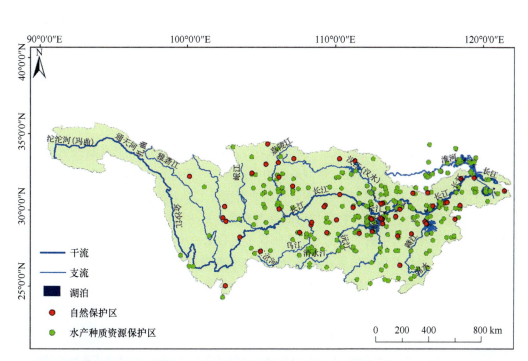

图 1-3　长江流域水生生物保护区分布

表 1.5　长江各流域分区和省级行政区水生生物保护区的数量及面积统计

流域分区	省级行政区	数量 /个	数量占比 /%	面积 /km²	密度 / （个 / 万 km²）
上游	云南省	8	2.37	150.52	0.21
	四川省	43	12.76	648.26	0.89
	甘肃省	8	2.37	784.61	0.19
	贵州省	22	6.53	198.29	1.25
	重庆市	6	1.78	431.05	0.73
	小计	87	25.82	2 212.72	3.27
中游	陕西省	3	0.89	177.67	0.19
	河南省	3	0.89	393.31	0.19
	湖北省	83	24.63	3 750.84	4.46
	湖南省	45	13.35	4 722.95	2.12
	江西省	35	10.39	2 322.12	2.10
	小计	169	50.15	11 366.88	9.06

续表

流域分区	省级行政区	数量 / 个	数量占比 /%	面积 /km²	密度 / (个 / 万 km²)
下游	安徽省	44	13.06	3 513.93	3.15
	江苏省	35	10.39	1 690.69	3.41
	上海市	2	0.59	1 330.71	3.17
	小计	81	24.04	6 535.33	9.73

注：表中数据经过修约，存在舍入误差

从各省级行政区的水生生物保护区密度来看，湖北省的密度最高，达 4.46 个 / 万 km²；江苏省次之，为 3.41 个 / 万 km²；密度最小的为青海省、西藏自治区，无保护区。从长江各流域分区的水生生物保护区密度来看，下游的密度最大，上游的密度最小（表 1.5）。

从长江各流域分区水生生物保护区的分布来看并不平衡，中游水生生物保护区数量远大于上游和下游，其中湖北省的水生生物保护区数量占中游的 49.11%。湖北省水生生物保护区数量众多与其地理位置密不可分：长江干流横贯湖北省，湖北省拥有长江最大支流汉江的大部流域，省内河流纵横，湖泊密布，有半数以上的水生生物保护区为湖泊型保护区。

1.6 长江流域水生生物保护区主要保护对象

在长江流域禁捕的 332 个水生生物保护区中，主要保护对象共计 212 种，包含鱼类 141 种、鸟类 19 种、两栖动物 13 种、软体动物 11 种、爬行动物 9 种、哺乳动物 5 种、甲壳类 3 种和水生植物 11 种。长江流域现有水生生物超过 1100 种，其中鱼类共计 17 目 52 科 178 属 370 种，占我国淡水鱼类总数的 48%（陈大庆等，1995）。受保护鱼类占长江流域鱼类总数的 38.11%，隶属于 12 目 22 科 77 属 141 种：以鲤科鱼类为主，共有 82 种，鳅科、鲿科、鲌科和鮈科鱼类均大于 6 种，其他科鱼类均小于 5 种。其中，部分种类的出现频次达到 15 次及以上，如黄颡鱼（47 次）、鳜（36 次）、翘嘴鲌（35 次）、大鲵（25 次）、中华鳖（*Pelodiscus sinensis*）（20 次）、日本沼虾（*Macrobrachium nipponense*）（19 次）、南方鲇（16 次）、蒙古鲌（*Culter mongolicus mongolicus*）（15 次）（图 1-4）。以上出现频次较高的物种均为淡水养殖中的"名、特、优"养殖品种（沈勇杰，2008；麦良彬等，2019）。出现这种情况的主要原因是水产种质资源保护区在长江流域水生生物保护区中所占比重较大，达 83.73%，因此水生生物保护区中所保护物种大部分为具有经济、科研和生态等价值的物种。

长江流域水生生物 212 种主要保护对象中有 59 种生物为国家重点保护野生动物，且其中有 13 种一级重点保护野生动物（表 1.6）。

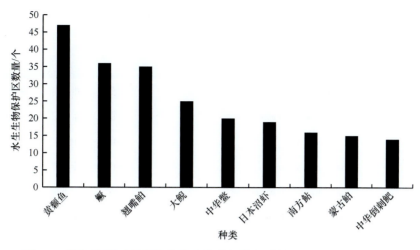

图 1-4　长江流域以部分鱼类作为主要保护物种的水生生物保护区数量

表 1.6　长江流域保护对象的生态类型

保护对象		生态类型		
		食性	水层	水流状态
白鲟	Psephurus gladius	肉食	中下层	流水
中华鲟	Acipenser sinensis	肉食	底层	流水
长江鲟	Acipenser dabryanus	肉食	底层	流水
鳗鲡	Anguilla japonica	肉食	底层	流水
短颌鲚	Coilia brachygnathus	肉食	中上层	流水
刀鲚	Coilia nasus	肉食	中上层	流水
凤鲚	Coilia mystus	肉食	中上层	流水
鲥	Tenualosa reevesii	杂食	中上层	流水
宽鳍鱲	Zacco platypus	肉食	中上层	流水
马口鱼	Opsariichthys bidens	肉食	中上层	流水
青鱼	Mylopharyngodon piceus	肉食	中下层	流水
草鱼	Ctenopharyngodon idellus	植食	中下层	流水
鳡	Luciobrama macrocephalus	肉食	中下层	流水
尖头鱥	Phoxinus oxycephalus	杂食	中下层	缓流或静水
鳡	Elopichthys bambusa	肉食	中上层	流水
鳤	Ochetobius elongatus	肉食	中下层	缓流或静水
大眼华鳊	Sinibrama macrops	植食	中上层	流水
黑尾近红鲌	Ancherythroculter nigrocauda	肉食	中上层	流水
程海白鱼	Anabarilius liui chenghaiensis	杂食	中上层	缓流或静水

续表

保护对象		生态类型		
		食性	水层	水流状态
䱗	*Hemiculter leucisculus*	杂食	中上层	缓流或静水
程海鲌	*Culter mongolicus elongatus*	肉食	中上层	缓流或静水
翘嘴鲌	*Culter alburnus*	肉食	中上层	缓流或静水
拟尖头鲌	*Culter oxycephaloides*	肉食	中下层	流水
蒙古鲌	*Culter mongolicus mongolicus*	肉食	中下层	缓流或静水
红鳍原鲌	*Cultrichthys erythropterus*	肉食	中下层	缓流或静水
达氏鲌	*Culter dabryi dabryi*	肉食	中下层	缓流或静水
鳊	*Parabramis pekinensis*	植食	中下层	流水
鲂	*Megalobrama skolkovii*	杂食	中下层	缓流或静水
厚颌鲂	*Megalobrama pellegrini*	杂食	中下层	缓流或静水
团头鲂	*Megalobrama amblycephala*	植食	中下层	静水
黄尾鲴	*Xenocypris davidi*	植食	中下层	静水
方氏鲴	*Xenocypris fangi*	植食	中下层	缓流或静水
细鳞鲴	*Xenocypris microlepis*	植食	中下层	静水
鲢	*Hypophthalmichthys molitrix*	植食	中上层	流水
鳙	*Aristichthys nobilis*	肉食	中上层	流水
花𩾃	*Hemibarbus maculatus*	肉食	底层	静水
唇𩾃	*Hemibarbus labeo*	肉食	底层	流水
圆口铜鱼	*Coreius guichenoti*	杂食	底层	流水
铜鱼	*Coreius heterodon*	杂食	底层	流水
吻鮈	*Rhinogobio typus*	杂食	底层	流水
长鳍吻鮈	*Rhinogobio ventralis*	杂食	底层	流水
圆筒吻鮈	*Rhinogobio cylindricus*	杂食	底层	流水
裸腹片唇鮈	*Platysmacheilus nudiventris*	植食	底层	缓流或静水
似鮈	*Pseudogobio vaillanti*	肉食	底层	流水
光唇蛇鮈	*Saurogobio gymnocheilus*	杂食	底层	流水
异鳔鳅鮀	*Xenophysogobio boulengeri*	杂食	底层	流水
中华鳑鲏	*Rhodeus sinensis*	杂食	底层	缓流或静水
多鳞四须鲃	*Barbodes schwanenfeldi*	杂食	中下层	缓流或静水
中华倒刺鲃	*Spinibarbus sinensis*	杂食	底层	流水

保护对象		生态类型		
		食性	水层	水流状态
光倒刺鲃	*Spinibarbus hollandi*	杂食	底层	流水
鲈鲤	*Percocypris pingi*	肉食	底层	流水
金线鲃	*Sinocyclocheilus*	杂食	中下层	静水
滇池金线鲃	*Sinocyclocheilus grahami*	杂食	中下层	静水
云南光唇鱼	*Acrossocheilus yunnanensis*	杂食	底层	流水
宽口光唇鱼	*Acrossocheilus monticola*	植食	底层	流水
吉首光唇鱼	*Acrossocheilus jishouensis*	杂食	底层	流水
薄颌光唇鱼	*Acrossocheilus kreyenbergii*	植食	底层	流水
光唇鱼	*Acrossocheilus fasciatus*	杂食	底层	流水
半刺光唇鱼	*Acrossocheilus hemispinus hemispinus*	杂食	底层	流水
多鳞铲颌鱼	*Varicorhinus macrolepis*	杂食	底层	流水
白甲鱼	*Onychostonua asima*	植食	底层	流水
小口白甲鱼	*Onychostonua lini*	植食	底层	流水
四川白甲鱼	*Onychostonua anguslistomata*	植食	底层	流水
多鳞白甲鱼	*Onychostonua macrolepis*	植食	底层	流水
稀有白甲鱼	*Onychostonua rara*	植食	底层	流水
赫氏华鲮	*Sinilabeo rendahli*	植食	中下层	缓流或静水
湘华鲮	*Sinilabeo tungting*	植食	底层	流水
泉水鱼	*Pseudogyrinocheilus procheilus*	植食	底层	流水
齐口裂腹鱼	*Schizothorax prenanti*	植食	底层	缓流或静水
昆明裂腹鱼	*Schizothorax grahami*	杂食	底层	缓流或静水
四川裂腹鱼	*Schizothorax kozlovi*	肉食	底层	缓流或静水
重口裂腹鱼	*Schizothorax davidi*	肉食	底层	缓流或静水
短须裂腹鱼	*Schizothorax wangchiachii*	植食	底层	缓流或静水
小裂腹鱼	*Schizothorax parvus*	植食	底层	缓流或静水
细鳞裂腹鱼	*Schizothorax chongi*	植食	底层	缓流或静水
长丝裂腹鱼	*Schizothorax dolichonema*	杂食	底层	缓流或静水
中华裂腹鱼	*Schizothorax sinensis*	植食	底层	缓流或静水
隐鳞裂腹鱼	*Schizothorax cryptolepis*	植食	底层	缓流或静水
异唇裂腹鱼	*Schizothorax heterochilus*	肉食	底层	缓流或静水

续表

保护对象		生态类型		
		食性	水层	水流状态
厚唇裸重唇鱼	*Gymnodaptychus pachycheilus*	肉食	底层	缓流或静水
硬刺松潘裸鲤	*Gymnocypris potanini firmispinatus*	肉食	底层	流水
宝兴裸裂尻鱼	*Schizopygopsis baoxingensis*	植食	底层	缓流或静水
大渡软刺裸裂尻鱼	*Schizopygopsis malacanthus chengi*	杂食	底层	缓流或静水
嘉陵裸裂尻鱼	*Schizopygopsis kialingensis*	杂食	底层	缓流或静水
软刺裸裂尻鱼	*Schizopygopsis malacanthus malacanthus*	植食	底层	缓流或静水
小头高原鱼	*Herzensteinia microcephalus*	植食	底层	流水
岩原鲤	*Procypris rabaudi*	杂食	底层	缓流或静水
鲤	*Cyprinus carpio*	杂食	底层	缓流或静水
三角鲤	*Cyprinus multitaeniata*	杂食	底层	缓流或静水
鲫	*Carassius auratus*	杂食	底层	缓流或静水
胭脂鱼	*Myxocyprinus asiaticus*	肉食	中下层	流水
秀丽高原鳅	*Triplophysa venusta*	植食	底层	流水
细尾高原鳅	*Triplophysa tenura*	肉食	底层	流水
麻尔柯高原鳅	*Triplophysa markehehenensis*	杂食	底层	流水
花斑副沙鳅	*Parabotia fasciata*	杂食	底层	流水
长薄鳅	*Leptobotia elongata*	肉食	底层	流水
红唇薄鳅	*Leptobotia rubrilabris*	肉食	底层	流水
泥鳅	*Misgurnus anguillicaudatus*	杂食	底层	流水
似原吸鳅	*Paraprotomyzon multifasciatus*	植食	底层	流水
中华金沙鳅	*Jinshaia sinensis*	植食	底层	流水
四川华吸鳅	*Sinogastromyzon szechuanensis*	植食	底层	流水
峨眉后平鳅	*Metahornaloptera omeiensis omeiensis*	植食	底层	流水
南方鲇	*Silurus meridionalis*	肉食	中下层	缓流或静水
鲇	*Silurus asotus*	肉食	中下层	静水
黄颡鱼	*Pelteobagrus fulvidraco*	肉食	底层	缓流或静水
瓦氏黄颡鱼	*Pelteobagrus vachelli*	肉食	底层	缓流或静水
长须黄颡鱼	*Pelteobagrus eupogon*	肉食	底层	流水
光泽黄颡鱼	*Pelteobagrus nitidus*	肉食	底层	流水
长吻鮠	*Leiocassis longirostris*	肉食	底层	流水

续表

保护对象		生态类型		
		食性	水层	水流状态
大鳍鳠	*Mystus macropterus*	肉食	底层	流水
白缘䱀	*Liobagrus marginatus*	肉食	底层	流水
黑尾䱀	*Liobagrus nigricauda*	肉食	底层	流水
司氏䱀	*Liobagrus styani*	肉食	底层	流水
中华纹胸鮡	*Glyptothorax sinense*	肉食	底层	流水
青石爬鮡	*Euchiloglanis davidi*	肉食	底层	流水
黄石爬鮡	*Euchiloglanis kishinouyei*	肉食	底层	流水
壮体鮡	*Pareuchiloglanis robustus*	杂食	底层	流水
四川鮡	*Pareuchiloglanis sichuanensis*	肉食	底层	流水
天全鮡	*Pareuchiloglanis tianquanensis*	肉食	底层	流水
川陕哲罗鲑	*Hucho bleekeri*	肉食	中上层	流水
秦岭细鳞鲑	*Brachymystax lenok tsinlingensis tsinlingensis*	肉食	中上层	流水
短吻间银鱼	*Hemisalanx brachyrostralis*	肉食	中上层	流水
大银鱼	*Protosalanx hyalocranius*	肉食	中上层	流水
太湖新银鱼	*Neosalanx taihuensis*	肉食	中上层	流水
河川沙塘鳢	*Odontobutis potamophila*	肉食	底层	缓流或静水
中华沙塘鳢	*Odontobutis obscurus*	肉食	底层	缓流或静水
波氏吻虾虎鱼	*Rhinogobius cliffordpopei*	肉食	底层	缓流或静水
四川吻虾虎鱼	*Rhinogobius szechuanensis*	肉食	底层	流水
子陵吻虾虎鱼	*Rhinogobius giurinus*	肉食	底层	流水
黄鳝	*Monopterus albus*	肉食	底层	静水
大刺鳅	*Mastacembelus armatus*	肉食	底层	缓流或静水
刺鳅	*Mastacembelus aculeatus*	肉食	底层	缓流或静水
月鳢	*Channa asiatica*	肉食	底层	静水
乌鳢	*Channa argus*	肉食	底层	静水
鳜	*Siniperca chuatsi*	肉食	底层	缓流或静水
斑鳜	*Siniperca scherzeri*	肉食	底层	流水
大眼鳜	*Siniperca knerii*	肉食	底层	流水
长身鳜	*Siniperca roulei*	肉食	底层	缓流或静水
暗鳜	*Siniperca obscura*	肉食	底层	缓流或静水

续表

保护对象		生态类型		
		食性	水层	水流状态
波纹鳜	*Siniperca undulata*	肉食	底层	缓流或静水
暗纹东方鲀	*Takifugu fasciatus*	杂食	中下层	流水

1.6.1 经济鱼类保护对象

《国家重点保护经济水生动植物资源名录（第一批）》中所收录物种共计 166 种，其中有 55 种存在于长江流域，占比为 33.13%。其中，有 47 种国家重点保护经济水生动植物被作为长江流域 332 个水生生物保护区的主要保护物种，所保护物种在流域内占比为 85.45%，其中鱼类 35 种、爬行动物 2 种、甲壳类 3 种、软体动物 3 种、水生植物 4 种（图 1-5）。在该名录中还有 8 种国家重点保护经济水生动植物还未被作为水生生物保护区的主要保护物种，其中鱼类 3 种、植物 5 种。长江流域的国家重点保护经济水生动植物见表 1.7。

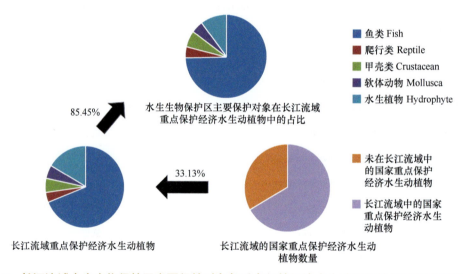

图 1-5　长江流域水生生物保护区主要保护对象与重点保护经济水生动植物的相互关系及其类群

表 1.7　长江流域的国家重点保护经济水生动植物

序号	类群	中文名	拉丁名
1	鱼类	刀鲚	*Coilia nasus*
2	鱼类	凤鲚	*Coilia mystus*
3	鱼类	暗纹东方鲀	*Takifugu fasciatus*
4	鱼类	太湖新银鱼	*Neosalanx taihuensis*

序号	类群	中文名	拉丁名
5	鱼类	大银鱼	*Protosalanx hyalocranius*
6	鱼类	青鱼	*Mylopharyngodon piceus*
7	鱼类	草鱼	*Ctenopharyngodon idellus*
8	鱼类	赤眼鳟	*Squaliobarbus curriculus*
9	鱼类	翘嘴鲌	*Culter alburnus*
10	鱼类	鳡	*Elopichthys bambusa*
11	鱼类	团头鲂	*Megalobrama amblycephala*
12	鱼类	鳊	*Parabramis pekinensis*
13	鱼类	红鳍原鲌	*Cultrichthys erythropterus*
14	鱼类	蒙古鲌	*Culter mongolicus mongolicus*
15	鱼类	鲢	*Hypophthalmichthys molitrix*
16	鱼类	鳙	*Aristichthys nobilis*
17	鱼类	细鳞鲴	*Xenocypris microlepis*
18	鱼类	银鲴	*Xenocypris argentea*
19	鱼类	光倒刺鲃	*Spinibarbus hollandi*
20	鱼类	中华倒刺鲃	*Spinibarbus sinensis*
21	鱼类	白甲鱼	*Onychostonua asima*
22	鱼类	圆口铜鱼	*Coreius guichenoti*
23	鱼类	铜鱼	*Coreius heterodon*
24	鱼类	重口裂腹鱼	*Schizothorax davidi*
25	鱼类	鲤	*Cyprinus carpio*
26	鱼类	鲫	*Carassius auratus*
27	鱼类	岩原鲤	*Procypris rabaudi*
28	鱼类	长薄鳅	*Leptobotia elongata*
29	鱼类	南方鲇	*Silurus meridionalis*
30	鱼类	黄颡鱼	*Pelteobagrus fulvidraco*
31	鱼类	长吻鮠	*Leiocassis longirostris*
32	鱼类	黄鳝	*Monopterus albus*
33	鱼类	鳜	*Siniperca chuatsi*
34	鱼类	大眼鳜	*Siniperca knerii*
35	鱼类	乌鳢	*Channa argus*

序号	类群	中文名	拉丁名
36	鱼类	鳗鲡	*Anguilla japonica*
37	鱼类	倒刺鲃	*Spninibarbus denticulatus denticulatus*
38	鱼类	鲮	*Cirrhinus molitorella*
39	甲壳类	中华绒螯蟹	*Eriocheir sinensis*
40	甲壳类	秀丽白虾	*Exopalaemon modestus*
41	甲壳类	日本沼虾	*Macrobrachium nipponense*
42	软体动物	三角帆蚌	*Hyriopsis cumingii*
43	软体动物	褶纹冠蚌	*Cristaria plicata*
44	软体动物	河蚬	*Corbicula fluminea*
45	爬行类	鳖	*Pelodiscus sinensis*
46	爬行类	乌龟	*Chinemys reevesii*
47	水生植物	菱	*Trapa bispinosa*
48	水生植物	芦苇	*Phragmitesaustralis*
49	水生植物	芡实	*Euryale ferox*
50	水生植物	莲	*Nelumbo nucifera*
51	水生植物	茭白	*Zizania latifolia*
52	水生植物	水芹	*Oenanthe javanica*
53	水生植物	荸荠	*Heleocharis dulcis*
54	水生植物	野慈姑	*Sagittaria trifolia*
55	水生植物	蒲草	*Typha angustifolia*

1.6.2 珍稀濒危物种保护对象

长江流域水生生物保护区的主要保护物种中有 59 种为国家重点保护野生动物，占国家重点保护野生动物数量的 6.02%（李湘涛等，2021）。长江流域水生生物保护区国家一级重点保护野生动物共有 13 种（表 1.8），白鲟、白鱀豚、中华鲟、长江鲟、鲸、长江江豚等长江旗舰物种均在《国家重点保护野生动物名录》中（王贤等，2021）。该名录中长江鱼类共计 30 种，其中有 70% 的鱼类被长江流域水生生物保护区列为主要保护物种，主要保护物种中占比较高的分别为鱼类（35.59%）、鸟类（32.20%）（图 1-6）。

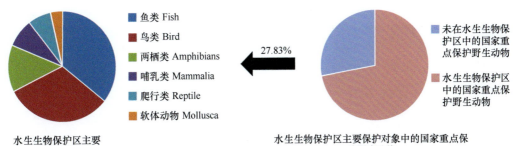

水生生物保护区主要
保护对象

水生生物保护区主要保护对象中的国家重点保
护野生动物

图 1-6　长江流域水生生物保护区主要保护对象与国家重点保护野生动物的相互关系

表 1.8　长江流域水生生物保护区中的国家重点保护物种

属	中文名	拉丁名	保护等级
白鲟属	白鲟	*Psephurus gladius*	一级
鲟属	长江鲟	*Acipenser dabryanus*	一级
鲟属	中华鲟	*Acipenser sinensis*	一级
鲥属	鲥	*Tenualosa reevesii*	一级
哲罗鲑属	川陕哲罗鲑	*Hucho bleekeri*	一级
胭脂鱼属	胭脂鱼	*Myxocyprinus asiaticus*	二级
鳡属	鳡	*Luciobrama macrocephalus*	二级
铜鱼属	圆口铜鱼	*Coreius guichenoti*	二级
吻鮈属	长鳍吻鮈	*Rhinogobio ventralis*	二级
金线鲃属	滇池金线鲃	*Sinocyclocheilus grahami*	二级
白甲鱼属	四川白甲鱼	*Onychostonua anguslistomata*	二级
白甲鱼属	多鳞白甲鱼	*Onychostonua macrolepis*	二级
鲈鲤属	鲈鲤	*Percocypris pingi*	二级
裂腹鱼属	细鳞裂腹鱼	*Schizothorax chongi*	二级
裂腹鱼属	重口裂腹鱼	*Schizothorax davidi*	二级
裸重唇鱼属	厚唇裸重唇鱼	*Gymnodaptychus pachycheilus*	二级
原鲤属	岩原鲤	*Procypris rabaudi*	二级
薄鳅属	红唇薄鳅	*Leptobotia rubrilabris*	二级
薄鳅属	长薄鳅	*Leptobotia elongata*	二级
石爬鮡属	青石爬鮡	*Euchiloglanis davidi*	二级
秦岭细鳞鲑	秦岭细鳞鲑	*Brachymystax lenok tsinlingensis*	二级
水獭属	水獭	*Lutra lutra*	二级

属	中文名	拉丁名	保护等级
白鱀豚属	白鱀豚	*Lipotes vexillifer*	一级
江豚属	江豚	*Neophocaena phocaenoides*	一级
麂属	黑麂	*Muntiacus crinifrons*	一级
獐属	獐	*Hydropotes intermis*	二级
闭壳龟属	黄缘闭壳龟	*Cuora flavomarginata*	二级
拟水龟属	乌龟	*Chinemys reevesii*	二级
眼斑水龟属	四眼斑水龟	*Sacalia quadriocellata*	二级
平胸龟属	平胸龟	*Platysternon megacephalum*	二级
大鲵属	大鲵	*Andrias davidianus*	二级
山溪鲵属	龙洞山溪鲵	*Batrachuperus londongensis*	二级
山溪鲵属	山溪鲵	*Batrachuperus pinchonii*	二级
小鲵属	中国小鲵	*Hynobius chinensis*	一级
拟小鲵属	黄斑拟小鲵	*Pseudohynobius flavomaculatus*	二级
巴鲵属	秦巴巴鲵	*Liua tsinpaensis*	二级
疣螈属	细痣疣螈	*Tylototriton asperrimus*	二级
虎纹蛙属	虎纹蛙	*Hoplobatrachus chinensis*	二级
鹳属	东方白鹳	*Ciconia boyciana*	二级
鹳属	黑鹳	*Ciconia nigra*	二级
琵鹭属	白琵鹭	*Platalea leucorodia*	二级
鸨属	大鸨	*Otis tarda*	一级
秋沙鸭属	中华秋沙鸭	*Mergus squamatus*	一级
雁属	白额雁	*Anser albifrons*	二级
天鹅属	大天鹅	*Cygnus cygnus*	二级
天鹅属	小天鹅	*Cygnus columbianus*	二级
鸳鸯属	鸳鸯	*Aix galericulata*	二级
海雕属	白尾海雕	*Haliaeetus albicilla*	一级
雕属	白肩雕	*Aquila heliaca*	一级
鹰属	苍鹰	*Accipiter gentilis*	二级
鹰属	松雀鹰	*Accipiter virgatus*	二级
鵟属	大鵟	*Buteo hemilasius*	二级
鵟属	普通鵟	*Buteo buteo*	二级

续表

属	中文名	拉丁名	保护等级
隼属	红脚隼	*Falco amurensis*	二级
鸺鹠属	斑头鸺鹠	*Glaucidium cuculoides*	二级
耳鸮属	短耳鸮	*Asio flammeus*	二级
草鸮属	草鸮	*Tyto capensis*	二级
丽蚌属	背瘤丽蚌	*Lamprotula leai*	二级
丽蚌属	绢丝丽蚌	*Lamprotula fibrosa Heude*	二级

1.7 长江流域水生生物保护区的管理

1.7.1 法律依据

自 2000 年以来，长江干支流水域的水污染问题日益严重，上游的水土流失、中下游的湖泊富营养化和演替加剧，水体的生态功能退化，水生生物多样性不断下降。人类活动加剧，严重影响了长江的生态环境，而《中华人民共和国水污染防治法》《中华人民共和国水法》已无法适应协调长江经济带发展和环境保护的需求。21 世纪初，水利部长江水利委员会以《中华人民共和国水污染防治法》《中华人民共和国水法》为基础，在做了大量专题研究以后向水利部提交了《中华人民共和国长江保护法》的立法建议。2016 年 1 月 5 日，习近平总书记在推动长江经济带发展座谈会上特别强调"当前和今后相当长一个时期，要把修复长江生态环境摆在压倒性位置，共抓大保护，不搞大开发"，自此《中华人民共和国长江保护法》有了明确的立法遵循。第十三届全国人民代表大会常务委员会第二十四次会议正式通过了《中华人民共和国长江保护法》。《中华人民共和国长江保护法》的落地为长江流域重点水域实行"长江十年禁渔"提供了法律依据，同时强化落实了水资源的保护，健全了水资源保护的法制体系，开创了我国水域保护立法的先河。

1.7.2 管理机构

截至 2022 年 1 月，长江流域 332 个水生生物保护区均已设立管理单位。其中，专业机构占所有管理单位的 10.24%；有 37.95% 的保护区由与保护区相关的单位代管，包括渔政/林业和草原局；有 165 个水产种质资源保护区由各地的农业农村局管理，并未设置专门的管理单位；有 7 个保护区由水产养殖公司、旅游风景区和农业投资公司等管理（表 1.9）。

表 1.9 水生生物保护区管理机构

管理单位	水产种质资源保护区		自然保护区		总计	
	数量 / 个	占比 /%	数量 / 个	占比 /%	数量 / 个	占比 /%
专业机构	8	2.88	26	48.15	34	10.24
渔政 / 林业和草原局	99	35.61	27	50.00	126	37.95
农业农村局	165	59.35	0	0	165	49.70
其他	6	2.16	1	1.85	7	2.11

　　将与保护区相关的科研文献数量作为保护区科研能力的评价标准。据不完全统计，有 315 篇与自然保护区直接相关（王成武等，2022；张艳，2021；苗文杰等，2021；马国岚等，2021；段伟等，2021；Gao et al.，2021；Weng et al.，2021；Zhou et al.，2021；Zhang et al.，2021a，2021b；Liu et al.，2021；Wei et al.，2021；Huang et al.，2021；Wang et al.，2021；Li et al.，2021），而与水产种质资源保护区直接相关的仅有 49 篇（何美峰等，2019；梁正其等，2019；郝雅宾等，2019；许飞等，2020；张胜宇，2020；刘金等，2020；黄松茂等，2021；赵一杰等，2021；周先文等，2021；汪雅玲，2021；龙福等，2021；朱挺兵等，2021；姜向阳等，2021；王东伟等，2022；陈秋香和李美玲，2022）。虽然水产种质资源保护区的数量是自然保护区数量的 5 倍多，但有专业机构管理的自然保护区数量是水产种质资源保护区数量的 3.25 倍。其中，锦江河特有鱼类国家级水产种质资源保护区的管理单位为锦江河特有鱼类国家级水产种质资源保护区管理处，此保护区的相关科研文献达 4 篇之多，为水产种质资源保护区中科研能力最高的保护区（禹真等，2013；梁正其等，2016，2019）。由此可见，有专业机构管理的保护区的科研能力远大于没有专业机构管理的保护区。

1.7.3 管护措施

　　通过查阅资料、走访保护区管理部门或当地渔政主管部门发现，当前的水生生物保护区的管理状况包括以下 10 个方面：①设立宣传标识，包括宣传牌、保护区界碑、保护区界标，部分保护区设立有专业管理机构；②积极推进禁捕工作，各水产种质资源保护区均落实禁捕工作，组织渔民转业转产、退捕上岸；③推进水生生物养护，各保护区积极响应农业农村部印发的《"中国渔政亮剑 2019"系列专项执法行动方案》，组织执法力量对保护区进行巡护，坚决打击保护区内的偷捕行为，增强对水生生物资源的保护；④进行定期巡护，推动保护巡护常态化，对违法行为坚决查处（李志安，2021；禹真等，2013；梁正其等，2016，2019；邓婷婷和成明，2022；翟翔和熊丰，2022）；⑤除各水生生物保护区积极响应农业部组织的水生生物增殖放流活动外，各地政府及民间也进行增殖放流，有效改善了区内的水质情况，为优良水产种质资源培育了大量亲本（孔优佳，2015）；⑥长江流域水生生物保护区中有 43.30% 的保护水域均为湖泊，湖泊中鱼类多产黏性卵，可采取种植水生植物、设置人工鱼巢等方式，对天然产卵场进行修复，达到保护区内鱼类资源增加的目的（朱忠胜和宋娇文，2018）；⑦在 332 个水生生物保护区中有部分保护区制定了相关管理规定，如《高宝邵伯湖水产种质资源保护区管理实践与思考》《上海市长江口中华鲟自然保护区管理办法》《江西省鄱阳湖湿地保护条例》等，做到了保护区管理有法可依、有章可循（陈锦辉，2011；李冬玉，2013；杨泉，2013；明莉，2018；许飞等，2020）；⑧少量水产种质资源保护区对保护区内水生生物资源及生态环境进行了常规监测，或联合科研单位对保护区进行了监测，并研究了保护区内资源量变化情况（禹真等，2013；姜红等，2013；梁正其等，2016；许飞等，2020）；⑨国家对涉水工程明确做出了生态补偿的管理规定，如 2006 年国务院印发了《中国水生生物资源养护行动纲要》（以下简称《纲要》），2011 年农业部发布了《水产种质资源保护区管理暂行办法》（以下简称《办法》），《纲要》和《办法》均对保护区内的涉水工程需要做出的生态补偿做出了明确规定，但在实际执行过程中，由于对渔业生态系统认识不足、牵扯众多利益相关体、各级政府部门重视程度不够、涉水工程的环境影响评价机制不全、水产种质资源保护区内缺少执行办法以及渔业生态补偿执行体制没有确立等问题，出现了涉水工程对渔业生态系统的补偿不能及时到位的现象（操建华，2017）；⑩20 世纪开始，我国就在各大水域进行增殖放流活动，在《纲要》的指导下各水产种质资源保护区均在保护区开展了增殖放流活动，对增殖放流效果进行了评估，并对回捕评估方法、标志使用方法、放流的生态效益和经济效益、放流技术和发展增殖保护型渔业等方面做了实验分析，为放流规范的制定提供了参考依据（孔优佳等，2015；刘燕山等，2018）。

1.8 长江流域水生生物保护区建设存在的问题

1.8.1 保护区区域和主要保护物种设置不均衡

就区域而言，长江流域有 6 个具有重要国际意义的生物多样性地区（陈家宽等，1997），其中 5 个生物多样性地区位于长江上游，而长江上游的水生生物保护区密度均远小于长江中下游（表 1.5）。长江上游干流长度为 4500km，只有 87 个水生生物保护区；中游干流长度为 950km，设立了 169 个水生生物保护区，鄱阳湖口至长江口的长江干流长度为上游干流总长度的 1/5，保护区数量与上游干流相近（表 1.5，图 1-3）。长江上游地势复杂多样，包括高原、丘陵、山地、盆地和平原 5 种地貌，同时由于上游有雪山融水，降水量也很大，造就了众多的山川湖泊，淡水资源占全国的 29.4%（张志川，2012），丰富的淡水资源孕育了丰富的鱼类资源。西藏分布鱼类 71 种（亚种），包括 3 目 9 科（亚科）22 属（张春光等，1996）。四川共有鱼类 241 种（亚种），包括 9 目 20 科（亚科）107 属（丁瑞华，1994）。贵州共记录鱼类 226 种（亚种），隶属于 6 目 20 科（亚科）103 属（姚俊杰等，2009）。调查显示，云南共有鱼类 629 种（亚种），隶属于 13 目 43 科（亚科）199 属（陈小勇，2013）。重庆共有鱼类 151 种（亚种），包括 7 目 19 科（亚科）86 属（熊天寿等，1993）。就物种多样性而言，长江上游的物种多样性远大于长江中下游，但是当前对水生生物保护区的保护主要集中在中下游区域，且上游的水生生物保护区多集中在嘉陵江和乌江水系，各保护区普遍呈现面积较小、空间较为分散的状况（图1-3），可能无法对长江流域的水生生物多样性起到很好的保护作用。今后应将水生生物和流域整体结合起来对保护区进行划定，以期更好地保护水生生物资源。

就物种而言，长江流域水生生物保护区目前的主要保护物种存在保护力度分配不当的问题。一些长江流域中现存的具有经济和科研价值的物种未被保护区覆盖，保护力度有待加大。至今仍有8种在长江流域有分布的国家重点保护经济水生动植物未被列为主要保护物种。据不完全统计，有数十种分布于长江流域的国家重点保护野生动物未能引起重视，而有一些物种被多个保护区列为主要保护对象，这说明在保护区建设过程中缺乏整体考虑，需要对其进行合理性分析。在278个水产种质资源保护区中，黄颡鱼、鳜、翘嘴鲌、中华鳖等物种的出现频次均超过20次。以黄颡鱼为例，有47个水产种质资源保护区将其列为主要保护物种，研究表明我国的黄颡鱼没有发生显著的遗传分化，水系间的黄颡鱼存在基因交流（库喜英等，2010）。黄颡鱼的遗传差异主要体现在不同流域之间，但是在系统发育树上不同水域间的黄颡鱼群体不存在明显的谱系差异，这样的结果表明地理隔离造成了较少的基因交流，但是地理隔离时间不长，并没有累积较多的基因突变（周伟等，2016）。因此，对于黄颡鱼种质资源的保护应把重心放在不同流域之间，同时要减少人为干预，保护黄颡鱼的基因多样性。

1.8.2　保护区边界和功能区划有待完善

1）保护区的边界和范围需要精准复核。当前各级水产种质资源保护区区划存在诸多问题，如不同程度地包括了大量的非河流区域、保护区起止点及坐标拐点与矢量图不符、横向边界未被界定等。有些保护区为城市内湖，或位于城镇周边，受人为干扰较大，涉水工程或已导致保护区内动植物栖息环境改变，城区范围的生境或难以满足主要保护对象的生存需求。虽然各保护区管理人员对保护区的区划边界较为清晰，但是缺少准确的数据，这对长江流域乃至全国的水生生物保护区的整体设计和管理会造成极大的不便。

2）部分湖泊被分割保护。长江中下游湖泊众多，其中直接或间接与江河连通的湖泊被称为通江湖泊，通江湖泊在江湖生态系统中扮演着不可或缺的角色（常剑波和曹文宣，1999）。通江湖泊是长江流域水生生物重要的繁殖、育肥和越冬区域，保护通江湖泊对保护水产种质资源和候鸟等资源具有重要意义（David L S and David D，2010）。在长江流域的水生生物保护区中，湖泊型保护区的数量占比并不高，为31.33%，但是湖泊型保护区总面积却高达8710.15km²，占水生生物保护区总面积的43.30%，湖泊型保护区为水生生物保护区的主体部分（表1.4）。然而，保护区的规划却有明显的出入。例如，花马湖国家级水产种质资源保护区、南海湖短颌鲚国家级水产种质资源保护区和巢湖渔业生态市级保护区等水生生物保护区为不适宜作为保护区的城中湖；另外一些湖泊由于面积较大，地跨多个县市，从而被各地分别申报，人为地将其分割成多个区域进行管理，这样不仅增加了管理上的难度，还增加了生境破碎化的风险，最终可能导致水生生物保护成效的减弱。例如，洞庭湖被分为8个不同的保护区、洪泽湖被分为6个不同的保护区、太湖和鄱阳湖都被分为 4 个不同的保护区。

1.8.3 水产种质资源保护区的专业管理机构缺乏

长江流域的 54 个自然保护区中，有 26 个设有对保护区进行直接管理的自然保护区管理局或管理处，有 27 个归由各级渔政 / 林业和草原局管理，仅有 1 个由公司代管，自然保护区的管理体系完善率达到 48.15%。在 278 个水产种质资源保护区中，仅有 8 个设有水产种质资源保护区管理局、管理处、管理站或管理委员会，99 个由渔政 / 林业和草原局代为管理，165 个由不完全相关的农业农村局代为管理，6 个由农业投资公司或风景名胜区管委会等代管，水产种质资源保护区的管理体系完善率仅 2.88%，远远小于自然保护区（表 1.9）。

1.8.4 水产种质资源保护区的资源本底不清

长江流域的水产种质资源保护区数量是自然保护区的 5 倍多，据不完全统计，与自然保护区直接关联的科研论文数量是与水产种质资源保护区直接关联的科研论文的 6.43 倍，这是极不成比例的。造成这种现象的主要原因有以下 4 点：①水产种质资源保护区科研经费不足，基础设施缺乏；②多数水产种质资源保护区缺少系统全面的资源量调查资料，现有资料较为陈旧，无法满足当下工作需求；③后续的科研经费缺乏保障，水产种质资源保护区自身科研力量相对薄弱，极大地限制了保护区的发展；④缺少专门从事水生生物研究的工作人员，造成技术力量的缺乏，相关部门对水产种质资源保护区的科研重视程度不够。

1.9 长江流域水生生物保护区相关建议

1.9.1 构建水生生物保护区网络

长江流域的 332 个水生生物保护区保护河流、湖泊、沼泽和山林面积约为 2 万 km^2，占长江流域总面积的 1.11%，占长江流域水域面积的 31.2%（王琳等，2023）但是保护区缺乏顶层设计，在上游、中游和下游的分配并不均衡（图 1-3），各个省（区、市）的保护区密度也相差甚大，中游和下游保护区的密度均远大于上游保护区的密度（表 1.5），但长江上游分布大量的长江特有鱼类乃至我国特有鱼类，水生生物保护区的分布无法满足长江流域鱼类保护的需求。在人类活动的干扰下，我国的水生生物多样性不断地衰退，长江中下游经济鱼类的种群数量下降得非常明显（Fu et al.，2003；杨桂山等，2007；曹文宣，2008）。目前长江流域的保护区建设应该转变思路，由抢救性保护转变为有系统规划的保护。对长江流域水生生物保护区开展系统保护规划应遵循代表性原则、维持性原则和高效性原则（Austin and Margules，1986；Soulé，1987；Margules and Pressey，2000；Possingham et al.，2006；Linke et al.，2011）。黄心一等（2015）使用 Marxan 软件对长江中下游的鱼类保护网络进行研究，结果表明长江中下游的水生生物保护区的最优解为 549 个规划单元（最优解即长江中下游流域内满足上述 3 项原则的水生生物保护区规划单元），截至 2015 年（2016～2017 年水生生物保护区增加了 16 个）符合系统规划法的水生生物保护区数量为 119 个，占当年水生生物保护区数量的 50.85%。有 430 个最优解未被纳入水生生物保护区网络，这表明长江中下游现有的 250 个水生生物保护区是远远不够的，要建立一个科学系统的水生生物保护区网络仍需要增设更多的保护区。

此外，一些不适合作为水生生物保护区的城中湖、重复规划的湖泊型保护区、由渔转变而来的水生生物保护区、不处于最优解区域的保护区（黄心一等，2015）等可以考虑适当删减，以减少国家财政支出，缓解保护区内居民生活、经济发展和水生生物保护之间的矛盾关系。

1.9.2　建设水生生物保护区管理体系

在水生生物保护区建成后，建议采用 Abell 等（2007）提出的保护区管理体系来进行保护区管理规划。一是建议在水生生物保护区的划定过程中引入"集水管理区"，即在对河湖划定时保持适当宽度的河岸、湖岸缓冲区，以限制在河岸和湖岸上可能污染水源、土地等的人类活动，包括废水排放、废渣堆积、化肥和杀虫剂的使用等。集水管理区的管理还可以包括禁止引进外来物种，如湖泊、河流型保护区的集水管理区周边的养殖塘中禁止外来物种的养殖，可以从上游至下游设置一些人为障碍或使用自然障碍。这是一种非严格的保护区管理模式，既可以开展保护，又不影响经济发展，体现了人与自然和谐相处的理念。二是在每一个集水管理区中，对于那些可能包括丰富性、特有性、热点物种的产卵场或育苗场，或者是一些特有鱼类集中生活的水域，可将之划为"淡水重点水域"，并认为淡水重点水域是严格意义上的水生生物保护区，应该是个连续的、不以各级行政区划为界限的功能连接系统。这需要在水生生物保护区划定时进行多方的协商，共同对保护区进行保护，在其中限制人类活动。三是在集水管理区中识别"关键管理区"，即水生生物保护区主要保护物种的迁移洄游通道、与季节性产卵等特定时间的区域，在某些时间对其进行严格管理，或对某些人为活动进行严格管理。

如果采取这种保护区管理的思路，可以结合我国国情对长江流域保护区的整体系统规划进行设计。当前"长江十年禁渔"已经将长江流域作为一个集水管理区，并将此区域内最直接影响鱼类的关键性因素"人为捕捞"去除。《中华人民共和国长江保护法》的落地也对集水管理区中一些影响长江流域的人为活动进行了限制。参考 Abell 等（2007）的保护区管理体系，当下我们的工作重心应放在对水生生物保护区的顶层设计，确定好淡水重点水域和关键管理区的分布，将保护区从量变提升到质变上来，进一步推动我国水生生物保护，尤其是鱼类的保护，恢复长江渔业资源，推动长江鱼类生物多样性保护向前发展。

1.9.3　加强水生生物保护区资源监测与科研工作

　　水生生物保护区建成后，应当加快保护区管理部门与相关科研院校单位之间的合作，推动保护区科研工作进行，主要包括以下 4 个方面：①保护区主要保护物种的资源本底调查，开展常态化监测，实时更新主要保护物种的资源动态；②掌握保护区渔业资源和水生态资源的第一手资料，为保护区的管理和生态补偿提供参考依据；③建立长江流域性乃至全国性的数据平台，加快构建我国水生生物保护区网络建设；④开展些重要保护鱼类、地方特有鱼类的生物学、行为学和遗传学等方面的研究，对其开展人工驯养繁殖并建立原种场，为鱼类保护奠定强大的后备基础。

　　保护区的科研工作不但有助于监测鱼类资源的变动，在建设保护区、加强保护区宣传等方面也有积极作用，主要包括以下 4 个方面。一是在保证物种保护的前提下，最大限度地开发保护区的物种效应和品牌效应，发展有控制的游钓业和旅游业等，带动保护区的经济发展，实现以鱼护渔、以渔养鱼。研究显示，在保护区内适当地开发旅游业，增加当地居民的收入，有助于缓解保护区建设和当地居民利益之间的矛盾，对当地居民支持保护区建设和鱼类保护有积极作用（Wright et al.，2014）。二是开展科学研究有利于威慑偷捕者和侵占者。研究表明，与研究活动很少的地区相比，研究活动相对较活跃的区域内野生动物丰度更高，偷猎活动更少（Köndgen et al.，2008；Campbell et al.，2011；Hoppe et al.，2011；N'Goran et al.，2012）。三是科学研究在宣传水生生物保护区及其生物多样性方面有着突出贡献。例如，在 20 世纪 70 年代，秘鲁马努国家公园的研究人员吸引了许多世界顶尖的摄影记者，他们的电影、纪录片和书籍使公园出名并吸引了许多游客。在此之前，该地区盗猎盗伐活动猖獗，每天有大量游客进入后，盗猎盗伐者均不敢再露面。蓬勃发展的旅游业有助于直接保护公园，并且在维护公园的完整性方面也有很大的帮助。通过这种方式，科研促进旅游，旅游又促进自然保护（Bhat，2003；UNEP，2005；Littlefair and Buckley，2008；Buckley et al.，2012），达到人与自然和谐共处。四是实地研究有益于促进生物多样性保护（Laurance et al.，2013），长期的研究可能是保护濒危珍稀水生生物的有效方法之一。仅凭这点，具有特殊生物多样性价值的水生生物保护区就应该得到更多的科研经费支持。当下，应当促进水生生物保护区从量变到质变的转变，为保护区分拨更多的科研资金，同时将保护区的科研成果纳入考核体系，以促进保护区的良性发展。

02

第 2 章　长江流域水生生物保护区分区介绍

2.1 水生生物自然保护区

2.1.1 长江上游

（1）长江上游珍稀特有鱼类国家级自然保护区

保护区跨越四川、贵州、云南、重庆4个省（市），位于四川盆地南部丘陵区，以及云南高原区的黔北山地区域范围内，具体为金沙江下游向家坝至重庆的马桑溪江段，赤水河云南境内干支流、贵州境内干流、四川境内干流，岷江下游及越溪河河口区域，以及长江支流南广河、永宁河、沱江和长宁河的河口区。保护区河流总长度为1162.61km，总面积为33 174.213hm²。核心区由4个河段组成，总长度为349.25km，总面积为10 803.48km²，缓冲区由20个河段构成，总面积为15 804km²，占保护区总面积的47.64%。实验区由7个河段构成，总面积为6566.11km²，占保护区总面积的19.79%。保护区主要有达氏鲟、胭脂鱼等70种珍稀特有鱼类，以及大鲵和水獭及其生存的重要环境。（附图1）

（2）秦州珍稀水生野生动物国家级自然保护区

保护区位于天水市秦州区娘娘坝镇境内的白家河流域和藉口镇、关子镇及杨家寺镇境内的耤河流域。其中，白家河流域属于长江水系，耤河流域属于黄河水系。河道以历史最高洪水位冲刷形成的堤岸为界，外延区以河道堤岸两侧各水平延伸52m为界。保护区总面积为3010hm²，其中核心区面积为649hm²，缓冲区面积为925hm²，实验区面积为1436hm²。保护区包括白家河流域的望天河、庙川河、北峪河、花园河、响潭河、螃蟹河和耤河流域的金家河、潘家河共8条河流。其中，大鲵保护片区面积为1372hm²，东至秦州区与麦积区交界处，南接陇南市，西至娘娘坝镇庙川村，北接麦积区；秦岭细鳞鲑保护片区面积为1638hm²，东至秦州区藉口镇上磨村，南接秦州区杨家寺镇，西至秦州区关子镇照壁山，北接甘谷县。保护区主要保护对象是大鲵和秦岭细鳞鲑。（附图2）

（3）陕西略阳珍稀水生动物国家级自然保护区

保护区位于秦岭南坡西段，属于长江流域嘉陵江和汉江水系，地理坐标范围为33°12′46″~33°35′42″N，106°11′27″~106°25′02″E，包括略阳县东北部的五龙洞镇、两河口镇、仙台坝镇和兴州街道的部分水域，具体为嘉陵江级支流八渡河左岸安家河及以上支流、汉江二级支流张家坝河青冈树以上干流和肖家河干支流，河道总长度为493km。保护区总面积为3415hm²，其中核心区面积为1032hm²，缓冲区面积为1109hm²，实验区面积为1274hm²。保护区主要保护对象为大鲵、水獭、小鲵、多鳞铲颌鱼等。（附图3）

（4）陕西太白湑水河珍稀水生生物国家级自然保护区

保护区地处秦岭腹地，东至西安市周至县，西至汉中市留坝县，北邻太白山国家级自然保护区，南至汉中市洋县。保护区以湑水河干流偏桥子至韭菜园 19km 河段和红水河、西太白河、大箭沟、小箭沟、猫耳沟、积鱼河、石塔河、观音峡、黑峡子、牛尾河等 18 条支流 203km 河道两岸岸坡历史最高洪水位以下划定为保护区范围。其所属流域水系为长江流域汉江水系。地理坐标范围为 33°38′00″～33°54′00″N，107°16′00″～107°42′00″E。保护区总面积为 5343hm²，其中核心区面积 1638.6hm²，缓冲区面积 2485.9hm²，实验区面积为 1218.5hm²。保护区主要保护对象是秦岭细鳞鲑、川陕哲罗鲑、大鲵、水獭、陕西省重点保护野生动物秦巴北鲵、多鳞铲颌鱼等珍稀水生动物及其栖息环境。（附图 4）

（5）陕西丹凤武关河珍稀水生动物国家级自然保护区

保护区位于秦岭东段南坡，地处陕西省商洛市丹凤县境内长江流域汉江水系丹江级支流的武关河流域，包括峡河、桃坪河、庚家河、马家坪河、黄柏岔河等主要支流流域。地理坐标范围为 33°37′42″～33°52′18″N，110°25′30″～110°49′33″E。保护区以武关河主河道及其支流峡河、桃坪河、庚家河、马家坪河、黄柏岔河、八岔河、赵川河、塔尔坪河等两岸岸坡历史最高水位划定为保护区范围，保护区总面积为 9029hm²。核心区位于桃坪河、老林沟、小林沟、马家坪河、塔尔坪河等主要河道及其支流水域，面积为 2418hm²；缓冲区位于核心区外围的峦庄镇部分河道区域，包括老官沟、八岔河、峡河主河道等河流及其支流，面积为 2482hm²；实验区位于赵川镇、峦庄镇的部分河道区域，包括武关河、赵川河、梨园岔河、卧羊河等河道及其支流，面积为 4129hm²。保护区主要保护对象是大鲵、水獭、多鳞铲颌鱼、秦巴拟小鲵、东方薄鳅及其水生生态系统。（附图 5）

（6）诺水河珍稀水生动物国家级自然保护区

保护区地处四川省东北部大巴山南麓，位于通江县境内，其所属流域水系为长江流域嘉陵江水系，地理坐标范围为 31°56′54″～32°28′50′N，107°08′14″～107°40′07″E。保护区总面积为 9220hm²，其中核心区面积为 5440hm²，缓冲区面积 2430hm²，实验区面积为 1350hm²。保护区主要保护对象为大鲵、水獭、岩原鲤、重口裂腹鱼、青石爬鮡、鳖、乌龟等珍稀水生动物，以及中华倒刺鲃、白甲鱼、华鲮、南方鲇、鳜、黄颡鱼等名贵经济鱼类及其水生生态系统。（附图 6）

（7）牛栏江鱼类市级自然保护区

保护区位于牛栏江中游，涉及曲靖市的沾益区、会泽县、宣威市，保护区上游起始点为沾益区德泽乡，终点为会泽县火红乡，河道总长度约为 130km，面积约为 2500hm²。核心区为西泽河入河口—大井镇木厂村，河道长度约为 80km，面积约为 1600hm²；缓冲区为大井镇木厂村—矿山镇河湾子村，河道长度约为 28km，面积约为 500hm²。实验区由 2 部分组成，即德泽水库坝下—西泽河入河口、矿山镇河湾子村—火红乡千丘田，河道长度约为 22km，面积约为 400hm²。保护区主要保护对象为金沙鲈鲤、重口裂腹鱼、岩原鲤和长薄鳅野外种群。（附图 7）

（8）金沙江绥江段珍稀特有鱼类县级自然保护区

保护区位于绥江县与永善县交界处至四川西宁河与金沙江交汇口处，总面积为1025.5hm²，其中核心区面积为91.2hm²，缓冲区面积为18.2hm²，实验区面积为916.1hm²。保护区主要保护对象是胭脂鱼、岩原鲤、圆口铜鱼、齐口裂腹鱼、长薄鳅及其他常规淡水鱼类。

（9）康县大鲵省级自然保护区

保护区位于康县南部的阳坝镇、三河坝镇、两河镇、白杨镇和店子乡的嘉陵江流域的河谷地带，地理坐标范围为33°01′30″～33°14′51″N，105°27′38″～105°54′07″E。保护区的总面积为5093hm²，其中核心区的面积为1008hm²，缓冲区的面积为1013hm²，实验区的面积为3072hm²。保护区主要保护对象是大鲵及其生境。（附图8）

（10）文县白龙江大鲵省级自然保护区

保护区位于文县南部，分为两部分：一部分位于口头坝乡白龙江河谷地带；另一部分位于玉垒乡和碧口镇白水江和白龙江河谷及两岸的河溪地带。保护区所属流域水系为长江流域嘉陵江水系。地理坐标范围为32°43′～32°54′N，104°58′～105°16′E。保护区总面积为13 579hm²，其中核心区面积为3538hm²，缓冲区面积为5167hm²，实验区面积为4874hm²。保护区主要保护对象是大鲵和伴生鱼类及其生态环境。（附图9）

（11）汉王山东河湿地省级自然保护区

保护区地处广元市旺苍县境内，属嘉陵江流域东河上游，包括东河干流及支流宽滩河、盐井河，以河道两岸十年一遇洪水位线为界，范围在32°16′802″～32°35′763″N，106°15′3″～106°33′590″E之间，总面积585.94 hm²，总长度101.91km。其中：核心区为宽滩河左源檬子乡陈家岩至正源乡场镇39.55km，盐井河盐河乡场镇至国华镇青家院15.98km，全长55.53km，面积307.58 hm²。缓冲区为宽滩河右源鼓城乡鱼洞河至两河口6.56km，宽滩河正源乡场镇至双汇镇7.98km，盐井河临海电站坝址至盐河乡场镇3.36km，盐井河国华镇青家院至双汇镇14.56km，全长32.46km，面积183.08 hm²。实验区为东河干流双汇镇至东河电站坝址13.92km，面积95.28 hm²。该湿地自然保护区以河流湿地生态系统、珍稀水生生物及物种多样性为主要保护对象。（附图10）

（12）周公河珍稀鱼类省级自然保护区

保护区位于四川省眉山市洪雅县和雅安市雨城区境内，所属流域水系为长江流域岷沱江水系，由岷江流域青衣江水系的一级支流周公河和二级支流杨村河及其支沟组成。地理坐标范围为29°26′00″～29°58′00″N，102°57′00″～103°13′00″E。保护区总面积为3170hm²，其中核心区面积1505.80hm²，缓冲区面积为315.28hm²，实验区面积为1348.92hm²。其中，周公河保护区总面积为2820hm²，杨村河隐鳞裂腹鱼保护区总面积为350hm²。保护区主要保护对象是大鲵、重口裂腹鱼、隐鳞裂腹鱼、异唇裂腹鱼、齐口裂腹鱼、青石爬鮡、鲈鲤等。（附图11）

（13）天全河珍稀鱼类省级自然保护区

保护区位于四川省雅安市天全县西部，从喇叭河镇境内的螃海腔开始，到两路河的白茶坪和门坎河的源头，并包括此段河道中的多条支流。保护区所属流域水系为长江流域岷沱江水系。地理坐标范围为 29°49′30″～30°20′00″N，102°16′00″～102°36′00″E。保护区总面积为 3618.61hm²，其中核心区面积为 1072.29hm²，缓冲区面积为 285.67hm²，实验区面积为 2260.65hm²。保护区主要保护对象是川陕哲罗鲑、大鲵、水獭，以及省重点保护野生动物青石爬鳅、天全鳅、重口裂腹鱼、鲈鲤等。（附图 12）

（14）宝兴河珍稀鱼类市级自然保护区

保护区位于四川省雅安市宝兴县宝兴河，河道总长度为 132km，包括宝兴河两河口以上东河干流及支沟，其所属流域水系为长江流域岷沱江水系。地理坐标范围为 30°09′00″～30°64′00″N，102°28′00″～102°88′00″E。保护区总面积为 760hm²，其中核心区面积为 306hm²，缓冲区面积为 130hm²，实验区面积为 324hm²。保护区主要保护对象是大鲵、重口裂腹鱼、异唇裂腹鱼、青石爬鳅、四川鳅、宝兴裸裂尻鱼等。（附图 13）

（15）色曲河州级珍稀鱼类自然保护区

保护区位于甘孜藏族自治州色达县色曲河，地理坐标范围为 32°07′58″～32°21′44″N，100°14′20″～100°27′11″E，河流总长度为 82.1km，保护区总面积为 481.7hm²。核心区分为两个部分：色曲河干流洛若村至约若村长度为 12.3km；支流日清沟口至察吾长度为 20.2km。核心区全长为 32.5km，面积为 145.6hm²。缓冲区分为 4 个部分：洛若镇至洛若村长度为 4.8km，约若村至姑咱村长度为 5.5km，甲郎沟的下修它村至甲郎沟沟口长度为 14km，色曲河洛若村右岸支流东青村至沟口长度为 5.3km。缓冲区全长为 29.6km，面积为 173.1hm²。实验区分为两个部分：洞卡寺至幸福村长度为 15km，洞卡寺处右岸支流沟口至沟内长度为 5km。实验区全长为 20km，面积为 163hm²。保护区主要保护对象为珍稀水生动物大鲵、水獭、重口裂腹鱼、青石爬鳅，以及经济鱼类齐口裂腹鱼、大渡裸裂尻鱼、麻尔柯高原鳅、黄石爬鳅等。（附图 14）

（16）乌江—长溪河鱼类市级自然保护区

保护区为野生动物类型的市级自然保护区，全长为 29.5km，水面面积为 83hm²。其中，核心区（石园—舟子沱）长约 15.5km，水面面积约为 45hm²；缓冲区（舟子沱—七里塘）长约 6km，水面面积约为 18hm²；实验区（七里塘—河口）长约 8km，水面面积约为 20hm²。保护区主要保护对象为鲈鲤、岩原鲤、中华倒刺鲃、白甲鱼、黄颡鱼、铜鱼、大鲵等国家及地方重点保护的珍稀濒危物种，以及其他长溪河特有、地方性经济鱼类及其赖以生存的自然环境。（附图 15）

（17）酉阳山三黛沟大鲵县级自然保护区

保护区位于酉阳土家族苗族自治县，地理坐标范围为 28°45′44″～28°48′54″N，108°49′59″～108°55′58″E，包括王家河至膳溪河及相应陆域范围，总面积为 9400hm²。核心区为龙潭水库至膳溪河水域及河岸山脊线以内陆域，长约12km，面积约为2557hm²；缓冲区为龙潭水库至膳溪河的河岸山脊线至山谷区域，面积约为6626hm²；实验区包括龙潭镇柏香村、鹅塘村和青华林场银岭工区，面积约为217hm²。保护区主要保护对象为大鲵及水域生态环境。（附图16）

（18）合川大口鲶县级自然保护区

保护区中实验区空间范围：重庆市合川区利泽镇、泥溪镇、云门街道、合川城区、盐井街道、草街街道等，具体包括嘉陵江合川段利泽至草街航电枢纽之间的干流江段及其支流涪江、渠江的河口区。保护区主要保护对象为大口鲶及其生境。（附图17）

2.1.2 长江中游

（1）湖南张家界大鲵国家级自然保护区

保护区位于张家界市永定区、武陵源区、慈利县、桑植县，以及常德市石门县和怀化市辰溪县境内，其所属流域水系为长江流域洞庭湖水系。地理坐标范围为27°44′28″～30°00′43″N，109°42′56″～111°16′05″E。保护区总面积为14 285hm²，其中核心区面积为4297hm²，缓冲区面积为5111hm²，实验区面积为4877hm²。保护区主要保护对象是大鲵及其生境。（附图18）

（2）长江天鹅洲白鱀豚国家级自然保护区

保护区总面积为21 798hm²，其中核心区面积为14 674hm²，缓冲区面积为2124hm²，实验区面积为5000hm²。保护区包括长江干流和天鹅洲故道两部分。长江干流的保护范围包括石首市新厂镇至五马口河段，长江干流的边界为新厂镇至五马口河段10年一遇洪水位以下的水域和洲滩，总长度为89km，总面积为19 377hm²。天鹅洲故道的边界为两岸堤防以内36.5m高程以下的全部滩涂和水域，总长度为21km，总面积为2421hm²。长江干流保护范围划定两个核心区，核心区总面积为12 286hm²，总长度为60km，分为上核心区和下核心区。上核心区从新厂至三义寺汽渡，下核心区从春风渠至万家堤，两个核心区的范围均为10年一遇洪水位以下的水域和洲滩。长江干流保护范围划定两个实验区，分为上实验区和下实验区。上实验区从三义寺汽渡至春风渠江段多年最低水位至10年一遇洪水位之间的水域和洲滩，下实验区从万家堤至五马口。保护区主要保护对象为白鱀豚、长江江豚等珍稀水生动物及其栖息地。（附图19）

（3）洪湖湿地国家级自然保护区

保护区是以洪湖大湖为主体的"内陆湿地和水域生态系统类型"自然保护区，位于湖北省中南部，地处长江中游北岸，系江汉平原四湖流域的下游，是长江和汉水支流之间的洼地区域。保护区隶属于荆州市，位于洪湖市和监利市境内，地理坐标范围为29°49′～29°58′N，113°12′～113°26′E。保护区总面积为41 412hm²，其中核心区面积为12 851hm²，缓冲区面积为4336hm²，实验区面积为24 225hm²。保护区以洪湖围堤为界，边界线总长度为104.5km，由洪湖大湖水域及湖周滩地、沼泽、池塘等组成。保护区边界自螺山镇洪湖围堤起，沿洪湖围堤西岸向北经幺河口闸、桐梓湖闸、张家湖闸、陈曹湾闸至宦子口船闸，沿洪湖围堤北岸向子贝渊闸、下新河闸至小港电排，沿洪湖围堤东岸向南至大口闸，经三八湖围堤、挖沟子闸、金湾围堤、洪湖新堤排水河入湖口、新螺垸电排至起点。核心区范围：从金坛J1点开始，向北经J2点转向西北部龚老墩J3点，到蓝田生态养殖区10号监测哨棚J4点，向南经陈场J5点抵高潮村（东港子）J6点，再向东南部到J7点转到西南部J8点，经J9点至东到J1点闭合。缓冲区范围是东北南在核心区外围800m范围内，西包括高潮村（东港子）以南大片滩地、沼泽和低矮围堰。实验区为保护区边界以内、缓冲区界限以外的地带。保护区主要保护对象为以水生和陆生生物及其生境共同组成的湖泊湿地生态系统、未受污染的淡水环境和物种多样性，特别关注国家级重点保护鸟类、鱼类和植物的保护。（附图20）

（4）长江新螺段白鱀豚国家级自然保护区

保护区上起洪湖市螺山镇，下至洪湖市新滩镇，地理坐标范围为29°37′14.59″～30°13′06.93″N，113°17′19.14″～114°06′37.69″E。保护区河段的起止点：以螺山保护区标志碑上游5km为起点，对岸以临湘市儒溪宝塔为起点，下界以新滩保护区标志碑下游4.5km为止点，对岸以嘉鱼县簰洲湾镇下游3.2km为止点。保护区总长度为128.5km（起点位于长江中游航道里程204.5km处，终点位于长江中游航道里程76km处）。保护区涉及湖北省的洪湖市、赤壁市、嘉鱼县和湖南省的临湘市，以长江大堤作为横向边界（在没有大堤的山体或叽头江段以历史最高水位线作为边界，同时存在大堤和民堤的江段以民堤作为边界），总面积为413.87km²。保护区划分为核心区、缓冲区和实验区。其中，核心区划定范围为团洲、土地洲、复兴洲、护县洲、老湾、腰口。缓冲区：在各核心区外围设置长度为200m的江段，总计16个缓冲区，缓冲区的总面积为11.04km²，总长度为4.4km。实验区：核心区和缓冲区以外的区域，总计9个实验区，实验区的总面积为166.23km²，总长度为54.6km。保护区主要保护对象为白鱀豚、江豚及其生境。（附图21）

（5）咸丰忠建河大鲵国家级自然保护区

保护区位于鄂西南恩施土家族苗族自治州咸丰县忠建河流域，属于武陵山余脉、云贵高原东延部分，地理坐标范围为29°19′28″～30°02′52″N，108°37′08″～109°20′08″E。保护区总面积为1043.3hm²，其中核心区面积为359.5hm²，包括展马河、老沟溪、麻谷溪、田坝沟溪、野猫溪5条支流；缓冲区面积为531.8hm²，包括忠建河干流龙坪至新田沟段6.49km，以及郭家湾、沙坝沟、杨柳沟、大堰沟等支流；实验区面积为152hm²，包括忠建河干流龙坪至宣恩县交界处主河道和架涧沟、龙潭沟2条支流。保护区主要保护对象为大鲵及其生境。（附图22）

（6）七眼泉市级自然保护区

保护区位于湖南省张家界市桑植县，属于市级保护区。保护区总面积为464hm²。保护区范围为狭槽里、马家峪、芙蓉村、泉峪里、岩墩坡、马合口村所围成的水域。保护区主要保护对象为大鲵及其生境。（附图23）

（7）华容集成长江故道江豚省级自然保护区

保护区位于集成长江故道湖南华容县所辖水域，总面积为28.27km²，全长约30km，划分为核心区、缓冲区和实验区3个功能区依次连成的水域，核心区长度约为12km，面积为8.74km²；缓冲区位于核心区的两端，是由4个点依次连成的上游水域，以及4个点依次连成的下游水域，面积为9.48km²，占保护区总面积的33.53%，长度约为10km；实验区为缓冲区外围至故道两端的水域，即由4个点依次连成的上游水域，以及由5个点依次连成的下游水域，长度约为8km，面积为10.05km²，占保护区总面积的35.55%。保护区主要保护对象为江豚及其生境。（附图24）

（8）岳阳东洞庭湖江豚市级自然保护区

保护区位于长江中下游荆江江段南侧，地处湖南东北部岳阳市境内，地理坐标范围为28°59′59″～29°32′07″N，112°45′35″～113°08′51″E，东与岳阳楼区毗邻，南与汨罗市、湘阴县、沅江市接壤，西、北与华容县、君山区相接，保护区总面积为105 500.3hm²，其中核心区总面积为6700.0hm²，分别为扁山核心区和鲶鱼口核心区。扁山核心区范围为：北起洞庭湖公路大桥，西至芦席湾、裤裆湾、麻拐石、壕坝、君山、香炉山、君山后湖，南至太平咀、扁山往南1000m处、罗汉洲、元咀，东至从东风湖沿洞庭湖岸线至太平咀范围内的深水区水域，总面积为3861.7hm²。鲶鱼口核心区范围为：以鲶鱼口为中心上下游各约10km范围的主河道深水区，即北起陡沙坡，西至柴家咀，东至上下青年湖，西北至漉洲芦苇场（草尾河入洞庭湖湖口），东南至磊石山范围内的深水区水域，总面积为2838.3hm²。缓冲区：保护区域内除核心区、水运航道、传统芦苇生产区以及防浪林带以外的区域，面积为58 139.4hm²。实验区：保护区区界以内缓冲区以外的区域，包括大西湖、小西湖、春风湖等在内的湖泊和洲滩，面积为40 660.9hm²。保护区主要保护对象为江豚及其他珍稀濒危野生水生动物。（附图25）

（9）黄盖湖中华鲟、胭脂鱼县级自然保护区

保护区范围包括黄盖湖和坦渡河临湘街、源潭河源潭桥、新建河天堡闸以下河段及鸭棚口河、太平口河等天然水域，总面积9000hm²，其中，芦林嘴—砂嘴—安嘴—雅雀嘴—芦林嘴范围为核心保护区，面积约2000hm²；芦林嘴—麻石嘴—砂嘴—芦林嘴、砂嘴—安嘴、安嘴—罐嘴—雅雀嘴、雅雀嘴—芦林嘴连线与湖岸构成缓冲区，面积约2000hm²，其他水域为实验。保护区主要保护对象为中华鲟、胭脂鱼。（附图26）

（10）西洞庭湖国家级自然保护区

保护区位于湖南常德市汉寿县境内，属县级保护区，地理坐标范围为28°47′～29°07′N，111°57′～112°17′E。保护区总面积为42 667hm²，包括汉寿县境内整个西洞庭湖及沅水、澧水流域，其中核心区面积为2667hm²，缓冲区面积为6667hm²，实验区面积为33 333hm²。保护区重点保护西洞庭湖汉寿县境内的水生野生动植物资源，特别保护中华鲟、胭脂鱼、中华鳖、三角帆蚌、银鱼等。（附图27）

（11）竹溪万江河大鲵省级自然保护区

保护区位于竹溪县中西部泉溪镇境内，西与陕西安康市镇坪县为邻，南与竹溪县丰溪镇接壤，行政属于泉溪镇的坝溪河村、红岩沟村。地理坐标范围为32°01′09″～32°05′54″N，109°35′36″～109°41′27″E，距竹溪县城62km。保护区范围是从万江河源（坝溪河村冷水河）至太平电站上游约6km处的河段，其干流河段全长约18km，具体包括万江河干流河床及其两侧各100m的区域。自然保护区总面积为516.35hm²，其中核心区面积为333.04hm²，缓冲区面积为65.82hm²，实验区面积为117.49hm²，分别占自然保护区总面积的64.50%、12.75%和22.75%。核心区为万江河上中游干流河段的河床及两侧各100m的区域，上从坝溪河村冷水河开始，下至上阳坡附近截止，河道长度为10.06km。缓冲区为万江河中下游干流河段的河床及两侧各100m的区域，由上阳坡至万江河分场附近，河道长度为3.22km。实验区为万江河下游干流河段的河床及两侧各100m的区域，由万江河分场附近至离太平电站上游6km处止，河道长度为4.72km。保护区主要保护对象为大鲵及其自然生境。（附图28）

（12）长江湖北宜昌中华鲟省级自然保护区

保护区为葛洲坝下（不含葛洲坝）60km的长江干流江段，面积约6735.88hm²。保护区划分为核心区、缓冲区和实验区。核心区分为两个部分：上核心区为多年平均水位（2006～2016年）以下的葛洲坝至宜昌长江公路大桥，长度为24km，面积为2065.62hm²；下核心区为多年平均水位（2006～2016年）以下的梅子溪左岸长4000m、宽500m的水域，面积为200hm²。胭脂坝多年平均水位（39.98m，1985黄海高程）以上区域、核心区江段公务执法与公益服务类码头、三峡客运中心码头和临江坪锚地不在核心区范围内。缓冲区面积为1131.61hm²，分为两个部分：上缓冲区为多年平均水位（2006～2016年）以下的宜昌长江公路大桥至宜都孙家溪江段，长度为3.5km，面积为351.39hm²；下缓冲区为多年平均水位（2006～2016年）以下的枝江白洋镇至枝城杨家溪江段（不包括梅子溪左岸长4000m、宽500m的水域），长度为10.5km，面积为780.22hm²。实验区分为3个部分：第一部分为宜都孙家溪江段至枝江白洋镇江段，长度为22km，面积为2721.63hm²；第二部分为核心区和缓冲区江段两岸的多年平均水位（2006～2016年）至10年一遇洪水位之间的消落区（包括胭脂坝39.98m以上区域），面积为547.70hm²；第三部分为公务执法与公益服务类码头、三峡客运中心码头、临江坪锚地和少量企业码头，面积为53.10hm²。保护区主要保护对象为中华鲟及其产卵场，以及白鲟、达氏鲟、胭脂鱼等国家重点保护鱼类及"四大家鱼"等重要经济鱼类的栖息地和产卵场。（附图29）

（13）梁子湖省级湿地自然保护区

保护区位于长江中游南岸、武汉市东部的鄂州市西南部，地理坐标范围为30°04′55″～30°20′26″N，114°31′19″～114°42′52″E，总面积为37 946.3hm²。其中，核心区面积为4000hm²，缓冲区面积为12 438hm²，实验区面积为21 508.3hm²。保护区属自然生态系统

类的内陆湿地和水域生态系统类型自然保护区，主要保护对象是淡水湿地生态系统、珍稀水禽和淡水资源。（附图 30）

（14）何王庙长江江豚省级自然保护区

保护区地理坐标范围为 29°39′00.99″～29°46′47.27″N，112°57′6.16″～113°01′45.81″E。保护区上下游边界均至长江干流，右侧与湖南省交界，左侧至荆江大堤堤角 50m 外，与湖南省华容县北部的水域共同组成何王庙长江故道。当上口通江时，故道呈倒"U"形，当上口不通江时，故道呈倒"L"形，分西支和东支。目前，故道上口（西支）一年中绝大部分时间不通江，下口（东支）一年中绝大部分时间通江。故道纵向轴线为东北 - 西南向，横向轴线为西北 - 东南向。故道内围是一片种植滩地，外围是种植陆地及村镇。西支纵向长约 9.63km，横向最宽约 1.15km；东支纵向长约 16.58km，横向最宽约 1.17km；西支与长江相通的串沟长约 2.17km。保护区主要保护对象为长江江豚，兼顾保护经济鱼类和其他水生动植物及其自然生境。（附图 31）

（15）咸宁市西凉湖水生生物自然保护区

保护区总面积为 8000hm²，分为东西两片，以 22.5m 高程的水域滩涂为界。保护区划分为核心区、缓冲区和实验区。以 22.5m 水位为基点，以离岸不小于 500m 的湖心范围为核心区。核心区面积为 2000hm²，占保护区总面积的 25%，分为东西两块：东西凉湖东从孙家咀，南至刘家湾，北从吴刘何，西至周家坡；西西凉湖东从徐家边，南至牛头山，北从伯凉湖闸口，西至思姑台闸。缓冲区面积为 1832hm²，占保护区总面积的 23%，以核心区范围为准，分为东西凉湖和西西凉湖两块：东西凉湖缓冲区由核心区外缘向外延伸 350m 所围成，西西凉湖缓冲区由核心区外缘向外延伸至湖岸常年水位线所围成（局部以延伸 500m 为准）。实验区面积为 4168hm²，占保护区总面积的 52%，范围是缓冲区以外、保护区边界以内的区域。保护区主要保护对象为水生生物多样性和种质资源及其生存环境。（附图 32）

（16）孝感市老灌湖水生动植物自然保护区

保护区位于鄂东北孝感市境内，地处汉江中游北岸，属汉江中游浅水草型湖泊，跨汉川、应城两市，地理坐标范围为 30°46′～30°47′N，113°27′～113°29′E，是湖北省第五大湖泊，现有水域面积为 823.6hm²。保护区主要保护对象为青鱼、鲤、鳊、鲢等野生鱼类，以及野生茭白、菱角、莲藕等水生植物。（附图 33）

（17）天门市橄榄蛏蚌市级自然保护区

保护区位于天门河，地理坐标范围为 30°23′～30°54′N，112°35′～113°98′E，总面积为 805hm²。其中，核心区是天门河渔薪镇杨场村至黄潭窑台，长为 29.5km，面积为 356hm²；实验区自竟陵街道办事处汉北桥口至八大桥，长为 10km；缓冲区自竟陵船闸至净潭乡，长为 38.5km。保护区主要保护对象是橄榄蛏蚌（俗名义河蚌）及土著鱼类。（附图 34）

（18）三峡库区恩施州水生生物自然保护区

保护区位于鄂西巴东县境内，为长江上游三峡库区水域，属长江上游河道型水库，跨巴东县全境，地理坐标范围为 30°13′～31°28′N，110°04′～110°32′E。保护区总面积在三峡蓄水 145m 时为 27.56km²，在三峡蓄水 175m 时为 40.4km²。在三峡蓄水 175m 时，核心区河道总长度为 43.3km，总面积为 1434hm²；缓冲区河道总长度为 24km，总面积为 873hm²；实验区河道总长度为 36.3km，总面积为 1733hm²。保护区主要保护对象为白鲟、达氏鲟、胭脂鱼、大鲵等国家重点保护珍稀鱼类，以及圆口铜鱼、铜鱼、草鱼、鲢、瓦氏黄颡鱼、长吻鮠、南方鲇、圆筒吻鮈、长鳍吻鮈、鳊、鳜、鳙、青鱼、赤眼鳟、鳡、鳗鲡、鳜和鲌等 20 多种经济鱼类。（附图 35）

（19）西峡大鲵省级自然保护区

保护区位于河南省南阳市西峡县境内，伏牛山西南部，总面积 27 613hm²，其中核心区总面积 11 424hm²，占 41.4%，缓冲区总面积 5 667hm²，占 20.5%，实验区总面积 10 522hm²，占 38.1%。保护区分为保护区 1、保护区 2 和保护区 3 三部分，分布在桑坪镇、军马河、石界河、太平镇、寨根乡、丁河 6 个乡镇。保护区 1 总面积 16 230hm²，其中核心区总面积 8 690hm²，缓冲区总面积 3 480hm²，实验区总面积 4 060hm²，分布在桑坪镇、石界河镇。保护区 2 总面积 3 953hm²，只有实验区，分布在军马河、太平镇。保护区 3 总面积 7 430hm²，其中核心区总面积 2 734hm²，缓冲区总面积 2 187hm²，实验区总面积 2 509hm²，分布在寨根乡和丁河镇。保护区以大鲵为重点保护对象，兼顾保护大鲵赖以栖息繁衍的陆域和水域生态系统。（附图 36）

（20）潦河大鲵省级自然保护区

保护区位于江西省西北部靖安县的西部，地处九岭山脉主峰九岭尖（海拔 1794m）东坡。保护区南接奉新县，西毗修水县，北靠武宁县，东为靖安县璪都镇，地理坐标范围为 28°46′～29°06′N，114°56′～115°32′E，总面积为 3733.5hm²，水系到两岸第一道山脊范围划为自然保护区。两岸各 100m 左右范围内为核心区（按照地形特点确定宽度），核心区面积为 1595hm²；核心区边缘设 5～10m 宽的缓冲带（区），缓冲带（区）外的范围为实验区，实验区面积为 2138.5hm²。保护区水系总长度约为 70km（包括各级支流溪涧，下同），其中 I 区水系总长度约为 51km，II 区水系总长度约为 19km。保护区主要保护对象为大鲵和其他水生生物及其生态系统。

（21）铜鼓棘胸蛙省级自然保护区

保护区位于江西省铜鼓县西南部，地处修河源头，东邻铜鼓县的三都镇和永宁镇，南接万载县，西接湖南省的浏阳市，北连九江市的修水县。地理坐标范围为 28°22′～28°40′N，114°05′～114°23′E，保护区总面积为 2133.5hm²。从水系到两岸第一道山脊范围划为自然保护区，两岸各 100m 左右范围内为核心区，核心区边缘设 100～200m 宽的缓冲区，缓冲区外的范围为实验区，其中，核心区面积为 687hm²，缓冲区面积为 759hm²，实验区面积为 687.5hm²。按照棘胸蛙野生种群分布状况把保护区划分为上庄和南溪两个保护小区。上庄保护小区位于温泉镇上庄村，地处金沙河的源头区域，主要是上庄的水系及其两岸集水区，面积为 982.4hm²，距县城 18km；南溪保护小区位于排埠镇南溪村，主要是定江河的南溪区域的水系及其两岸集水区，面积为 1151.1hm²，距县城 16km。保护区主要保护对象为以棘胸蛙、虎纹蛙、沼蛙和中华大蟾蜍为代表的两栖纲动物，兼顾其独特的栖息环境。

（22）井冈山市大鲵省级自然保护区

保护区位于江西省西南部井冈山市茅坪镇境内，地处罗霄山脉中段、黄洋界西北面，海拔 300～850m。地理坐标范围为 26°38′03.110″～26°40′15.647″N，114°04′03.204″～114°06′33.553″E，主要范围包括河流和河岸带植被区域以及河流的源头区域。保护区总面积约为 703.03hm²，其中核心区面积为 126.71hm²，实验区面积为 576.32hm²。保护区主要保护对象为中国大鲵及其栖息地生态系统。

（23）鄱阳湖长江江豚省级自然保护区

保护区所在位置涉及鄱阳湖区和长江干流，包括鄱阳湖湖区和与湖区相连的长江八里江江段。其中，鄱阳湖湖区范围上至康山，下至湖口；长江八里江江段上至九江大桥，下至三号洲头的 40km 江段。保护区划分为两大功能区，即核心区、缓冲区。以湖口吴淞高程 16m 水位计算，保护区总面积为 56 745.4hm²，其中核心区面积为 17 153.7hm²，缓冲区面积为 39 591.7hm²。核心区由 3 个部分组成：①瓢山核心区，瓢山水域位于饶河与康山河（赣江南支、信江及抚河汇流而成）的交汇处，由康山河龙船洲尾至三山主航道中轴线向两侧各外延 1km 的水域组成，面积为 3658hm²；②老爷庙核心区，老爷庙水域位于鄱阳湖南北交界处，由老爷庙港、千字湖、马影湖及范垅湖等水域组成，面积为 12 601.85hm²；③八里江核心区，八里江水域位于长江主航道与张北水道出口交汇处，由八里江口分别向主航道上下及张北水道各延伸 2km 的水域组成，面积为 893.85hm²。缓冲区由 5 个部分组成：①鄱阳湖三山至大矶山缓冲区，由三山至大矶山主航道中轴线向两侧各外延 1km 的水域组成，全长 26.15km，面积为 5230hm²；②鄱阳湖老爷庙至湖口缓冲区，由鄱阳湖北部主湖体组成，全长为 47.5km，面积为 19 243.76hm²；③长江江洲头至八里江以上 2km 处的张北水道缓冲区，全长 13km，面积为 2398.5hm²；④长江江洲头至八里江以上 2km 处的长江主航道缓冲区，全长为 17.2km，面积为 6463hm²；⑤长江八里江以下 2km 处至三号洲头的长江主航道缓冲区，全长为 14km，面积为 6256.45hm²。保护区主要保护对象为江豚。

（24）鄱阳湖鲤鲫鱼产卵场省级自然保护区

保护区所在位置涉及上饶市的余干县和鄱阳县、南昌市的南昌县和新建区、九江市的永修县和都昌县。保护区范围为 28°45′15″～29°13′30″N，116°13′10″～116°40′30″E。保护区总面积 48000 hm²，其中核心区面积 23236 hm²，实验区面积 24764 hm²。保护区范围包括两个区域，主要保护对象为鲤鱼、鲫鱼、鲇鱼产卵场等。

区域 1：从南矶山大桥，三湖北，三湖东，东江湖西，鳊鱼湖，鲫鱼湖北，鲫鱼湖南，沙塘池，王罗湖，程家池，南湖，西湖，回到南矶山大桥。

区域2：从太阳湖西，珠湖联圩东，沿珠湖联圩、莲北圩到沿莲湖乡湖边，经泊湖州，北口湖南，七金湖东，沿康山大堤到蛇山岛东南，焦潭湖东。主要保护对象为鲤鱼、鲫鱼、鲚鱼产卵场等。

（25）鄱阳湖银鱼产卵场省级自然保护区

保护区位于鄱阳湖主湖区东南部，地理坐标范围为28°26′～28°45′N，116°06′～116°23′E，地理范围包括青岚湖（不包括位于青岚湖内湖的青岚湖省级自然保护区）、金溪湖等湖泊水域及周围湖滩草洲，行政范围涉及南昌市的南昌县和进贤县。保护区总面积约为17 103.06hm²，包括青岚湖保护小区和金溪湖保护小区。保护区划分为核心区、缓冲区和实验区。其中，核心区面积6104.25hm²，占保护区总面积的35.7%，范围包括青岚湖和金溪湖深水水域；缓冲区面积为6039.99hm²，占保护区总面积的35.3%，范围包括青岚湖和金溪湖多年平均水位下的水域；实验区面积为4958.82hm²，占保护区总面积的29.0%。保护区主要保护对象为银鱼及其产卵场和栖息环境。

2.1.3　长江下游

（1）铜陵淡水豚国家级自然保护区

保护区位于安徽省铜陵、枞阳和无为等县市的长江江段内，覆盖池州市、安庆市和芜湖市的少数长江江段，上至枞阳县老洲镇，下到铜陵市金牛渡，总长度为58km，总面积为31 518hm²，其中水面面积为12 474hm²，沙洲及滩涂面积为19 044hm²。保护区划分为核心区、缓冲区和实验区，面积分别是9534hm²、6360hm²和15 624hm²，分别占保护区总面积的30.25%、20.18%和49.57%。保护区主要保护对象是白鱀豚、江豚、中华鲟、达氏鲟、白鲟、胭脂鱼等。（附图37）

（2）巢湖渔业生态市级保护区

保护区核心区位于马尾河湖面区域，面积约为11 333hm²；缓冲区和实验区位于马尾河以北的广阔湖面区域，面积约为22 000hm²。保护区主要保护对象为巢湖鱼类及其多样性和栖息环境。（附图38）

（3）岳西县大鲵省级自然保护区

保护区位于岳西县河图镇、和平乡及来榜镇三个乡镇的交界处，总面积10 210.24 hm²。保护区地理坐标范围为30°49′20.029″～30°59′28.210″N，115 °58′04.429″～116°08′40.310″E。其中，核心区面积4502.83hm²，涉及河图镇、和平乡及来榜镇；实验区面积5707.41 hm²，仅涉及河图镇。核心区包括河图镇金杨村东部、岚川村东部、明堂山林场北部，和平乡太阳村西北部、九河村西部，来榜镇横河村西北部。实验区包括皖源村、金杨村西部、凉亭村、岚川村、河图村东北部、明堂山林场南部、明堂村东北部和南河村北部。主要保护对象是国家二级重点保护野生动物大鲵及其生境。（附图39）

（4）安庆市江豚市级自然保护区

保护区范围包括安庆江段和池州江段大堤以内的水域、滩涂和沙洲等区域，以及皖河口至七里湖段的水域和滩涂。地理坐标范围为29°47′02.53″～30°41′05.65″N，116°07′52.95″～117°15′14.17″E。保护区总面积为39 943.56hm²，其中核心保护区面积为19 613.32hm²，一般控制区面积为20 330.24hm²。核心保护区分为5个部分：①三号洲核心保护区，上游边界与汇口一般控制区相接。②棉船洲核心保护区，上游边界与小孤山一般控制区相接。③玉带洲核心保护区，上游边界与华阳河口一般控制区相接。④官洲核心保护区，上游边界与玉带洲一般控制区相接。⑤鹅毛洲核心保护区，上游边界与城区一般控制区相接。一般控制区分为7个部分：①汇口一般控制区。②小孤山一般控制区，上游边界与三号洲核心保护区相接。③华阳河口一般控制区，上游边界与棉船洲核心保护区相接。④玉带洲一般控制区，上游边界与玉带洲核心保护区相接。⑤城区一般控制区，上游边界与官洲核心保护区相接。⑥与枞阳县相接的一般控制区，上游边界与鹅毛洲核心保护区相接。⑦皖河一般控制区，保护区主要保护对象为江豚。（附图40）

（5）黄山大鲵省级自然保护区

保护区位于黄山市休宁县和祁门县境内，总面积为3277.63hm²，其中核心区面积为1505.79hm²，实验区面积为1771.84hm²。保护区主要保护对象为大鲵、适宜大鲵生长的山谷溪流湿地生态系统以及保存完整的森林生态系统。（附图41）

（6）宁国市黄缘闭壳龟县级自然保护区

保护区位于宁国市方塘乡西南部，北与泾县汀溪河交界，西至泾县、旌德县界，南至上坦村黄泥包，东临板桥省级自然保护区。保护区平面形状呈近南北向展开，南北长为20.13km，东西宽为3.2～7.78km，总面积为9500hm²。保护区划分为核心区、缓冲区和实验区：核心区面积为300hm²，占保护区总面积的3.16%；缓冲区面积为1600hm²，占保护区总面积的16.84%；实验区面积为7600hm²，占保护区总面积的80%。保护区主要保护对象是以国家二级保护野生动物黄缘闭壳龟为主的半水栖龟类及其栖息地。（附图42）

（7）金寨县西河大鲵省级自然保护区

保护区涉及金寨县沙河乡、关庙乡部分区域，总面积为10 268.4460hm²，其中核心保护区（核心区、缓冲区）面积为5271.4169hm²，一般控制区（实验区）面积为4997.0291hm²。保护区主要保护对象为大鲵。（附图43）

（8）南京长江江豚省级自然保护区

保护区位于江苏省南京市的长江江段上，地理坐标范围为31°46′34.83″～32°7′03.81″N，118°28′39.14″～118°44′38.35″E。上游与安徽省马鞍山市相邻，下游至南京长江大桥。保护区划分为核心区、缓冲区和实验区。核心区面积为30.25km²，占保护区总面积的34.80%，有两段水域，一段在新济洲、子汇洲（原子母洲）附近，另一段在梅子洲附近。

缓冲区面积为 23.66km²，占保护区总面积的 27.22%，共有 3 段，分别在新济洲、子汇洲（原子母洲）核心区的下游水域，以及梅子洲核心区的上下游水域。实验区总面积为 33.01km²，占保护区总面积的 37.98%，范围是除核心区和缓冲区界线以外的保护区域。保护区主要保护对象包括白鱀豚、长江江豚以及其他长江珍稀鱼类及水生态环境。（附图 44）

（9）镇江长江豚类省级自然保护区

保护区范围自上而下包括：润扬大桥以下世业洲洲尾、定易洲及焦北滩洲滩及主航道水域（南侧以焦北滩夹江为界）、畅洲北汊洲滩、边滩及水域。保护区总面积为 79.29km²，其中核心区面积为 16.4km²，占保护区总面积的 20.7%；缓冲区面积为 36.19km²，占保护区总面积的 45.6%；实验区面积为 26.7km²，占保护区总面积的 33.7%。保护区主要保护对象包括白鱀豚、长江江豚以及其他长江珍稀鱼类及水生态环境。（附图 45）

（10）上海市长江口中华鲟自然保护区

保护区位于长江入海口，西起崇明岛东滩已围垦大堤，北至八滧港，南起奚家港，东至吴淞标高 5m 等深线，以水域为主，还包括潮上滩、潮间带滩涂和部分露出水面的湿地和浅滩等陆地。保护区总面积为 696km²，其中核心区面积为 234km²，缓冲区面积为 256km²，实验区面积为 206km²。保护区主要保护对象为中华鲟、江豚、胭脂鱼、松江鲈、花鳗鲡。（附图 46）

2.2　水产种质资源保护区

2.2.1　长江上游

（1）滇池国家级水产种质资源保护区

保护区总面积为 1865.3hm²，其中核心区面积为 1832hm²，实验区面积为 33.3hm²。特别保护期为每年 1 月 1 日至 5 月 31 日。保护区位于昆明市。核心区分为两部分，第一部分是盘龙江上游的牧羊河、冷水河（沿河岸垂直外延 100m 区域）。第二部分是滇池周边 9 个龙潭涌泉为圆心、半径为 200m 的区域，具体为：西山区的里仁龙潭、白草村龙潭、白莲寺龙潭、嵩明县的黑龙潭、上村龙潭、官渡区的承龙水苑、晋宁区的龙王潭、旧寨龙潭。实验区分为两处：滇池西岸实验区位于滇池西岸海口办事处白鱼口村委会附近，地理坐标范围为 24°48′01.11″~24°48′21.25″N，102°39′25.51″~102°39′27.04″E，面积为 20hm²；滇池东岸实验区位于滇池东岸晋宁区晋城街道新街村附近，范围为 24°48′11.35″N，102°39′27.38″E，面积为 13.3hm²。保护区主要保护对象是滇池金线鲃，其他保护物种还有昆明裂腹鱼、云南光唇鱼、云南盘鮈、昆明高原鳅、横纹南鳅、侧纹云南鳅、细头鳅、鲫等。（附图 47）

（2）白水江特有鱼类国家级水产种质资源保护区

保护区总面积约为 213.5hm²，其中核心区面积为 75hm²，实验区面积为 138.5hm²。特别保护期为每年 7 月 1 日至 8 月 31 日和 12 月 1 日至次年 1 月 31 日。保护区位于云南省昭通市彝良县牛街镇境内，地理坐标范围为 27°48′44.5″～27°49′03.4″N，104°27′30.9″～106°30′38.2″E。核心区位于小干溪段，全长为 25km，分为 3 段，第一段由水田村龙府坝子槽田社落水洞至小干溪渔井社涌泉处的地下暗河，长为 7km，是大鲵的产卵场所和越冬场所；第二段是龙府坝子上游的大水河段，长为 13km，主要是保护流入暗河的水体流量和水质；第三段由渔井涌泉处沿小干溪至两河口，长为 5km，是大鲵的洄游通道、索饵场及长江上游特有鱼类栖息地。实验区位于镇雄县罗坎镇与盐津县柿子坝之间的白水江段，全长为 46.2km。保护区主要保护对象是大鲵，其他保护对象包括红尾副鳅、戴氏山鳅、长薄鳅、小眼薄鳅、云南盘鮈等。（附图 48）

（3）程海湖特有鱼类国家级水产种质资源保护区

保护区总面积为 900hm²，其中核心区面积为 350hm²，实验区面积为 550hm²。特别保护期为每年 2 月 1 日至 8 月 31 日。保护区位于云南省永胜县程海湖，地理坐标范围为 26°27′47″～26°38′12″N，100°38′37″～100°41′30″E。核心区分为两段，第一段程海湖东岸从东岩子至蒲米，直线距离为 4km，距离湖心 0.5km，面积为 200hm²，是由 4 个拐点连线所围的区域。第二段程海湖西岸从金兰至程海管理局，直线距离为 3km，距离湖心 0.5km，面积为 150hm²，是由 4 个拐点连线所围的区域。实验区为核心区外围水面的 500m，分为两段，第一段程海湖东岸从东岩子至蒲米，是由 4 个拐点连线所围的区域，面积为 350hm²。第二段程海湖西岸从金兰至程海管理局，是由 4 个拐点连线所围的区域，面积为 200hm²。保护区主要保护对象为程海白鱼、程海红鲌，其他保护对象包括长鳔云南鳅、程海蛇鮈等。（附图 49）

（4）白水江重口裂腹鱼国家级水产种质资源保护区

保护区总面积为 222 56hm²，其中核心区面积为 20 934hm²，实验区面积为 1322hm²。核心区特别保护期为每年 5 月 1 日至 9 月 30 日。保护区位于甘肃省陇南市文县境内的白水江，地理坐标范围为 32°21′17″～32°36′08″N，104°31′50″～105°24′28″E，其北岸是马泉—水坝—横丹—蒿坪—马家沟北岸侧，其南岸是尹家坝—田家坝—纸坊—页头坝—大中山—齐心坝南岸侧。核心区有两处，第一处位于白水江干流尚德镇尹家坝至玉垒乡马家沟段；第二处位于白水江支流丹堡河纸坊村至丹堡河入白水江河口段。实验区有三处，第一处位于尚德镇白水江河湾水域；第二处位于玉垒乡马家沟村至尚德镇金口坝村核心区周边；第三处位于丹堡河核心区周边。保护区主要保护对象为重口裂腹鱼，其他保护物种包括齐口裂腹鱼、裸裂尻鱼、赤眼鳟、多鳞铲颌鱼等土著鱼类。（附图 50）

（5）永宁河特有鱼类国家级水产种质资源保护区

保护区总面积为 5580hm²，其中核心区面积为 3070hm²，实验区面积为 2510hm²。特别保护期为全年。保护区位于甘肃省陇南市徽县榆树乡北部云雾山南麓的通中河及其两岸支流河沟和峡谷，包括通中河干流、榆树乡的吊沟、双塔子沟、陈家沟、太白村以西和柳林镇西北部部分区域。保护区是7个拐点沿顺时针连线所围区域：庙坪—纪家沟西入口—苟店—榆树—水泉坝北头—陈家沟北入口—庙沟北入口。核心区是5个拐点沿顺时针连线所围区域：庙坪—纪家沟西入口—苟店—陈家沟北入口—庙沟北入口。保护区主要由以下5条河流沟谷组成：①通中河干流，长约为14.8km，始于通中河苟店河段，止于永宁河韩湾河段；②纪家沟，长约为4.5km，始于云雾山南麓；③苏家沟，长约为3.4km，始于云雾山南麓；④金明四沟，长约为3.4km，始于云雾山南麓；⑤庙沟，长约为4.9km，始于云雾山南麓西段。实验区是由以下4个拐点沿顺时针连线所围区域：苟店—榆树—水泉坝西头—陈家沟北入口—苟店。保护区主要由以下两部分组成。第一部分：榆树乡吊沟，全长为7.8km，始于榆树乡，止于通中河上游发源地；第二部分包括两段：第一段为通中河干流，全长为4.3km，始于通中河上游发源地，止于通中河苟店段；第二段为通中河支流陈家沟，全长为4.1km，始于通中河苟店段。保护区主要保护对象为重口裂腹鱼，其他保护对象包括齐口裂腹鱼、中华裂腹鱼、多鳞铲颌鱼、白甲鱼、鲫、鲶、宽鳍鱲、泥鳅、中华花鳅、杂色条鳅等。（附图51）

（6）嘉陵江两当段特有鱼类国家级水产种质资源保护区

保护区总面积为8607.6hm²，其中核心区面积为5936.4hm²，实验区面积为2671.2hm²。核心区特别保护期是每年3～8月。保护区位于西坡镇东坡桥至站儿巷镇马庄村河段与徽县交界处，以及支流三渡水河与陕西省凤县温江寺交界处至西坡镇三坪村嘉陵江交汇处，范围为东坡桥至马庄村之间和在陕西省温江寺至三坪村之间，总流长为47.82km。核心区在西坡镇店子村至站儿巷镇马庄村河段与徽县交界处，是由18个拐点顺次连线所围的水域。实验区有两处。第一处为嘉陵江干流西坡镇东坡桥河段至西坡镇店子村河段，是4个拐点顺次连线所围的水域；第二处为支流三渡水河与陕西省凤县温江寺交界处至西坡镇三坪村嘉陵江交汇处，是以下两个拐点顺次连线所围的水域。保护区主要保护对象是嘉陵裸裂尻鱼、多鳞铲颌鱼、重口裂腹鱼、中华裂腹鱼、中华倒刺鲃等。（附图52）

（7）甘肃宕昌国家级水产种质资源保护区

保护区总面积为3776hm²，其中核心区面积为1912hm²，实验区面积为1864hm²。核心区特别保护期为每年4月1日至9月30日。保护区位于甘肃省陇南市宕昌县境内，范围在新城子藏族乡至两河口镇之间。核心区有三处：第一处位于保护区大河坝支流，从鸭子滩至新城子藏族乡，长度为22.6km，面积为904hm²；第二处位于保护区官亭河支流，从董家坪至官亭村，长度为11.5km，面积为460hm²；第三处位于秦峪河支流，从小黄崖至秦家峪村，长度为13.7km，面积为548hm²。实验区位于岷江流域新城子藏族乡至两河口镇白龙江入口处，范围在新城子藏族乡至两河口镇之间。保护区主要保护对象为重口裂腹鱼，其他保护对象有齐口裂腹鱼、嘉陵裸裂尻鱼、赤眼鳟、多鳞铲颌鱼、大鲵、北方山溪鲵、中国林蛙、秦岭雨蛙等。（附图53）

（8）白龙江特有鱼类国家级水产种质资源保护区

保护区总面积为8979.4hm²，其中核心区面积为7363.5hm²，实验区面积为1615.9hm²。特别保护期为每年4月1日至8月31日。保护区位于甘肃省迭部县境内白龙江水系及其主要支流，地理坐标范围为33°39′~34°20′N，102°55′~104°05′E。核心区包括4个区域。第一核心区从益哇镇闹野至尼傲乡加尕，长为74.54km，面积为1174.1hm²，沿途包括：电尕镇哈里阿多壳至哇坝沟口，长为40.65km，面积为528.4hm²；资润至拉路，长为30.12km，面积为391.6hm²；卡坝乡亚惹至卡坝大庄，长为32.8km，面积为426.4hm²；尼欠曲大尕卡至安子沟桥，长为15.99km，面积为207.9hm²。第二核心区从达拉乡的森多库至达拉沟口，长为62.5km，面积为812.5hm²，沿途包括：纳考曲温泉沟至四场，长为37.64km，面积为489.3hm²；甘果至岗岭牧场，长为16.93km，面积为220.1hm²。第三核心区从腊子口镇牛路沟至桑坝沟口，长为43.26km，面积为562.4hm²，沿途包括：桑坝乡久多至桑坝沟口，长为42.9km，面积为557.7hm²；腊子口镇大拉至朱里沟口，长为9.08km，面积为118.1hm²；美路至小腊子，长为10.17km，面积为132.2hm²。第四核心区从多儿乡货毛至五场，长为65.44km，面积为850.7hm²，沿途包括：劳日果巴至多多普，长为25.67km，面积为333.7hm²；阿夏乡也布至多儿河口，长为42.95km，面积为558.4hm²。实验区从尼傲乡加尕至洛大镇的黑水沟桥，长为69.78km，面积为1465.4hm²，沿途包括桑坝沟口至代古寺，长为10.04km，面积为150.5hm²。保护区主要保护对象为重口裂腹鱼、骨唇黄河鱼，其他保护对象包括中华裂腹鱼、裸裂尻鱼、高原鳅、水獭等。（附图54）

（9）太平河闵孝河特有鱼类国家级水产种质资源保护区

保护区总面积为1460hm²，其中核心区面积为990hm²，实验区面积为470hm²，全年4~7月为核心区特别保护期。保护区地处贵州省江口县太平河河段、闵孝河河段，区域地理坐标为：太平河和闵孝河。核心区是太平河整个水域和闵孝河的金盏坪至德旺大桥河段，是由以下太平河7个拐点和闵孝河3个拐点沿河道方向顺次连线所围的水域：鹅家坳、快场、转塘、平南、太平、梭家寨、两河口、金盏坪、堰溪、德旺。实验区为以下6个拐点沿河道方向顺次连线所围的水域：德旺、红石、茶寨、闵孝、凯德、两河口。保护区主要保护对象是小口白甲鱼、黄颡鱼，其他保护对象包括泉水鱼、鲤、鳜、草鱼、鲫、马口鱼、石花鱼、虾虎鱼、花鳕、中华倒刺鲃、华鲮、大眼华鳊、细鳞斜颌鲴、土鲶、南方大口鲶、大鳍鳠、麦穗鱼等。（附图55）

（10）马蹄河鲶黄颡鱼国家级水产种质资源保护区

保护区总面积为678hm²，其中核心区面积为320hm²，实验区面积为358hm²。特别保护期为每年2月1日至7月31日。保护区位于长江上游乌江水系马蹄河贵州省德江县洗沙塘至两河口河段内。核心区从文兴到水桶口，是由以下12个拐点沿河道方向顺次连线所围的水域：文兴、观音滩、烂泥池、角口、杉树、水桶口、鲊鱼、荆角、马蹄溪、水车坝、厦阡、良家坝。实验区分为洗沙塘到文兴和水桶口到两河口前后两部分。前一部分是由以下6个拐点沿河道方向顺次连线所围的水域：洗沙塘、班竹头、黄泥塘、文兴、良家坝、七里溪。后一部分是由以下4个拐点沿河道方向顺次连线所围的水域：水桶口、两河口、望牌、鲊鱼。保护区主要保护对象是鲶、黄颡鱼，其他保护对象包括鲤、鲫、鳜、泉水鱼、泥鳅等物种。（附图56）

（11）松桃河特有鱼类国家级水产种质资源保护区

保护区总面积为529.95hm²，其中核心区面积为359.39hm²，实验区面积为170.56hm²。核心区特别保护期为每年2月1日至7月31日。保护区位于贵州省松桃苗族自治县松桃河水域，地理坐标范围为28°04′18″～28°09′14″N，108°49′59″～109°08′35″E。核心区河流长度为55.29km，位于冷水乡母猪洞至松桃河平举水电站大坝河段。实验区河流长度共计26.24km，分为三处，第一处位于松桃河干流上游大鱼泉水电站坝下至冷水乡母猪洞河段，河流长度为3.63km，水域面积为23.59hm²；第二处位于松桃河干流冷水乡木江河村至发源于冷水乡千工坪的谢沟河支流，河流长度为4.32km，水域面积为28.08hm²；第三处位于松桃河干流大路镇高车村至孟溪镇道塘水库大坝下（龙头山）平南河支流，河流长度为18.29km，水域面积为118.88hm²。保护区主要保护对象为唇鲃、鳜、鲇，其他保护对象包括小口白甲鱼、花鲭、泉水鱼、云南盘鮈、黄颡鱼、鲫、银色颌须鮈、宽鳍鱲等物种。（附图57）

（12）龙川河泉水鱼鳜国家级水产种质资源保护区

保护区总面积为503.4hm²，其中核心区面积为342hm²，实验区面积为161.4hm²。核心区特别保护期为每年3月1日至7月31日。保护区主要为龙川河27°25′19″N，108°03′15″E和27°33′53″N，108°13′24″E之间的水域，以及包溪河27°20′27″N，108°09′18″E和27°27′24″N，108°12′32″E之间的水域。核心区为龙川河的甘溪乡大川洞至汤山街道湾塘河段和支流包溪河的坪山乡包溪尧上至中坝镇的黄毛河段，是由以下龙川河5个拐点和包溪河5个拐点沿河道方向顺次连线所围的水域：龙川河的大川洞、蟒溪河、船场、黄毛、湾塘和包溪河的尧上、西边坡、猪穿孔、吊消岩和黄毛两岔河口。实验区为龙川河的汤山街道湾塘至荆竹河段：湾塘、荆竹。保护区主要保护对象为鳜、泉水鱼，其他保护对象包括鲤、鲫、七星鱼、花鲭、唇鲃、倒刺鲃、华鲮、大眼华鳊、翘嘴红鱼、细鳞斜颌鲴、泉水鱼、土鲶、南方大口鲶、小口白甲鱼、黄颡鱼等物种。（附图58）

（13）印江河泉水鱼国家级水产种质资源保护区

保护区总面积为687hm²，河流长为64km，其中核心区面积为329hm²，河流长为31km，实验区面积为358hm²，河流长为33km。核心区特别保护期为每年3月1日至7月31日。保护区位于贵州省铜仁市印江土家族苗族自治县，地理坐标范围为27°56′35″～28°05′15″N，108°19′46″～108°41′05″E。核心区位于印江河的中兴街道龙家坝至合水河段，实验区包括印江河上游合水至木黄河段和合水至张家坝河段。保护区主要保护对象是泉水鱼、黄颡鱼，其他保护对象包括鲤、草鱼、鲫、小口白甲鱼、花鲭等物种。（附图59）

（14）谢桥河特有鱼类国家级水产种质资源保护区

保护区总面积为104hm²，其中核心区面积为69.2hm²，实验区面积为34.8hm²。核心区特别保护期为每年2月1日至7月31日。保护区位于贵州省铜仁市谢桥河，保护区河流长度为25.8km，地理坐标范围为27°35′12″～27°39′34″N，108°59′25″～109°08′44″E。其中，核心区河流长度为17.3km，位于鱼塘乡新龙村杉木溪至谢桥街道楚溪村三级水电站大坝以上河段。实验区河流长度为8.5km，位于大坪乡清塘村两叉溪至鱼塘乡新龙村杉木溪河段。保护区主要保护对象为鲇、小口白甲鱼、鳜，其他保护对象包括黄颡鱼、泉水鱼、花鲭、圆筒吻鮈、华鲮、蛇鮈、宽鳍鱲、马口鱼等。（附图60）

（15）锦江河特有鱼类国家级水产种质资源保护区

保护区总面积为980hm²，其中核心区面积为600hm²，实验区面积为380hm²。特别保护期为每年3月1日至7月31日。保护区地处贵州省铜仁市锦江河段，位于长坪、坪茶、马岩河、漾头河（漾头电站）之间。核心区位于锦江河的铜岩—漾头电站河段，地理坐标范围为27°41′40″N～27°42′46″N，109°11′29″E～109°25′21″E，是由以下4个拐点沿河道方向顺次连线所围的水域：铜岩、坝皂、马岩、恶滩。实验区位于坝黄镇长坪—锦江河的铜岩河段内水域，是由以下3个拐点沿河道方向顺次连线所围的水域：坪茶、宋家坝、茅溪。保护区主要保护对象是黄颡鱼、鳜，其他保护对象包括鲤、鲫、草鱼、青虾、中华鳖等。（附图61）

（16）龙底江黄颡鱼大口鲇国家级水产种质资源保护区

保护区总面积为285.3hm²，河流长为37km，其中核心区面积为100.2hm²，河流长为13km；实验区面积为185.1hm²，河流长为24km。核心区特别保护期为每年3月1日至7月31日。保护区位于贵州省铜仁市思南县，地理坐标范围为27°40′51″～27°47′22″N，108°11′49″～108°23′36″E。核心区位于龙底江的兴隆木根洞至山羊岩河段，实验区位于龙底江的兴隆山羊岩至塘头镇的两江口河段。保护区主要保护对象是黄颡鱼、大口鲇，其他保护对象包括鲤、泉水鱼、小口白甲鱼、鳜和大鲵等物种。（附图62）

（17）乌江黄颡鱼国家级水产种质资源保护区

保护区总面积为859hm²，其中核心区面积为658hm²，实验区面积为201hm²。特别保护期为每年2月1日至8月31日。保护区位于贵州省铜仁市沿河土家族自治县思渠镇的暗溪河口至淇滩镇的沙坨大坝江段及乌江一级支流白泥河、坝坨河，地理坐标范围为28°28′46″～28°40′44″N，108°19′42″～108°31′58″E。核心区位于黎芝（新滩）至沙沱电站大坝江段、白泥河口至白泥河上游的回头弯江段、坝坨河口至坝坨河上游的照渡坝江段。实验区位于暗溪河口至黎芝（新滩）江段。保护区主要保护对象为黄颡鱼，其他保护对象包括大口鲇、中华倒刺鲃、白甲鱼、泉水鱼、铜鱼、瓣结鱼、瓦氏黄颡鱼、光泽黄颡鱼、岔尾黄颡鱼等。（附图63）

（18）潕阳河特有鱼类国家级水产种质资源保护区

保护区总面积为932hm²，其中核心区面积为498hm²，实验区面积为434hm²。特别保护期为每年4月1日至8月1日。保护区位于潕阳河的玉屏侗族自治县河段，地理坐标范围为27°11′11″～27°20′16″N，108°50′20″～109°02′28″E。核心区位于潕阳河的张家坪至抚溪河段，是由以下6个拐点沿河道方向顺次连线所围的水域：张家坪、安坪、马面坡、街上、分洲、抚溪。实验区位于潕阳河的一碗水至张家坪河段，是由以下6个拐点沿河道方向顺次连线所围的水域：一碗水、河口村、狸狮坪、龙井、红花、张家坪。保护区主要保护对象是鲶、大鳍鳠，其他保护对象包括泉水鱼、甲鱼、黄颡鱼、鲤、鳜、鲫、虾虎鱼、花鳕、马口鱼、细鳞斜颌鲴等。（附图64）

（19）翁密河特有鱼类国家级水产种质资源保护区

保护区总面积为225hm²，其中核心区面积为135hm²，实验区面积为90hm²。保护区特别保护期为每年2月1日至7月31日。保护区位于贵州省黔东南州台江县翁密河水域，河流长度为45.1km，地理坐标范围为26°28′03″～26°29′39″N，108°18′42″～108°27′33″E。核心区河流长度为27km，位于翁密河的展归至南牛大桥河段。实验区河流长度为18.1km，位于翁密河的翁密至南牛大桥河段内水域。保护区主要保护对象为黄颡鱼、鳜，其他保护对象包括鲤、青鱼、草鱼、鲢、鳙、鲫、土鲶、云南光唇鱼、鲂、鳊、南方马口鱼、鲮、鳝、白甲鱼、鳟、大鳍鳠、中华倒刺鲃、白鳝、月鳢、泥鳅、大鲵、青蛙、棘胸蛙、中华鳖、龟、贵州米虾等物种。（附图65）

（20）清水江特有鱼类国家级水产种质资源保护区

保护区总面积为480hm²，其中核心区面积为180hm²，实验区面积为300hm²。核心区特别保护期为每年2月1日至6月30日。保护区位于贵州省剑河县清水江，地理坐标范围为26°44′10″～26°47′13″N，108°25′04″～108°30′08″E，河流长度为16km。核心区河流长度为6km，从五河至建新嵩本。实验区河流长度为10km，从建新嵩本至下岩寨。保护区主要保护对象是黄颡鱼、大鳍鳠、鳜，其他保护对象包括白甲鱼、大口鲶、中华倒刺鲃、岩原鲤、青鱼、草鱼、鲫等物种。（附图66）

（21）六冲河裂腹鱼国家级水产种质资源保护区

保护区总面积为613.3hm²，其中核心区面积为243.9hm²，实验区面积为369.4hm²。核心区特别保护期为每年2月1日至7月31日。保护区位于贵州省六冲河赫章县河段，东至麻布河夹岩水库尾水，西至老鹰山，南至猪爬岩，北至笔架山大坪子，地理坐标范围为27°09′10″～27°13′04″N，104°45′29″～104°51′58″E。核心区是六冲河纵鱼舸至徐家河边河段，是由以下拐点沿河道方向顺次连线所围的区域：纵鱼舸、双河、徐家河边。实验区范围为徐家河边至麻布河段，是由以下拐点沿河道方向顺次连线所围的区域：徐家河边、发香河、麻布河。保护区主要保护对象为昆明裂腹鱼和四川裂腹鱼，其他保护对象包括鲈鲤、马口鱼、白甲鱼、黄颡鱼、四川爬岩鳅等。（附图67）

（22）油杉河特有鱼类国家级水产种质资源保护区

保护区总面积为 305.26hm²，其中核心区面积为 81.74hm²，实验区面积为 223.52hm²。特别保护期为每年 4 月 1 日至 7 月 31 日。保护区位于长江上游乌江水系油杉河贵州省大方县猫猫沟二至玄心店一河段，全长为 27km，地理坐标范围为 27°22′11″～27°33′01″N，105°53′14″～105°58′20″E。核心区从响水河一到两岔河二河段，是由以下 8 个拐点沿河道方向顺次连线所围的水域：响水河二、小水沟、两岔河二、两岔河一、野猪塘、三岔河、后河、响水河一。实验区分为猫猫沟二到响水河二河段和两岔河一到玄心店一河段两部分。前一部分是由以下 6 个拐点沿河道方向顺次连线所围的水域：猫猫沟二、响水河二、响水河一、山王庙、小路沟、猫猫沟一。后一部分是由以下 4 个拐点沿河道方向顺次连线所围的水域：两岔河一、玄心店一、玄心店二、两岔河二。保护区主要保护对象是黄颡鱼、白甲鱼，其他保护对象包括鲈鲤、裂腹鱼、鲤、草鱼、鲫、飘鱼、鲶等物种。（附图 68）

（23）芙蓉江大口鲶国家级水产种质资源保护区

保护区总面积为 1847hm²，其中核心区面积为 1282hm²，实验区面积为 565hm²。特别保护期为每年 2 月 1 日至 6 月 30 日。保护区位于贵州省遵义市道真仡佬族苗族自治县芙蓉江，地理坐标范围为 28°38′13″～28°59′33″N，107°34′54″～107°48′29″E，河流长度为 47.6km。核心区河流长度为 32.4km，从角木塘到元滩；实验区河流长为 15.2km，从石院子到角木塘。保护区主要保护对象是大口鲶，其他保护对象包括白甲鱼、瓣结鱼、马口鱼、南方白甲鱼、岩原鲤、中华倒刺鲃等。（附图 69）

（24）芙蓉江特有鱼类国家级水产种质资源保护区

保护区总面积为 220hm²，其中核心区面积为 139hm²，实验区面积为 81hm²。特别保护期为每年 2 月 1 日至 7 月 31 日。保护区位于贵州省绥阳县境内芙蓉江水域，地理坐标范围为 28°05′32″～28°12′37″N，107°02′31″～107°22′54″E。核心区从茅垭镇茅垭村开始，经旺草镇到温泉镇朱老村，核心区河流总长为 46.6km。实验区总长为 25km，分为两段：第一段范围为枧坝镇杉木箐村至茅垭镇茅垭村河段；第二段范围为茅垭镇中坪村至茅垭村河段。保护区主要保护对象为四川裂腹鱼、鲈鲤、中华倒刺鲃、大口鲇、青鱼、草鱼、鲢、鳙、鲤、鲫、黄颡鱼、白甲鱼、白条鱼、云南光唇鱼、大鳍鳠等。（附图 70）

（25）马颈河中华倒刺鲃国家级水产种质资源保护区

保护区总面积为 168hm²，其中核心区面积为 88hm²，实验区面积为 80hm²。特别保护期为每年 2 月 1 日至 8 月 31 日。保护区位于贵州省遵义市务川仡佬族苗族自治县洪渡河及支流马颈河，地理坐标范围为 28°39′34″～28°50′38″N，107°55′23″～107°58′12″E，河流长度为 42km。核心区马颈河河流长度为 22km，从小泉至长脚滩；实验区洪渡河河流长为 20km，从梅林峡谷至小江口。保护区主要保护对象是中华倒刺鲃，其他保护对象包括南方大口鲶、黄颡鱼、白甲鱼、泉水鱼、墨头鱼、宽鳍鱲等。（附图 71）

（26）龙江河光倒刺鲃国家级水产种质资源保护区

保护区总面积为254.3hm²，其中核心区面积为130.1hm²，实验区面积为124.2hm²。保护区特别保护期为每年2月1日至6月30日。保护区位于贵州省黔东南苗族侗族自治州岑巩县龙田镇和平庄镇境内龙江河干流和支流路溪河河段，地理坐标范围为27°17′27″～27°27′05″N，108°27′25″～108°35′21″E。核心区位于龙田镇老鹰岩水库坝上至龙田镇路溪村之间的龙江河干流河段，河长约15.3km。实验区有两部分：第一部分位于龙田镇总院村至龙田镇路溪村之间的龙江河干流河段，河长约8.4km；第二部分位于龙田镇万记号至平庄镇石门坎水库坝下之间的支流路溪河河段，河长约21.1km。保护区主要保护对象为光倒刺鲃，其他保护对象包括黄颡鱼、白甲鱼、鲤、鲫、光唇鱼、唇䱻、鳜等。（附图72）

（27）龙江河裂腹鱼国家级水产种质资源保护区

保护区总面积为189hm²，其中核心区面积为55hm²，实验区面积为134hm²。保护区特别保护期为每年2月1日至7月31日。保护区位于贵州省黔东南苗族侗族自治州镇远县都坪镇和羊场镇境内的龙江河干流及支流河段，地理坐标范围为27°13′08″～27°18′42″N，108°14′59″～108°26′57″E。核心区有三部分：第一部分位于路腊村鱼潜河至羊场镇高过河坝上之间的河段；第二部分位于龙江河干流老幼屯至都坪镇天印村龙洞河汇入口之间的河段；第三部分位于支流小坝村无底潭至老幼屯之间的河段。实验区有两部分：第一部分位于龙江河干流羊场镇高过河坝上至老幼屯之间的河段；第二部分位于都坪镇天印村龙洞河汇入口至都坪镇的地花村之间的河段。保护区主要保护对象为齐口裂腹鱼和黄颡鱼，其他保护对象包括白甲鱼、鲤、鲫、光唇鱼、唇䱻、鳜等。（附图73）

（28）舞阳河黄平段瓦氏黄颡鱼国家级水产种质资源保护区

保护区总面积为160hm²，其中核心区面积为89hm²，实验区面积71hm²。保护区特别保护期为每年3月1日至7月31日。保护区位于贵州省黔东南苗族侗族自治州黄平县新州镇良田村至旧州镇之间的舞阳河水域，地理坐标范围为26°57′46″～27°02′43″N，107°44′23″～107°54′22″E。核心区位于新州镇良田村至旧州镇川心堡村龙王角之间的河段。实验区位于旧州镇川心堡村龙王角至舞阳湖水库坝下何家榜村之间的河段。保护区主要保护对象为瓦氏黄颡鱼，其他保护对象包括大口鲇、斑鳜、泥鳅、马口鱼和宽鳍鱲等。（附图74）

（29）仪陇河特有鱼类国家级水产种质资源保护区

保护区总面积为977hm²，其中核心区面积为587hm²，实验区面积为390hm²。特别保护期为全年。保护区位于四川省仪陇县铜鼓乡严家村五社桥、五福镇笋店村桥至双胜镇钟鸣村龙岗河桥之间，地理坐标范围为31°19′40″～31°25′47″N，106°24′40″～106°26′07″E，河流全长为51km。核心区为赛金镇潮水坝村桥至双胜镇钟鸣村龙岗河桥，河流长为28km。核心区东岸是铜鼓乡五通嘴村，五福镇黄家村、笋壳店村，赛金镇雷家坝村、芝兰坝村、灯台山村、干坝子村、龙背梁村、潮水坝村，双胜镇王家庄村、玉龙村、白鹤村、龙王庙村、金狮村；西岸是铜鼓乡严家桥村、常家营村、响滩子村、金锅场村，赛金镇五佛寺村、高家坝村、杨二坝村、石梁子村、双胜镇新民村、火红村、黄连坝村、任家庵村、竞赛村、钟鸣村。实验区范围为铜鼓乡严家村五社桥、五福镇笋店村桥至赛金镇潮水坝村桥，河流长为23km。保护区主要保护对象为中华鳖、乌龟，其他保护对象为南方大口鲶、鳜、黄颡鱼、乌鳢、鲤、鲫等。（附图75）

（30）李家河鲫鱼国家级水产种质资源保护区

保护区总面积为492hm²，其中核心区面积为230hm²，实验区面积为262hm²。特别保护期为全年。保护区位于西充县境内，属嘉陵江右岸西河支流紫岩河上游，当地称李家河，地理坐标范围为31°07′30″～31°12′05″N，105°54′01″～105°59′27″E。核心区范围为：李桥乡张家庵村—李桥乡—金源乡新民村，长为30km。实验区范围为：关文镇红岩水库大坝—关文镇南山桥渡槽—杜家坝村—李桥乡张家庵村，长为20km。保护区主要保护对象为鲫、中华鳖，其他保护对象包括黄鳝、黄颡鱼、鲤等。（附图76）

（31）构溪河特有鱼类国家级水产种质资源保护区

保护区总面积为1420hm²，其中核心区面积为850hm²，实验区面积为570hm²。特别保护期为全年。保护区位于四川省阆中市境内，属嘉陵江支流构溪河，地理坐标范围为31°21′51″～31°50′54″N，105°40′59″～106°28′35″E。保护区自上游至下游依次由龙泉镇与苍溪县交界处龙泉场、千佛镇千佛河、扶农乡罗家沱、河溪街道河家坝四个拐点的构溪河组成，全长为79km。核心区为石滩镇石滩场经扶农乡罗家沱至河溪街道河家坝的河段，长为45km。实验区为龙泉镇龙泉场经千佛镇千佛河至石滩镇石滩场的河段，长为34km。保护区主要保护对象为中华倒刺鲃、四川白甲鱼、中华鳖、鳜、南方大口鲶、黄颡鱼，其他保护对象包括鲤、鲫、乌龟、黄鳝、泥鳅等。（附图77）

（32）濛溪河特有鱼类国家级水产种质资源保护区

保护区总面积为232hm²，其中核心区面积为168hm²，实验区面积为64hm²。特别保护期为全年。保护区地处四川省资中县沱江主要支流濛溪河，河流全长为37km，位于29°34′～30°24′N，104°27′～105°07′E，由大濛溪河从双龙镇黄潭井与小濛溪河从龙江镇清泉洞向下游至双龙镇两河口汇合，再至濛溪河重龙镇章渔箭。核心区河流位于大濛溪河至濛溪河，长为21km，是由以下9个拐点沿河道方向顺次连线所围的水域：双龙镇黄潭井、双龙镇田家沟、双龙镇柏树湾、马鞍镇樊家湾、马鞍镇谷堂湾、马鞍镇何家坳、双龙镇两河口、狮子镇岩沟滩、重龙镇章渔箭。实验区河流位于小濛溪河，长为16km，是由以下5个拐点沿河道方向顺次连线所围的水域：龙江镇清泉洞、马鞍镇麻柳滩、马鞍镇龙洞庵、狮子镇老沉沱、双龙镇两河口。保护区主要保护对象是南方大口鲶，其他保护对象包括鳜、鲫、黄颡鱼、中华鳖、中华倒刺鲃等。（附图78）

（33）龙潭河特有鱼类国家级水产种质资源保护区

保护区总面积为701hm²，其中核心区面积为184hm²，实验区面积为517hm²。特别保护期为全年。保护区位于四川省万源市境内，属渠江水系的中河，在万源市境内称为龙潭河，全长为61km，地理坐标范围为31°44′24.1″N～31°54′34″N，108°05′09.7″E～108°19′51.7″E。保护区自上游至下游依次由八台镇高家河坝、八台镇张公坝、八台镇干坝子河、旧院镇青龙咀、井溪镇杉树梁、井溪镇柳树坝、固军镇水车坝七个拐点的龙潭河及支流组成。核心区为从八台镇高家河坝经旧院镇走马坝至旧院镇四平村的龙潭河干流，长为16km。实验区分为四段，第一段是从旧院镇四平村至固军镇水车坝的龙潭河干流，长为20km；第二段是从井溪镇杉树梁至四平村入龙潭河口的刘家坝河，长为8km；第三段是从井溪镇柳树坝至新场入龙潭河口的井溪河，长为5km；第四段是从旧院镇青龙咀至桅杆岭入龙潭河口的旧院河，长为12km。保护区主要保护对象为中华裂腹鱼、重口裂腹鱼、中华纹胸鳅、白缘鉠、黑尾鉠、大鲵，其他保护对象包括中华鳖、中华倒刺鲃、南方大口鲶、鳜、大鳍鳠等。（附图79）

（34）南河白甲鱼瓦氏黄颡鱼国家级水产种质资源保护区

保护区总面积为370hm²，其中核心区面积为160hm²，实验区面积为210hm²。特别保护期为全年。保护区位于广元市利州区境内，属嘉陵江左岸一级支流南河，地理坐标范围为32°19′28.14″～32°30′51.81″N，105°50′12.4″～106°06′32.01″E。保护区自上游至下游依次由峡里、平基村、板桥村、双流堰拦河坝4个拐点所围的南河组成，全长为47km，流经：南河干流荣山镇小河口河汇口至大石镇双流堰拦水坝；支流鱼洞河峡里经高坑村至荣山镇小河口河汇口；支流小河口河板桥村至荣山镇小河口汇口及其支沟。核心区全长为20km，范围为：支流鱼洞河高坑村至小河口河汇口，长为4km；南河干流小河口河汇口至双流堰拦水坝，长为16km。实验区全长为27km，范围为：支流鱼洞河峡里至高坑村，长为16km；小河口河板桥村至小河口汇口及其支沟，长为11km。保护区主要保护对象为白甲鱼、瓦氏黄颡鱼，其他保护对象为中华裂腹鱼、南方鲇、中华倒刺鲃、鳜等。（附图80）

（35）清江河特有鱼类国家级水产种质资源保护区

保护区总面积为721hm²，其中核心区面积为546hm²，实验区面积为175hm²。特别保护期为全年。保护区位于青川县境内，属嘉陵江右岸二级支流青竹江上游，又称清江河，地理坐标范围为32°25′01.84″～32°34′45.28″N，104°45′22.71″～105°00′14.13″E。保护区自上游至下游依次由关毛顶、竹林坝、关虎村、大毛坡、畜牧沟、苦场坝6个拐点所围的清江河组成。保护区全长为157km，流经：清江河上游青溪镇关虎村经清溪场镇至三锅镇苦场坝；支流南河青溪镇关毛顶至清溪场镇；支流西阳河三锅镇大毛坡至苦场坝；支流东阳河三锅镇畜牧沟至苦场坝。核心区全长为82km，范围为：清江河青溪镇关虎村至三锅镇苦场坝，长为60km；支流西阳河三锅镇大毛坡至苦场坝，长为22km。实验区全长为75km，范围为：支流南河青溪镇关毛顶至清溪场镇，长为50km；支流东阳河三锅镇畜牧沟至苦场坝，长为25km。保护区主要保护对象为重口裂腹鱼、齐口裂腹鱼、大鲵等，其他保护对象包括中华倒刺鲃、四川白甲鱼、鲇、瓦氏黄颡鱼、洛氏鱲等。（附图81）

（36）硬头河特有鱼类国家级水产种质资源保护区

保护区总面积为729hm²，其中核心区面积为329hm²，实验区面积为400hm²。特别保护期为全年。保护区位于广元市昭化区境内，属嘉陵江左岸东河支流硬头河上游，地理坐标范围为32°03′18.1″～32°15′53.7″N，105°50′19.2″～105°54′57.1″E。保护区自上游至下游依次由紫云水库坝址、梅树乡潜力村和平塘、柏林湖冯家坪、柏林湖马蹄滩4个拐点所围的硬头河组成，全长为70km，流经：硬头河上游紫云水库坝址经卫子镇至白马寺；支流石堰河梅树乡潜力村和平塘至卫子镇；柏林湖西起冯家坪，东至马蹄滩，北至白马寺。核心区全长为50km，范围为：硬头河上游紫云水库坝址至白马寺，长为34km；支流石堰河梅树乡潜力村和平塘至卫子镇，长为16km。实验区全长为20km，范围为：柏林湖西起冯家坪，东至马蹄滩，北至白马寺。保护区主要保护对象为翘嘴鲌、南方鲇，其他保护对象为中华倒刺鲃、四川白甲鱼、瓦氏黄颡鱼等。（附图82）

（37）西河剑阁段特有鱼类国家级水产种质资源保护区

保护区总面积为900hm²，其中核心区面积为350hm²，实验区面积为550hm²。特别保护期为全年。保护区位于剑阁县境内，属嘉陵江右岸一级支流西河上游，全长为90km，地理坐标范围为31°40′19.38″～31°59′20.92″N，105°129.51″～105°30′57.37″E。核心区范围为：东宝镇迎春村五家河—东宝镇场镇—武连镇场镇—正兴乡场镇—正兴乡龙虎村九个洞，长为40km。实验区范围为：正兴乡龙虎村九个洞—开封镇场镇—国光乡寨山村卧牛石—迎水乡双龙场—广坪乡小河村小河桥—吼狮乡龙角村弯角堰—柘坝乡大桥，长为50km。保护区主要保护对象为乌鳢、翘嘴鲌，其他保护对象包括中华鳖、乌龟、岩原鲤、大鲵、南方鲇、蒙古鲌、鳜、中华倒刺鲃、黄颡鱼、鲤、鲫等。（附图83）

（38）插江国家级水产种质资源保护区

保护区总面积为579hm²，其中核心区面积为264hm²，实验区面积为315hm²。保护区特别保护期为全年。保护区位于苍溪县境内东河元坝镇河段及支流插江，地理坐标范围为31°49′43″～32°06′52″N，105°59′05″～106°04′39″E。保护区全长为55km，流经：插江雍河场—清水寺—龙王场—两河场—三川场—石门场—插江口，东河元坝镇老旋沱—插江口—元坝场。核心区长为27km，范围为插江龙王场—两河场—三川场—石门场—插江口。实验区长为28km，分为两段：第一段为插江雍河场—清水寺—龙王场，长为20km，面积为75hm²；第二段为东河元坝镇老旋沱—插江口—元坝场，长为8km，面积为240hm²。保护区主要保护对象为中华鳖、岩原鲤、黄颡鱼。（附图84）

（39）焦家河重口裂腹鱼国家级水产种质资源保护区

保护区总面积为1419hm²，其中核心区面积为618hm²，实验区面积为801hm²。特别保护期为全年。保护区位于巴中市南江县境内，属嘉陵江左岸支流东河上游，当地称焦家河，地理坐标范围为32°37′55″～32°43′01″N，106°40′58″～106°58′34″E。保护区全长为71.3km，流经：光雾山镇映水坝—桃园寺—光雾山镇—两河口—白头滩，支流韩溪河截贤驿—两河口，支流铁炉坝—光雾山镇，支流魏家坝—桃园寺。核心区全长为31km，包括两段：光雾山镇—白头滩，长为 25km；支流截贤驿—两河口，长为 6km。实验区全长为 40.3km，包括三段：映水坝—光雾山镇，长为 21.3km；支流铁炉坝—光雾山镇，长为 11km；支流魏家坝—桃园寺，长为 8km。保护区主要保护对象为重口裂腹鱼、大鲵、龙洞山溪鲵、南江角蟾，其他保护对象包括南方鲇、鳜、黄颡鱼、中华倒刺鲃、白甲鱼、华鲮、鲤、鲫等。（附图 85）

（40）大通江河岩原鲤国家级水产种质资源保护区

保护区总面积为 979.5hm²，其中核心区面积为 700hm²，实验区面积为 279.5hm²。核心区特别保护期为全年。保护区位于四川省通江县大通江河兴隆镇浴溪村二社九浴溪大桥至永安镇碧溪七村一社碧溪水文站、支流月滩河瓦室镇长胜大桥至瓦室镇长胜四村一社石洞口之间，地理坐标范围为 32°05′~32°12′N，107°14′~107°20′E。保护区河流全长为 28km，其中碧溪水文站—瓦室镇一村一社清滩为实验区，长为 8km；其余河段为核心区，长为 20km。保护区东岸是浴溪乡浴池岭村，瓦室镇雨花村、桂花村、钟林村、笔架村，烟溪镇烟溪沟村、向家营村，永安镇碧溪村；西岸是瓦室镇南跃村、岗岭村、九龙村，烟溪镇罗张窝村。保护区主要保护对象为岩原鲤、中华鳖、华鲮等。（附图 86）

（41）恩阳河中华鳖国家级水产种质资源保护区

保护区总面积为 765hm²，其中核心区面积为 525hm²，实验区面积为 240hm²。特别保护期为全年。保护区位于巴中市巴州区境内，属渠江上游支流恩阳河，地理坐标范围为 31°42′50″~31°50′16″N，106°36′24″~106°47′11″E。保护区全长为 35km，流经：恩阳镇韩渡村毛水口—恩阳镇小观村琵琶滩—三江镇天马山村鳖溪河口；支流鳖溪河三星乡梓童村三角潭—三江镇天马山村鳖溪河口。核心区包括两段：恩阳河恩阳镇小观村琵琶滩—三江镇天马山村鳖溪河口，长为 18km；支流鳖溪河三星乡梓童村三角潭—三江镇天马山村鳖溪河口，长为 5km。实验区范围为恩阳镇韩渡村毛水口—恩阳镇小观村琵琶滩，长为 12km。保护区主要保护对象为中华鳖、岩原鲤，其他保护对象包括乌龟、鳜、南方鲇、黄颡鱼、中华倒刺鲃、白甲鱼、华鲮、鲤、鲫等。（附图 87）

（42）通河特有鱼类国家级水产种质资源保护区

保护区位于青海省海北州大通河流域。保护区总面积为 709 390hm²，其中核心区面积为 458 490hm²，实验区面积为 250 900hm²。核心区特别保护期为全年。核心区位于大通河上游和中游干流流域；实验区包括大通河的支流老虎沟、永安河河段和特有鱼类自然产卵场（支流、湖泊、沼泽）。保护区主要保护对象为拟鲶高原鳅、厚唇裸重唇鱼、花斑裸鲤和黄河裸裂尻鱼，其他保护对象包括黄河高原鳅、拟硬刺高原鳅等。（附图 88）

（43）平通河裂腹鱼类国家级水产种质资源保护区

保护区位于四川省平武、北川羌族自治县、江油市境内的平通河干流及支流平南河，地理坐标范围为 31°43′17″~32°10′55″N，104°19′08″~104°43′40″E，包括平通河干流平武县宽坝林场—豆叩镇—平通镇新元村—北川县桂溪镇—江油市大康镇大康大桥—彰明镇班竹园涪江汇合口，以及支流平南河平武县平南乡—平通羌族乡镇新元村，全长为 160km。

保护区总面积为1919hm²，其中核心区面积为1139hm²，实验区面积为780hm²。保护区特别保护期为全年。核心区长为95km，分为两段：第一段为平通河源头平武县宽坝林场—豆叩羌族乡，长为54km，面积为647.7hm²；第二段为平通河平武县平通羌族乡新元村—江油市大康镇大康大桥，长为41km，面积为491.7hm²。实验区长为65km，分为三段：第一段为平通河平武县豆叩羌族乡—平通羌族乡新元村，长为10km，面积为119.9hm²；第二段为支流平南河平武县平南乡—平通羌族乡新元村，长为30km，面积为359.8hm²；第三段为平通河江油市大康镇大康大桥—彰明镇班竹园涪江汇合口，长为25km，面积为299.8hm²。保护区主要保护对象为重口裂腹鱼、中华裂腹鱼、细痣疣螈、大鲵、青石爬鮡、黄石爬鮡、刺鲃，其他保护对象包括鳖、壮体鮡、前臀鮡、华鲮、大鳍鳠、黄颡鱼、鲤、鲫、鳜等。（附图89）

（44）梓江国家级水产种质资源保护区

保护区地处四川省绵阳市盐亭县的梓江河段，地理坐标范围为31°15′50″～31°25′18″N，105°12′50″～105°19′10″E。保护区全长为55km，流经鹅溪镇安家小河子—高渠镇章邦大桥—两河镇新民村。保护区总面积为800hm²，其中核心区面积为420hm²，实验区面积为380hm²。特别保护期为全年。其中，安家小河子—章邦大桥为核心区，长为38km，核心区范围为10个拐点沿河道方向顺次连线所围的水域：鹅溪镇安乐村—鹅溪镇裕荣村—岐伯镇川石村—岐伯镇镇江村—岐伯镇麟亭村—岐伯镇石船村—高渠镇觉灵村—高渠镇群乐村—高渠镇高渠村—高渠镇石宝村。实验区长为17km，范围为章邦大桥—两河新民村，是由6个拐点沿河道方向顺次连线所围的水域：高渠镇解放村—两河镇高团村—两河镇五一村—两河镇林场村—两河镇白虎村—两河镇新民村。保护区主要保护对象为鳜、黄颡鱼、中华倒刺鲃，其他保护对象包括翘嘴鲌、乌鳢、细鳞斜颌鲴、鲤、鲫等。（附图90）

（45）凯江国家级水产种质资源保护区

保护区位于三台县境内凯江及其支流草帽河、绿豆河，地理坐标范围为30°59′33″～31°04′52″N，104°50′03″～105°04′15″E，全长为162.85km，流经：凯江凯河镇燕子崖—凯河镇高崖寺—古井镇—草帽河口—古井镇心妙场口—乐安镇硫磺沟—乐安镇叶家河—潼川镇平渡村；支流草帽河西平镇新观音—西平镇—古井镇—草帽河口；支流绿豆河鲁班镇徐家桥—古井镇—断石乡—绿豆河口。保护区总面积为660.93hm²，其中核心区面积为313.01hm²，实验区面积为347.92hm²。保护区特别保护期为全年。核心区长为26.15km，范围为凯江凯河镇活力村燕子崖—凯河镇高崖寺—草帽河口—古井镇心妙场口。实验区长为136.7km，分为三段：第一段为凯江古井镇心妙场口—乐安镇硫磺沟—乐安镇叶家河—潼川镇平渡村，长为15.7km，面积为187.92hm²；第二段为草帽河西平镇新观音—草帽河口，长为31.8km，面积为38hm²；第三段为绿豆河鲁班镇徐家桥—绿豆河口，长为89.2km，面积为122hm²。保护区主要保护对象为鳜、黄颡鱼、中华倒刺鲃，其他保护对象为南方鲇、四川白甲鱼、鲤、鲫等。（附图91）

（46）郪江黄颡鱼国家级水产种质资源保护区

保护区总面积为520hm²，其中核心区面积为400hm²，实验区面积为120hm²。核心区特别保护期为全年。保护区位于四川省遂宁市大英县的郪江江段，地处四川盆地东中部腹心地带，全长为65km，从起点到终点依次经过：象山镇—蓬莱镇—隆盛镇—回马镇。核心区位于象山镇凤阳村—蓬莱镇火井村和隆盛镇黄腊溪村—郪江末端（回马镇双江社区）；实验区位于蓬莱镇火井村—隆盛镇黄腊溪村，长为15km。保护区主要保护对象为黄颡鱼、鳜、中华鳖，其他保护对象包括大口鲶、乌鳢、鲫等。（附图92）

（47）嘉陵江岩原鲤中华倒刺鲃国家级水产种质资源保护区

保护区位于四川省广安市武胜县境内的嘉陵江秀观音至下观音沟段，全长为35km，东岸是：旧县—中心—真静—铜鼓沱，西岸是：中心—清平—南溪—下观音。保护区总面积1400hm²，其中核心区面积为600hm²，实验区面积为800hm²。核心区特别保护期为全年。核心区位于青滩嘴至何家溪段，长为15km；实验区分为两段：第一段位于秀观音至青滩嘴段，长为15km；第二段位于何家溪段至下观音沟段，长为5km。保护区主要保护对象为岩原鲤、中华倒刺鲃，其他保护对象包括胭脂鱼、白甲鱼、大口鲶、黄颡鱼、鲤等。（附图93）

（48）大洪河国家级水产种质资源保护区

保护区位于邻水县境内大洪河，地理坐标范围为30°07′20″～30°21′55″N，106°59′48″～107°13′22″E。保护区全长为55.4km，流经大洪河兴仁镇场镇—兴仁镇—石滓镇—八耳镇—复盛镇—丰禾镇—九龙镇—丰禾镇碚公嘴。保护区总面积为980hm²，其中核心区面积为534hm²，实验区面积为446hm²。保护区特别保护期为全年。核心区长为35km，范围为石滓镇大桥—石滓镇八号桥—复盛镇石船湾—丰禾镇鱼鳞滩—丰禾镇邹石滩。实验区长为20.4km，分为两段：第一段为兴仁镇场镇—兴仁镇伏耳岩—石滓镇大桥，长为15.4km，面积为406hm²；第二段由丰禾镇邹石滩、九龙镇打鼓山、丰禾镇石树、丰禾镇双庙子、丰禾镇碚公嘴五个拐点所围的大洪湖水域组成，长为5km，面积为40hm²。保护区主要保护对象为中华倒刺鲃、大鳍鳠，其他保护对象包括团头鲂、长春鳊、鳜、南方鲇、岩原鲤、黄颡鱼、鲤、鲫、翘嘴鲌、白甲鱼等。（附图94）

（49）渠江黄颡鱼白甲鱼国家级水产种质资源保护区

保护区全长65km，位于四川省广安市广安区境内，地理坐标范围为30°18′～30°50′N，106°32′～107°03′E。保护区总面积为1299.3hm²，其中核心区面积为383.8hm²，实验区面积为915.5hm²。核心区特别保护期为全年。核心区位于肖溪镇南溪村—白马乡洪江村，长为19.2km。实验区位于肖溪镇勤劳村—肖溪镇南溪村（实验区第一段）和白马乡洪江村—大龙镇光华村（实验区第二段），全长为45.8km。保护区主要保护对象为黄颡鱼、白甲鱼，其他保护对象包括长薄鳅、大鳍鳠、长春鳊、岩原鲤、中华倒刺鲃、南方大口鲶、鳜、细鳞斜颌鲴、华鲮、翘嘴红鲌、乌鳢、鲤、鲫等。（附图95）

（50）渠江岳池段长薄鳅大鳍鳠国家级水产种质资源保护区

保护区位于四川省广安市岳池县境内，属渠江干流。地理坐标范围为30°17′35″～30°21′53″N，106°32′58″～106°39′46″E。保护区自上游至下游依次由中和镇杨柳溪、中和镇林水寺、罗渡镇富流滩、伏龙镇大界溪、罗渡镇打铁口、罗渡镇丹溪口6个拐点所围的渠江组成。保护区全长为33.6km，流经中和镇杨柳溪、中和镇林水寺、罗渡镇富流滩、伏龙镇大界溪、罗渡镇打铁口、罗渡镇丹溪口。保护区总面积为1307hm²，其中核心区面积为536hm²，实验区面积为771hm²。特别保护期为全年。核心区长为14km，范围为：罗渡镇富流滩—伏龙镇大界溪—罗渡镇打铁口。实验区全长为19.6km，分为两段：上游段为中和镇杨柳溪—中和镇林水寺—罗渡镇富流滩，长为16.4km；下游段为罗渡镇打铁口—罗渡镇丹溪口，长为3.2km。保护区主要保护对象为长薄鳅、大鳍鳠，其他保护对象包括岩原鲤、白甲鱼、华鲮、黄颡鱼、中华倒刺鲃、南方鲇、鳜、胭脂鱼、鲤、鲫等。（附图96）

（51）后河特有鱼类国家级水产种质资源保护区

保护区位于四川省宣汉县境内，属渠江水系的后河，地理坐标范围为31°31′59″～31°39′16″N，107°42′56″～107°46′58″E。保护区自上游至下游依次由毛坝大水荡村高落关、毛坝大水荡村灯笼扁、毛坝老街溪口、毛坝弹子村小胡岸、胡家镇跳河村陈家嘴、胡家镇堰沟村黄家湾、普光镇巴人村樊家湾、普光镇铜坎村铜坎洞、普光镇巴人村鸭嘴九个拐点的后河组成，流经毛坝镇、胡家镇、普光镇，全长为56km。保护区总面积为840hm²，其中核心区面积为320hm²，实验区面积为520hm²。保护区特别保护期为全年。核心区为毛坝镇大水荡至胡家镇跳河的河段，长为25km。实验区分为两段：第一段为毛坝大水荡村灯笼扁至毛坝镇大水荡，长为7km；第二段为胡家镇跳河至普光镇巴人村鸭嘴，长为24km。保护区主要保护对象为岩原鲤、南方大口鲶、黄颡鱼、华鲮、中华鳖、中华倒刺鲃，其他保护对象包括鳜、中华裂腹鱼、重口裂腹鱼、大鳍鳠、白缘𫚉、黑尾𫚉等。（附图97）

（52）巴河岩原鲤华鲮国家级水产种质资源保护区

保护区位于四川省达州市渠县境内，属渠江上游巴河，地理坐标范围为31°02′45″～31°11′44″N，107°06′53″～107°11′30″E。保护区自上游至下游依次由文崇镇石弯村孔溪口、报恩乡大溪村大溪口、丰乐镇黎明村、三汇镇三溪村三溪滩、三汇镇石佛村石佛滩五个拐点所围的巴河组成，全长为34km，流经文崇镇石弯村孔溪口—文崇镇—报恩乡大溪村大溪口—文崇镇台山村地滩河—丰乐镇黎明村—三汇镇三溪村三溪滩—三汇镇鹞子寨—三汇镇石佛村石佛滩。保护区总面积为1278hm²，其中核心区面积为702hm²，实验区面积为576hm²。特别保护期为全年。核心区范围为：文崇镇台山村地滩河—丰乐镇黎明村—三汇镇三溪村三溪滩—三汇镇鹞子寨—三汇镇石佛村石佛滩，长为18.5km。实验区范围为：文崇镇石弯村孔溪口—文崇镇—报恩乡大溪村大溪口—文崇镇台山村地滩河，长为15.5km。保护区主要保护对象为岩原鲤、华鲮，其他保护对象包括南方鲇、中华鳖、鳜、中华倒刺鲃、黄颡鱼、白甲鱼等。（附图98）

（53）岷江长吻鮠国家级水产种质资源保护区

保护区位于乐山市市中区和眉山市青神县境内，属岷江干流及支流金牛河，地理坐标范围为 29°40′59.75″～29°46′04.86″N，103°43′16.99″～103°48′12.84″E。保护区自上游至下游依次由青神县罗波乡龙泉坝、西坝、宝镜沱、乐山市市中区悦来镇毛码头、李河坝、荔枝湾 6 个拐点所围的岷江干流及支流金牛河组成。保护区全长为 33km，流经：岷江青神县罗波乡龙泉坝—汉阳镇—罗波乡金沙坪汇口—乐山市市中区悦来乡鱼窝村—悦来乡毛码头—悦来乡李河坝—悦来乡荔枝湾，长为 26km；支流金牛河青神县罗波乡西坝—罗波乡宝镜沱—罗波乡金沙坪汇口，长为 7km。保护区总面积为 815hm²，其中核心区面积为 615hm²，实验区面积为 200hm²。特别保护期为全年。核心区长为 20.5km，范围为：岷江青神县汉阳镇—乐山市市中区悦来镇鱼窝村—毛码头—李河坝，其中青神县段长为 5km，面积为 150hm²；乐山市市中区段长为 15.5km，面积为 465hm²。实验区全长为 12.5km，分为三段：岷江青神县罗波乡龙泉坝—青神县汉阳镇，长为 3km，面积为 90hm²；岷江乐山市市中区悦来镇李河坝—荔枝湾，长为 2.5km，面积为 75hm²；支流金牛河青神县罗波乡西坝—宝镜沱—金沙坪汇口，长为 7km，面积为 35hm²。保护区主要保护对象为长吻鮠、南方鲇、瓦氏黄颡鱼等，其他保护对象包括中华倒刺鲃、长薄鳅、大鳍鳠、鳜等。（附图 99）

（54）濑溪河翘嘴鲌蒙古鲌国家级水产种质资源保护区

保护区位于泸县境内，属长江左岸沱江支流濑溪河流域，地理坐标范围为 29°02′25.53″～29°17′01.71″N，105°21′24.91″～105°28′16.59″E。保护区范围为濑溪河方洞镇接滩—方洞镇天钟寺—福集镇万田—福集镇—牛滩镇—牛滩镇小石磊，全长为 58km。保护区总面积为 1880hm²，其中核心区面积为 520hm²，实验区面积为 1360hm²。特别保护期为全年。核心区范围为方洞镇接滩至福集镇万田，长为 20km。实验区范围为福集镇万田至牛滩镇小石磊，长为 38km。保护区主要保护对象为翘嘴鲌、蒙古鲌，其他保护对象包括大鳍鳠、中华倒刺鲃、黄颡鱼、南方鲇、鳜等。（附图 100）

（55）消水河国家级水产种质资源保护区

保护区位于营山县境内，属渠江右岸流江河支流消水河流域，地理坐标范围为 30°06′20″～31°22′28″N，106°44′40″～106°48′22″E，自上游至下游由柏林乡龙坪村、太蓬乡场镇、老林镇双林河口、黄渡镇新大桥四个拐点所围的消水河水域组成，流经柏林乡龙坪村—太蓬乡—消水镇—老林镇—大庙乡—黄渡镇—黄渡镇新大桥，全长为 69km。保护区总面积为 492hm²，其中核心区面积为 230hm²，实验区面积为 262hm²。保护区特别保护期为全年。核心区范围为：消水镇大桥—老林镇双林河口—黄渡镇新大桥，长为 30km。实验区范围为：柏林乡龙坪村—太蓬乡场镇—消水镇大桥，长为 39km。保护区主要保护对象为中华鳖、四川白甲鱼、大鳍鳠，其他保护对象包括乌龟、黄尾鲴、南方鲇、中华倒刺鲃、黄颡鱼、鲤、鲫等。（附图 101）

（56）嘉陵江南部段国家级水产种质资源保护区

保护区位于四川省南部县境内嘉陵江段，地理坐标范围为31°16′～31°23′N，106°00′～106°12′E，自上游至下游由老鸦镇文家坝村、老鸦镇、盘龙镇、石河镇四合村四个拐点的嘉陵江段组成。上游以老鸦镇文家坝村为界，下游以石河镇四合村与仪陇县交界处为界，跨老鸦镇、火峰乡、河东镇、南隆街道、谢河镇、盘龙镇、楠木镇、石河镇8个乡（镇），全长为60km。保护区总面积为5996hm²，其中核心区面积为1999hm²，实验区面积为3997hm²。特别保护期为全年。核心区范围为南隆街道新华村至谢河镇红寺村的嘉陵江段，长为20km。实验区分为两段：第一段为老鸦镇文家坝村至南隆街道新华村，长为30km；第二段为谢河镇红寺村至石河镇四合村，长为10km。保护区主要保护对象为中华倒刺鲃、黄颡鱼、南方大口鲶、四川白甲鱼，其他保护对象包括胭脂鱼、岩原鲤、中华鳖、乌龟、鲤、鲫、鳜、长薄鳅、鲖等。（附图102）

（57）镇溪河南方鲇翘嘴鲌国家级水产种质资源保护区

保护区位于富顺县境内沱江东湖镇河段及支流镇溪河、釜溪河河段，地理坐标范围为29°03′13″～29°11′04″N，104°43′20″～104°59′32″E，由镇溪河木桥沟水库大坝、福善镇观乐、李桥镇、釜溪河富世街道邓井关社区下盐坝、沱江富世街道回澜塔、东湖镇黄葛码头6个拐点所围的镇溪河、釜溪河及沱江段水域组成。保护区全长为70.8km，流经：镇溪河木桥沟水库大坝—福善镇观乐—李桥镇—永年镇李家湾；釜溪河富世街道邓井关社区下盐坝—釜溪河口沙咀；沱江富世街道回澜塔—东湖镇黄葛码头。保护区总面积为679.8hm²，其中核心区面积为184hm²，实验区面积为495.8hm²。保护区特别保护期为全年。核心区长为46km，范围为镇溪河木桥沟水库大坝—福善镇观乐—李桥镇—永年镇李家湾。实验区长为24.8km，分为两段：第一段为釜溪河富世街道邓井关社区下盐坝—釜溪河口沙咀，长为3.5km，面积为50hm²；第二段为沱江富世街道回澜塔—釜溪河口沙咀—东湖镇黄葛码头，长为21.3km，面积为445.8hm²。保护区主要保护对象为南方鲇、翘嘴鲌，其他保护对象包括长吻鮠、中华倒刺鲃、鳜、黄颡鱼、乌鳢、鲤、鲫等。（附图103）

（58）巴河特有鱼类国家级水产种质资源保护区

保护区位于四川省达川区境内，属渠江水系的巴河，全长为26km，地理坐标范围为31°19′40″～31°25′44″N，107°09′41″～107°14′03″E。保护区自上游至下游依次由江陵镇黄茅溪、江陵镇码头、江陵镇通观子、虎让乡码头、石桥镇码头、石桥镇花滩子六个拐点的巴河组成。保护区总面积为650hm²，其中核心区面积为390hm²，实验区面积为260hm²。保护区特别保护期为全年。核心区是石桥镇鲶鱼石经虎让乡码头、石桥镇码头至石桥镇花滩子的河段，长为15.5km。实验区是江陵镇黄茅溪经江陵镇码头、江陵镇通观子至石桥镇鲶鱼石的河段，长为10.5km。保护区主要保护对象为岩原鲤、中华鳖、南方大口鲶、鳜、黄颡鱼、中华倒刺鲃、白甲鱼、华鲮等。（附图104）

（59）嘉陵江合川段国家级水产种质资源保护区

保护区位于嘉陵江重庆市合川区境内，河流总长度为63.3km，地理坐标范围为

29°54′27″~30°09′11″N，106°13′28″~106°23′19″E。保护区总面积为 2788.6hm²，其中核心区面积为 933.0hm²，实验区面积为 1855.6hm²。特别保护期为每年 2 月 1 日至 6 月 30 日。核心区位于利泽镇至云门镇之间的嘉陵江干流江段，全长为 25.1km，是由以下 6 个拐点沿河道方向顺次连线所围的水域：利泽左岸—利泽右岸—西游江边—泥溪江边左岸—云门大桥左—云门大桥右。实验区位于云门镇至草街航电枢纽之间的嘉陵江干流江段及其支流渠江、涪江的河口区，全长为 38.2km，是由以下 7 个拐点沿河道方向顺次连线所围的水域：云门嘉陵江大桥左岸—云门嘉陵江大桥右岸—渠口坝江边—合川城区—盐井右岸—草街电站左—草街电站右。保护区主要保护对象为南方大口鲶，其他保护对象包括中华倒刺鲃、厚颌鲂、白甲鱼、黄颡鱼、华鲮等。（附图 105）

（60）长江重庆段四大家鱼国家级水产种质资源保护区

保护区位于重庆市南岸区广阳镇至涪陵区南沱镇的长江江段，地理坐标范围为 29°35′05″~29°51′34″N，106°43′45″~107°31′53″E。保护区北岸是：广阳镇一人码头—鱼嘴—洛碛—朱家—凤城—镇安—李渡—黄旗—百胜—珍溪—南沱，南岸是广阳镇—木洞—双河口—江南—石沱—蔺市—龙桥—涪陵—清溪—南沱。保护区总面积为 12 310hm²，其中核心区面积为 3375hm²，实验区面积为 8935hm²。核心区特别保护期为每年 2 月 1 日至 6 月 30 日。核心区由三段组成：巴南区木洞镇—渝北区洛碛镇；涪陵区镇安镇—蔺市街道；涪陵区珍溪镇—南沱镇。实验区由三段构成：南岸区广阳镇—巴南区木洞镇；渝北区洛碛镇—涪陵区镇安镇；涪陵区蔺市街道—珍溪镇。保护区主要保护对象为"四大家鱼"，其他保护对象包括达氏鲟、白鲟、胭脂鱼、铜鱼、圆口铜鱼、中华倒刺鲃、岩原鲤、南方鲇、长吻鮠、大鳍鳠、长鳍吻鮈、翘嘴鲌、大鲵、水獭等。（附图 106）

（61）漾弓江流域小裂腹鱼省级水产种质资源保护区

保护区位于云南省金沙江水系的大理州鹤庆县漾弓江流域，河道全长为 26km。核心区特别保护期为全年。保护区总面积为 120hm²，地理坐标范围为 25°57′~26°12′N，100°01′~100°29′E。核心区面积为 13hm²，位于大龙潭水库靠山脚水源点部分；实验区面积为 107hm²，范围为仕庄龙潭、西龙潭、羊龙潭、美龙潭、漾弓江北荒坪闸至石门坎闸江段、海尾河、五龙河以及与各龙潭水库相连的其他漾弓江流域的水域。保护区主要保护对象为小裂腹鱼和秀丽高原鳅。（附图 107）

（62）黎明河硬刺裸鲤鱼省级水产种质资源保护区

保护区位于云南省丽江市玉龙纳西族自治县黎明河流域，河段全长为 45.20km，面积为 135.59hm²。核心区为金庄河流域黎明河段 17km 长流域段，地理坐标范围为 26°54′37.52″~26°59′52.18″N，99°33′12.13″~99°39′57.39″E。实验区为玉龙纳西族自治县黎明景区 1 号桥墩至金庄河胜利大桥入金沙江口处，江段总长为 28.2km。保护区河道两岸边界为河床最高水位线。保护区主要保护对象为硬刺裸鲤和软刺裸裂尻鱼。（附图 108）

（63）复兴河裂腹鱼省级水产种质资源保护区

保护区总面积为 66.09hm²，其中核心区面积为 4.56hm²，实验区面积为 61.53hm²。保护区位于桐梓县水坝塘镇复兴河水域火焰洞伏流出水口至杨家漕煤矿上游 200m 高桥处河段，保护区河流宽度以丰水期水域自然岸线（防洪堤）为界。核心区位于火焰洞伏流出水口至马桑坎电站吊桥河段，实验区位于马桑坎电站吊桥和狮溪河泥塘电站至杨家漕煤矿上游 200m 高桥处河段，是由以下拐点顺次连线所围的水域。保护区主要保护对象是裂腹鱼，其他保护对象包括岩原鲤、长薄鳅、鲫等物种。（附图 109）

（64）琼江翘嘴红鲌省级水产种质资源保护区

保护区位于遂宁市安居区境内，地理坐标范围为 29°42′～30°32′N，105°00′～106°03′E，包括琼江流经的白马镇毗庐寺村上马井—安居镇凤凰大桥—三家镇三家大桥—三家镇明星村半边河，全长为 72km。保护区总面积为 540hm²，其中核心区面积为 410hm²，实验区面积为 130hm²。核心区特别保护期为全年。核心区长为 55km，分为两段：白马镇毗庐寺村上马井—安居镇凤凰大桥（第一段）、三家镇三家大桥—三家镇明星村半边河（第二段）。实验区范围为：安居镇凤凰大桥—三家镇三家大桥，长为 17km。保护区主要保护对象为翘嘴红鲌、蒙古红鲌、乌鳢、黄颡鱼，其他保护对象包括南方大口鲶、鳜、鲤、鲫、鲢等。（附图 110）

（65）东河上游特有鱼类省级水产种质资源保护区

保护区位于广元市旺苍县境内，地理坐标范围为 31°59′～32°43′N，105°58′26″～106°48′46″E，包括东河上游宽滩河流经的檬子乡场镇至双汇镇，盐井河流经的盐河镇与陕西省宁强县毛坝镇交界处至双汇镇，再由东河流经的双汇镇至东河电站大坝处，全长为 118.4km。保护区总面积为 620hm²，其中核心区面积为 180hm²，实验区面积为 440hm²。核心区特别保护期为全年。核心区分为两部分：第一部分为宽滩河流经的檬子乡场镇至英萃镇场镇，长为 27.2km；第二部分为盐井河流经的盐河镇与陕西省宁强县毛坝镇交界处，经盐河镇场镇至国华镇场镇，长为 18.2km。实验区分为三部分：第一部分为宽滩河流经的英萃镇场镇至双汇镇场镇，长为 31.0km，面积为 210hm²；第二部分为盐井河流经的国华镇场镇至双汇镇场镇，长为 25.0km，面积为 110hm²；第三部分为东河流经的双汇镇场镇至东河电站大坝处，长为 17.0km，面积为 120hm²。保护区主要保护对象为：细鳞斜颌鲴、中华裂腹鱼、鳜、大鲵，其他保护对象为：多鳞铲颌鱼、唇䱻、华鲮、方氏鲴、尖头鲌、宽鳍鱲、高体近红鲌、蛇鮈、嘉陵颌须鮈、峨眉后平鳅、文县疣螈、秦巴北鲵等。（附图 111）

（66）嘉陵江南充段省级水产种质资源保护区

保护区位于南充市高坪区、顺庆区境内嘉陵江段，地理坐标范围为 30°46′～30°57′N，106°07′～106°11′E。保护区自嘉陵江凤仪电站，经高坪区龙门街道码头，至嘉陵江小龙电站，沿岸以河段最高洪水位线为界，全长为 24km。保护区东面为高坪区江陵镇、龙门街道、小龙街道，西面为顺庆区渔溪镇、搬罾街道、荆溪街道、舞凤街道办事处。保护区总面积为 2400hm²，其中核心区面积为 1600hm²，实验区面积为 800hm²。特别保护期为全年。核心区范围为：凤仪电站至高坪区龙门街道码头，长为 14km，面积占保护区总面积的 66.7%。实验区范围为：高坪区龙门街道码头至小龙电站，长为 10km，面积占保护区总面积的 33.3%。保护区主要保护对象为大鳍鳠、鳜，其他保护对象为南方鲇、黄颡鱼、中华倒刺鲃、四川白甲鱼等。（附图 112）

（67）龙溪河省级水产种质资源保护区

保护区位于泸州市龙马潭区境内，属长江左岸一级支流龙溪河流域，地理坐标范围为 28°52′17″～29°04′25″N，105°19′19″～105°33′50″E，从龙溪河石洞街道顺江村小桥子与泸县交界处，经石洞街道永远村高洞电站，至特兴街道桐兴村龙溪河口，全长为 40.79km。保护区总面积为 203hm²，其中核心区面积为 130hm²，实验区面积为 73hm²。核心区特别保护期为全年。核心区范围为：石洞街道永远村高洞电站至特兴街道桐兴村龙溪河口，长为 25km。实验区范围为：石洞街道顺江村小桥子与泸县交界处至石洞街道永远村高洞电站，长为 15.79km。保护区主要保护对象为厚颌鲂、黄颡鱼、中华鳖，其他保护对象包括乌龟、鳜、长体鲂、长薄鳅、四川白甲鱼、宽体沙鳅等。（附图 113）

（68）雅砻江鲈鲤长丝裂腹鱼省级水产种质资源保护区

保护区位于凉山彝族自治州冕宁县境内，全长为 50km，分为两段：第一段为雅砻江自上而下流经健美乡松林坪—新兴乡大沱；第二段为里庄乡经营村烂柴湾—联合乡大水沟。保护区总面积为 530hm²，其中核心区面积为 330hm²，实验区面积为 200hm²。核心区特别保护期为全年。核心区范围为：健美乡松林坪—新兴乡大沱，长为 33km。实验区范围为：里庄乡经营村烂柴湾—联合乡大水沟，长为 17km。保护区主要保护对象为鲈鲤、长丝裂腹鱼，其他保护对象包括四川裂腹鱼、短须裂腹鱼、泉水鱼、黄石爬鮡、长薄鳅等。（附图 114）

（69）阿拉沟高原冷水性鱼类省级水产种质资源保护区

保护区位于甘孜藏族自治州炉霍县境内，地理坐标范围为 31°00′～31°51′N，100°10′～101°13′E。该段鲜水河自上而下流经仁达—占堆—阿拉沟河口，支流阿拉沟自上而下流经下罗柯马—阿色茶托—阿拉沟河口，全长为 153.8km。保护区总面积为 631hm²，其中核心区面积为 504.636hm²，实验区面积为 126.364hm²。核心区特别保护期为全年。核心区长为 123km，分为两段：第一段为鲜水河占堆—阿拉沟河口，长为 6.5km；第二段为阿拉沟阿色茶托—阿拉沟河口，长为 116.5km。实验区长为 30.8km，分为两段：第一段为鲜水河仁达—占堆，长为 3.5km；第二段为阿拉沟下罗柯马—阿色茶托，长为 27.3km。保护区主要保护对象为厚唇裸重唇鱼、齐口裂腹鱼、重口裂腹鱼、软刺裸裂尻鱼、青石爬鮡、黄石爬鮡等。（附图 115）

2.2.2 长江中游

（1）浏阳河特有鱼类国家级水产种质资源保护区

保护区地处湖南省浏阳市境内浏阳河中上游，位于大围山镇白沙社区白沙湾北、大围山镇白沙社区白沙湾南、集里街道长青社区大栗坪北、集里街道长青社区大栗坪南、高坪镇株树桥平安洲北、高坪镇株树桥平安洲南之间。保护区总面积为1819.5hm²，其中核心区面积为1091.2hm²，实验区面积为728.3hm²。特别保护期为每年1月1日至7月31日。核心区是由以下14个拐点沿河道方向依次连线所围的水域：大围山镇白沙社区白沙湾北—大围山镇金中桥村—达浒镇长益村—沿溪镇花园村蛟坑土段—永和镇永宝村石江片—古港镇仙洲村—关口街道炭棚村孙家冲—高坪镇双江口村西—高坪镇双江口村东—古港镇仙洲村—永和镇永宝村石江片—达浒镇长益村—大围山镇金中桥村—大围山镇白沙社区白沙湾南。实验区是由以下10个拐点沿河道方向依次连线所围的水域：高坪镇双江口村西—高坪镇双江口村东—高坪镇沿甸村上马冲—高坪镇株树桥平安洲北—高坪镇株树桥平安洲南—高坪镇石湾村蔡家洲—小溪河双江口—荷花街道办事处浏河村赐金滩—集里街道长青社区大栗坪南—集里街道长青社区大栗坪北。保护区主要保护对象是细鳞斜颌鲴、花䱻，其他保护对象包括黄尾鲴、鲤、鲫、长春鳊、团头鲂等。（附图116）

（2）汨罗江平江段斑鳜黄颡鱼国家级水产种质资源保护区

保护区位于湖南省平江县境内的汨罗江加义大桥至伍市镇江段，全长为150km。保护区总面积为1200hm²，其中核心区面积为700hm²，实验区面积为500hm²。特别保护期为全年。核心区为三市镇爽口大桥至浯口镇浯口大桥江段，长约为85km。实验区有两处：一是加义大桥至爽口大桥江段，长为35km；二是浯口大桥至伍市镇江段，长为30km。保护区主要保护对象为斑鳜、黄颡鱼，同时对鮰、乌鳢等进行保护。（附图117）

（3）东洞庭湖鲤鲫黄颡国家级水产种质资源保护区

保护区地理坐标范围为28°59′～29°31′N，112°43′～113°09′E。东线以岳阳市云溪区擂鼓台为起点，向南经城陵矶、岳阳楼公园、二龟山、高家咀、麻塘垸延伸至鹿角镇滨湖村；南线以滨湖村为起点，先向西至草咀经煤炭湾北折至下红旗湖，再向西南经大湾、小湾至西南点飘尾港；西线自飘尾港沿东浃村、新生洲、团南村、团北村、野猪湾、碾盘洲至西北点建新农场一队；北线自建新农场一队向东南经建新五队、建新十队、岳华村至君山公园再由君山公园向东北经关墩头、上泥滩、迈江洲回至东北点擂鼓台。保护区总面积为13.28万hm²，其中实验区面积为11.76万hm²，核心区面积为1.52万hm²。核心区特别保护期为全年。核心区分为三个部分：一是三江口核心区，面积为0.67万hm²，陆地东线自擂鼓台向南延伸至麻塘镇，保护区水域范围包括湘江水道、三江口及周围水域；二是君山后湖核心区，面积为0.45万hm²，陆地自岳华村经双五村向东南延伸至君山观测站界碑，保护区水域范围包括君山前、后湖及周围水域；三是飘尾大小湾核心区，面积为0.40万hm²，陆地自下红旗湖至小湾，保护区水域范围包括上红旗湖、下红旗湖及大湾、小湾周围水域。保护区内其他区域为实验区。保护区主要保护对象为鲤、鲫、黄颡鱼、鲶，栖息的其他物种包括青鱼、草鱼、鲢、鳙、长颌鲚、短颌鲚、银鱼、颌针鱼、鲂、鳡、鲴、鲳、铜鱼、长吻鮠、细鳞斜颌鲴、中华倒刺鲃、赤眼鳟、鳜、乌鳢、黄鳝、泥鳅、青虾、长臂虾、克氏螯虾、胭脂鱼、鲥、鳗鲡、白鱀豚、白鲟、江豚、大鲵、三角帆蚌、皱纹冠蚌、背瘤丽蚌等。（附图118）

（4）洞庭湖口铜鱼短颌鲚国家级水产种质资源保护区

保护区位于湖南省北部岳阳市境内，地理坐标范围为 29°23′33.13″～29°32′15.17″N，113°05′09.76″～113°12′36.41″E。保护区最南端北门渡口在岳阳市区，其他点距南端分别为：北端至城陵矶（三江口江心）10km，东北端至道仁矶 35km，西北端至君山芦苇场江段 35km。保护区范围包括长江道仁矶至君山芦苇场，东洞庭湖入长江北门渡口至城陵矶三江口江段。水域总面积为 2100hm²，其中三江口江段为核心区，面积为 1500hm²；其他江段为实验区，面积为 600hm²。保护区主要保护对象为铜鱼、短颌鲚及其栖息环境，以及该区域内的其他水生生物资源与环境。（附图 119）

（5）南洞庭湖大口鲇青虾中华鳖国家级水产种质资源保护区

保护区位于湖南省南洞庭湖水域，地理坐标范围为 28°36′～29°03′N，112°38′～112°57′E，北到营田闸，西至沅江市宝塔湖、漉湖，南连湘阴县洞庭垸、城西镇，东邻湘江。保护区总面积为 4.3 万 hm²，其中核心区面积为 1.2 万 hm²，实验区面积为 3.1 万 hm²。核心区特别保护期为全年。核心区分为三个部分：一是西口核心区，范围从西口东侧起，南至杨林寨堤边，东接横岭湖，北至杨四湖废堤，面积为 7200hm²；二是畎口核心区，包括官司潭、竹山头、狗四坳一带的水域，面积为 3000hm²；三是荷叶湖核心区，范围为整个荷叶湖水域，面积为 1800hm²。各核心区保护的侧重点有所不同：西口核心区主要保护鱼类及其他水生动物的产卵场和索饵场；畎口核心区主要保护鱼类及其他水生动物的越冬场和产卵场；荷叶湖核心区主要保护鱼类及其他水生动物的越冬场和索饵场。保护区内除核心区外为实验区。保护区主要保护对象有大口鲇、青虾、中华鳖，其他保护对象包括青鱼、草鱼、鲢、鳙、鲤、鳊、鲫、鳜、鳡、乌鳢、黄颡鱼、黄鳝、秀丽白虾、三角帆蚌、中华绒螯蟹、乌龟等。（附图 120）

（6）汨罗江河口段鲶国家级水产种质资源保护区

保护区位于湖南省汨罗市境内，地理坐标范围为 28°55′01″～29°03′55″N，112°52′09″～112°59′16″E。保护区总面积为 5400hm²，其中核心区面积为 2600hm²，实验区面积为 2800hm²。特别保护期为每年 3 月 1 日至 6 月 30 日。核心区位于湘江、汨罗江交汇处，是由 7 个拐点顺次连线所围的水域：白塘镇二沟村（B 点）、白塘镇高台村（C 点）、白塘镇渔民新组（D 点）、屈原三分场七队（F 点）、磊石山（G 点）、东湖脑（K 点）、龙船堡（I 点）。实验区有三个：一是汨罗江河口段实验区，面积为 1350hm²，由 4 个拐点顺次连线所围的水域组成：白塘镇渔民新组（D 点）、周家垅（E 点）、屈原茶场一队（M 点）、屈原三分场七队（F 点）；二是湘江磊石段实验区，面积为 810hm²，由 4 个拐点顺次连线所围的水域组成：磊石山（G 点）、三分场场部（L 点）、下涉湖闸口（H 点）、东湖脑（K 点）；三是鲶鱼口段实验区，面积为 640hm²，由 4 个拐点顺次连线所围的水域组成：白塘镇汨岳村（A 点）、白塘镇二沟村（B 点）、龙船堡（I 点）、鲶鱼口（J 点）。保护区主要保护对象为鲶，同时对赤眼鳟、翘嘴鲌等鱼类及其他水生生物进行保护。（附图 121）

（7）东洞庭湖中国圆田螺国家级水产种质资源保护区

保护区位于华容县境内，所属水域藕池河由团洲入东洞庭湖，华容河由六门闸入东洞庭湖以及华容东湖，具体范围：藕池河由华容县梅田湖镇河口村殷家洲入口，一分支经南岳庙与另一分支经宋家嘴至禹久汇合，至团洲芦苇场场部入洞庭湖；华容河从万庚镇新民村大王山入口，经南门水码头分支，一分支经太安村与另一分支经轭头湾在罐头尖汇合，至六门闸入洞庭湖。东洞庭湖是由朝天口经拉链湖、舵杆舟和望君洲至六门闸所围的水域；华容东湖是由 29°20′47″～29°25′16″N，112°34′54″～112°41′16″E 所围的东湖水域。保护区总面积为 16 902.1hm²，其中核心区华容所属东洞庭湖面积为 8905.2hm²，实验区藕池河、华容河面积为 5656.1hm²，实验区华容东湖面积为 2340.8hm²。特别保护期为每年 3 月 10 日至 6 月 30 日。核心区为东洞庭湖。保护区内除核心区之外的水域为实验区。保护区主要保护对象为中国圆田螺、三角帆蚌、无齿蚌、褶纹冠蚌、背瘤丽蚌等软体动物，以及黄颡鱼、鳙、鳡鲌、短颌鲚等物种。（附图 122）

（8）湘江潇水双牌段光倒刺鲃拟尖头鲌国家级水产种质资源保护区

保护区位于湖南省永州市双牌县境内，为湘江上游支流潇水双牌县五里牌电站坝基至江村镇码头河段，总长度为 42km。保护区总面积为 2769hm²，其中核心区面积为 1533hm²，实验区面积为 1236hm²。特别保护期为每年 3 月 1 日至 6 月 30 日。其中，核心区长度为 19.5km，范围为双牌水库坝基到上梧江瑶族乡新田铺村河段。实验区长度为 22.5km，分为四段：第一段从五里牌电站坝基至双牌水库坝基河段；第二段从双牌水库坝基至五星岭乡长滩村河段；第三段从塘底乡麻滩村至黄泥山村河段；第四段从上梧江瑶族乡新田铺村河口至江村镇码头河段。保护区主要保护对象为光倒刺鲃、拟尖头鲌，并对蒙古鲌、光唇鱼、湘华鲮、中华原吸鳅等进行保护。（附图 123）

（9）湘江刺鲃厚唇鱼华鳊国家级水产种质资源保护区

保护区地处湖南省永州市东安县的湘江段，位于湘江电站以西、白牙市镇铁炉村以东、紫溪市镇调元村以东所围的湘江水域。保护区总面积为 4500hm²，其中核心面积为 2800hm²，实验区面积为 1700hm²。核心区特别保护期为全年。核心区是从石期市镇湘江电站到紫溪镇绿埠头村的水域，实验区是从紫溪镇绿埠头村到紫溪市镇调元村的湘江水域和从白牙市镇大江口村到白牙市镇铁炉村的支流水域。保护区主要保护对象是刺鲃、华鳊和厚唇鱼，同时对中华倒刺鲃、湘华鲮、白甲鱼、长薄鳅等江河上游鱼类进行保护。（附图 124）

（10）澧水源特有鱼类国家级水产种质资源保护区

保护区地处湖南省西北部内半县境内，位于澧水三条源流，即澧水北源、中源、南源，南毗永顺县，西接龙山县，北邻湖北宣恩县、鹤峰县，地理坐标范围为 29°17′～38°83′N，109°41′～110°44′E。保护区总面积为 1970hm²，其中核心区面积为 450hm²，实验区面积为 1520hm²。特别保护期为每年 4 月 1 日至 8 月 31 日。核心区是由澧水北源凉水口镇至贺龙水库大坝、中源陈家河镇至赶塔、南源廖家村镇至陈家河镇三源汇聚的水域（贺龙库区水域），位于凉水口镇、陈家河镇、贺龙水库、廖家村镇之间。实验区是由澧水北源花鱼泉至凉水口镇、中源八大公山东麓朱家湾村至陈家河镇、南源上洞街乡马头河至廖家村镇沿河道方向的主要河段、滩地、支流水域，位于花鱼泉—凉水口镇、朱家湾村—陈家河镇、马头河—廖家村镇之间。保护区主要保护对象为鳜和黄颡鱼，鳜主要包括翘嘴鳜、大眼鳜、长吻鳜、鲁氏鳜、斑鳜、波纹鳜等物种，黄颡鱼包括长须黄颡鱼、瓦氏黄颡鱼、光泽黄颡鱼等，其他保护对象包括大鲵、小鲵、蝾螈、岩蛙、中华鳖、大口鲶鱼、耙岩鳅、翘嘴红鲌、刁子鱼、青虾、米虾、河蟹等。（附图125）

（11）沅水辰溪段鲌类黄颡鱼国家级水产种质资源保护区

保护区位于湖南省西部怀化市北部辰溪县境内，总面积为3202.5hm²，其中核心区面积为1239.5hm²，实验区面积为1963hm²。核心区特别保护期为全年。核心区位于火马冲镇沙堆、孝坪镇当江洲之间，是由以下7个拐点沿河道方向顺次连线所围的水域：火马冲镇沙堆村—火马冲镇大桥村—修溪镇黄埠村下—修溪镇倒洑村上—辰阳镇塔湾潭—辰阳镇桃竹溪—孝坪镇当江洲村。实验区包括锦江河实验区和沅水河实验区两个区域，锦江河实验区是由以下14个拐点沿河道方向顺次连线所围的水域：安坪镇湄河湾—麻阳县吕家坪镇郑家坪村下—杨家坪村—桥头乡龙埠江村—安坪镇流木湾村—安坪镇石马湾村—安坪镇桐玉里村雷打岩—锦滨镇沃水塘村—桥头乡报木洞村—潭湾镇—锦滨镇洞垴上村—锦滨镇熊家人村—锦滨镇大路口。沅水河实验区是由以下6个拐点沿河道方向顺次连线所围的水域：当江洲村—泸溪县浦市镇—辰溪县竹坪村—泸溪县麻溪口水泥厂—铁柱潭村—辰溪县小溪河村。保护区主要保护对象为鲌和黄颡鱼，涉及青鱼、花鱼骨、青虾、蚌类、螺类等多种名优经济水生动物及库区资源及环境，以及国家二级重点保护野生动物大鲵等。（附图126）

（12）沅水特有鱼类国家级水产种质资源保护区

保护区地处湖南省怀化市沅水中上游段，位于沅水干流洪江市托口镇以下至辰溪县辰阳镇，沅水支流巫水河王家坪以下至入沅水口（即洪江大桥），沅水支流溆水河溆浦县小江口至江口镇。保护区总面积为8320hm²，其中核心区面积为3354hm²，实验区面积为4966hm²。特别保护期为全年。其中，核心区是以下9个拐点沿河道方向顺次连线所围的水域：托口镇—沅河镇—岩垅乡干溪坪村—横岩乡沿河村—沙湾乡—龙船塘瑶族乡—金子岩侗族苗族乡胜利村—金子岩侗族苗族乡小洪江村—金竹镇。实验区是以下8个拐点沿河道方向顺次连线所围的水域：横岩乡沿河村—仙人湾瑶族乡—辰阳镇—修溪乡—小江口乡—丁家乡—龙船塘瑶族乡—沙湾乡。保护区主要保护对象为沅水鲮和大口鲶，其他保护对象包括白甲鱼、瓣结鱼、湖南吻鮈、鲤、鲫、长春鳊、团头鲂等。（附图127）

（13）耒水斑鳜国家级水产种质资源保护区

保护区位于湖南省南部永兴县境内，地处湘江一级支流耒水永兴段及其支流注江流域。保护区总面积为1258hm²，其中核心区面积为432hm²，实验区面积为826hm²。核心区特别保护期为每年 3 月 10 日至 6 月 30 日。核心区为耒水支流注江,范围为碧塘乡注江村注江口 B—太和镇寺边村 D 段,总长度为 45km;实验区为耒水永兴段,范围为碧塘乡锦里村程江口电站坝下 C—塘门口镇马仰坪村永兴二级电站坝上 A 段,总长度为 40km。保护区主要保护对象为斑鳠,其他保护对象包括鳜、长身鳜、中华倒刺鲃、光倒刺鲃、中华鳖等物种。(附图 128)

(14)北江武水河临武段黄颡鱼黄尾鲴国家级水产种质资源保护区

保护区位于湖南省南部临武县境内,地处珠江水系北江武水河临武段及其支流人民河、沙溪河、斜江河、金江河流域。保护区总面积为 1320hm²,其中核心区面积为 606hm²,实验区面积为 714hm²。核心区特别保护期为每年 3 月 1 日至 6 月 30 日。核心区总长度为 54km,为武水河上游段、人民河、武水河下游段,范围包括西山瑶族乡上大水至舜峰镇王民口武水河上游段、南强镇寨头水村至汾市镇玉美村人民河段、汾市镇玉美村至水东镇黄家村武水河下游段。实验区总长度为 59.5km,为武水河中游段、斜江河、沙溪河、金江河,范围包括舜峰镇王民口至汾市镇玉美村武水河中游段、楚江街道笋家湾至武水三江水斜江河段、舜峰黄家畔至舜峰舜峰广场沙溪河段、金江镇杉木桥至水东镇黄家村金江河段。保护区主要保护对象为黄颡鱼、黄尾鲴,同时对细鳞鲴、赤眼鳟、中华鳖等进行保护。(附图 129)

(15)浙水资兴段大刺鳅条纹二须鲃国家级水产种质资源保护区

保护区位于湖南省资兴市黄草镇境内,包括浙水源坪至东江湖入口处河段以及与之相连的黄草镇东江湖水域,地理坐标范围为 25°37′15″～25°42′12″N,113°25′25″～113°31′27″E。保护区总面积为 1101.7hm²,其中核心区面积为 171.5hm²,实验区面积为 930.2hm²。保护区特别保护期为每年 4 月 1 日至 8 月 31 日。核心区为浙水源坪至东江湖入口处河段,河段长度为 26.4km。实验区为与浙水相连的黄草镇东江湖水域,是由 12 个拐点顺次连线所围的水域。保护区主要保护对象为大刺鳅、条纹二须鲃,其他保护对象包括翘嘴红鲌、蒙古红鲌、斑鳜、黄颡鱼及中华倒刺鲃、山瑞鳖、乌龟等。(附图 130)

(16)洣水茶陵段中华倒刺鲃国家级水产种质资源保护区

保护区位于湖南省株洲市茶陵县的洣水中上游江段,全长约为 101km,地理坐标范围为 26°31′02″～26°57′12″N,113°24′37″～113°39′39″E。保护区总面积为 2005.5hm²,其中核心区面积为 822.5hm²,实验区面积为 1183hm²。保护区特别保护期为每年 4 月 1 日至 6 月 30 日。核心区是从浣溪镇小汾村到洣江乡胡家村。实验区分为两段:第一段从浣溪镇溪江村到浣溪镇小汾村;第二段从洣江乡胡家村到虎踞镇乔下村。保护区主要保护对象为中华倒刺鲃,其他保护对象包括光倒刺鲃、白甲鱼、长身鳜、翘嘴红鲌、蒙古红鲌、细鳞斜颌鲴、黄尾密鲴、银鲴、黄颡鱼、赤眼鳟、大眼鳜、翘嘴鳜、波纹鳜等物种。(附图 131)

(17)湘江株洲段鲴鱼国家级水产种质资源保护区

保护区位于湖南省渌口区境内,总长度为 62km,范围为:湘江干流王十万至渌口象石，长为 51km；支流渌水仙井乡至渌口镇关口，长为 11km。保护区总面积为 2080hm²，其中核心区面积为 1200hm²，实验区面积为 880hm²。核心区特别保护期为每年 3 月 10 日至 6 月 30 日。核心区为湘江干流洲坪至渌口象石，面积 1200hm²，长度为 18km。实验区分为两段：湘江干流王十万至洲坪，长度为 33km；渌水自仙井乡至渌口镇关口，长度为 11km。保护区主要保护对象为细鳞斜颌鲴、黄尾鲴、长春鳊、"四大家鱼"亲鱼，其他保护对象包括翘嘴红鲌、翘嘴鳜等物种。（附图 132）

（18）澧水石门段黄尾密鲴国家级水产种质资源保护区

保护区位于湖南省常德市石门县境内的澧水石门河段及其支流渫水下游，地理坐标范围为 29°34′08″～29°39′35″N，111°14′18″～111°24′32″E。保护区总面积为 1500hm²，其中核心区面积为 700hm²，实验区面积为 800hm²。保护区特别保护期为每年 4 月 1 日至 7 月 31 日。核心区为澧水石门三江河段，河流总长度为 6km，范围是新关镇界溪渡口—澧渫水汇合处—龙凤园艺场大龙潭。实验区河流总长度为 19km，分为两段：澧水石门河段支流渫水下游段皂市镇石坪大桥至澧渫水汇合处；澧水石门楚江河段龙凤园艺场大龙潭至楚江镇黄岩头。保护区主要保护对象为黄尾密鲴，同时对翘嘴红鲌、中华倒刺鲃、湘华鲮、斑鳜、乌鳢等水生生物进行保护。（附图 133）

（19）沅水桃源段黄颡鱼黄尾鲴国家级水产种质资源保护区

保护区位于沅水桃源江段，范围为湖南省桃源县漳江镇双洲至桃源县木塘垸乡三元村江段，全长 32.9km。保护区总面积为 2140hm²，其中核心区面积为 1120hm²，实验区面积为 1020hm²。保护区特别保护期为每年 3 月 10 日至 6 月 30 日。核心区范围为漳江镇双洲至陬市镇洋洲江段，长为 16.7km。实验区为陬市镇洋洲至木塘垸乡三元村江段，长为 16.2km。保护区主要保护对象为黄颡鱼、黄尾鲴，其他保护对象包括三角鲂、赤眼鳟、翘嘴鲌等。（附图 134）

（20）沅水桃花源段鲂大鳍鳠国家级水产种质资源保护区

保护区位于湖南省常德市寺坪乡郑河村北岸、南岸至漳江镇尧河村西岸、东岸，总长度为 24.6km。保护区总面积为 1336hm²，其中核心区面积为 820hm²，实验区面积为 516hm²。保护区特别保护期为每年 3 月 10 日至 6 月 30 日。核心区为寺坪乡郑河村北岸、南岸至桃花源管理区水溪口西岸、东岸，总长度为 15.5km。实验区为桃花源管理区水溪口西岸、东岸至漳江镇尧河村西岸、东岸，总长度为 9.1km。保护区主要保护对象为鲂、大鳍鳠，其他保护对象包括南方鲶、黄颡鱼等物种。（附图 135）

（21）沅水鼎城段褶纹冠蚌国家级水产种质资源保护区

保护区位于湖南省常德市的沅水下游，地理范围包括芦荻山乡蚕桑场到苏家吉电排 18.2km 沅水河段。保护区总面积为 1413hm²，其中核心区面积为 826hm²，实验区面积为 587hm²。核心区特别保护期为每年 4 月 1 日至 7 月 31 日。核心区范围为肖家湾矶头至大洲尾过河码头河段。实验区范围为芦荻山乡蚕桑场至肖家湾矶头河段和大洲尾过河码头至苏家吉电排河段。保护区主要保护对象为褶纹冠蚌，其他保护对象包括三角帆蚌、背角无

齿蚌、银鱼、长吻鮠等。（附图136）

（22）沅水武陵段青虾中华鳖国家级水产种质资源保护区

保护区位于沅水下游的湖南省常德市武陵区江段，全长约为12.5km，地理坐标范围为28°57′18″～28°58′24″N，111°42′35″～111°49′15″E。保护区总面积为1250hm²，其中核心区面积为710hm²，实验区面积为540hm²。特别保护期为每年4月30日至9月30日。核心区为二广高速公路沅水大桥到芦荻山乡观音寺村。实验区为常德沅水二桥到二广高速公路沅水大桥。保护区主要保护对象为青虾、中华鳖，其他保护对象包括长吻鮠、翘嘴红鲌、乌龟等。（附图137）

（23）资水新邵段沙塘鳢黄尾鲴国家级水产种质资源保护区

保护区位于湖南省邵阳市新邵县资水水域，总长度为72km，其中包括资水干流53km、酿溪河7km、石马江河12km。保护区范围为：新邵县酿溪镇沙湾村至新邵县坪上镇筱溪村段；酿溪河新邵县酿溪镇至严塘镇湖城村段；石马江河新田铺小河口村至新田铺向前村段。保护区总面积为2212hm²，其中核心区面积为932hm²，实验区面积为1280hm²。特别保护期为每年4月1日至6月30日。核心区长度为40km，范围为：资水新邵县酿溪镇沙湾村至新邵县严塘镇小庙头村段；酿溪河新邵县酿溪镇至严塘镇湖城村段；石马江河新田铺小河口村至新田铺向前村段。实验区长度为32km，范围为新邵县严塘镇小庙头村至新邵县坪上镇筱溪村段。保护区主要保护对象为沙塘鳢、黄尾鲴，其他保护对象包括翘嘴鲌、斑鳜、细鳞斜颌鲴、银鲴、黄颡鱼等物种。（附图138）

（24）资水新化段鳜鲌国家级水产种质资源保护区

保护区位于资水中游的湖南省新化县上梅街道龙爪塘至白溪镇清禾桥与油溪乡铁山坝河段及支流太洋江、油溪河、白溪河等江段，保护区内河流总长为94km，其中资水长度为58km，支流长度为36km。保护区地理坐标范围为27°45′06″～28°03′24″N，111°13′44″～111°21′08″E。保护区总面积为3811.5hm²，其中核心区面积为1646.3hm²，实验区面积为2165.2hm²。特别保护期为每年4月1日至7月31日。核心区由9个拐点组成。实验区地理范围由6个点组成。保护区主要保护对象为大眼鳜、翘嘴鲌，同时对翘嘴鳜、蒙古鲌、鳜、黄颡鱼等物种进行保护。（附图139）

（25）资江油溪河拟尖头鲌蒙古鲌国家级水产种质资源保护区

保护区位于湖南省新化县资江一级支流油溪河流域，范围为油溪乡续丰村至吉庆镇油溪桥村，总长度为28.7km。保护区总面积为681.4hm²，其中核心区面积为260hm²，实验区面积为421.4hm²。保护区特别保护期为每年4月1日至6月30日。核心区范围是从油溪乡铁山村至吉庆镇小洋村，河流长度为13.8km。实验区范围是从油溪乡续丰村至油溪乡铁山村、小洋村至吉庆镇油溪桥村，河流长度为14.9km。保护区主要保护对象为拟尖头鲌、蒙古鲌，其他保护对象包括翘嘴鲌、黄颡鱼、中华鳖等。（附图140）

（26）资水益阳段黄颡鱼国家级水产种质资源保护区

保护区位于资水下游的湖南省益阳市桃江县至赫山区的江段，全长为 44.3km。地理坐标范围为 28°33′55″～28°39′25″N，112°09′36″～112°30′09″E。保护区总面积为 2368.3hm²，其中核心区面积为 1391.4hm²，实验区面积为 976.9hm²。保护区特别保护期为每年 3 月 10 日至 6 月 30 日。核心区范围是从资阳区新桥河镇黄溪桥村到赫山区兰溪镇羊角村毛角口，河段长为 25.9km。实验区范围是从桃花江镇划船港到资阳区新桥河镇黄溪桥村，河段长为 18.4km。保护区主要保护对象为黄颡鱼、鳜，其他保护对象为鳊、鲤、翘嘴鲌等物种。（附图 141）

（27）南洞庭湖银鱼三角帆蚌国家级水产种质资源保护区

保护区位于湖南省益阳市境内，地理坐标范围为 27°58′～28°31′N，110°43′～112°55′E。保护区包括西洞庭湖部分水域和湘、资、沅、澧四水通湖入口水域，东以明朗山向北经猪栏湾、张家岔、下塞湖至漉湖五花滩，向西经泗湖山、黄茅洲、草尾、茅草街至天心湖，西以天心湖向南经八风窖、目平湖、巴兰湖、联盟七队至联盟二队，南以联盟二队向东经白沙大桥南端、七星洲、车便湖、伴湖州、刘家湖、香炉洲至明朗山，环保护区周边总长度为 221.5km。保护区永久性标牌位置在水上新村北面、白沙大桥南端和凌云塔对面防洪大堤北侧。保护区总面积为 38 653.3hm²，其中核心区面积为 13 487.5hm²，实验区面积为 25 165.8hm²。核心区特别保护期为每年 4 月 1 日至 6 月 30 日。核心区位于保护区中心靠西南端。环核心区周边全长为 99.7km，东以伴湖州向北经廖潭口至澎湖潭，北以澎湖潭向西经东南湖的江心洲至挖口子的航标洲，西以航标洲向南经赤山岛、白沙湖至联盟七队，南以联盟七队向东经联盟二队、白沙大桥南端、七星洲、车便湖（大湾、小湾）至伴湖州。保护区内除核心区外的其他区域为实验区，具体范围为：东边为铁尺湖的猪栏湾，北边为外漉湖东湖老的五花滩，西北边为南县的天心湖，西南边为沅江市平垸小区的创立大队，东南边为甘溪港入口处的灯塔洲。保护区主要保护对象为银鱼、三角帆蚌及国家和地方重点保护的珍稀濒危水生动物，栖息的其他物种包括白鱀豚、中华鲟、白鲟、江豚、大鲵、胭脂鱼、鲥、鳗鲡、金钱龟、中华鳖、草龟、背瘤丽蚌、鲂、鳜、鮰、鳟、长吻鮠、细鳞斜颌鲴、刀鲚、凤鲚、中华倒刺鲃、赤眼鳟、青鱼、草鱼、鲢、鳙、鲤、鲫、鳊、鳜、乌鳢、河鲶、黄颡鱼、黄鳝、金鳅、泥鳅、青虾、长臂虾、克氏螯虾、中华绒螯蟹、青蟹、皱纹冠蚌等。（附图 142）

（28）南洞庭湖草龟中华鳖国家级水产种质资源保护区

保护区位于湖南省南县境内的南洞庭湖（天心湖）、藕池河中支和松澧洪道，地理坐标范围为 29°02′21.94″～29°21′50.41″N，112°12′53.69″～112°20′02.63″E。保护区总面积为 6100hm²，其中核心区面积为 3400hm²，实验区面积为 2700hm²。核心区特别保护期为每年 4 月 1 日至 6 月 30 日。核心区位于天心湖，边界线为西洲、八角山、新码头、连和、柳林嘴、野鸭塘、南嘴、西洲。实验区位于藕池河中支、松澧洪道。藕池河中支北起南洲镇青茅岗，南至茅草街镇胜天渡口。松澧洪道北起武圣宫镇小河口（安乡县交界处），南至茅草街镇胜天渡口。保护区主要保护对象为草龟、中华鳖，其他保护对象包括青鱼、草

鱼、鲢、鳙、鲤、鳊、鲫、鳜、鳡、乌鳢、黄颡鱼、黄鳝、秀丽白虾、三角帆蚌、中华绒螯蟹等。（附图143）

（29）湘江湘潭段野鲤国家级水产种质资源保护区

保护区位于湖南省中部湘江中下游，上起马家河与株洲交界，下至昭山湾与长沙接壤，呈"S"状流经湘潭县和湘潭市区。保护区总面积为5330hm²，其中核心区面积为1300hm²，实验区面积为4030hm²。核心区分设五处：湘江西侧扬梅州至下游石矶脑为鲤鲫鳊产卵区，特别保护期为每年4～7月；石矶脑至湘潭公路大桥石矶脑深潭、湘江西侧罐子窑至耀祖岩九华深潭、湘江东侧砂石码头至昭山寺昭山深潭、东侧狮熊山至深塘湾深潭四大深潭为鱼类越冬区，特别保护期为每年1～2月。湘江湘潭段为鱼类重要索饵洄游通道，核心区外均为实验区。保护区主要保护对象为鲤、青鱼、草鱼、鲢、鳙、鲫、鳊、鲌，栖息的其他物种包括鳜、黄颡鱼、长吻鮠、鳡等。（附图144）

（30）湘江衡阳段四大家鱼国家级水产种质资源保护区

保护区地处湖南省衡阳市境内的湘江流域，其中湘江干流为近尾洲电站至大源渡电站的150km江段，支流包括春陵江常宁亲仁电站以下长10km的江段、耒水衡阳白渔潭电站以下长10km的江段、蒸水衡阳呆鹰岭大桥以下长5km的江段。保护区总面积为4900hm²，其中核心区面积为2700hm²，实验区面积为2200hm²。特别保护期为每年3月1日至7月31日。核心区范围是从近尾洲电站到衡阳呆鹰岭大桥江段的水域，即由近尾洲电站、亲仁电站、白渔潭电站、呆鹰岭大桥4个拐点顺次连线所围的水域。实验区范围为呆鹰岭大桥以下江段到大源渡电站，是呆鹰岭大桥、白渔潭电站、大源渡电站3个拐点顺次连线所围的水域。保护区主要保护对象为青鱼、草鱼、鲢、鳙、鳡、鳤、鯮等，其他保护对象包括黄尾鲴、细鳞斜颌鲴、湘华鲮、中华倒刺鲃、白甲鱼、长薄鳅、南方大口鲶、黄颡鱼、大眼鳜、翘嘴鳜、波纹鳜、长身鳜、长春鳊、团头鲂等。（附图145）

（31）永顺司城河吻鮈大眼鳜国家级水产种质资源保护区

保护区位于湖南省永顺县城东部吊井乡至列夕乡之间的河段，河流总长度为58.5km。保护区总面积为870hm²，其中核心区面积为340hm²，实验区面积为530hm²。特别保护期为每年4月1日至7月31日。核心区分为两段：第一段从灵溪镇司城村射铺至抚志乡哈尼宫调节坝，第二段从抚志乡牛路河大桥至高坪乡那丘村李家。实验区共分为三段：第一段从吊井乡电站至灵溪镇司城村射铺，第二段从抚志乡哈尼宫调节坝至抚志乡牛路河大桥，第三段从高坪乡那丘村李家至列夕乡新码头。保护区主要保护对象为吻鮈、大眼鳜，其他保护对象包括白甲鱼、瓣结鱼、黄颡鱼、大口鲶等。（附图146）

（32）龙山洗车河大鳍鳠吻鮈国家级水产种质资源保护区

保护区位于湖南省龙山县洗车河干流，全长为101.9km，分为四段：①红岩溪镇比沙沟村至隆头镇隆头村，长为89.8km；②一级支流猛西河洗车河镇水桶村至河口段，长为2.8km；③靛房河靛房镇靛房村至河口段，长为5.8km；④贾市河里耶镇拉越坪村至河口段，长为3.5km。保护区总面积为1003.3hm²，其中核心区面积为475.5hm²，实验区面积为 527.8hm²。保护区特别保护期为每年 4 月 1 日至 8 月 31 日。核心区全长为 43.3km，范围为：洗车河干流西岸洗车河镇新建村、东岸洗车村至西岸隆头镇隆头村、东岸光明村河段，长为 34.0km；支流靛房河靛房镇靛房村至河口段，长为 5.8km；支流贾市河里耶镇拉越坪村至河口段，长为 3.5km。实验区全长为 58.6km，范围为：洗车河干流西岸红岩溪镇比沙沟村、东岸比沙村至西岸洗车河镇新建村、东岸洗车村，长为 55.8km；支流猛西河洗车河镇水桶村至河口段，长为 2.8km。保护区主要保护对象为大鳍鳠、吻鉤，其他保护对象包括青鱼、草鱼、鲢、鳙、鲤、唇鲳、瓣结鱼、白甲鱼、稀有白甲鱼等。（附图 147）

（33）酉水湘西段翘嘴红鲌国家级水产种质资源保护区

保护区位于湖南省湘西自治州中部，地处沅水一级支流酉水的中下游，包括湘西自治州古丈县、永顺县、保靖县水域，地理坐标范围为 28°39′52″～28°49′16″N，109°29′42″～110°16′19″E。保护区总面积为 4800hm²，其中核心区面积为 1020hm²，实验区面积为 3780hm²。核心区特别保护期为每年 4 月 1 日至 6 月 30 日。核心区分为四段：①古丈县古阳镇栖凤湖段，范围为黑潭坪村至青鱼潭村及坳家湖村至青鱼潭村，全长为 15km，面积为 550hm²；②古丈县红石林镇坐龙峡段，范围为坐龙峡至河西村，全长为 6km，面积为 100hm²；③永顺县小溪镇施溶溪段，范围为燕子坪村至施溶溪村，全长为 10km，面积为 280hm²；④永顺县小溪镇镇溪段，范围为毛坪村至镇溪码头，全长为 4km，面积为 90hm²。实验区范围为保靖县碗米坡镇押马村至古丈县高峰镇镇溪村，全长为 92km。保护区主要保护对象为翘嘴鲌，同时对蒙古鲌、翘嘴鲌、大眼鳜、黄颡鱼、鲶等物种进行保护。（附图 148）

（34）安乡杨家河段短河鲚国家级水产种质资源保护区

保护区位于湖南省安乡县于松虎洪道安乡段，自深柳镇长岭洲涵闸至下渔口镇刮家洲渡口河段，全长为 12.2km。保护区总面积为 995hm²，其中核心区面积为 610hm²，实验区面积为 385hm²。特别保护期为每年 3 月 10 日至 6 月 30 日。核心区范围是从东岸深柳镇长岭洲涵闸、西岸大鲸港镇砖厂至东岸深柳镇新开口村砖厂、西岸安康乡杜家村河段，长为 6.6km。实验区范围是从东岸深柳镇新开口村砖厂、西岸安康乡杜家村至东岸深柳镇杨家河洲转角、西岸下渔口镇刮家洲渡口河段，长为 5.6km。保护区主要保护对象为短河鲚，其他保护对象包括大口鲶、长吻鮠、黄颡鱼、翘嘴鲌、鳜、鳊、鲤、鲫、鲴等。（附图 149）

（35）虎渡河安乡段翘嘴鲌国家级水产种质资源保护区

保护区位于湖南省安乡县虎渡河安乡段，范围为三岔河镇梅家洲至唐家铺村，全长为 14km。保护区总面积为 2450hm²，其中核心区面积为 1750hm²，实验区面积为 700hm²。特别保护期为每年 3 月 10 日至 6 月 30 日。核心区位于三岔河镇梅家洲至同春村北段，长度为 10km。实验区为三岔河镇同春村北至唐家铺村段，长度为 4km。保护区主要保护对象为翘嘴鲌，其他保护对象包括瓦氏黄颡鱼、翘嘴鲌等物种。（附图 150）

（36）澧水洪道熊家河段大口鲶国家级水产种质资源保护区

保护区位于湖南省安乡县澧水洪道熊家河段，范围自安丰乡黄家台村大桥至大鲸港镇一分局村南段河段，全长为18km。保护区总面积为2620hm²，其中核心区面积为1840hm²，实验区面积为780hm²。保护区特别保护期为每年3月10日至6月30日。核心区范围是从安丰乡黄家台村大桥至大鲸港镇羌口村中段河段，长为10km。实验区是从大鲸港镇羌口村中段至一分局村南段河段，长为8km。保护区主要保护对象为大口鲇，其他保护对象包括瓦氏黄颡鱼、翘嘴鲌等物种。（附图151）

（37）武湖黄颡鱼国家级水产种质资源保护区

保护区位于武汉市黄陂区与新洲区结合部，地理坐标范围为30°46′00″～30°51′09″N，114°27′52″～114°32′06″E。保护区总面积为2000hm²，其中核心区面积为700hm²，实验区面积为1300hm²。特别保护期为每年4月1日至7月31日。核心区为7个主要拐点顺次连线所围的水域，实验区为9个主要拐点顺次连线所围的水域。保护区主要保护对象为黄颡鱼，同时保护鳜、团头鲂、翘嘴鲌、花䱻、鳡、中华鳖等多种名优经济水产种质资源及其生境。（附图152）

（38）鲁湖鳜鲌类国家级水产种质资源保护区

保护区总面积为3400hm²，位于武汉市南郊江夏区中部，地理坐标范围为30°09′36″～30°16′39″N，114°09′51″～114°16′12″E，东至蔡家湾，西至南阳马蹄口，南至黑咀，北至沙咀。核心区面积为1000hm²，核心区特别保护期为每年4月1日至6月30日，一般保护期为每年7月1日至次年3月31日。实验区面积为2400hm²，是在核心区以外的南片区域。保护区主要保护对象为鳜、鲌等名优经济鱼类，以及经济水生动植物资源与湖泊环境，同时还保护其他国家级或省级重点保护动植物资源。（附图153）

（39）梁子湖武昌鱼国家级水产种质资源保护区

保护区位于湖北省东南部，地跨鄂州市梁子湖区、武汉市江夏区、黄石市大冶市，地理坐标范围为30°04′55″～30°20′26″N，114°31′19″～114°42′52″E。保护区总面积为28 000hm²，其中核心区面积为9400hm²，实验区面积为18 600hm²。核心区特别保护期为每年4月25日至9月25日。核心区范围为满江湖水域8个拐点连接的封闭区域和高塘湖水域6个拐点连接的封闭区域，其他区域为实验区。保护区主要保护对象为团头鲂（武昌鱼）、湖北圆吻鲴、胭脂鱼、鳤、鳡、光唇蛇鉤、长吻鮠、莼菜、水蕨、扬子狐尾藻、蓝睡莲、水车前等，栖息的其他物种包括青鱼、草鱼、鲢、鳙、鳜、黄颡鱼、龟、鳖、中华绒螯蟹、日本沼虾、河蚌等。（附图154）

（40）花马湖国家级水产种质资源保护区

保护区地处湖北省鄂州市鄂城区，东距黄石市区5km，西距武汉市区75km，距鄂州城区25km，地理坐标范围为30°15′30″～30°20′49″N，114°58′03～115°03′06″E。保护区总面积为1066.7hm²，其中核心区面积为540hm²，实验区面积为526.7hm²。特别保护期为每年4月1日至6月30日。核心区（中湖）是由11个拐点顺次连线所围的水域，实验区一（上湖）面积为166.7hm²，是由以下5个拐点顺次连线所围的水域，实验区二（下湖）面积为360hm²，是由以下7个拐点顺次连线所围的水域。保护区主要保护对象为花鳎，其他保护对象包括团头鲂、草鱼、青鱼、翘嘴鲌、鳜、黄鳝、青虾、背瘤丽蚌、三角帆蚌等水生动物，同时保护莲、野菱、黑斑蛙、金线蛙等国家级重点保护水生动植物。（附图155）

（41）圣水湖黄颡鱼国家级水产种质资源保护区

保护区位于湖北省十堰市竹山县圣水湖，地理坐标范围为31°58′30″～32°15′04″N，110°03′45″～110°13′18″E。保护区总面积为4800hm²，其中核心区面积为2000hm²，实验区面积为2800hm²。特别保护期为每年4月1日至6月30日。核心区位于上庸镇南坝村石门子口东、上庸镇峪口村、官渡镇新街村梁家大桥、官渡镇三吉村、上庸镇吉鱼村、上庸镇南坝村（竹溪县水面交界处）、上庸镇南坝村石门子口西之间，是由7个拐点顺次连线所围的区域。实验区位于深河乡人民政府大门前、上庸镇南坝村石门子口东、上庸镇南坝村石门子口西、溢水镇船舱村、溢水镇朱家湾村、圣水湖出水口大坝内警戒线处西和东、上庸镇码头之间，是由8个拐点顺次连线所围的区域。保护区主要保护对象为黄颡鱼、细鳞斜颌鲴和鳜，其他保护对象包括团头鲂、翘嘴鲌、南方大口鲇、乌鳢、中华花鳅等。（附图156）

（42）堵河龙背湾段多鳞白甲鱼国家级水产种质资源保护区

保护区位于湖北省十堰市竹山县堵河中上游，保护区范围东至柳河，西至柳林乡屏峰村大桥右，南至柳林乡洪坪大桥左，北至龙背湾坝上渡口。保护区总面积为1566hm²，其中核心区面积为890hm²，实验区面积为676hm²。核心区特别保护期为每年4月1日至6月30日。核心区是由以下6个拐点顺次连线所围的区域，实验区是由以下8个拐点顺次连线所围的区域。保护区主要保护对象为多鳞白甲鱼和黄颡鱼。（附图157）

（43）丹江鲌类国家级水产种质资源保护区

保护区位于湖北、河南两省交界处，具体位置在丹江口水库的丹江口市管辖水域，保护区范围东至龙口码头，西至王家梁子，南至前关门岩码头，北至李家沟。保护区总面积为10 000hm²，其中核心区面积为3000hm²，实验区面积为7000hm²。特别保护期为每年4月1日至6月30日。核心区范围是从八庙西200m，偏西边至王家梁子1000m拐点，向东北至李家沟，向东南拐点至樊家窝，然后向西南至八庙止。实验区范围是从龙口码头，向西南至前关门岩码头，向西北至碾子沟，偏西北方向100m至八庙，向东北拐500m一直到樊家窝，偏东南至庄子沟，向东拐至槐树关，向南拐至灯盏窝，向东南拐至龙口码头止。保护区主要保护对象为翘嘴鲌、蒙古鲌、拟尖头鲌、红鳍鲌，以及保护区内的其他水生生物。（附图158）

（44）堵河鳜国家级水产种质资源保护区

保护区位于湖北省十堰市堵河张湾区黄龙镇堰石村保庄沟至竹山县楼台乡雷台村段，地理坐标范围为32°17′42″～32°40′20″N，110°20′44″～110°31′55″E。保护区总面积为4000hm²，其中核心区面积为1500hm²，实验区面积为2500hm²。保护区特别保护期为每年4月1日至6月30日。核心区范围是从竹山县楼台乡雷台村至房县姚坪乡大沟村段，实验区范围是从房县姚坪乡大沟村至张湾区黄龙镇堰石村保庄沟段。保护区主要保护对象为鳜、大眼鳜、斑鳜，其他保护对象包括蒙古鲌、鲶、鲢、鳙等重要经济鱼类及其生态环境。（附图159）

（45）王家河鲌类国家级水产种质资源保护区

保护区位于湖北省十堰市丹江口水库，地理坐标范围为32°29′43″～32°39′21″N，111°03′46″～111°11′36″E。保护区总面积为4434.3hm²，其中核心区面积为1793.7hm²，实验区面积为2640.6hm²。保护区特别保护期为每年4月1日至6月30日。核心区位于王家河至吴家沟段，是由11个拐点顺次连线所围的水域。实验区位于土台口至寨沟段，是由5个拐点顺次连线所围的水域。保护区主要保护对象为翘嘴鲌、蒙古鲌、拟尖头鲌，其他保护对象包括鳜、鲶等。（附图160）

（46）汉江郧县段翘嘴鲌国家级水产种质资源保护区

保护区位于汉江湖北省郧阳区辽瓦—弥陀寺江段。核心区特别保护期为每年4月1日至6月30日。保护区总面积为1750hm²，其中核心区面积为1200hm²，实验区面积为550hm²。保护区主要保护对象为翘嘴鲌，其他保护对象包括蒙古鲌、大眼鳜、黄颡鱼、中华倒刺鲃、乌鳢、鲤、鲫等。（附图161）

（47）琵琶湖细鳞斜颌鲴国家级水产种质资源保护区

保护区位于湖北省随州市随县琵琶湖，地理坐标范围为31°35′01″～31°39′11″N，112°53′36″～112°57′22″E。保护区总面积为720hm²，其中核心区面积为288hm²，实验区面积为432hm²。特别保护期为每年4月15日至7月15日。核心区位于人字河至横沟之间，是由10个拐点顺次连线所围的区域。实验区为除核心区以外的全部水域，位于横冲至琵琶湖大坝之间，是由13个拐点顺次连线所围的区域。保护区重点保护对象为细鳞斜颌鲴，其他保护对象为鳜、鳊、银鱼、鲶、翘嘴鲌、黄颡鱼等。（附图162）

（48）溠水河黑屋湾段翘嘴鲌国家级水产种质资源保护区

保护区位于湖北省随县溠水河黑屋湾段水域，地理坐标范围为31°51′35″～31°58′36″N，113°04′28″～113°08′15″E。保护区总面积为870.79hm²，其中核心区面积为398.78hm²，实验区面积为472.01hm²。保护区特别保护期为每年4月15日至7月15日。核心区位于肖畈至廖家河之间，是由9个拐点顺次连线所围的区域。实验区位于廖家河至黑屋湾大坝之间，是由10个拐点顺次连线所围的区域。保护区主要保护对象为翘嘴鲌，其他保护对象包括细鳞斜颌鲴、鲤、鲫等。（附图163）

（49）先觉庙漂水支流细鳞鲴国家级水产种质资源保护区

保护区位于湖北省随州市先觉庙漂水支流，地理坐标范围为31°47′10″～31°52′13″N，113°31′23″～113°36′03″E。保护区总面积为1580hm²，其中核心区面积为711hm²，实验区面积为869hm²。核心区特别保护期为每年4月1日至6月30日。核心区位于光四湾至许家河之间，是由6个拐点顺次连线所围的区域。实验区位于许家河至水库大坝之间，是由

16 个拐点顺次连线所围的区域。保护区重点保护对象为细鳞鲴，其他保护对象包括鳜、鳊、银鱼、鲶、翘嘴鲌、黄颡鱼等重要经济鱼类。（附图 164）

（50）府河支流徐家河水域银鱼国家级水产种质资源保护区

保护区位于湖北省随州市广水市府河支流徐家河水域，地理坐标范围为 31°31′15″～31°40′25″N，113°34′48″～113°44′30″E。保护区总面积为 3840hm²，其中核心区面积为 2309hm²，实验区面积为 1531hm²。特别保护期为每年 3 月 15 日至 5 月 31 日。核心区位于上游聂店河、肖店、陈湖到董家咀之间，是由 6 个拐点顺次沿河岸连线所围的区域。实验区位于董家咀至徐家河大坝之间，是由 7 个拐点顺次沿河岸连线所围的区域。保护区重点保护对象为银鱼，其他保护对象为鳜、鳊、鳡、鲶、翘嘴鲌、黄颡鱼等。（附图 165）

（51）大富水河斑鳜国家级水产种质资源保护区

保护区位于湖北省应城市西南方位，地理坐标范围为 30°00′22″～31°01′54″N，113°26′47″～113°33′35″E。保护区总面积为 1584hm²，其中核心区面积为 568hm²，实验区面积为 1016hm²。核心区特别保护期为每年 4 月 1 日至 7 月 31 日。核心区全长为 12km，位于应城市田店镇八斗山发电站至田店镇畅马村。实验区全长为 22.5km，位于田店镇畅马村经杨河镇至城北街道办事处卫河村。保护区主要保护对象是斑鳜和花斑副沙鳅。（附图 166）

（52）汉江汉川段国家级水产种质资源保护区

保护区地处湖北省汉川市的汉江江段，位于脉旺镇脉南村至汉川经济开发区庆丰村。保护区总面积为 3750hm²，其中核心区面积为 775hm²，实验区面积为 2975hm²。特别保护期为全年。核心区由上下两段水域组成，上段是由以下 4 个拐点沿河道方向顺次连接所围的水域：汉川汉江大桥—庙头镇黄家咀村—城隍镇新华村—八一渡口。下段是由以下 4 个拐点沿河道方向顺次连接所围的水域：仙女山街道办事处当码头—马鞍乡严湾村—汉川经济开发区邓湾村—汉川经济开发区汪家河村。实验区由上、中、下三段水域组成，上段是由以下 6 个拐点沿河道方向顺次连接所围的水域：脉旺镇脉南村—分水镇高潮村—华严农场新堤村—湾潭乡大沙村—城隍镇新潭村—汉川汉江大桥。中段是由以下 3 个拐点沿河道方向顺次连接所围的水域：八一渡口—马鞍乡人民政府驻地—仙女山街道办事处当码头。下段是由以下 3 个拐点沿河道方向顺次连接所围的水域：汉川经济开发区汪家河村—汉川经济开发区汉新村—汉川经济开发区庆丰村。保护区主要保护对象是青鱼、草鱼、鲢、鳙、鳡、瓦氏黄颡鱼、鳜、乌鳢等。（附图 167）

（53）汉北河瓦氏黄颡鱼国家级水产种质资源保护区

保护区位于湖北省孝感市境内的汉北河汉川市垌冢镇涂北村至汉川市新河镇民乐闸河段，全长为 42.5km，沿途经汉川市垌冢镇，应城市义和镇、天鹅镇，汉川市麻河镇，云梦县下辛店镇，汉川市刘隔镇、新河镇。保护区总面积为 1920hm²，其中核心区面积为 1045hm²，实验区面积为 875hm²。核心区特别保护期为每年 4 月 1 日至 7 月 31 日。核心区河段从汉川市垌冢镇涂北村经应城市义和镇、天鹅镇至汉川市麻河镇东湖村，河长为

20.9km。实验区河段从汉川市麻河镇东湖村经云梦县下辛店镇、汉川市刘隔镇至汉川市新河镇民乐闸，河长为21.6km。保护区主要保护对象为瓦氏黄颡鱼。（附图168）

（54）涢水翘嘴鲌国家级水产种质资源保护区

保护区位于涢水中下游的湖北省云梦县义堂镇胡蔡村至沙河乡铁铺村河段内，全长为64km。保护区总面积为1400hm²，其中核心区面积为365hm²，实验区面积为1035hm²。核心区特别保护期为每年4月1日至7月31日。核心区位于云梦县金义大桥到桂花潭大桥涢水河段。实验区分为两段：第一段位于义堂镇胡蔡村到金义大桥涢水河段；第二段位于桂花潭大桥到沙河乡铁铺村涢水河段。保护区主要保护对象为翘嘴鲌，其他保护对象包括黄颡鱼、鳜、乌鳢、鲢、鳙、青鱼、草鱼、鳡、鳊等经济鱼类。（附图169）

（55）府河细鳞鲴国家级水产种质资源保护区

保护区位于湖北省中东部的安陆市境内，地理坐标范围为31°16′12″～31°24′44″N，113°36′14″～113°40′38″E。保护区总面积为1415hm²，其中核心区面积为830hm²，实验区面积为585hm²。核心区特别保护期为每年4月1日至6月30日。核心区是6个主要拐点顺次连线所围的水域，实验区是4个主要拐点顺次连线所围的水域。保护区主要保护对象为细鳞鲴，同时保护翘嘴鲌、花鱼骨、团头鲂、黄颡鱼、赤眼鳟、乌鳢等多种名优经济水产种质资源及其生态环境。（附图170）

（56）观音湖鳜国家级水产种质资源保护区

保护区位于湖北省孝昌县观音湖，是鳜的集中产卵场、索饵场和栖息地。保护区总面积为1167hm²，其中核心区面积为352hm²，实验区面积为815hm²。核心区特别保护期为每年4月1日至7月31日。保护区主要保护对象为鳜，其他保护对象为青鱼、草鱼、鲢、鳙、鲶、青虾、蒙古鲌、达氏鲌、鳊、黄颡鱼等物种。（附图171）

（57）野猪湖鲌类国家级水产种质资源保护区

保护区位于湖北省孝感市孝南区南部平原湖区，属孝南区第一大湖泊，地理坐标范围为30°49′12″～30°53′59″N，114°02′33″～114°05′34″E。保护区总面积为1866.7hm²，其中核心区面积为800hm²，实验区面积为1066.7hm²。核心区特别保护期为每年4月1日至8月31日。核心区为三汊河到中湾的不规则封闭水域，是由5个拐点顺次连线所围的水域。实验区为周家湾至下马溪河村的不规则封闭水域，是由5个拐点顺次连线所围的水域。保护区保护对象为翘嘴鲌、蒙古鲌、青梢鲌等鲌类。（附图172）

（58）王母湖团头鲂短颌鲚国家级水产种质资源保护区

保护区位于湖北省孝感市孝南区南部平原湖区，地理坐标范围为30°51′27″～30°53′46″N，113°59′57″～114°01′30″E。保护区总面积为866.7hm²，其中核心区面积为260hm²，实验区面积为606.7hm²。核心区特别保护期为每年4～6月。核心区为五四垸到黄后湾的不规则封闭水域，是由11个拐点顺次连线所围的水域。实验区为邱家咀至西汉二组的不规则封闭水域，是由14个拐点顺次连线所围的水域。保护区主要保护对象为团

头鲂、短颌鲚。（附图 173）

（59）龙潭湖蒙古鲌国家级水产种质资源保护区

保护区位于湖北省孝感市大悟县芳畈镇，地理坐标范围为 31°22′03″～31°24′24″N，114°06′32″～114°11′17″E。保护区总面积为 346hm²，其中核心区面积为 167hm²，实验区面积为 179hm²。保护区特别保护期为每年 4 月 1 日至 6 月 30 日。核心区范围从胡家冲至李家村，是由 11 个拐点顺次连线所围的水域。实验区为核心区之外的龙潭湖所有水域，分为东西两块：东实验区自滚河村至胡家冲之间，是由 8 个拐点顺次连线围成的封闭水域；西实验区自李家冲至龙潭湖大坝之间，是由 4 个拐点顺次连线围成的封闭水域。保护区主要保护对象为蒙古鲌，其他保护对象为团头鲂、翘嘴鲌、鲶、龟、鳖等重要经济鱼类及重要水产资源。（附图 174）

（60）龙赛湖细鳞鲴翘嘴鲌国家级水产种质资源保护区

保护区位于湖北省应城市境内西南方位，地理坐标范围为 30°48′13″～30°51′32″N，113°29′05″～113°31′14″E。保护区总面积为 933.3hm²，其中核心区面积为 280hm²，实验区面积为 653.3hm²。核心区特别保护期为每年 4 月 1 日至 8 月 31 日。保护区是由 11 个拐点顺次连线所围的水域，核心区是由 4 个拐点顺次连线所围的水域，实验区是由 9 个拐点顺次连线所围的水域。保护区主要保护对象是细鳞鲴、翘嘴鲌。（附图 175）

（61）姚河泥鳅国家级水产种质资源保护区

保护区位于湖北省大悟县三里镇，河流全长为 18.5km，地理坐标范围为 31°45′06″～31°45′10″N，114°12′58″～114°16′47″E。保护区总面积为 279hm²，其中核心区面积为 91.9hm²，实验区面积为 187.1hm²。核心区特别保护期为每年 4 月 1 日至 7 月 31 日。核心区东起担水河至老虎嘴，西到啸畈至地基凹之间，是由 10 个拐点顺次连线所围的水域。实验区为除核心区之外的姚河所有水域，分为东西两块：东实验区面积为 37.4hm²，自胡家河至肖家山水域；西实验区面积为 149.7hm²，自三弯沟至姚河大坝水域，是由 8 个拐点顺次连线围成的封闭区域内的河流、池塘、水库等水域。保护区主要保护对象为泥鳅，其他保护对象包括团头鲂、翘嘴鲌、鲶、龟、鳖等。（附图 176）

（62）西凉湖鳜鱼黄颡鱼国家级水产种质资源保护区

保护区位于湖北省咸宁市境内，地理坐标范围为 29°51′～30°01′N，114°00′～114°10′E。东岸以大屋章为起点，向南经余家咀、孙家咀至汀泗河入口，以汀泗河入口为折点向西至泉口河入口，从泉口河入口向北经衙门咀、聂家泉、周刘至刘家湾，以刘家湾为折点向南经曾家咀、王家湾（牛头山）至神山，从神山宋家河口至宋家河上游大桥，以神山为折点向北经雷家、思姑台、西凉村至北庄海，以北庄海为折点向东经下畈村、西湖围堤、吴刘何至大屋章止。保护区总面积为 8000hm²，其中核心区面积为 2000hm²，实验区面积为 6000hm²。核心区特别保护期为每年 4 月 1 日至 9 月 30 日。核心区分为两部分，东西凉湖核心区范围为：自孙家咀至汀泗河入口，以汀泗河入口为折点向西至泉口河入口，从泉口河入口向北经衙门咀至聂家泉。西西凉湖核心区范围为：自王家湾（牛头山）至神山，自神山宋家河口至宋家河上游大桥，以神山为折点向北经雷家至思姑台。保护区其他区域为实验区。保护区主要保护对象为鳜、黄颡鱼、胭脂鱼、鳡、鲶、长吻鮠，栖息的其他物种包括鳤、青鱼、草鱼、鲢、鳙、龟、鳖、中华绒螯蟹、青虾、河蚌等。（附图177）

（63）蟠河特有鱼类国家级水产种质资源保护区

保护区位于湖北省赤壁市境内，地理坐标范围为29°29′05″～29°40′35″N，113°35′17″～113°57′40″E，包括蟠河及上游的雷家桥港、羊楼洞港、柳林港、羊楼司港4条支流，河段全长为121.8km。保护区总面积为615hm²，其中核心区面积为348hm²，实验区面积为267hm²。特别保护期为每年3月1日至7月31日。核心区范围为雷家桥港、柳林港、羊楼司港、蟠河的赵李桥至新店河段，全长为74km，各拐点分别为：纸棚沟、马家湾、上马家洞、港口、柘坪、羊楼司、赵李桥、新店。实验区范围为羊楼洞港、蟠河的羊楼司至赵李桥河段、新店至灌咀河段，全长为47.8km，各拐点分别为：石人泉、群强水库、羊楼司、赵李桥、新店、灌咀。保护区主要保护对象为司氏鮈、尖头大吻鱥、中华沙塘鳢、波氏吻虾虎鱼、宽鳍鱲等特有鱼类，其他保护对象为保护区内的其他水生生物。（附图178）

（64）富水湖鲌类国家级水产种质资源保护区

保护区位于湖北省通山县富水流域，地理坐标范围为29°31′06″～29°42′56″N，114°32′08″～114°53′15″E，东至富水大坝，西至通羊镇周家湾，南至洪港镇下湾村，北至慈口乡居里。保护区总面积为7333hm²，其中核心区面积为3000hm²，实验区面积为4333hm²。核心区特别保护期为每年4月1日至7月31日。核心区分为大畈核心区、富有核心区、慈口核心区和燕夏核心区。其中，大畈核心区是由5个拐点顺次连线所围的水域，富有核心区是由4个拐点顺次连线所围的水域，慈口核心区是由3个拐点顺次连线所围的水域，燕夏核心区是由5个拐点顺次连线所围的水域。实验区是由11个拐点顺次连线所围的水域。保护区主要保护对象为鲌类。（附图179）

（65）长江监利段四大家鱼国家级水产种质资源保护区

保护区位于湖北省监利市长江江段，地理坐标范围为29°27′46″～29°48′31″N，112°42′47″～113°18′11″E，全长为98.48km，由老江河长江故道（长为20.0km）和长江干流（长为78.48km）江段水域组成。保护区江段上起监利市大垸柳口闸，下至监利市白螺镇韩家埠，流经杨家湾、沙咀、左家滩、盐船、上沙村、老江河长江故道、孙梁洲、白螺矶、韩家埠。其中，长江干流保护区由3段水域构成：上段由监利市人民大垸农场管理区柳口至容城街道新洲沙咀轮渡码头，中段由三洲镇左家滩经老江河长江故道至柘木乡孙梁洲，下段由白螺镇白螺矶至韩家埠。保护区总面积为15 996hm²，其中核心区面积为6294hm²，实验区面积为9702hm²。特别保护期为每年4月1日至6月30日。核心区全长为41.8km，包括3段水域：①监利市红城街道杨家湾至容城街道新洲沙咀轮渡口江段，长度为15.80km，面积为3634hm²；②三洲镇盐船轮渡口至上沙村江段，长度为6.00km，面积为960hm²；③老江河长江故道（三洲镇熊洲闸至柘木乡孙梁洲闸），长度为20.0km，面积为1700hm²。实验区全长为56.68km，包括4段水域：①人民大垸农场管理区柳口至红城街道杨家湾江段，长度为 12.93km，面积为 1294hm²；②三洲镇左家滩至盐船轮渡口江段，长度为 12.64km，面积为 1896hm²；③三洲镇上沙村至柘木乡孙梁洲江段，长度为 17.18km，面积为 3780hm²；④白螺镇白螺矶至韩家埠江段，长度为 13.93km，面积为 2732hm²。保护区主要保护对象为"四大家鱼"，其他保护对象为保护区内的其他水生生物。（附图 180）

（66）杨柴湖沙塘鳢刺鳅国家级水产种质资源保护区

保护区呈菱形，位于湖北省洪湖市境内的西南角，地理坐标范围为 29°43′08″～29°46′01″N，113°16′21″～113°20′34″E。保护区总面积为 1875.36hm²，其中核心区面积为 750.94hm²，实验区面积为 1124.42hm²。核心区特别保护期为每年 4 月 1 日至 7 月 31 日。核心区由 10 个拐点顺次连接形成，实验区由 12 个拐点顺次连接形成。保护区主要保护对象为沙塘鳢和刺鳅，其他保护对象为鳜、黄颡鱼、翘嘴鲌、乌鳢等经济鱼类。（附图 181）

（67）淤泥湖团头鲂国家级水产种质资源保护区

保护区位于湖北省公安县的淤泥湖，地理坐标范围为 29°45′00″～29°50′42″N，112°04′12″～112°09′36″E。核心区特别保护期为全年。保护区总面积为 1373.3hm²。其中，核心区面积为 446.3hm²，范围为：以淤泥湖渔场场部为起点，向南经金桥村、东升村、陈兴村；陈兴村向东至庙咀村；从庙咀村向北，经接丰村至报慈村。实验区面积为 927.0hm²，范围为：以淤泥湖渔场场部为起点，向南经金桥村、东升村、陈兴村；陈兴村向东至庙咀村；从庙咀村向北，经接丰村、报慈村、坪兴村、金红村、杉木桥村至勇敢村；从勇敢村向南，经黄田村、跃进村、青龙村、双湖村、黄堤村至淤泥湖渔场场部。保护区主要保护对象为团头鲂，其他保护对象包括鳙、银鱼、鲌、鳡、鳜等。（附图 182）

（68）洪湖国家级水产种质资源保护区

保护区位于湖北省洪湖市境内，距洪湖市区 31km，地理坐标范围为 29°57′49.21″～30°00′18.72″N，113°33′16.49″～113°36′11.74″E。保护区总面积为 2700hm²，其中核心区面积为 1450hm²，实验区面积为 1250hm²。特别保护期为每年 6 月 1 日至 10 月 31 日。核心区为保护区东面的江家岭至西面的万岭之间的水域，是由 6 个拐点顺次连线所围的区域。实验区是由 4 个拐点顺次连线所围的区域。保护区主要保护对象为黄鳝，其他保护对象包括鳜、黄颡鱼、翘嘴鲌、乌鳢等。（附图 183）

（69）庙湖翘嘴鲌国家级水产种质资源保护区

保护区位于长江中游，东至长湖管理处海子湖，西至纪南镇高台村、松柏村，南至郢城镇郢北村、海湖村，北至纪南镇洪圣村、雨台村，地理坐标范围为 30°23′44″～30°25′59″N，112°12′08″～112°14′47″E。保护区总面积为 517.08hm²，其中核心区面积为 271.33hm²，实验区面积为 245.75hm²。特别保护期为每年 4 月 1 日至 9 月 30 日。核心区由庙湖农业队南组、郢城镇彭湖村至长湖海子湖之间的水域组成，是由 11 个拐点构成的封闭区域。实验区是由 6 个拐点构成的封闭区域。保护区主要保护对象为翘嘴鲌，其他保

护对象包括草鱼、鲢、鳙、菱、莲等重要经济水生动植物物种及其生境。（附图 184）

（70）牛浪湖鳜国家级水产种质资源保护区

保护区位于湖北省公安县的牛浪湖，地理坐标范围为 29°47′10″～29°52′58″N，111°54′55″～111°59′28″E。特别保护期为每年 4 月 1 日至 7 月 31 日。保护区总面积为 1333.3hm²，其中核心区面积为 517hm²，实验区面积为 816.3hm²。核心区位于 29°47′10″～29°50′07″N，111°55′02″～111°58′39″E，范围为：以牛浪湖渔场场部为起点，向南经泥巴咀、张家湾、赵家湾；汪家台向西至汪家铺；从清水港向北，经董家山、大庙岗、严家咀、黄毛洲；从伍家咀西至梁家台、陈家坝、曾家咀，核心区为 10 个拐点连接的封闭区域。实验区范围为：以牛浪湖渔场场部为起点，向北经王龙咀、曹家咀、戈家山、石门咀；刘家咀向西至戈罗坝，经王府咀接跑马岗、熊家咀、颜家祠堂、双台村，实验区为 16 个拐点连接的封闭区域。保护区主要保护对象为鳜，其他保护对象包括鳡、黄颡鱼、银鱼、龟、鳖、青虾、河蚌等。（附图 185）

（71）崇湖黄颡鱼国家级水产种质资源保护区

保护区位于湖北省公安县的崇湖，地理坐标范围为 29°53′53″～29°57′39″N，112°14′42″～112°18′11″E。特别保护期为每年 4 月 1 日至 7 月 31 日。保护区总面积为 1333hm²，其中核心区面积为 450hm²，实验区面积为 883hm²。核心区位于 29°53′53″～29°55′04″N，112°15′55″～112°18′11″E，范围为：以崔家湖渔场场部为起点，向东经黄岭村、柳口闸；民主村向西经崇湖电排站至崇湖渔场场部，核心区为 7 个拐点连接的封闭区域。实验区以崇湖渔场场部为起点，向北经高桥村、六合塘，以金滩村向东至荷花渔场，是 10 个拐点连接的封闭区域。保护区主要保护对象为黄颡鱼，其他保护对象包括鲢、鳙、青鱼、草鱼、鳡、黄颡鱼、银鱼、龟、鳖、青虾、河蚌等。（附图 186）

（72）南海湖短颌鲚国家级水产种质资源保护区

保护区位于湖北省松滋市境内，地理坐标范围为 29°15′18″～29°57′53″N，111°25′45″～111°61′26″E。保护区总面积为 2020hm²，其中核心区面积为 920hm²，实验区面积为 1100hm²。核心区特别保护期为每年 4 月 1 日至 7 月 31 日。核心区是 17 个拐点顺次连线所围的水域，实验区是 13 个拐点顺次连线所围的区域。保护区主要保护对象为短颌鲚。（附图 187）

（73）洈水鳜国家级水产种质资源保护区

保护区位于湖北省荆州市松滋市西南部的洈水水库，地理坐标范围为 29°55′57″～29°59′28″N，111°26′14″～111°34′45″E。保护区总面积为 2180hm²，其中核心区面积为 838.5hm²，实验区面积为 1341.5hm²。核心区特别保护期为每年 4 月 1 日至 9 月 30 日。核心区是 9 个拐点顺次连线所围的水域，实验区是 7 个拐点顺次连线所围的水域。保护区主要保护对象为鳜、鳙、菱、莲等重要经济水生动植物物种及其生态环境。（附图 188）

（74）王家大湖绢丝丽蚌国家级水产种质资源保护区

保护区位于长江中游南岸的湖北省松滋市境内，地理坐标范围为 29°57′53″～29°59′29″N，111°50′20″～111°53′20″E。保护区总面积为 790hm²，其中核心区面积为332hm²，实验区面积为 458hm²。核心区特别保护期为每年 12 月 1 日至次年 6 月 30 日。保护区是 21 个拐点顺次连线所围的水域，核心区是由 13 个拐点顺次连线所围的水域。保护区除核心区之外的水域为实验区。保护区主要保护对象为绢丝丽蚌及其生境。（附图 189）

（75）金家湖花䱻国家级水产种质资源保护区

保护区位于湖北省荆州市荆州区西北郊，地处长江中游北岸，上通长江，下连长湖，东至八岭山镇太平村，西至马山镇梅花湾村，南至金家湖大坝，北至马山镇高桥村，地理坐标范围为 30°24′48″～30°27′57″N，112°00′05″～112°03′08″E。保护区总面积为 670hm²，其中核心区总面积为 269hm²，实验区总面积为 401hm²。保护区特别保护期为每年 4 月1 日至 9 月 30 日。核心区是金家湖大坝以北、八岭山镇鄂公闸以南之间 12 个拐点顺次连成的封闭区域。实验区是 12 个拐点顺次连线构成的封闭区域。保护区主要保护对象为花䱻，其他保护对象包括青鱼、草鱼、鲢、鳙、菱、莲等重要经济水生动植物物种。（附图 190）

（76）红旗湖泥鳅黄颡鱼国家级水产种质资源保护区

保护区位于湖北省洪湖市境内的西北角，水域呈菱形，地理坐标范围为 29°55′58″～29°57′30″N，113°17′33″～113°21′16″E。保护区总面积为 1249hm²，其中核心区面积为431hm²，实验区面积为 818hm²。核心区特别保护期为每年 4 月 1 日至 7 月 31 日。核心区自红旗湖水域东北面的渔农分家堤拐角处起，由 13 个拐点顺次连接形成。实验区从红旗湖水域东面四湖总干堤与渔农分家堤交接处起，由 13 个拐点顺次连接形成。保护区主要保护对象为泥鳅和黄颡鱼，同时保护黄鳝、鳜、翘嘴鲌、乌鳢等经济鱼类。（附图 191）

（77）东港湖黄鳝国家级水产种质资源保护区

保护区位于湖北省监利市尺八镇，岸线全长为 11.9km，地理坐标范围为 29°38′20″～29°40′48″N，113°02′01″～113°04′05″E。保护区总面积为 602.3hm²，其中核心区面积为150.6hm²，实验区面积为 451.7hm²。保护区特别保护期为每年 4 月 1 日至 8 月 31 日。核心区范围为：南自东港湖南湖尾，北抵东港湖两侧殷万村与沙港村对岸连线水域，东抵尺八镇殷万村、老屋村，西抵尺八镇沙港村、茅河村，是 4 个拐点顺次连接形成的封闭水域。实验区范围为：北自东港湖北湖尾与何湾村交界处，南至东港湖两侧殷万村与沙港村对岸连线水域，东抵朱尺公路，西至沙港村，是 6 个拐点顺次连接形成的封闭水域。保护区主要保护对象为黄鳝，其他保护对象包括赤眼鳟、红鳍鲌、黄颡鱼、黄尾鲴、鳜等。（附图 192）

（78）长湖鲌类国家级水产种质资源保护区

保护区位于湖北省长江中游北岸、江汉平原四湖流域上游、荆州市区东北郊，包括长湖水域及沿湖滩涂、沼泽，地理坐标范围为30°22′01.338″～30°31′47.805″N，112°12′03.313″～112°30′44.272″E，东至蝴蝶咀、彭塚湖，西至庙湖渔场，南至观音垱镇，北至后港镇。保护区总面积为14 000hm²，其中核心区面积为4750hm²，实验区面积为9250hm²。核心区特别保护期为每年4月15日至7月31日。核心区包括马洪台和大湖两块区域。马洪台核心区位于长湖中部区域，面积约为1650hm²，边界线为姜家台—王家台—刘家台—象鼻垱—谭家湾，东以刘家台水域为起点，向西南经象鼻垱，南至谭家湾，后转向西南，西至姜家台，然后转向东北，北至王家台，向东南至刘家台。大湖核心区位于长湖东部的大湖区，面积约为3100hm²，边界线为瓦屋湾—大吴湾—花篮嘴—后墙湾—窑场街—习口闸—文岗—胡家垱，北以瓦屋湾水域经大吴湾至花篮嘴一线为界，东以花篮嘴为起点，向南经后墙湾、窑场街至习口闸，南以习口闸为起点，向西经文岗至胡家垱，西以胡家垱至瓦屋湾一线为界。保护区主要保护对象为翘嘴鲌、蒙古鲌、青梢鲌、拟尖头鲌、红鳍原鲌等鲌类及其生境，其他保护对象包括青鱼、草鱼、鲢、鳙、鳜、鳑、团头鲂、黄颡鱼、刺鳅、龟、鳖、中华绒螯蟹、青虾、河蚌、菱、野菱、莲、茭白等重要经济水生动植物物种。（附图193）

（79）汉江钟祥段鳡鳍鲸鱼国家级水产种质资源保护区

保护区位于湖北省钟祥市的汉江江段，地理坐标范围为30°57′52″～31°18′34″N，112°25′25″～112°36′18″E，全长为108km。保护区总面积为4320hm²，其中核心区面积为1720hm²，实验区面积为2600hm²。核心区特别保护期为每年4月1日至6月30日。核心区自中山—碾盘山一线至流港—任滩一线江段，全长为43km。实验区分为上下两段：上段自金华滩—磷矿一线至中山—碾盘山一线江段，长为25km；下段自任滩—流港一线至柴湖—王龙一线江段，长为40km。保护区主要保护对象为鳡、鳍、鲸，其他保护对象包括鳜、黄颡鱼、长吻鮠等。（附图194）

（80）汉江沙洋段长吻鮠瓦氏黄颡鱼国家级水产种质资源保护区

保护区位于湖北省沙洋县的汉江江段，全长为75km，地理坐标范围为30°37′56″～30°54′25″N，112°33′05″～112°42′33″E。保护区总面积为3750hm²，其中核心区面积为800hm²，实验区面积为2950hm²。核心区特别保护期为每年4月1日至6月30日。核心区自马良南港至童元江段，全长为16km。实验区分为上下两段，上段自马良北港至南港江段，长为10km；下段自马良童元经沙洋至李市蔡嘴江段，长为49km。保护区主要保护对象为长吻鮠、瓦氏黄颡鱼等重要经济鱼类及其产卵场，其他保护对象包括青鱼、草鱼、鲢、鳙、鲫、团头鲂、鳜、鳍、鲸、蒙古鲌、翘嘴鲌等。（附图195）

（81）钱河鲶国家级水产种质资源保护区

保护区位于荆门市东宝区栗溪至马河河段，全长为68km，地理坐标范围为31°08′07″～31°24′10″N，111°55′50″～111°59′14″E。保护区总面积为1360hm²，其中核心区面积为680hm²，实验区面积为680hm²。核心区特别保护期为每年4月1日至6月30日。核心区范围为胡畈至钱河河段，是5个拐点顺次连线所围的水域。实验区由栗溪镇裴山至胡畈、钱河至双河上下两个部分组成。实验区上半部分是3个拐点顺次连线所围的水域，实验区下半部分是 4 个拐点顺次连线所围的水域。保护区主要保护对象为鲶，其他保护对象包括乌鳢、黄鳝、泥鳅、菱等重要水产资源。（附图 196）

（82）惠亭水库中华鳖国家级水产种质资源保护区

保护区地处湖北省京山市惠亭水库，地理坐标范围为 30°59′23″～31°04′60″N，113°00′00″～113°06′08″E。保护区总面积为 2400hm²，其中核心区面积为 500hm²，实验区面积为 1900hm²。核心区特别保护期为全年。核心区为曹家湾以西的惠亭水库库区及京山河上游梭罗河村 10km 的河道范围，占保护区总面积的 20.83%。核心区是 7 个拐点沿库岸方向顺次连线所围的水域：吉家湾—黄家畈—潘家湾—雷家岭—天鹅冲—老爷湾—草荒湾。实验区范围为曹家湾以东的惠亭水库库区及梭罗河村至上游青树岭村 10km，面积占保护区总面积的 79.17%。实验区是 8 个拐点沿库岸方向顺次连线所围的水域：雷家岭—南家湾—罗家湾—窑湾—水峡口—院子畈—袁家岭—天鹅冲。保护区主要保护对象为中华鳖及其栖息环境，以及该区域内的其他水生生物资源与环境。（附图 197）

（83）南湖黄颡鱼乌鳢国家级水产种质资源保护区

保护区位于湖北省钟祥市郢中街道东南，地理坐标范围为 31°07′03″～31°09′42″N，112°36′28″～112°39′01″E。保护区总面积为 913.6hm²，其中核心区面积为 262.8hm²，实验区面积为 650.8hm²。特别保护期为每年 4 月 1 日至 7 月 31 日。核心区位于保护区东南，是 6 个拐点顺次连接形成的封闭区域，核心区之外为实验区，是 7 个拐点顺次连接形成的封闭区域。保护区主要保护对象为黄颡鱼、乌鳢，其他保护对象包括赤眼鳟、翘嘴鲌、达氏鲌、黄鳝、鳜等。（附图 198）

（84）沙滩河乌鳢国家级水产种质资源保护区

保护区位于湖北省荆门市东宝区马河镇至荆门市漳河新区漳河镇，地理坐标范围为 31°07′17″～31°13′35″N，111°51′29″～111°55′53″E。保护区总面积为 2647hm²，其中核心区面积为 1615hm²，实验区面积为 1032hm²。核心区特别保护期为每年 4 月 1 日至 6 月 30 日。核心区位于沙滩河至宝石滩段，是 7 个拐点沿河顺次连线所围的水域。实验区位于宝石滩至马河镇五峰寨附近，是 6 个拐点沿河顺次连线所围的水域。保护区主要保护对象为乌鳢，其他保护对象包括中华刺鳅、草鱼、黄鳝、泥鳅等重要经济鱼类及菱等重要水产资源等。（附图 199）

（85）清江宜都段中华倒刺鲃国家级水产种质资源保护区

保护区位于长江上游南岸的湖北省宜都市清江流域的高坝洲水域，东至高坝洲镇扳鱼嘴，西至红花套镇清水湾，南至长阳县磨市镇。地理坐标范围为 30°22′56″～30°30′19″N，111°17′17″～111°20′46″E。保护区总面积为 1084hm²，其中核心区面积为 301hm²，实验区面积为 783hm²。核心区特别保护期为每年 3 月 15 日至 7 月 31 日。核心区为位于高坝洲镇清水湾、红花套镇鄢家沱之间的宜都市清江水域，是 3 个拐点顺次连成的封闭区域。实验区由西实验区、东实验区两块组成：西实验区面积为 183hm²，是 3 个拐点范围内的宜都清江水面形成的封闭区域，东实验区面积为 600hm²，是 4 个拐点范围内的宜都清江水面形成的封闭区域。保护区主要保护对象为中华倒刺鲃，其他保护对象包括岩原鲤、白甲鱼、胭脂鱼、长吻鮠等。（附图200）

（86）清江白甲鱼国家级水产种质资源保护区

保护区位于湖北省长阳土家族自治县，地理坐标范围为30°21′～30°28′N，110°21′～111°09′E。保护区总面积为8000hm²，其中核心区面积为2500hm²，实验区面积为5500hm²。特别保护期为每年5月1日至8月31日。核心区由清江干流水布垭至田家河（41km）和招徕河（25km）、山背河（15km）、天池河（18km）、对舞溪（12km）、曲溪（15km）5条支流组成，干支流全长为126km。核心区是11个拐点构成的封闭区域，拐点为：水布垭—柳山—村街—山背河电站坝址—入江口—中溪—水连坪—对舞—入江口—陈家坪—田家河。实验区由清江干流田家河至隔河岩（48km）和伏子坪（12km）、东流溪（22km）、平洛河（15km）3个支流组成，干支流全长为97km。核心区是8个拐点构成的封闭区域，拐点为：田家河—重溪—西湾—伏子坪—晓溪—平洛—沿市口—隔河岩。保护区主要保护对象为清江白甲鱼和其他重要水生生物及其相关的水生态环境，还包括产卵场、肥育场、仔幼鱼保护场和生态通道等。（附图201）

（87）沮漳河特有鱼类国家级水产种质资源保护区

保护区位于湖北省当阳市沮漳河河段，起于白石港，途经育溪大桥、清坪河、钩子湾，至河溶大桥止。保护区总面积为1018hm²，其中核心区面积为460hm²，实验区面积为558hm²。特别保护期为每年4月1日至7月31日。核心区起于白石港，止于育溪大桥，是以下11个拐点沿河道方向顺次连线所围成的水域：白石港—赵家台—小寺冲—玄店观—贺家湾—曹家湾—农会—谢花桥—仆虎山—杨河村—育溪大桥。实验区起于育溪大桥，止于河溶大桥，是以下17个拐点沿河道方向顺次连线所围成的水域：育溪大桥—李家湾—夏家湾—旭光村—高家湾—清坪河村—魏家河—洪家湾—曾家陡山—郭家河—任家湾—斑鸠滩—高家垸—钩子湾—夹洲—李家渡—河溶大桥。保护区主要保护对象是翘嘴鲌、鳜，其他保护对象包括黄颡鱼、中华沙塘鳢、波氏吻虾虎鱼等。（附图202）

（88）汉江襄阳段长春鳊国家级水产种质资源保护区

保护区位于湖北省襄阳市境内，地理坐标范围为31°57′25″～32°10′09″N，111°58′10″～112°20′13″E。保护区总面积为6193hm²，其中核心区面积为2299hm²，实验区面积为3894hm²。特别保护期为每年4月1日至7月31日。核心区从汉江干流两广高速公路桥汉江断面至汉江干流牛首镇断面。实验区分为东西两段：西段实验区从汉江干流牛首镇断面至汉江干流崔家营大坝断面；东段实验区从汉江支流唐河、白河的两河口断面至汉江干流崔家营大坝断面。保护区主要保护对象为长春鳊，其他保护对象包括黄颡鱼、赤眼鳟、鲤、鲫、翘嘴鲌等。（附图203）

（89）保安湖鳜鱼国家级水产种质资源保护区

保护区位于湖北省大冶市境内，地处长江中游南岸，地理坐标范围为30°12′～30°20′N，114°40′～114°48′E，是以下10个拐点依次连接而成的海马形状水域：八码头—

龙王头尖—长岭—丁肖彭—农科大堤—武钢大堤尖—向家嘴—野溪嘴—十五冶大堤尖—扁担塘底。保护区总面积为 4340hm²，其中核心区面积为 667hm²，实验区面积为 3673hm²。核心区特别保护期为每年 4 月 1 日至 7 月 31 日。核心区范围为四个点之间的矩形区域。保护区主要保护对象是鳜，其次是鳊鲅、黄颡鱼、鲌、鲂等及其生境。（附图 204）

（90）猪婆湖花䲄国家级水产种质资源保护区

保护区位于湖北省阳新县境内，地处长江中下游下段南岸，属长江中下游浅水草型湖泊，地理坐标范围为 29°48′56″～29°50′49″N，115°18′38″～115°25′30″E，是阳新县比较大型的湖泊。保护区总面积为 1534hm²，其中核心区面积为 767hm²，实验区面积为 767hm²。核心区特别保护期为每年 4 月 1 日至 6 月 30 日。核心区是 10 个拐点构成的封闭区域。实验区是 11 个拐点构成的封闭区域。保护区主要保护对象为花䲄，其他保护对象包括草鱼、鲢、鳙、菱、莲等重要经济水生动植物。（附图 205）

（91）长江黄石段四大家鱼国家级水产种质资源保护区

保护区位于湖北省黄石市的长江江段，地理坐标范围为 30°08′35″～30°15′52″N，115°03′46″～115°16′40″E，上起花马湖排灌闸，下至棋盘洲，全长约为 26.5km，流经黄石港、西塞山、道士袱、风波港、牯牛洲。保护区总面积为 4094hm²，其中核心区面积为 2469hm²，实验区面积为 1625hm²。核心区特别保护期为每年 4 月 1 日至 6 月 30 日。核心区自花马湖排灌闸经黄石港、西塞山、道士袱至风波港，全长为 17.3km。实验区自风波港经牯牛洲、韦源口至棋盘洲，全长为 9.2km。保护区主要保护对象为青鱼、草鱼、鲢、鳙等重要经济鱼类及其产卵场，以及其他重要水生生物资源及其生境。（附图 206）

（92）太白湖国家级水产种质资源保护区

保护区位于湖北省黄冈市，地理坐标范围为 29°56′15″～30°00′59″N，115°46′09″～115°50′21″E，东起黄梅县舒城寨，南至黄梅县梅济堤，西至官桥大港西湖口，经武穴市葫芦塘，北至黄梅县车路村。保护区总面积为 2560.39hm²，其中核心区面积为 712.91hm²，实验区面积为 1847.48hm²。特别保护期为每年 4 月 1 日至 6 月 30 日。核心区是 30 个拐点顺次连线所围的水域。实验区是 22 个拐点顺次连线所围的水域。保护区主要保护对象为翘嘴鲌、鳡、鳜、鳜、日本沼虾，其他保护对象包括栖息在保护区内的其他国家级或省级重点保护水生生物。（附图 207）

（93）策湖黄颡鱼乌鳢国家级水产种质资源保护区

保护区位于长江中游北岸的湖北省黄冈市浠水县策湖水域，地理坐标范围为 30°14′05″～30°15′52″N，115°08′26″～115°11′07″E。保护区总面积为 700hm²，其中核心区面积为 315hm²，实验区面积为 385hm²。核心区特别保护期为每年 4 月 1 日至 7 月 31 日。核心区从罗湖到蒿墩村。实验区从禹山村到仙女庙村。保护区主要保护对象为黄颡鱼、乌鳢，同时保护团头鲂、翘嘴鲌、鲶、鲤、鲫等物种及湖泊生态环境。（附图 208）

（94）赤东湖鳊国家级水产种质资源保护区

保护区位于湖北省蕲春县境内，距蕲春县城 20km，地理坐标范围为 30°02′50″～30°09′38″N，115°21′50″～115°31′08″E。保护区总面积为 2180hm²，其中核心区面积为 500hm²，实验区面积为 1680hm²。核心区保护期为每年 4 月 1 日至 6 月 30 日。核心区是 11 个拐点连线所围的区域，拐点分别为：雷溪河口外、月亮寺、农场闸、三叉、沙径村一组、洪湖口、白果湖、甘湾河河口、长龙嘴、李家坝、放牛圈。核心区之外为实验区。保护区主要保护对象为鳊，其他保护对象包括翘嘴鲌、鳡、鳜、鳜等多种名优经济水生动物及湖泊资源与环境，同时保护其他国家级或省级重点保护动植物资源。（附图 209）

（95）望天湖翘嘴鲌国家级水产种质资源保护区

保护区位于长江中游北岸的湖北省黄冈市浠水县望天湖水域，地理坐标范围为 30°24′39″～30°27′12″N，115°02′26″～115°04′20″E。保护区总面积为 400.4hm²，其中核心区面积为 180.2hm²，实验区面积为 220.2hm²。核心区特别保护期为每年 4 月 1 日至 8 月 31 日。核心区位于名优鱼池、刘家咀至郭家咀、黄鱼咀之间，是 7 个拐点沿湖边界顺次连成的封闭区域。实验区包括西实验区和北实验区两部分，西实验区面积为 88.1hm²，是 6 个拐点沿湖边界顺次连成的封闭区域，北实验区面积为 132.1hm²，是 7 个拐点顺次连成的封闭区域。保护区主要保护对象是翘嘴鲌，其他保护对象包括鳜、黄颡鱼、菱、莲等重要经济水生动植物资源。（附图 210）

（96）天堂湖鲌类国家级水产种质资源保护区

保护区位于湖北省黄冈市罗田县天堂湖，地理坐标范围为 31°04′48″～31°07′31″N，115°36′47″～115°40′57″E。保护区总面积为 673.4hm²，其中核心区面积为 309.8hm²，实验区面积为 363.6hm²。核心区特别保护期为每年 4 月 1 日至 7 月 31 日。核心区有两个，北核心区范围为东起河西畈村，向南经花尤畈村，向西至汪家畈村，向北至九资河村，是 5 个拐点沿湖边界顺次连接围成的封闭区域，南核心区范围为东起滥泥畈村，向南至王家铺村，向北至龙潭河。实验区为除核心区以外的水域，是 10 个拐点沿湖边界顺次连接围成的封闭区域。保护区主要保护对象为翘嘴鲌、达氏鲌、蒙古鲌等鲌类。（附图 211）

（97）金沙湖鲂国家级水产种质资源保护区

保护区位于湖北省黄冈市红安县，地理坐标范围为 31°17′01″～31°22′49″N，114°31′56″～114°35′48″E。保护区总面积为 1422hm²，其中核心区面积为 640hm²，实验区面积为 782hm²。核心区特别保护期为每年 4 月 1 日至 6 月 30 日。核心区范围为：西位于华河镇矿山村以南至二程三里桥村以北湖段，东位于华河镇新庙村贺家河以南至城关镇王贵轩村余陈家以西湖段，是 7 个拐点顺次连线所围的区域。实验区位于大坝以上至核心区交界处，起点位于王贵轩村，终点连接核心区的起点三里桥村五房冲坐标点，是 10 个拐点顺次连线所围的区域。保护区主要保护对象为鲂，其他保护对象包括鳜、赤眼鳟、团头鲂、黄颡鱼、鳜等。（附图 212）

（98）上津湖国家级水产种质资源保护区

保护区位于湖北省石首市，地理坐标范围为29°36′12″～29°40′34″N，112°26′37″～112°32′40″E，东起石首市东升镇歇马庙村，南至东升镇庙咀，西至高基庙镇中渡船，北至东升镇大杨树村。保护区总面积为2000hm²，其中核心区面积为600hm²，实验区面积为1400hm²。特别保护期为每年4月1日至6月30日。核心区是16个拐点顺次连线所围的水域。实验区是31个拐点顺次连线所围的区域。保护区主要保护对象为乌鳢，同时保护鳜、鳜等名特优产品及湖泊资源与环境。（附图213）

（99）胭脂湖黄颡鱼国家级水产种质资源保护区

保护区位于湖北省石首市东升镇，地理坐标范围为29°43′58″～29°46′05″N，112°27′54″～112°31′36″E。保护区总面积为751hm²，其中核心区面积为213hm²，实验区面积为538hm²。核心区特别保护期为每年4月1日至6月30日。核心区东抵胭脂湖渔场，南抵黄家潭村，西抵周家剅村，北抵两湖村，是8个拐点顺次连接形成的封闭区域。实验区东抵新堤口村，南抵黄家潭村，西抵胭脂湖渔场，北抵两湖村，是11个拐点顺次连接形成的封闭区域。保护区主要保护对象是黄颡鱼，其他保护对象包括乌鳢、赤眼鳟、黄鳝、青鱼、草鱼、鲢、鳙等。（附图214）

（100）玉泉河特有鱼类国家级水产种质资源保护区

保护区位于湖北省神农架林区东部，东与襄阳市保康县马桥镇相接，西与神农架林区木鱼镇为界，河流贯穿神农架林区红坪镇、宋洛乡、阳日镇，河道干流总长为153.5km，地理坐标范围为31°36′46″～31°44′04″N，110°25′28″～110°52′11″E。保护区总面积为1717hm²，其中核心区面积为1087hm²，实验区面积为630hm²。特别保护期为全年。核心区是以下6个拐点沿河道方向顺次连线所围的水域：野马河河口—里叉河河口—盘龙村—西坡村—关门河河口—武山湖上游湖口。实验区是以下3个拐点沿河道方向顺次连线所围的水域：武山湖上游湖口—沙湾—鱼头河。保护区主要保护对象是白甲鱼、斑鳜、多鳞铲颌鱼和齐口裂腹鱼，其他保护对象包括长江鲟、似鮈、花鳅、鲈鲤等。（附图215）

（101）五湖黄鳝国家级水产种质资源保护区

保护区位于湖北省仙桃市东南部，东与武汉市汉南区相邻，南与洪湖东荆河大堤为界，西与省级仙桃沙湖湿地相连，北以仙桃东荆河大堤为界，地理坐标范围为30°07′17.35″～30°13′05.38″N，113°45′33.00″～113°50′19.33″E。保护区总面积为3800hm²，其中核心区面积为667hm²，实验区面积为3133hm²。特别保护期为每年4月1日至8月31日。核心区是8个拐点顺次连线所围的区域。实验区被核心区隔成两部分，包括实验区一和实验区二两个区域，实验区一面积为290hm²，是5个拐点顺次连线所围的区域；实验区二面积为2843hm²，是18个拐点顺次连线所围的区域。保护区设两个保护站：大垸子闸保护站、阳明保护站。保护区主要保护对象是黄鳝。（附图216）

（102）汉江潜江段四大家鱼国家级水产种质资源保护区

保护区位于湖北省潜江市高石碑镇兴隆至竹根滩镇黑流渡江段，全长为50.8km。保护区总面积为2284hm²，其中核心区面积为904hm²，实验区面积为1380hm²。核心区特别保护期为每年4月1日至6月30日。核心区范围为：王场镇吕垸至泽口江段，全长为20.1km。核心区保护"四大家鱼"的产卵场、索饵场、越冬场、洄游通道等主要生长繁育场所。实验区分为两部分：一是上实验区，范围为保护区上游高石碑镇兴隆至王场镇吕垸江段，全长为10.2km，面积为537hm²；二是下实验区，范围为潜江泽口至竹根滩镇黑流渡江段，全长为20.5km，面积为843hm²。保护区保护对象为汉江"四大家鱼"和其他重要水生生物资源。（附图217）

（103）丹江特有鱼类国家级水产种质资源保护区

保护区地处河南省淅川县南20km的丹江口水库上游马蹬开阔带，地理坐标范围为32°53′35″～33°00′56″N，111°22′44″～111°33′04″E。保护区总面积为10 168hm²，其中核心区面积为8708hm²，实验区面积1460hm²。特别保护期为每年4月1日至6月30日。核心区是21个拐点连接172m水位线所组成的封闭区域：盛湾镇红庙码头—陈庄—鱼关—陈营—马岭—贾湾—宋湾—盛湾—马湾—姚营—单岗—老城镇王家岭—杨家山—岵山—官夫山—姚湾—武家洲—马蹬镇向阳—肖山头—吴营—白渡。实验区是9个拐点连接形成的封闭区域，拐点分别为：向阳—高庄—崔湾—任沟—寇楼—桐柏—大于湾—担架沟—肖山头。保护区主要保护对象为细鳞斜颌鲴，其他保护对象包括青虾、三角帆蚌、黄颡鱼、团头鲂、鲤、翘嘴红鲌、鲶、蒙古红鲌、红鳍鲌、赤眼鳟、黄尾密鲴等。（附图218）

（104）鸭河口水库蒙古红鲌国家级水产种质资源保护区

保护区地处河南省南召县鸭河口水库中上游蝎子石、芹菜沟、上尖、杏树沟、东大山、曹庄滩之间。保护区总面积为2000hm²，其中核心区面积为500hm²，实验区面积为1500hm²。特别保护期为每年4月1日至6月30日。核心区是以下8个拐点沿河道方向顺次连线所围的水域：蝎子石—石庙湾—点心庙—芹菜沟—东大山—沙河—曹庄滩—蜘蛛山。实验区是以下8个拐点沿河道方向顺次连线所围的水域：芹菜沟—榆树井—南坡—上尖—杏树沟—拦沟—孟山—东大山。保护区主要保护对象为蒙古红鲌，其他保护对象包括花䱻、翘嘴鲌、红鳍原鲌、长吻鮠、似鲴、黄颡鱼、赤眼鳟、团头鲂、鳊、细鳞斜颌鲴等鱼类。（附图219）

（105）鄱阳湖鳜鱼翘嘴红鲌国家级水产种质资源保护区

保护区位于鄱阳湖中部，地理坐标范围为28°42′10″～29°17′20″N，116°15′00″～116°38′30″E。保护区总面积为59 520hm²，其中核心区面积为21 218hm²，实验区面积为38 302hm²。核心区特别保护期为每年3月20日至6月20日。保护区以西湖渡湖的东口为起点，是顺时针绕西湖渡湖、汉池湖、焦潭湖、大莲子湖、三江口、三湖、东湖、金溪湖等主要湖泊的24个主要拐点连线围成的区域，拐点分别为：段家咀、西山、尧山附近的八字垴、龙口附近的小鸣咀、表恩、青洲湾、马湖坪、吴家墩、锣鼓山、梅溪咀、下泗潭港头牛头山、金溪湖刘家咀、程家池上口、黄皮河口、严家、太子河南山公路渡口、严家河尾、长江沟尾、太子河口、瓢山、鲇鱼寨、肇州山、长溪咀、七姐妹墩。核心区以三湖、东湖、焦潭湖为主，其他区域为实验区。保护区主要保护对象为鳜、翘嘴红鲌、鲤、鲫、青鱼、草鱼、鲢、鳙、短颌鲚、长颌鲚，栖息的其他物种包括鳡、胭脂鱼、银鱼、江豚等。（附图220）

（106）万年河特有鱼类国家级水产种质资源保护区

保护区位于江西省万年县境内，地理坐标范围为28°46′03″～28°47′45″N，116°46′01″～116°47′34″E。保护区总面积为201hm²，其中核心区面积为68hm²，实验区面积为133hm²。特别保护期为每年3月15日至6月20日。核心区位于万年县湖云乡的万年河末端宽阔区域姚坊电排站至横跨万年河的德昌高速公路处。实验区位于核心区的上下游，范围为万年河段靠近信江入口处的八架机电排站至湖云乡杨家村东南侧。保护区主要保护对象为三角帆蚌、褶纹冠蚌、河蚬、黄颡鱼、鲶、鳤鲅鱼等，其他保护对象有鲤、鲫、鲢、鳙、草鱼、青鱼、鳜、赤眼鳟、团头鲂等水生动物16种，以及菱、芦苇、芡实等水生植物6种。（附图221）

（107）信江特有鱼类国家级水产种质资源保护区

保护区位于江西省上饶市弋阳县境内的信江，地理坐标范围为28°33′34″～28°33′44″N，117°15′33″～117°15′41″E。保护区总面积为3123hm²，其中核心区面积为712hm²，实验区面积为2411hm²。特别保护期为每年4月1日至9月30日。核心区是6个拐点顺次连线所围的区域，实验区位于核心区的上下游。保护区主要保护对象为乌龟、中华鳖、翘嘴红鲌、大鳍鳠，其他保护对象包括鲤形目、鲶形目、鲈形目、鳉形目、合鳃目、鲑形目等8目16科98种鱼类及螺、蚌、虾、甲鱼、龟、蛙等。（附图222）

（108）定江河特有鱼类国家级水产种质资源保护区

保护区位于江西省铜鼓县境内，地理坐标范围为28°25′～28°45′N，114°21′～114°40′E，北以上庄山脉为界，东以太阳岭山脉为界，南以三溪山脉为界，西以七星岭山脉为界。保护区属定江河水系，内有多条支流，汇入定江河、金沙河，最后进入修河。保护区总面积为2180hm²，其中核心区面积为730hm²，实验区面积为1450hm²。特别保护期为每年4月1日至9月30日。核心区分为两处，上庄核心区是4个拐点顺次连线所围的区域，钓鱼台核心区是7个拐点顺次连线所围的区域。实验区是12个拐点顺次连线所围的区域。保护区主要保护对象是棘胸蛙，其他保护对象有蟾蜍、中华鳖、鳤、鲶、鳜、乌鳢、"四大家鱼"等。（附图223）

（109）袁河上游特有鱼类国家级水产种质资源保护区

保护区地处江西省宜春市境内的袁河上游，地理坐标范围为27°33′～28°05′N，113°54′～114°37′E，距离宜春市中心城区43km。保护区总面积为3850hm²，其中核心区面积为1911hm²，实验区面积为1939hm²。特别保护期为每年3月1日至10月31日。核心区是以下8个拐点沿公路和山间小路顺次连线所围的山溪、小河和沟洞等山泉水密集区域：古庙—大龙坑—木坪—石头窝—仰峰—楼上—塘家山—破官坳。实验区包括两个区域，实验一区是以下9个拐点沿公路和山间小路顺次连线所围的山溪、小河和沟洞等山泉水密集区域：南庄—东南—梅州—荷树下—三观—长过里—木坪—大龙坑—古庙。实验二区是以下10个拐点沿公路和山间小路顺次连线所围的山溪、小河和沟洞等山泉水密集区域：年坪—水口—五坑—戴家山—大塘背—三垅仔里—楼上—仰峰—横岭下—火烧岭。保护区主要保护对象是棘胸蛙。（附图224）

（110）萍水河特有鱼类国家级水产种质资源保护区

保护区位于江西省萍乡市境内的萍水河及其主要支流，范围为东源乡蔡家里、赤山镇泉陂村、南坑镇龙树、六市乡河江村、老关镇陂头洲之间。保护区总面积为8500hm²，其中核心区面积为3300hm²，实验区面积为5200hm²。特别保护期为每年3月20日至6月30日。核心区有两处，第一处是以下12个主要拐点沿河道方向顺次连线所围的水域（含主汛期漫滩）和部分陆地：六市乡河江背—河江村—白竺乡下江边—大江边—麻山镇桃源村—黄家坊—幸福垄—白竺乡源头村—会双—清潭—长丰乡黄土仑—六市乡六市村。第二处是以下5个主要拐点沿河道方向顺次连线所围的水域（含主汛期漫滩）和部分陆地：南坑镇龙树—坪村—湖斗—横江村—窑背冲。实验区是以下25个主要拐点沿河道方向顺次连线所围的水域（含主汛期漫滩）和部分陆地：东源乡蔡家里—赤山镇圳前—巨陂岭—天堂村—泉陂村—担米岭—周江边—石龙陂—北桥桥东—长潭—南坑镇湖斗—双凤—双河口—刘家洲—黄家坊—麻山镇江口村—湘东镇砚田村—老关镇陂头洲—许家洲—沙棚里—麻山镇诗源村—萍实桥—绞水潭—车水桥—东源乡黄家里。保护区主要保护对象为黄尾密鲴，其他保护对象有细鳞斜颌鲴、黄颡鱼、鲤、鲫等。（附图225）

（111）芦溪棘胸蛙国家级水产种质资源保护区

保护区位于江西省芦溪县张佳坊乡和新泉乡境内，东邻宜春市，西接安源区、湘东区，北靠上栗县，南毗莲花县、安福县。地理坐标范围为27°25′57″～27°34′20″N，113°57′50″～114°06′23″E。保护区总面积为880hm²，其中核心区面积为287hm²，实验区面积为593hm²。保护区特别保护期为每年4月1日至9月30日。核心区是以下河流拐点所围的水域：坑口—报恩台、张家坊—暖水—上龙、三江口—界源、杂溪—上龙、河坑—乔岭、陈家坊—马鞍山。实验区是以下河流拐点所围的水域：秤钩湾—中古庙、坑口—三江口—杨家田—金明山—张佳坊、三江口—月岭、天螺山—龙树—新屋里、龙树—东岭—楠木冲、东岭—杂溪、杂溪—沙河、沈家坊—赵家冲、金冲—河坑、赵家冲—下垅。保护区主要保护对象为棘胸蛙、虎纹蛙、四眼斑龟、沼蛙和中华大蟾蜍。（附图226）

（112）德安县博阳河翘嘴鲌黄颡鱼国家级水产种质资源保护区

保护区位于江西省德安县南部博阳河的部分河段水域，包括磨溪乡水沟垄电站大坝至蒲亭镇橡胶坝之间的河道水域，河道全长为38.9km，地理坐标范围为29°18′39″～29°23′22″N，115°34′23″～115°47′18″E。保护区总面积为638hm²，其中核心区面积为224hm²，实验区面积为414hm²。特别保护期为每年4月1日至7月31日。核心区以河道为主，自宝山桥至乌石门，全长为17.3km。实验区分为两部分：一部分为水沟垄到宝山桥之间的河道，长为13.5km，面积为203hm²；另一部分为乌石门到橡胶坝之间的河道水域，长为8.1km，面积为211hm²。保护区主要保护对象为翘嘴鲌、黄颡鱼，其他保护对象包括光倒刺鲃、斑鳜、大鳍鳠、蛇鮈、圆筒吻鮈、马口鱼、间下鱵等。（附图227）

（113）修水源光倒刺鲃国家级水产种质资源保护区

保护区位于江西省修水县西南部，地处修水源头支流之一的东津水流域，范围包括东津水库库区及其上游东津水部分河段，即五峰电站大坝至东津电站大坝之间的库区及河道水域，范围为：东至纸槽里，南至五峰电站坝址，西至治家坪，北至东津电站大坝。保护区总面积为2130hm²，其中核心区面积为580hm²，实验区面积为1550hm²。核心区特别保护期为每年4月1日至7月15日。核心区以河道为主，自五峰电站坝址至桥头，全长为22.8km。实验区以库区为主，是由桥头、纸槽里、周家、东津电站大坝及治家坪等围成的库区水面范围。保护区主要保护对象为光倒刺鲃、斑鳜、黄颡鱼，其他保护对象为大鳍鳠、蛇鮈、圆筒吻鮈、马口鱼等。（附图228）

（114）修河下游三角帆蚌国家级水产种质资源保护区

保护区位于江西省永修县东部修河下游，自永修县修河二桥至吴城镇渔民新村码头段水域及河滩，地理坐标范围为29°02′23″～29°10′54″N，115°49′40″～115°59′51″E。保护区总面积为1130.35hm²，其中核心区面积为419.76hm²，实验区面积为710.59hm²。特别保护期为每年3月20日至7月31日。核心区自恒丰电排站至吴城镇渔民新村码头段水域及河滩，实验区在核心区的上游，自永修县修河二桥至恒丰电排站段水域及河滩。保护区主要保护对象为三角帆蚌和中华鳖，其他保护对象包括乌鳢、鳊、翘嘴鲌、斑鳜及橄榄蛏蚌等水生动物。（附图229）

（115）长江江西段四大家鱼国家级水产种质资源保护区

保护区位于江西省九江市北部，由瑞昌市黄金乡下巢湖的帅山向东延伸至柴桑区赤湖入江闸口约26km的长江水域组成，范围涉及瑞昌市和柴桑区，地理坐标范围为29°47′42″～29°50′46″N，115°30′08″～115°45′10″E。保护区总面积为2724.65hm²，其中核心区面积为753.77hm²，实验区面积为1970.88hm²。特别保护期为每年4月1日至9月30日。核心区位于瑞昌市码头镇的老鼠尾江段。实验区分为东、西两部分：东部为核心区东端向东延伸至柴桑区赤湖闸口之间的水域；西部为核心区西端向西延伸至瑞昌市黄金乡下巢湖的帅山之间的水域。保护区主要保护对象为"四大家鱼"、长吻鮠、鲶，其他保护对象包括黄颡鱼、胭脂鱼、中华鲟及江豚等水生动物。（附图230）

（116）长江八里江段长吻鮠鲶国家级水产种质资源保护区

保护区位于江西省九江市北部，包括长江主航道、张北水道及鄱阳湖入江通道，范围涉及九江市濂溪区、柴桑区和湖口县等县（区），地理坐标范围为29°42′24″～29°53′28″N，116°00′32″～116°27′51″E。保护区总面积为7993hm²，其中核心区面积为

2876hm²，实验区面积为5117hm²。核心区实行全年保护，实验区特别保护期为每年4月1日至9月30日。核心区由八里江口向东（长江主航道）延伸约4km，向西（张南水道）延伸13km至团州洲头，向北（张北水道）延伸2km，向南延伸至鄱阳湖公路大桥处，实验区分为东、南、西北三部分，东部为核心区东端向东延伸至三号洲洲头之间的水域，南部为鄱阳湖铁路大桥与公路大桥之间的水域，西北部自长江大桥始，南至张南水道团州洲头，北经张北水道至核心区交界处的水域。保护区主要保护对象为长吻鮠、鲶，其他保护对象为黄颡鱼、"四大家鱼"、刀鲚、胭脂鱼、中华鲟及江豚等。（附图231）

（117）庐山西海鳡国家级水产种质资源保护区

保护区位于江西省武宁县的东南部，东邻永修县，南连靖安县，西接修水县，北与瑞昌市及湖北省毗邻，地理坐标范围为28°51′～29°34′N，114°28′～115°26′E，东以磨刀口为起点，向南经武宁县与修水县的县界，往南到长陵山，经扬州、西坑、半边河、中黄、壁田、养鱼场、庙山、黄沙岭、凤口到武宁大桥，然后往北，经七里垅、燕子山、猪滩嘴、王埠、东红、巾口码头、八里棚、鸦雀山，最后回到磨刀口。保护区总面积为21 800hm²，其中核心区面积为5433hm²，实验区面积为16 367hm²。核心区特别保护期为每年4～7月。核心区南从养鱼场至半边河，北从巾口码头到八里棚。实验区包括两部分，分别位于核心区的东西两边：西边部分从武宁大桥南岸到养鱼场，从武宁大桥北岸到巾口码头；东边部分从半边河到长陵山，从八里棚到磨刀口。保护区主要保护对象为鳡，其他保护对象包括桃花水母、鳜、蒙古鲌、似鮈等。（附图232）

（118）太泊湖彭泽鲫国家级水产种质资源保护区

保护区位于江西省彭泽县太泊湖水域，地理坐标范围为29°58′16.05″～30°02′19.55″N，116°40′52.21″～116°45′48.81″E。保护区总面积为2134hm²，其中核心区面积为566hm²，实验区面积为1568hm²。核心区特别保护期为每年3月1日至7月31日。核心区边界线为场部—花亭堤—亭子坎—新红新村—周家埠—赵家村—杨树下—文陇—新屋周—场部。实验区边界线为周家埠—赵家村—金家榜—新屋—蛤蟆墩大堤—董家垄—牯牛岭—青苗咀—永红—杵山—沈家畈—周家埠。保护区主要保护对象为彭泽鲫，其他保护对象包括短颌鲚、青鱼、草鱼、鲢、鳙、翘嘴鲌、鳜等。（附图233）

（119）赣江源斑鳢国家级水产种质资源保护区

保护区位于江西省赣州市石城县赣江源水域，地理坐标范围为26°09′04″～26°30′16″N，116°10′54″～116°33′44″E。保护区总面积为1201hm²，其中核心区面积为463hm²，实验区面积为738hm²。核心区特别保护期为每年4月1日至6月30日。核心区水域范围为：赣江源（琴江河）睦富大桥至燕首大桥。实验区由两部分组成：第一实验区为核心区上游部分，面积为310hm²，位于高田镇遥岭村至睦富大桥；第二实验区为核心区下游部分，面积为428hm²，位于燕首大桥至大由乡黄泥塘。保护区主要保护对象为斑鳢、桂林似鮈、鳜、刺鲃、黄颡鱼、带半刺厚唇鱼、"四大家鱼"等重要经济鱼类。（附图234）

（120）琴江细鳞斜颌鲴国家级水产种质资源保护区

保护区位于江西省赣州市宁都县琴江河段，全长约为49.6km，地理坐标范围为26°10′41″～26°14′23″N，116°10′17″～115°56′27″E。保护区总面积为1300hm²，其中核心区面积为450hm²，实验区面积为850hm²。核心区特别保护期为每年4～9月。核心区范围是固村镇三门滩大坝以下至长胜镇新圩电站大坝以上河段，实验区范围是固村镇三门滩大坝至宁都县与石城县交界处琴江河段、长胜镇新圩电站大坝以下至黄石镇阳都村琴江与梅江汇合处琴江河段。保护区主要保护对象为细鳞斜颌鲴，其他保护对象包括刺鲃、鳜、翘嘴红鲌、黄颡鱼、鲂、吻鮈等物种。（附图235）

（121）潋水特有鱼类国家级水产种质资源保护区

保护区位于江西省赣州市兴国县境内，距县城20km，地理坐标范围为26°22′48″～26°30′38″N，115°15′57″～115°20′21″E。保护区总面积为1030hm²，其中核心区面积为320hm²，实验区面积为710hm²。特别保护期为每年2月16日至7月31日。实验区由两部分组成：第一实验区面积为420hm²，第二实验区面积为290hm²。保护区主要保护对象为兴国红鲤、鲤、鲫、刺鲃、鲂、黄颡鱼、草鱼、黄鳝、乌鳢、虾虎鱼、吻鮈、鲌类等，其他保护对象包括鳑鲏、鲴、鲢、鳙、鲶、泥鳅、麦穗鱼、餐条鱼、蛇鮈、马口鱼等。（附图236）

（122）东江源平胸龟国家级水产种质资源保护区

保护区位于珠江流域东江发源地桠髻钵山下江西省赣州市寻乌县辖区的流域，全长约25km，地理坐标范围为24°58′13″～25°08′25″N，115°28′14″～115°35′16″E。保护区总面积为14 339hm²，其中核心区面积为4444hm²，实验区面积为9895hm²。特别保护期为每年4～9月。核心区从圳子背到下畲，从西北到东南顺序拐点排列为：圳子背、天子壁、园墩背、观音山、下畲、金竹坝、观音嶂。实验区从半迳到天台山，从西北到东南顺序拐点排列为：半迳、下大水、香木坑、天台山、老墓、井坑子、芒头窝、石峡峰。保护区主要保护对象为平胸龟，其他保护对象包括棘胸蛙、中华鳖、乌龟等水生生物。（附图237）

（123）桃江刺鲃国家级水产种质资源保护区

保护区位于江西省赣州市赣县区境内的桃江，即信丰县与赣县区产交界处至赣县区居龙滩水电站，地理坐标范围为25°29′40″～25°48′32″N，115°00′01″～115°08′31″E。保护区东岸为居龙滩—洛屋—和尚坪—湾子高—球头窝—新屋下—东坑子—夏汶滩—尚汶滩—横溪—羊脚滩—双山下，西岸为河头—西坑口—金田—芒头窝—大埠—王母渡—下排—坝里—立濑。保护区总面积为1655hm²，其中核心区面积为780hm²，实验区面积为875hm²。核心区特别保护期为每年4～9月。核心区位于大埠—横溪之间。实验区位于居龙滩水电站—大埠和横溪—立濑之间。保护区主要保护对象为刺鲃，其他保护对象包括吻鮈、翘嘴鲌、黄颡鱼、鲂、大鳍鳠、鳜等。（附图238）

（124）上犹江特有鱼类国家级水产种质资源保护区

保护区位于上犹江水库上犹县境内的水域，地理坐标范围为25°49′43″～25°56′47″N，114°18′31″～114°24′14″E。保护区总面积为1267hm²，其中核心区面积为400hm²，实验区面积为867hm²。核心区特别保护期为每年4月1日至6月30日。核心区主要拐点是擒龙口、九曲河口、上犹江电厂、犹崇分界龙沟隔、下坑、西坑，范围是擒龙口至上犹江电厂。实验区位于核心区北部，主要拐点是社窝子领、水岩乡、寨背、周屋排、擒龙口、井子口、举望和文峰塔下，范围是社窝子岭至擒龙口。保护区主要保护对象为虾虎鱼、鳜和鳊等物种。（附图239）

（125）抚河鳜鱼国家级水产种质资源保护区

保护区位于江西省抚州市南城县的抚河，即万坊镇大徐村潭江至建昌镇太平桥，地理坐标范围为27°33′24″～27°41′51″N，116°35′39″～116°38′32″E，北以潭江向东至长兴，东以长兴向南至渡口，南以渡口向西到太平桥，西以太平桥向北至潭江。边界线为潭江—长兴—游家巷—下弓—渡口—太平桥—万年—港口—伏牛—潭江。保护区总面积为1500hm²，其中核心区面积为500hm²，实验区面积为1000hm²。核心区特别保护期为每年4月15日至6月30日。核心区位于万坊镇大徐村潭江至徐家镇邹家，实验区位于徐家镇邹家至建昌镇太平桥。保护区主要保护对象为鳜，其他保护对象包括青鱼、草鱼、鲢、鳙、黄颡鱼、鲶、吻鮈等。（附图240）

（126）宜黄县棘胸蛙国家级水产种质资源保护区

保护区位于江西省抚州市宜黄县宜黄河水系，地理坐标范围为27°06′11″～27°33′03″N，116°03′02″～116°21′19″E。保护区总面积为2806hm²，其中核心区面积为495hm²，实验区面积为2311hm²。特别保护期为每年3月1日至10月1日。核心区有两处：第一处为黄水上游核心区，具体范围为黄水新丰乡李坊村新建组到东陂镇黄柏岭之间的黄水干流及其附属水体的最大水位淹没线以内的区域，面积为255hm²；第二处为宜水上游核心区，具体范围为宜水神岗乡杨坊村楮下组到神岗乡罗坊村宜水干流及其附属水体的最大水位淹没线以内的区域，面积为240hm²。实验区由两处组成，第一处为宜水实验区，位于宜水下游，从神岗乡罗坊村到宜黄水交汇处的宜水最大水位淹没线以内的区域，面积为518hm²。第二处为黄水实验区，范围包括黄水干流段及7条支流，具体为：①黄水干流段实验区，从东陂镇黄柏岭到宜黄水交汇处的黄水最大水位淹没线以内的区域，面积为737hm²；②黄水支流蓝水实验区，从中港镇上坪村到二都镇二都村港背的蓝水最大水位淹没线以内的区域，面积为357hm²；③山前村支流实验区，从山前村到该支流与黄水交汇处的最大水位淹没线以内的区域，面积为72hm²；④西源支流实验区，从西源林场到二都镇河口村洪门的最大水位淹没线以内的区域，面积为147hm²；⑤港南村支流实验区，从黄陂镇港南村茶坪组到该支流入黄水交汇处的最大水位淹没线以内的区域，面积为150hm²；⑥上堡村支流实验区，从上堡村徐坊组到入港南村支流交汇处的最大水位淹没线以内的区域，面积为182hm²；⑦梅湾村支流实验区，从梅湾村柿坪组到该支流入黄水交汇处的最大水位淹没线以内的区域，面积为87hm²；⑧芒坞村双源组支流实验区，从芒坞村双源组到该支流入黄水交汇处的最大水位淹没线以内的区域，面积为 61hm²。保护区主要保护对象为棘胸蛙，其他保护对象包括大鲵、草鱼、鲤、鲫、鲢、鳙、青鱼、鳜、鲴等。（附图 241）

（127）泸溪河大鳍鳠国家级水产种质资源保护区

保护区位于江西省鹰潭市龙虎山风景旅游区，泸溪河龙虎山区段长 43km，范围自上清镇泥湾村杨树排至龙虎山镇毕家大桥。保护区总面积为 301hm²，其中核心区总面积为 100hm²，实验区总面积为 201hm²。核心区特别保护期为每年 3 月 1 日至 10 月 15 日。核心区位于上清镇蔡家桥至龙虎山镇四甲大桥，实验区包括两部分：第一部分为上清镇泥湾村杨树排至蔡家桥段；第二部分为龙虎山镇四甲大桥至毕家大桥段。保护区主要保护对象为大鳍鳠，其他保护对象包括黄颡鱼、刺鲃以及鲃亚科鱼类、鲶、草鱼、鲤、鲫、鲴等。（附图 242）

（128）昌江刺鲃国家级水产种质资源保护区

保护区位于江西省景德镇市珠山区珠山大桥至浮梁县瑶里镇（卧龙潭）昌江河段，河流总长为 88.8km，地理坐标范围为 29°17′41″～29°33′10″N，117°11′46″～117°34′32″E。保护区总面积为 815.5hm²，其中核心区面积为 275.8hm²，实验区面积为 539.7hm²。核心区特别保护期为每年 4 月 1 日至 7 月 15 日。核心区位于浮梁县浮梁镇至浮梁县瑶里镇（卧龙潭），河流长度为 55.1km。实验区自浮梁县蛟潭镇福港大桥至珠山区珠山大桥，河流长度为 33.7km。保护区主要保护对象为刺鲃，其他保护对象包括鳜、黄颡鱼、翘嘴红鲌等。（附图 243）

（129）赣江峡江段四大家鱼国家级水产种质资源保护区

保护区位于赣江中游的江西省吉安市峡江县江段，全长约为 26km，地理坐标范围为 27°32′35″～27°41′48″N，115°08′55″～115°19′51″E。保护区总面积为 1132.8hm²，其中核心区面积为 445.3hm²，实验区面积为 687.5hm²。核心区特别保护期为每年 4～6 月。核心区从福民乡张公石到巴邱镇象口，实验区从巴邱镇象口到仁和镇长排。保护区主要保护对象为"四大家鱼"，其他保护对象包括鳗鲡、鲥、长吻鮠、赤眼鳟、鲤、鲫、鳢、翘嘴红鲌、蒙古鲌、鳊、青虾、河蚬、黄颡鱼、鳜、鲶等物种。（附图 244）

（130）渠水靖州段埋头鲤省级水产种质资源保护区

保护区河流长度为 83.5km，水域总面积为 1123hm²。保护区范围为江东大笋坪村至太阳坪乡土溪八龙村、新厂镇八亚村一组至新厂镇八亚村四组。保护区主要保护对象为埋头鲤，同时对翘嘴鲌、青鱼、黄颡鱼、湘华鲮、大口鲶、中华鳖等物种进行保护。（附图 245）

（131）上犹江汝城段香螺省级水产种质资源保护区

保护区位于汝城县境内赣江支流上犹江，总长度为 4.44km，面积为 11hm²。特别保护期为每年 3 月 10 日至 6 月 30 日。保护区主要保护对象为香螺，同时对虾、蟹、江鱼、石

蛙、乌龟等物种进行保护。（附图 246）

（132）松虎洪道安乡段瓦氏黄颡鱼赤眼鳟省级水产种质资源保护区

保护区位于松虎洪道安乡段，范围自安乡县安凝乡张九台村渡口至深柳镇五里洲北端河段，全长为 11km，总面积为 823hm²。特别保护期为每年 3 月 10 日至 6 月 30 日。核心区范围是从安凝乡张九台村渡口至安障乡小望角渡口河段，长为 6.5km，面积为 518hm²。实验区范围是从安障乡小望角渡口至深柳镇五里洲北端河段，长为 4.5km，面积为 305hm²。保护区主要保护对象为黄颡鱼，同时对长吻鮠、鳡、大口鲇、翘嘴鲌、蒙古鲌、翘嘴鳜、中华鳖、乌龟等物种进行保护。（附图 247）

（133）宣恩白水河大鲵省级水产种质资源保护区

保护区核心区位于白水村三组大鱼泉，东至白水河左岸 110kV 输电线路，西至孙家台，北至白水大桥，南至鸳鸯峡，核心区河流长为 3.1km。核心区保护面积为 82hm²，是大鲵最重要、最集中的栖息地，环境复杂、生物多样、水质优良，是保护区生态系统的核心与精华所在。保护区主要保护对象是大鲵种质资源及其栖息地、产卵场。（附图 248）

（134）牛山湖团头鲂细鳞鲴省级水产种质资源保护区

保护区位于湖北省武汉市江夏区，地理坐标范围介于 $114°30'28''\sim114°32'58''E$，$30°18'56''\sim30°20'33''N$ 之间。保护区总面积 913hm²，其中核心区 315hm²，实验区 598hm²。特别保护期为每年 4 月 1 日至 6 月 30 日。核心区位于牛山村牛头到高峰窑斗以东，由 6 个拐点顺次连线围成的区域。实验区位于核心区东、西侧两块水域，实验一区 330hm²，位于白湖村到雷打洲靠西区域，由 4 个拐点顺次连线围成的区域；实验二区 268hm²，位于小山到窑斗虾子海及牛山边水域，由 6 个拐点顺次连线围成的区域。保护区主要的保护区对象为团头鲂、细鳞鲴及其生境。（附图 249）

（135）白斧池鳜省级水产种质资源保护区

保护区位于湖北省洪湖市东北角，地理坐标范围介于 $113°49'13''\sim113°51'42''E$，$30°09'26''\sim30°12'01''N$ 之间，保护区总面积 832.65hm²，其中核心区面积 230.59 hm²，实验区面积 602.06hm²。特别保护期为每年 4 月 1 日至 8 月 31 日。核心区由 16 个拐点顺次连线围成的区域。保护区主要的保护区对象为鳜，同时保护黄鳝、翘嘴鲌、乌鳢、黄颡鱼等地方经济鱼类。（附图 250）

（136）中湖翘嘴鲌省级水产种质资源保护区

保护区位于湖北省石首市调关镇，地理坐标范围介于 $112°37'55''\sim112°40'23''E$，$29°38'26''\sim29°40'42''N$ 之间。保护区总面积 534hm²，其中核心区 157.53hm²、实验区 376.47hm²。特别保护期为每年 4 月 1 日至 8 月 31 日。核心区位于中湖东部，东抵果老山林场、南抵马鞍山村、北抵黄陵山村，由 8 个拐点顺次连线围成的水域，实验区位于中湖西部，南抵革家铺村、西抵胥家塘林场、北抵大港口渠，由 8 个拐点顺次连线围成的水域。保护

区主要保护对象为翘嘴鲌及其生境。（附图251）

（137）丰溪河花鳕省级水产种质资源保护区

保护区位于江西省上饶市广丰区，地理坐标范围介于117°11′46″～117°34′32″E，29°17′41″～29°33′10″N之间。保护区总面积2743hm²。分为核心区和实验区，核心区范围为村头村、山前村、上余所涉及丰溪河水域。实验区包括两个区域，实验区一范围为六都毛家、六都村、沙田新农村、靖安村、桐畈镇、沙田镇、武都镇；实验区二范围为战畈村、五里村、三官殿村、五角塘、下余村。保护区主要保护对象为刺鲃及其生境。（附图252）

（138）萍乡红鲫省级水产种质资源保护区

保护区位于江西省萍乡市芦溪县袁水河水域，地理坐标范围为27°26′44″～27°35′15″N，114°00′32″～114°11′12″E。保护区总面积为2800hm²，其中核心区面积为1200hm²，实验区面积1600hm²。核心区位于芦溪县袁河水域中部，是6个拐点顺次连线所围的水域：下淡塘、下村、高冲、张家源、新泉乡、九洲村。实验区位于芦溪县袁河水域南部，是8个拐点顺次连线所围的水域：新泉乡、阴江里、横绫、深江、蛤蟆塘、蛤蟆石、山福庵、大石江。保护区主要保护对象是萍乡红鲫。（附图253）

（139）信江翘嘴红鲌省级水产种质资源保护区

保护区位于江西省铅山县信江河段，地理坐标范围为28°17′04″～28°19′23″N，117°38′24″～117°48′54″E。保护区总面积为718hm²，其中核心区面积为262hm²，实验区面积为456hm²，河道长为23km。核心区是7个拐点顺次连线所围的水域：庙家坞村、王家弄头、塘尾村、鹅湖镇、石桥村、老虎滩、鹅湖镇公果村。实验区是11个拐点顺次连线所围的水域：鹅湖镇公果村、广信区界、洋林巷、龙门大道、中洲上、望夫山路信江大桥、外环路信江大桥、工业五路口、费家、大桥王家、蒋家村。保护区主要保护对象为翘嘴红鲌。（附图254）

（140）信江源黄颡鱼省级水产种质资源保护区

保护区位于江西省上饶市玉山县西北部，地理坐标范围为28°38′59″～28°54′32″N，117°53′29″～118°17′32″E。保护区总面积为1379hm²，其中核心区面积为135hm²，实验区面积为1244hm²，河道长为66.5km。核心区分为两部分，第一核心区面积为44hm²，是5个拐点顺次连线所围的水域：紫湖镇、西浆岭脚、竹林湾、毛司道、张岭村。第二核心区面积为91hm²，是10个拐点顺次连线所围的水域：德兴市界、广平水库大坝、大湾、茹茅村、肖家、樟村镇、坑口、塘坞、南山乡、胡村。实验区是21个拐点顺次连线所围的水域：张岭村、高桥寺、大叶、道士坞、洞口、野猪坞、七一水库大坝、大岭、茗坞村、泄洪道、七一水库电厂、白石园、四股桥乡、五里洋村、山头淤村、新桥头、彭家、横街镇、太甲村、王畈林家、胡村。保护区主要保护对象为黄颡鱼、倒刺鲃、鳜、棒花鱼等。（附图255）

2.2.3 长江下游

（1）阊江特有鱼类国家级水产种质资源保护区

保护区位于安徽省祁门县，河流长度为104km，地理坐标范围为29°41′13.70″～29°56′21.85″N，117°27′07.75″～117°43′28.34″E，包括阊江干流（南宁河）祁山镇双河口至芦溪乡倒湖段、阊江支流大北水历口镇环砂至芦溪乡倒湖段。保护区总面积为2000hm²，其中核心区面积为600hm²，实验区面积为1400hm²。特别保护期为每年4月1日至8月31日。保护区河道长为18km，内设三个核心区：芦溪倒湖核心区，长为15km，面积为545hm²，从倒湖左右岸两点连线，沿大北水上溯5km至南溪两点连线，沿南宁河上溯10km至芦溪两点连线间大北水、南宁河河流；塔坊候潭核心区，长为2km，面积45hm²，从塔坊候潭深水潭上下两点连线至两点连线间南宁河河流；历口环砂核心区，长为1km，面积为10hm²，从环砂拦河坝下两点连线至两河口两点连线间大北水河流。除核心区以外均设为实验区，分为三部分：大北水环砂两点连线至南溪两点连线段河流，长为42km，面积为510hm²；南宁河双河口两点连线至候潭两点连线段河流，长为12km，面积为220hm²；候潭两点连线至芦溪段两点连线段河流，长为32km，面积为670hm²。保护区主要保护对象为光倒刺鲃、光唇鱼，其他保护对象包括花鳕、黄颡鱼、吻鮈、伍氏华鳊、沙塘鳢等。（附图256）

（2）黄姑河光唇鱼国家级水产种质资源保护区

保护区位于安徽省黄山市黟县黄姑河，全长约为12km，地理坐标范围为30°06′09″～30°08′29″N，117°46′47″～117°48′24″E。保护区总面积为1146hm²，其中核心区面积为702hm²，实验区面积为444hm²。核心区特别保护期为每年4月1日至6月30日。核心区从鱼塘到江湾。实验区分为南北两部分：南实验区从美溪口到鱼塘；北实验区从江湾到柯家。保护区主要保护对象为温州光唇鱼、半刺光唇鱼、侧条光唇鱼和细身光唇鱼，其他保护对象包括斑鳜、鳜、黄颡鱼、刺鲃、异华鲮、长麦穗鱼、鲶、宽鳍鱲等。（附图257）

（3）新安江歙县段尖头鲹光唇鱼宽鳍鱲国家级水产种质资源保护区

保护区位于安徽省歙县新安江及3条支流昌源河、布射河和街源河，地理坐标范围为29°36′47″～30°05′30″N，118°25′20″～118°49′50″E。保护区总面积为888hm²，其中核心区面积为220hm²，实验区面积为668hm²。特别保护期为每年4月1日至8月31日。核心区全长为143km，包括三处：核心区一昌源河，从三阳镇大溪源村至深渡镇，长为75km，面积为135hm²；核心区二布射河，从溪头镇大谷运村至徽城镇，长为33km，面积为30hm²；核心区三街源河，从长陔乡金竹坑口至街口镇街口村小河口，长为35km，面积为55hm²。实验区位于新安江干支流，从徽城镇至街口镇与浙江省交界断面水质监测站，长为60km。保护区主要保护对象包括尖头鲹、光唇鱼、宽鳍鱲，其他保护对象为原缨口鳅、马口鱼、沙塘鳢、小鳈、斑鳜、瞳石鳜等。（附图258）

（4）长江河宽鳍鱲马口鱼国家级水产种质资源保护区

保护区位于金寨县西北部的铁冲乡高畈村及长河村长江河主河道及其支流。保护区总面积为 1800hm²，其中核心区面积为 1160hm²，实验区面积为 640hm²。核心区特别保护期为每年 3～7 月。核心区全长为 29km，位于长江河起源地金刚台东麓的老鸹凼到铁冲乡高畈村的狮子头和长河村的花岩到易家楼之间的主河道水域，两段主河道分别由 8 个拐点围成。高畈村段长为 16km，长河村段长为 13km。实验区全长为 32km，位于长江河 4 个支流水域。支流一小楼河长为 7km，支流二上棚河长为 5km，支流三夹河长为 12km，支流四铁冲河长为 8km。保护区主要保护对象为宽鳍鱲、马口鱼，其他保护对象包括花鳕、青鱼、草鱼、鳙、鲤、鲫、长春鳊、团头鲂等。（附图 259）

（5）城西湖国家级水产种质资源保护区

保护区位于安徽省霍邱县城西湖上游中段，地理坐标范围为 32°16′～32°19′N，116°10′～116°17′E。保护区总面积为 1333.33hm²，其中核心区面积为 333.33hm²，实验区面积为 1000hm²。特别保护期为每年 5 月 1 日至 6 月 30 日。核心区由 7 个拐点组成，由三里涧新桥经古沣河桥墩遗址至沣河桥，由沣河桥经拐点至郝家湖，然后往东至箭杆湖西坝口，再由箭杆湖西坝口至三里涧新桥。实验区由 9 个拐点组成。保护区主要保护对象为青虾，其他保护对象包括秀丽白虾、鲫、鲤、河蚬、中华绒螯蟹、中华鳖、草鱼等。（附图 260）

（6）万佛湖国家级水产种质资源保护区

保护区位于安徽省舒城县万佛湖，涵盖万佛湖主水域，东起三江码头，西至五显大圈圩，南至高峰陆家塝，北至溢洪道，是以上四个拐点所围的水域。保护区总面积为 4800hm²，其中核心区面积为 800hm²，实验区面积为 4000hm²。特别保护期为每年 3 月 1 日至 6 月 30 日。核心区位于五显河入湖口，即由五显班家塝、梅山花桥、将军庙、余畈下湾、湖心某点沿湖岸方向顺次连线所围的局部水域。实验区以溢洪道为起点，逆时针方向沿万佛湖付坝，至万佛湖镇炮石岭，至五显河入湖口，至高峰姚坎，至高峰花子冲，至山七陆家塝，至高峰龙王岛，至高峰黑石，至汤池黄巢，至汤池三江码头，至万佛湖镇牛角冲，至阙店牛角冲电站，最后延伸至溢洪道所围的水域。保护区主要保护对象是黄尾密鲴、翘嘴鲌，其他保护对象为鳜、鲤、鲫等。（附图 261）

（7）城东湖国家级水产种质资源保护区

保护区位于安徽省霍邱县城东湖中部，地理坐标范围为 32°12′～32°35′N，115°17′～116°35′E。保护区总面积为 2000hm²，其中核心区面积为 500hm²，实验区面积为 1500hm²。特别保护期为每年 4 月 1 日至 6 月 30 日。核心区由杨家湾嘴子至大王嘴子，经拐点至赵嘴湾，再至赵嘴子，是以上 5 个拐点顺次连线所围的水域。实验区是由赵嘴子至高家楼北拐点，向西至东黄泊渡，再向西北经拐点，是以上 7 个拐点连线所围的水域。保护区主要保护对象为河蚬，其他保护对象包括青虾、银鱼、秀丽白虾、鲫、鲤、河蚌、中华绒螯蟹、中华鳖、"四大家鱼"等。（附图 262）

（8）漫水河蒙古红鲌国家级水产种质资源保护区

保护区位于安徽省六安市霍山县淠河上游漫水河流域，地理坐标范围为31°11′48″～31°15′47″N，116°04′35″～116°10′50″E。保护区自南庄村何家花屋，向下游经俞家畈村千笠寺、徐家滩、黎家老屋、西河村白果树，至白莲崖水库大坝，河段全长为13.5km。保护区总面积为667hm²，其中核心区面积为367hm²，实验区面积为300hm²。核心区特别保护期为每年4月1日至6月30日。核心区全长为6km，范围自俞家畈村黎家老屋，经西河村白果树，向东北至白莲崖水库大坝，向西北至铁岭村沙塘湾村民组。实验区河段全长为7.5km，范围自南庄村何家花屋，经俞家畈村千笠寺、徐家滩，至黎家老屋。保护区主要保护对象为蒙古红鲌，其他保护对象为鲤、鲫、翘嘴鲌、吻鮈、花䱻、马口鱼、宽鳍鱲、银飘鱼、似鳊、鳜及虾类等。（附图263）

（9）武昌湖中华鳖黄鳝国家级水产种质资源保护区

保护区位于安徽省望江县境内武昌湖水域，由中华鳖保护区域和黄鳝保护区域两部分组成。保护区总面积为5250hm²，其中核心区面积为1800hm²，实验区面积为3450hm²。中华鳖保护区总面积为2050hm²，其中核心区面积为600hm²，实验区面积为1450hm²。核心区特别保护期为每年3月1日至10月31日。中华鳖保护区位于武昌湖上湖的龙山段至民主段之间的水域，地理坐标范围为30°15′12″～30°16′56″N，116°37′59″～116°39′46″E。核心区为龙山段至民主段之间的沿岸滩涂水域，由4个拐点顺次连线围成，实验区位于核心区北侧，由5个拐点顺次连线围成。黄鳝保护区总面积为3200hm²，其中核心区面积为1200hm²，实验区面积为2000hm²。核心区特别保护期为每年4月1日至7月31日。黄鳝保护区位于武昌湖下湖的新闸段至郭河段以南水域。核心区为郭河段至新闸段以东和郭河段至建农渔业队以北区域；实验区位于核心区东北侧，由4个拐点顺次连线围成。保护区主要保护对象为中华鳖和黄鳝，其他保护对象包括刀鲚、凤鲚、鳡、蒙古红鲌、翘嘴红鲌、赤眼鳟、黄颡鱼、大银鱼、三角帆蚌、褶纹冠蚌、河蚬、中华绒螯蟹、龟、菱、芦苇、莲、芡实等。（附图264）

（10）泊湖秀丽白虾青虾国家级水产种质资源保护区

保护区位于安徽省望江、太湖县的泊湖水域，总面积为4350hm²，其中核心区面积为1350hm²，实验区面积为3000hm²。核心区特别保护期为每年4月1日至8月31日。保护区由两块区域组成。第一区域位于望江县八两缺至驼婆嘴段的水域滩涂，地理坐标范围为30°04′01″～30°10′04″N，116°27′41″～116°32′51″E。核心区由5个拐点顺次连线围成；实验区位于核心区西北侧，由5个拐点顺次连线围成。实验区包括华阳河、杨湾河两个通江河道。第二区域位于太湖县海鸿三区、四区水域，核心区由4个拐点顺次连线围成；实验区位于外围1100m处，由5个拐点顺次连线围成。保护区主要保护对象为秀丽白虾、青虾，其他保护对象包括青鱼、草鱼、鲢、鳙、鳜、翘嘴红鲌、黄颡鱼、太湖短吻银鱼等。（附图265）

（11）长江安庆段长吻鮠大口鲶鳜鱼国家级水产种质资源保护区

保护区位于安徽省安庆市的长江江段，包括皖河口江段和皖河七里湖段，地理坐标范围为 30°25′54″～30°30′22″N，116°40′36″～117°05′13″E，其长江北岸是魏家咀—汽渡—西门渡口—沙漠洲—南埂—广生—柳林—双河口，其长江南岸是挖沟—闸口—下套—白沙洲—余棚—黄石矶，其皖河北岸是皖河口—山口—狮子口—村堂—周家巷—江家咀—朱家咀—石牌大桥，其皖河南岸是皖河口—小闸口—新华队—洪二队—丁家河口—石牌大桥。保护区总面积为 8000hm²，其中核心区面积为 3800hm²，实验区面积为 4200hm²。核心区特别保护期为每年 3 月 1 日至 7 月 31 日。核心区位于沙漠洲至广生长江段和皖河口至村堂皖河段，实验区位于魏家咀至沙漠洲、广生至双河口长江段和村堂至石牌大桥皖河段。保护区主要保护对象为大口鲶、长吻鮠、鳜，其他保护对象包括青鱼、草鱼、鲢、鳙、黄颡鱼、刀鲚、江黄颡、翘嘴红鲌等。（附图 266）

（12）破罡湖黄颡鱼国家级水产种质资源保护区

保护区位于安徽省安庆市宜秀区破罡湖，地理坐标范围为 30°35′27″～30°41′23″N，117°04′16″～117°11′49″E，其西北岸是张嗣墩古遗址—砂桥—眉山—官屏桥—杨井—朱墩头—花山西北岸侧，东南岸是石塘—大枫—新光—双龙—通江闸—枞南—花山东南岸侧。保护区总面积为 3667hm²，其中核心区面积为 333hm²，实验区面积为 3334hm²。核心区特别保护期为每年 5 月 1 日至 7 月 31 日。核心区位于通江闸口外至双龙圩以南水域，实验区位于通江闸口和双龙圩至张嗣墩古遗址处。保护区主要保护对象为黄颡鱼，其他保护对象包括鳡、鲌、鳜、鲌、丽蚌、中华鳖等。（附图 267）

（13）花亭湖黄尾密鲴国家级水产种质资源保护区

保护区位于安徽省太湖县花亭湖水库中游橘子洲至下游大坝之间区域，地理坐标范围为 30°27′36″～30°32′25″N，116°09′34″～116°15′50″E。保护区总面积为 3300hm²，其中核心区面积为 800hm²，实验区面积为 2500hm²。特别保护期为每年 4 月 1 日至 6 月 30 日。保护区是由 22 个拐点所围的封闭水域，核心区位于花亭湖水库中游，上游起点位于橘子洲，下游终点位于铜鼓凸，是由 13 个拐点所围的水域。实验区位于花亭湖水库下游，上游起点位于铜鼓凸，下游终点位于大坝前，是由 11 个拐点所围的水域。保护区主要保护对象为黄尾密鲴，其他保护对象包括鲫、鳜、青虾、翘嘴鲌、蒙古红鲌、鲶、黄颡鱼、鲤、中华鳖、银鱼等。（附图 268）

（14）嬉子湖国家级水产种质资源保护区

保护区位于安徽省桐城市嬉子湖，距桐城市城区 40km 以上，地理坐标范围为 30°46′～30°54′N，117°00′～117°03′E。保护区总面积为 3460hm²，其中核心区面积为 1200hm²，实验区面积为 2260hm²。特别保护期为每年 3 月 1 日至 8 月 31 日。核心区包括中华鳖种质资源保护核心区、青虾种质资源保护核心区和吻虾虎鱼种质资源保护核心区三个区域。中华鳖种质资源保护核心区位于祠堂至钱庄之间的滩涂水域，面积为 450hm²。青虾种质资源保护核心区位于大幸福圩圩埂至兔儿咀之间的沿岸滩涂水域，面积为

380hm²，由4个拐点顺次连线围成，吻虾虎鱼种质资源保护核心区位于练潭圩圩埂至小木咀圩圩埂再至跃进圩圩埂之间的滩涂水域，面积为370hm²。实验区包括中华鳖种质资源保护实验区、青虾种质资源保护实验区和吻虾虎鱼种质资源保护实验区三个区域。中华鳖种质资源保护实验区位于核心区的南侧，由5个拐点连线围成；青虾种质资源保护实验区位于核心区的东侧，面积为700hm²，由5个拐点顺次连线围成；吻虾虎鱼种质资源保护实验区位于核心区的北侧，面积为760hm²，由4个拐点顺次连线围成。保护区主要保护对象为中华鳖、青虾和吻虾虎鱼，其他保护对象包括青鱼、草鱼、鲢、鳙、鳜、翘嘴红鲌、黄颡鱼、太湖短吻银鱼等。（附图269）

（15）长江安庆段四大家鱼国家级水产种质资源保护区

保护区位于安徽省宿松县和望江县，具体为宿松县小孤山渡口至望江县雷池闸50km江段，地理坐标范围为29°54′39″～30°08′28″N，116°32′15″～116°49′14″E，长江北岸拐点是小孤山渡口—沙坡—杨林—王营—杨湾闸—关帝庙—磨盘—华阳闸—陶富—雷池闸。保护区总面积为3800hm²，其中核心区面积为2800hm²，实验区面积为1000hm²。特别保护期为每年3月1日至7月31日。核心区位于宿松县杨林闸至望江县华阳闸，实验区位于宿松县小孤山渡口至杨林闸和望江县华阳闸至雷池闸江段。保护区主要保护对象为"四大家鱼"，其他保护对象包括大口鲇、长吻鮠、鳜、黄颡鱼、刀鲚、江黄颡、翘嘴鲌等。（附图270）

（16）淮河荆涂峡鲤长吻鮠国家级水产种质资源保护区

保护区位于安徽省怀远县淮河荆涂峡山口上下游及其2条支流（涡河、茨淮新河），地理坐标范围为32°47′59″～33°00′03″N，117°05′39″～117°15′31″E，全长为32.9km。保护区总面积为1671hm²，其中核心区面积为753hm²，实验区面积为918hm²。核心区特别保护期为每年4月1日至6月30日。核心区全长为11km，起始处为淮河荆山湖行洪区下口门，终点处为合徐高速公路淮河大桥。实验区分为四处：实验区一位于涡河，从涡河倒八里至涡河入淮河口，全长为10.7km，面积为401hm²；实验区二位于淮河合徐高速公路淮河大桥至怀远县与蚌埠交界处，全长为1km，面积为74hm²；实验区三位于茨淮新河，从茨淮新河上桥闸至茨淮新河入淮河口，全长为4.8km，面积为244hm²；实验区四位于淮河，从淮河马城镇黄疃窑渡口至淮河荆山湖行洪区下口门，全长为5.4km，面积为199hm²。保护区主要保护对象为鲤、长吻鮠，其他保护对象包括"四大家鱼"、鲦、黄颡鱼、鲶、鳜、赤眼鳟、鲴、银鱼、翘嘴鲌、鳗鲡、虾类等。（附图271）

（17）怀洪新河太湖新银鱼国家级水产种质资源保护区

保护区位于安徽省五河县怀洪新河，是利用浍河老河道及湖泊洼地整治而成的大型河道，东起北店桥和彩虹桥，西至山西庄闸向南连接线，全长为10km，正常水位面积为400hm²。保护区总面积为400hm²，其中核心区面积为300hm²，实验区面积为100hm²。核心区特别保护期为每年4～6月。核心区东起北店桥和彩虹桥，西至四陈渡口向南延伸线，实验区分为西坝口闸至北店桥和四陈渡口至山西庄闸向南延伸线两块水域；四陈渡口至山

西庄闸向南延伸线东。保护区主要保护对象是太湖新银鱼，其他保护对象为鲤、鲫、螺蛳和三角帆蚌等。（附图272）

（18）焦岗湖芡实国家级水产种质资源保护区

保护区位于安徽省淮南市毛集实验区的焦岗湖，地理坐标范围为32°34′～32°37′N，116°33′～116°40′E，东至便民沟口，西至万岗南1500m处，南至桥口涵西700m处，北至君王涵。保护区总面积为1000hm²，其中核心区面积为700hm²，实验区面积为300hm²。核心区特别保护期为每年5月1日至10月31日。保护区由东西两个区组成：保护区东区面积为560hm²，从王郢孜南1800m至西湾站100m处折点，向南至便民沟口处折点，向南偏西至孙台涵处折点，向西至乔口涵西700m处折点，向西北1400m处折点，向东北至王郢孜南1800m处止；保护区西区面积为440hm²，从君王涵向西至唐家沟涵处折点，向西南至万岗南1500m处折点，向南至南中心沟处折点，向东1600m处折点，向北至君王涵止。核心区由东西两个区组成：东核心区面积为380hm²，从王郢孜南1800m向东南至便民沟口西1300m处折点，向南偏西至孙台涵处折点，向西至乔口涵西700m处折点，向西北1400m处折点，向东北至王郢孜南1800m处止；西核心区面积为320hm²，从君王涵向西至唐家沟涵处折点，向西南至南中心沟处折点，向东1600m处折点，向北至君王涵止。核心区以外为实验区。保护区主要保护对象为以芡实为主的水生生物种质资源（包括野菱、莲藕、芦苇等）。（附图273）

（19）淮河淮南段长吻鮠国家级水产种质资源保护区

保护区位于安徽省淮南市凤台县李冲回族乡茅仙洞下至淮南市潘集区平圩镇淮河大桥段的淮河水域，全长为30km。保护区总面积为1000hm²，其中核心区面积为300hm²，实验区面积为700hm²。核心区特别保护期为每年4月1日至6月30日（其中峡山口全年禁止捕捞）。核心区水域长度为10km，面积为300hm²，是由淮河西岸李冲回族乡石湾村耕地下、峡山口西岸、西淝河入淮口、谢郢村下淮河北岸、凤台淮河大桥西端、凤台淮河大桥东端、魏台孜淮河南岸、峡山口东岸半个山、茅仙洞下淮河东岸9个拐点顺次连线所围的水域。实验区水域长度为20km，面积为700hm²，是由凤台淮河大桥西端、三里湾、曹岗村下、下六坊东北角对岸、平圩淮河大桥北端、平圩淮河大桥南端、石头埠耿皇村淮河南岸、八公山孔集下皮叉路、凤台大山镇下淮河分岔口、凤台淮河大桥东端10个拐点顺次连线所围的水域（不包括上六坊、下六坊行蓄洪区土地）。保护区主要保护对象是长吻鮠、江黄颡，其他保护对象包括细尾鮠、黄颡鱼、鲤、长春鳊等鱼类。（附图274）

（20）登源河特有鱼类国家级水产种质资源保护区

保护区位于安徽省宣城市绩溪县登源河水域，地理坐标范围为29°58′31″～30°11′09″N，118°31′59″～118°50′16″E。保护区总面积为334.2hm²，其中核心区面积为217.7hm²，实验区面积为116.5hm²。保护区特别保护期为每年5月1日至8月31日。核心区范围为登源河主干道中下游从登源河与卓溪河交汇处至临溪镇与扬之河入口处，全长为35.7km。实验区范围为登源河上游及其6条支流：①登源河上游从绩溪县伏岭镇逍遥长坪尖至登源河与卓溪河交汇处，全长为19.6km，面积为58.8hm²；②岭溪河从伏岭镇糙石坑至伏岭镇鱼川村，全长为8.8km，面积为13.2hm²；③平银河从伏岭镇七股尖脚至伏岭北村，全长为5.7km，面积为4.8hm²；④卓溪河从伏岭镇卓溪坞至伏岭镇石门外村，全长为16.3km，面积为22.8hm²；⑤巧川河从瀛洲镇里巧村至瀛洲镇外巧村，全长为6.8km，面积为6.3hm²；⑥岱上河从瀛洲镇岭里村至瀛洲镇龙川村，全长为6.5km，面积为7.2hm²；⑦石井河从瀛洲镇石磨岭至瀛洲镇瀛洲村，全长为3.2km，面积为3.4hm²。保护区主要保护对象为宽鳍鱲、温州光唇鱼，其他保护对象为马口鱼、棒花鱼、沙塘鳢、泥鳅、黄颡鱼等物种。（附图275）

（21）青龙湖光倒刺鲃国家级水产种质资源保护区

保护区位于安徽省宁国市境内，距宁国城关30km，地理坐标范围为30°22′11″～30°34′48″N，118°43′11″～118°52′52″E。保护区总面积为3667hm²，其中核心区面积为400hm²，实验区面积为3267hm²。核心区特别保护期为每年4月10日至8月31日。核心区包括两部分，一部分位于青龙湖水库上游李村沟至方塘乡上坦、葛村、潘茶河段，是由4个拐点连线所围的区域，面积为200hm²；另一部分位于甲路花林畈区域至胡乐霞乡河段，是由4个拐点连线所围的区域，面积为200hm²；实验区是由6个拐点连线所围的区域。保护区主要保护对象为光倒刺鲃，其他保护对象包括光唇鱼、翘嘴鲌、黄颡鱼、细鳞斜颌鲴等。（附图276）

（22）徽水河特有鱼类国家级水产种质资源保护区

保护区位于安徽省旌德县徽水河及其12条支流，是由26个拐点沿河道方向顺次连线所围的区域。保护区总面积为679.6hm²，其中核心区面积为288.2hm²，实验区面积为391.4hm²。特别保护期为每年4月1日至10月31日。核心区是徽水河干流，从旌德县版书镇分界山至旌德县三溪镇榔坑村高溪，全长为39.4km，面积为288.2hm²。实验区为徽水河的12条支流。①白沙河：从旌阳镇白沙村至旌阳镇瑞市村，全长为10.7km，面积为24.7hm²。②板桥河：从旌阳镇板桥村赵川至旌阳镇孙家边，全长为17.2km，面积为21.1hm²。③华丰河：从旌阳镇凫秀村岗山至蔡家桥镇登云桥，全长为16.4km，面积为17.6hm²。④湾里河：从旌阳镇凫山至旌阳镇华丰村，全长为8.2km，面积为8.7hm²。⑤龙川河：从旌阳镇龙川村牛山至蔡家桥镇登云桥，全长为17.7km，面积为23.7hm²。⑥大溪河：从蔡家桥镇华川至蔡家桥镇朱庆，全长为16.8km，面积为46.3hm²。⑦玉溪河：从版书镇模范村黄高峰至三溪镇河西，全长为29.6km，面积为101.2hm²。⑧龙山河：从三溪镇礼芳龙头山至三溪镇霍家桥，全长为13.2km，面积为21.8hm²。⑨兴隆河：从兴隆镇里塘至三溪镇霍家桥，全长为17.2km，面积为42.3hm²。⑩大麻石河：从兴隆镇湖田大麻石山至兴隆镇段村，全长为5km，面积为12.3hm²。⑪四麻河：从孙村镇四麻厂至三溪镇霍家桥坎上，全长为19.2km，面积为23.8hm²。⑫庙首河：从庙首镇练山村马家溪至孙村镇玉屏村民心洞，全长为14.7km，面积为31.7hm²。保护区主要保护对象为乌龟、中华鳖，其他保护对象包括光唇鱼、黄鳝、泥鳅、黄颡鱼等。（附图277）

（23）秋浦河特有鱼类国家级水产种质资源保护区

保护区位于安徽省池州市贵池区秋浦河殷汇大桥至池口段长江口（含天生湖），全长为34.8km。保护区总面积为1589hm²，其中核心区面积为808hm²，实验区面积为781hm²。特别保护期为每年4月1日至6月30日。核心区位于保护区的中段，实验区位于保护区的两端。核心区水域长度为9.5km，范围包括天生湖大湖及由天生湖大堤北、天生湖大堤南、普丰圩、永兴圩、下贵滩对岸、木闸口、青草珥7个拐点沿河道方向顺次连线所围的水域。实验区水域长度为25.3km，分为北实验区和南实验区：北实验区河流长度为18.8km，面积为598hm²，是由池口东、人渡、砖瓦厂、天生湖大堤北、青草珥、西埂人渡、车渡口、池口西8个拐点沿河道方向顺次连线所围的水域；南实验区河流长度为6.5km，面积为183hm²，是由普丰圩、殷汇大桥东、殷汇大桥西、肖家滩人渡、永兴圩5个拐点沿河道方向顺次连线所围的水域。保护区主要保护对象是鳜、斑鳜，其他保护对象包括光唇鱼、长麦穗鱼等土著鱼类。（附图278）

（24）黄湓河虾虎鱼青虾国家级水产种质资源保护区

保护区位于安徽省东至县黄湓河下游张溪段，地理坐标范围为30°12′30″～30°20′42″N，117°00′42″～117°05′59″E，自上而下流经张溪镇仙亭村上下邹，经梅树亭、塔石、东湖、六联、浦塘、白联、联盟等村至黄湓河入河口杨峨头，全长为28.4km。保护区总面积为357hm²，其中核心区面积为211hm²，实验区面积为146hm²。特别保护期为每年4月1日至6月30日。核心区范围为黄湓河张溪段张溪镇仙亭村上邹至苦菱沟，全长13.6km。实验区范围为张溪镇东湖村高湖圩苦菱沟至张溪镇联盟村杨峨头，全长为14.8km。保护区主要保护对象为子陵栉虾虎鱼、波氏栉虾虎鱼、日本沼虾，其他保护对象包括黄颡鱼、翘嘴鲌、鲴科鱼类、鳜、鲤等。（附图279）

（25）龙窝湖细鳞斜颌鲴国家级水产种质资源保护区

保护区地处安徽省芜湖市弋江区境内，位于龙窝湖一站、龙湖固堤村北旱斗门、三山河矶头山双龙口站、保定永安站闸、保定沿湖村新胜站闸、长江大堤碧桂园地段之间。保护区总面积为700hm²，其中核心区面积为300hm²，实验区面积为400hm²。核心区特别保护期为每年3月1日至9月30日。核心区是以下12个拐点沿三山河矶头山段往下游方向逆时针依次连线所围的水域：三山河矶头山段—保定渡口村东大闸—三山天桥村马场站—龙湖固堤村北旱斗门—保定沿湖村新胜站闸—保定沿湖村红套站闸以东—湖区"大滩嘴"—保定沿湖村红套站闸以西—保定永安站闸—保定江心分洪闸—湖区"大滩嘴"以西—三山天桥村三山夹口以北。实验区是以下6个拐点沿湖区中段"南边大滩"往下游方向逆时针依次连线所围的水域：湖区中段"南边大滩"—湖区下游出口处以南—湖区下游出口处以北—长江大堤碧桂园地段—保定沿湖村下拐段—保定沿湖村新胜站闸。保护区主要保护对象为细鳞斜颌鲴，其他保护对象包括翘嘴鲌、红鳍原鲌、鳜、黄颡鱼、中华鳖等。（附图280）

（26）池河翘嘴鲌国家级水产种质资源保护区

保护区位于安徽省明光市池河马岗闸以下至池河入女山湖湖口段，总长度为17.3km，是由9个拐点沿池河河道方向顺次连线所围的区域：马岗闸桥西、马岗闸桥东、三叉河拐弯处、洪庙圩收费站东、双庙嘴入湖口、山头王机站、洪庙圩收费站西、明西街道办事处山许村，包括池河两侧大坝以内的土地和水域。保护区总面积为1730hm²，其中核心区面积为30hm²，实验区面积为1700hm²。核心区特别保护期为全年。核心区是以下4个拐点沿河道方向顺次连线所围的水域：马岗闸西、马岗闸桥东、三叉河拐弯处、明西街道办事处山许村。实验区是以下6个拐点沿河道方向顺次连线所围的水域：明西街道办事处山许村、洪庙圩收费站西、山头王机站、双庙嘴入湖口、洪庙圩收费站东、三叉河拐弯处。保护区主要保护对象是翘嘴鲌（梅鲌鱼），其他保护对象为中华鳖、鳜、黄鳝、黄颡鱼等物种。（附图281）

（27）淮河阜阳段橄榄蛏蚌国家级水产种质资源保护区

保护区位于淮河中游的安徽省阜阳市阜南县和颍上县辖区河段，全长为88km，地理坐标范围为32°24′25″～32°36′28″N，115°33′13″～116°06′53″E。保护区总面积为1110hm²，其中核心区面积为630hm²，实验区面积为480hm²。特别保护期为每年1月1日至8月31日。核心区从洪河入淮口到颍上县南照镇G35济广高速桥下，长为70km。实验区从颍上县南照镇G35济广高速桥下到润河镇王集村，长为18km。保护区主要保护对象为橄榄蛏蚌，其他保护对象包括河蚬、背瘤丽蚌、三角帆蚌、黄颡鱼、鲇等。（附图282）

（28）故黄河砀山段黄河鲤国家级水产种质资源保护区

保护区位于安徽省砀山县故黄河砀山段水域及沿岸滩涂，西起砀山县故黄河上游三省（安徽省、河南省、山东省）交界处，东至故黄河下游砀山县与萧县交界处，全长为45km。保护区总面积为1340hm²，其中核心区面积为285hm²，实验区面积为1055hm²。特别保护期为每年4月1日至6月30日。核心区长为11km，由两个区域组成：西区起点河段和终点河段两侧；东区起点河段两侧和终点河段两侧。实验区长为34km，由两个区域组成：西区起点河段两侧和终点河段两侧；东区起点河段两侧和终点河段两侧。保护区主要保护对象为黄河鲤，其他保护对象包括黄颡鱼、乌鳢、黄鳝、青虾等。（附图283）

（29）固城湖中华绒螯蟹国家级水产种质资源保护区

保护区位于江苏省高淳县固城湖北部的永联圩畔，地理坐标范围为31°17′20″～31°18′33″N，118°54′23″～118°56′53″E。保护区总面积为500hm²，其中核心区面积为300hm²，实验区面积为200hm²。核心区特别保护期为每年3月1日至9月15日。保护区是4个拐点连线所围的区域，核心区是4个拐点连线所围的区域。保护区内除核心区外为实验区。保护区主要保护对象为中华绒螯蟹，其他保护对象包括青虾、青鱼、草鱼、鲢、鳙、鲤、鲫、鳊、翘嘴红鲌、红鳍鲌、鳜、黄颡鱼等物种。（附图284）

（30）长江大胜关长吻鮠铜鱼国家级水产种质资源保护区

保护区位于江苏省南京市江宁区、雨花台区、浦口区、建邺区和鼓楼区的长江江段，地理坐标范围为31°49′56″～32°05′35″N，118°29′32″～118°43′34″E，北岸是驻马河、骚狗山、喷河、七坝、西江口、九袱洲、棉花码头，南岸是立山、仙人矶、下三山、新沟、大胜关、秦淮新河、三汊河。保护区总面积为7421.03hm²，其中核心区面积为403.43hm²，实验区面积为7017.60hm²。核心区特别保护期为每年4月1日至6月30日。保护区江段总长为40km，核心区为秦淮新河口至建邺区江心洲尾北岸的长江大胜关水道；实验区为江宁区新济洲头至潜洲尾的长江江段。保护区主要保护对象为长吻鮠、铜鱼，其他保护对象包括中华鲟、胭脂鱼、中华绒螯蟹、刀鲚、暗纹东方鲀、江黄颡、长鳎等。（附图285）

（31）阳澄湖中华绒螯蟹国家级水产种质资源保护区

保护区位于阳澄湖的东湖，保护区总面积为1550hm²，其中核心区面积为500hm²，实验区面积为1050hm²。核心区特别保护期为全年。实验区位于核心区南北两侧。保护区主要保护对象为中华绒螯蟹，栖息的其他物种包括青虾、河蚬、田螺、三角帆蚌、黄蚬、秀丽白虾、日本沼虾、克氏原螯虾、鲤、鲫、长春鳊、三角鲂、红鳍鲌、翘嘴鲌、鳜、黄颡鱼、沙塘鳢、黄鳝、鳗鲡、长吻鮠、乌鳢、赤眼鳟、银鲴、吻虾虎鱼、大银鱼、花鲭、刀鲚等。（附图286）

（32）太湖银鱼翘嘴红鲌秀丽白虾国家级水产种质资源保护区

保护区位于苏州市吴中区境内，含太湖胥湖水域和太湖东西山之间的水域，地理坐标范围为31°03′07″～31°13′05″N，120°17′05″～120°28′09″E。保护区总面积为17 280hm²，其中核心区面积为5080hm²，实验区面积为12 200hm²。核心区特别保护期为全年。核心区东起东山岱松码头，向西南经陆巷至东山长岐嘴，长度为8.5km；由长岐咀向西至西山石公山，长度为3.7km；由石公山沿着西山岛东侧一直向东北延伸，至西山元山，长度为10.1km；由西山元山向东延伸至东山岱松码头，长度为4.2km。实验区东起胥口港，向南经过寺前港、洋河泾港、吴舍港闸至东山岱松码头，长度为14.7km；由岱松码头向西经西山元山至西山后皇档，长度为8.2km；由后皇档向东北经过叶山、长沙山，沿着太湖大桥，至太湖明珠度假村，长度为7.1km；由太湖明珠度假村经过西洋浜、漫沙里港、南头村、香山港至胥口港，长度为11.3km。保护区主要保护对象是太湖银鱼、秀丽白虾、翘嘴红鲌等太湖特有珍稀水生生物资源。（附图287）

（33）太湖青虾中华绒螯蟹国家级水产种质资源保护区

保护区位于太湖鲤山湾、谭东湾水域，总面积为1990hm²，其中核心区面积为900hm²，实验区面积为1090hm²。核心区特别保护期为每年2月1日至11月30日。保护区为以下8个拐点顺次连线所围的水域：太湖大桥北、南山公园、潭东、长岐、坎上、度假区水厂、百花湾、渔阳山水厂。核心区四至范围为：长岐、坎上、度假区水厂、百花湾。实验区四至范围为：太湖大桥北、南山公园、潭东、渔阳山水厂。保护区主要保护对象为

太湖青虾、中华绒螯蟹等。（附图288）

（34）长漾湖国家级水产种质资源保护区

保护区位于江苏省吴江区境内，横跨平望镇、七都镇、震泽镇、横扇街道，地理坐标范围为30°56′26″～31°00′18″N，120°29′14″～120°33′48″E。保护区总面积为930hm²，其中核心区面积为270hm²，实验区面积为660hm²。特别保护期为全年。核心区是10个拐点连线所围的区域，实验区包括两个区域，分别位于核心区的东面和西面，东实验区是8个拐点连线所围的区域，面积为447hm²，西实验区是8个拐点连线所围的区域，面积为213hm²。保护区主要保护对象为蒙古鲌、花鳕，其他保护对象包括太湖银鱼、翘嘴鲌、秀丽白虾、青虾、鲤、鲫、鳊、青鱼、草鱼、鲢、鳙、黄颡鱼、沙鳢、中华绒螯蟹、中华鳖等。（附图289）

（35）淀山湖河蚬翘嘴红鲌国家级水产种质资源保护区

保护区位于淀山湖的昆山市水域，从千灯浦口向南至淀山湖昆山上海分界线，地理坐标范围为31°08′33″N～31°11′25″N，120°55′28″E～121°00′49″E。保护区总面积为2000hm²，其中核心区面积为867hm²，实验区面积为1133hm²。核心区特别保护期为每年3～6月。保护区主要保护对象是河蚬、翘嘴红鲌，其他保护对象包括青鱼、草鱼、鲢、鳙、日本沼虾等物种。（附图290）

（36）太湖梅鲚河蚬国家级水产种质资源保护区

保护区总面积为6266hm²，其中核心区面积为1233hm²，实验区面积为5033hm²。核心区特别保护期为全年。保护区为以下4个拐点顺次连线所围的水域：乌龟山东南、拖山南、拖山、乌龟山东北。核心区四至范围为：乌龟山东南、乌龟山西南、乌龟山西北、乌龟山东北。实验区四至范围为：乌龟山西南、拖山南、拖山、乌龟山西北。保护区主要保护对象是梅鲚、河蚬，其他保护对象包括鲤、鲫、长春鳊、三角鲂、红鳍鲌、翘嘴鲌、鳜、青虾、中华绒螯蟹、黄颡鱼、沙塘鳢、黄鳝、鳗鲡、乌鳢、赤眼鳟、银鲴、吻虾虎鱼、大银鱼等。（附图291）

（37）宜兴团氿东氿翘嘴鲌国家级水产种质资源保护区

保护区位于宜兴市东氿和团氿两个水域，以及两氿之间相连接的河道，地理坐标范围为31°19′59″～31°22′53″N，119°46′46″～119°54′52″E。保护区总面积为938hm²，其中核心区面积为281hm²，实验区面积为657hm²。保护区核心区全年禁捕，实验区特别保护期为每年2月1日至11月30日。核心区（团氿）是7个拐点顺次连线所围的水域，实验区（东氿）是13个拐点顺次连线所围的水域，还包括东氿和团氿之间相连接的河道。保护区主要保护对象为翘嘴鲌，其他保护对象包括团头鲂、银鱼、黄颡鱼、乌鳢、黄鳝等。（附图292）

（38）长荡湖国家级水产种质资源保护区

保护区位于江苏省常州市金坛区、溧阳市境内，集中在长荡湖中心湖区，地理坐标范围为 31°34′47″～31°39′01″N，119°30′49″～119°32′39″E。保护区东起常州市金坛区儒林镇湖头港口，向南至大培山上新河港为折点，向西南延伸至指前镇后渎港为折点，向西经庄阳港、清水渎港至金城镇大浦港为折点，向北经新河港、方陆港、温洛港、新开河港，以儒林镇下汤港为折点，向东南延伸至燕子港。保护区总面积为 2500hm²，其中核心区面积为 1000hm²，实验区面积为 1500hm²。特别保护期为全年。保护区主要保护对象为青虾，其他保护对象包括鲤、鲫、乌鳢、红鳍鲌、黄颡鱼、鳜等。（附图 293）

（39）滆湖国家级水产种质资源保护区

保护区位于江苏省常州市滆湖湖心至东岸区域，地理坐标范围为 31°33′41″～31°37′26″N，119°47′23″～119°52′10″E。保护区总面积为 2700hm²，其中核心区面积为 404hm²，实验区面积为 2296hm²。特别保护期为全年。核心区是 6 个拐点沿湖湾顺次连线所围的湖区水域，实验区是 4 个拐点顺次连线所围的水域（湖岸以西至湖中心）。保护区主要保护对象为黄颡鱼、青虾、蒙古鲌、翘嘴鲌、鲫和乌鳢，其他保护对象有青鱼、草鱼、鲢、鳙、团头鲂、鳊、三角帆蚌、芦苇、莲藕、芡实、菱等。（附图 294）

（40）滆湖鲌类国家级水产种质资源保护区

保护区位于江苏省常州市武进区西南处滆湖水域的北端，地理坐标范围为 31°39′43″～31°41′19″N，119°47′43″～119°52′48″E。保护区总面积为 1496hm²，其中核心区面积为 382hm²，实验区面积为 1114hm²。核心区特别保护期为全年。保护区主要保护对象为翘嘴红鲌、蒙古红鲌及青梢红鲌，其他保护对象有青虾、黄颡鱼、鲤、鲫等定居型鱼类及水生植物资源。（附图 295）

（41）白马湖泥鳅沙塘鳢国家级水产种质资源保护区

保护区位于江苏省洪泽县岔河镇和仁和镇，保护区总面积为 1665hm²，其中核心区面积为 333hm²，实验区面积为 1332hm²。核心区特别保护期为全年。保护区除核心区外的其他区域为实验区。保护区主要保护对象为泥鳅、沙塘鳢，其他保护对象包括鲤、鲫、长春鳊、三角鲂、鳜、黄颡鱼、黄鳝、乌鳢、花鳎、银鲴等物种。（附图 296）

（42）洪泽湖青虾河蚬国家级水产种质资源保护区

保护区总面积为 4000hm²，其中核心区面积为 1333hm²，实验区面积为 2667hm²。核心区特别保护期为每年 3 月 1 日至 6 月 1 日。保护区由两部分组成：洪泽湖卢集水域青虾国家级水产种质资源保护区和洪泽湖管鲍水域河蚬国家级水产种质资源保护区。洪泽湖卢集水域青虾国家级水产种质资源保护区地理坐标范围为 33°31′00″～33°33′04″N，118°31′30″～118°36′00″E，总面积为 2667hm²，其中核心区面积为 1000hm²，实验区面积为 1667hm²。保护区东起洪泽湖桂嘴禁渔区东南角点，向南经薛嘴、老元、曾嘴、高集水域，至周岗嘴头北 1km 为折点，向西至泗阳县与泗洪县洪泽湖交界水域西 1.5km 为折点，向北 3.83km 为折点，向东经桂嘴头南至洪泽湖桂嘴禁渔区东南角点。核心区东起洪泽湖桂嘴禁渔区东南角点，向南经薛嘴、老元、曾嘴、高集水域，至周岗嘴头北 2.33km 为折点，向西 4km 至泗阳县与泗洪县洪泽湖交界水域东 1.3km 为折点，向北 2.5km 为折点，向东经桂嘴头南至洪泽湖桂嘴禁渔区东南角点。保护区除核心区外的其他区域为实验区。洪泽湖管鲍水域河蚬国家级水产种质资源保护区位于洪泽湖管镇、鲍集水域，地理坐标范围为 33°10′10″～33°11′23″N，118°22′09″～118°25′58″E，总面积为 1333hm²，其中核心区面积为 333hm²，实验区面积为 1000hm²。保护区南起明祖陵周湖大沟北 1.5km，向西经费庄、耿赵、双黄、芮圩、王嘴水域，至北周水域为折点，向北经洪胜水域，至临淮外口门南水域为折点，向东经王嘴、芮圩、双黄、耿赵、费庄水域，至周湖大沟北为折点，向南至明祖陵周湖大沟北 1.5km。核心区南起管镇姚沟北 3km，向东经芮圩、双黄、至耿赵水域为折点，向北 1.5km 为折点，向西经耿赵、双黄、芮圩水域，至姚沟北为折点，向南至姚沟北 3km。保护区内除核心区外的其他区域为实验区。保护区主要保护对象为青虾、河蚬，栖息的其他物种包括田螺、三角帆蚌、黄蚬、秀丽白虾、日本沼虾、克氏原螯虾、中华绒螯蟹、鲤、鲫、长春鳊、三角鲂、红鳍鲌、翘嘴鲌、鳜、黄颡鱼、沙塘鳢、黄鳝、鳗鲡、长吻鮠、乌鳢、赤眼鳟、银鲴、吻虾虎鱼、大银鱼、花鳅、刀鲚，还包括芦苇、莲、菱、芡实等水生植物。（附图 297）

（43）洪泽湖银鱼国家级水产种质资源保护区

保护区位于江苏省淮安市洪泽县高良涧水域，地理坐标范围为 33°17′10″～33°19′25″N，118°46′55″～118°50′39″E。保护区总面积为 1700hm²，其中核心区面积为 700hm²，实验区面积为 1000hm²。核心区特别保护期为每年 1 月 1 日至 8 月 8 日。保护区主要保护对象是银鱼，其他保护对象包括秀丽白虾、日本沼虾、克氏原螯虾、鲤、鲫、长春鳊、三角鲂、红鳍鲌、翘嘴鲌、鳜、黄颡鱼、沙塘鳢、黄鳝、鳗鲡、长吻鮠、乌鳢、赤眼鳟、银鲴、吻虾虎鱼、花鳅和刀鲚等。（附图 298）

（44）高邮湖大银鱼湖鲚国家级水产种质资源保护区

保护区位于江苏省高邮市、金湖县的高邮湖，地理坐标范围为 32°53′～32°56′N，119°15′～119°22′E。保护区东以六安闸航道西部为起点，向南延伸 4765m 至马棚湾航道中部；南沿马棚湾航道向西延伸 3651m，至金湖县境内拐向西南至朱桥圩；西由朱桥圩转向朱尖南，并延伸 1700m 至石坝尖；北由石坝尖延伸 4237m 至新民村硬滩地，再向东延伸 5207m 至六安闸航道西部。保护区总面积为 4457hm²，其中核心区面积为 996hm²，实验区面积为 3461hm²。核心区特别保护期为全年。核心区位于整个保护区中部，东以马棚湾主航道中部向北 1200m 处为起点，向北延伸 2454m 至修复区西北基地；北从修复区西北基地向西南延伸 4132m 至石坝尖外 1500m 处；西由石坝尖外 1500m 处向东南延伸 2641m 至高邮市、金湖县交界水域；南从高邮市、金湖县交界水域向东北延伸 3719m 至马棚湾主航道中部向北 1200m 处。实验区为保护区中除核心区以外的水域。保护区主要保护对象是大银鱼、湖鲚，其他保护对象包括环棱螺、三角帆蚌、黄蚬、秀丽白虾、日本沼虾、鲤、鲫、长春鳊、红鳍鲌、翘嘴鲌、鳜、黄颡鱼等。（附图 299）

（45）洪泽湖虾类国家级水产种质资源保护区

保护区位于江苏省淮安市明祖陵水域，地理坐标范围为 33°09′23″～33°11′25″N，

118°26′48″～118°29′42″E。保护区总面积为950hm²，其中核心区面积为430hm²，实验区面积为520hm²。保护区特别保护期为每年4月1日至9月30日。保护区主要保护对象为秀丽白虾和日本沼虾等虾类，其他保护对象包括鲤、鲫、长春鳊、三角鲂、红鳍鲌、翘嘴鲌、鳜、黄颡鱼、沙塘鳢、黄鳝、鳗鲡、长吻鮠、乌鳢、赤眼鳟、银鲴、吻虾虎鱼、花鲭和刀鲚等。（附图300）

（46）宝应湖国家级水产种质资源保护区

保护区位于宝应湖中部，地处南闸尾至斜流河口之间，地理坐标范围为33°06′33.83″～33°08′28.55″N，119°16′17.48″～119°19′21.02″E，是14个拐点顺次连线所围的水域，保护区总面积为794hm²，其中核心区面积为212hm²，实验区面积为582hm²。核心区位于居家大屋基至马沟河之间，是6个拐点顺次连线所围的水域。保护区内除核心区外的水域为实验区。保护区主要保护对象为河川沙塘鳢，其他保护对象包括鲫、乌鳢、青虾等。（附图301）

（47）长江扬州段四大家鱼国家级水产种质资源保护区

保护区地处江苏省扬州市的长江江段，位于太平闸东、万福闸西、三江营夹江口、小虹桥大坝、西夹江（翻水站）之间。保护区总面积为2000hm²，其中核心区面积为200hm²，实验区面积为1800hm²。核心区特别保护期为全年。核心区是以下10个拐点沿河道方向顺次连线所围的水域：东大坝北首—沙头镇强民村—西大坝北头—施桥镇永安村—施桥镇顺江村—沙头镇小虹桥村—猪场—场部—沙头镇三星村—李典镇田桥闸口。实验区是以下14个拐点沿河道方向顺次连线所围的水域：李典镇田桥闸口—东大坝北首—霍桥镇码头—廖家沟大桥西—湾头镇联合村—湾头镇夏桥村杭庄—杭集镇耿营—廖家沟大桥东—杭集镇丁家口涵—杭集镇八圩高滩涵—李典镇田桥闸口—杭集镇新联村七圩—头桥镇九圣村江边—头桥镇头桥闸口。保护区主要保护对象是青鱼、草鱼、鲢、鳙和中华绒螯蟹，其他保护对象包括长江刀鱼、胭脂鱼、江豚、中华鳖、青虾、皱纹冠蚌等。（附图302）

（48）射阳湖国家级水产种质资源保护区

保护区位于江苏省宝应县东部射阳湖荡区，是4个拐点顺次连线所围的水域。保护区总面积为666.7hm²，其中核心区面积为100hm²，实验区面积为566.7hm²。特别保护期为每年3月1日至7月31日。核心区范围主要包括射阳湖中心区域。实验区为保护区内核心区以外的其他区域。保护区主要保护对象为黄颡鱼、塘鳢、黄鳝、青虾、泥鳅、乌鳢。（附图303）

（49）邵伯湖国家级水产种质资源保护区

保护区位于江苏省扬州市邗江区、江都市境内，地理坐标范围为32°31′25″～32°37′35″N，119°24′37″～119°29′14″E。保护区总面积为4638hm²，其中核心区面积为365hm²，实验区面积为4273hm²。特别保护期为全年。保护区是由8个拐点顺次连线所围的区域，拐点分别为：东北方向自小六宝大塘沿邵伯湖东堤向南—邵伯回管向西南—花园庄向西—下坝咀子沿邵伯湖西堤向西北—张庄咀子—李华凹子沿邵伯湖西堤向北—连圩航空塔向东北一邵伯湖王伙大航道。核心区位于保护区的中南部，是 8 个拐点顺次连线所围的水域。保护区内除核心区以外的水域为实验区。保护区主要保护对象为三角帆蚌，其他保护对象包括环棱螺、河蚬、褶纹冠蚌、无齿蚌、丽蚌等淡水贝类。（附图 304）

（50）高邮湖河蚬秀丽白虾国家级水产种质资源保护区

保护区位于江苏省高邮市境内的高邮湖乔尖滩尾至状元沟水域，地理坐标范围为 32°44′03″～32°45′45″N，119°16′27″～119°19′55″E。保护区总面积为 1345hm²，其中核心区面积为 310hm²，实验区面积为 1035hm²。核心区特别保护期为全年，实验区特别保护期为每年 1 月 1 日至 6 月 30 日。核心区位于长征圩，由 5 个拐点顺次连线所围的水域组成；实验区由 4 个拐点顺次连线所围的水域组成。保护区主要保护对象为河蚬、秀丽白虾，其他保护对象为鲫。（附图 305）

（51）洪泽湖秀丽白虾国家级水产种质资源保护区

保护区位于江苏省宿迁市高嘴水域，地理坐标范围为 33°17′35″～33°20′20″N，118°35′56″～118°38′13″E。保护区总面积为 1400hm²，其中核心区面积为 345hm²，实验区面积为 1055hm²。核心区特别保护期为全年。核心区是 4 个拐点顺次连线所围的水域，实验区是 4 个拐点顺次连线所围的水域。保护区主要保护对象是秀丽白虾，其他保护对象包括日本沼虾、克氏原螯虾、鲤、鲫、长春鳊、三角鲂、红鳍鲌、翘嘴鲌、鳜、黄颡鱼、沙塘鳢、黄鳝、鳗鲡、长吻鮠、乌鳢、赤眼鳟、银鮈、吻虾虎鱼、花鲭和刀鲚等。（附图 306）

（52）洪泽湖鳜国家级水产种质资源保护区

保护区位于江苏省宿迁市金圩水域，地理坐标范围为 33°22′13″～33°25′25″N，118°32′40″～118°38′17″E。保护区总面积为 2633hm²，其中核心区面积为 800hm²，实验区面积为 1833hm²。特别保护期为全年。保护区主要保护对象为鳜，其他保护对象包括鲤、鲫、长春鳊、三角鲂、红鳍鲌、翘嘴鲌、黄颡鱼、沙塘鳢、黄鳝、鳗鲡、长吻鮠、乌鳢、赤眼鳟、银鮈、中华绒螯蟹、三角帆蚌、菱、芡实等。（附图 307）

（53）骆马湖青虾国家级水产种质资源保护区

保护区位于骆马湖安家洼附近水域，该区域水质清新，水生生物资源丰富，是青虾产卵、索饵、生长、繁育的主要场所。保护区总面积为 1740hm²，其中核心区面积为 596hm²，实验区面积为 1144hm²。核心区特别保护期为全年。保护区是 4 个拐点顺次连线所围的水域，核心区是 4 个拐点顺次连线所围的水域。保护区除核心区之外的水域为实验区。保护区主要保护对象为青虾，其他保护对象包括螺、蚬等。（附图 308）

（54）骆马湖国家级水产种质资源保护区

保护区位于江苏省宿迁市、新沂市交界处骆马湖三场附近水域，地理坐标范围为 34°05′46″～34°08′40″N，118°08′54″～118°13′56″E。保护区总面积为 3160hm²，其中核心区面积为 1000hm²，实验区面积为 2160hm²。特别保护期为全年。核心区位于骆马湖北繁殖保护区，北从新场东 200m 处向南延伸 2877m 至三场，东从三场向西延伸 4398m 至西吴宅东 300m 处，南由西吴宅东 300m 处向东北延伸 3287m 至马场东 500m 处，西由马场东 500m 处向东延伸 2567m 至新场东 200m 处。保护区内除核心区以外的水域为实验区。保护区主要保护对象是鲤和鲫，其他保护对象包括黄颡鱼、红鳍鲌、翘嘴鲌、沙塘鳢、鳜、乌鳢、青虾、螺、蚬等。（附图 309）

（55）长江扬中段暗纹东方鲀刀鲚国家级水产种质资源保护区

保护区位于长江的江苏省镇江市扬中段南夹江水域，地理坐标范围为 32°03′42″～32°15′22″N，119°42′31″～119°53′48″E。保护区总面积为 2026hm²，其中核心区面积为 492hm²，实验区面积为 1534hm²。核心区特别保护期为每年 3 月 1 日至 11 月 30 日。核心区位于油坊镇会龙村至新坝镇联合村段，实验区分为两段：第一段从八桥镇齐家村至油坊镇会龙村；第二段从新坝镇联合村至新宁村。保护区主要保护对象为暗纹东方鲀和刀鲚。（附图 310）

（56）长江靖江段中华绒螯蟹鳜鱼国家级水产种质资源保护区

保护区位于江苏省靖江市最东端江心洲（马洲岛）西边水域，东北临靖江市江岸，南临长江深水航道，地理坐标范围为 32°01′～32°04′N，120°24′～120°30′E，由 5 个拐点顺次连线围成。保护区总面积为 2400hm²，其中核心区面积为 800hm²，实验区面积为 1600hm²。核心区特别保护期为每年 4 月 1 日至 6 月 30 日。核心区位于保护区西部，远离长江深水航道，天然饵料丰富，利于保护对象生长繁殖，由 4 个拐点顺次连线围成。除核心区之外的其他区域为实验区。保护区主要保护对象为中华绒螯蟹、鳜，栖息的其他物种包括刀鲚、鳗鲡、长吻鮠、鲫、鳊、鲢、鳙、草鱼、乌鳢、黄颡鱼、胭脂鱼、薄鳅、华鳑、斑鳜、叉尾斗鱼、铜鱼、鲈、翘嘴红鲌、鳡等。（附图 311）

（57）金沙湖黄颡鱼国家级水产种质资源保护区

保护区位于江苏省阜宁县金沙湖湖区水域及相连的营子港湖（进水生态净化区），地理坐标范围为 33°42′20″～33°44′21″N，119°45′36″～119°49′32″E。保护区总面积为 756hm²，其中核心区面积为 72hm²，实验区面积为 684hm²。保护区特别保护期为每年 3 月 1 日至 10 月 1 日。保护区主要保护对象为黄颡鱼和青虾，其他保护对象包括团头鲂、乌鳢、河蚬、褶纹冠蚌等。（附图 312）

（58）长江如皋段刀鲚国家级水产种质资源保护区

保护区地处江苏省如皋市长江江段，位于江苏省如皋市与张家港市长江主航道以北，东与江苏省南通市通州区接壤，西与江苏省靖江市分界。保护区总面积为 4000hm²，其中核心区面积为 1000hm²，实验区面积为 3000hm²。核心区设为特别保护区，保护期为 6 个月（每年 4 月 15 日至 10 月 15 日）。核心区为 6 个拐点连线围成的水域沙洲，实验区位于保护区上游、下游两个区域，上游区域为 5 个拐点连线围成的水域沙洲，下游区域也为 5 个拐点连线围成的水域沙洲。保护区主要保护对象是刀鲚和青虾，其他保护对象包括"四大家鱼"、中华绒螯蟹、江豚等。（附图 313）

（59）高邮湖青虾国家级水产种质资源保护区

保护区位于江苏省淮安市金湖县高邮湖黄浦尖至董寺尖一线外水域，地理坐标范围为 32°47′14″～32°51′29″N，119°13′17″～119°19′19″E。保护区总面积为 3043hm²，其中核心区面积为 818hm²，实验区面积为 2225hm²。核心区特别保护期为全年，实验区特别保护期为每年 1 月 1 日至 5 月 31 日。核心区位于黄浦尖至董寺尖一线外水域，由 4 个拐点顺次连线围成，实验区位于 4 个拐点顺次连线所围的水域。保护区主要保护对象是青虾，其他保护对象包括鲫、河蚬、中华鳖、中华绒螯蟹等。（附图 314）

（60）洪泽湖黄颡鱼国家级水产种质资源保护区

保护区位于江苏省宿迁市泗阳县、泗洪县洪泽湖水域，地理坐标范围为 33°29′03″～33°30′59″N，118°33′04″～118°37′19″E。保护区总面积为 2130hm²，其中核心区面积为 780hm²，实验区面积为 1350hm²。特别保护期为每年 1 月 1 日至 12 月 31 日。保护区主要保护对象为黄颡鱼，其他保护对象为青虾。（附图 315）

（61）长江刀鲚国家级水产种质资源保护区

保护区总面积为 190 415hm²，其中核心区面积为 93 225hm²，实验区面积为 97 190hm²。特别保护期为每年 2 月 1 日至 7 月 31 日。保护区全长约为 214.9km，由两块区域组成，分别位于长江河口区（保护区 1）和长江安庆段（保护区 2）。保护区 1 面积为 183 280hm²，地理范围为长江徐六泾以下河口江段，包括长江河口区南北两支及交汇区域。保护区 2 面积为 7135hm²。保护区主要保护对象为长江刀鲚，其他保护对象包含中华鲟、江豚、胭脂鱼、松江鲈、"四大家鱼"、鳜、翘嘴鲌、黄颡鱼、大口鲇和长吻鮠等物种。（附图 316 和附图 317）

（62）白荡湖翘嘴红鲌省级水产种质资源保护区

保护区总面积为 2000hm²，其中核心区面积为 400hm²，实验区面积为 1600hm²，位于枞阳县境内的白荡湖。保护区主要保护对象为翘嘴红鲌。（附图 318）

（63）黄湖中华绒螯蟹省级水产种质资源保护区

保护区位于安徽省宿松县东南角黄湖水域，总面积为 6667hm²，其中核心区面积为 4000hm²，实验区面积为 2667hm²，地理坐标范围为 29°56′～30°02′N，116°23′～116°31′E。保护区主要保护对象为中华绒螯蟹。（附图 319）

（64）旌德县平胸龟省级水产种质资源保护区

保护区位于安徽省旌德县旌阳镇霞溪村南川以东南面山区腹地，总面积为 176.46hm²，其中核心区面积为 34hm²。保护区主要保护对象为平胸龟。（附图 320）

（65）淮河蚌埠段四大家鱼长春鳊省级水产种质资源保护区

保护区位于安徽省蚌埠市，包括淮河干流蚌埠闸区域，保护区总面积为 120hm²，主要保护对象为"四大家鱼"、长春鳊及其生态系统。（附图 321）

（66）城东湖芡实省级水产种质资源保护区

保护区位于安徽省六安市霍邱县城东湖，保护区总面积为 1333.33hm²，主要保护对象为芡实。（附图 322）

（67）夹溪河瘤拟黑螺放逸短沟蜷省级水产种质资源保护区

保护区位于安徽省黄山市休宁县，主要保护范围为夹溪河主河道（休黟交界—海阳镇万全村夹溪桥段）以及新村河、里仁河、贵溪河 3 条支流河段，保护区总面积为 425.47hm²，主要保护对象为瘤拟黑螺、放逸短沟蜷。（附图 323）

（68）芡河鳜鱼青虾省级水产种质资源保护区

保护区位于蒙城县芡河及其 7 条主要支流。保护区总面积为 733hm²，其中核心区面积为 533hm²，实验区面积为 200hm²。核心区从蒙城县小辛集乡杨长营至立仓镇耿大营，全长为 46km。实验区包括以下 7 条支流：①芡河支流东孙沟，从白杨林场张庄至立仓镇老街，全长为 20km，面积为 47.6hm²；②东益沟，从双涧镇路南至立仓镇东陆庄，全长为 16.5km，面积为 36.6hm²；③幸福沟，从楚村镇唐邵至立仓镇张小庄，全长为 13km，面积为 22.3hm²；④东港沟，从乐土镇小李庄至前曹林，全长为 15km，面积为 31.3hm²；⑤西港沟，从乐土镇陈柳至楚村镇小张庄，全长为 18.9km，面积为 35.7hm²；⑥羊皮沟，从乐土镇大卢庄至楚村镇楚店，全长为 14.8km，面积为 30hm²；⑦陈兴河，从楚村镇常兴至陈桥，全长为 18.2km，面积为 26.2hm²。保护区主要保护对象为鳜、青虾。（附图 324）

（69）芡河湖大银鱼省级水产种质资源保护区

保护区位于安徽省怀远县荆芡乡境内，是芡河下游的蓄水湖，长约为 9km，宽为 500～3000m，水深为 2～5m，地理坐标范围为 32°55′50″～32°59′06″N，117°01′17″～117°07′23″E。当芡河六孔闸水位达到标准水位线 17.5m 时，水域面积为 1600hm²，其中核心区面积约为 300hm²。保护区主要保护对象为大银鱼。（附图 325）

参 考 文 献

蔡其华 . 2006. 健康长江—保护与发展 . 武汉 : 长江出版社 .

操建华 . 2017. 流域工程建设中的渔业生态补偿问题研究—以湖南省湘江流域土谷塘枢纽工程为例 . 生态经济 , 33: 34-38, 45.

曹文宣 . 2008. 如果长江能休息 : 长江鱼类保护纵横谈 . 中国三峡 , 12: 148-157.

常剑波 , 曹文宣 . 1999. 通江湖泊的渔业意义及其资源管理对策 . 长江流域资源与环境 , 2: 153-157.

陈大庆 , 邱顺林 , 黄木桂 , 等 . 1995. 长江渔业资源动态监测的研究 . 长江流域资源与环境 , 4: 303-307.

陈家宽 , 李博 , 吴千红 . 1997. 长江流域的生物多样性及其与经济协调发展的对策 . 生物多样性 , (3): 58-60.

陈锦辉 . 2011. 上海市长江口中华鲟自然保护区地方性法规立法研究 . 上海 : 上海海洋大学 .

陈秋香 , 李美玲 . 2022. 浅析 "浏阳河特有鱼类国家级水产种质资源保护区" 特有鱼类种质资源保护与利用 . 当代水产 , 47(1): 73-75.

陈小勇 . 2013. 云南鱼类名录 . 动物学研究 , 34: 281-337.

邓婷婷 , 成明 . 2022. 扬法治利剑护水清鱼跃 . 马鞍山日报 , 2022-03-09(1).

翟翔 , 熊丰 . 2022. 公安部 "长江禁渔" 行动取得实际成效 . 新华每日电讯 , 2022-03-07(9).

丁瑞华 . 1994. 四川鱼类志 . 成都 : 四川科学技术出版社 .

段伟 , 李冰洁 , 苏楠 , 等 . 2021. 自然保护区加剧了周边社区农户生计风险吗 ?—以四川省、陕西省 17 个大熊猫自然保护区为例 . 林业经济 , 43: 58-70.

樊恩源 . 2016. 农业水生生物自然保护区发展状况 . 世界环境 , 1: 61-63.

郝雅宾 , 刘金殿 , 郭爱环 , 等 . 2019. 千岛湖国家级水产种质资源保护区 (梓桐核心区) 鱼类群落结构 . 上海海洋大学学报 , 28: 587-596.

何美峰 , 黄文华 , 林祥睿 , 等 . 2019. 清流罗口溪黄尾鲴国家级水产种质资源保护区鱼类资源现状 . 渔业研究 , 41: 302-309.

洪亚雄 . 2017. 长江经济带生态环境保护总体思路和战略框架 . 环境保护 , 45: 12-16.

黄松茂 , 武祥伟 , 张铭枭 , 等 . 2021. 南汀河下游段国家级水产种质资源保护区鱼类资源现状评价 . 江西水产科技 , (5): 35-37.

黄心一 , 李帆 , 陈家宽 . 2015. 基于系统保护规划法的长江中下游鱼类保护区网络规划 . 中国科学 : 生命科学 , 45: 1244-1257.

姜红 , 刘礼堂 , 郑喜森 . 2013. 鄱阳湖水域渔业资源现状调查及主要保护对策 . 渔业现代化 , 40: 68-72.

姜向阳 , 于广磊 , 宋秀凯 , 等 . 2021. 千里岩海域国家级水产种质资源保护区现状调查与评价 . 渔业科学进展 , 42: 1-7.

孔优佳 , 花少鹏 , 朱颖 , 等 . 2015. 滆湖鲢鳙鱼增殖放流效果初步评估 . 水产养殖 , 36: 20-26.

孔优佳 . 2003. 团头鲂浦江 1 号后备亲鱼生态培育和选育技术 . 中国水产 , 11: 64-65.

库喜英 , 周传江 , 何舜平 . 2010. 中国黄颡鱼的线粒体 DNA 多样性及其分子系统学 . 生物多样性 , 18: 262-274.

李冬玉 . 2013. 我国自然保护区立法问题研究 . 吉林 : 吉林大学 .

李美玲 . 2009. 长江流域水生生物资源现状和管理体制研究 . 上海 : 上海海洋大学 .

李妮娅 , 梁玉婷 , 张俊华 , 等 . 2019. 云贵川三省国家级水产种质资源保护区的建设进展 . 贵州农业科学 , 47: 74-79.

李思发 . 1996. 中国淡水鱼类种质资源和保护 . 北京 : 中国农业出版社 .

李思发 . 2001. 长江重要鱼类生物多样性和保护研究 . 上海 : 上海科学技术出版社 .

李湘涛 , 彭建生 , 徐永春 , 等 . 2021.《国家重点保护野生动物名录》全解读 . 森林与人类 , (12): 18-45.

李志安 . 2021. 陕西省打击长江流域非法捕捞专项整治行动推进会暨非法捕捞渔具"三无"船舶销毁活动在石泉县举行 . 渔业致富指南 , 15: 10-11.

梁正其 , 田隽 , 覃普 , 等 . 2019. 锦江河国家级水产种质资源保护区野生黄颡鱼的形态与框架特征 . 江苏农业科学 , 47(12): 218-220.

梁正其 , 姚俊杰 , 李燕梅 . 2016. 锦江河国家级水产种质资源保护区浮游植物群落时空变化 . 水生态学杂志 , 37: 23-29.

刘金 , 丁满意 , 张高遥 , 等 . 2020. 芡河湖大银鱼水产种质资源保护区轮虫群落多样性 . 现代农业科技 , 5: 187-189.

刘燕山 , 张彤晴 , 唐晟凯 , 等 . 2018. 洪泽湖河蚬增殖放流效果评估 . 水产养殖 , 39: 18-23.

龙福 , 李登群 , 王炳鹏 , 等 . 2021. 北盘江九盘段特有鱼类国家级水产种质资源保护区渔业资源保护现状及建议 . 江西水产科技 , 3: 34-36.

马国岚 , 王启胜 , 马小兵 . 2021. 自然保护区资源的分类管理探究 . 现代园艺 , 44: 174-175.

麦良彬 , 符云 , 钟小庆 . 2019. 2018 年广东省水产养殖渔情分析报告 . 渔业致富指南 , 14: 18-21.

苗文杰 , 蒲云海 , 朱兆泉 , 等 . 2021. 湖北省湿地自然保护区监测指标体系研究 . 湖北林业科技 , 50: 44-47.

明莉 . 2018. 鄱阳湖南矶湿地自然保护区法律问题研究 . 哈尔滨 : 东北林业大学 .

彭燕 , 詹书品 , 王旸 , 等 . 2015. 江西省水生生物保护区发展概况及对策浅析 . 江西水产科技 , 4: 1-4.

桑吉 . 2019. 国内自然保护区现状及自然保护区管理评估方法综述 . 四川林勘设计 , 2: 45-48.

沈勇杰 . 2008. 常规品种当家名特优新走俏 2008 年水产养殖产品市场分析 . 内陆水产 , 8: 31-32.

汪雅玲 . 2021. 浅析登源河特有鱼类国家级水产种质资源保护区 . 基层农技推广 , 9(8): 85-86.

王成武 , 崔彪 , 汪宙峰 , 等 . 2022. 四川省自然保护区的时空分布与影响因素研究 . 生态学报 , 9: 1.

王东伟 , 龚江 , 杨晓曦 , 等 . 2022. 淮河荆涂峡鲤、长吻鮠国家级水产种质资源保护区浮游植物群落结构时空格局及影响因子 . 大连海洋大学学报 , 9: 1-17.

王琳 , 丁放 , 曹坤 , 等 . 2023. 长江流域水域及消落区现状、变迁与渔业资源变动 . 水产学报 , 47(02): 31-49.

王四维 . 2020. 长江流域濒危水生野生动物保护的研究 . 上海 : 上海海洋大学 .

王贤 , 韩振 , 董雪 , 等 . 2021. 长江珍稀旗舰物种何时转危为安？新华每日电讯 , 2021-10-26(12).

危起伟, 张先锋, 何舜平, 等. 2020. 长江白鲟与我们渐行渐远. 武汉文史资料, 4: 44-48.

吴金明, 王成友, 张书环, 等. 2017. 从连续到偶发: 中华鲟在葛洲坝下发生小规模自然繁殖. 中国水产科学, 24: 425-431.

吴铭, 陶摘. 2014. 院士曹文宣谈长江生态系统 长江无鱼可捕. 渔业致富指南, 3: 21-26.

熊天寿, 王慈生, 刘方贵, 等. 1993. 重庆江河鱼类. 重庆师范学院学报 (自然科学版), 2: 27-32.

许飞, 谢伟军, 孙文祥, 等. 2020. 高宝邵伯湖水产种质资源保护区管理实践与思考. 中国水产, 1: 54-56.

薛达元, 蒋明康. 1994. 中国自然保护区类型划分标准的研究. 中国环境科学. 中国环境科学, 14(4):6.

杨桂山, 翁立达, 李利锋. 2007. 长江保护与发展报告. 武汉 : 长江出版社.

杨丽琴. 2019. 铜仁市锦江河渔业资源增殖保护措施. 农技服务, 7: 90, 92.

杨泉. 2013. 浅析我国自然保护区立法. 法制与社会, 2: 151-153.

杨应, 谢佩耘, 何跃军, 等. 2017. 宽阔水国家级自然保护区种养殖遗传资源调查. 贵州农业科学, 4: 85-88.

姚俊杰, 李川, 杨兴, 等. 2009. 贵州省鱼类资源现状及保护对策. 现代渔业信息, 2: 12 -14.

禹真, 冉辉, 樊均德, 等. 2013. 锦江河国家级水产种质资源保护区鳅类资源调查. 贵州农业科学, 11: 146-148, 151.

张春光, 许涛清, 蔡斌, 等. 1996. 西藏鱼类的组成分布及渔业区划. 西藏科技, 1: 10-19.

张辉, 危起伟. 2016. 命运堪忧的中华鲟. 大自然, 6: 8-11.

张胜宇. 2020. 洪泽湖国家级水产种质资源保护区 "建、管、用" 的实践与思考. 中国水产, 6: 20-23.

张艳. 2021. 自然保护区社区参与的困境及应对思路. 人民论坛·学术前沿, 20: 92-94.

张志川. 2012. 西南地区大量建设水电站的影响. 科技信息, 25: 128, 141.

赵一杰, 冯伟业, 李炜. 2021. 黄河鄂尔多斯段黄河鲶国家级水产种质资源保护区水质变化趋势分析. 中国水产, 10: 77-79.

周伟, 王俊, 金斌松, 等. 2016. 黄颡鱼群体遗传变异分析. 水产学报, 10: 1531-1541.

周先文, 彭英海, 向先嘉. 2021. 酉水湘西段翘嘴鲌国家级水产种质资源保护区人工鱼巢试验. 水产养殖, 10: 47-48.

朱挺兵, 胡飞飞, 孟子豪, 等. 2021. 庐山西海鳜国家级水产种质资源保护区水生生物资源初步调查. 生物资源, 2: 188-193.

朱忠胜, 宋娇文. 2018. 遵义市水产种质资源保护区建设与管理的思考. 中国水产, 2: 62-64.

Abell R, Allan J D, Lehner B. 2007. Unlocking the potential of protected areas for freshwaters. Biological Conservation, 134: 48-63.

Austin M P, Margules C R. 1986. Assessing representativeness// Usher M B. Wildlife Conservation Evaluation. London: Chapman and Hall: 45-67.

Bhat M G. 2003. Application of non-market valuation to the Florida Keys marine reserve management. Journal of Environmental Management, 4: 315-325.

Buckley R C, Castley J G, Pegas F D V, et al. 2012. A population accounting approach to assess tourism contributions to conservation of IUCN-redlisted mammal species. PLoS ONE, 9: 441.

Campbell G, Kuehl H, Diarrassouba A, et al. 2011. Long-term research sites as refugia for threatened and over-harvested species. Biology Letters, 5: 723-726.

David LS, David D. 2010. Freshwater biodiversity conservation: recent progress and future challenges. Journal of the North American Benthological Society, 29(1): 344-358.

Fu C Z, Wu J H, Chen J K. 2003. Freshwater fish biodiversity in the Yangtze River basin of China: patterns, threats and conservation. Biodiversity & Conservation, 12: 1649-1685.

Gao X, Huang X X, Kevin L, et al. 2021. Vegetation responses to climate change in the Qilian Mountain Nature Reserve, Northwest China. Global Ecology and Conservation, 3: 15-18.

Hoppe D B, Kuhl H S, Radl G, et al. 2011. Long-term monitoring of large rainforest mammals in the Biosphere Reserve of Tai National Park, Cote d'Ivoire. African Journal of Ecology, 4: 450-458.

Huang Z H, Peng Y J, Wang R F, et al. 2021. Exploring the rapid assessment method for nature reserve landscape protection effectiveness—a case study of Liancheng National Nature Reserve, Gansu, China. Sustainability, 7: 3904-3904.

Köndgen S, Kühl H, N'Goran P K, et al. 2008. Pandemic human viruses cause decline of endangered great apes. Current Biology, 4: 260-264.

Laurance W F. 2013. Does research help to safeguard protected areas? Trends in Ecology & Evolution, 5: 261-266.

Li Q, Yang J Y, Guan W H, et al. 2021. Soil fertility evaluation and spatial distribution of grasslands in Qilian Mountains Nature Reserve of eastern Qinghai-Tibetan Plateau. PeerJ, 9: 86-109.

Linke S, Turak E, Nel J. 2011. Freshwater conservation planning: the case for systematic approaches. Freshwater Biology, 56(1): 6-20.

Littlefair C, Buckley R. 2008. Interpretation reduces ecological impacts of visitors to a World Heritage site. AMBIO, 37: 338-341.

Liu X, Cheng X F, Wang N, et al. 2021. Effects of vegetation type on soil shear strength in Fengyang Mountain Nature Reserve, China. Forests, 4: 490-490.

Margules C R, Pressey R L. 2000. Systematic conservation planning. Nature, 405: 243-253.

N'Goran P K, Boesch C, Mundry R, et al. 2012. Hunting, law enforcement, and African primate conservation. Conservation Biology, 3: 565-571.

Possingham H, Wilson K A, Andelman S J. 2006. Protected areas: goals, limitations, and design. Principles of Conservation Biology, 3: 509-533.

Soulé M E. 1987. Viable Populations for Conservation. Cambridge: Cambridge University Press.

UNEP. 2005. Forging Links between Protected Areas and the Tourism Sector United Nations. Environment Programme.

Wang H, Liu X M, Zhao C Y, et al. 2021. Spatial-temporal pattern analysis of landscape ecological risk assessment based on land use/land cover change in Baishuijiang National nature reserve in Gansu Province, China. Ecological Indicators, 3: 124.

Wei Q F, Shao Y, Xie C, et al. 2021. Number and nest-site selection of breeding black-necked cranes over the past 40 years in the Longbao Wetland Nature Reserve, Qinghai, China. Big Earth Data, 2: 217-236.

Weng X H, Li J Y, Sui X, et al. 2021. Soil microbial functional diversity responses to different vegetation types in the Heilongjiang Zhongyangzhan Black-billed Capercaillie Nature Reserve. Annals of Microbiology, 1: 36-39.

Wright P C, Andriamihaja B, King S J, et al. 2014. Lemurs and tourism in Ranomafana National Park, Madagascar. Primate Tourism.

Zhang H, Jarić I, Roberts D L, et al. 2020. Extinction of one of the world's largest freshwater fishes: lessons for conserving the endangered Yangtze fauna. Science of the Total Environment, 710: 136-242.

Zhang Q G, Wang H L, Ding Y, et al. 2021a. Investigation on carbon sequestration capacity of typical subtropical evergreen broad-leaved forest in Wuyi Mountain National Nature Reserve. E3S Web of Conferences, 3: 248.

Zhang Q G, Xia W, Ding Y, et al. 2021b. Investigation on carbon sequestration capacity of typical subtropical evergreen broad-leaved forest in Jiulianshan Nature Reserve. IOP Conference Series: Earth and Environmental Science, 1: 79-82.

Zhou W, Zheng B, Zhang Z Q, et al. 2021. The role of eco-tourism in ecological conservation in giant panda nature reserve. Journal of Environmental Management, 295: 113-117.

附　　图

长江上游珍稀特有鱼类国家级自然保护区

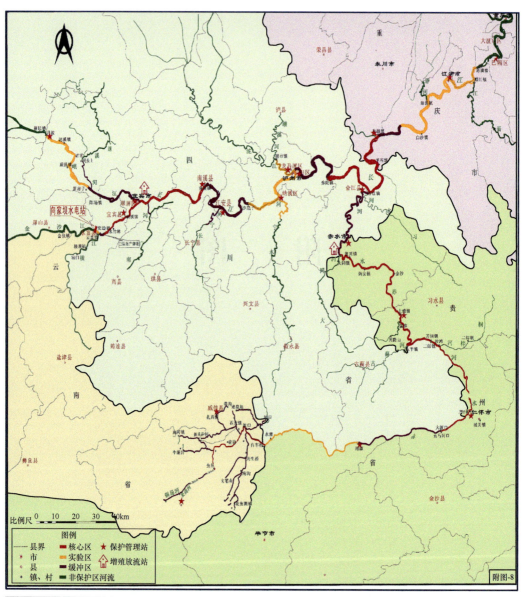

附图-8

1	保护区所在行政区域	云南省昭通市,贵州省毕节市、遵义市,四川省宜宾市、泸州市,重庆市永川区、江津区、九龙坡区	6	当前保护区总面积(公顷)	2008254.96
2	保护区当前级别	国家级	7	保护区管理机构名称	长江上游珍稀特有鱼类国家自然保护区云南管护局、宜宾市林业和草原局、泸州市林业和草原局、重庆市珍稀特有鱼类国家级自然保护区管理处
3	当前级别批准时间	2005年4月14日	8	隶属关系*	宜宾市林业和草原局、泸州市林业和草原局、重庆市林业局、贵州省林业局
4	保护区类型	野生动物	9	保护区管理机构人员编制	
5	主要保护对象	白鲟、达氏鲟、胭脂鱼及长江上游特有鱼类	10	保护区管理机构所在地地址	昭通市镇雄县世贵街89号、宜宾市长江大道东段54号、重庆市巴南区鱼轻路50号、贵阳市云岩区延安中路91号

附图1

秦州珍稀水生野生动物国家级自然保护区

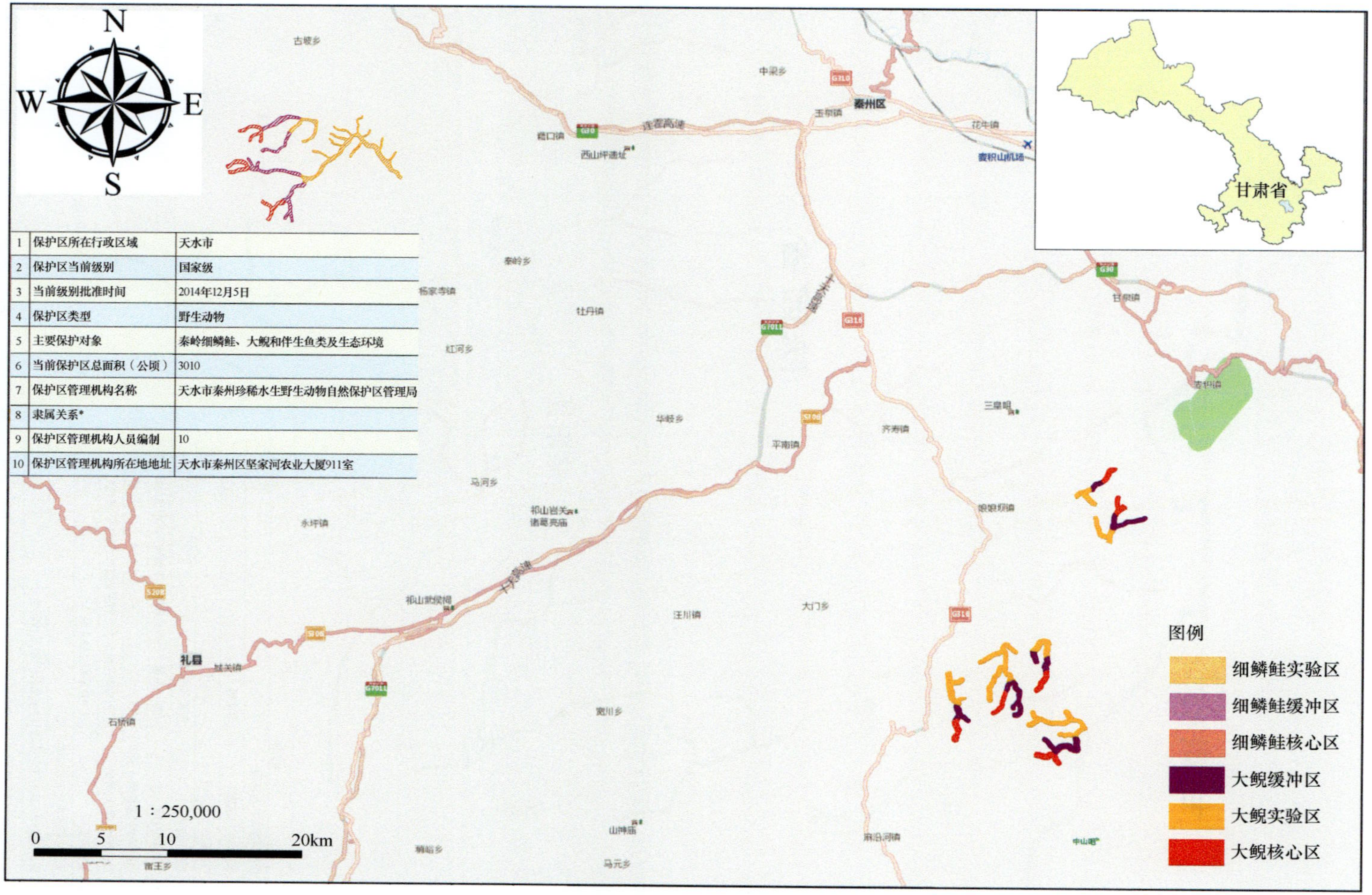
N
W
E
S
甘肃省
秦州区
礼县
图例
细鳞鲑实验区
细鳞鲑缓冲区
细鳞鲑核心区
大鲵缓冲区
大鲵实验区
大鲵核心区
1：250,000
0
5
10
20km

1	保护区所在行政区域	天水市
2	保护区当前级别	国家级
3	当前级别批准时间	2014年12月5日
4	保护区类型	野生动物
5	主要保护对象	秦岭细鳞鲑、大鲵和伴生鱼类及生态环境
6	当前保护区总面积（公顷）	3010
7	保护区管理机构名称	天水市秦州珍稀水生野生动物自然保护区管理局
8	隶属关系*	
9	保护区管理机构人员编制	10
10	保护区管理机构所在地地址	天水市秦州区坚家河农业大厦911室

附图 2

陕西略阳珍稀水生动物国家级自然保护区

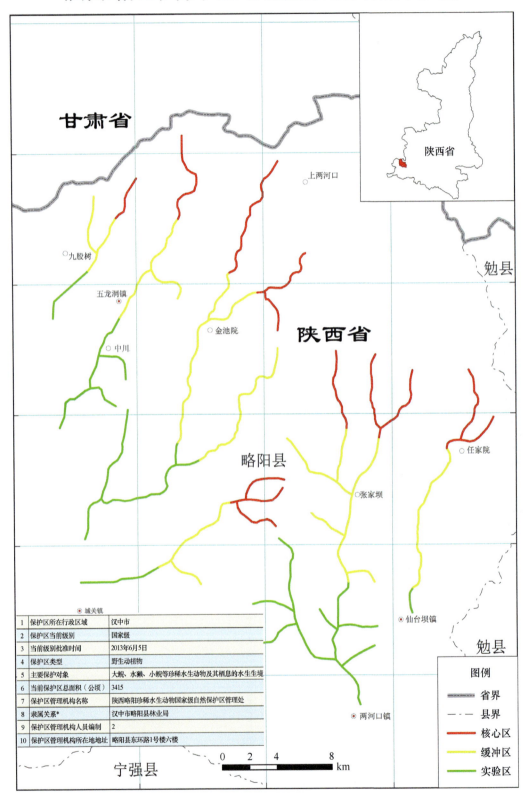

1	保护区所在行政区域	汉中市
2	保护区当前级别	国家级
3	当前级别批准时间	2013年6月5日
4	保护区类型	野生动植物
5	主要保护对象	大鲵、水獭、小鲵等珍稀水生动物及其栖息的水生生境
6	当前保护区总面积（公顷）	3415
7	保护区管理机构名称	陕西略阳珍稀水生动物国家级自然保护区管理处
8	隶属关系*	汉中市略阳县林业局
9	保护区管理机构人员编制	2
10	保护区管理机构所在地地址	略阳县东环路1号楼六楼

图例

▬▬▬	省界
—·—·—	县界
▬▬▬	核心区
▬▬▬	缓冲区
▬▬▬	实验区

附图 3

陕西太白湑水河珍稀水生生物国家级自然保护区

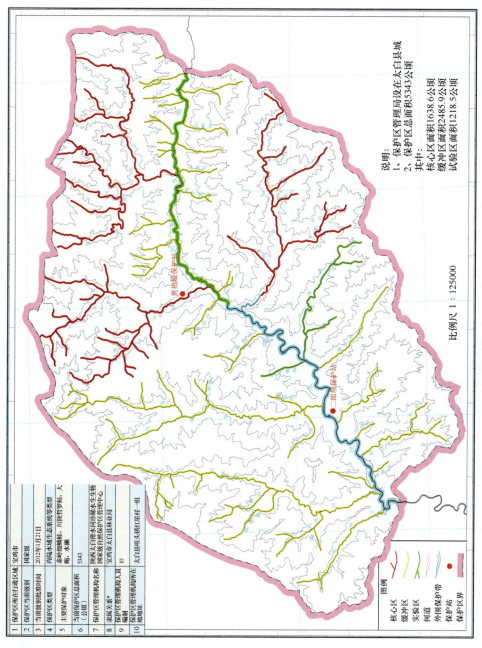

说明：
1、保护区管理局设在太白县城
2、保护区总面积5343公顷
其中：
核心区面积1638.6公顷
缓冲区面积2485.9公顷
试验区面积1218.5公顷

比例尺 1：125000

附图 4

1	保护区所在行政区域	宝鸡市
2	保护区当前级别	国家级
3	当前级别批准时间	2012年1月21日
4	保护区类型	内陆水域生态系统等类型
5	主要保护对象	秦岭细鳞鲑、川陕哲罗鲑、大鲵、水獭
6	当前保护区总面积（公顷）	5343
7	当前保护机构名称	陕西太白湑水河珍稀水生生物国家级自然保护区管理中心
8	隶属关系*	宝鸡市太白县林业局
9	编制	10
10	保护区管理机构所在地地址	太白县咀头镇红崖村一组

图例

核心区
缓冲区
实验区
河道
外围保护带
保护站
保护区界

黄柏塬保护站

二郎坝保护站

陕西丹凤武关河珍稀水生动物国家级自然保护区

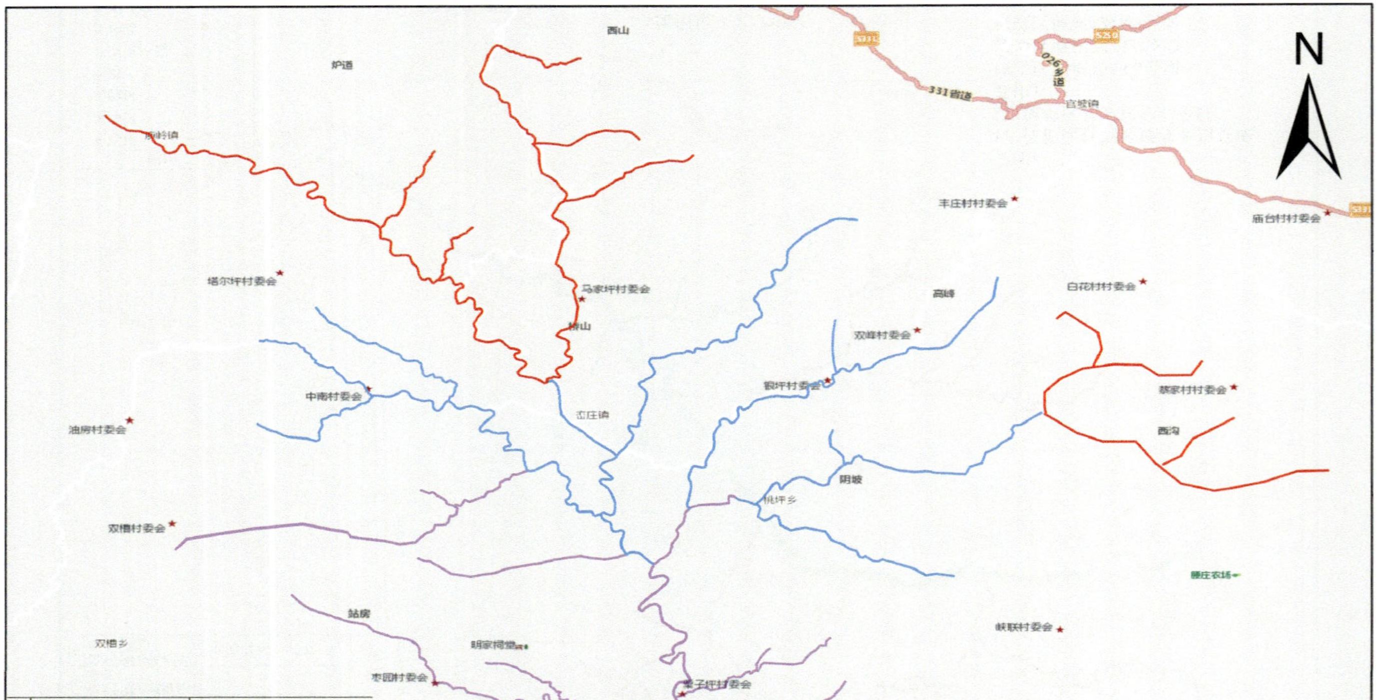

图例

核心区
缓冲区
实验区

1	保护区所在行政区域	商洛市
2	保护区当前级别	国家级
3	当前级别批准时间	2016年5月10日
4	保护区类型	汉江水系
5	主要保护对象	大鲵
6	当前保护区总面积（公顷）	9029
7	保护区管理机构名称	商洛市丹凤县林业局
8	录属关系	商洛市丹凤县林业局
9	保护区管理机构人员编制	39
10	保护区管理机构所在地地址	陕西省商洛市丹凤县北新街58号

0 2 4 8 12 千米

附图 5

诺水河珍稀水生动物国家级自然保护区

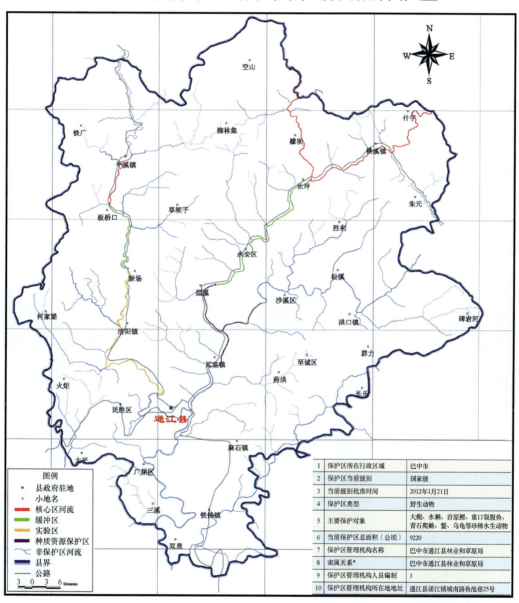

1	保护区所在行政区域	巴中市
2	保护区当前级别	国家级
3	当前级别批准时间	2012年1月21日
4	保护区类型	野生动物
5	主要保护对象	大鲵、水獭、岩原鲤、重口裂腹鱼、青石爬鳅、鳖、乌龟等珍稀水生动物
6	当前保护区总面积（公顷）	9220
7	保护区管理机构名称	巴中市通江县林业和草原局
8	隶属关系*	巴中市通江县林业和草原局
9	保护区管理机构人员编制	3
10	保护区管理机构所在地地址	通江县诺江镇城南路鱼池巷25号

图例

- 县政府驻地
- 小地名
- 核心区河流
- 缓冲区
- 实验区
- 种质资源保护区
- 非保护区河流
- 县界
- 公路

附图6

牛栏江鱼类市级自然保护区

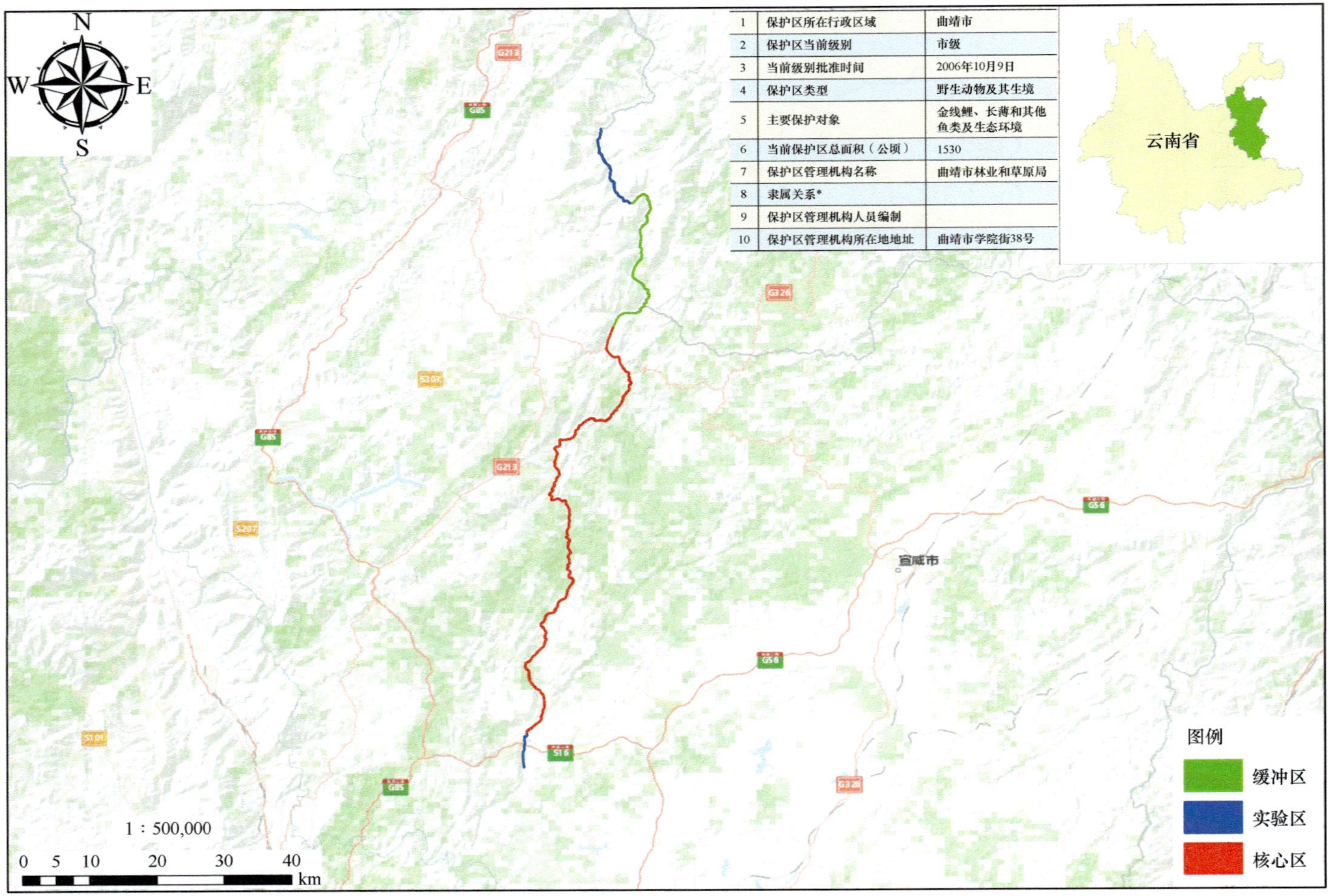
N
S
W
E
云南省
宣威市
图例
缓冲区
实验区
核心区
1：500,000
0 5 10 20 30 40
km

1	保护区所在行政区域	曲靖市
2	保护区当前级别	市级
3	当前级别批准时间	2006年10月9日
4	保护区类型	野生动物及其生境
5	主要保护对象	金线鲃、长薄和其他鱼类及生态环境
6	当前保护区总面积（公顷）	1530
7	保护区管理机构名称	曲靖市林业和草原局
8	隶属关系*	
9	保护区管理机构人员编制	
10	保护区管理机构所在地地址	曲靖市学院街38号

附图 7

康县大鲵省级自然保护区

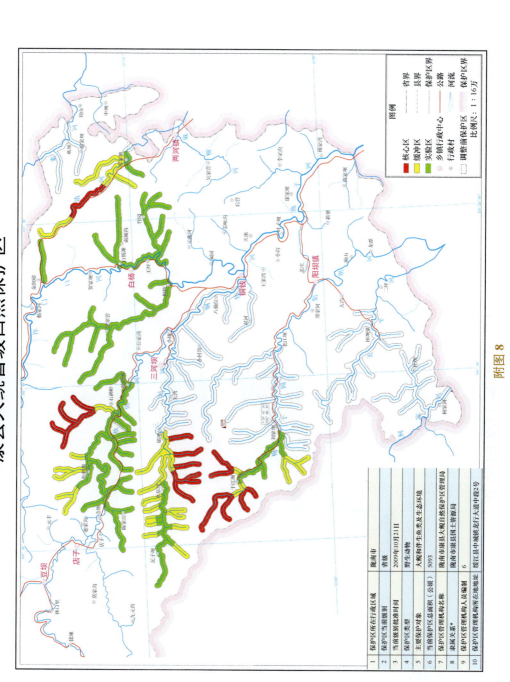

1	保护区所在行政区域	陇南市
2	保护区当前级别	省级
3	当前级别批准时间	2009年10月21日
4	主要保护类型	野生动物
5	主要保护对象	大鲵和伴生鱼类及生态环境
6	当前保护区总面积（公顷）	5093
7	保护区管理机构名称	陇南市康县大鲵自然保护区管理局
8	隶属关系	陇南市康县县国土资源局
9	保护区管理机构人员编制	6
10	保护区管理机构所在地地址	陇江县中城镇龙行大道中段2号

附图 8

文县白龙江大鲵省级自然保护区

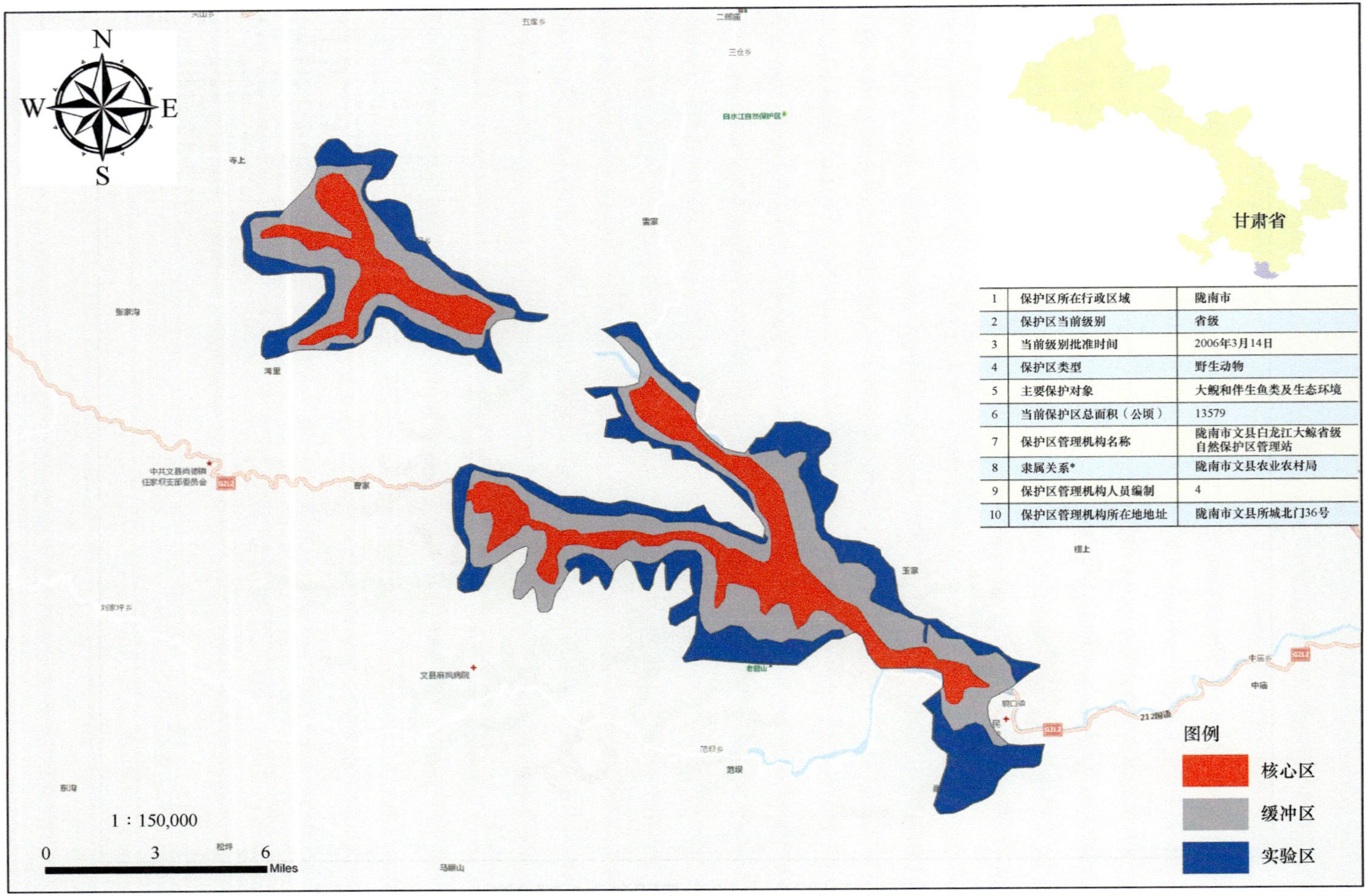

1	保护区所在行政区域	陇南市
2	保护区当前级别	省级
3	当前级别批准时间	2006年3月14日
4	保护区类型	野生动物
5	主要保护对象	大鲵和रेक्ष生鱼类及生态环境
6	当前保护区总面积（公顷）	13579
7	当前保护区管理机构名称	陇南市文县白龙江大鲵省级自然保护区管理站
8	隶属关系*	陇南市文县农业农村局
9	保护区管理机构人员编制	4
10	保护区管理机构所在地地址	陇南市文县所城北门36号

图例

核心区

缓冲区

实验区

甘肃省

1 : 150,000

0   3   6
         Miles

附图 9

汉王山东河湿地省级自然保护区

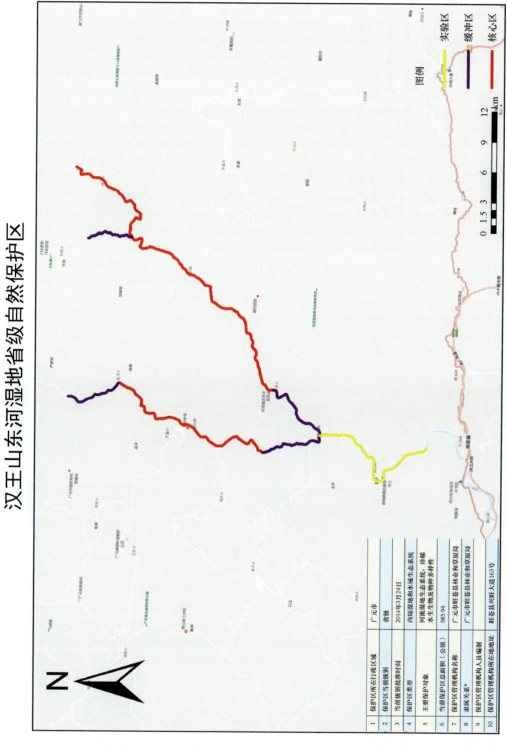

1	保护区所在行政区域	广元市
2	保护区当前级别	省级
3	当前级别批准时间	2014年3月24日
4	保护区类型	内陆湿地和水域生态系统
5	主要保护对象	河流湿地生态系统、珍稀水生生物及物种多样性
6	当前保护区总面积（公顷）	585.94
7	保护区管理机构名称	广元市旺苍县林业和草原局
8	隶属关系*	广元市旺苍县林业和草原局
9	保护区管理机构人员编制	
10	保护区管理机构所在地地址	旺苍县兴旺大道165号

附图 10

周公河珍稀鱼类省级自然保护区

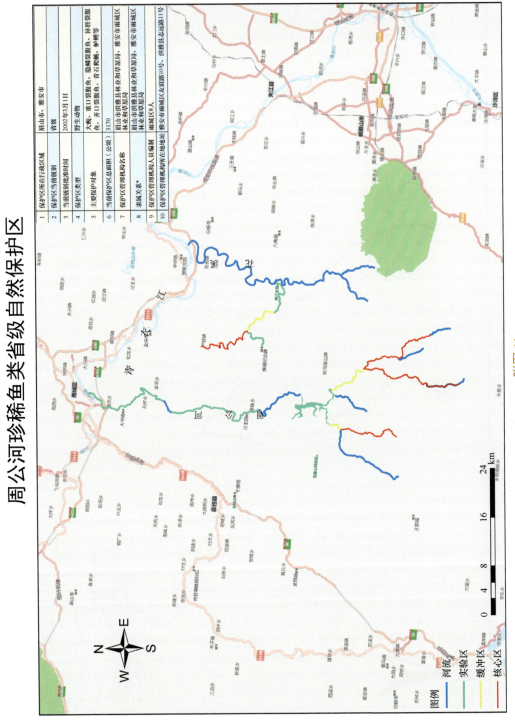

1	保护区所在行政区域	眉山市、雅安市
2	保护区当前级别	省级
3	当前级别批准时间	2002年3月1日
4	保护区类型	野生动物
5	主要保护对象	大鲵、重口裂腹鱼、齐口裂腹鱼、隐鳞裂腹鱼、异唇裂腹鱼、青石爬鳅、鲈鲤等
6	当前保护区总面积（公顷）	3170
7	保护区管理机构名称	眉山市洪雅县林业和草原局、雅安市雨城区林业和草原局
8	隶属关系*	眉山市洪雅县林业和草原局、雅安市雨城区林业和草原局
9	保护区管理机构人员编制	雨城区8人
10	保护区管理机构所在地地址	雅安市雨城区友谊路10号、洪雅县志远路11号

图例
河流
实验区
缓冲区
核心区

附图 11

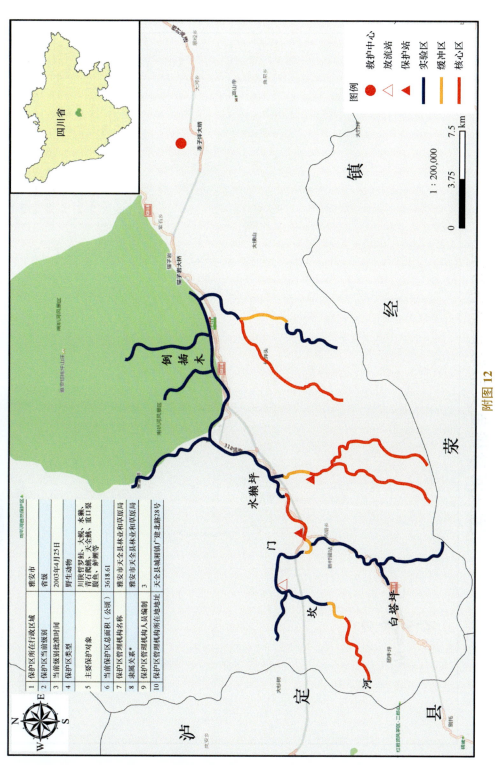

天全河珍稀鱼类省级自然保护区

1	保护区所在行政区域	雅安市
2	保护区当前级别	省级
3	当前级别批准时间	2003年4月25日
4	保护区类型	野生动物
5	主要保护对象	川陕哲罗鲑、大鲵、水獭、青石爬鳅、天全鳅、重口裂腹鱼、鲈鲤等
6	当前保护区总面积（公顷）	3618.61
7	当前保护区管理机构名称	雅安市天全县林业和草原局
8	隶属关系	雅安市天全县林业和草原局
9	保护区管理机构人员编制	3
10	保护区管理机构所在地地址	天全县城厢镇广建北路28号

宝兴河珍稀鱼类市级自然保护区

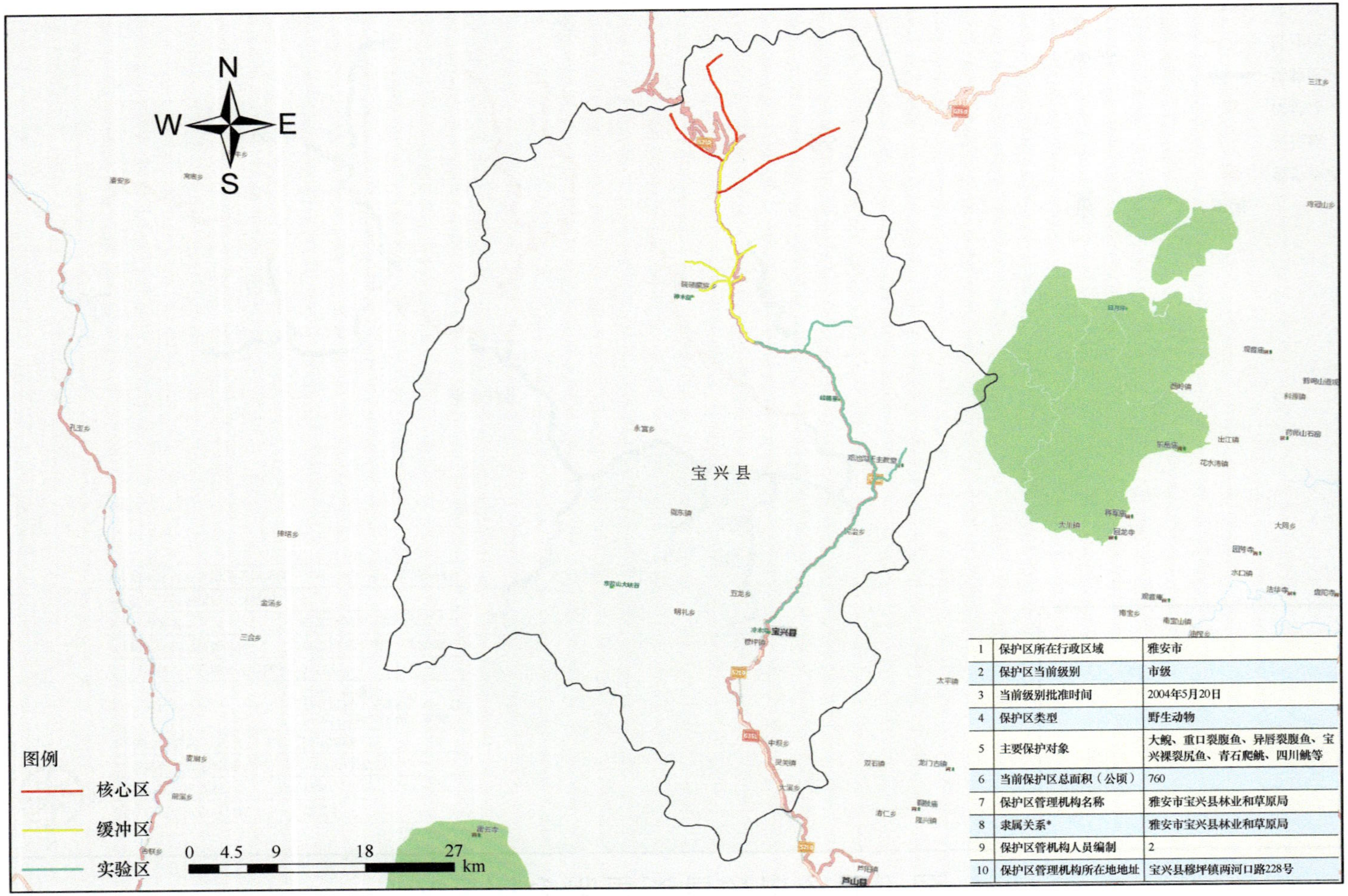

1	保护区所在行政区域	雅安市
2	保护区当前级别	市级
3	当前级别批准时间	2004年5月20日
4	保护区类型	野生动物
5	主要保护对象	大鲵、重口裂腹鱼、异齿裂腹鱼、宝兴裸裂尻鱼、青石爬鳅、四川鲴等
6	当前保护区总面积（公顷）	760
7	保护区管理机构名称	雅安市宝兴县林业和草原局
8	隶属关系*	雅安市宝兴县林业和草原局
9	保护区管机构人员编制	2
10	保护区管理机构所在地地址	宝兴县穆坪镇两河口路228号

图例

核心区

缓冲区

实验区

宝兴县

附图 13

色曲河州级珍稀鱼类自然保护区

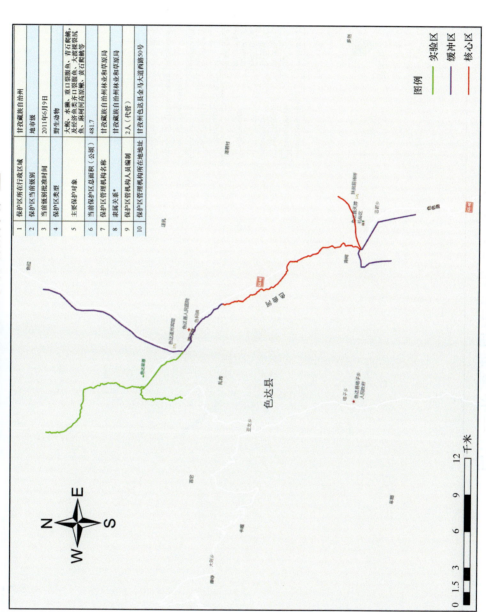

1	保护区所在行政区域	甘孜藏族自治州
2	保护区当前级别	地市级
3	当前级别批准时间	2011年6月9日
4	保护区类型	野生动物
5	主要保护对象	大鲵、水獭、重口裂腹鱼、青石爬鮡、友经济鱼类齐口裂腹鱼、大渡裸裂尻鱼、裸鲥高原鳅、黄石爬鮡等
6	当前保护区总面积（公顷）	481.7
7	保护区管理机构的名称	甘孜藏族自治州林业和草原局
8	隶属关系*	甘孜藏族自治州林业和草原局
9	保护区管理机构人员编制	2人（代管）
10	保护区管理机构所在地地址	甘孜州色达县金马大道西路50号

图例

━━ 实验区
━━ 缓冲区
━━ 核心区

0　1.5　3　　6　　9　　12
千米

附图 14

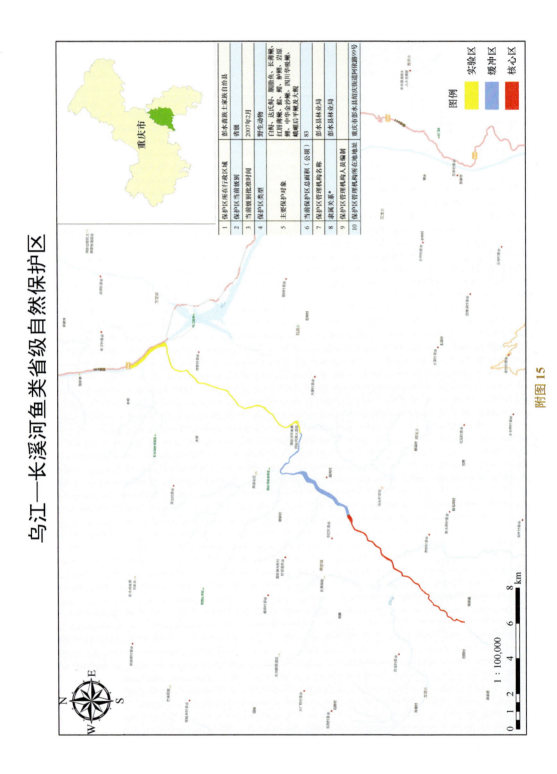

乌江—长溪河鱼类省级自然保护区

1	保护区所在行政区域	彭水苗族土家族自治县
2	保护区当前级别	省级
3	当前级别批准时间	2007年2月
4	保护区类型	野生动物
5	主要保护对象	白鲟、达氏鲟、胭脂鱼、长薄鳅、红唇薄鳅、鲶、鲵、鲈鲤、岩原鲤、中华金沙鳅、四川华鳊鲦、峨嵋后平鳅及大鲵
6	当前保护区总面积（公顷）	83
7	保护区管理机构名称	彭水县林业局
8	隶属关系*	彭水县林业局
9	保护区管理机构人员编制	
10	保护区管理机构所在地地址	重庆市彭水县绍庆街道阿依路99号

图例
实验区
缓冲区
核心区

1 : 100,000

0 1 2   4   6   8
km

附图15

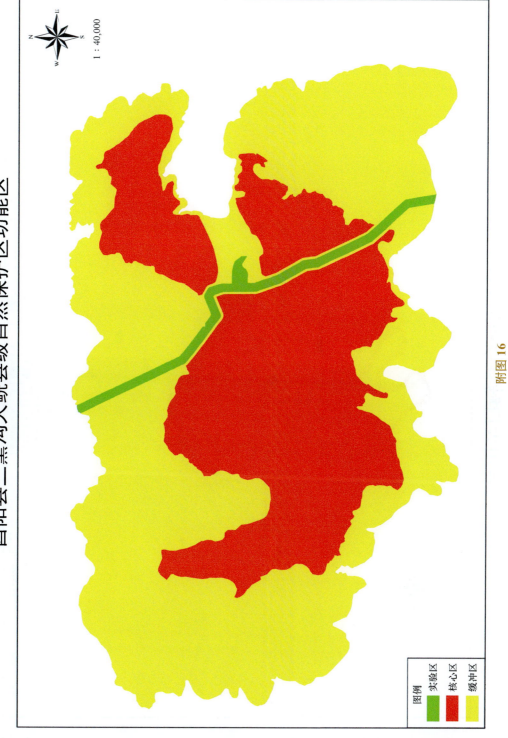

酉阳县三黛沟大鲵县级自然保护区功能区

1 : 40,000

图例
实验区
核心区
缓冲区

附图 16

合川大口鲶县级自然保护区

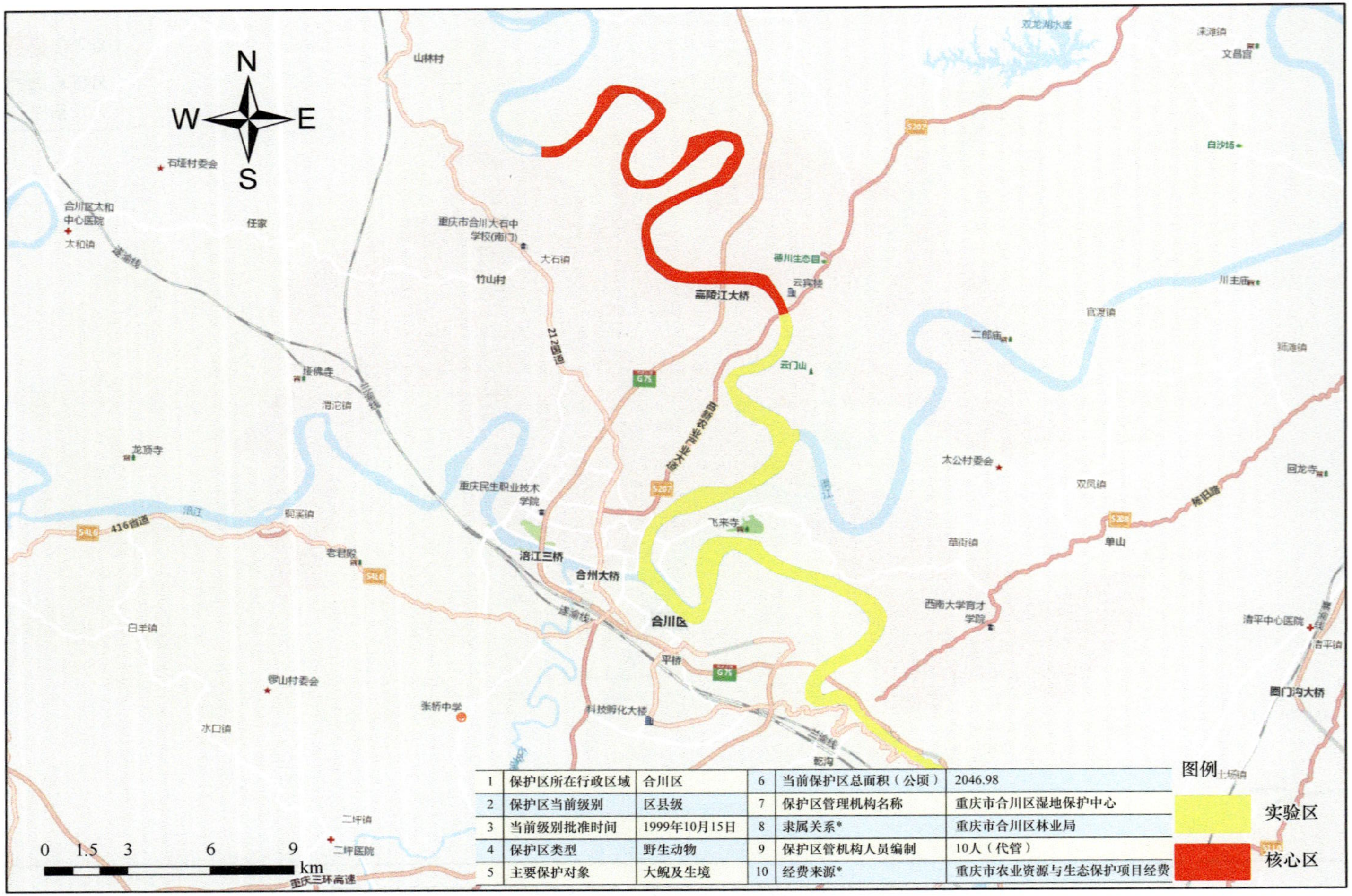

1	保护区所在行政区域	合川区		6	当前保护区总面积（公顷）	2046.98
2	保护区当前级别	区县级		7	保护区管理机构名称	重庆市合川区湿地保护中心
3	当前级别批准时间	1999年10月15日		8	隶属关系*	重庆市合川区林业局
4	保护区类型	野生动物		9	保护区管理机构人员编制	10人（代管）
5	主要保护对象	大鲵及生境		10	经费来源*	重庆市农业资源与生态保护项目经费

图例

实验区

核心区

附图 17

0   1.5   3   6   9 km
重庆三环高速

湖南张家界大鲵国家级自然保护区

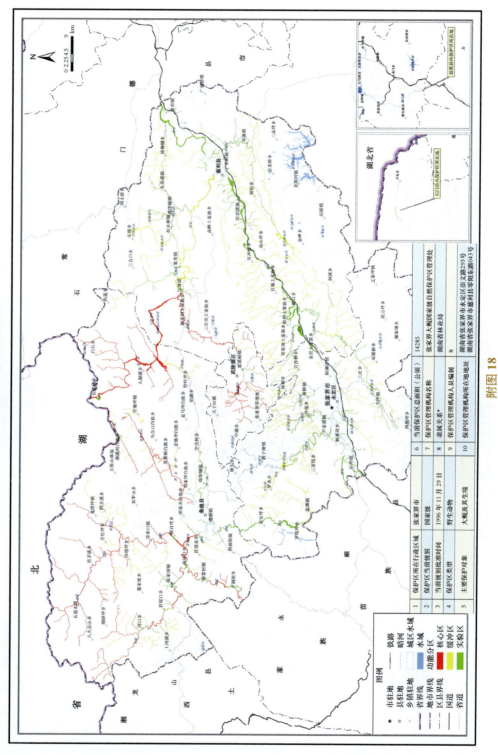

附图 18

长江天鹅洲白鱀豚国家级自然保护区

湖北省

	图例
	实验区
	缓冲区
	核心区

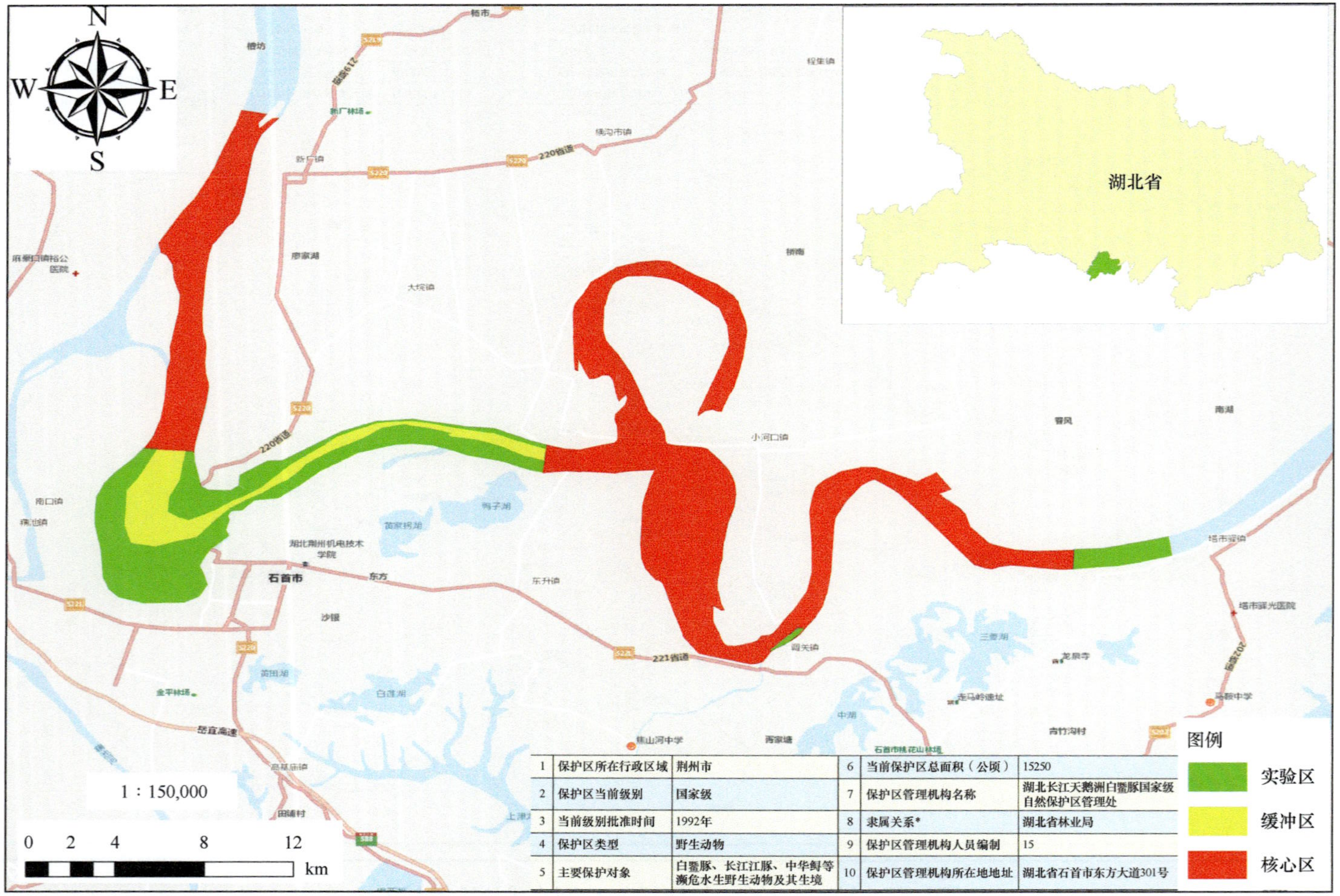

1	保护区所在行政区域	荆州市
2	保护区当前级别	国家级
3	当前级别批准时间	1992年
4	保护区类型	野生动物
5	主要保护对象	白鱀豚、长江江豚、中华鲟等濒危水生野生动物及其生境
6	当前保护区总面积（公顷）	15250
7	保护区管理机构名称	湖北长江天鹅洲白鱀豚国家级自然保护区管理处
8	隶属关系*	湖北省林业局
9	保护区管理机构人员编制	15
10	保护区管理机构所在地地址	湖北省石首东方大道301号

1：150,000

km
0 2 4 8 12

附图 19

洪湖国家级自然保护区

1	保护区所在行政区域	洪湖市
2	保护区当前级别	国家级级
3	当前级别批准时间	2014年12月5日
4	保护区类型	湿地和淡水水域生态系统
5	主要保护对象	永久性淡水湖泊湿地生态系统、淡水资源及珍稀水禽
6	当前保护区总面积（公顷）	41412
7	保护区管理机构名称	湖北洪湖国家级自然保护区管理局
8	隶属关系*	荆州市人民政府
9	保护区管理机构人员编制	90
10	保护区管理机构所在地地址	荆州市洪湖新堤办事处南河村

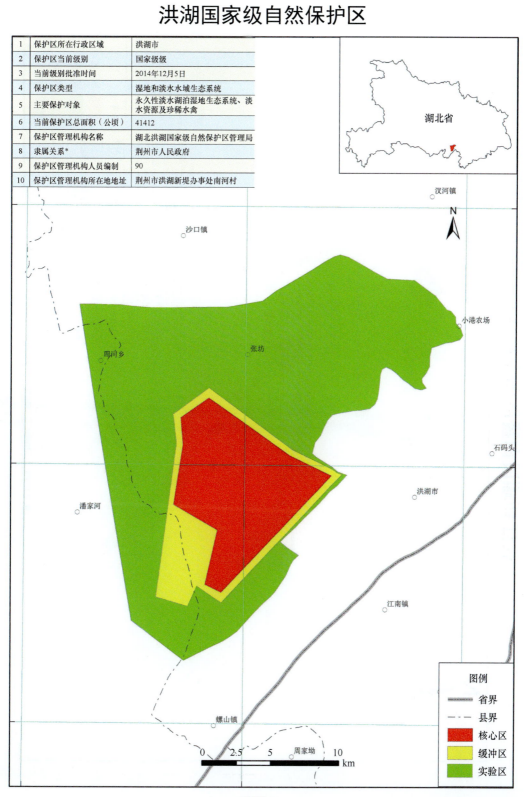

附图 20

长江新螺段白鱀豚国家级自然保护区

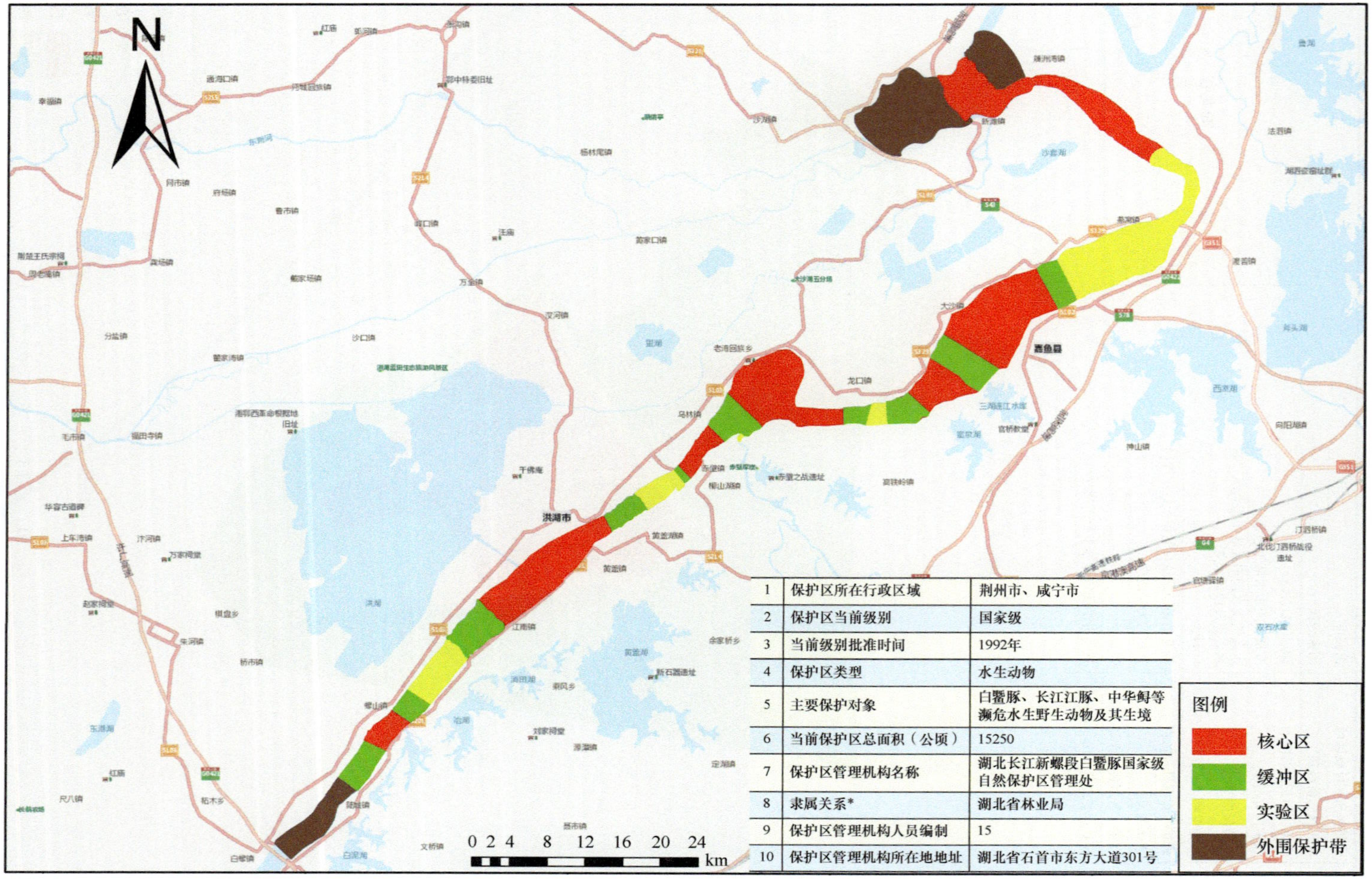

1	保护区所在行政区域	荆州市、咸宁市
2	保护区当前级别	国家级
3	当前级别批准时间	1992年
4	保护区类型	水生动物
5	主要保护对象	白鱀豚、长江江豚、中华鲟等濒危水生野生动物及其生境
6	当前保护区总面积（公顷）	15250
7	保护区管理机构名称	湖北长江新螺段白鱀豚国家级自然保护区管理处
8	隶属关系*	湖北省林业局
9	保护区管理机构人员编制	15
10	保护区管理机构所在地地址	湖北省石首市东方大道301号

图例
核心区 缓冲区 实验区 外围保护带

km
0 2 4 8 12 16 20 24

N

附图 21

咸丰忠建河大鲵国家级自然保护区

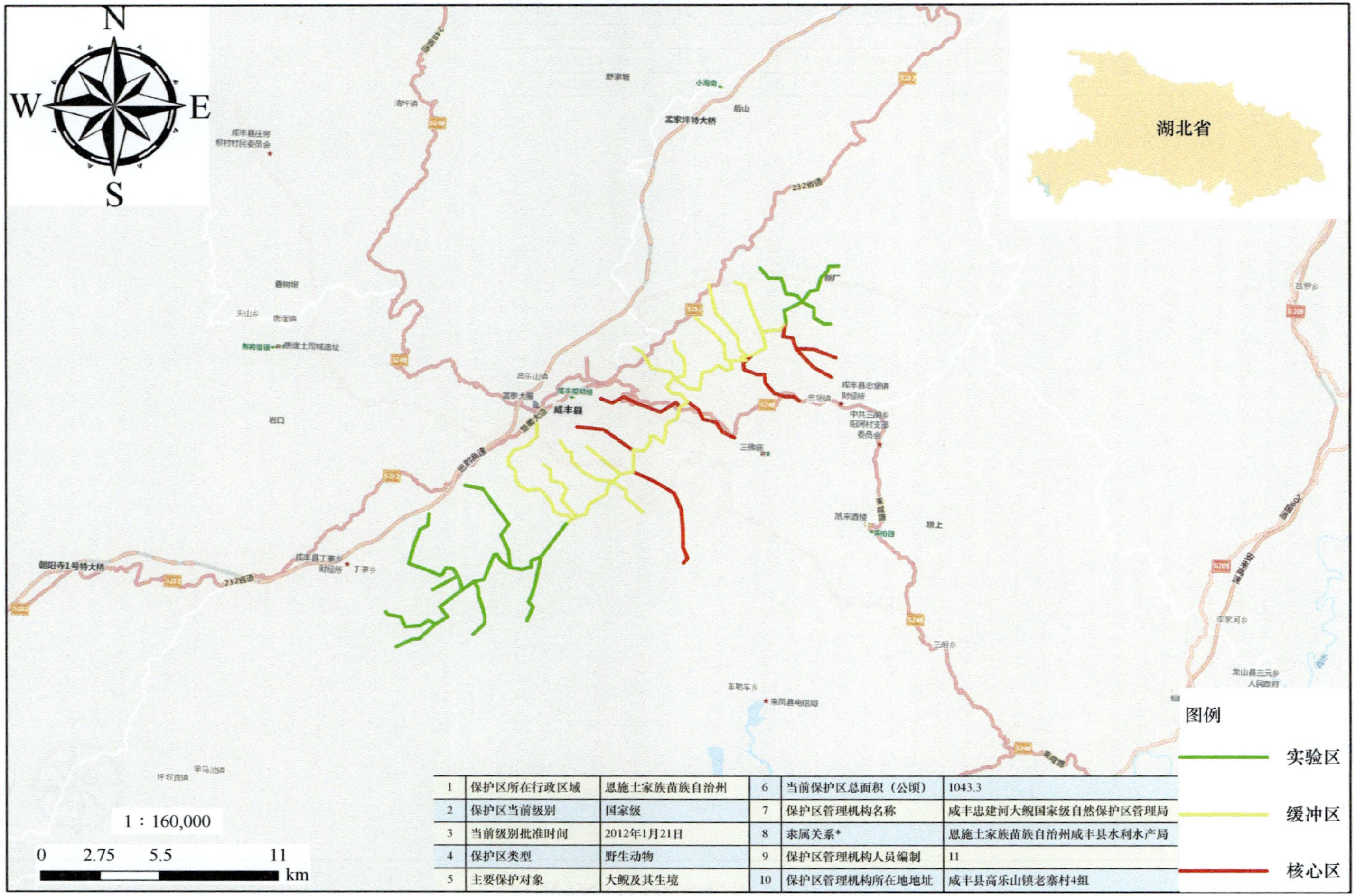

1	保护区所在行政区域	恩施土家族苗族自治州	6	当前保护区总面积（公顷）	1043.3
2	保护区当前级别	国家级	7	保护区管理机构名称	咸丰忠建河大鲵国家级自然保护区管理局
3	当前级别批准时间	2012年1月21日	8	隶属关系*	恩施土家族苗族自治州咸丰县水利水产局
4	保护区类型	野生动物	9	保护区管理机构人员编制	11
5	主要保护对象	大鲵及其生境	10	保护区管理机构所在地地址	咸丰县高乐山镇老寨村4组

附图 22

七眼泉市级自然保护区

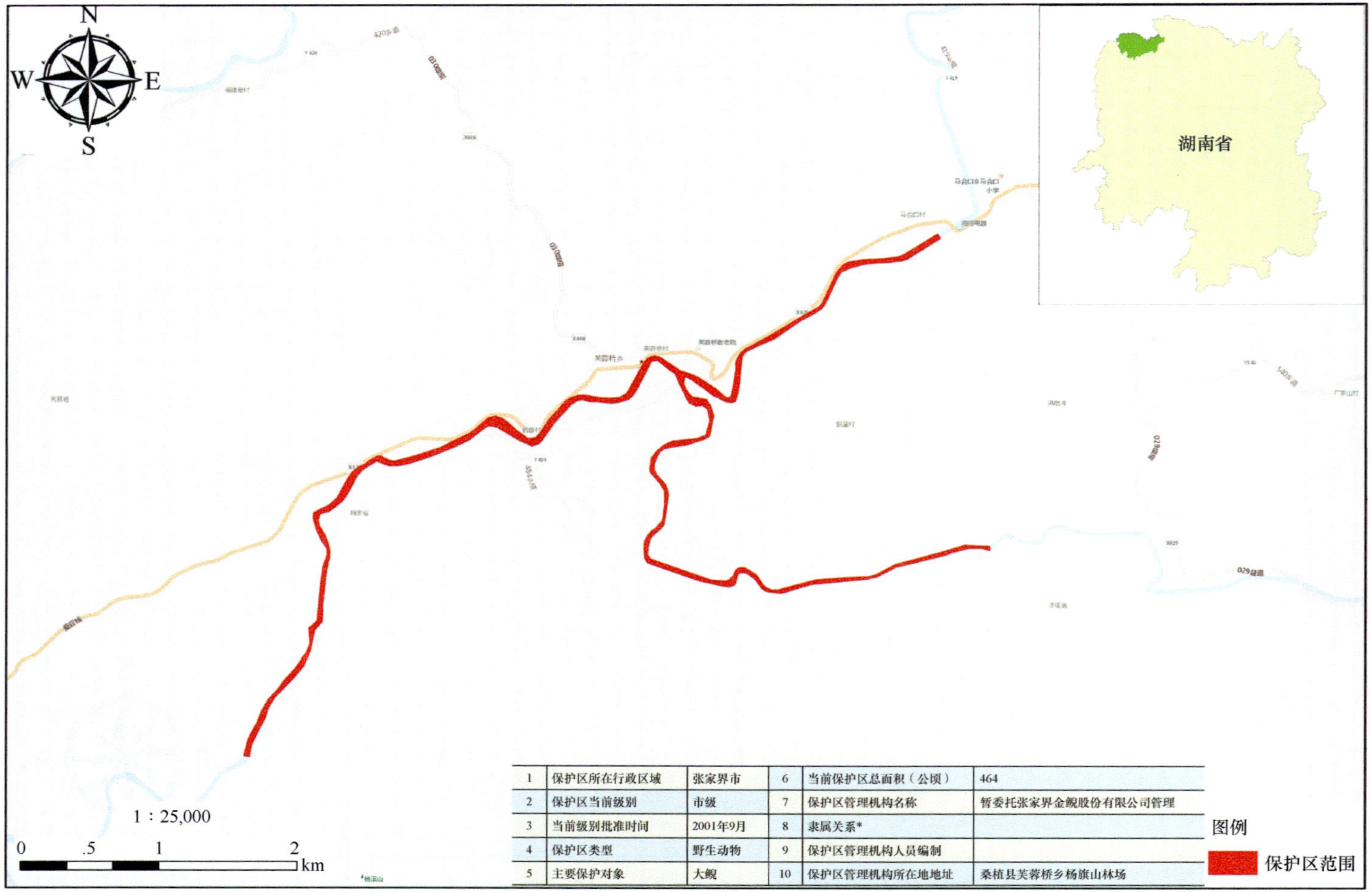

湖南省

1	保护区所在行政区域	张家界市	6	当前保护区总面积（公顷）	464
2	保护区当前级别	市级	7	保护区管理机构名称	解委托张家界金鞭股份有限公司管理
3	当前级别批准时间	2001年9月	8	隶属关系*	
4	保护区类型	野生动物	9	保护区管理机构人员编制	
5	主要保护对象	大鲵	10	保护区管理机构所在地地址	桑植县芙蓉桥乡杨旗山林场

图例

保护区范围

附图 23

1 : 25,000

0   .5   1   2 km

华容县集成长江故道江豚省级自然保护区

1	保护区所在行政区域	岳阳市	6	当前保护区总面积（公顷）	2547
2	保护区当前级别	省级	7	保护区管理机构名称	岳阳市华容县农业农村局
3	当前级别批准时间	2015年5月4日	8	隶属关系*	湖南省农业农村厅
4	保护区类型	水生野生动物	9	保护区管理机构人员编制	10
5	主要保护对象	江豚	10	保护区管理机构所在地地址	华容县章华镇港西南路97号

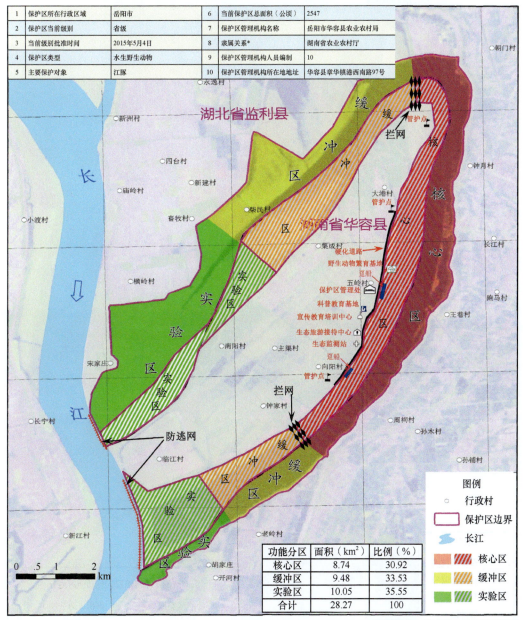

功能分区	面积（km²）	比例（%）
核心区	8.74	30.92
缓冲区	9.48	33.53
实验区	10.05	35.55
合计	28.27	100

制图单位：湖南省水产科学研究所

附图 24

岳阳市东洞庭湖江豚市级自然保护区

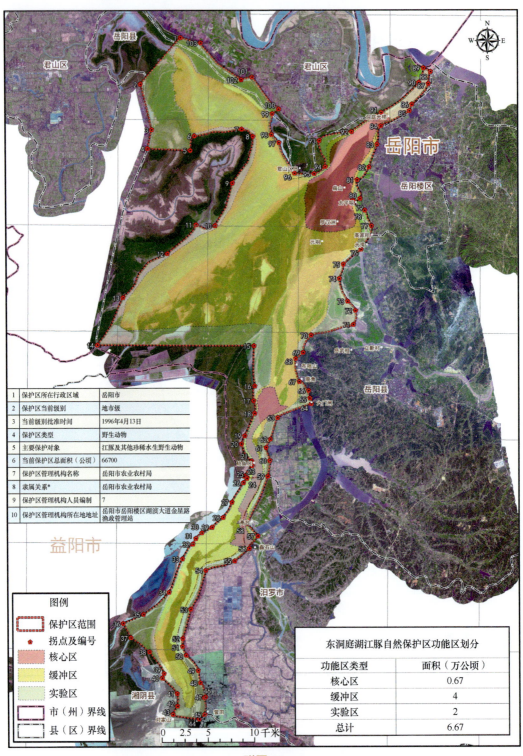

1	保护区所在行政区域	岳阳市
2	保护区当前级别	地市级
3	当前级别批准时间	1996年4月13日
4	保护区类型	野生动物
5	主要保护对象	江豚及其他珍稀水生野生动物
6	当前保护区总面积（公顷）	66700
7	保护区管理机构名称	岳阳市农业农村局
8	隶属关系*	岳阳市农业农村局
9	保护区管理机构人员编制	7
10	保护区管理机构所在地地址	岳阳市岳阳楼区湖滨大道金星路渔政管理站

图例

- 保护区范围
- 拐点及编号
- 核心区
- 缓冲区
- 实验区
- 市（州）界线
- 县（区）界线

0 2.5 5 10千米

东洞庭湖江豚自然保护区功能区划分	
功能区类型	面积（万公顷）
核心区	0.67
缓冲区	4
实验区	2
总计	6.67

附图 25

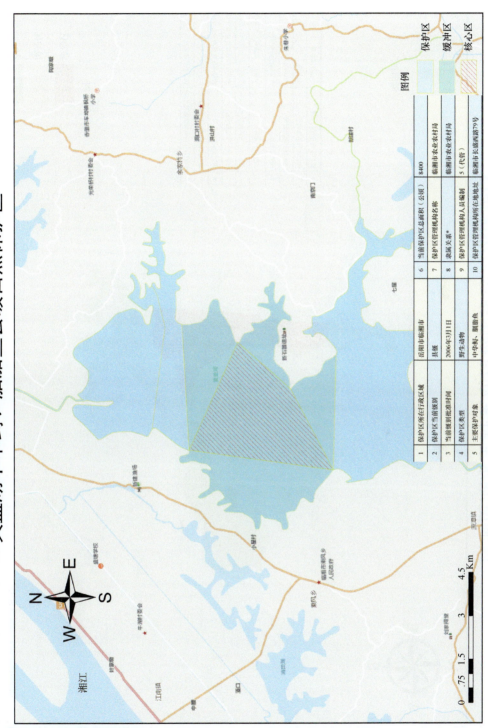

黄盖湖中华鲟、胭脂鱼县级自然保护区

1	保护区所在行政区域	岳阳市临湘市	6	当前保护区总面积（公顷）	8400
2	保护区当前级别	县级	7	保护区管理机构名称	临湘市农业农村局
3	当前级别批准时间	2006年3月1日	8	隶属关系*	临湘市农业农村局
4	保护区类型	野生动物	9	保护区管理机构人员编制	5（代管）
5	主要保护对象	中华鲟、胭脂鱼	10	保护区管理机构所在地地址	临湘市长盛西路79号

附图 26

图例

保护区	
缓冲区	
核心区	

西洞庭湖水生野生动植物国家级自然保护区

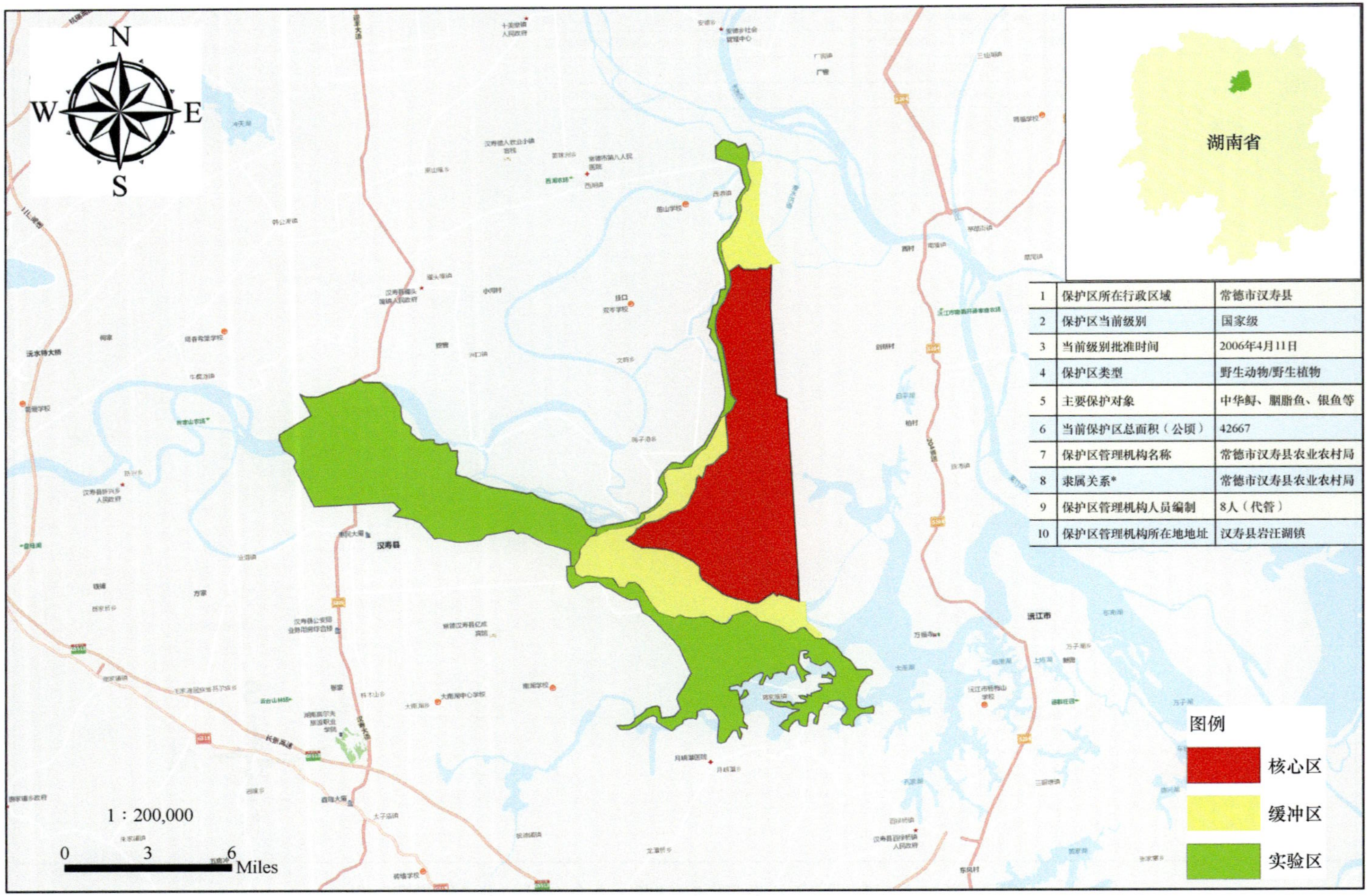

1	保护区所在行政区域	常德市汉寿县
2	保护区当前级别	国家级
3	当前级别批准时间	2006年4月11日
4	保护区类型	野生动物/野生植物
5	主要保护对象	中华鲟、鳙鲷鱼、银鱼等
6	当前保护区总面积（公顷）	42667
7	保护区管理机构名称	常德市汉寿县农业农村局
8	隶属关系*	常德市汉寿县农业农村局
9	保护区管理机构的人员编制	8人（代管）
10	保护区管理机构所在地地址	汉寿县沧江沧镇

图例
核心区　缓冲区　实验区

附图 27

竹溪万江河大鲵省级自然保护区

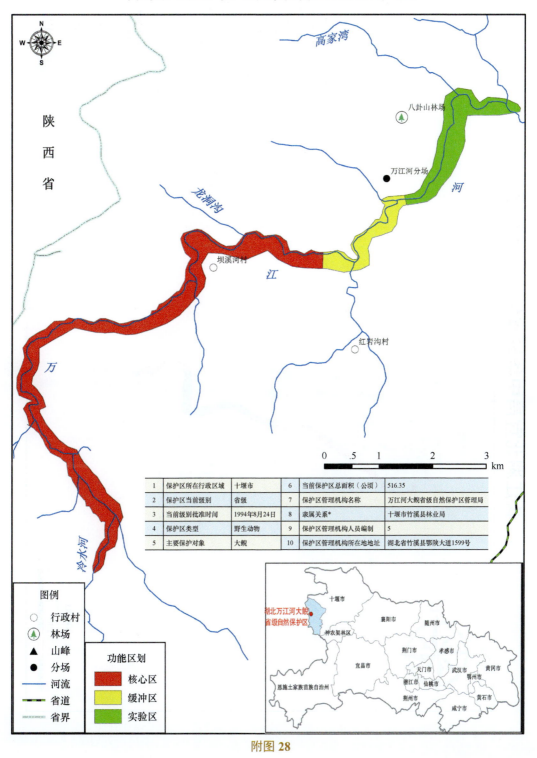

1	保护区所在行政区域	十堰市	6	当前保护区总面积（公顷）	516.35
2	保护区当前级别	省级	7	保护区管理机构名称	万江河大鲵省级自然保护区管理局
3	当前级别批准时间	1994年8月24日	8	隶属关系*	十堰市竹溪县林业局
4	保护区类型	野生动物	9	保护区管理机构人员编制	5
5	主要保护对象	大鲵	10	保护区管理机构所在地地址	湖北省竹溪县鄂陕大道1599号

图例

○ 行政村
🌲 林场
▲ 山峰
● 分场
— 河流
— 省道
— 省界

功能区划
■ 核心区
■ 缓冲区
■ 实验区

附图 28

长江湖北宜昌中华鲟省级自然保护区

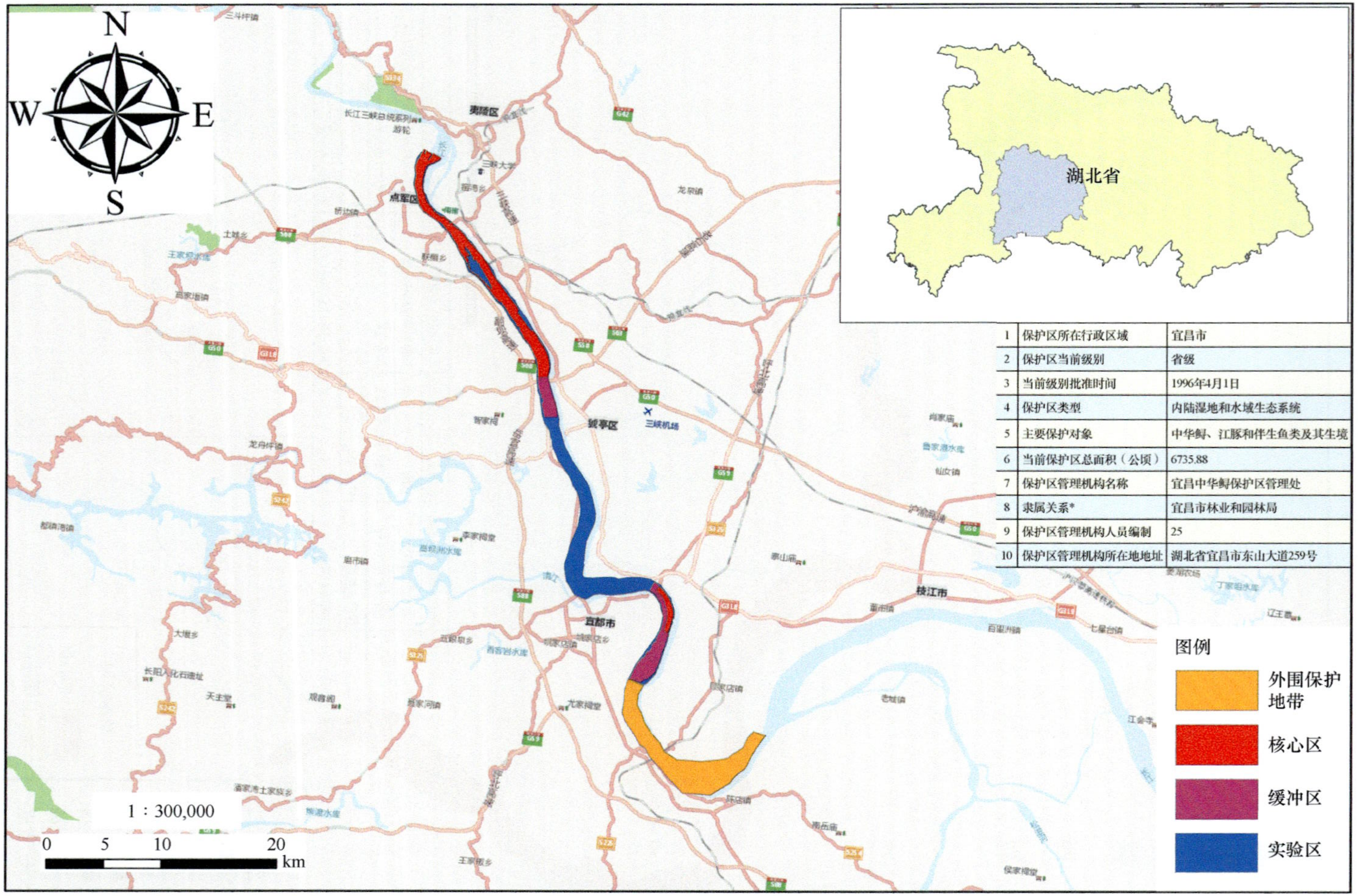
N
S
W
E
湖北省
宜都市
枝江市
猇亭区
点军区
夷陵区
三峡机场
1：300,000
0 5 10 20 km
图例
外围保护地带
核心区
缓冲区
实验区

1	保护区所在行政区域	宜昌市
2	保护区当前级别	省级
3	当前级别批准时间	1996年4月1日
4	保护区类型	内陆湿地和水域生态系统
5	主要保护对象	中华鲟、江豚和伴生鱼类及其生境
6	当前保护区总面积（公顷）	6735.88
7	保护区管理机构名称	宜昌中华鲟保护区管理处
8	隶属关系*	宜昌市林业和园林局
9	保护区管理机构人员编制	25
10	保护区管理机构所在地地址	湖北省宜昌市东山大道259号

附图 29

梁子湖省级湿地自然保护区

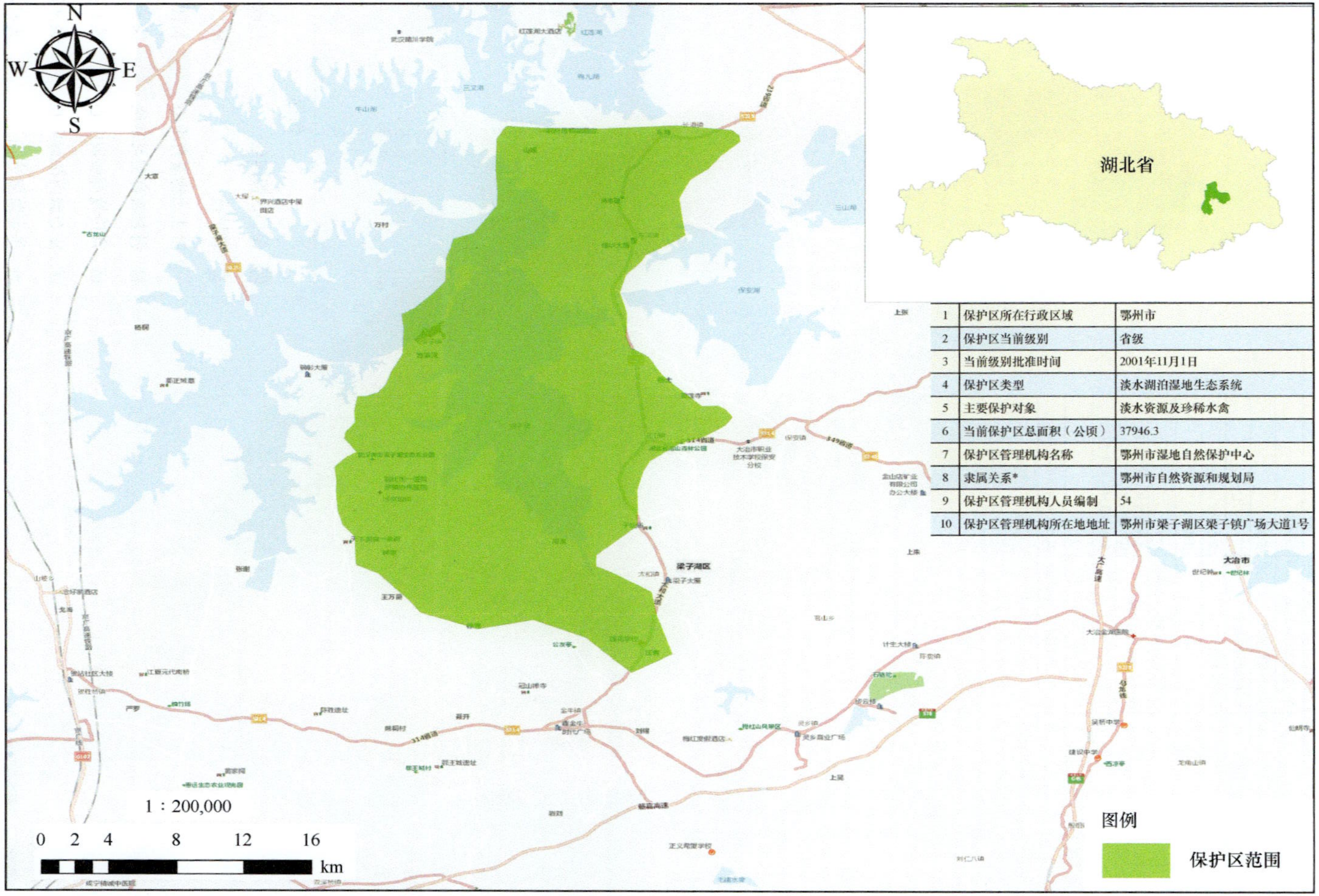

1	保护区所在行政区域	鄂州市
2	保护区当前级别	省级
3	当前级别批准时间	2001年11月1日
4	保护区类型	淡水湖泊湿地生态系统
5	主要保护对象	淡水资源及珍稀水禽
6	当前保护区总面积（公顷）	37946.3
7	保护区管理机构名称	鄂州市湿地自然保护中心
8	隶属关系 *	鄂州市自然资源和规划局
9	保护区管理机构人员编制	54
10	保护区管理机构所在地地址	鄂州市梁子湖区梁子镇广场大道1号

图例

保护区范围

1 : 200,000

0　2　4　　8　　12　　16
km

湖北省

附图 30

—153—

何王庙长江江豚省级自然保护区

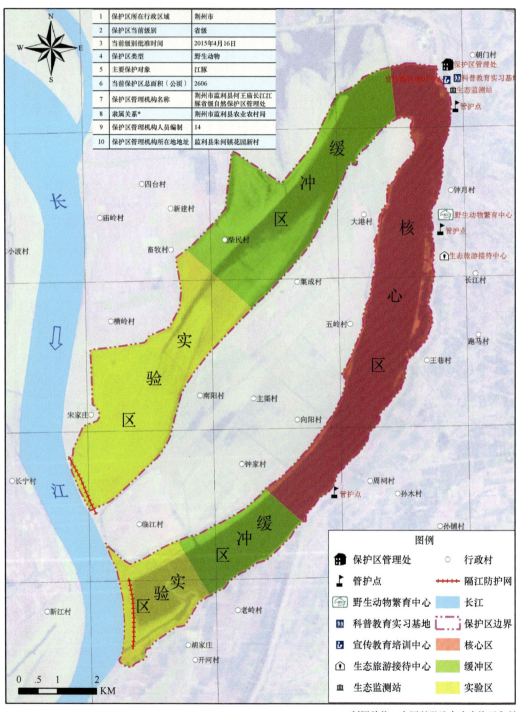

1	保护区所在行政区域	荆州市
2	保护区当前级别	省级
3	当前级别批准时间	2015年4月16日
4	保护区类型	野生动物
5	主要保护对象	江豚
6	当前保护区总面积（公顷）	2606
7	保护区管理机构名称	荆州市监利县何王庙长江江豚省级自然保护区管理处
8	隶属关系*	荆州市监利县农业农村局
9	保护区管理机构人员编制	14
10	保护区管理机构所在地地址	监利县朱河镇花园新村

图例

🏛 保护区管理处		○ 行政村	
⚓ 管护点		+++++ 隔江防护网	
🐗 野生动物繁育中心		长江	
科普教育实习基地		保护区边界	
宣传教育培训中心		核心区	
生态旅游接待中心		缓冲区	
生态监测站		实验区	

制图单位：中国科学院水生生物研究所

附图31

咸宁市西凉湖水生生物自然保护区

长江主河道

长江汉道

河水金公路

渡普镇

潘路

嘉　鱼　县

新街镇

规划

公路

吴刘何

周家坡

官桥镇

徐家边

咸　安　区

孙家嘴

刘家湾

嘉

泉

思姑台闸

牛头山

路

神山镇

赤　壁　市

向阳湖镇

江

图例

核心区	
缓冲区	
实验区	
河流	
县市区界	

1	保护区所在行政区域	咸宁市
2	保护区当前级别	市级
3	当前级别批准时间	2010年8月5日
4	保护区类型	水生生态系统
5	主要保护对象	水生动植物及其生境
6	当前保护区总面积（公顷）	8000
7	保护区管理机构名称	咸宁市西凉湖综合管理执法局
8	隶属关系*	咸宁市农业农村局
9	保护区管理机构人员编制	15
10	保护区管理机构所在地地址	咸宁市咸安区桂花街95号

西凉湖在湖北省的位置

附图 32

孝感市老灌湖水生动植物自然保护区

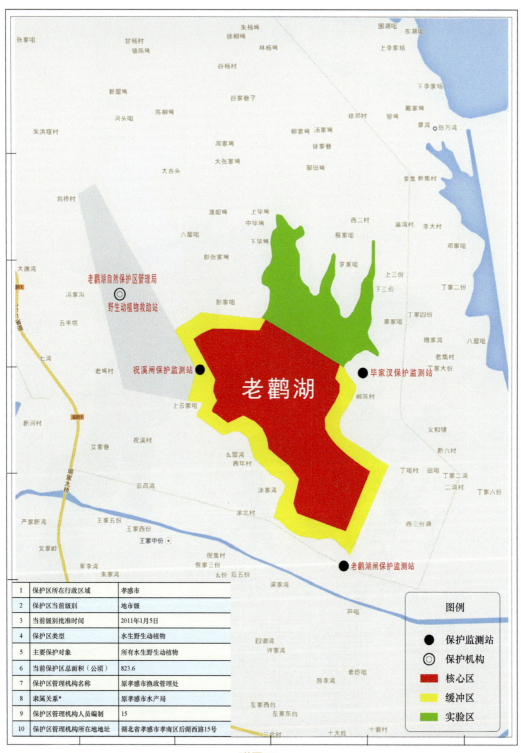

1	保护区所在行政区域	孝感市
2	保护区当前级别	地市级
3	当前级别批准时间	2011年1月5日
4	保护区类型	水生野生动植物
5	主要保护对象	所有水生野生动植物
6	当前保护区总面积（公顷）	823.6
7	保护区管理机构名称	原孝感市渔政管理处
8	隶属关系*	原孝感市水产局
9	保护区管理机构人员编制	15
10	保护区管理机构所在地地址	湖北省孝感市孝南区后湖西路15号

图例

● 保护监测站
◎ 保护机构
■ 核心区
■ 缓冲区
■ 实验区

附图33

天门市橄榄蛏蚌市级自然保护区

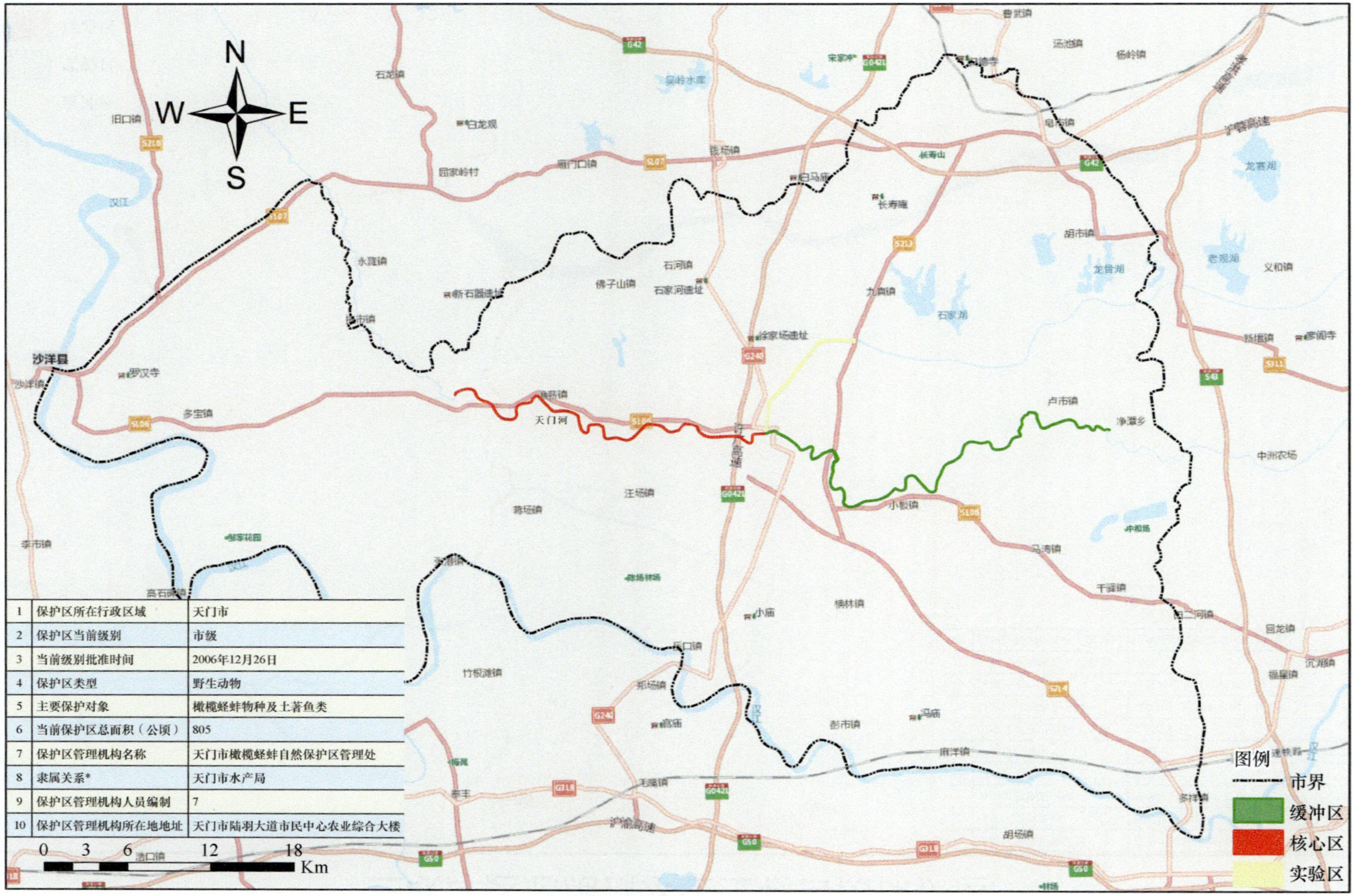
N
S
W
E
0 3 6 12 18 Km
图例
市界
缓冲区
核心区
实验区
天门河
沙洋县

1	保护区所在行政区域	天门市
2	保护区当前级别	市级
3	当前级别批准时间	2006年12月26日
4	保护区类型	野生动物
5	主要保护对象	橄榄蛏蚌物种及土著鱼类
6	当前保护区总面积（公顷）	805
7	保护区管理机构名称	天门市橄榄蛏蚌自然保护区管理处
8	隶属关系*	天门市水产局
9	保护区管理机构人员编制	7
10	保护区管理机构所在地地址	天门市陆羽大道市民中心农业综合大楼

附图 34

三峡库区恩施州水生生物自然保护区

1	保护区所在行政区域	恩施土家族苗族自治州
2	保护区当前级别	区县级
3	当前级别批准时间	2006年7月10日
4	保护区类型	野生动物
5	主要保护对象	国家一、二级和省级重点水生野生保护动物
6	当前保护区总面积（公顷）	3266.78
7	当前保护区管理机构名称	三峡库区恩施州水生生物自然保护区管理处
8	隶属关系*	恩施州巴东县水利水产局
9	保护区管理机构的人员编制	18
10	保护区管理机构所在地地址	巴东县信陵镇北京大道223号

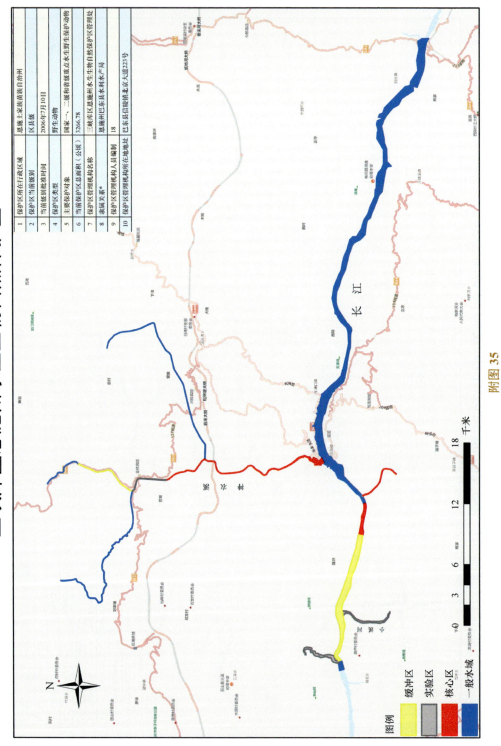

图例

缓冲区
实验区
核心区
一般水域

长江

附图 35

西峡大鲵省级自然保护区

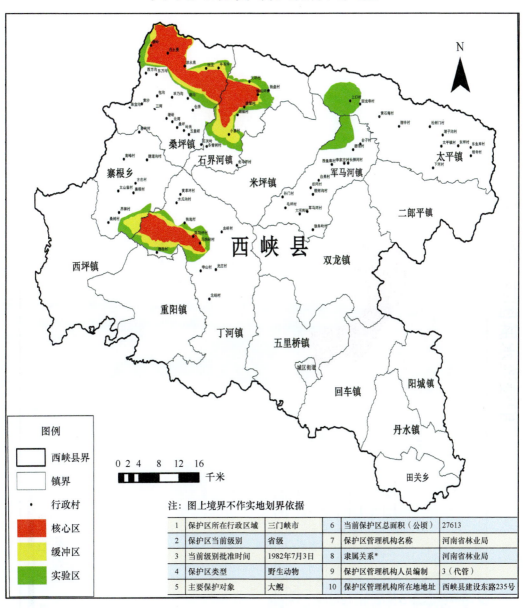

图例

西峡县界
镇界
· 行政村
核心区
缓冲区
实验区

0 2 4 8 12 16 千米

注：图上境界不作实地划界依据

1	保护区所在行政区域	三门峡市	6	当前保护区总面积（公顷）	27613
2	保护区当前级别	省级	7	保护区管理机构名称	河南省林业局
3	当前级别批准时间	1982年7月3日	8	隶属关系*	河南省林业局
4	保护区类型	野生动物	9	保护区管理机构人员编制	3（代管）
5	主要保护对象	大鲵	10	保护区管理机构所在地地址	西峡县建设东路235号

附图36

铜陵淡水豚国家级自然保护区

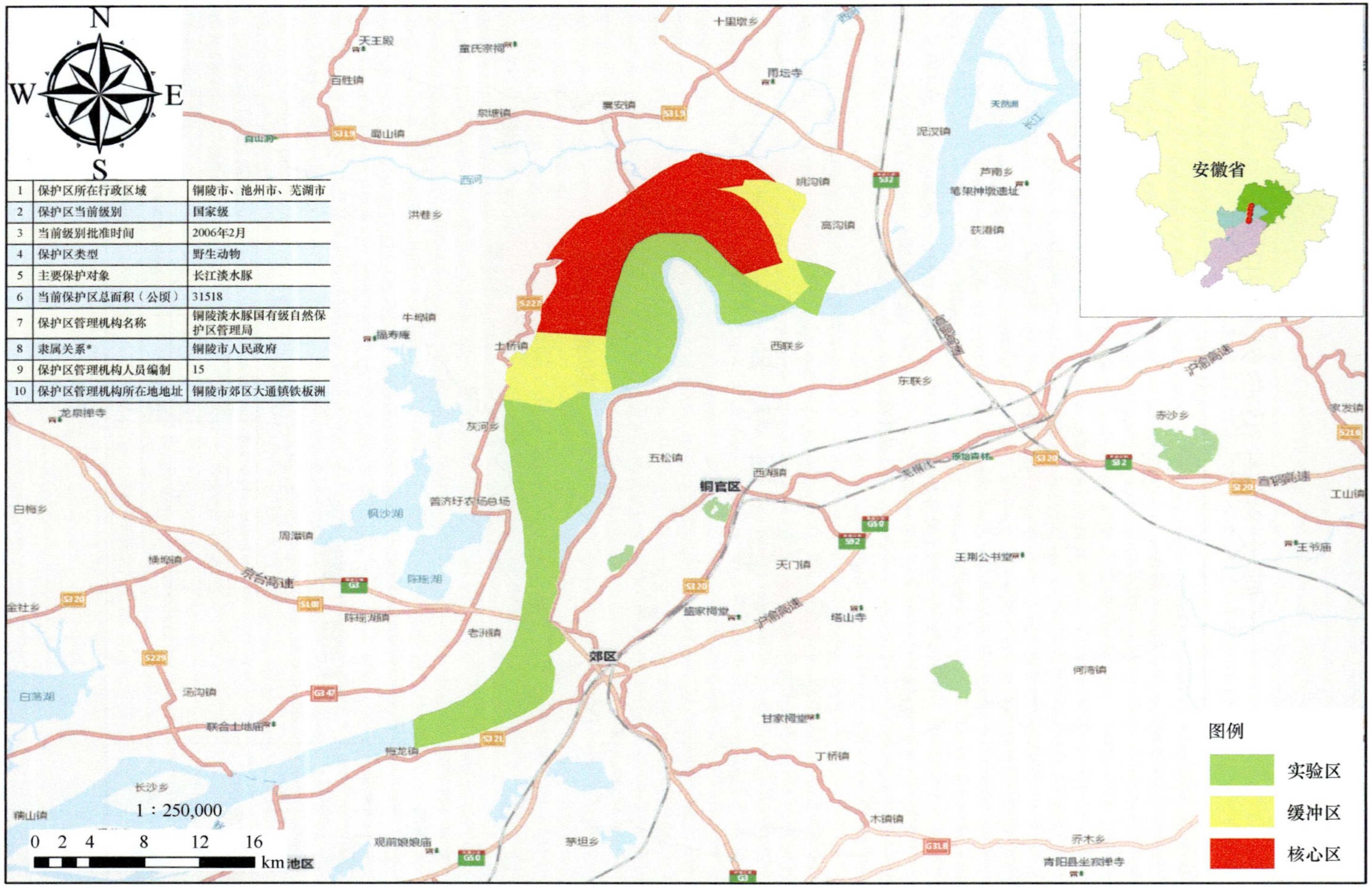
N
S
W
E
安徽省
图例
实验区
缓冲区
核心区
1：250,000
0 2 4 8 12 16
km
铜官区
郊区
池区

1	保护区所在行政区域	铜陵市、池州市、芜湖市
2	保护区当前级别	国家级
3	当前级别批准时间	2006年2月
4	保护区类型	野生动物
5	主要保护对象	长江淡水豚
6	当前保护区总面积（公顷）	31518
7	保护区管理机构名称	铜陵淡水豚国有级自然保护区管理局
8	隶属关系*	铜陵市人民政府
9	保护区管理机构人员编制	15
10	保护区管理机构所在地地址	铜陵市郊区大通镇铁板洲

附图 37

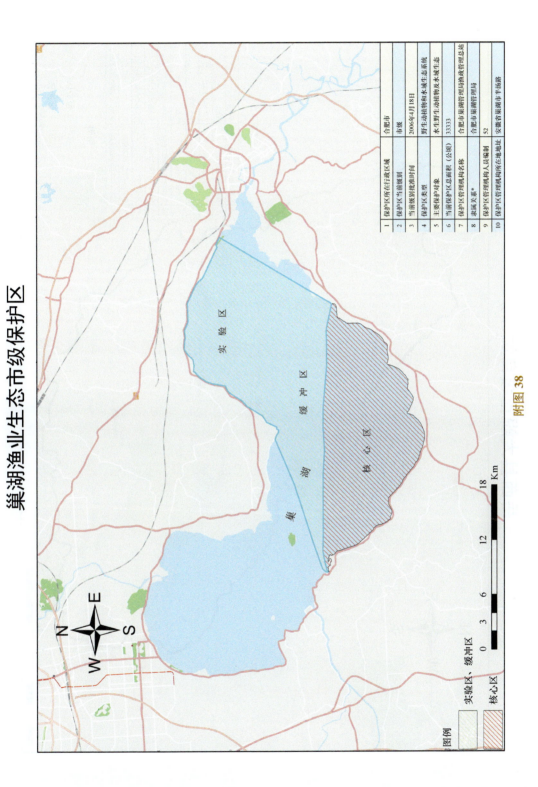

巢湖渔业生态市级保护区

1	保护区所在行政区域	合肥市
2	保护区当前级别	市级
3	当前级别批准时间	2006年4月18日
4	保护区类型	野生动植物和水域生态系统
5	主要保护对象	水生野生动植物及水域生态
6	当前保护区总面积（公顷）	33333
7	保护区管理机构名称	合肥市巢湖管理局渔政管理总站
8	隶属关系*	合肥市巢湖管理局
9	保护区管理机构人员编制	52
10	保护区管理机构所在地地址	安徽省巢湖市半汤路

实验区

缓冲区

核心区

巢

湖

图例

实验区、缓冲区

核心区

0 3 6   12   18 Km

附图 38

岳西县大鲵省级自然保护区

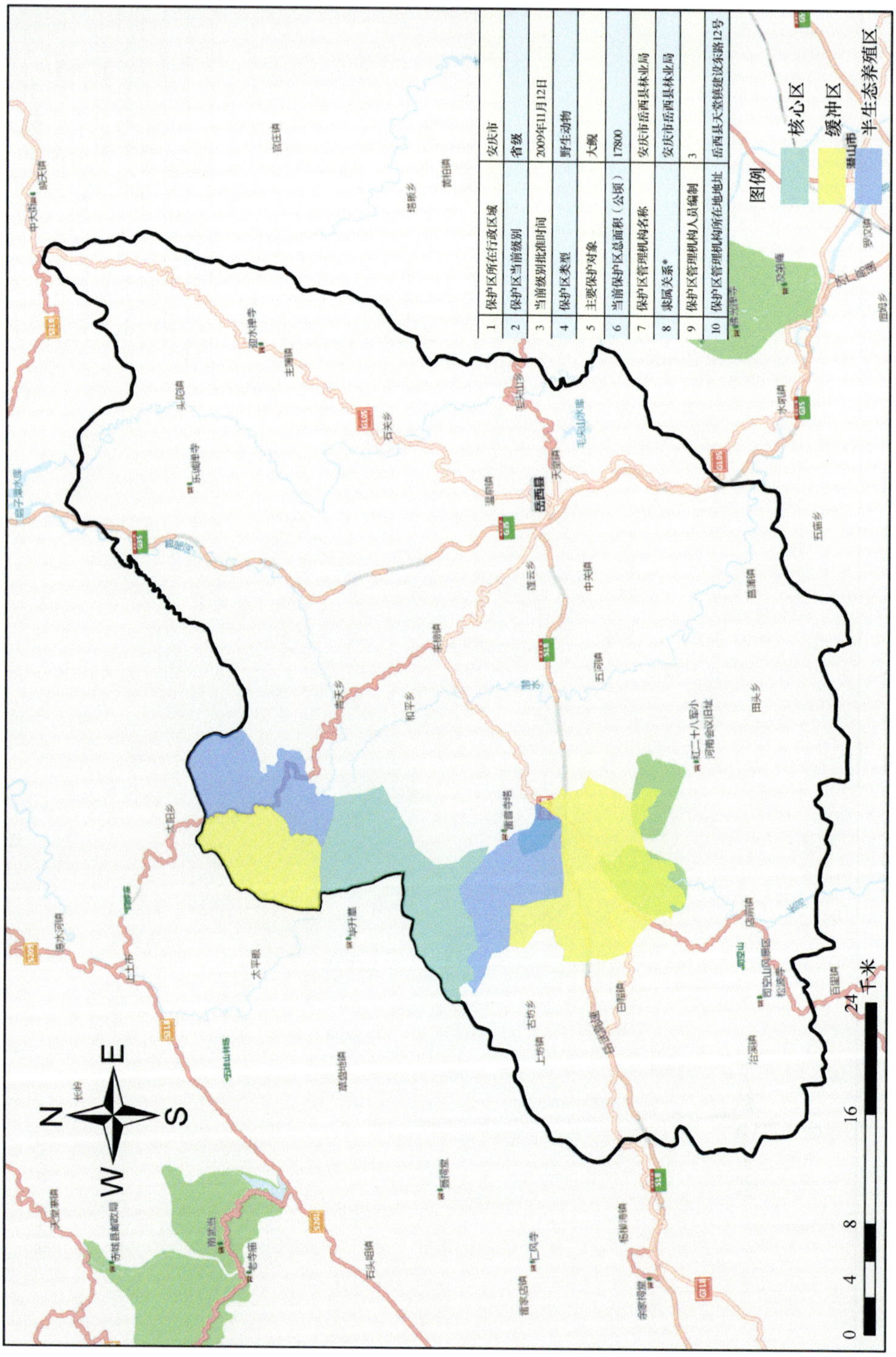
图例
核心区
缓冲区
半生态养殖区
N
E
S
W
0
4
8
16
24
千米

1	保护区所在行政区域	安庆市
2	保护区当前级别	省级
3	当前级别批准时间	2009年11月12日
4	保护区类型	野生动物
5	主要保护对象	大鲵
6	当前保护区总面积（公顷）	17800
7	保护区管理机构名称	安庆市岳西县林业局
8	隶属关系*	安庆市岳西县林业局
9	保护区管理机构人员编制	3
10	保护区管理机构所在地地址	岳西县天堂镇建设东路12号

附图 39

安庆市江豚省级自然保护区

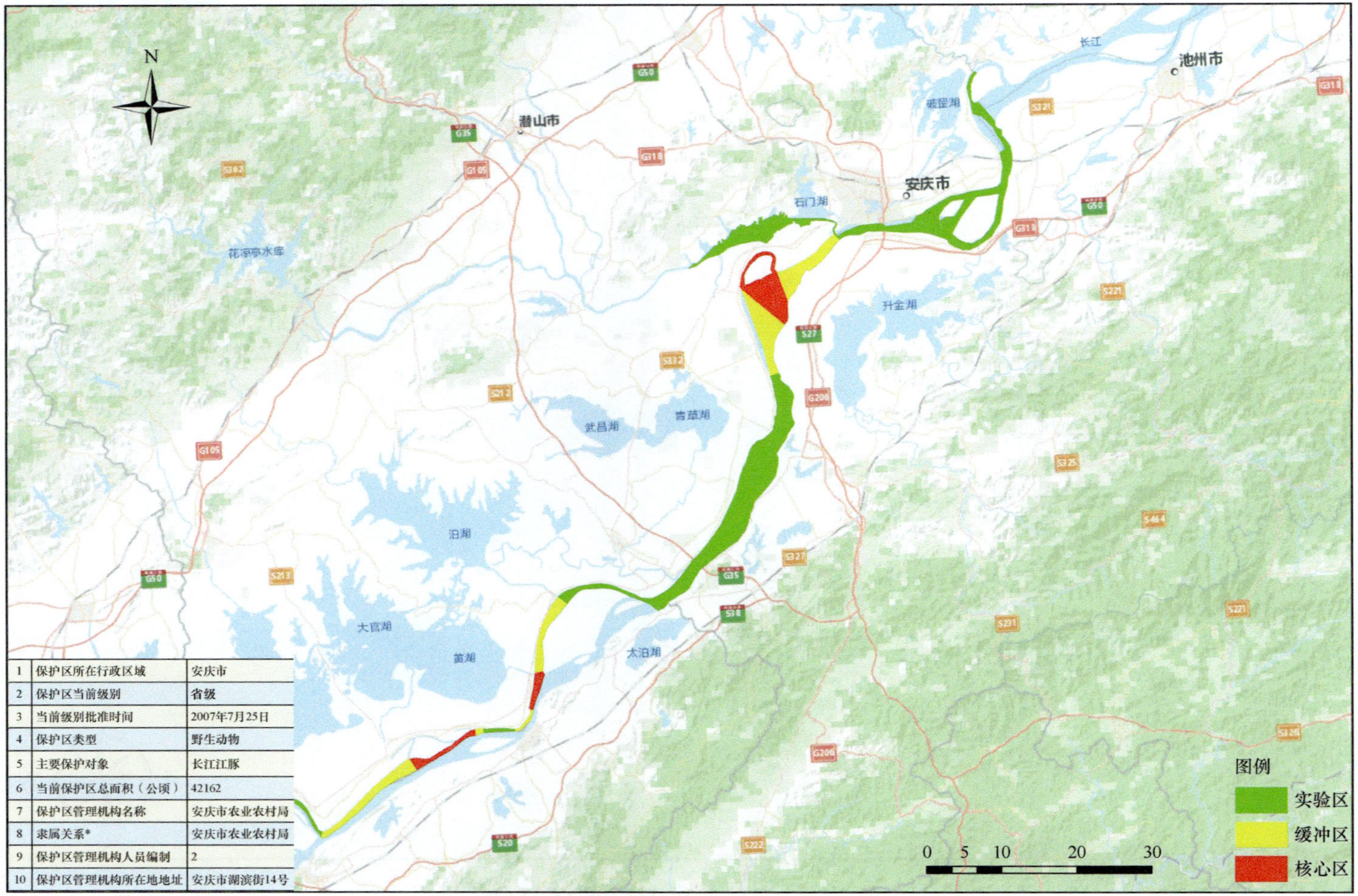

附图 40

1	保护区所在行政区域	安庆市
2	保护区当前级别	省级
3	当前级别批准时间	2007年7月25日
4	保护区类型	野生动物
5	主要保护对象	长江江豚
6	当前保护区总面积（公顷）	42162
7	保护区管理机构名称	安庆市农业农村局
8	隶属关系*	安庆市农业农村局
9	保护区管理机构的人员编制	2
10	保护区管理机构所在地地址	安庆市湖滨街14号

图例　实验区　缓冲区　核心区

0　5　10　20　30

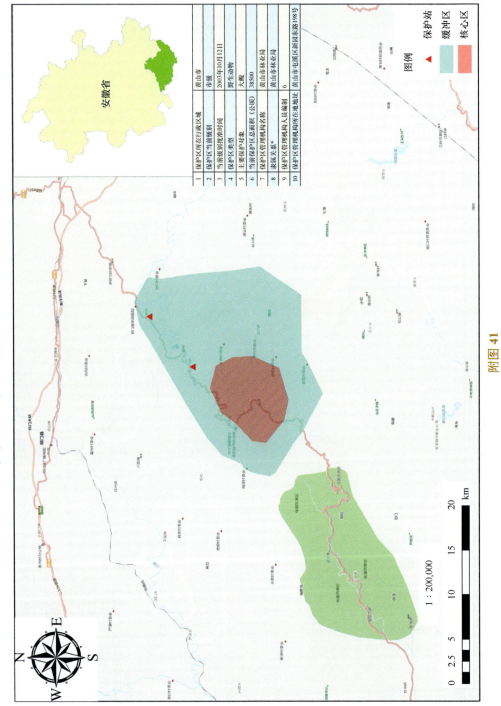

黄山大鲵市级自然保护区

1	保护区所在行政区域	黄山市	
2	保护区当前级别	市级	
3	当前级别批准时间	2003年10月12日	
4	保护区类型	野生动物	
5	主要保护对象	大鲵	
6	当前保护区总面积（公顷）	38500	
7	保护区管理机构名称	黄山市林业局	
8	隶属关系*	黄山市林业局	
9	保护区管理机构人员编制	6	
10	保护区管理机构所在地地址	黄山市屯溪区新园东路198号	

图例

▲ 保护站
　 缓冲区
　 核心区

1 : 200,000

0　2.5　5　　10　　15　　20 km

附图 41

宁国市黄缘闭壳龟县级自然保护区

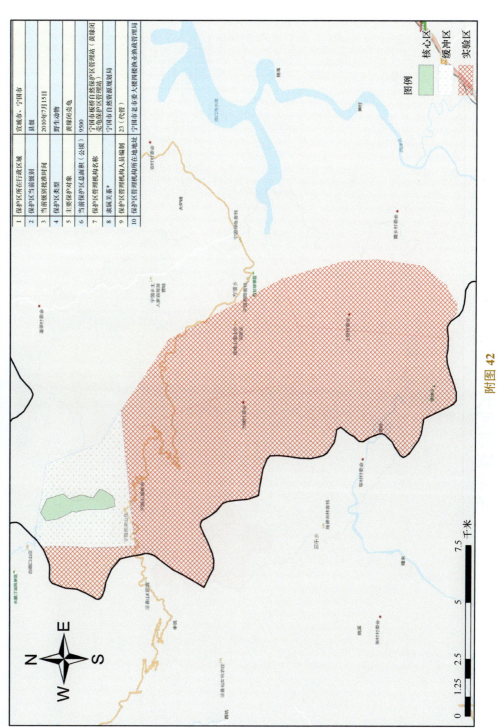

1	保护区所在行政区域	宣城市、宁国市
2	保护区当前级别	县级
3	当前级别批准时间	2010年7月15日
4	保护区类型	野生动物
5	主要保护对象	黄缘闭壳龟
6	当前保护区总面积（公顷）	9500
7	保护区管理机构名称	宁国市板桥自然保护区管理站（黄缘闭壳龟保护区管理站）
8	隶属关系	宁国市自然资源规划局
9	保护区管理机构的人员编制	23（代管）
10	保护区管理机构所在地地址	宁国市老市委大楼四楼渔业渔政管理局

图例

- 核心区
- 缓冲区
- 实验区

0　1.25　2.5　　　5　　　7.5 千米

附图 42

金寨县西河大鲵省级自然保护区

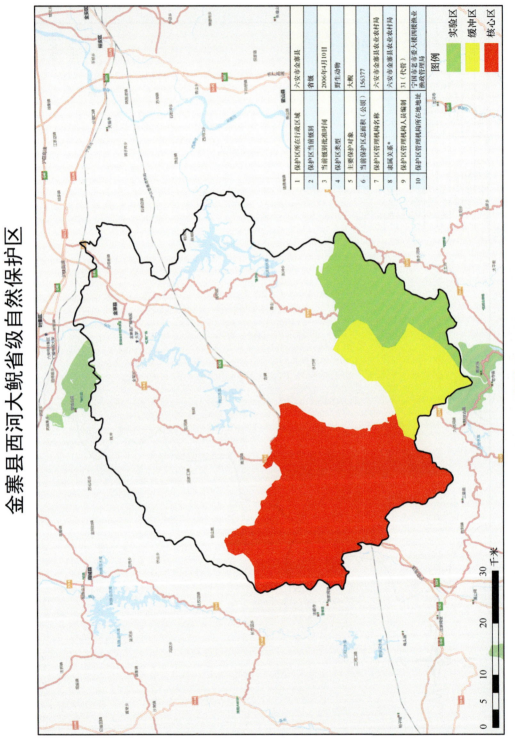

1	保护区所在行政区域	六安市金寨县	
2	保护区当前级别	省级	
3	当前级别批准时间	2006年1月10日	
4	保护区类型	野生动物	
5	主要保护对象	大鲵	
6	当前保护区总面积（公顷）	156377	
7	保护区管理机构名称	六安市金寨县农业农村局	
8	隶属关系	六安市金寨县农业农村局	
9	保护区管理机构人员编制	31（代管）	
10	保护区管理机构所在地地址	宁国市苍大楼周楼渔业渔政管理局	

图例
- 实验区
- 缓冲区
- 核心区

附图 43

千米
0 5 10 20 30

南京长江江豚省级自然保护区

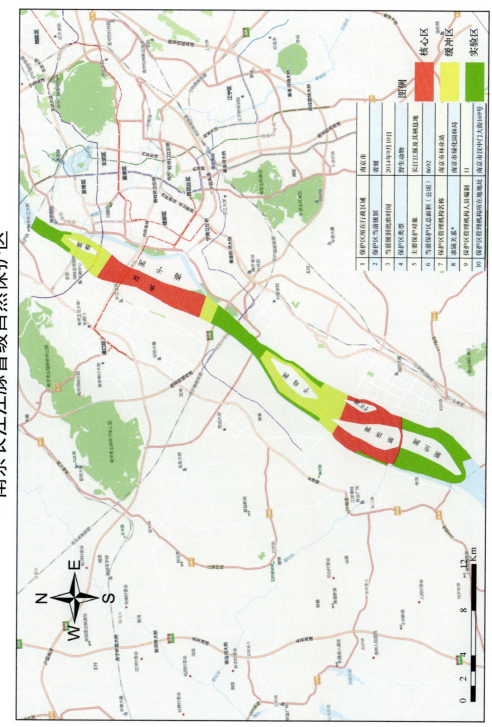

	图例		
			核心区
			缓冲区
			实验区

1	保护区所在行政区域	南京市
2	保护区当前级别	省级
3	当前级别批准时间	2014年9月10日
4	保护区类型	野生动物
5	主要保护对象	长江江豚及其栖息地
6	当前保护区总面积（公顷）	8692
7	保护区管理机构名称	南京市林业站
8	隶属关系*	南京市绿化园林局
9	保护区管理机构人员编制	11
10	保护区管理机构所在地地址	南京市汉中门大街169号

附图 44

镇江长江豚类省级自然保护区

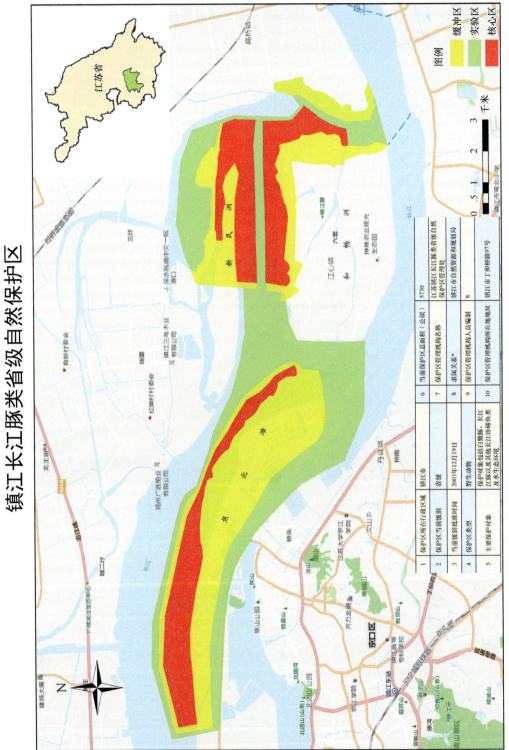

1	保护区所在行政区域	镇江市		6	当前保护区总面积（公顷）	5730
2	保护区当前级别	省级		7	保护区管理机构名称	江苏镇江长江豚类省级自然保护区管理处
3	当前级别批准时间	2003年12月19日		8	求编关系*	镇江市自然资源和规划局
4	保护区类型	野生动物		9	保护区管理机构人员编制	8
5	主要保护对象	保护对象:包括白鱀豚、长江江豚以及其他长江珍稀鱼类及水生态系统		10	保护区管理机构所在地地址	镇江市丁卯桥路97号

图例　缓冲区　实验区　核心区

附图 45

上海市长江口中华鲟自然保护区

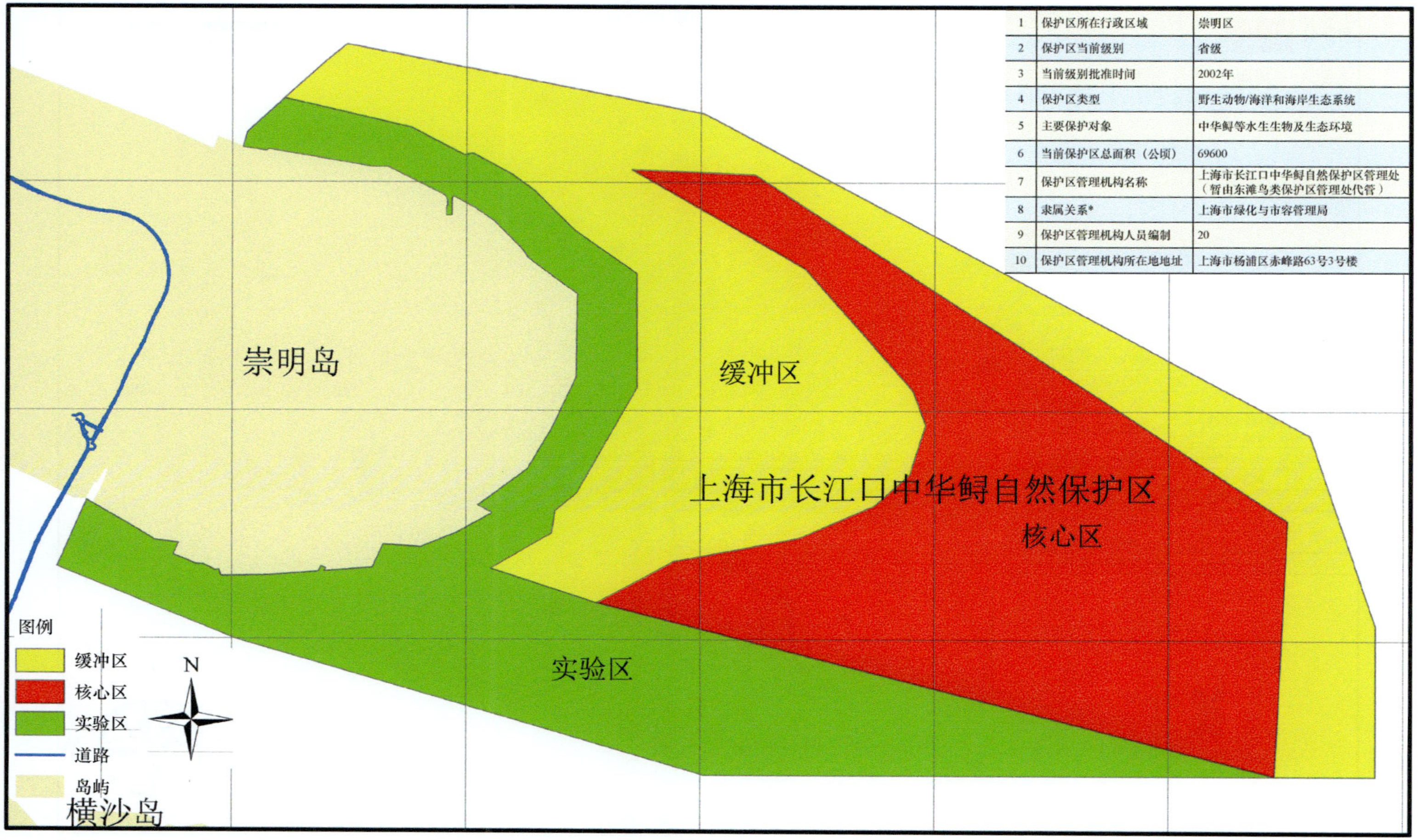

1	保护区所在行政区域	崇明区
2	保护区当前级别	省级
3	当前级别批准时间	2002年
4	保护区类型	野生动物/海洋和海岸生态系统
5	主要保护对象	中华鲟等水生生物及生态环境
6	当前保护区总面积（公顷）	69600
7	保护区管理机构名称	上海市长江口中华鲟自然保护区管理处（暂由东滩鸟类保护区管理处代管）
8	隶属关系*	上海市绿化与市容管理局
9	保护区管理机构人员编制	20
10	保护区管理机构所在地地址	上海市杨浦区赤峰路63号3号楼

核心区

上海市长江口中华鲟自然保护区

缓冲区

实验区

崇明岛

横沙岛

图例

缓冲区
核心区
实验区
道路
岛屿

N

附图 46

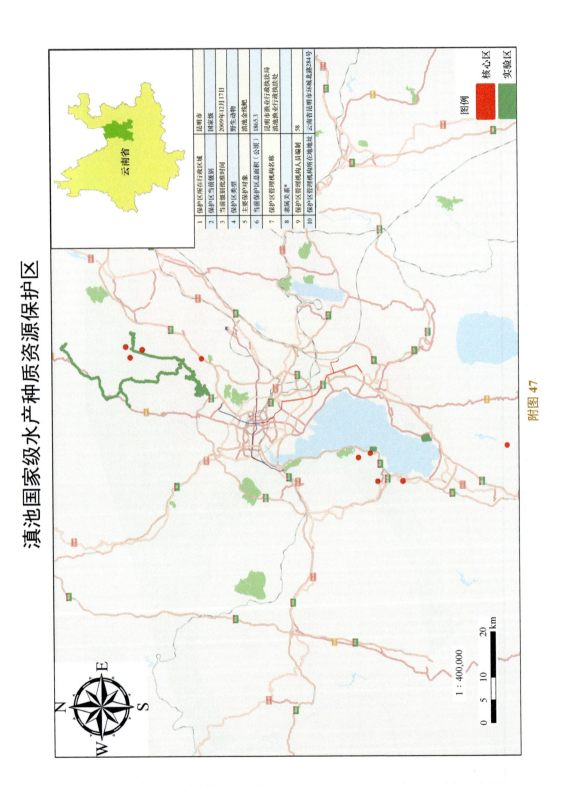

滇池国家级水产种质资源保护区

附图 47

1	保护区所在行政区域	昆明市
2	保护区当前级别	国家级
3	当前级别批准时间	2009年12月17日
4	保护区类型	野生动物
5	主要保护对象	滇池金线鲃
6	当前保护区总面积（公顷）	1865.3
7	保护区管理机构名称	昆明市滇池渔业行政执法局 滇池渔业行政执法处
8	隶属关系*	
9	保护区管理机构人员编制	58
10	保护区管理机构所在地地址	云南省昆明市环城北路284号

图例　核心区　实验区

1：400,000

白水江特有鱼类国家级水产种质资源保护区

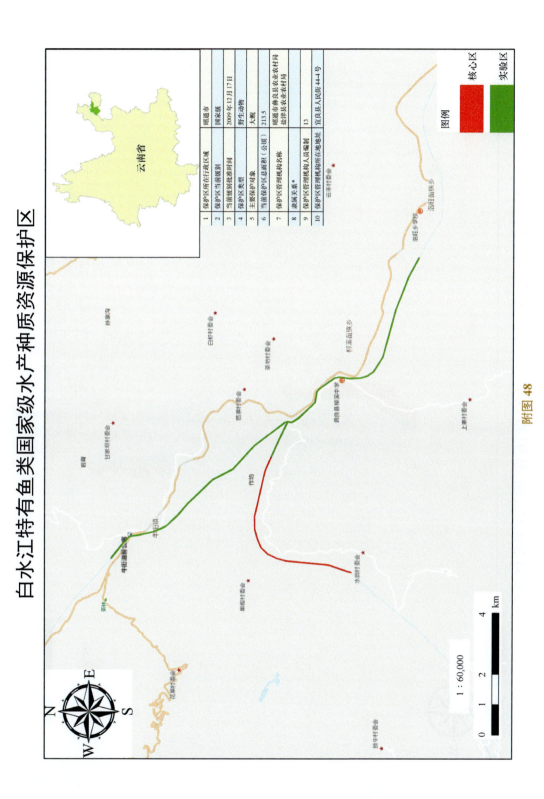

1	保护区所在行政区域	昭通市
2	保护区当前级别	国家级
3	当前级别批准时间	2009 年 12 月 17 日
4	保护区类型	野生动物
5	主要保护对象	大鲵
6	当前保护区总面积（公顷）	213.5
7	保护区管理机构名称	昭通市彝良县农业农村局 盐津县农业农村局
8	隶属关系*	
9	保护区管理机构人员编制	13
10	保护区管理机构所在地地址	宜良县人民街 44-1 号

图例
核心区
实验区

附图 48

1 : 60,000

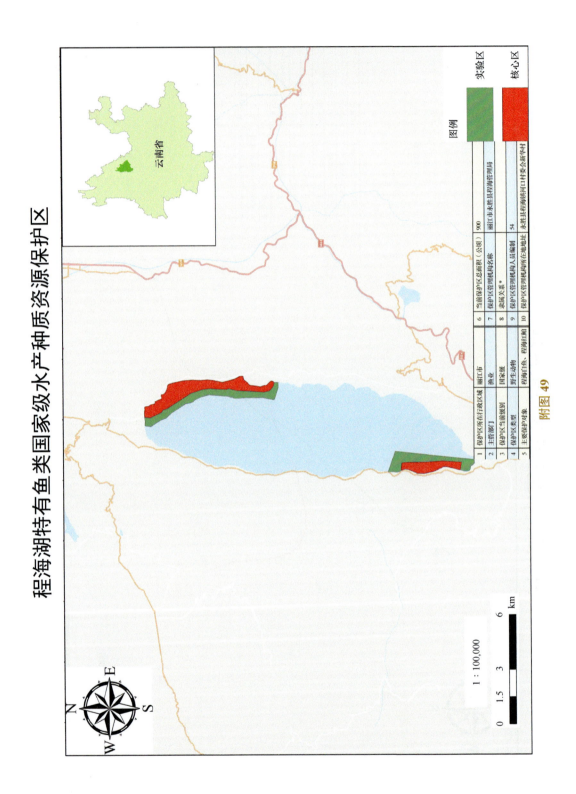

程海湖特有鱼类国家级水产种质资源保护区

1	保护区所在行政区域	丽江市	6	当前保护区总面积（公顷）	900
2	主管部门	渔业	7	保护区管理机构名称	丽江市永胜县程海管理局
3	保护区当前级别	国家级	8	隶属关系*	
4	保护区类型	野生动物	9	保护区管理机构人员编制	54
5	主要保护对象	程海白鱼、程海红鲌	10	保护区管理机构所在地地址	永胜县程海镇河口社委会新华村

图例

实验区

核心区

附图49

白水江重口裂腹鱼国家级水产种质资源保护区

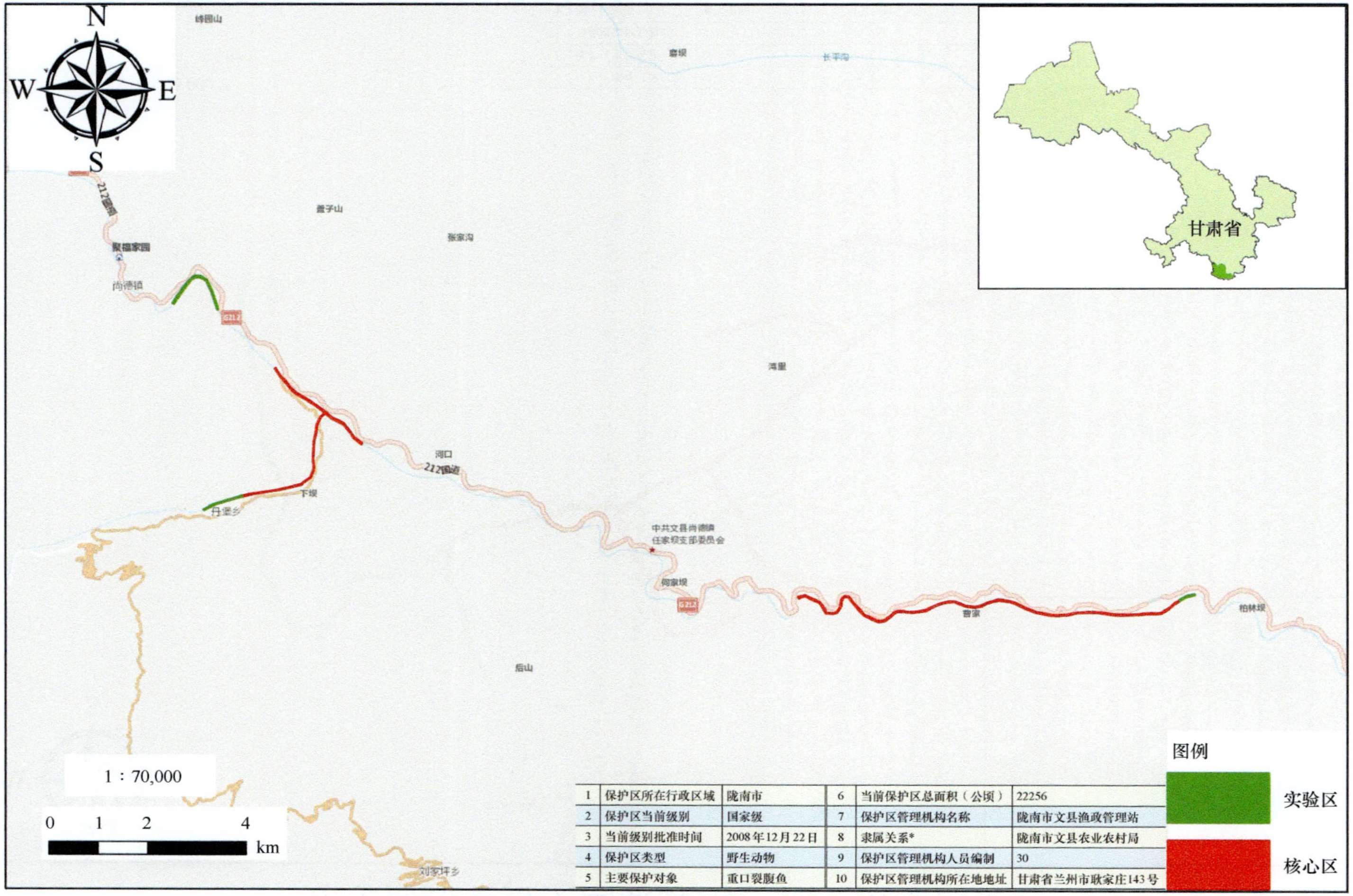

1	保护区所在行政区域	陇南市	6	当前保护区总面积（公顷）22256
2	保护区当前级别	国家级	7	保护区管理机构名称 陇南市文县渔政管理站
3	当前级别批准时间	2008年12月22日	8	隶属关系* 陇南市文县农业农村局
4	保护区类型	野生动物	9	保护区管理机构人员编制 30
5	主要保护对象	重口裂腹鱼	10	保护区管理机构所在地地址 甘肃省兰州市铁家庄143号

图例

实验区

核心区

1 : 70,000

附图 50

永宁河特有鱼类国家级水产种质资源保护区

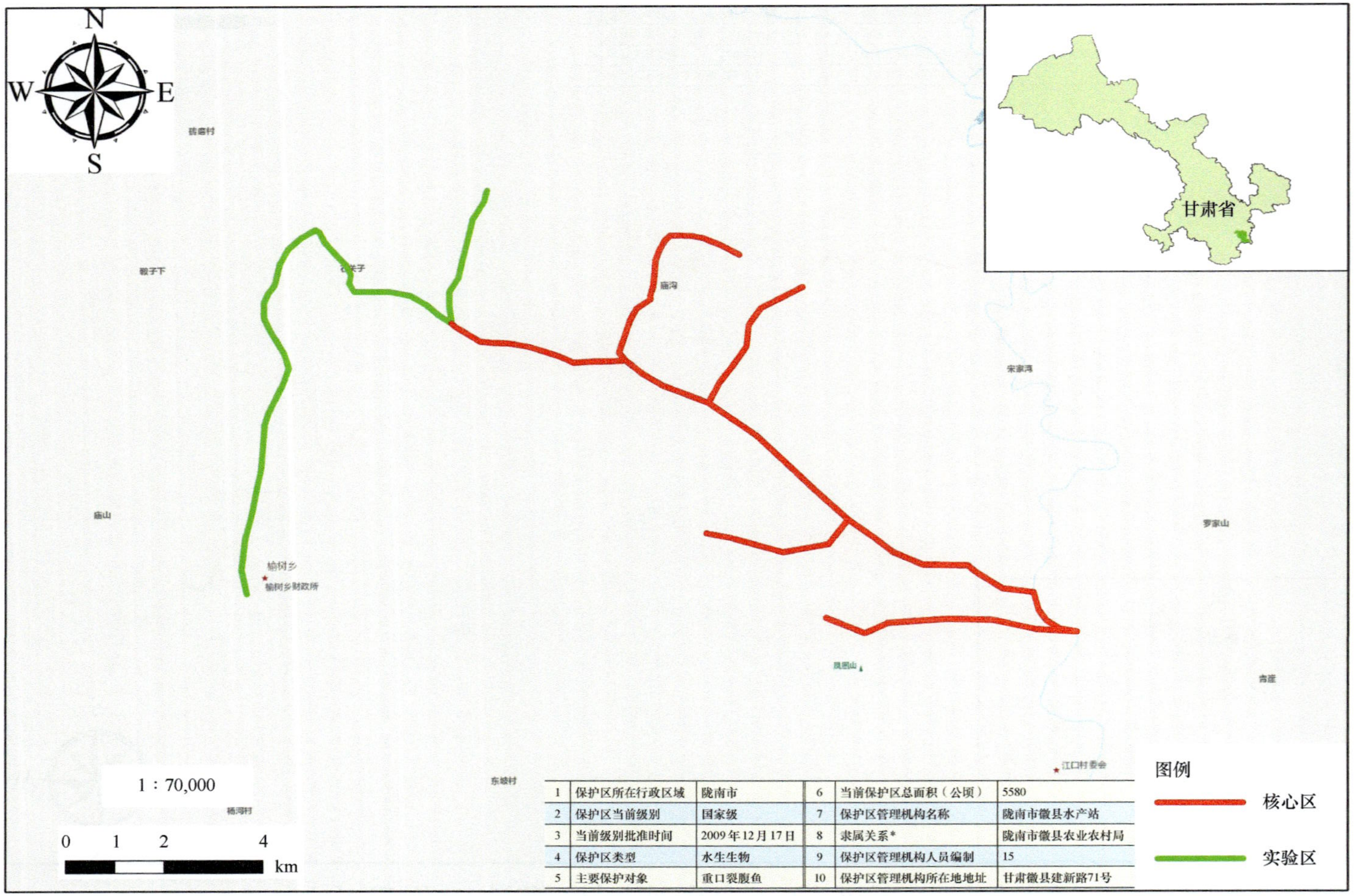

| | 甘肃省 |

1	保护区所在行政区域	陇南市		6	当前保护区总面积（公顷）	5580
2	保护区当前级别	国家级		7	保护区管理机构名称	陇南市徽县水产站
3	当前级别批准时间	2009年12月17日		8	隶属关系*	陇南市徽县农业农村局
4	保护区类型	水生生物		9	保护区管理机构人员编制	15
5	主要保护对象	重口裂腹鱼		10	保护区管理机构所在地地址	甘肃徽县建新路71号

图例

核心区

实验区

附图 51

嘉陵江两当段特有鱼类国家级水产种质资源保护区

1	保护区所在行政区域	陇南市
2	保护区当前级别	国家级
3	当前级别批准时间	2011年12月8日
4	保护区类型	野生水生动物
5	主要保护对象	嘉陵裸裂尻鱼、多鳞铲颌鱼、重口裂腹鱼、中华裂腹鱼、中华倒刺鲃

6	当前保护区总面积（公顷）	8607.6
7	保护区管理机构名称	陇南市两当县水产站
8	隶属关系*	陇南市两当县农业农村局
9	保护区管理机构人员编制	12
10	保护区管理机构所在地地址	两当县城关镇北街

图例

　核心区

　实验区

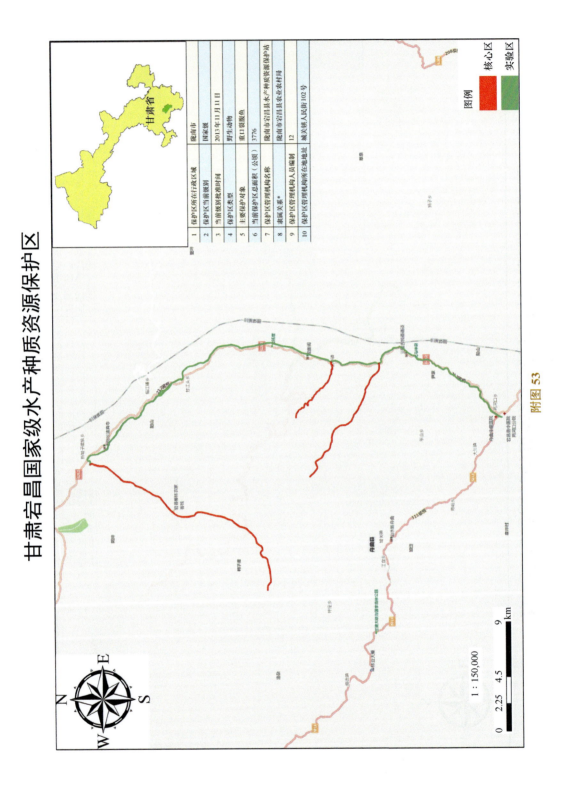

甘肃宕昌国家级水产种质资源保护区

1	保护区所在行政区域	陇南市
2	保护区当前级别	国家级
3	当前级别批准时间	2013年11月11日
4	保护区类型	野生动物
5	主要保护对象	重口裂腹鱼
6	当前保护区总面积（公顷）	3776
7	保护区管理机构名称	陇南市宕昌县水产种质资源保护站
8	隶属关系*	陇南市宕昌县农业农村局
9	保护区管理机构人员编制	12
10	保护区管理机构所在地地址	城关镇人民街102号

图例

核心区

实验区

附图53

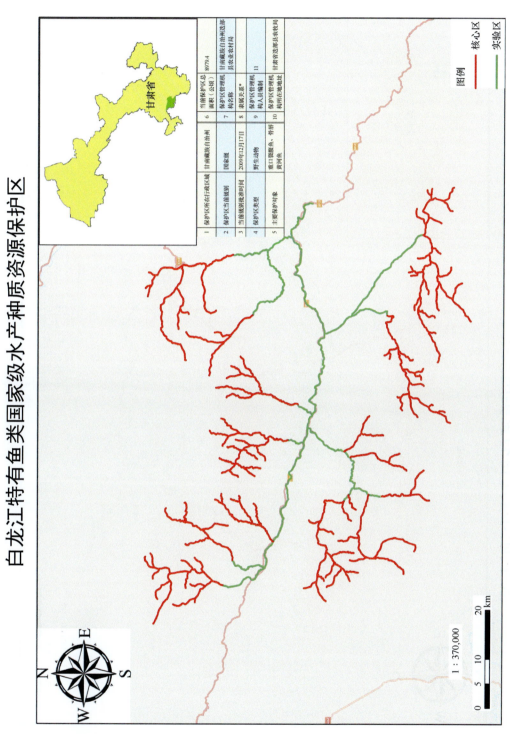

白龙江特有鱼类国家级水产种质资源保护区

甘肃省

					当前保护区总	8979.4
1	保护区所在行政区域	甘南藏族自治州		6	面积（公顷）	
2	保护区当前级别	国家级		7	保护区管理机构名称	甘南藏族自治州迭部县农业农村局
3	当前级别批准时间	2009年12月17日		8	涉氹关系*	
4	保护区类型	野生动物		9	保护区管理机构人员编制	11
5	主要保护对象	重口裂腹鱼、骨唇黄河鱼		10	保护区管理机构所在地地址	甘肃省迭部县农牧局

图例

核心区
实验区

1 : 370,000

0　5　10　20 km

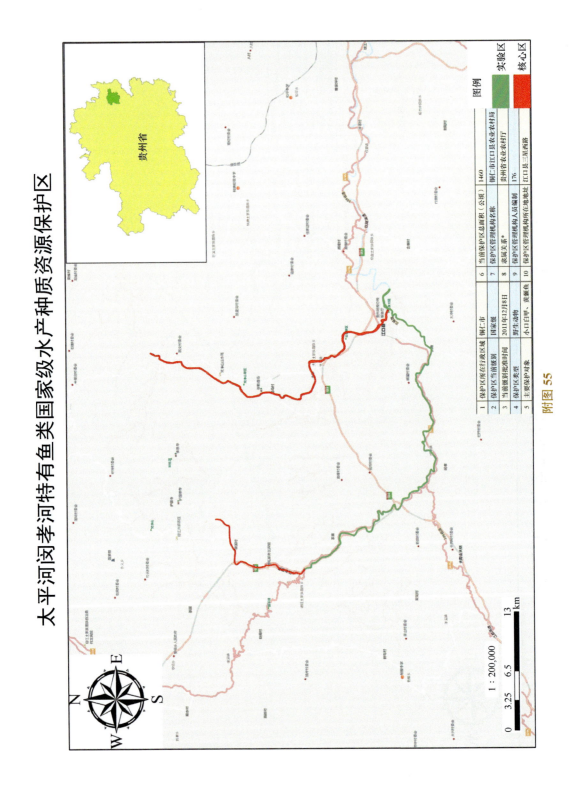

太平河闵孝河特有鱼类国家级水产种质资源保护区

1	保护区所在行政区域	铜仁市	6	当前保护区总面积（公顷）	1460
2	保护区当前级别	国家级	7	保护区管理机构名称	铜仁市江口县农业农村局
3	当前级别批准时间	2011年12月8日	8	隶属关系	贵州省农业农村厅
4	保护区类型	野生动物	9	保护区管理机构人员编制	176
5	主要保护对象	小口白甲、黄颡鱼	10	保护区管理机构所在地地址	江口县三昆阆陶路

附图 55

贵州省

图例　实验区　核心区

马蹄河鲶黄颡鱼国家级水产种质资源保护区

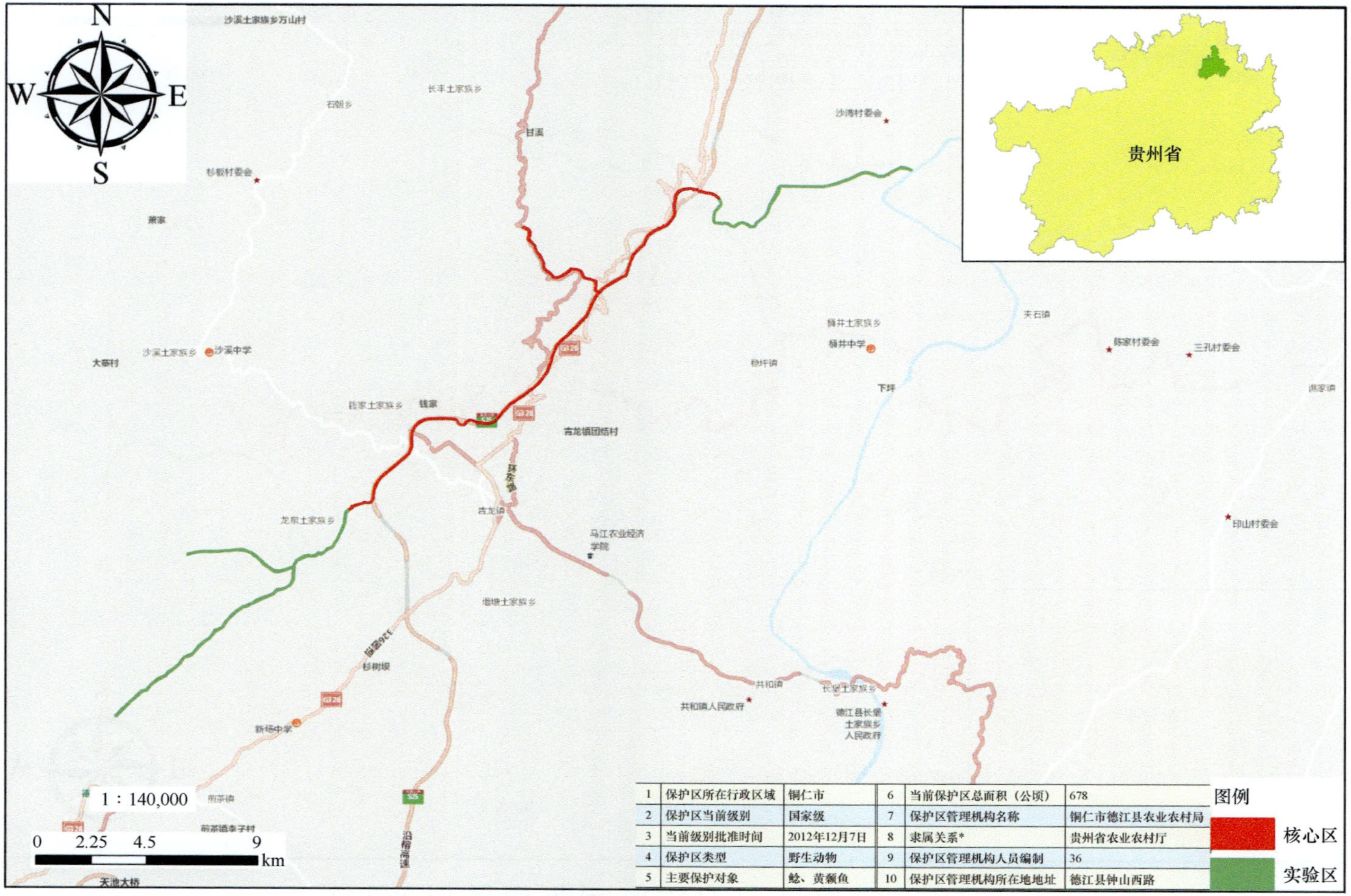

1	保护区所在行政区域	铜仁市	6	当前保护区总面积（公顷）	678
2	保护区当前级别	国家级	7	保护区管理机构名称	铜仁市德江县农业农村局
3	当前级别批准时间	2012年12月7日	8	隶属关系*	贵州省农业农村厅
4	保护区类型	野生动物	9	保护区管理机构的人员编制	36
5	主要保护对象	鲶、黄颡鱼	10	保护区管理机构所在地地址	德江县神山内路

图例

核心区

实验区

附图 56

1 : 140,000

0　　2.25　　4.5　　　　9
km

松桃河特有鱼类国家级水产种质资源保护区

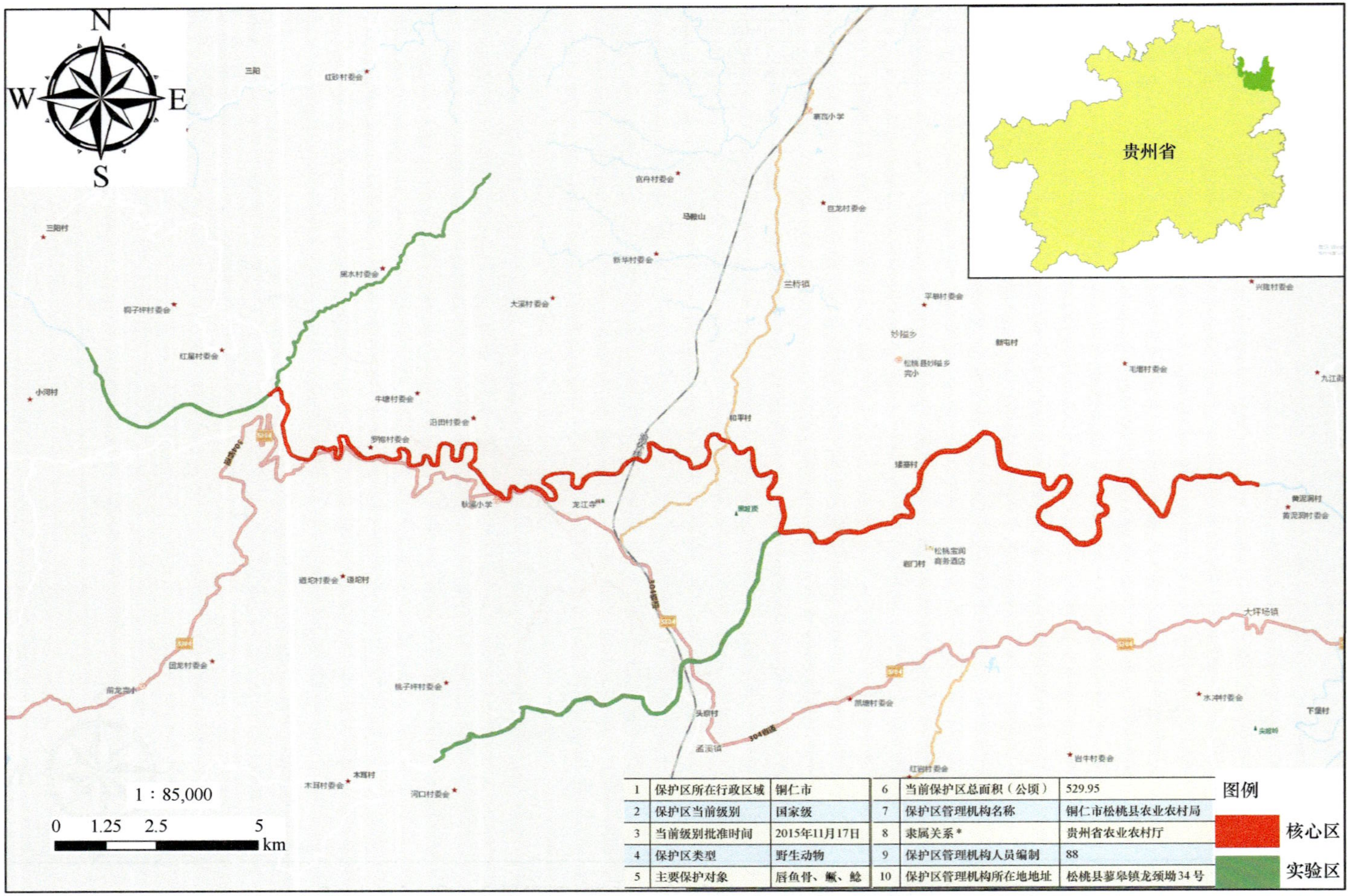
N
S
W
E
贵州省
1：85,000
0 1.25 2.5 5 km
图例
核心区
实验区

1	保护区所在行政区域	铜仁市	6	当前保护区总面积（公顷）	529.95
2	保护区当前级别	国家级	7	保护区管理机构名称	铜仁市松桃县农业农村局
3	当前级别批准时间	2015年11月17日	8	隶属关系 *	贵州省农业农村厅
4	保护区类型	野生动物	9	保护区管理机构人员编制	88
5	主要保护对象	唇鱼骨、鳜、鲶	10	保护区管理机构所在地地址	松桃县蓼皋镇龙颈坳34号

附图 57

龙川河泉水鱼鳜国家级水产种质资源保护区

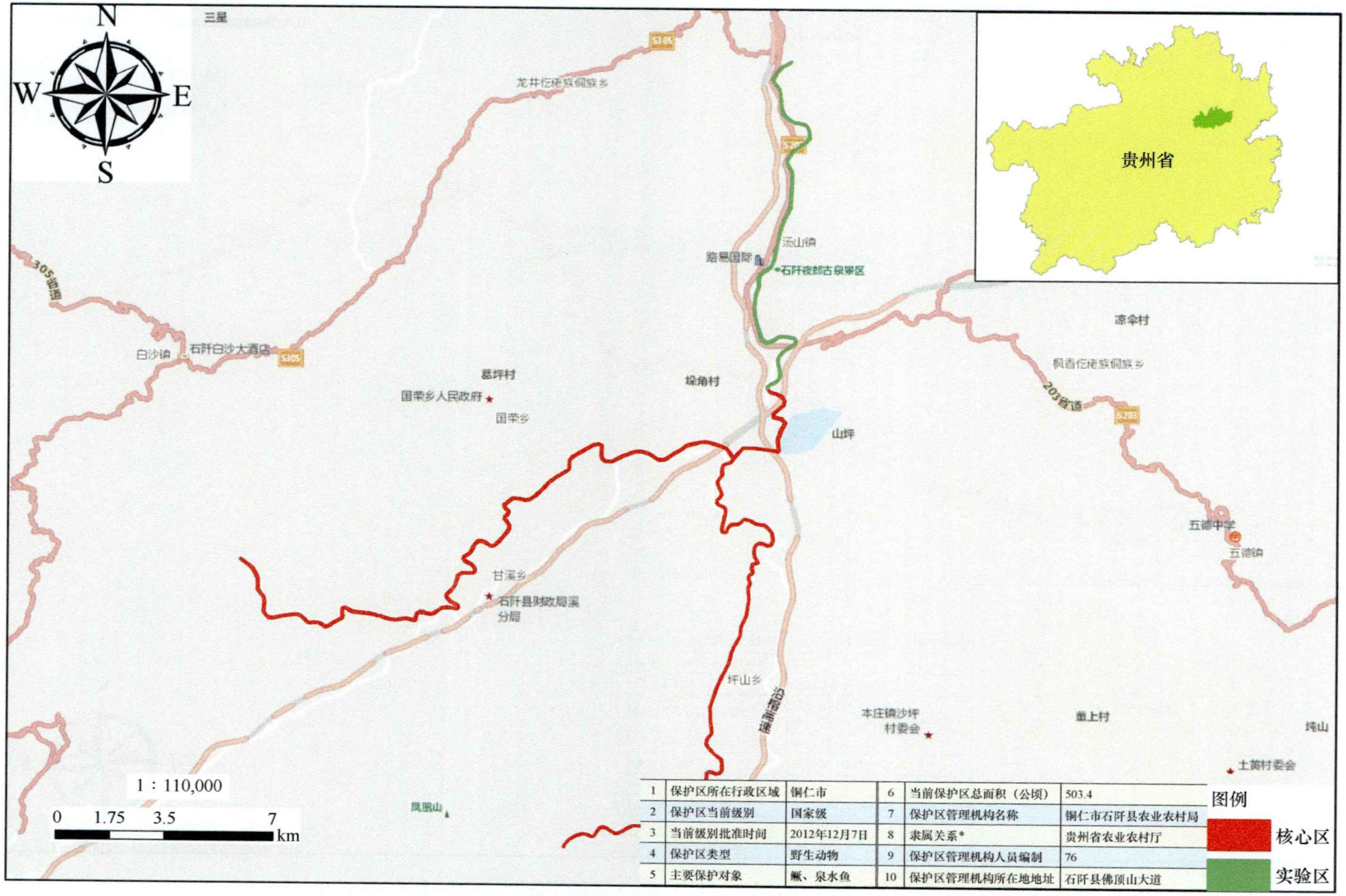

1	保护区所在行政区域	铜仁市	6	当前保护区总面积（公顷）	503.4
2	保护区当前级别	国家级	7	保护区管理机构名称	铜仁市石阡县农业农村局
3	当前级别批准时间	2012年12月7日	8	隶属关系	贵州省农业农村厅
4	保护区类型	野生动物	9	保护区管理机构人员编制	76
5	主要保护对象	鳜、泉水鱼	10	保护区管理机构所在地地址	石阡县佛顶山大道

图例
核心区
实验区

1 : 110,000

0 1.75 3.5 7 km

附图 58

印江河泉水鱼国家级水产种质资源保护区

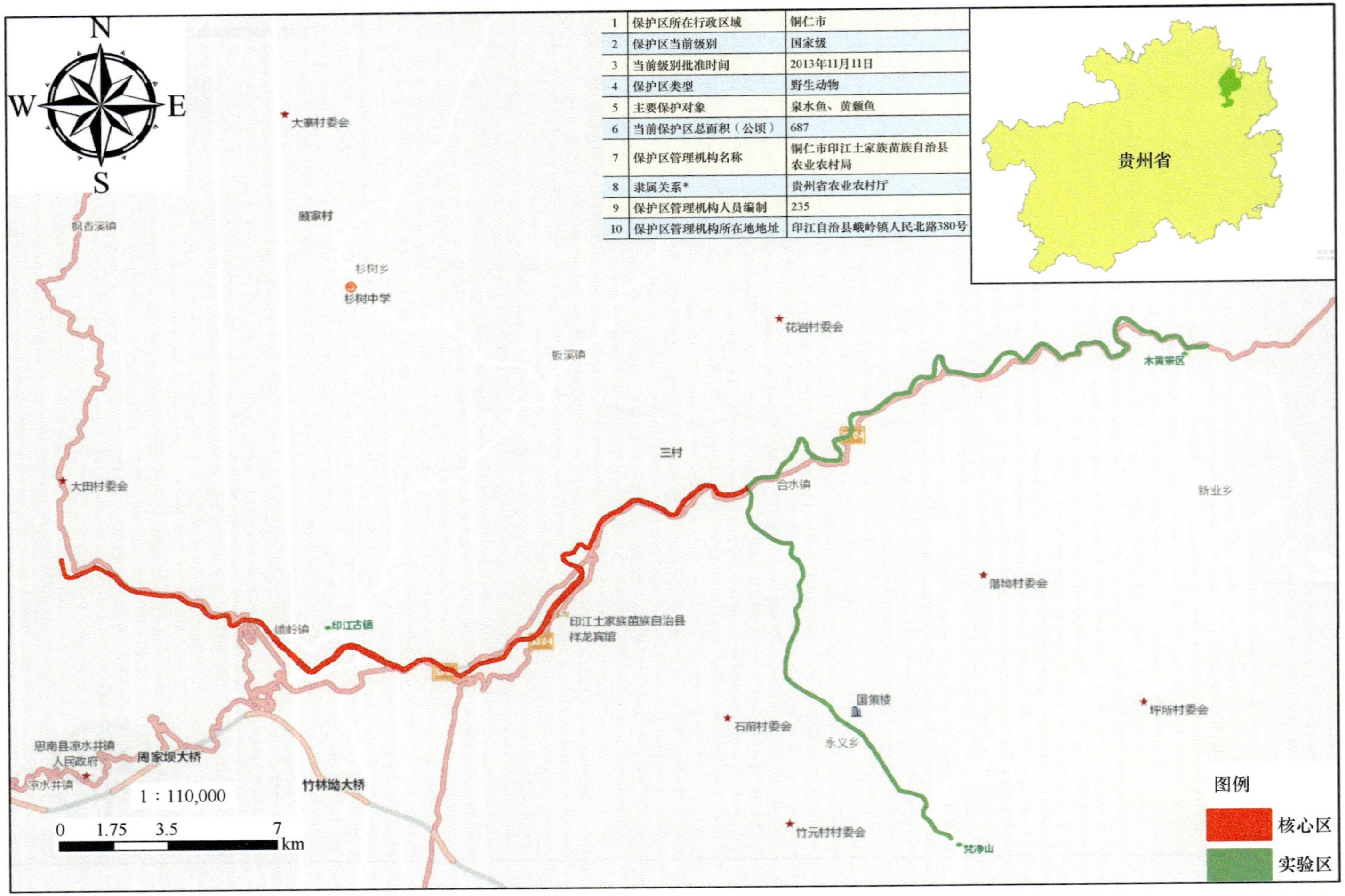

1	保护区所在行政区域	铜仁市
2	保护区当前级别	国家级
3	当前级别批准时间	2013年11月1日
4	保护区类型	野生动物
5	主要保护对象	泉水鱼、黄颡鱼
6	当前保护区总面积（公顷）	687
7	保护区管理机构的名称	铜仁市印江土家族苗族自治县农业农村局
8	隶属关系*	贵州省农业农村厅
9	保护区管理机构人员编制	235
10	保护区管理机构所在地地址	印江自治县峨岭镇人民路北路380号

附图 59

谢桥河特有鱼类国家级水产种质资源保护区

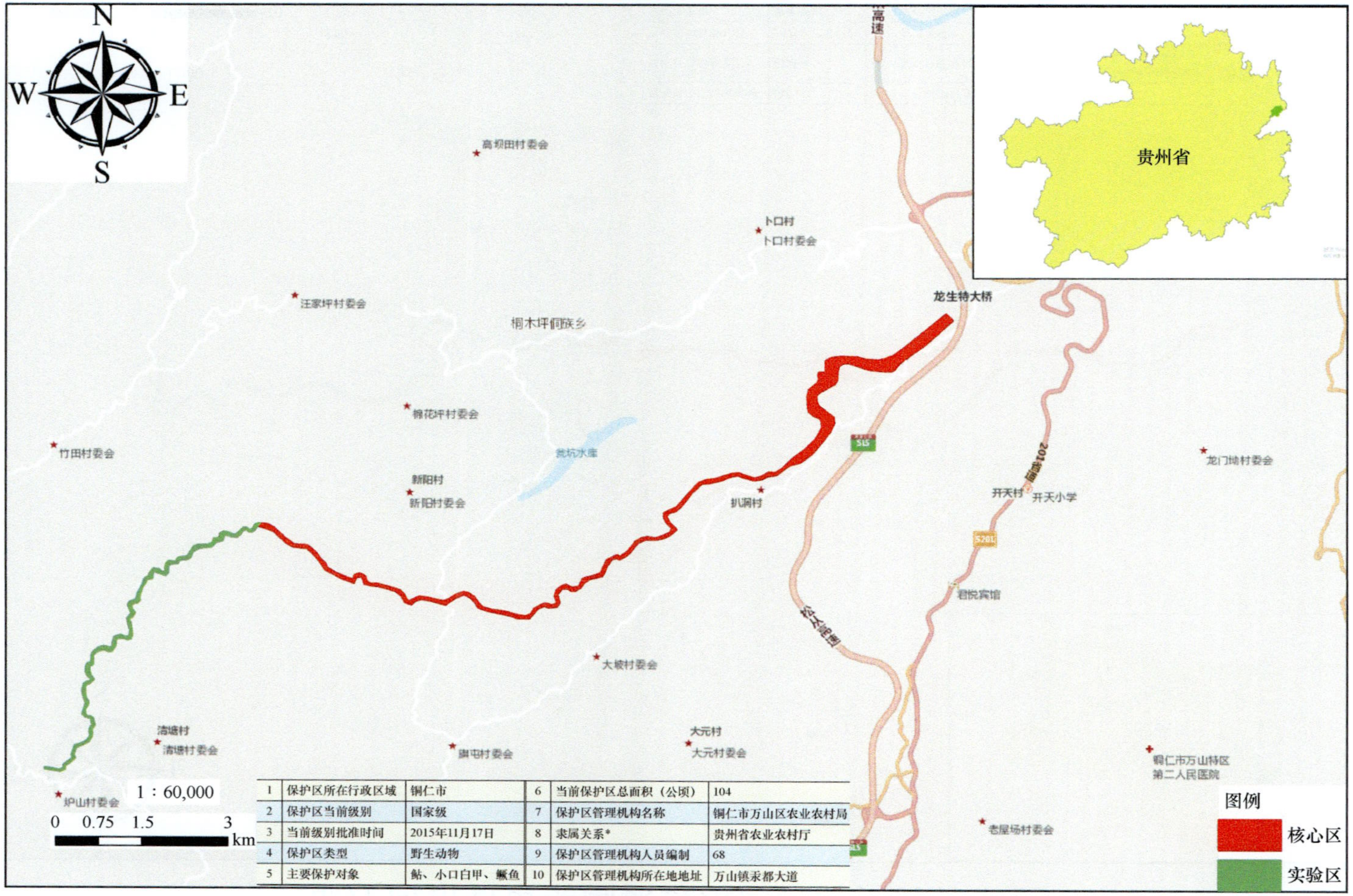

1	保护区所在行政区域	铜仁市	6	当前保护区总面积（公顷）	104
2	保护区当前级别	国家级	7	保护区管理机构名称	铜仁市万山区农业农村局
3	当前级别批准时间	2015年11月17日	8	隶属关系*	贵州省农业农村厅
4	保护区类型	野生动物	9	保护区管理机构人员编制	68
5	主要保护对象	鲴、小口白甲、瓢鱼	10	保护区管理机构所在地地址	万山镇谢都大道

附图 60

锦江河特有鱼类国家级水产种质资源保护区

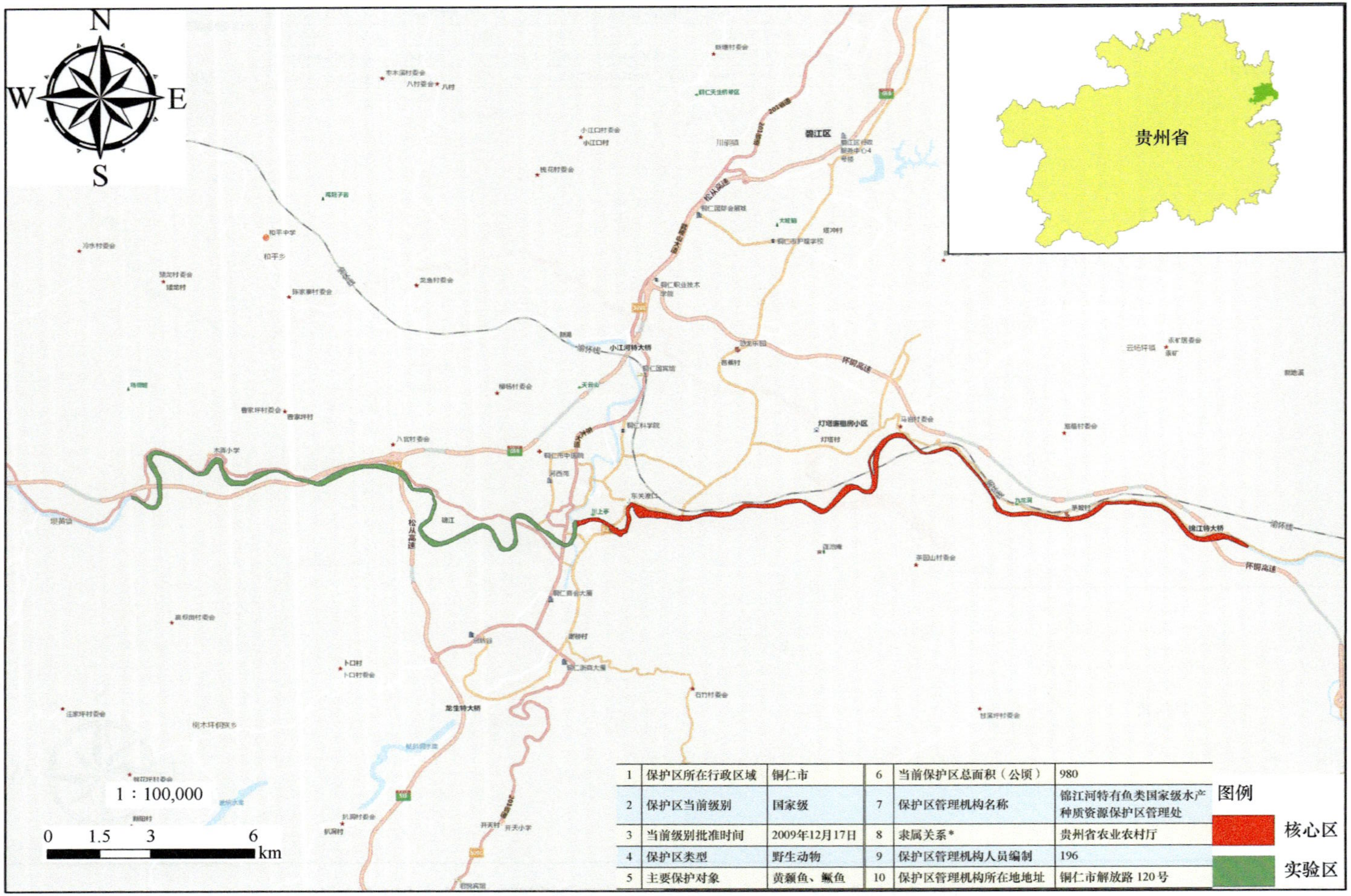

贵州省

							图例	
1	保护区所在行政区域	铜仁市		6	当前保护区总面积（公顷）	980	核心区	
2	保护区当前级别	国家级		7	保护区管理机构名称	锦江河特有鱼类国家级水产种质资源保护区管理处	实验区	
3	当前级别批准时间	2009年12月17日		8	隶属关系*	贵州省农业农村厅		
4	保护区类型	野生动物		9	保护区管理机构人员编制	196		
5	主要保护对象	黄颡鱼、鲶鱼		10	保护区管理机构所在地地址	铜仁市解放路 120 号		

1 : 100,000

0 1.5 3 6 km

N E S W

附图 61

龙底江黄颡鱼大口鲶国家级水产种质资源保护区

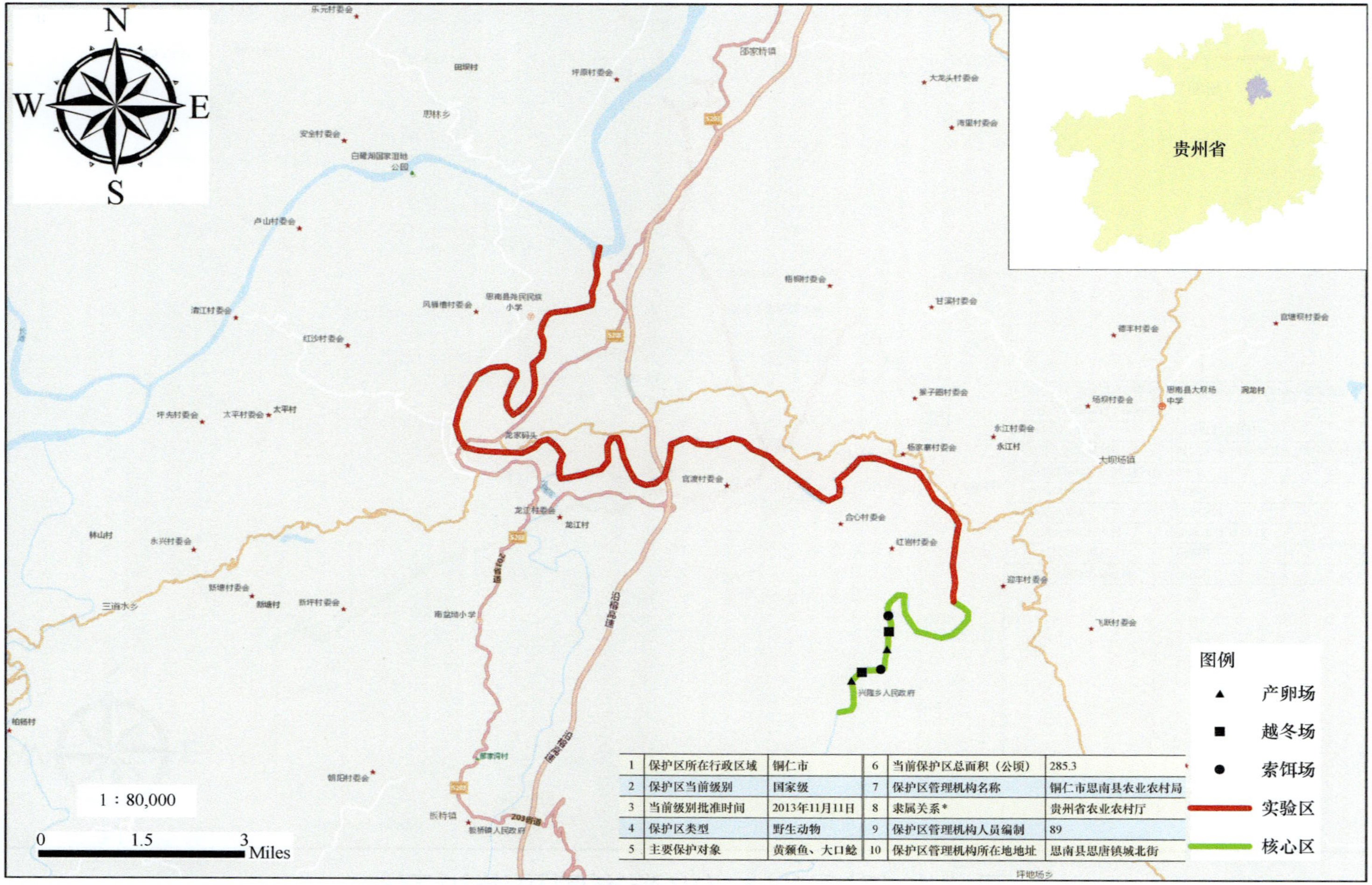

附图 62

乌江黄颡鱼国家级水产种质资源保护区

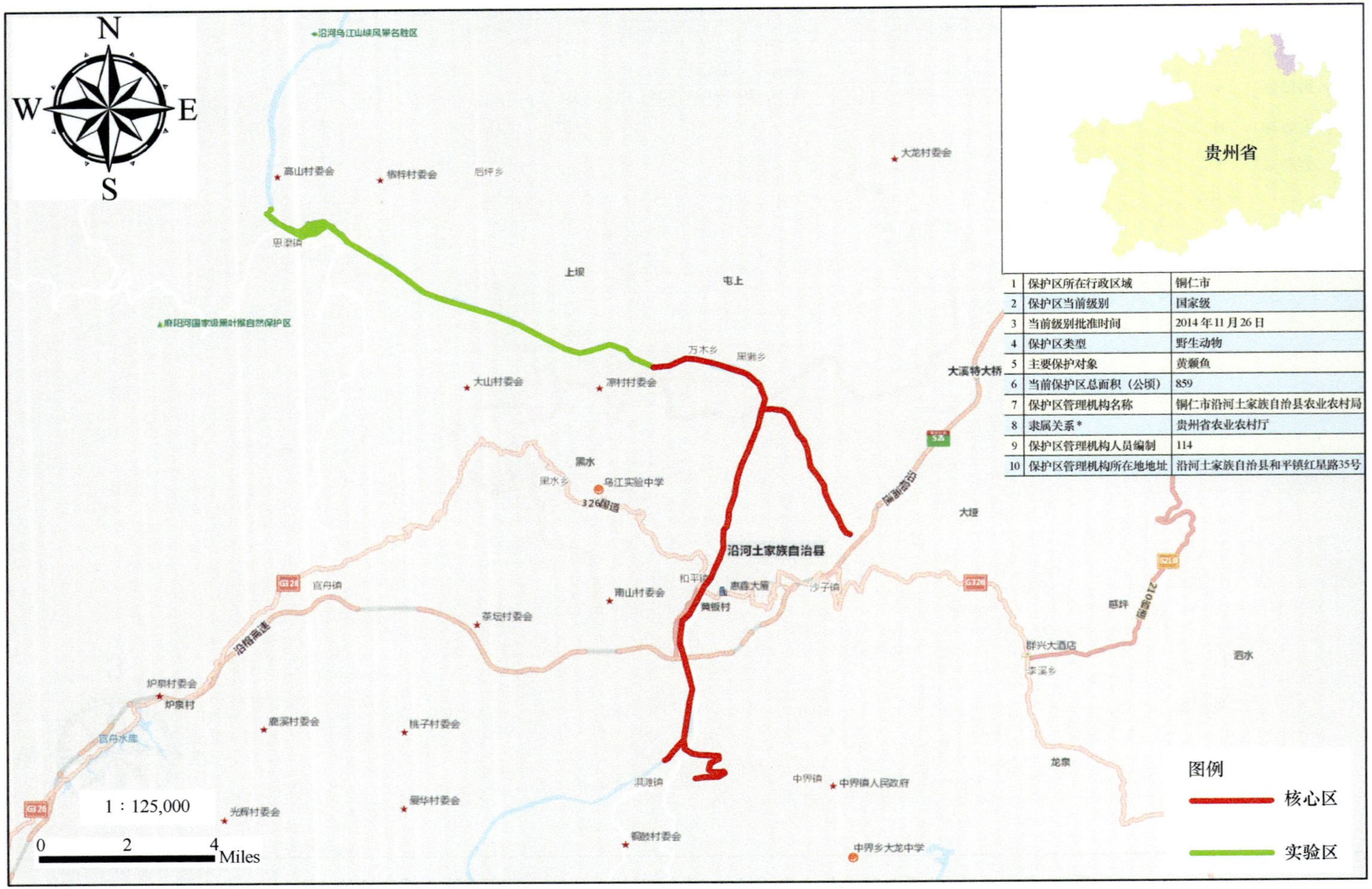

1	保护区所在行政区域	铜仁市
2	保护区当前级别	国家级
3	当前级别批准时间	2014年11月26日
4	保护区类型	野生动物
5	主要保护对象	黄颡鱼
6	当前保护区总面积（公顷）	859
7	当前保护区管理机构名称	铜仁市沿河土家族自治县农业农村局
8	隶属关系	贵州省农业农村厅
9	保护区管理机构人员编制	114
10	保护区管理机构所在地地址	沿河土家族自治县和平镇红星路35号

图例
核心区
实验区

贵州省

1 : 125,000

附图 63

潕阳河特有鱼类国家级水产种质资源保护区

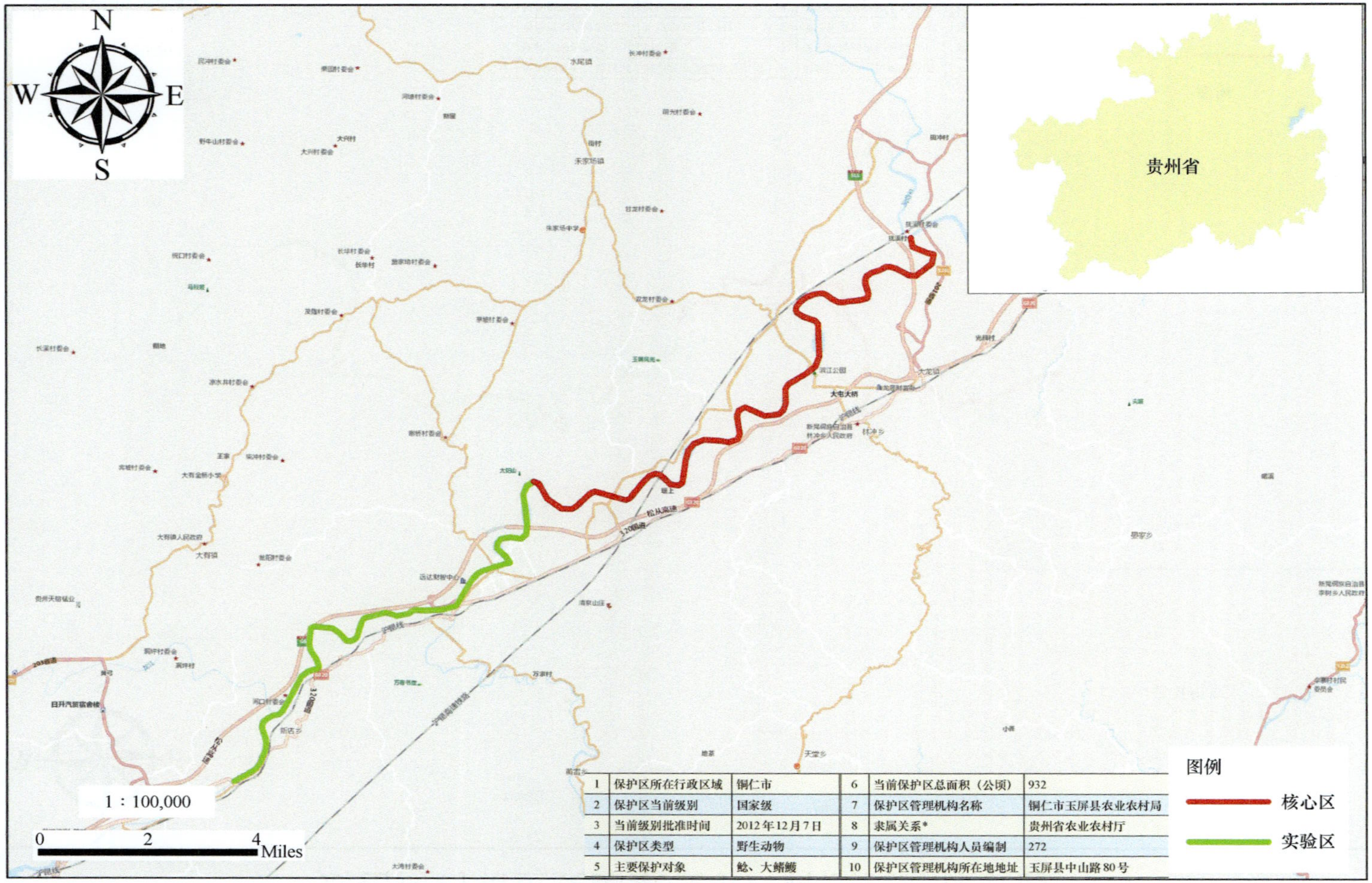

贵州省

图例

| | 核心区 |
| | 实验区 |

1	保护区所在行政区域	铜仁市	6	当前保护区总面积（公顷）	932
2	保护区当前级别	国家级	7	保护区管理机构名称	铜仁市玉屏县农业农村局
3	当前级别批准时间	2012年12月7日	8	隶属关系*	贵州省农业农村厅
4	保护区类型	野生动物	9	保护区管理机构人员编制	272
5	主要保护对象	鲶、大鳍鳠	10	保护区管理机构所在地地址	玉屏县中山路80号

附图 64

翁密河特有鱼类国家级水产种质资源保护区

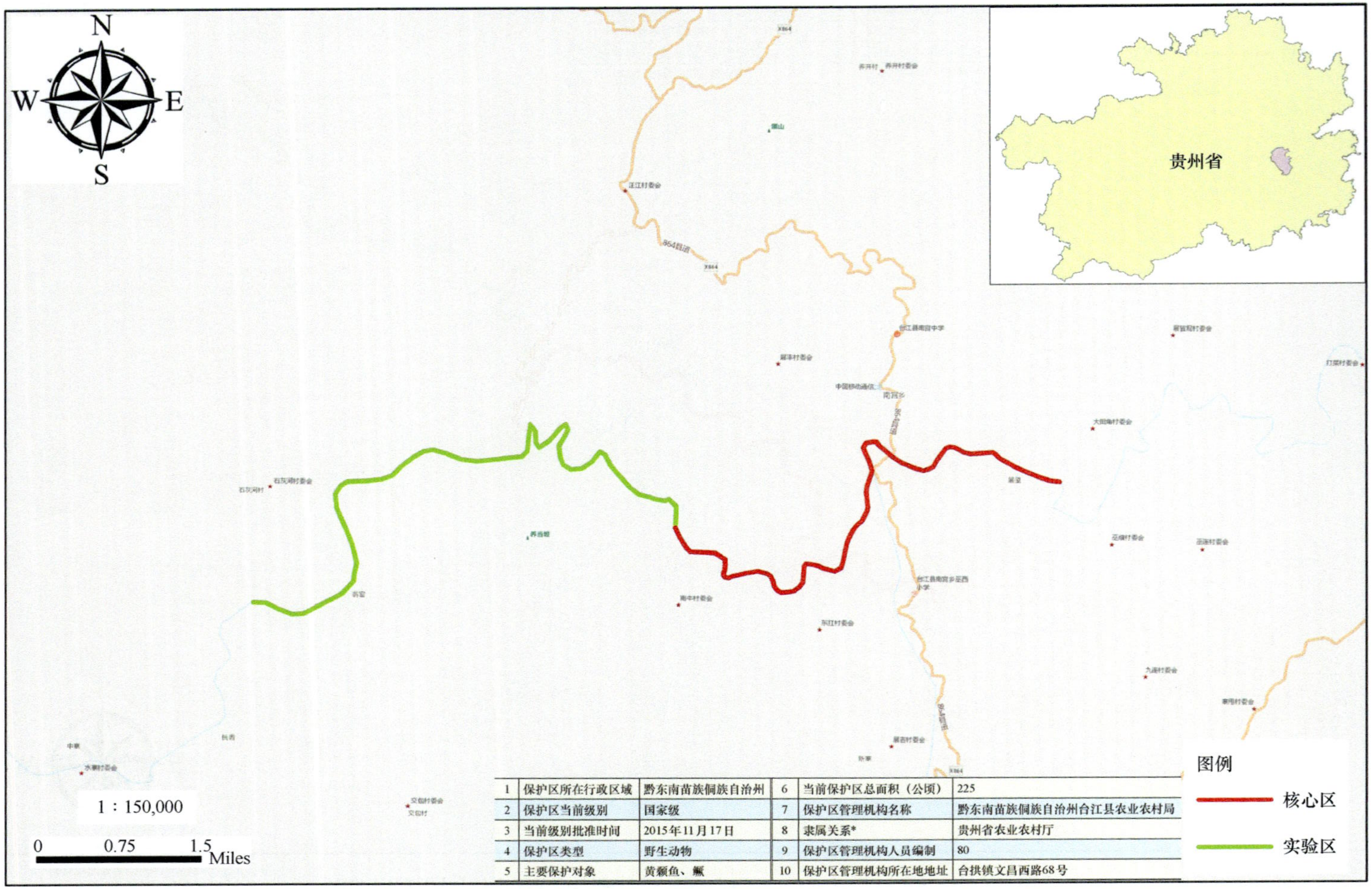

贵州省

1	保护区所在行政区域	黔东南苗族侗族自治州	6	当前保护区总面积（公顷）	225
2	保护区当前级别	国家级	7	保护区管理机构名称	黔东南苗族侗族自治州台江县农业农村局
3	当前级别批准时间	2015年11月17日	8	隶属关系	贵州省农业农村厅
4	保护区类型	野生动物	9	保护区管理机构人员编制	80
5	主要保护对象	岩原鲤、鱼	10	保护区管理机构所在地地址	台拱镇文昌西路68号

图例

核心区

实验区

附图 65

1 : 150,000

0   0.75   1.5 Miles

清水江特有鱼类国家级水产种质资源保护区

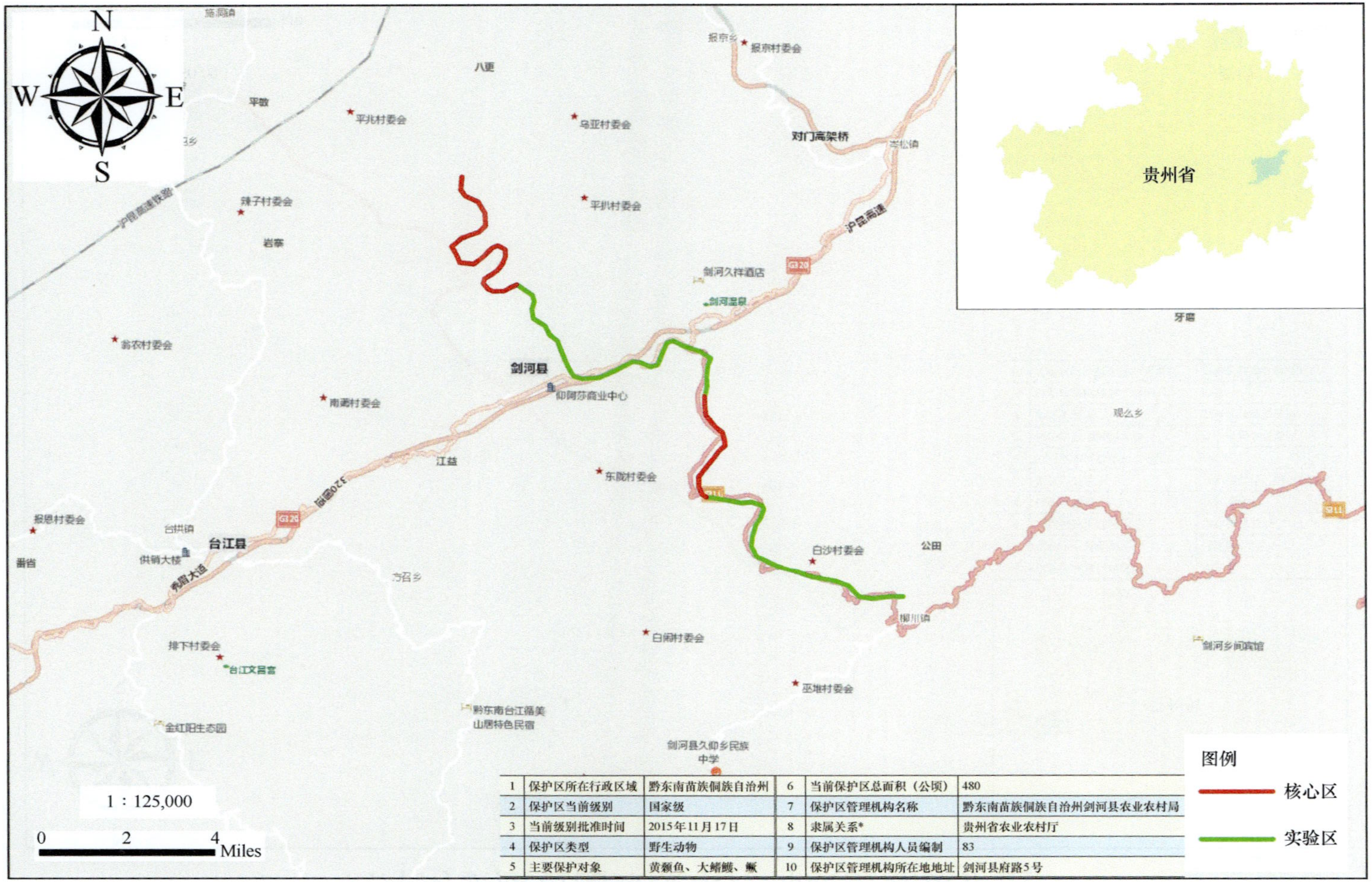

1	保护区所在行政区域	黔东南苗族侗族自治州	6	当前级保护区总面积（公顷）	480
2	保护区级别	国家级	7	保护区管理机构名称	黔东南苗族侗族自治州剑河县农业农村局
3	当前级别批准时间	2015年11月17日	8	隶属关系*	贵州省农业农村厅
4	保护区类别	野生动物	9	保护区管理机构人员编制	83
5	主要保护对象	鲢鳙鱼、大鳍鳠鱼、鳜	10	保护区管理机构所在地地址	剑河县革东路5号

附图 66

六冲河裂腹鱼国家级水产种质资源保护区

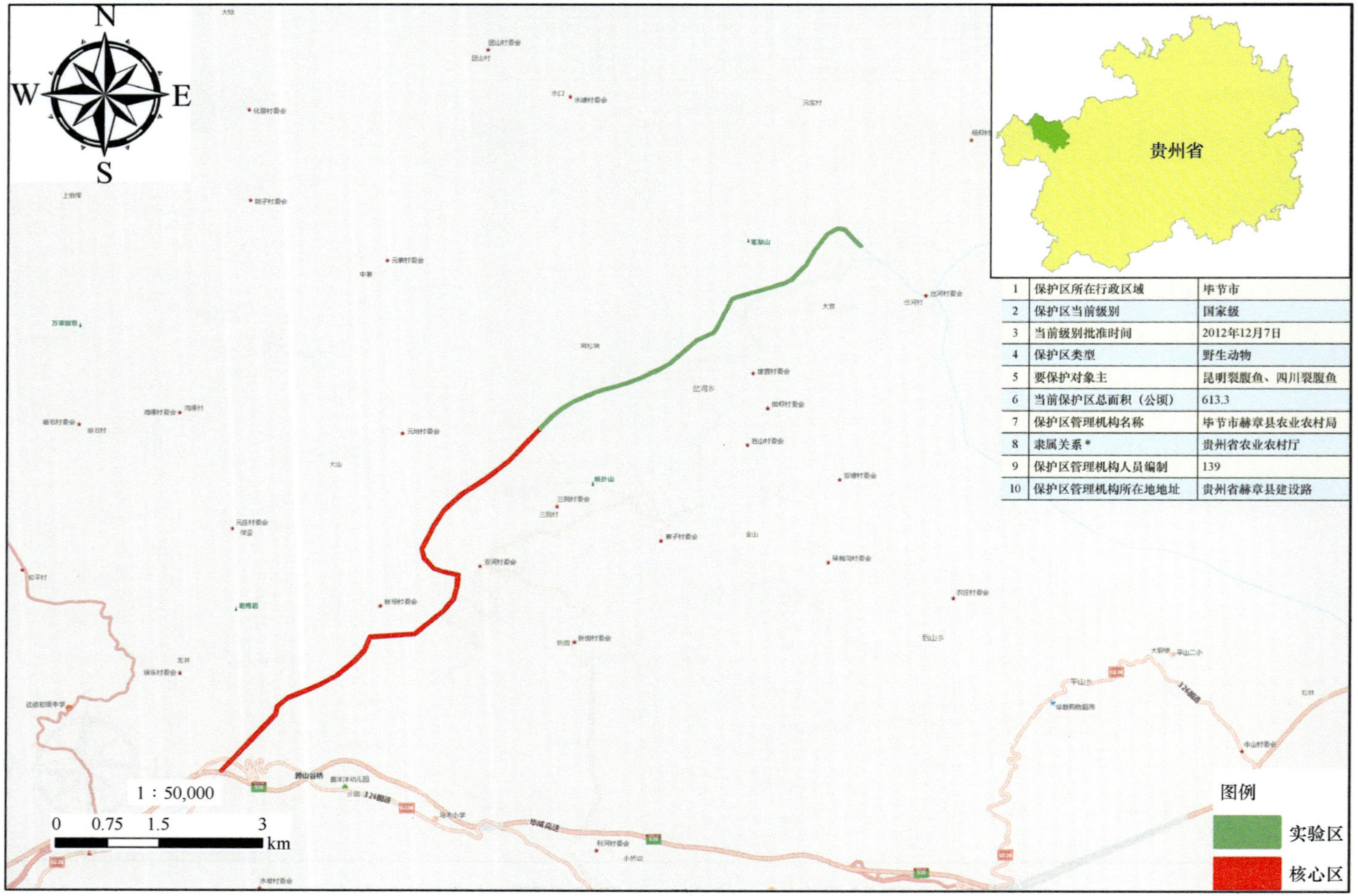
N
W
E
S
贵州省
1：50,000
0 0.75 1.5 3
km
图例
实验区
核心区

1	保护区所在行政区域	毕节市
2	保护区当前级别	国家级
3	当前级别批准时间	2012年12月7日
4	保护区类型	野生动物
5	要保护对象主	昆明裂腹鱼、四川裂腹鱼
6	当前保护区总面积（公顷）	613.3
7	保护区管理机构名称	毕节市赫章县农业农村局
8	隶属关系＊	贵州省农业农村厅
9	保护区管理机构人员编制	139
10	保护区管理机构所在地地址	贵州省赫章县建设路

附图 67

油杉河特有鱼类国家级水产种质资源保护区

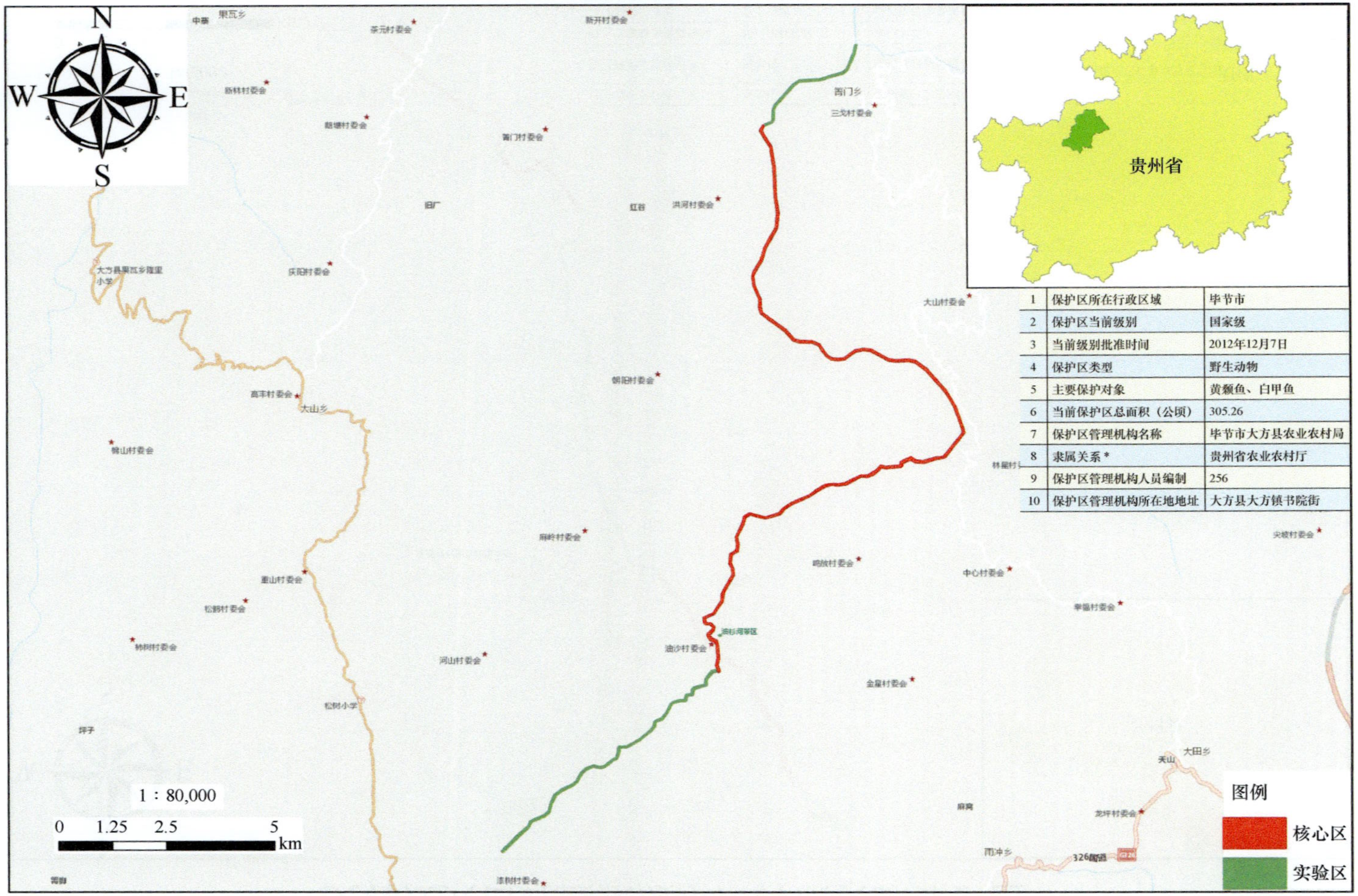

1	保护区所在行政区域	毕节市
2	保护区当前级别	国家级
3	当前级别批准时间	2012年12月7日
4	保护区类型	野生动物
5	主要保护对象	黄颡鱼、白甲鱼
6	当前保护区总面积（公顷）	305.26
7	当前保护机构名称	毕节市大方县农业农村局
8	隶属关系*	贵州省农业农村厅
9	保护区管理机构人员编制	256
10	保护区管理机构所在地地址	大方县大方镇书院街

贵州省

图例

核心区
实验区

附图 68

1：80,000

0　1.25　2.5　　5 km

芙蓉江大口鲶国家级水产种质资源保护区

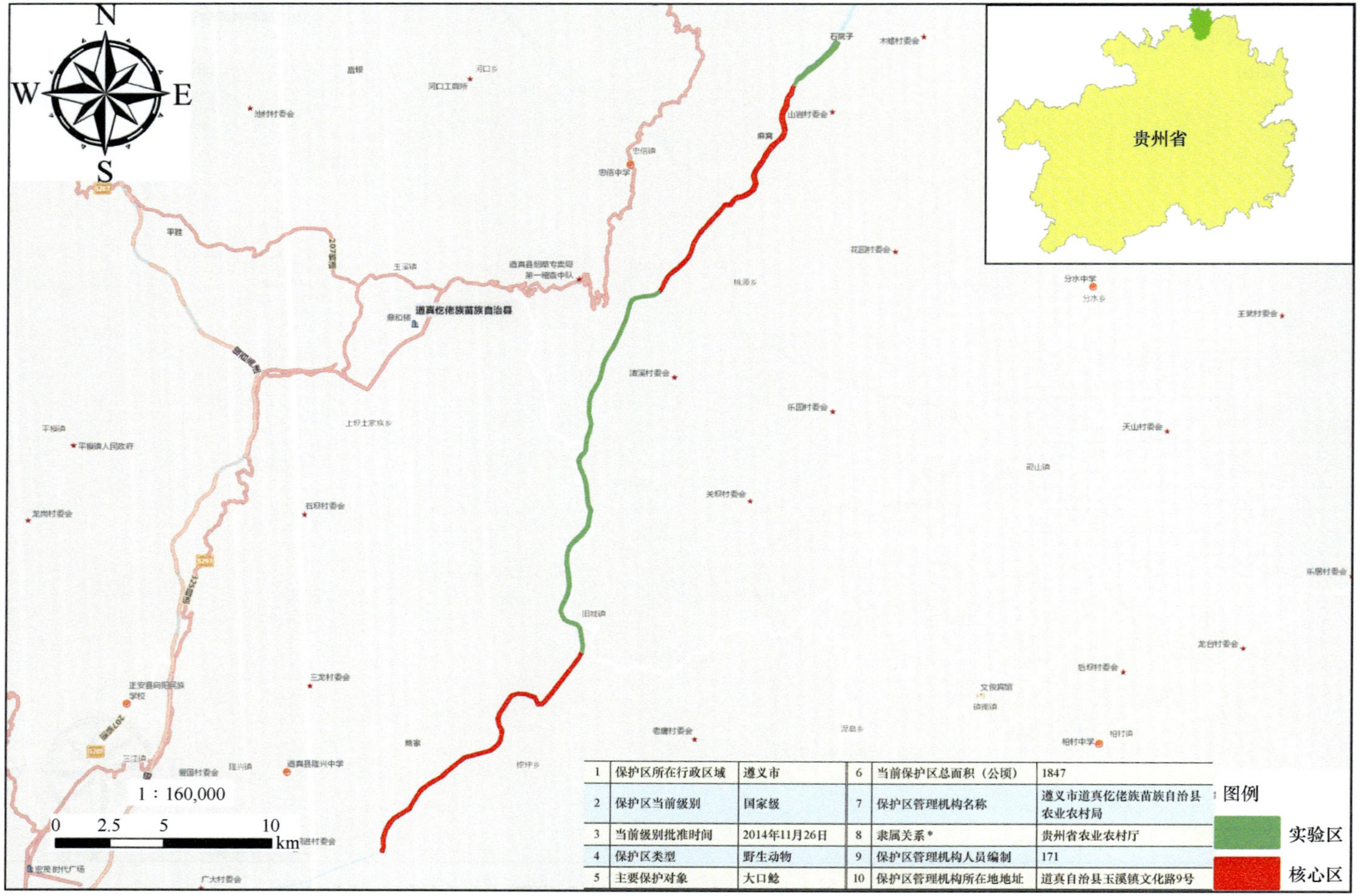
N
S
E
W
贵州省
道真仡佬族苗族自治县
1：160,000
0
2.5
5
10
km
图例
实验区
核心区

1	保护区所在行政区域	遵义市	6	当前保护区总面积（公顷）	1847
2	保护区当前级别	国家级	7	保护区管理机构名称	遵义市道真仡佬族苗族自治县农业农村局
3	当前级别批准时间	2014年11月26日	8	隶属关系*	贵州省农业农村厅
4	保护区类型	野生动物	9	保护区管理机构人员编制	171
5	主要保护对象	大口鲶	10	保护区管理机构所在地地址	道真自治县玉溪镇文化路9号

附图 69

芙蓉江特有鱼类国家级水产种质资源保护区

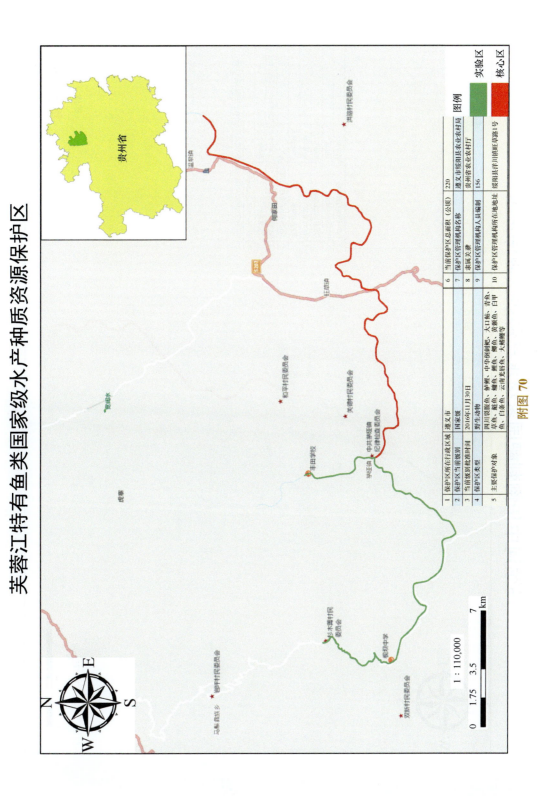

1	保护区所在行政区域	遵义市	6	当前保护区总面积（公顷）	220
2	保护区当前级别	国家级	7	保护区管理机构名称	遵义市绥阳县农业农村局
3	当前级别批准时间	2016年11月30日	8	隶属关系	贵州省农业农村厅
4	保护区类型	野生动物	9	保护区管理机构人员编制	156
5	主要保护对象	四川裂腹鱼、鲈鲤、中华倒刺鲃、大口鲇、青鱼、鲚鱼、鳙鱼、鳜鱼、黄颡鱼、白甲鱼、白条鱼、云南光唇鱼、大鳍鳠等	10	保护区管理机构所在地地址	绥阳县洋川镇旺草保障1号

附图 70

图例　实验区　核心区

1：110,000

马颈河中华倒刺鲃国家级水产种质资源保护区

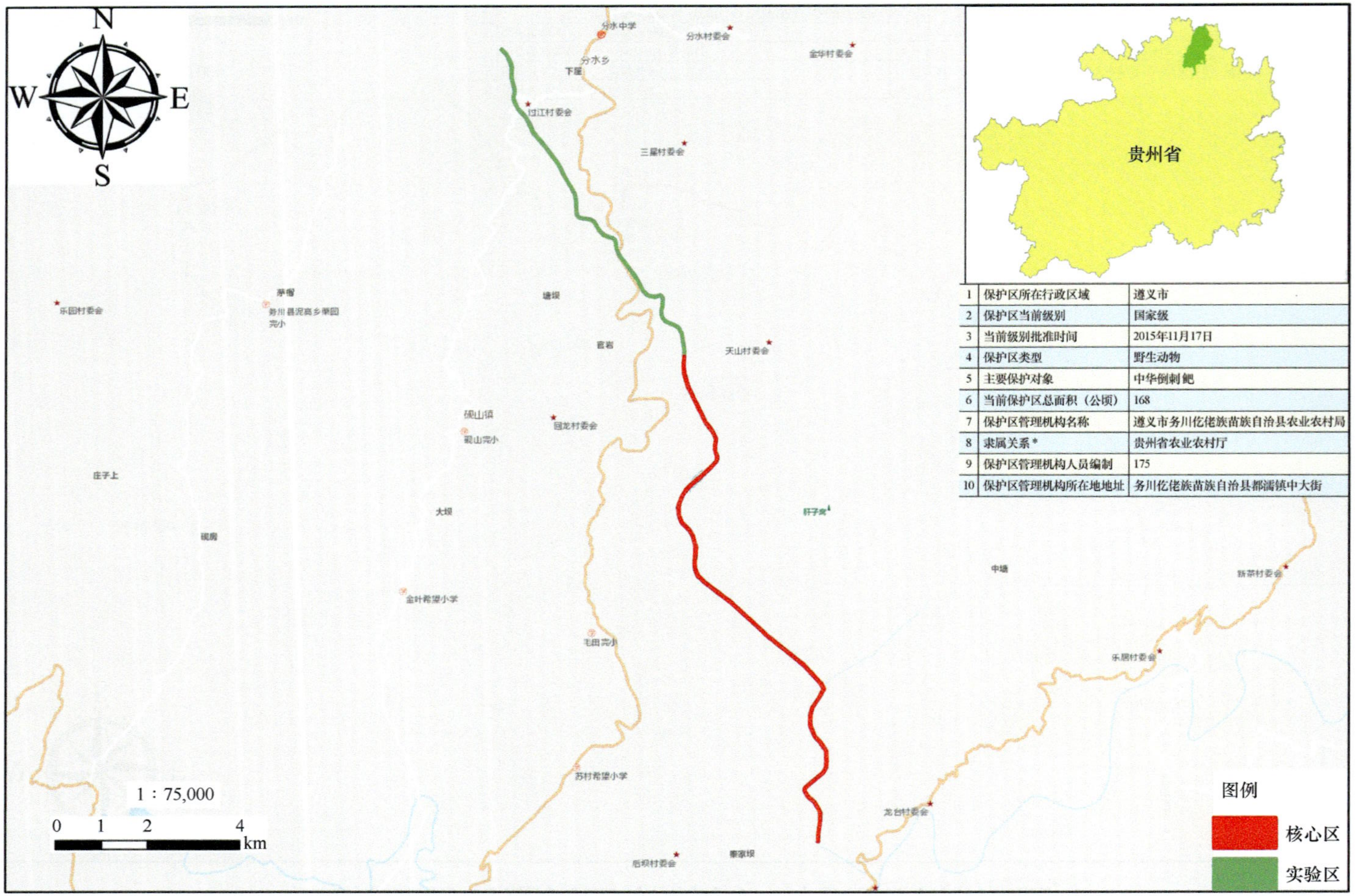

1	保护区所在行政区域	遵义市
2	保护区当前级别	国家级
3	当前级别批准时间	2015年11月17日
4	保护区类型	野生动物
5	主要保护对象	中华倒刺鲃
6	当前保护区总面积（公顷）	168
7	保护区管理机构名称	遵义市务川仡佬族苗族自治县农业农村局
8	涉域关系 *	贵州省农业农村厅
9	保护区管理机构人员编制	175
10	保护区管理机构所在地地址	务川仡佬族苗族自治县都濡镇中大街

贵州省

图例

核心区

实验区

1：75,000

附图 71

龙江河光倒刺鲃国家级水产种质资源保护区

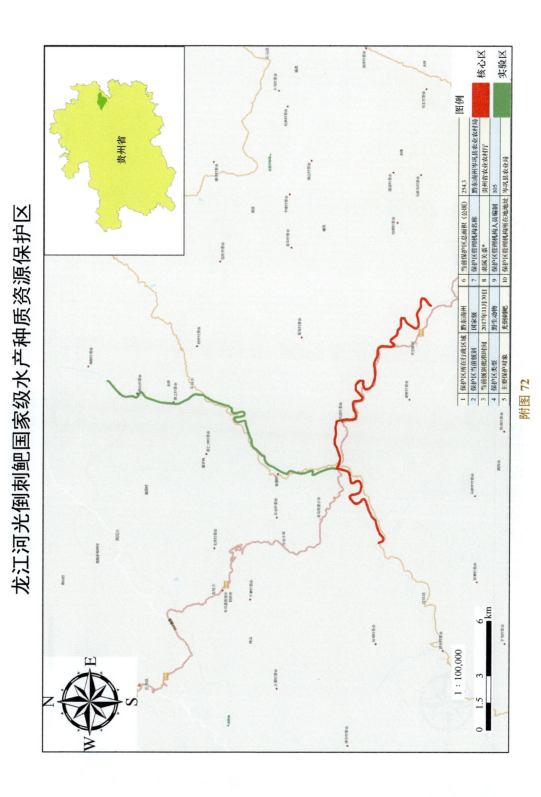

				6	当前保护区总面积（公顷）	254.3
1	保护区所在行政区域	黔东南州		7	保护区管理机构名称	黔东南州岑巩县农业农村局
2	保护区当前级别	国家级		8	来函关系*	贵州省农业农村厅
3	当前级别批复时间	2017年11月30日		9	保护区管理机构人员编制	105
4	保护区类型	野生动物		10	保护区管理机构所在地地址	岑巩县农业局
5	主要保护对象	光倒刺鲃				

图例

核心区　实验区

附图 72

1 : 100,000

0　1.5　3　6 km

龙江河裂腹鱼国家级水产种质资源保护区

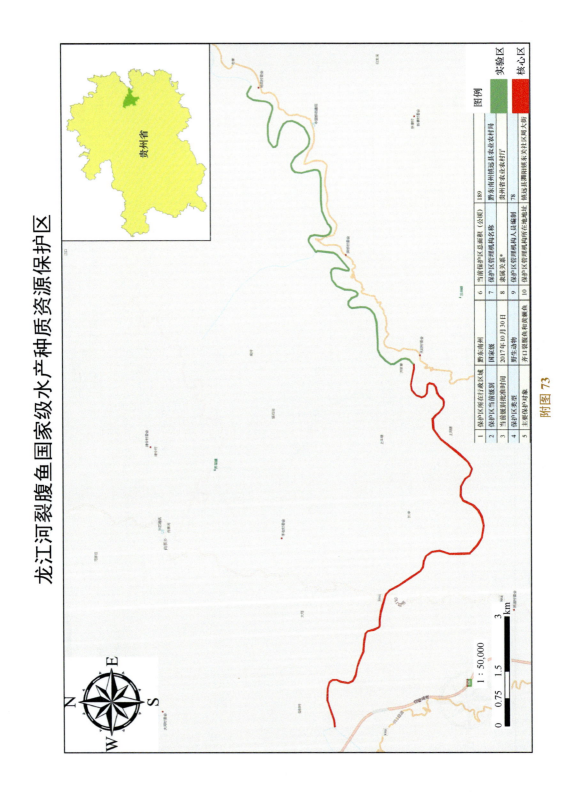

附图 73

1	保护区所在行政区域	黔东南州	6	当前保护区总面积（公顷）	189
2	保护区当前级别级别	国家级	7	保护区管理机构名称	黔东南州镇远县农业农村局
3	当前级别批准时间	2017年10月30日	8	隶属关系	贵州省农业农村厅
4	保护区类型	野生动物	9	保护区管理机构人员编制	78
5	主要保护对象	齐口裂腹鱼和斑鳜鱼	10	保护区管理机构所在地地址	镇远县㵲阳镇东关社区周大街

舞阳河黄平段瓦氏黄颡鱼国家级水产种质资源保护区

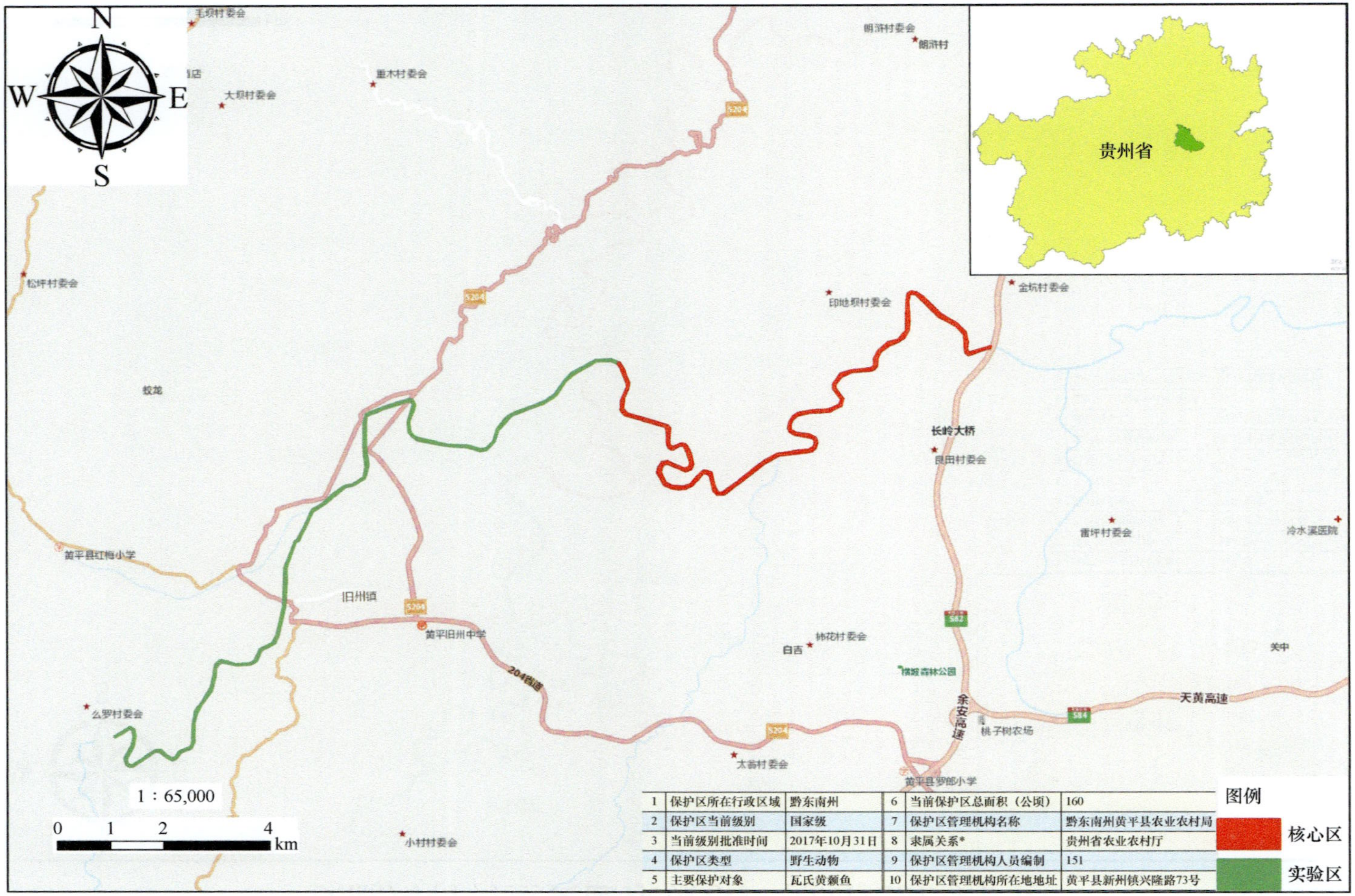

1	保护区所在行政区域	黔东南州	
2	保护区等级级别	国家级	
3	当前级别批准时间	2017年10月31日	
4	保护区类型	野生动物	
5	主要保护对象	瓦氏黄颡鱼	

6	当前保护区总面积（公顷）	160
7	保护区管理机构名称	黔东南州黄平县农业农村局
8	隶属关系	贵州省农业农村厅
9	保护区管理机构人员编制	151
10	保护区管理机构所在地地址	黄平县新州镇兴隆路73号

图例

核心区
实验区

1 : 65,000

附图 74

197

仪陇河特有鱼类国家级水产种质资源保护区

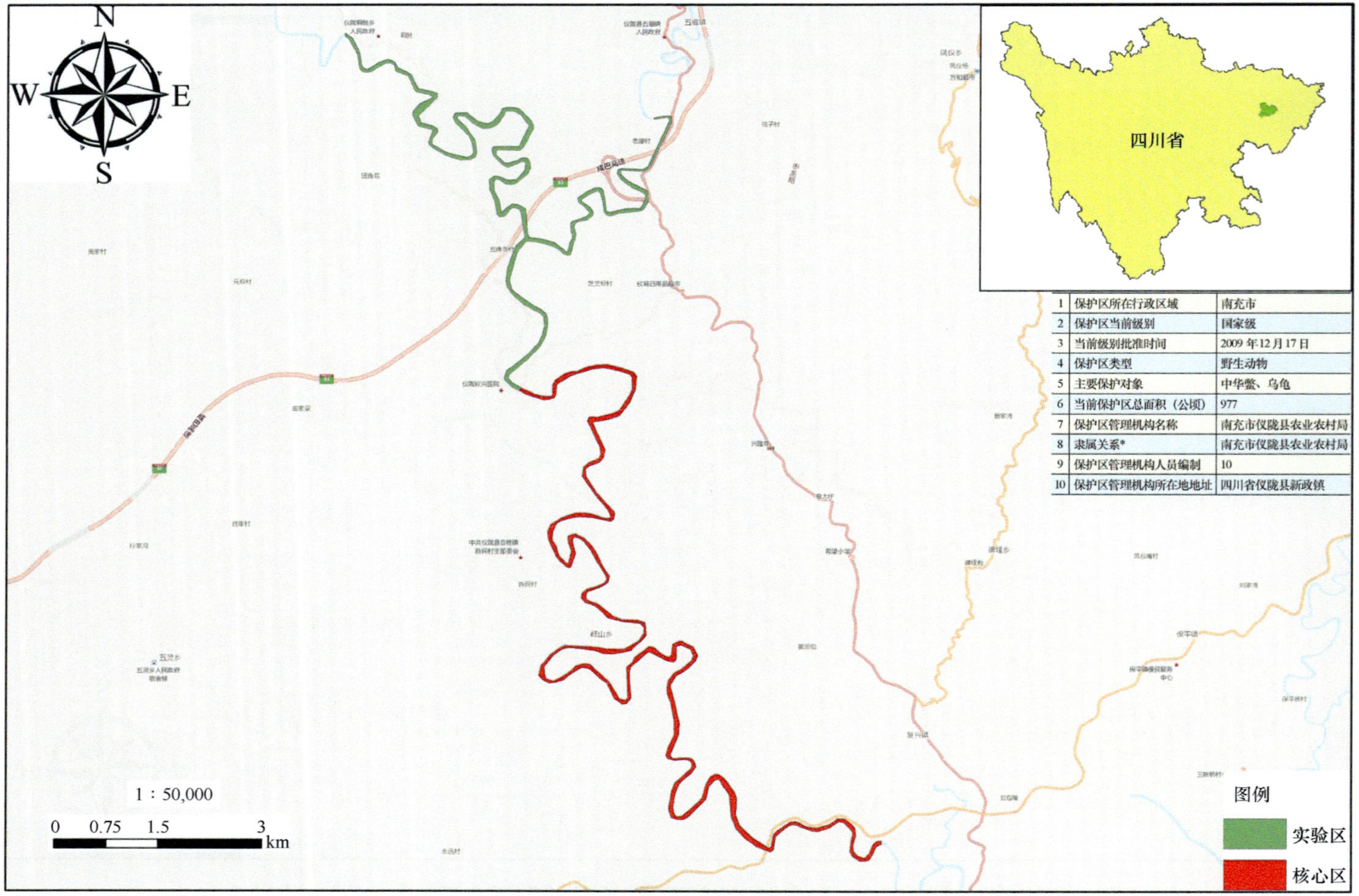

四川省

1	保护区所在行政区域	南充市
2	保护区当前级别	国家级
3	当前级别批准时间	2009年12月17日
4	保护区类型	野生动物
5	主要保护对象	中华鳖、乌鱼
6	当前保护区总面积（公顷）	977
7	保护区管理机构名称	南充市仪陇县农业农村局
8	隶属关系*	南充市仪陇县农业农村局
9	保护区管理机构人员编制	10
10	保护区管理机构所在地地址	四川省仪陇县新政镇

图例

实验区

核心区

附图 75

1:50,000

km
0   0.75   1.5   3

李家河鲫鱼国家级水产种质资源保护区

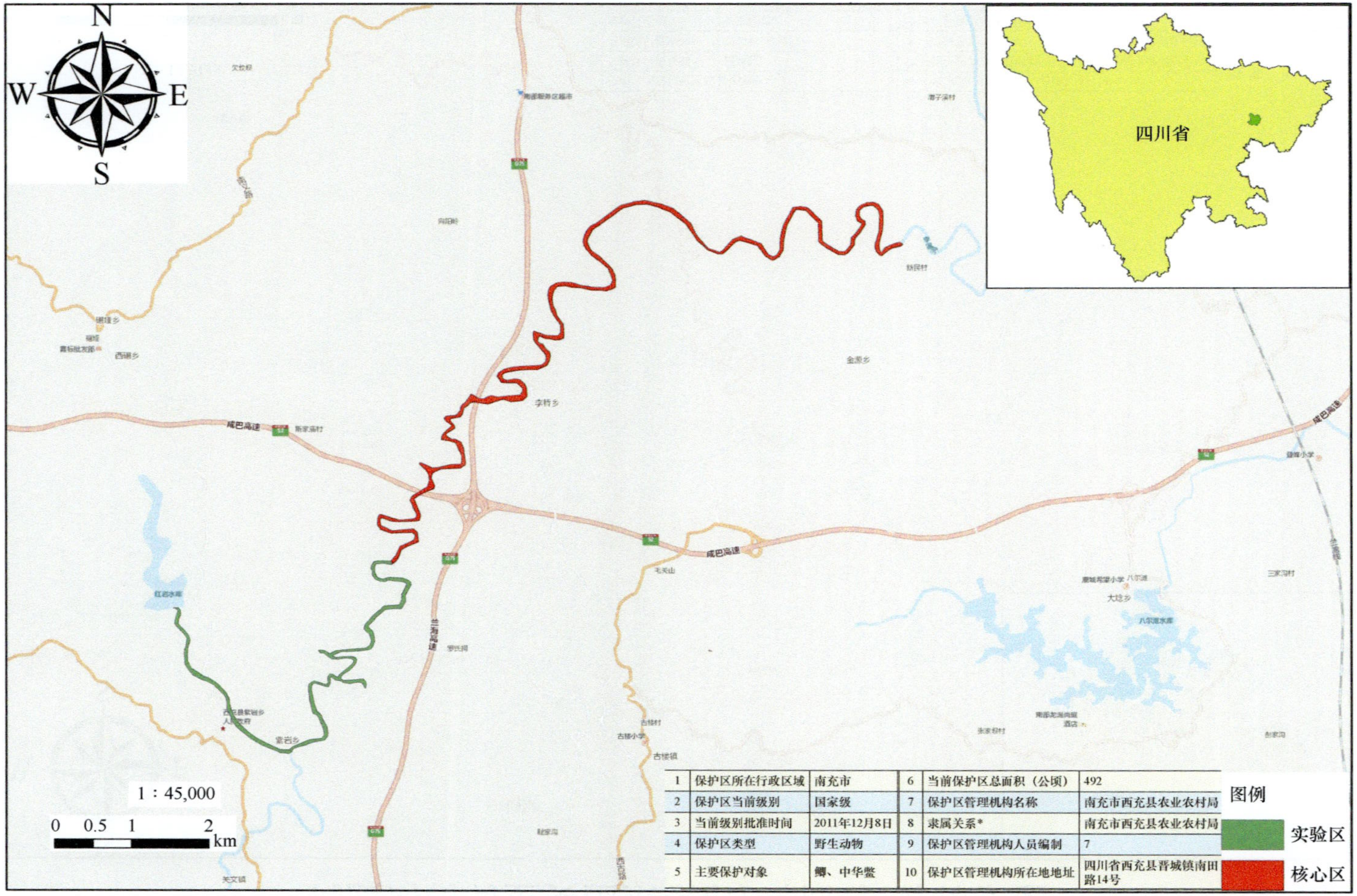
N
S
W
E
四川省
成巴高速
1：45,000
0 0.5 1 2 km
图例
实验区
核心区

1	保护区所在行政区域	南充市	6	当前保护区总面积（公顷）	492
2	保护区当前级别	国家级	7	保护区管理机构名称	南充市西充县农业农村局
3	当前级别批准时间	2011年12月8日	8	隶属关系*	南充市西充县农业农村局
4	保护区类型	野生动物	9	保护区管理机构人员编制	7
5	主要保护对象	鲫、中华鳖	10	保护区管理机构所在地地址	四川省西充县晋城镇南田路14号

附图 76

构溪河特有鱼类国家级水产种质资源保护区

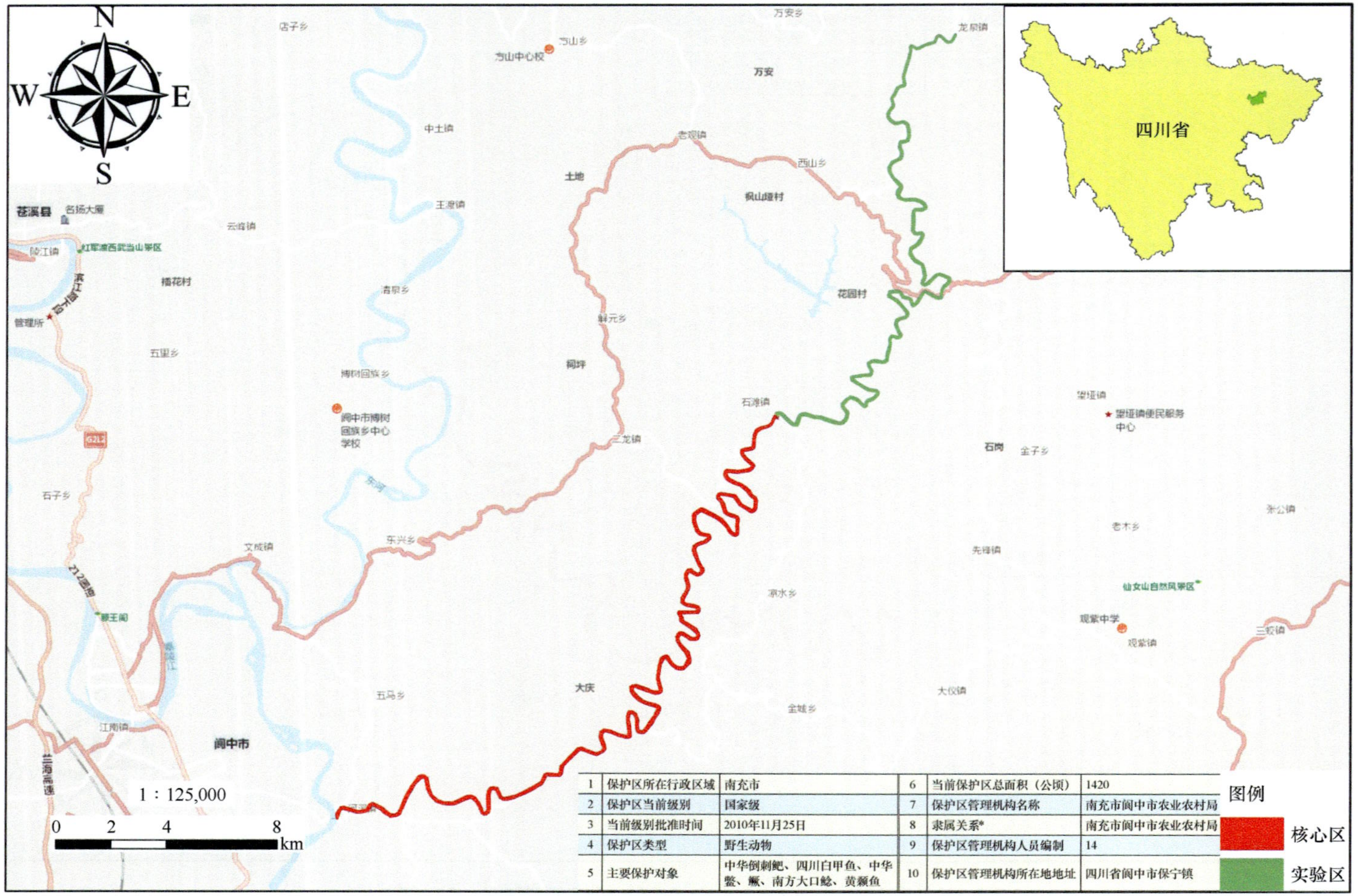

1	保护区所在行政区域	南充市		6	当前保护区总面积（公顷）	1420
2	保护区当前级别	国家级		7	保护区管理机构名称	南充市阆中市农业农村局
3	当前级别批准时间	2010年11月25日		8	隶属关系*	南充市阆中市农业农村局
4	保护区类型	野生动物		9	保护区管理机构人员编制	14
5	主要保护对象	中华倒刺鲃、四川白甲鱼、中华鳌、鳜、南方大口鲶、黄颡鱼		10	保护区管理机构所在地地址	四川省南充市保宁镇

附图 77

濛溪河特有鱼类国家级水产种质资源保护区

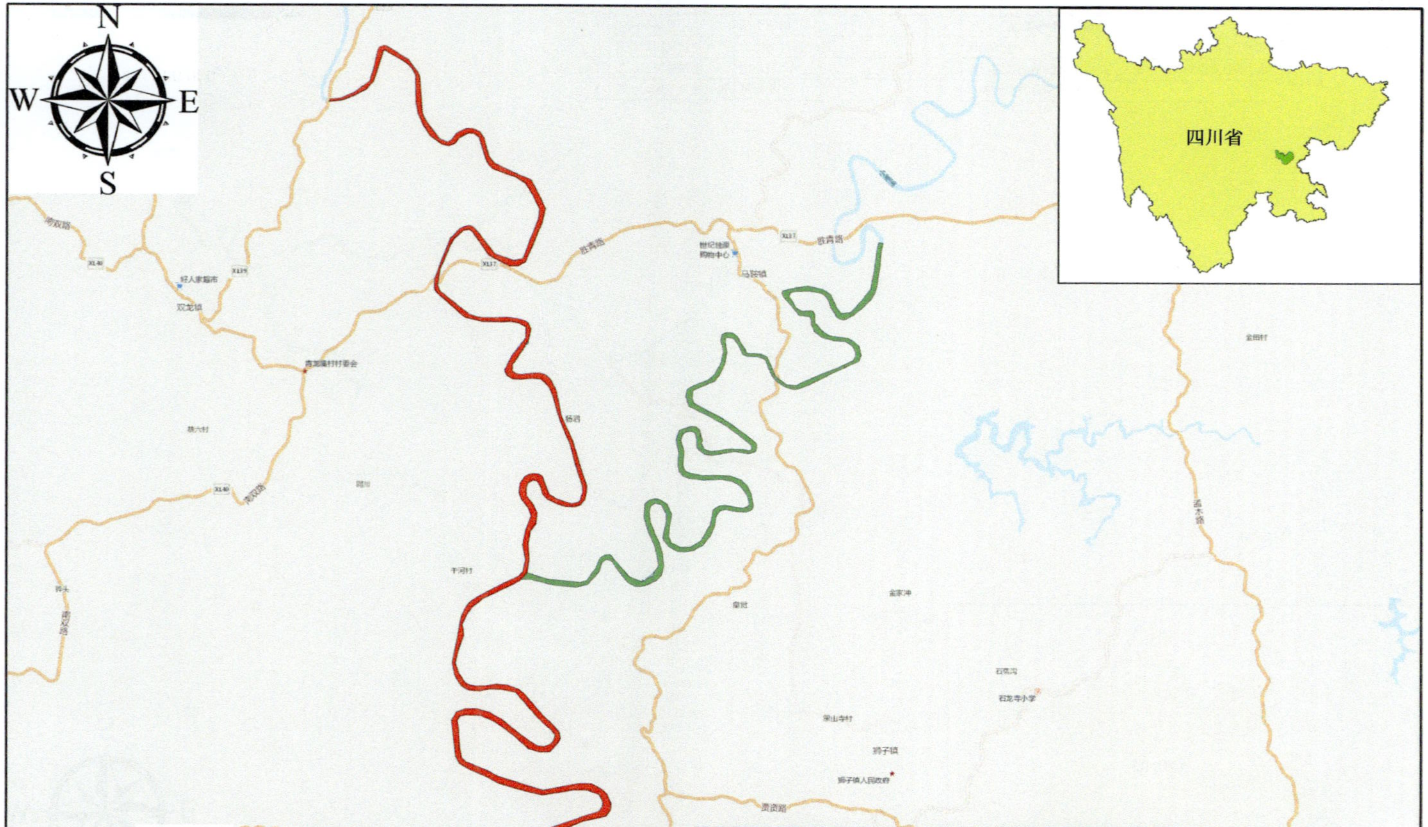

1	保护区所在行政区域	内江市		6	当前保护区总面积（公顷）	232
2	保护区当前级别	国家级		7	保护区管理机构名称	内江市资中县农业农村局
3	当前级别批准时间	2009年12月17日		8	隶属关系*	内江市资中县农业农村局
4	保护区类型	野生动物		9	保护区管理机构人员编制	19
5	主要保护对象	南方大口鲶		10	保护区管理机构所在地地址	四川省资中县城南花园街

附图 78

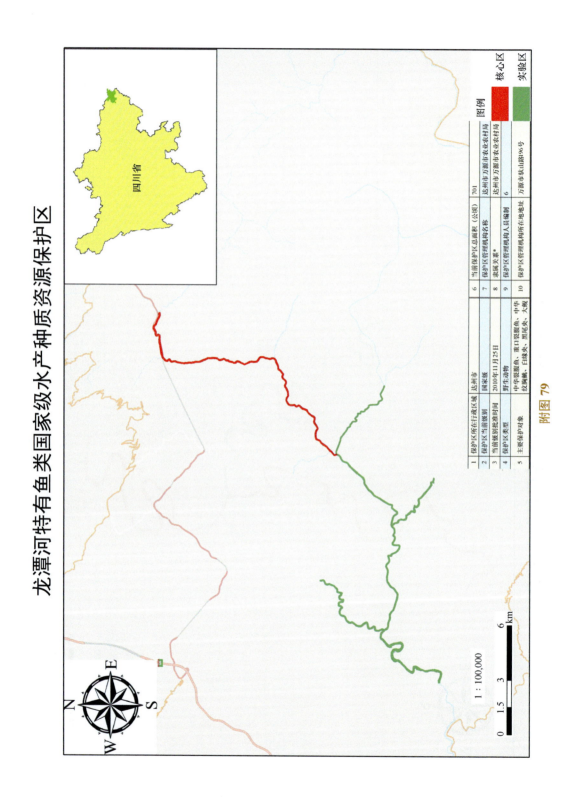

龙潭河特有鱼类国家级水产种质资源保护区

四川省

图例

核心区
实验区

1	保护区所在行政区域	达州市		6	当前保护区总面积（公顷）	701
2	保护区当前级别	国家级		7	保护区管理机构名称	达州市万源市农业农村局
3	当前级别批准时间	2010年11月25日		8	隶属关系*	达州市万源市农业农村局
4	保护区类型	野生动物		9	保护区管理机构的人员编制	6
5	主要保护对象	中华裂腹鱼、重口裂腹鱼、中华 纹胸鮡、白缘缺、黑尾央、大鲵		10	保护区管理机构所在地地址：万源市驮山路96号	

附图 79

1 : 100,000

0 1.5 3   6
km

南河白甲鱼瓦氏黄颡鱼国家级水产种质资源保护区

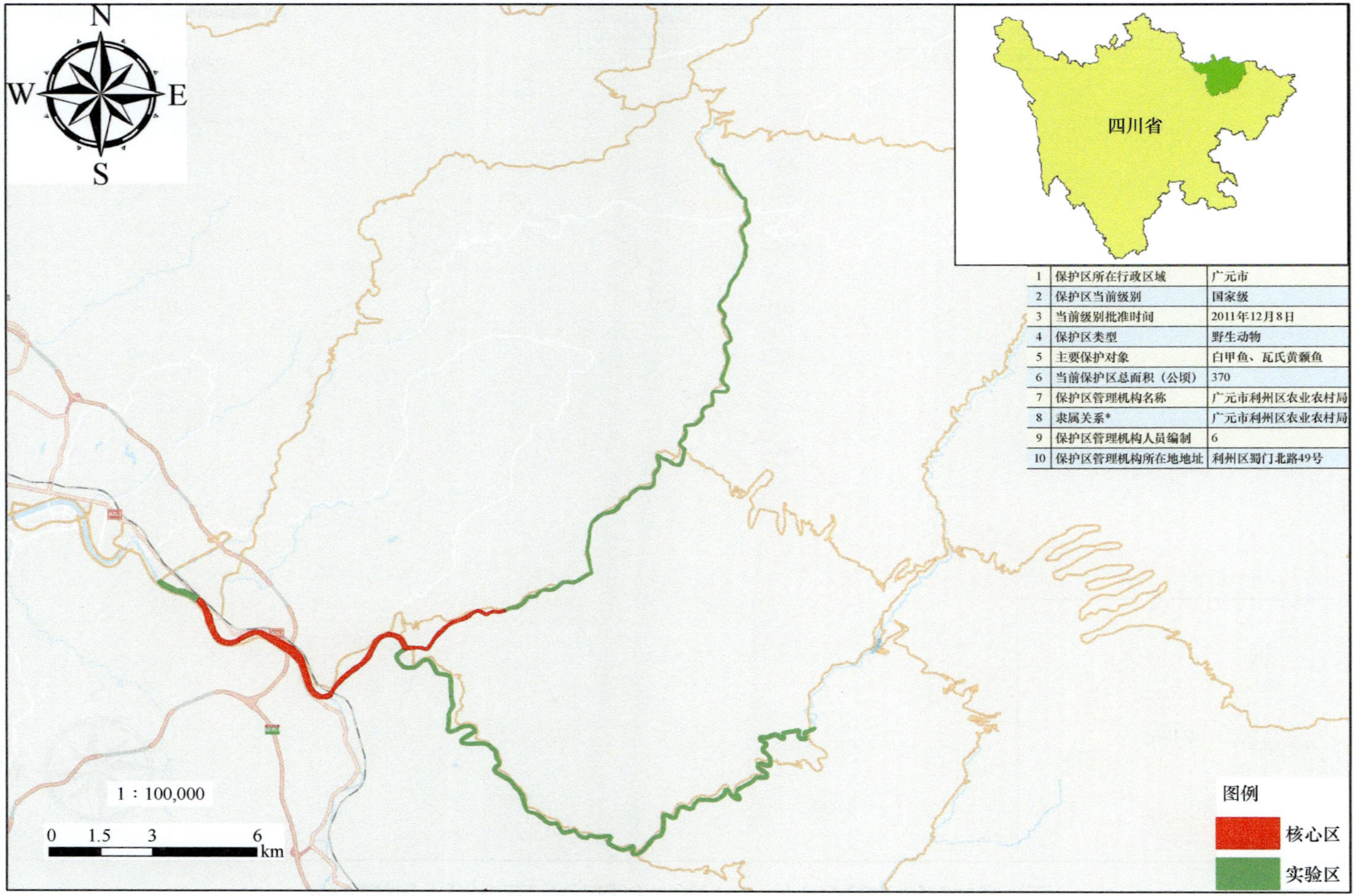
N
W
E
S
四川省
1：100,000
0 1.5 3 6
km
图例
核心区
实验区

1	保护区所在行政区域	广元市
2	保护区当前级别	国家级
3	当前级别批准时间	2011年12月8日
4	保护区类型	野生动物
5	主要保护对象	白甲鱼、瓦氏黄颡鱼
6	当前保护区总面积（公顷）	370
7	保护区管理机构名称	广元市利州区农业农村局
8	隶属关系*	广元市利州区农业农村局
9	保护区管理机构人员编制	6
10	保护区管理机构所在地地址	利州区蜀门北路49号

附图 80

清江河特有鱼类国家级水产种质资源保护区

1	保护区所在行政区域	广元市	6	当前保护区总面积（公顷）	721
2	保护区当前级别	国家级	7	保护区管理机构名称	广元市青川县农业农村局
3	当前级别批准时间	2011年11月8日	8	隶属关系	广元市青川县农业农村局
4	保护区类型	野生动物	9	保护区管理机构人员编制	
5	主要保护对象	重口裂腹鱼、齐口裂腹鱼、大鲵	10	保护区管理机构所在地地址	青川县乔庄镇

图例

核心区 ■

实验区 ■

比例尺 1：100,000

0　1.5　3　6 km

N E S W

硬头河特有鱼类国家级水产种质资源保护区

1	保护区所在行政区域	广元市
2	保护区当前级别	国家级
3	当前级别批准时间	2011年12月8日
4	保护区类型	野生动物
5	主要保护对象	遏鲹鮡、南方鲱
6	当前保护区总面积（公顷）	729
7	保护区管理机构名称	广元市朝化区农业农村局
8	隶属关系*	广元市朝化区农业农村局
9	保护区管理机构人员编制	7
10	保护区管理机构所在地地址	元坝镇京兆路75号

图例

核心区

实验区

1：100,000

0　1.5　3　6 km

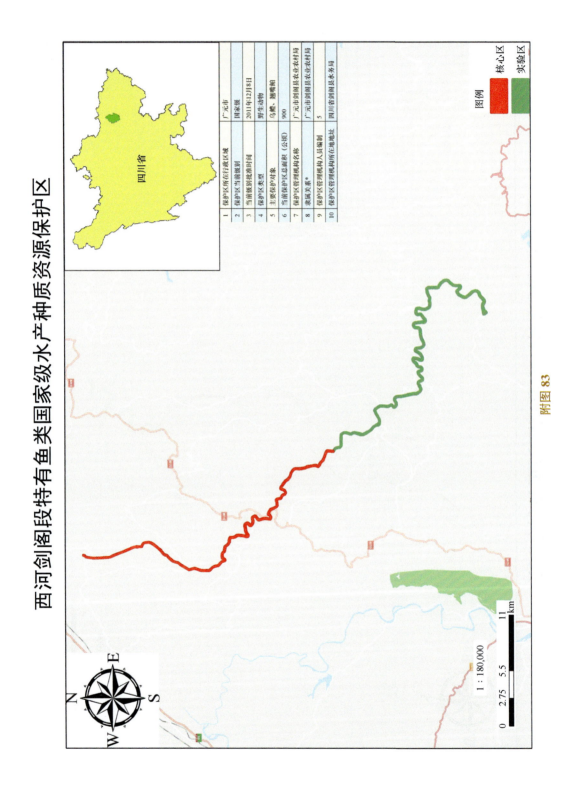

西河剑阁段特有鱼类国家级水产种质资源保护区

1	保护区所在行政区域	广元市
2	保护区当前级别	国家级
3	当前级别批准时间	2011年12月8日
4	保护区类型	野生动物
5	主要保护对象	乌鳢、翘嘴鲌
6	当前保护区总面积（公顷）	900
7	保护区管理机构名称	广元市剑阁县农业农村局
8	隶属关系*	广元市剑阁县农业农村局
9	保护区管理机构人员编制	5
10	保护区管理机构所在地地址	四川省剑阁县水务局

图例
核心区
实验区

附图83

插江国家级水产种质资源保护区

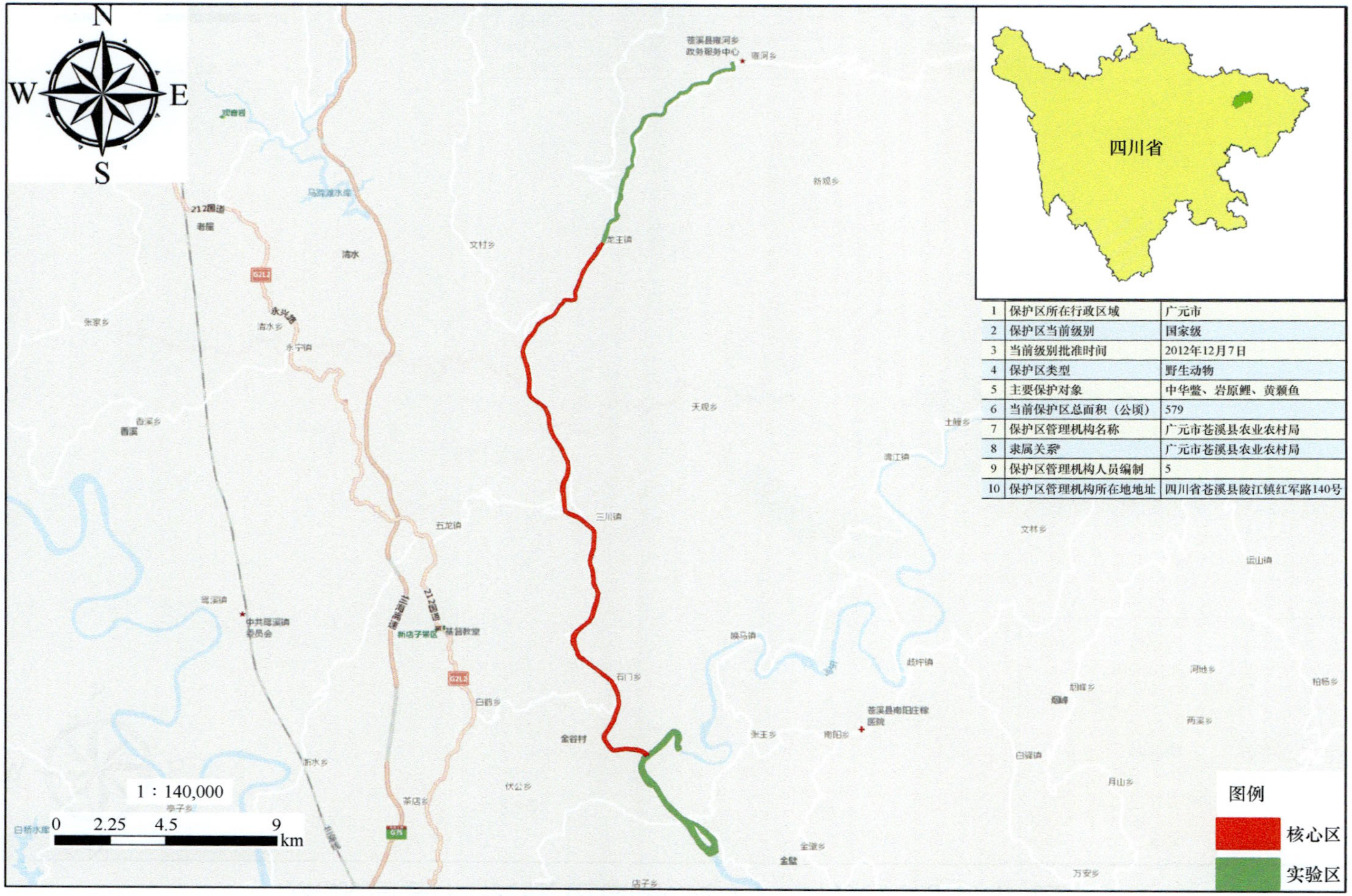

四川省

1	保护区所在行政区域	广元市
2	保护区当前级别	国家级
3	当前级别批准时间	2012年12月7日
4	保护区类型	野生动物
5	主要保护对象	中华鳖、岩原鲤、黄颡鱼
6	当前保护区总面积（公顷）	579
7	保护区管理机构名称	广元市苍溪县农业农村局
8	隶属关系	广元市苍溪县农业农村局
9	保护区管理机构所在人员编制	5
10	保护区管理机构所在地地址	四川省苍溪县陵江镇红军路140号

图例

核心区　实验区

1 : 140,000

0　2.25　4.5　9 km

附图 84

焦家河重口裂腹鱼国家级水产种质资源保护区

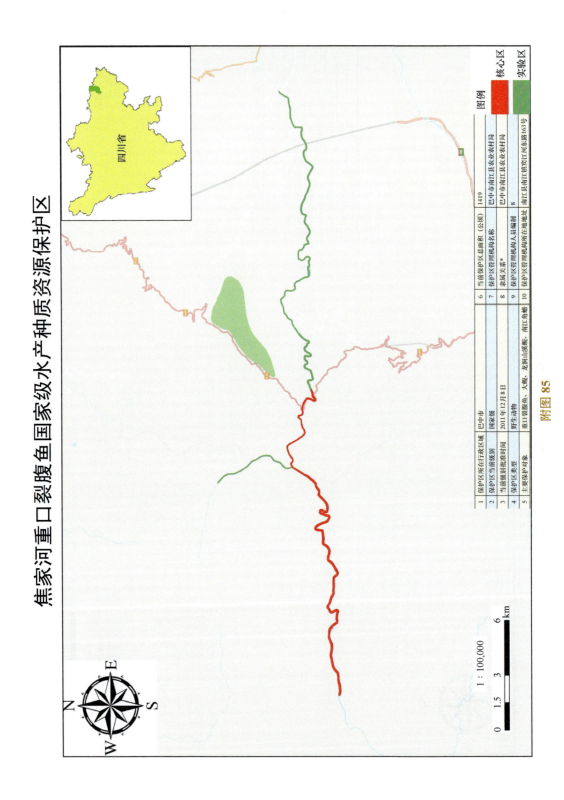

四川省

1	保护区所在行政区域	巴中市	6	当前保护区总面积（公顷）	1419
2	保护区当前级别	国家级	7	保护区管理机构名称	巴中市南江县农业农村局
3	当前级别批准时间	2011年12月8日	8	隶属关系	巴中市南江县农业农村局
4	保护区类型	野生动物	9	保护区管理机构人员编制	8
5	主要保护对象	重口裂腹鱼、大鲵、龙洞山溪鲵、南江角蟾	10	保护区管理机构所在地地址	南江县南江镇资江河东路163号

图例
核心区
实验区

1：100,000

0 1.5 3 6 km

附图 85

大通江河岩原鲤国家级水产种质资源保护区

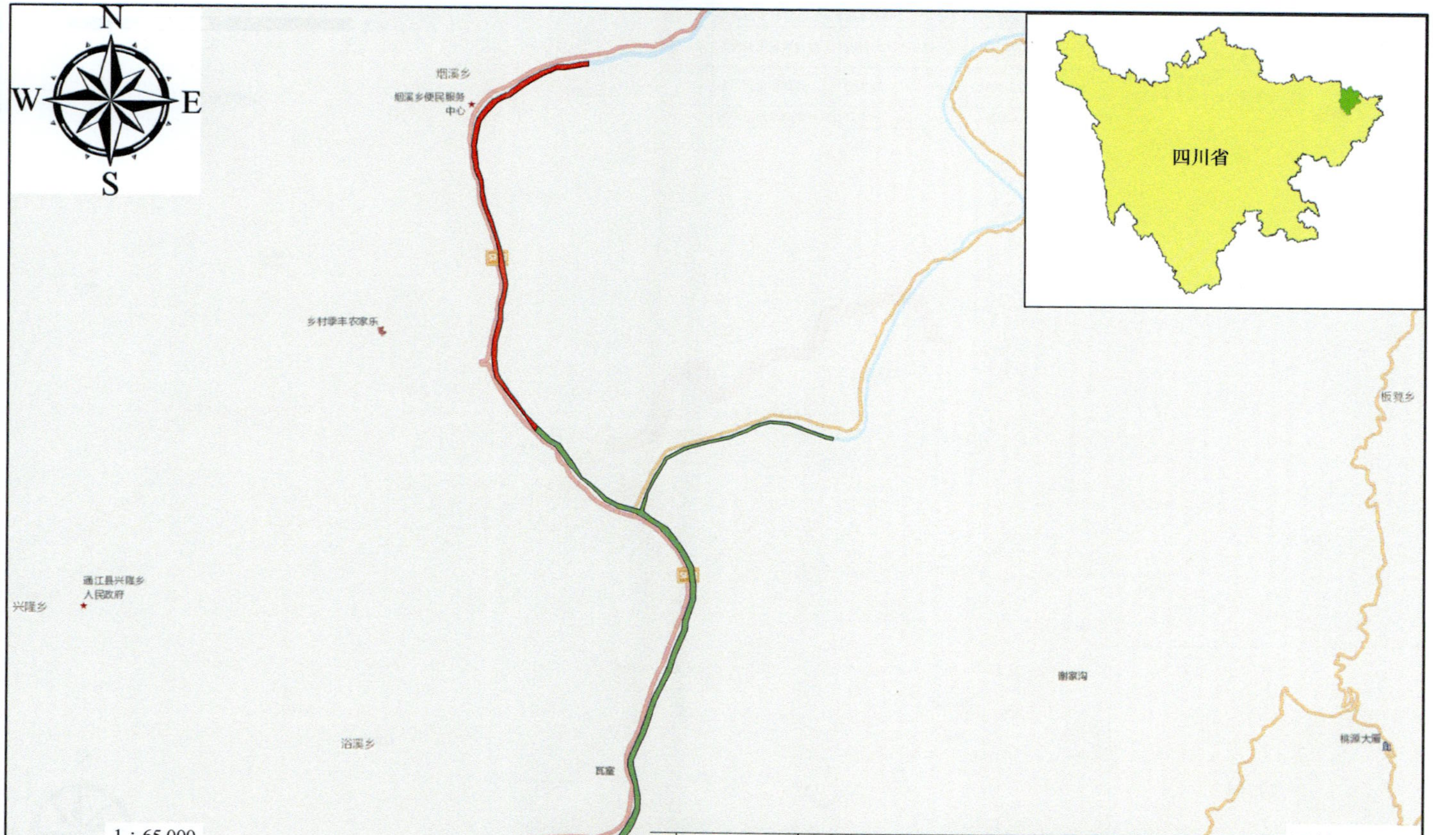

附图 86

1	保护区所在行政区域	巴中市		6	当前保护区总面积（公顷）	979.5
2	保护区当前级别	国家级		7	保护区管理机构名称	巴中市通江县农业农村局
3	当前级别批准时间	2008年12月22日		8	隶属关系*	巴中市通江县农业农村局
4	保护区类型	野生动物		9	保护区管理机构的人员编制	30
5	主要保护对象	岩原鲤、中华鳖、华鲮等		10	保护区管理机构所在地地址	通江县诺江镇新建街 53 号

恩阳河中华鳖国家级水产种质资源保护区

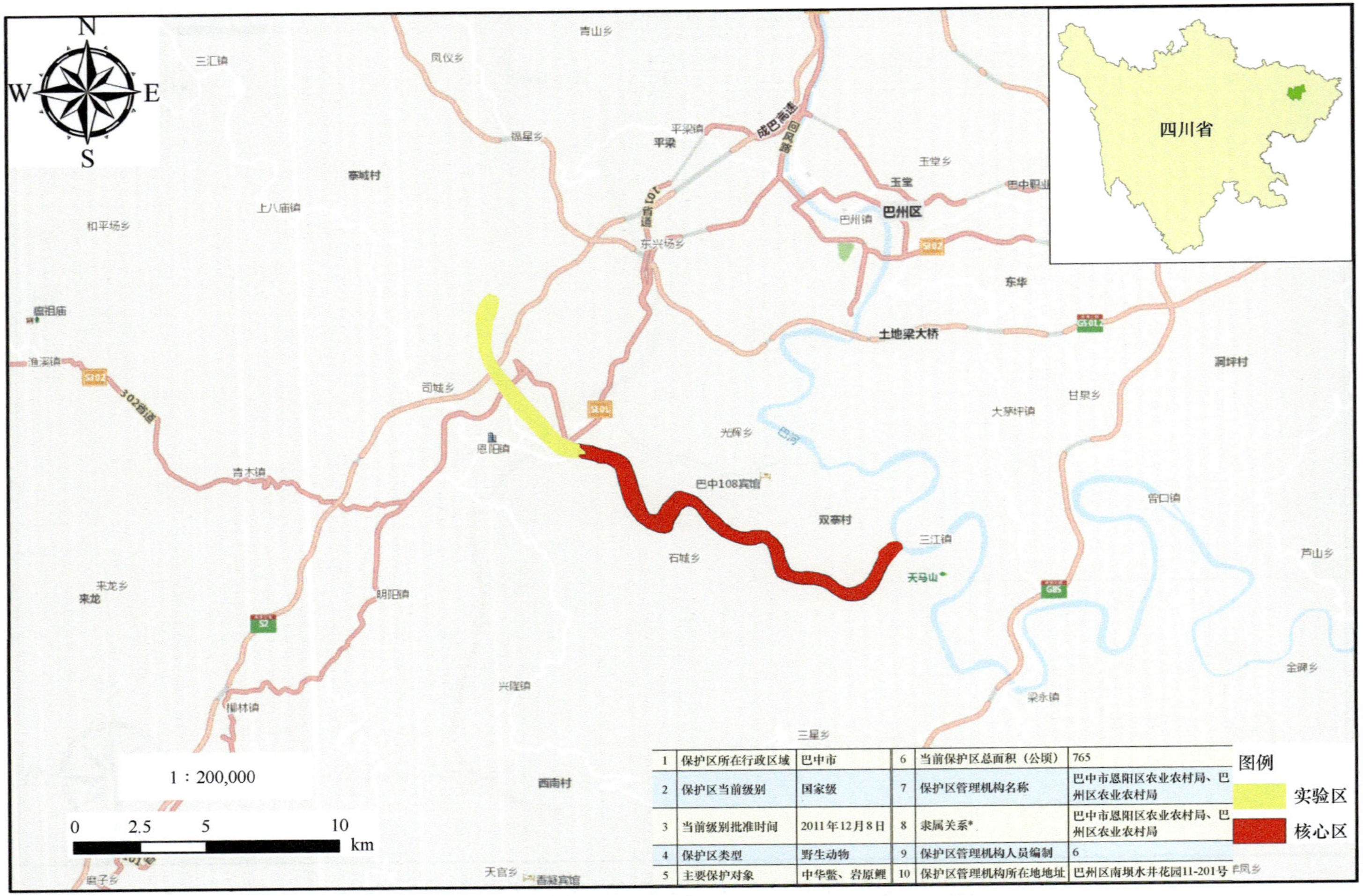

1	保护区所在行政区域	巴中市		6	当前保护区总面积（公顷）	765
2	保护区当前级别	国家级		7	保护区管理机构名称	巴中市恩阳区农业农村局、巴州区农业农村局
3	当前级别批准时间	2011年12月8日		8	保护区管理机构地点	巴中市恩阳区农业农村局、巴州区农业农村局
4	保护区类型	野生动物		9	保护区管理机构人员编制	6
5	主要保护对象	中华鳖、岩原鲤		10	保护区管理机构所在地地址	巴州区南桥水井花园11-201号户阳南

图例

实验区
核心区

1 : 200,000

km

0   2.5   5   10

附图 87

通河特有鱼类国家级水产种质资源保护区

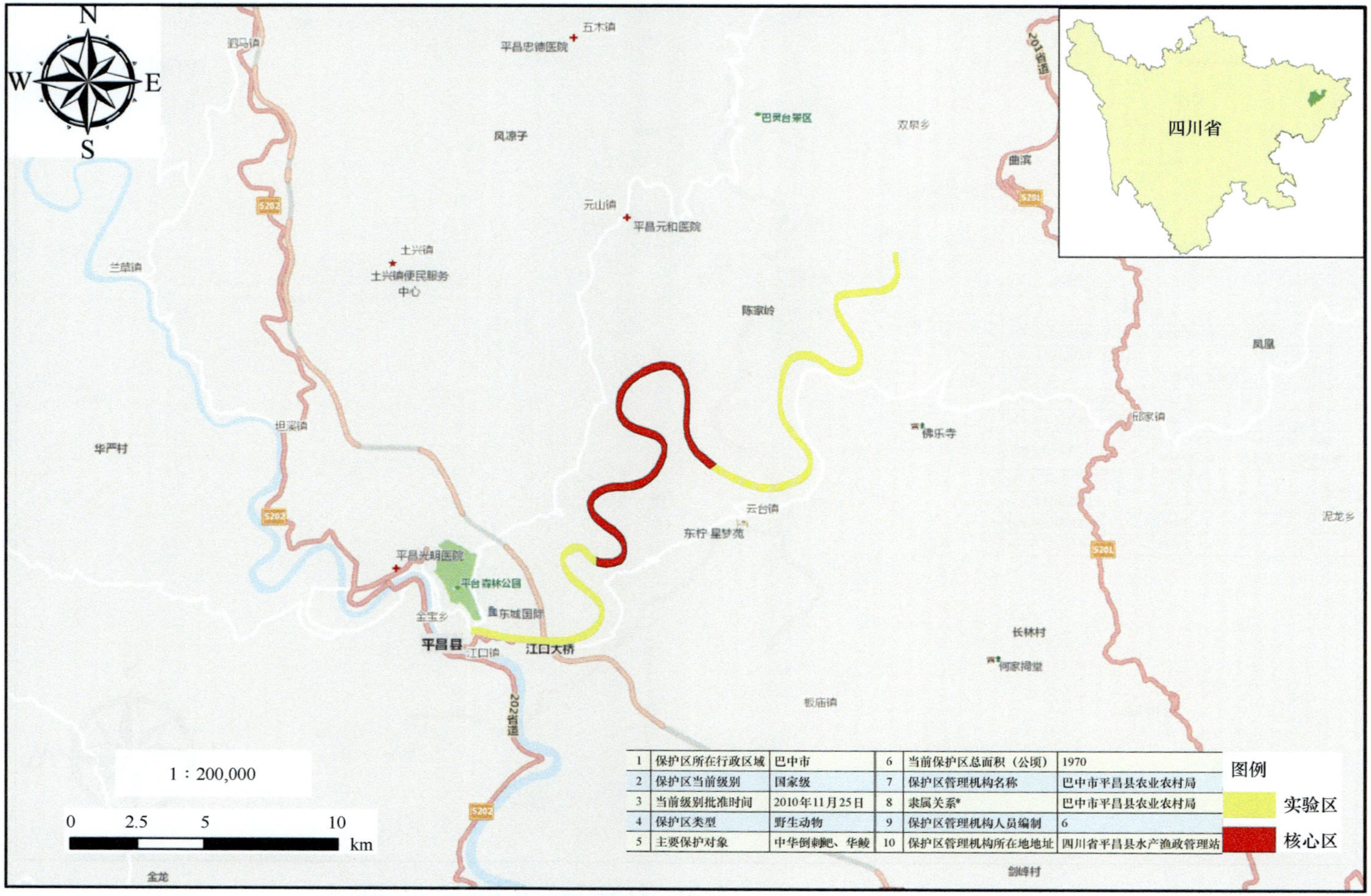

1	保护区所在行政区域	巴中市	6	当前保护区总面积（公顷）	1970
2	保护区当前级别	国家级	7	保护区管理机构名称	巴中市平昌县农业农村局
3	当前级别批准时间	2010年11月25日	8	隶属关系	巴中市平昌县农业农村局
4	保护区类型	野生动物	9	保护区管理机构人员编制	6
5	主要保护对象	中华倒刺鲃、华鲮	10	保护区管理机构所在地地址	四川省平昌县水产渔政管理站

图例

实验区

核心区

附图 88

1 : 200,000

km
0　2.5　5　10

平通河裂腹鱼类国家级水产种质资源保护区

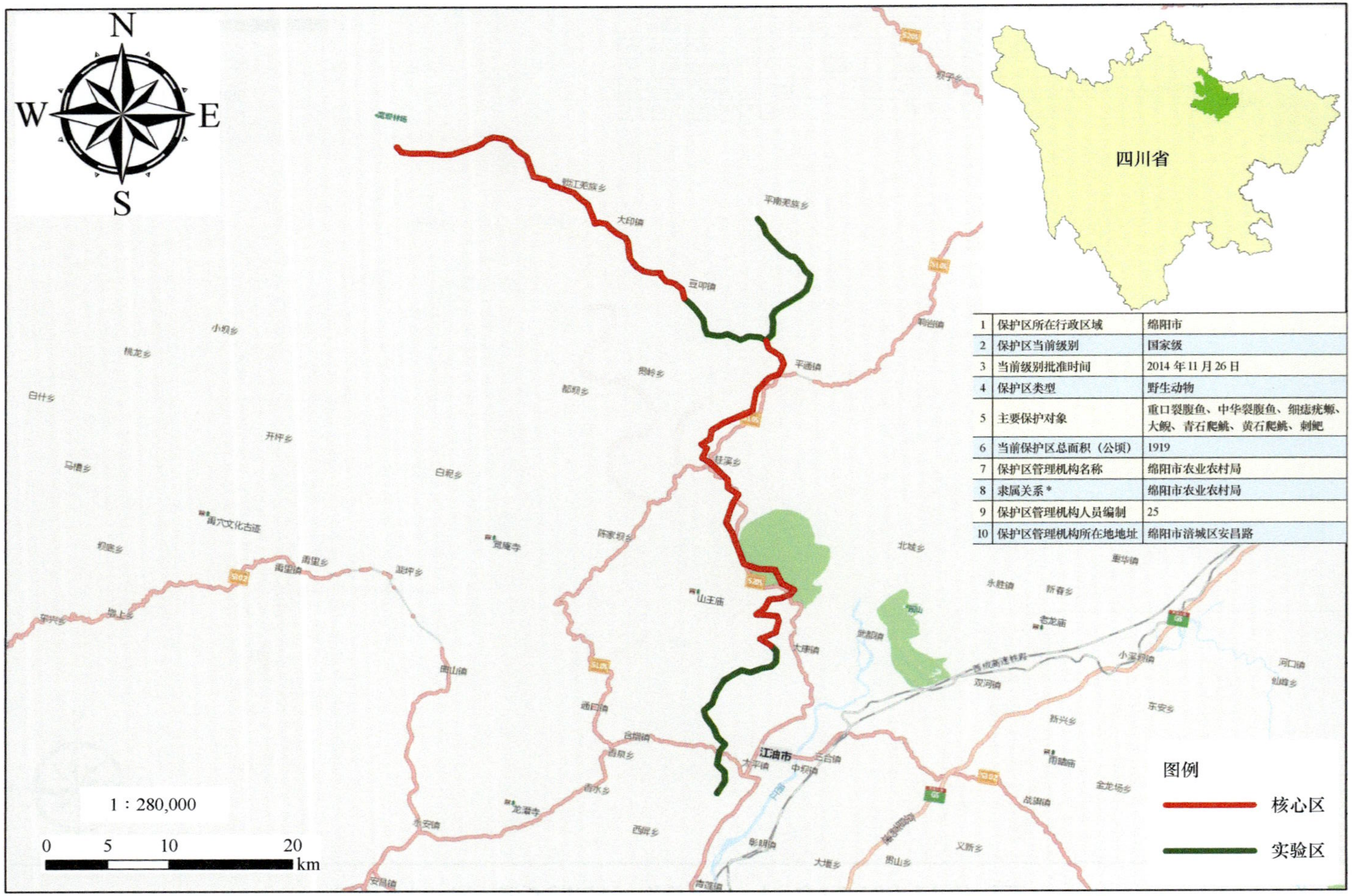

1	保护区所在行政区域	绵阳市
2	保护区当前级别	国家级
3	当前级别批准时间	2014年11月26日
4	保护区类型	野生动物
5	主要保护对象	重口裂腹鱼、中华裂腹鱼、细鳞裂腹鲈、大鲵、齐口裂腹鱼、黄石爬鲈、鲥鲏
6	当前保护区总面积（公顷）	1919
7	保护区管理机构名称	绵阳市农业农村局
8	隶属关系*	绵阳市农业农村局
9	保护区管理机构所在地地址	绵阳市涪城区安县路
10	保护区管理机构人员编制	25

图例

—— 核心区
—— 实验区

四川省

1 : 280,000

0 5 10 20 km

附图89

梓江国家级水产种质资源保护区

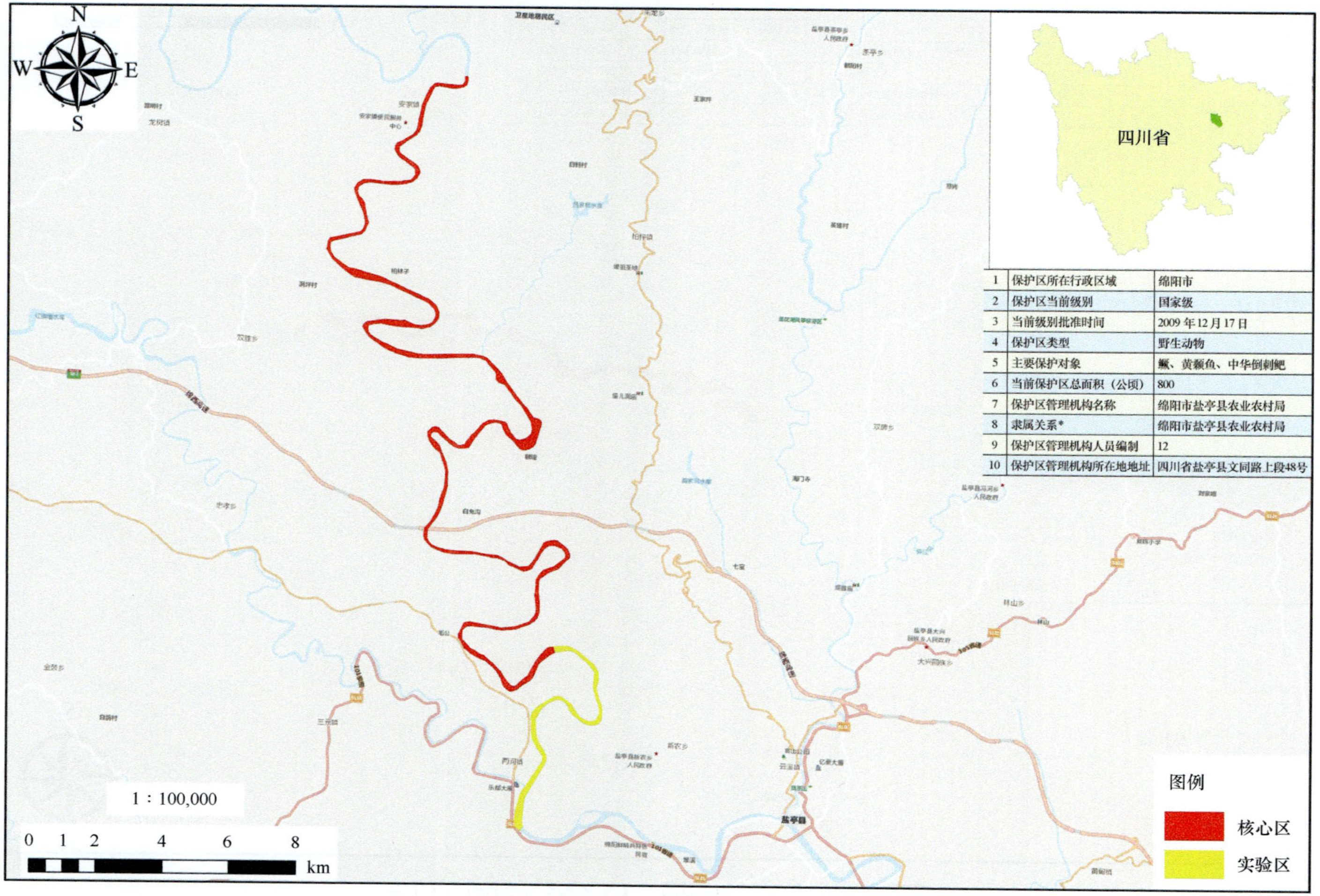

1	保护区所在行政区域	绵阳市
2	保护区当前级别	国家级
4	当前级别批准时间	2009年12月17日
	保护区类型	野生动物
5	主要保护对象	鳜、黄颡鱼、中华倒刺鲃
6	当前保护区总面积（公顷）	800
7	保护区管理机构名称	绵阳市盐亭县农业农村局
8	隶属关系*	绵阳市盐亭县农业农村局
9	保护区管理机构的人员编制	12
10	保护区管理机构所在地地址	四川省盐亭县文同路上段48号

图例
核心区
实验区

四川省

1：100,000

km
0 2 4 6 8

附图90

—213—

凯江国家级水产种质资源保护区

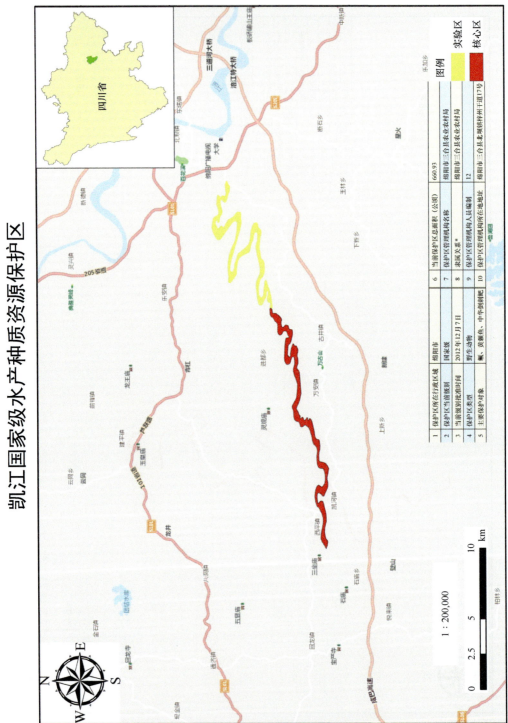

1	保护区所在行政区域	绵阳市	6	当前保护区总面积（公顷）	660.93
2	保护区当前级别	国家级	7	保护区管理机构名称	绵阳市三台县农业农村局
3	当前级别批准时间	2012年12月7日	8	隶属关系*	绵阳市三台县农业农村局
4	保护区类型	野生动物	9	保护区管理机构人员编制	12
5	主要保护对象	鳜、黄颡鱼、中华倒刺鲃	10	保护区管理机构所在地地址	绵阳市三台县北坝镇梓州干道17号

图例
实验区
核心区

1 : 200,000

附图 91

郪江黄颡鱼国家级水产种质资源保护区

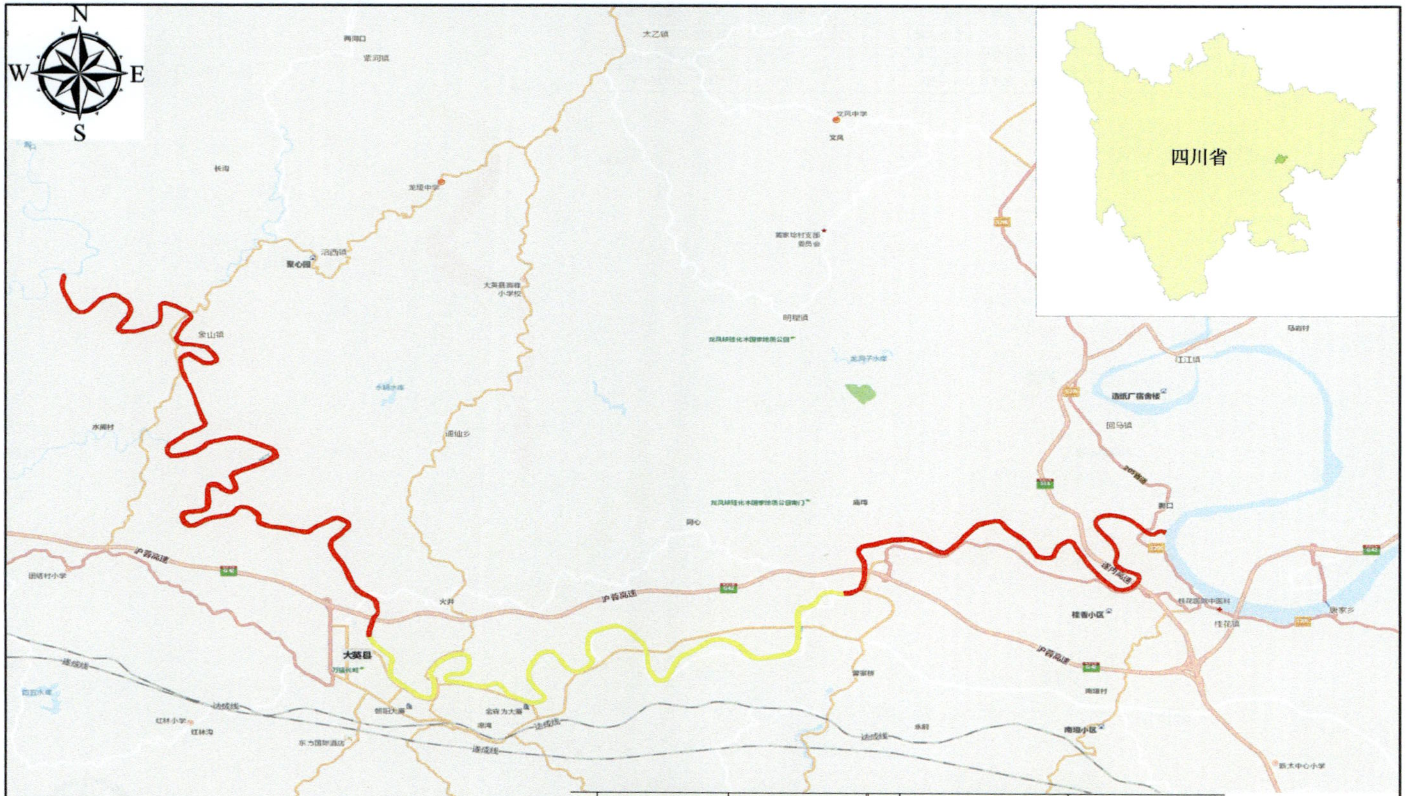

1	保护区所在行政区域	遂宁市、德阳市	6	当前保护区总面积（公顷）	520
2	保护区当前级别	国家级	7	保护区管理机构名称	遂宁市大英县农业农村局、德阳市中江县农业农村局
3	当前级别批准时间	2008年12月22日	8	隶属关系*	遂宁市大英县农业农村局、德阳市中江县农业农村局
4	保护区类型	野生动物	9	保护区管理机构人员编制	12
5	主要保护对象	黄颡鱼、瓢鱼、中华鳖	10	保护区管理机构所在地地址	四川省大英县天平街28号

附图 92

四川省

1：100,000

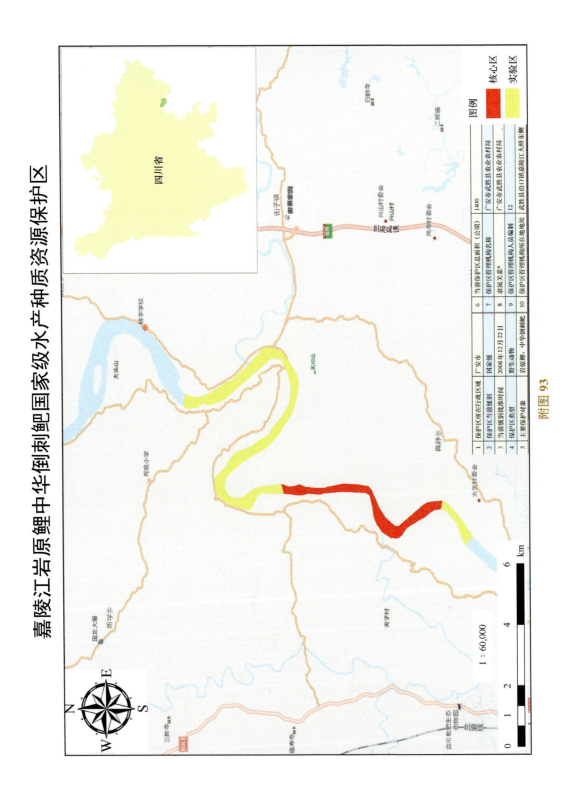

嘉陵江岩原鲤中华倒刺鲃国家级水产种质资源保护区

四川省

1	保护区所在行政区域	广安市		6	当前保护区总面积（公顷）	1400
2	保护区当前级别	国家级		7	保护区管理机构名称	广安市武胜县农业农村局
3	当前级别批准时间	2008年12月22日		8	隶属关系	广安市武胜县农业农村局
4	保护区类型	野生动物		9	保护区管理机构人员编制	12
5	主要保护对象	岩原鲤、中华倒刺鲃		10	保护区管理机构所在地地址	武胜县沿口镇嘉陵江大桥东侧

图例
核心区
实验区

1 : 60,000

km
0 1 2   4   6

附图 93

大洪河国家级水产种质资源保护区

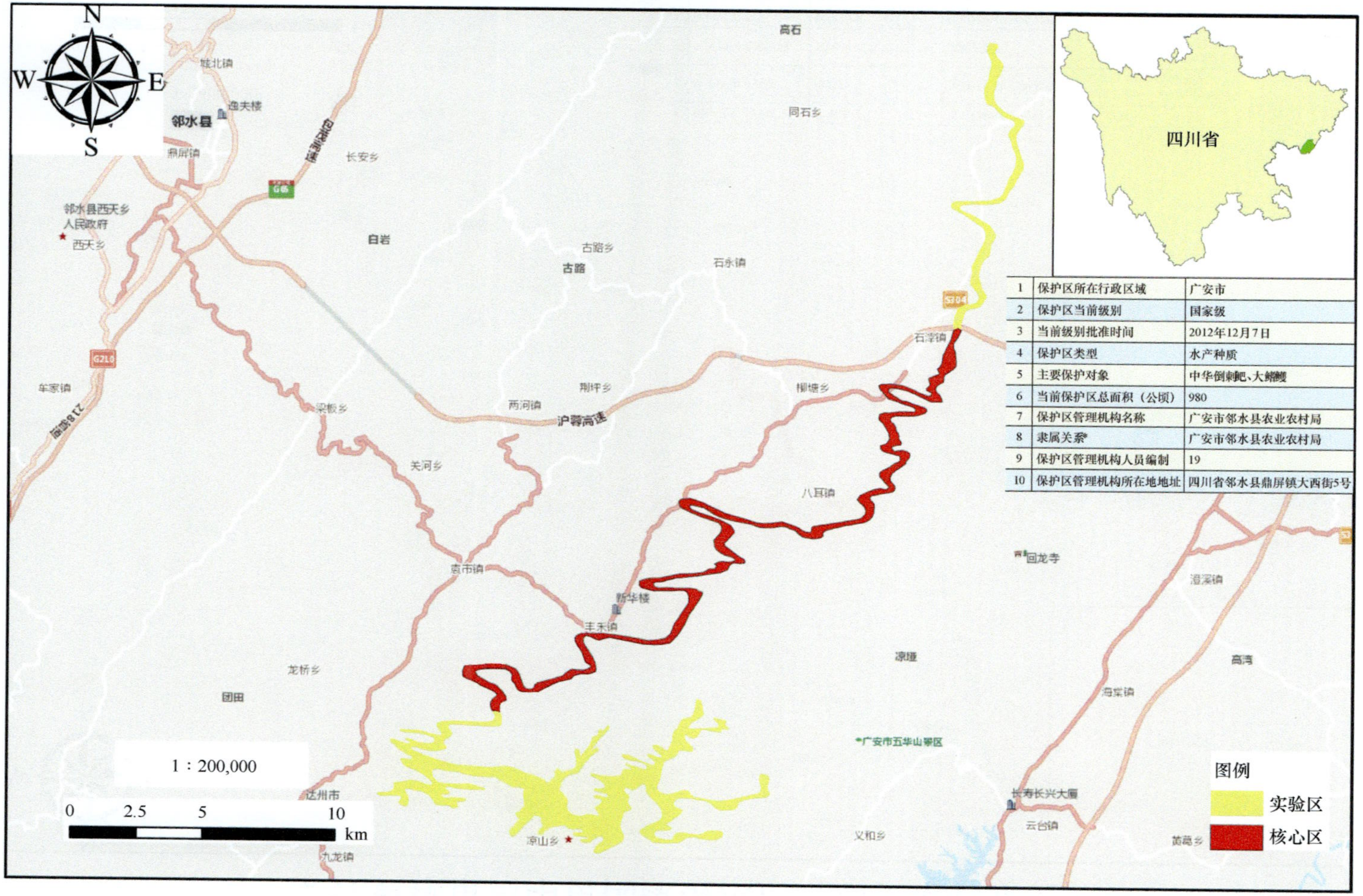

四川省

1	保护区所在行政区域	广安市
2	保护区当前级别	国家级
3	当前级别批准时间	2012年12月7日
4	保护区类型	水产种质
5	主要保护对象	中华倒刺鲃、大鳍鳠
6	当前保护区总面积（公顷）	980
7	保护区管理机构名称	广安市邻水县农业农村局
8	隶属关系	广安市邻水县农业农村局
9	保护区管理机构人员编制	19
10	保护区管理机构所在地地址	四川省邻水县鼎屏镇大西街5号

图例

实验区

核心区

1 : 200,000

0 2.5 5 10 km

附图 94

渠江黄颡鱼白甲鱼国家级水产种质资源保护区

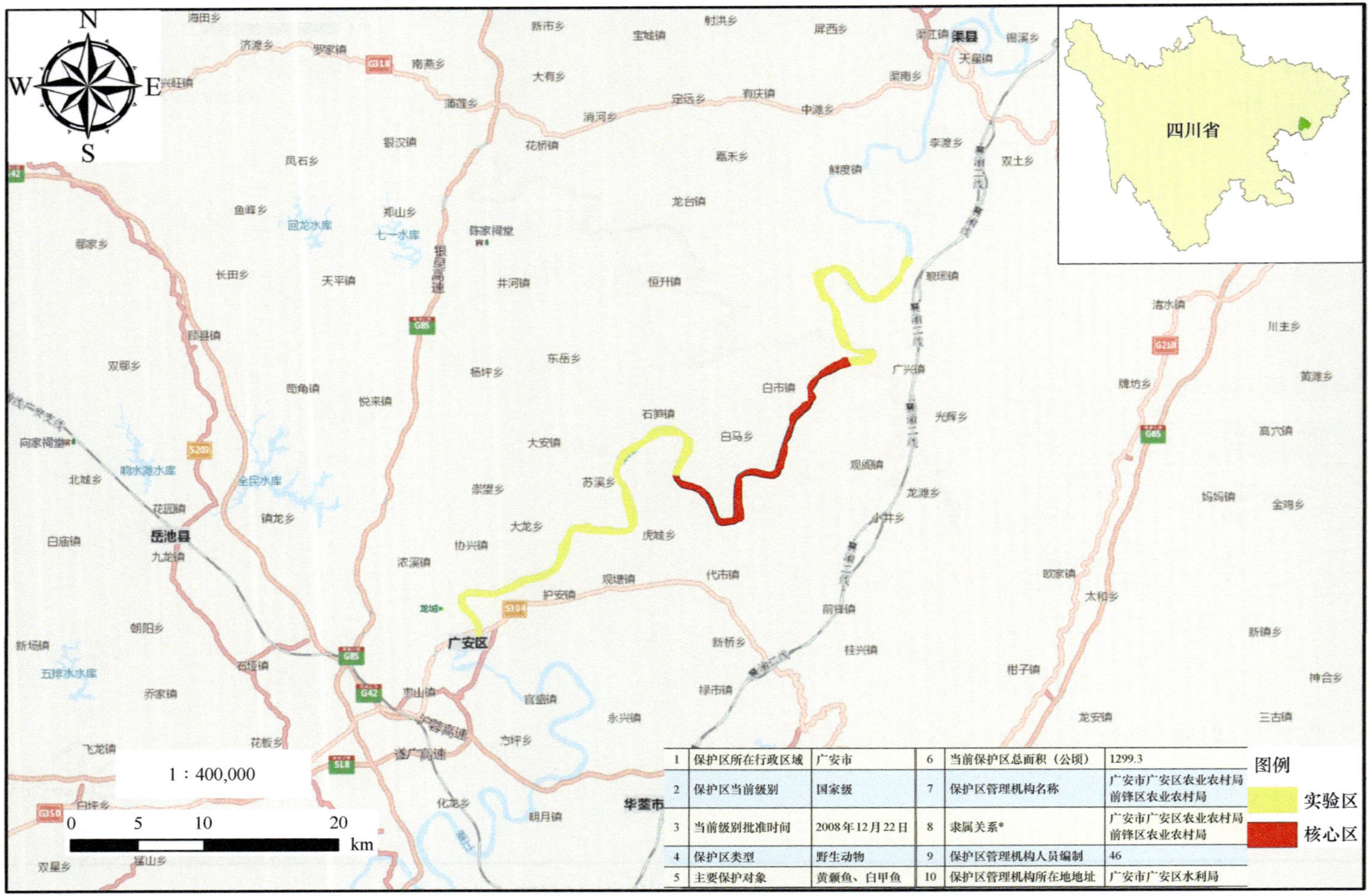

1	保护区所在行政区域	广安市	6	当前保护区总面积（公顷）	1299.3
2	保护区当前级别	国家级	7	保护区管理机构名称	广安市广安区农业农村局 前锋区农业农村局
3	当前级别批准时间	2008年12月22日	8	隶属关系*	广安市广安区农业农村局 前锋区农业农村局
4	保护区类型	野生动物	9	保护区管理机构人员编制	46
5	主要保护对象	黄颡鱼、白甲鱼	10	保护区管理机构所在地地址	广安区水利局

附图 95

渠江岳池段长薄鳅大鳍鳠国家级水产种质资源保护区

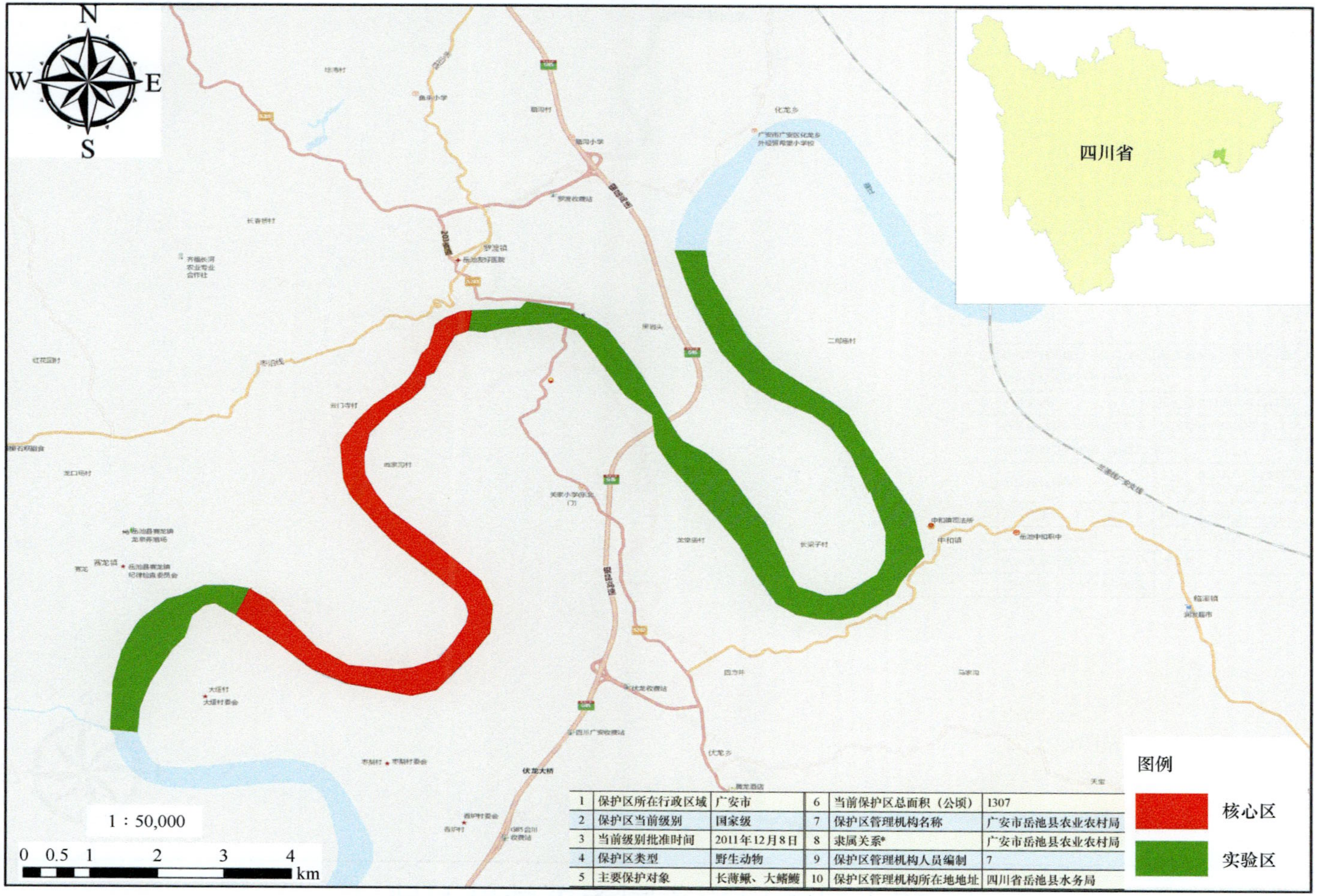

四川省

			6	当前保护区总面积（公顷）	1307
1	保护区所在行政区域	广安市	7	保护区管理机构名称	广安市岳池县农业农村局
2	保护区气候级别	国家级	8	挂牌单位	广安市岳池县农业农村局
3	当前级别批准时间	2011年12月8日	9	保护区管理机构所在地地址	7
4	保护区类型	野生动物	10	保护区管理机构所在地地址	四川省岳池县水务局
5	主要保护对象	长薄鳅、大鳍鳠			

图例
核心区
实验区

附图 96

1 : 50,000

0 0.5 1   2   3   4 km

N E S W

后河特有鱼类国家级自然保护区

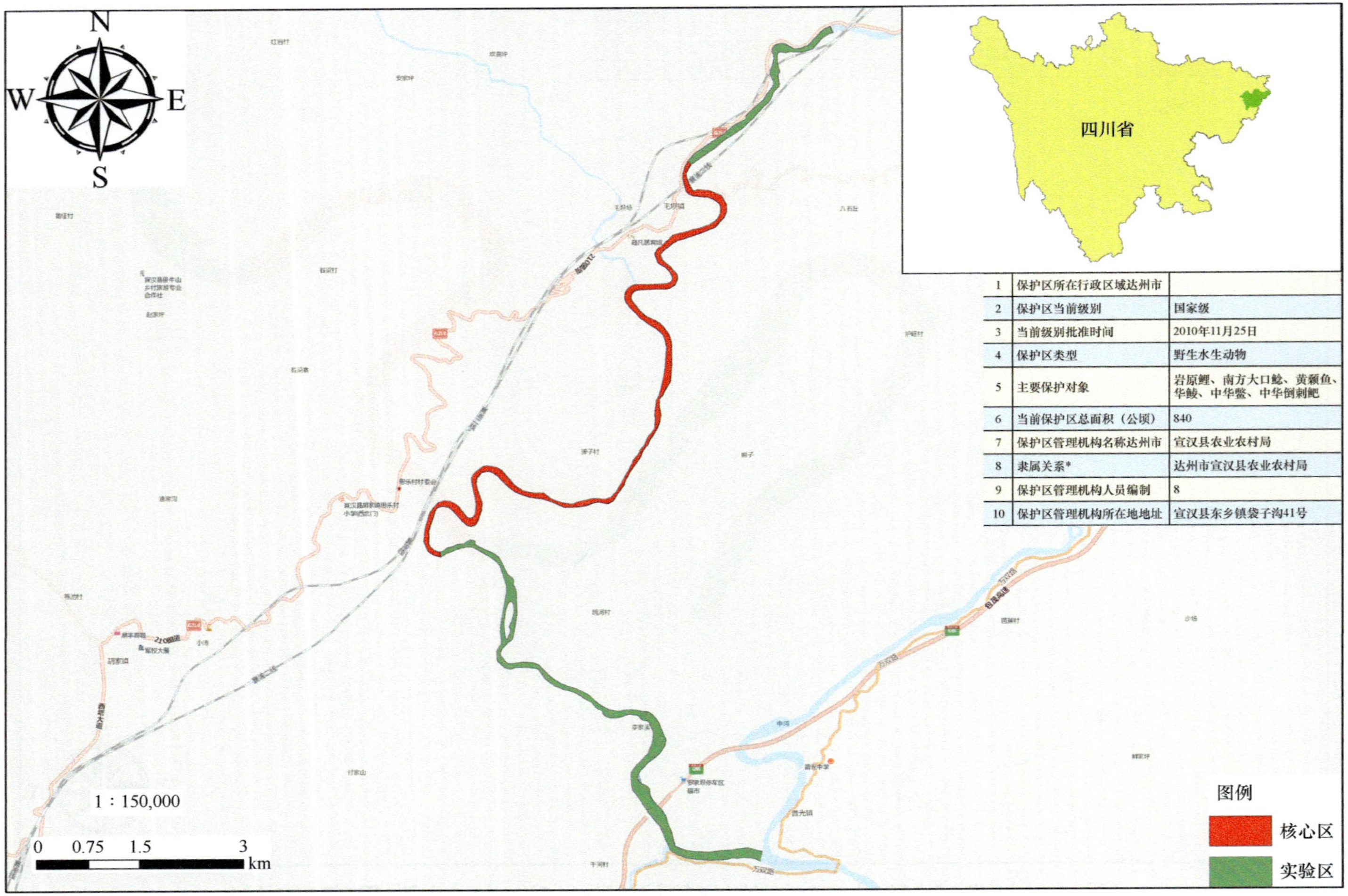
N
S
W
E
四川省
1：150,000
0 0.75 1.5 3 km
图例
核心区
实验区

1	保护区所在行政区域达州市	
2	保护区当前级别	国家级
3	当前级别批准时间	2010年11月25日
4	保护区类型	野生水生动物
5	主要保护对象	岩原鲤、南方大口鲶、黄颡鱼、华鲮、中华鳖、中华倒刺鲃
6	当前保护区总面积（公顷）	840
7	保护区管理机构名称达州市	宣汉县农业农村局
8	隶属关系*	达州市宣汉县农业农村局
9	保护区管理机构人员编制	8
10	保护区管理机构所在地地址	宣汉县东乡镇袋子沟41号

附图 97

巴河岩原鲤华鲮国家级水产种质资源保护区

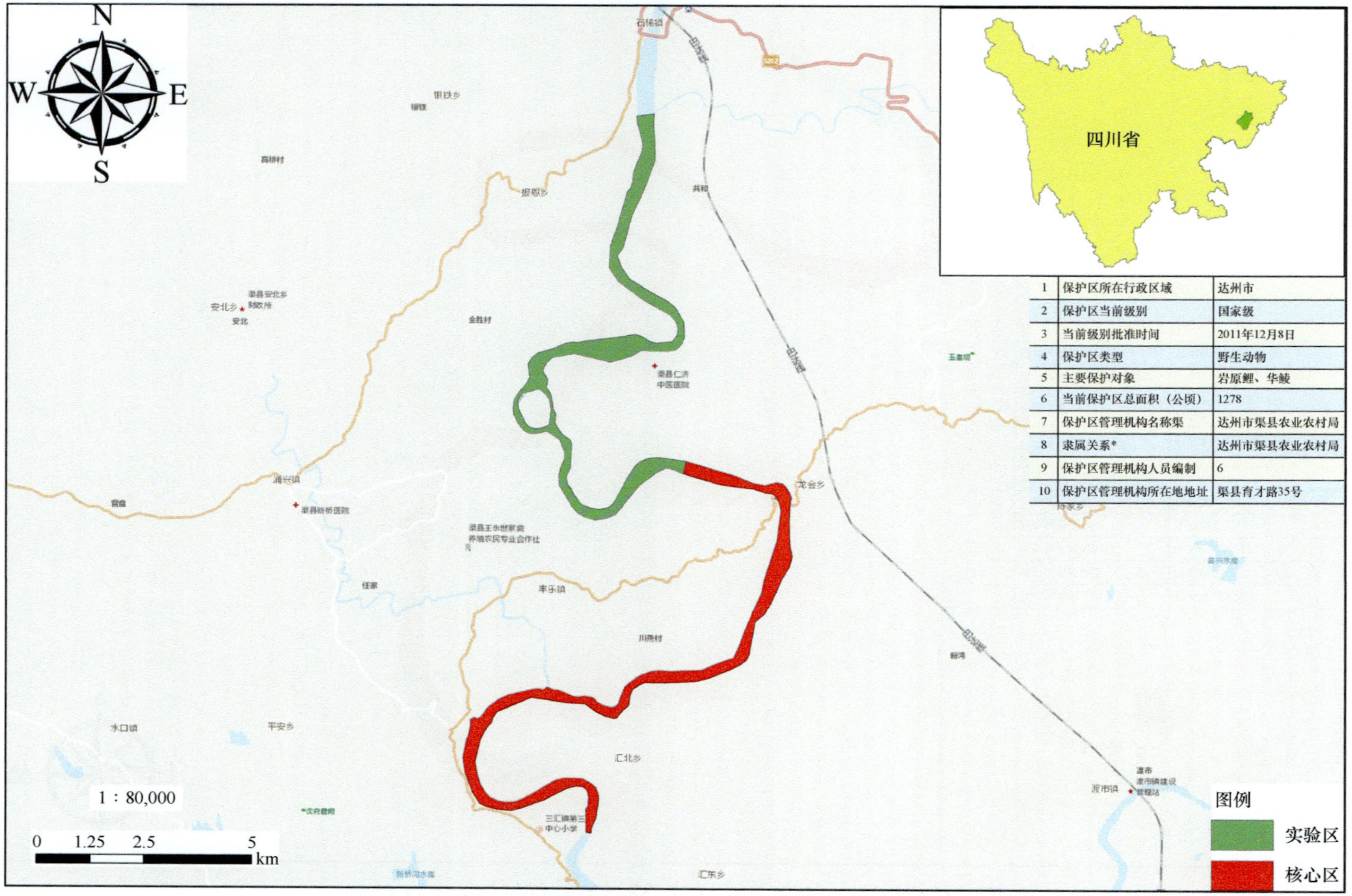
N
S
W
E
四川省
图例
实验区
核心区
1：80,000
0 1.25 2.5 5 km

1	保护区所在行政区域	达州市
2	保护区当前级别	国家级
3	当前级别批准时间	2011年12月8日
4	保护区类型	野生动物
5	主要保护对象	岩原鲤、华鲮
6	当前保护区总面积（公顷）	1278
7	保护区管理机构名称渠	达州市渠县农业农村局
8	隶属关系*	达州市渠县农业农村局
9	保护区管理机构人员编制	6
10	保护区管理机构所在地地址	渠县育才路35号

附图 98

岷江长吻鮠国家级水产种质资源保护区

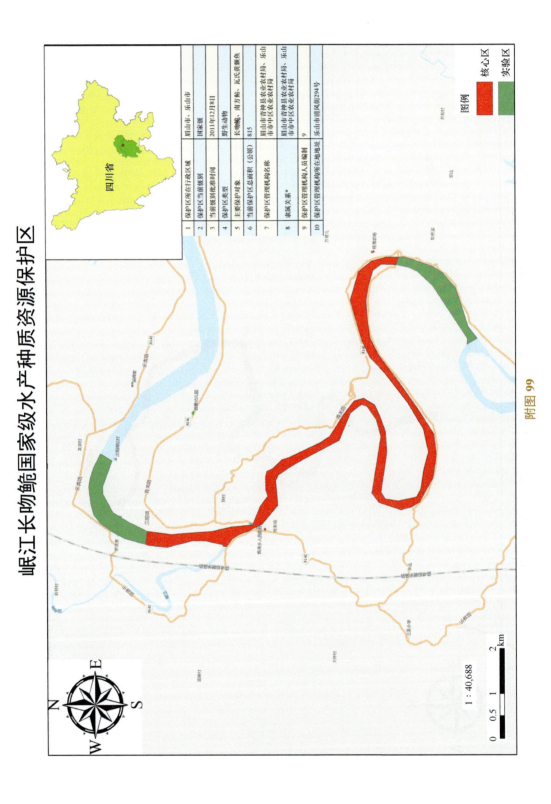

1	保护区所在行政区域	眉山市、乐山市
2	保护区当前级别	国家级
3	当前级别批准时间	2011年12月8日
4	保护区类型	野生动物
5	主要保护对象	长吻鮠、南方鲇、瓦氏黄颡鱼
6	当前保护区总面积（公顷）	815
7	保护区管理机构名称	眉山市青神县农业农村局、乐山市市中区农业农村局
8	隶属关系*	眉山市青神县农业农村局、乐山市市中区农业农村局
9	保护区管理机构人员编制	9
10	保护区管理机构所在地地址	乐山市清风街294号

四川省

1：40,688

0 0.5 1   2 km

附图99

濑溪河翘嘴鲌蒙古鲌国家级水产种质资源保护区

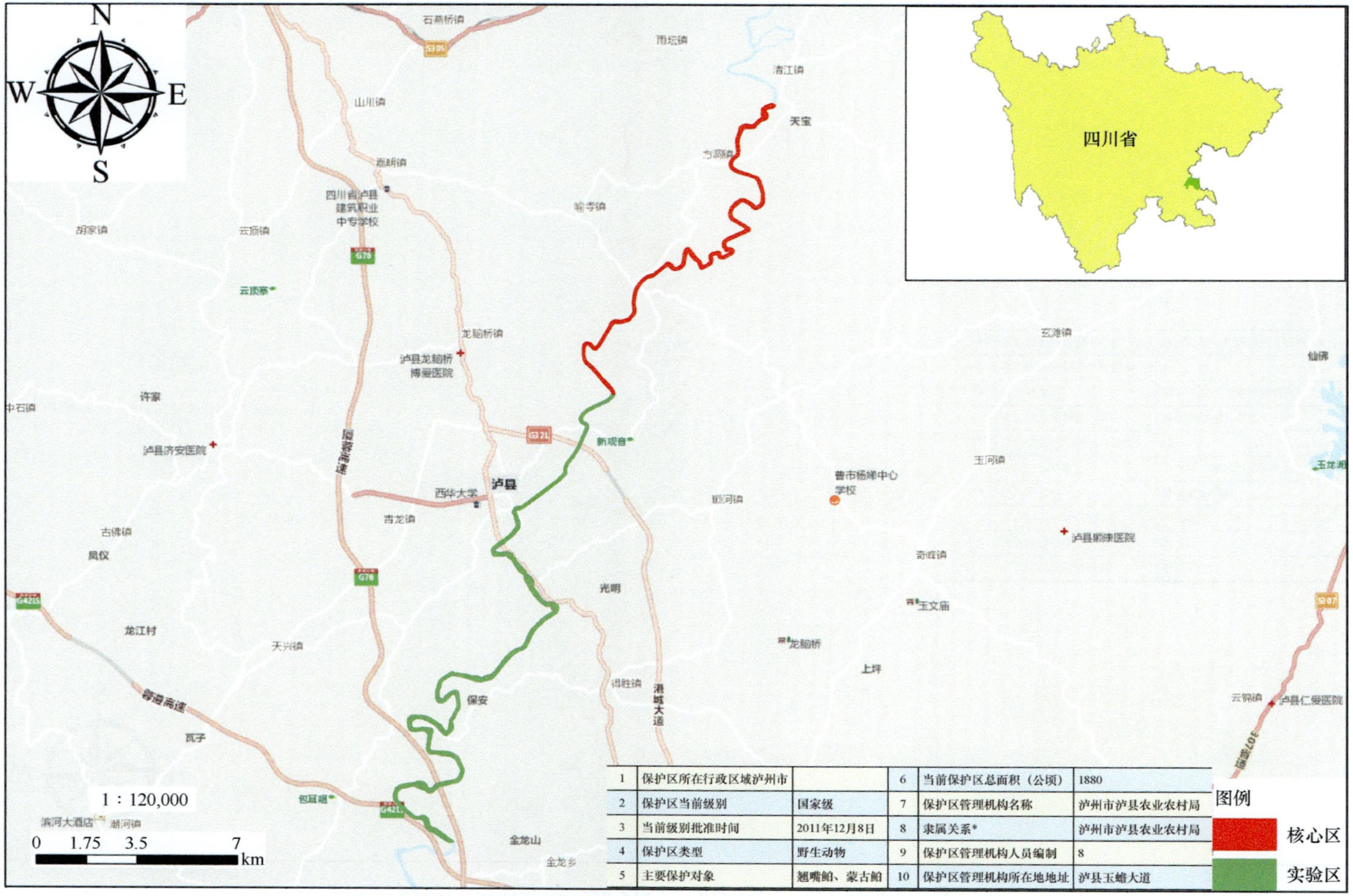

四川省

1	保护区所在行政区域	泸州市		6	当前保护区总面积（公顷）	1880
2	保护区当前级别	国家级		7	保护区管理机构名称	泸州市泸县农业农村局
3	当前级别批准时间	2011年12月8日		8	隶属关系*	泸州市泸县农业农村局
4	保护区类型	野生动物		9	保护区管理机构人员编制	8
5	主要保护对象	翘嘴鲌、蒙古鲌		10	保护区管理机构所在地地址	泸县玉蟾大道

图例

核心区

实验区

1：120,000

0　1.75　3.5　　　　7 km

附图 100

消水河国家级水产种质资源保护区

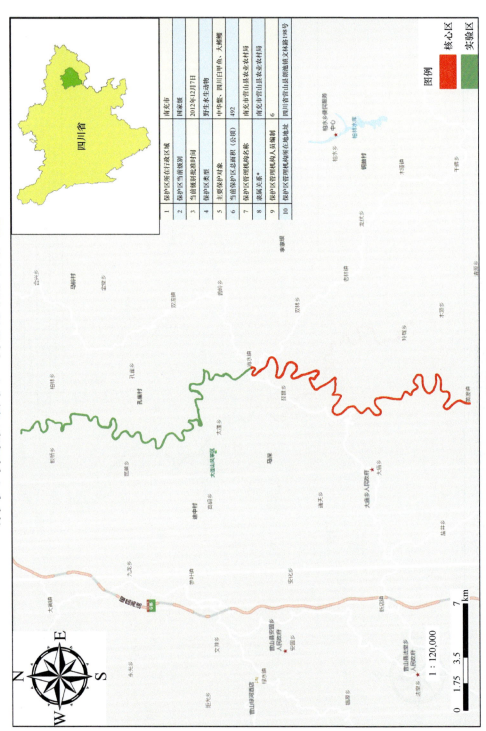

四川省

1	保护区所在行政区域	南充市
2	保护区当前级别	国家级
3	当前级别批准地时间	2012年12月7日
4	保护区类型	野生水生动物
5	主要保护对象	中华鳖、四川白甲鱼、大鳍鳠
6	当前保护区总面积（公顷）	492
7	保护区管理机构的名称	南充市营山县农业农村局
8	隶属关系*	南充市营山县农业农村局
9	保护区管理机构的人员编制	6
10	保护区管理机构所在地地址	四川省营山县朗地镇文林路198号

图例

核心区

实验区

附图 101

1 : 120,000

0   1.75   3.5   7
km

嘉陵江南部段国家级水产种质资源保护区

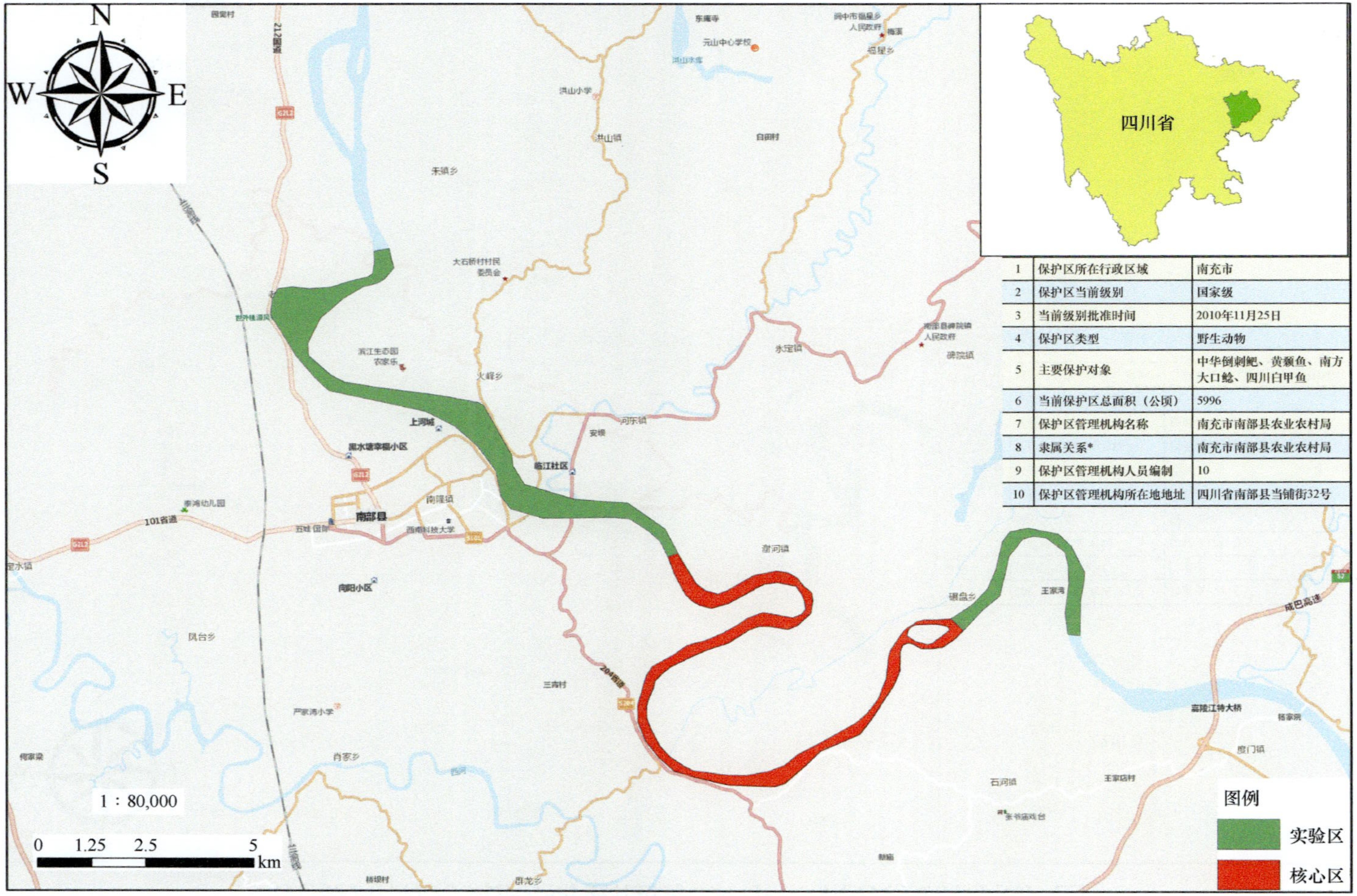

1	保护区所在行政区域	南充市
2	保护区当前级别	国家级
3	当前级别批准时间	2010年11月25日
4	保护区类型	野生动物
5	主要保护对象	中华倒刺鲃、黄颡鱼、南方大口鲶、四川白甲鱼
6	当前保护区总面积（公顷）	5996
7	保护区管理机构名称	南充市南部县农业农村局
8	隶属关系	南充市南部县农业农村局
9	保护区管理机构人员编制	10
10	当前保护区管理机构所在地地址	四川省南部县当铺街32号

图例　实验区　核心区

四川省

附图 102

1 : 80,000

0　1.25　2.5　5 km

—225—

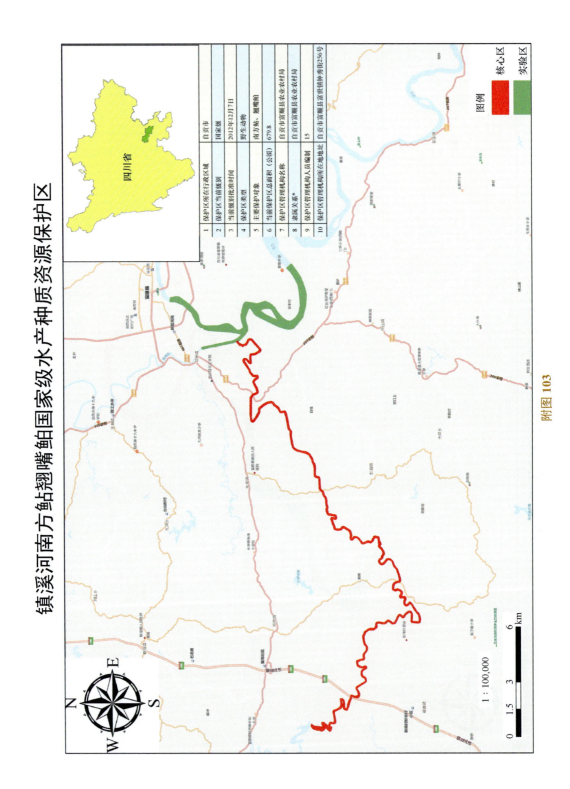

镇溪河南方鲇翘嘴鲌国家级水产种质资源保护区

1	保护区所在行政区域	自贡市
2	保护区当前级别	国家级
3	当前级别批准时间	2012年12月7日
4	保护区类型	野生动物
5	主要保护对象	南方鲇、翘嘴鲌
6	当前保护区总面积（公顷）	679.8
7	保护区管理机构名称	自贡市富顺县农业农村局
8	隶属关系*	自贡市富顺县农业农村局
9	保护区管理机构人员编制	15
10	保护区管理机构所在地地址	自贡市富顺县富世镇钟秀街256号

图例
核心区
实验区

四川省

附图 103

1 : 100,000

0 1.5 3 6 km

N E S W

巴河特有鱼类国家级水产种质资源保护区

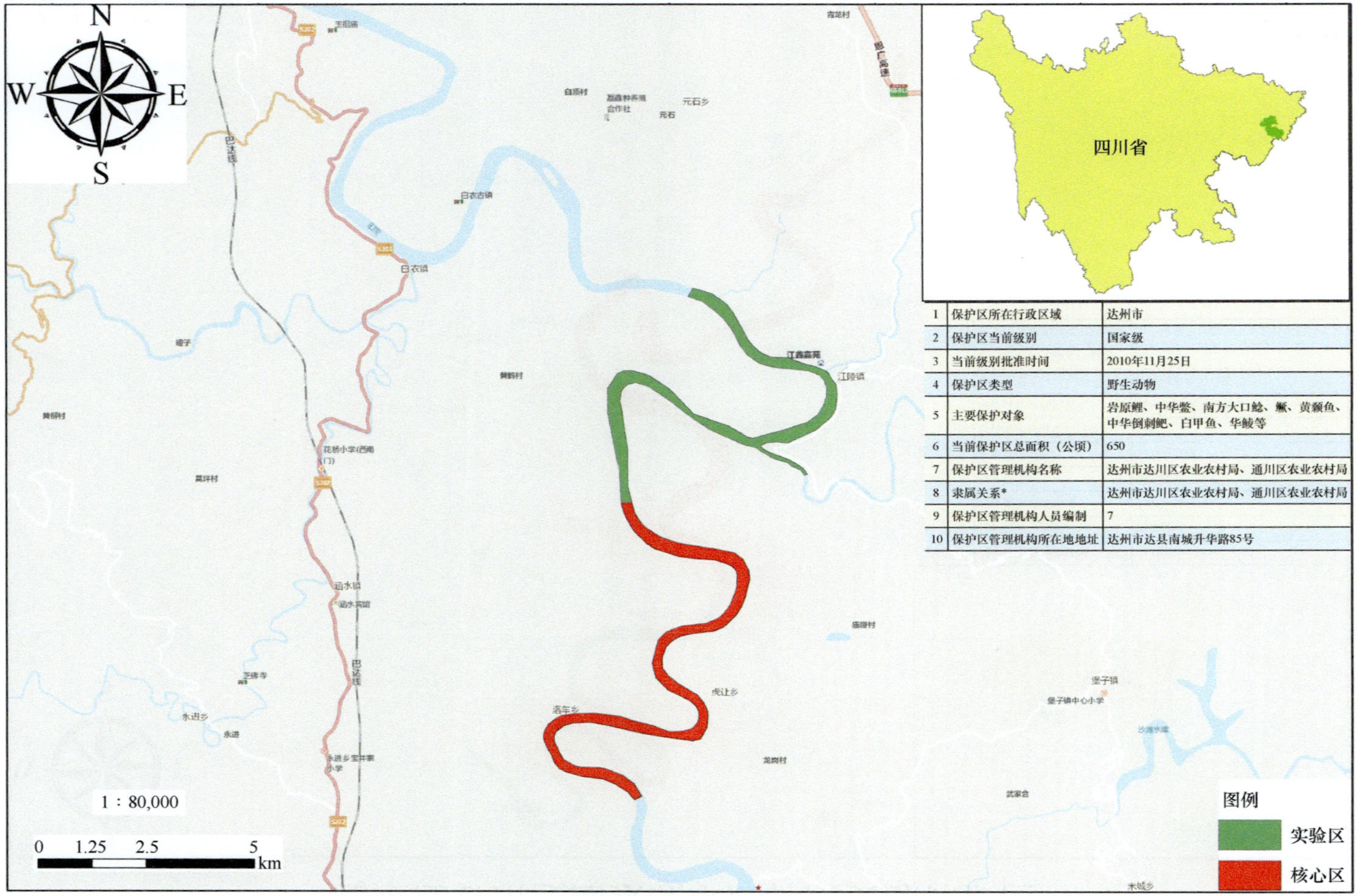

1	保护区所在行政区域	达州市
2	保护区当前级别	国家级
3	当前级别批准时间	2010年11月25日
4	保护区类型	野生动物
5	主要保护对象	岩原鲤、中华鳖、南方大口鲶、鳜、黄颡鱼、中华倒刺鲃、白甲鱼、华鲮等
6	当前保护区总面积（公顷）	650
7	保护区管理机构名称	达州市达川区农业农村局、通川区农业农村局
8	隶属关系*	达州市达川区农业农村局、通川区农业农村局
9	保护区管理机构人员编制	7
10	保护区管理机构所在地地址	达州市达县南城开华源5号

图例
实验区
核心区

1 : 80,000

0　1.25　2.5　　　5 km

附图 104

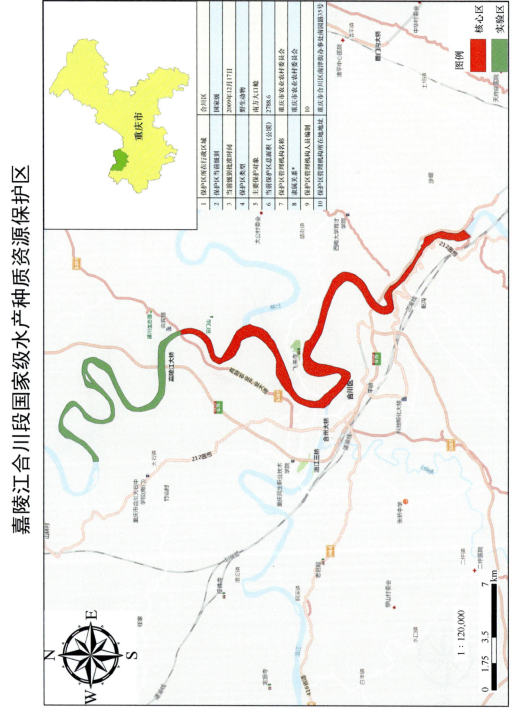

嘉陵江合川段国家级水产种质资源保护区

1	保护区所在行政区域	合川区
2	保护区当前级别	国家级
3	当前级别批准时间	2009年12月17日
4	保护区类型	野生动物
5	主要保护对象	南方大口鲶
6	当前保护区总面积（公顷）	2788.6
7	保护区管理机构名称	重庆市农业农村委员会
8	隶属关系*	重庆市农业农村委员会
9	保护区管理机构人员编制	10
10	保护区管理机构所在地地址	重庆市合川区南屏街道南园路35号

图例　核心区　实验区

附图 105

长江重庆段四大家鱼国家级水产种质资源保护区

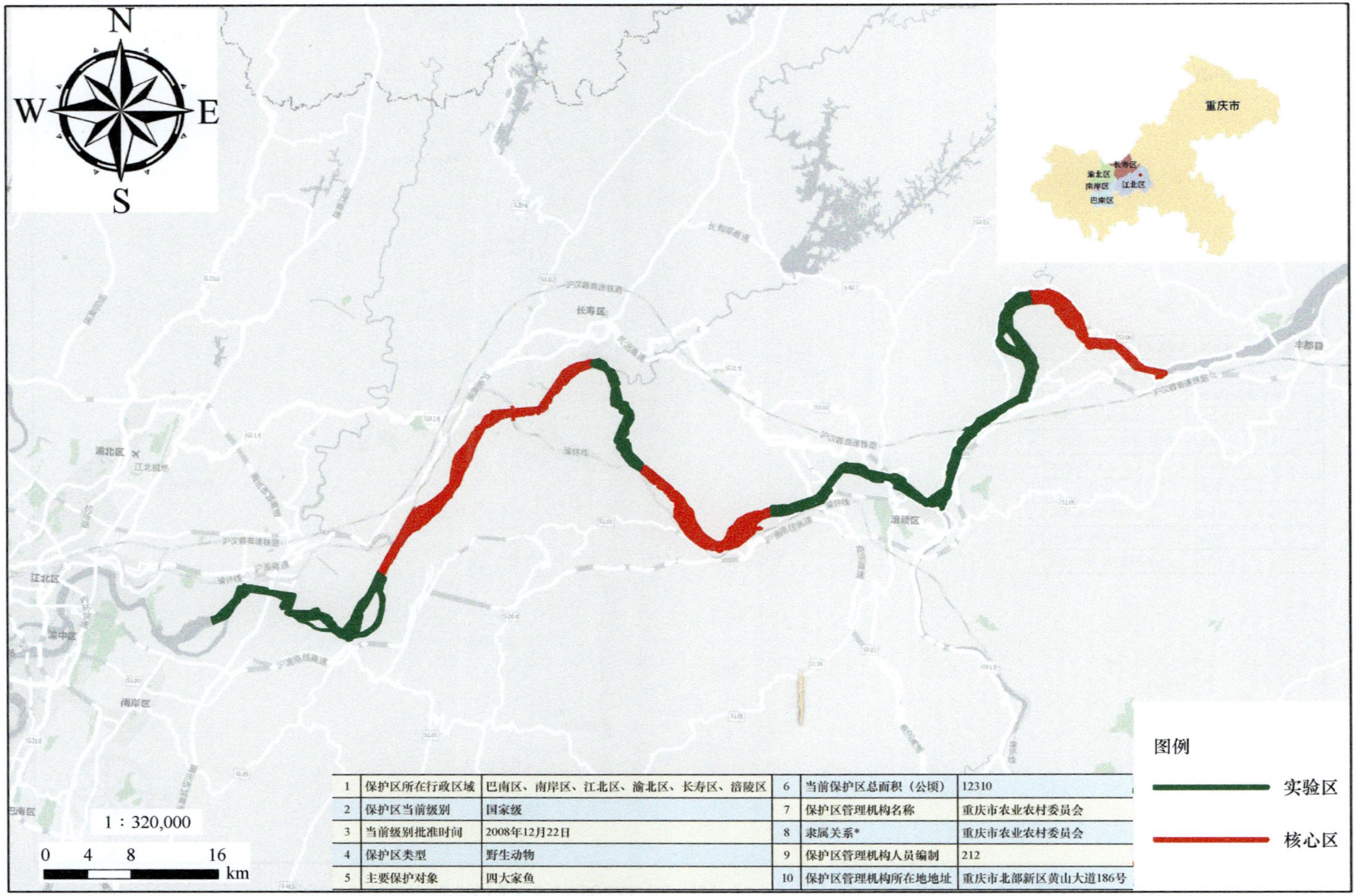

1	保护区所在行政区域	巴南区、南岸区、江北区、渝北区、长寿区、涪陵区	
2	保护区当前级别	国家级	
3	当前级别批准时间	2008年12月22日	
4	保护区类型	野生动物	
5	主要保护对象	四大家鱼	
6	当前保护区总面积（公顷）	12310	
7	保护区管理机构名称	重庆市农业农村委员会	
8	隶属关系*	重庆市农业农村委员会	
9	保护区管理机构人员编制	212	
10	保护区管理机构所在地地址	重庆市北碚新区嘉山大道186号	

图例　实验区　核心区

1 : 320,000

0　4　8　16 km

附图 106

漾弓江流域小裂腹鱼省级水产种质资源保护区

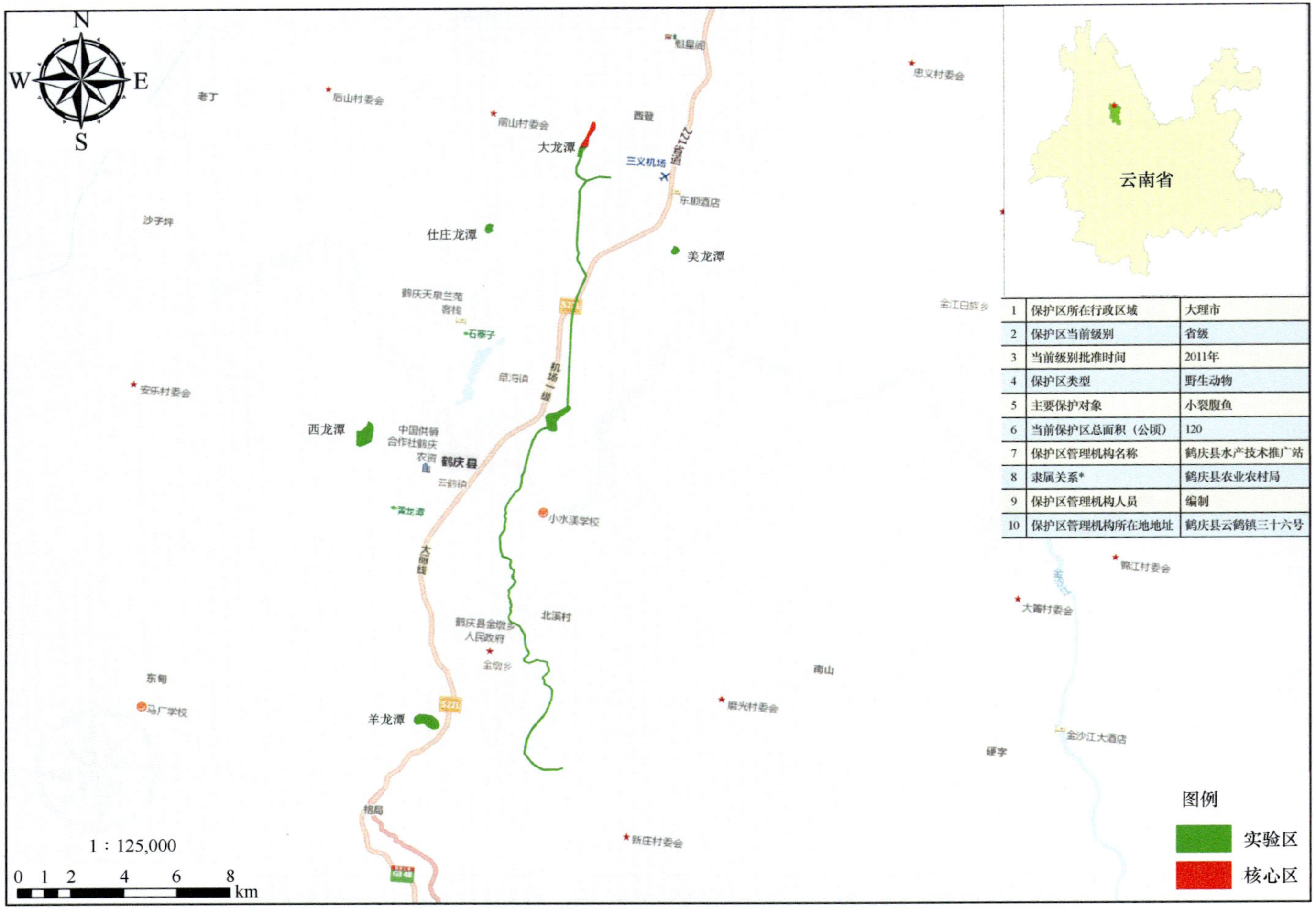
N
S
W
E
云南省
大龙潭
仕庄龙潭
美龙潭
西龙潭
羊龙潭
三义机场
鹤庆县
小水溪学校
北溪村
1：125,000
0 1 2 4 6 8 km
图例
实验区
核心区

1	保护区所在行政区域	大理市
2	保护区当前级别	省级
3	当前级别批准时间	2011年
4	保护区类型	野生动物
5	主要保护对象	小裂腹鱼
6	当前保护区总面积（公顷）	120
7	保护区管理机构名称	鹤庆县水产技术推广站
8	隶属关系*	鹤庆县农业农村局
9	保护区管理机构人员	编制
10	保护区管理机构所在地地址	鹤庆县云鹤镇三十六号

附图 107

黎明河硬刺裸鲤鱼省级水产种质资源保护区

1	保护区所在行政区域	丽江市	6	当前保护区总面积（公顷）	135.59
2	保护区当前级别	省级	7	保护区管理机构名称	玉龙县渔政执法大队
3	当前级别批准时间	2013年9月5日	8	隶属关系*	8
4	保护区类型	野生动物	9	保护区管理机构人员编制	
5	主要保护对象	硬刺裸裂尻鱼、纵纹裂腹鱼、短须裂腹鱼、细鳞裂腹鱼	10	保护区管理机构所在地地址	玉龙县金川路10号

图例

核心区

实验区

云南省

1 : 150,000

0 1 2　　4　　6　　8 km

附图 108

复兴河裂腹鱼省级水产种质资源保护区

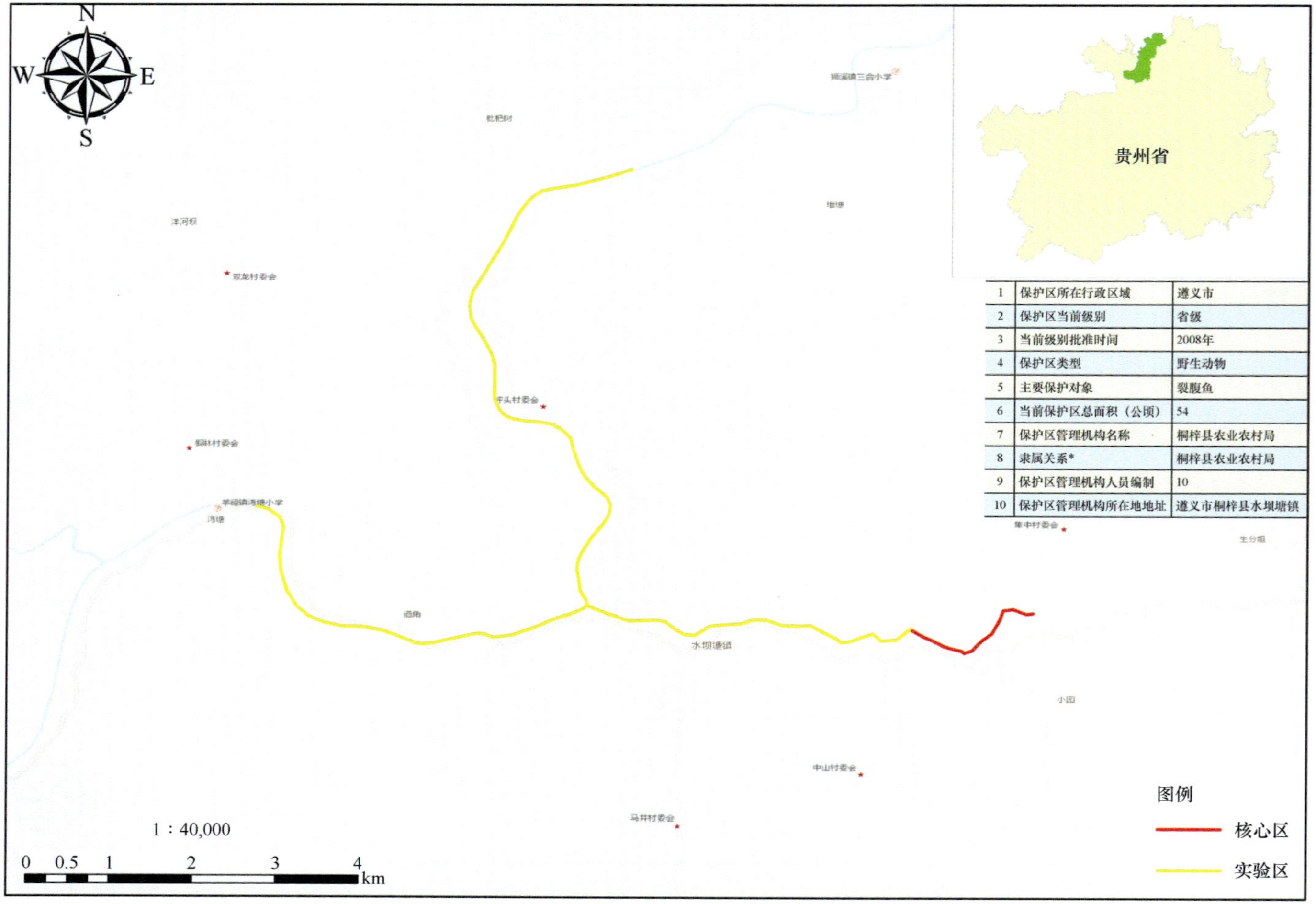

1	保护区所在行政区域	遵义市
2	保护区当前级别	省级
3	当前级别批准时间	2008年
4	保护区类型	野生动物
5	主要保护对象	裂腹鱼
6	当前保护区总面积（公顷）	54
7	保护区管理机构名称	桐梓县农业农村局
8	隶属关系	桐梓县农业农村局
9	保护区管理机构人员编制	10
10	保护区管理机构所在地地址	遵义市桐梓县水坝塘镇

图例
核心区
实验区

贵州省

1：40,000

附图 109

琼江翘嘴红鲌省级水产种质资源保护区

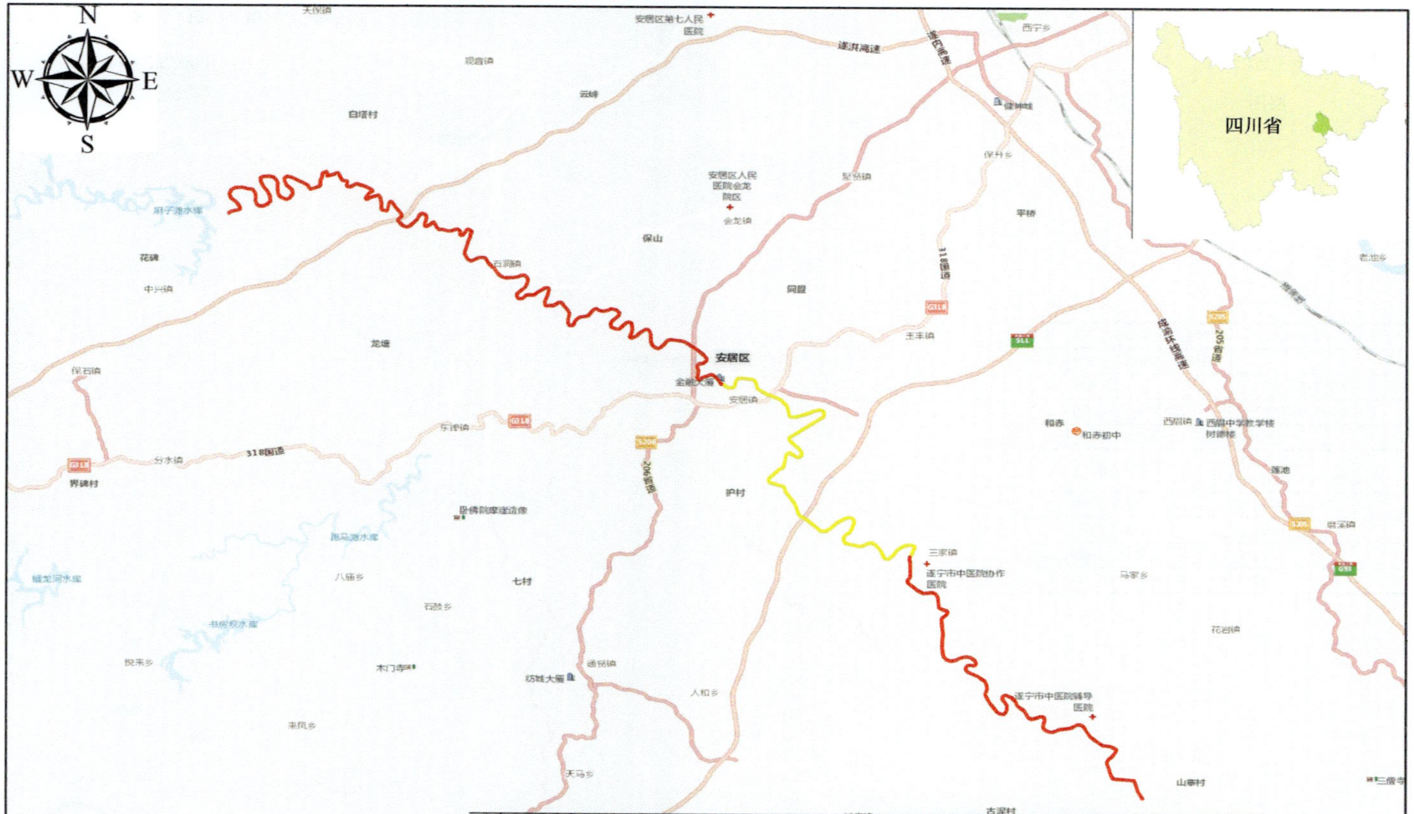
N
S
W
E
四川省
安居区
318国道
206省道
205省道
1：150,000
0 1 2 4 6 8 km
图例
核心区
实验区

1	保护区所在行政区域	遂宁市	6	当前保护区总面积（公顷）	540
2	保护区当前级别	省级	7	保护区管理机构名称	遂宁市安居区农业农村局
3	当前级别批准时间	2009年12月21日	8	隶属关系*	遂宁市安居区农业农村局
4	保护区类型	野生动物	9	保护区管理机构人员编制	
5	主要保护对象	翘嘴红鲌、蒙古红鲌、乌鳢、黄颡鱼	10	保护区管理机构所在地地址	遂宁市安居区国贸西路与安居大道

附图 110

东河上游特有鱼类省级水产种质资源保护区

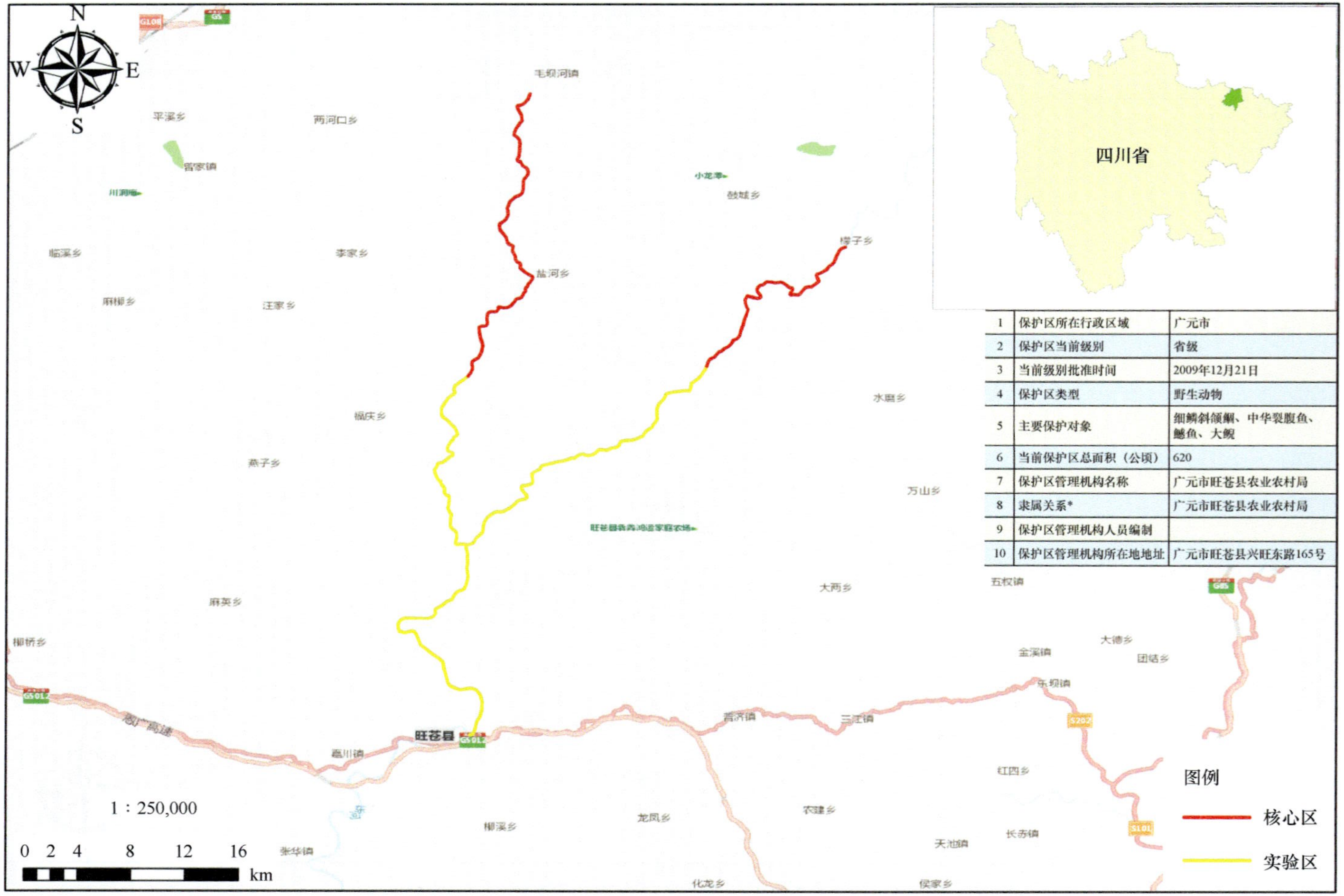

四川省

1	保护区所在行政区域	广元市
2	保护区当前级别	省级
3	当前级别批准时间	2009年12月21日
4	保护区类型	野生动物
5	主要保护对象	细鳞斜颌鲴、中华倒刺鲃、鳙鱼、大鲵
6	当前保护区总面积（公顷）	620
7	保护区管理机构名称	广元市旺苍县农业农村局
8	隶属关系	广元市旺苍县农业农村局
9	保护区管理机构所在人员编制	
10	保护区管理机构所在地址	广元市旺苍县兴东本源165号

图例

核心区
实验区

附图 111

1 : 250,000

km
0 4 8 12 16

0 2 4

嘉陵江南充段省级水产种质资源保护区

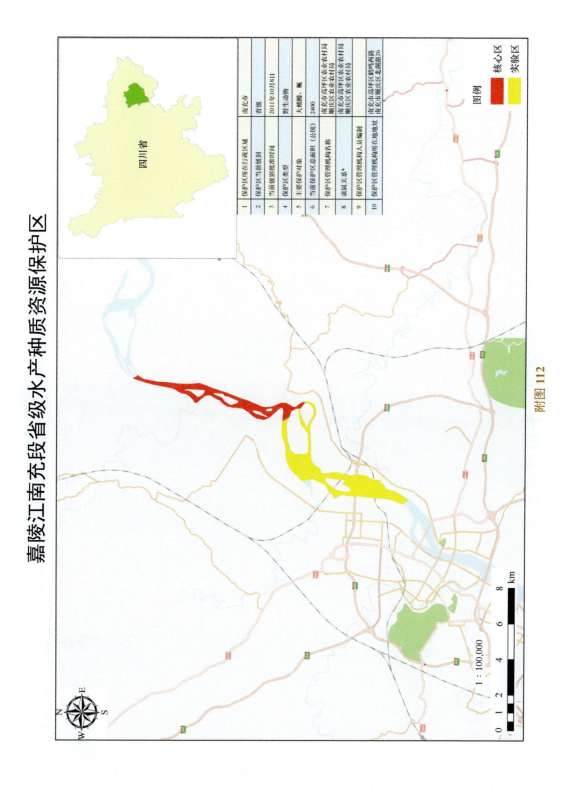

1	保护区所在行政区域	南充市
2	保护区当前级别	省级
3	当前级别批准时间	2011年10月8日
4	保护区类型	野生动物
5	主要保护对象	大鳍鱊、鳡
6	当前保护区总面积（公顷）	2400
7	保护区管理机构名称	南充市高坪区农业农村局 顺庆区农业农村局
8	隶属关系*	南充市高坪区农业农村局 顺庆区农业农村局
9	保护区管理机构人员编制	
10	保护区管理机构所在地地址	南充市高坪区鹤鸣西路 南充市顺庆区北湖路26

图例

■ 核心区
■ 实验区

四川省

附图 112

1：100,000

0　1　2　4　6　8 km

龙溪河省级水产种质资源保护区

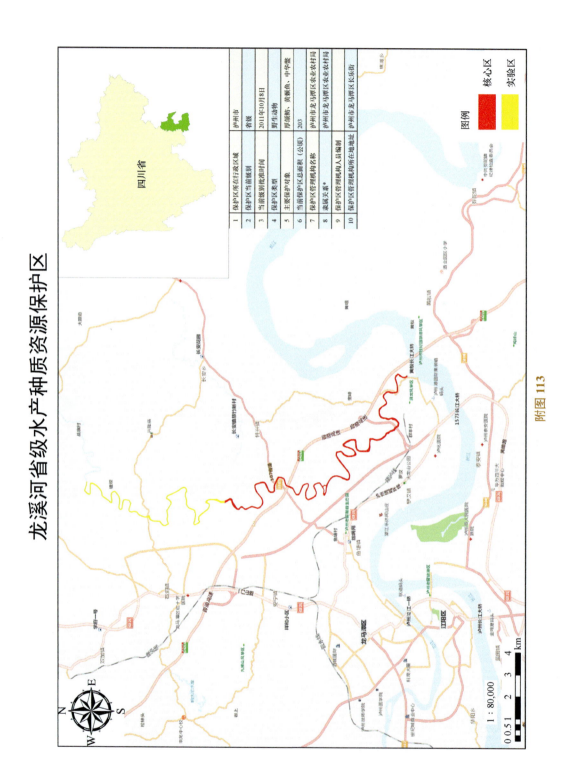

1	保护区所在行政区域	泸州市
2	保护区当前级别	省级
3	当前级别批准时间	2011年10月8日
4	保护区类型	野生动物
5	主要保护对象	厚颌鲂、资鱲鱼、中华鳖
6	当前保护区总面积（公顷）	203
7	保护区管理机构名称	泸州市龙马潭区农业农村局
8	隶属关系*	泸州市龙马潭区农业农村局
9	保护区管理机构的人员编制	泸州市龙马潭区长乐街
10	保护区管理机构所在地地址	泸州市龙马潭区长乐街

图例
核心区
实验区

四川省

附图 113

1 : 80,000

0 0.51 2 3 4 km

雅砻江鲈鲤长丝裂腹鱼省级水产种质资源保护区

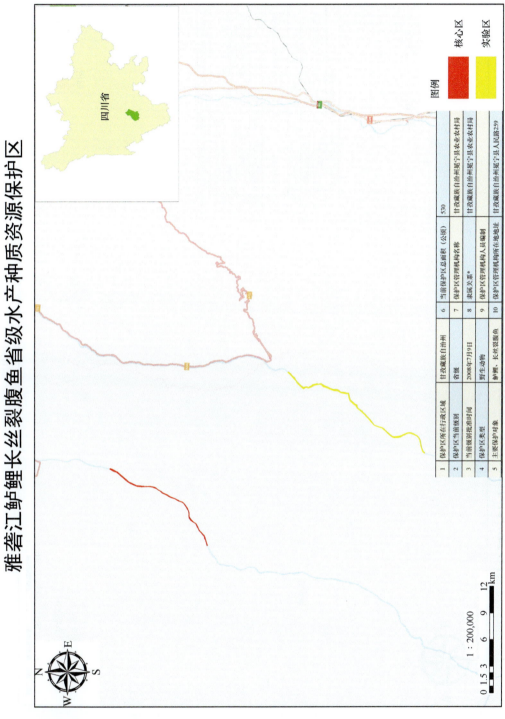

1	保护区所在行政区域	甘孜藏族自治州	6	当前保护区总面积（公顷）	530
2	保护区当前级别	省级	7	保护区管理机构名称	甘孜藏族自治州冕宁县农业农村局
3	当前级别批准时间	2008年7月19日	8	隶属关系*	甘孜藏族自治州冕宁县农业农村局
4	保护区类型	野生动物	9	保护区管理机构人员编制	
5	主要保护对象	鲈鲤、长丝裂腹鱼	10	保护区管理机构所在地地址	甘孜藏族自治州冕宁县人民路259

图例

核心区

实验区

附图 114

N
E
W　　S

1 : 200,000

0 1.5 3　6　9　12
km

阿拉沟高原冷水性鱼类省级水产种质资源保护区

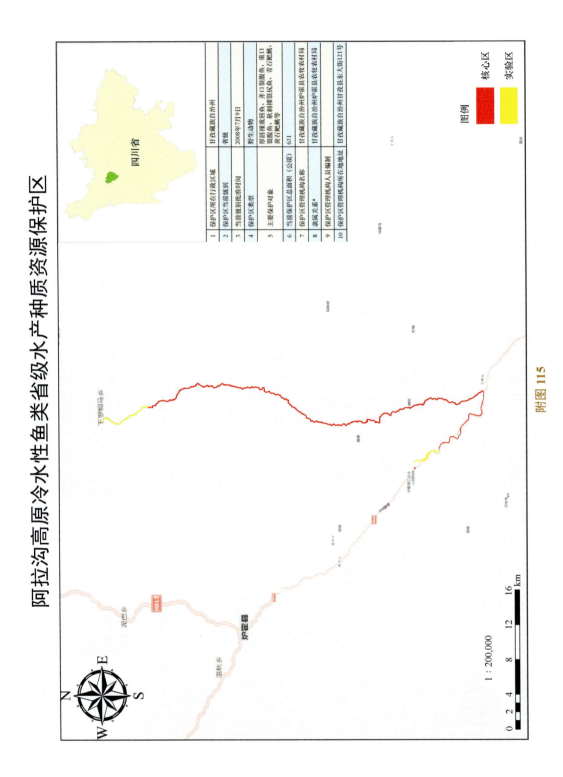

1	保护区所在行政区域	甘孜藏族自治州
2	保护区当前级别	省级
3	当前级别批准时间	2008年7月9日
4	保护区类型	野生动物
5	主要保护对象	厚唇裸重唇鱼、齐口裂腹鱼、重口裂腹鱼、软刺裸裂尻鱼、青石爬鳅、黄石爬鳅等
6	当前保护区总面积（公顷）	631
7	保护区管理机构名称	甘孜藏族自治州炉霍县农牧农村局
8	隶属关系*	甘孜藏族自治州炉霍县农牧农村局
9	保护区管理机构的人员编制	
10	保护区管理机构所在地地址	甘孜藏族自治州甘孜县东大街121号

图例

核心区

实验区

附图 115

浏阳河特有鱼类国家级水产种质资源保护区

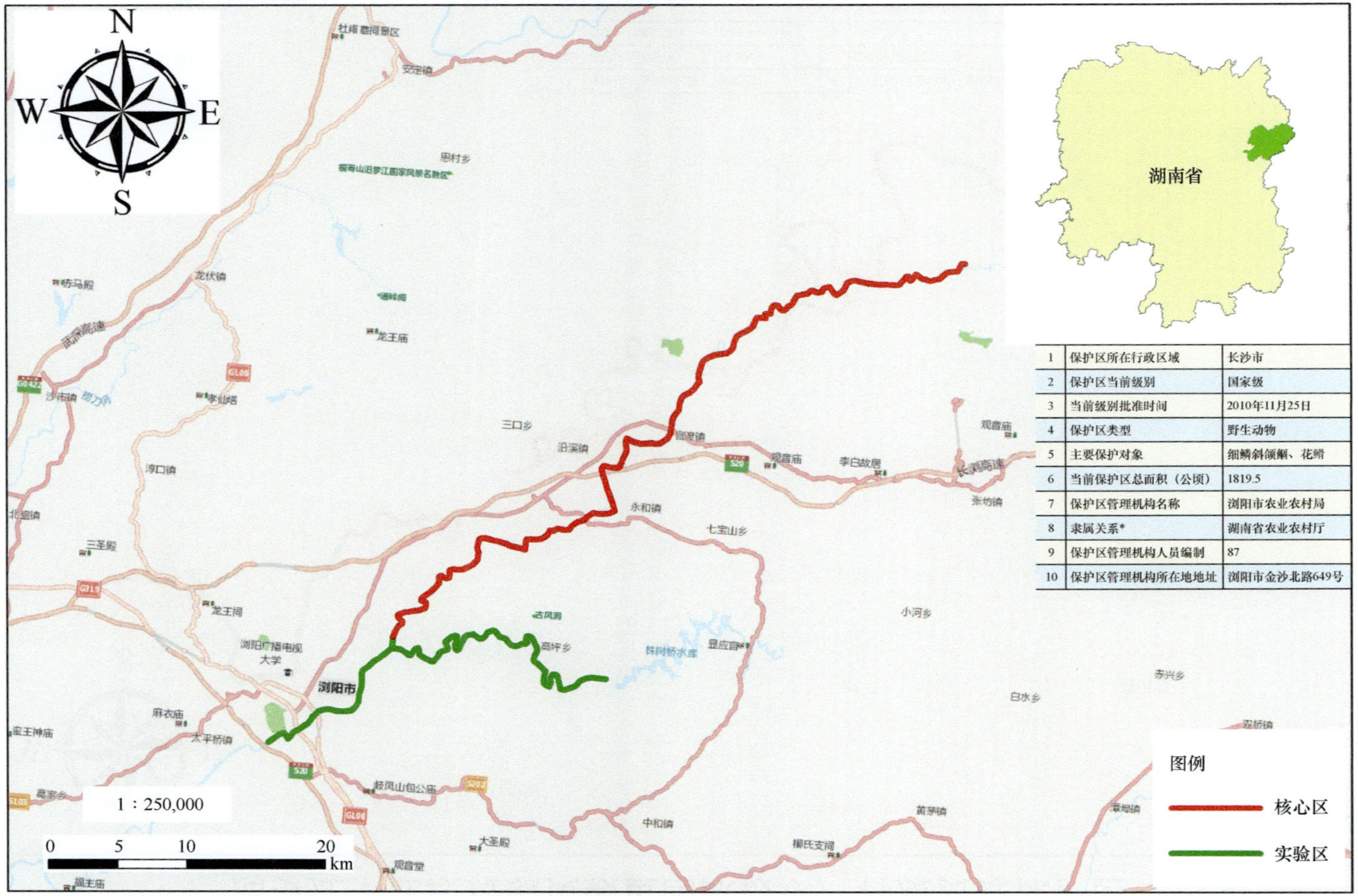

湖南省

1	保护区所在行政区域	长沙市
2	保护区当前级别	国家级
3	当前级别批准时间	2010年11月25日
4	保护区类型	野生动物
5	主要保护对象	鳜鳜斜颌鲴、花鲺
6	当前保护区总面积（公顷）	1819.5
7	保护区管理机构名称	浏阳市农业农村局
8	隶属关系*	湖南省农业农村厅
9	保护区管理机构人员编制	87
10	保护区管理机构所在地地址	浏阳市金沙北路649号

图例

核心区

实验区

附图 116

1 : 250,000

汨罗江平江段斑鳜黄颡鱼国家级水产种质资源保护区

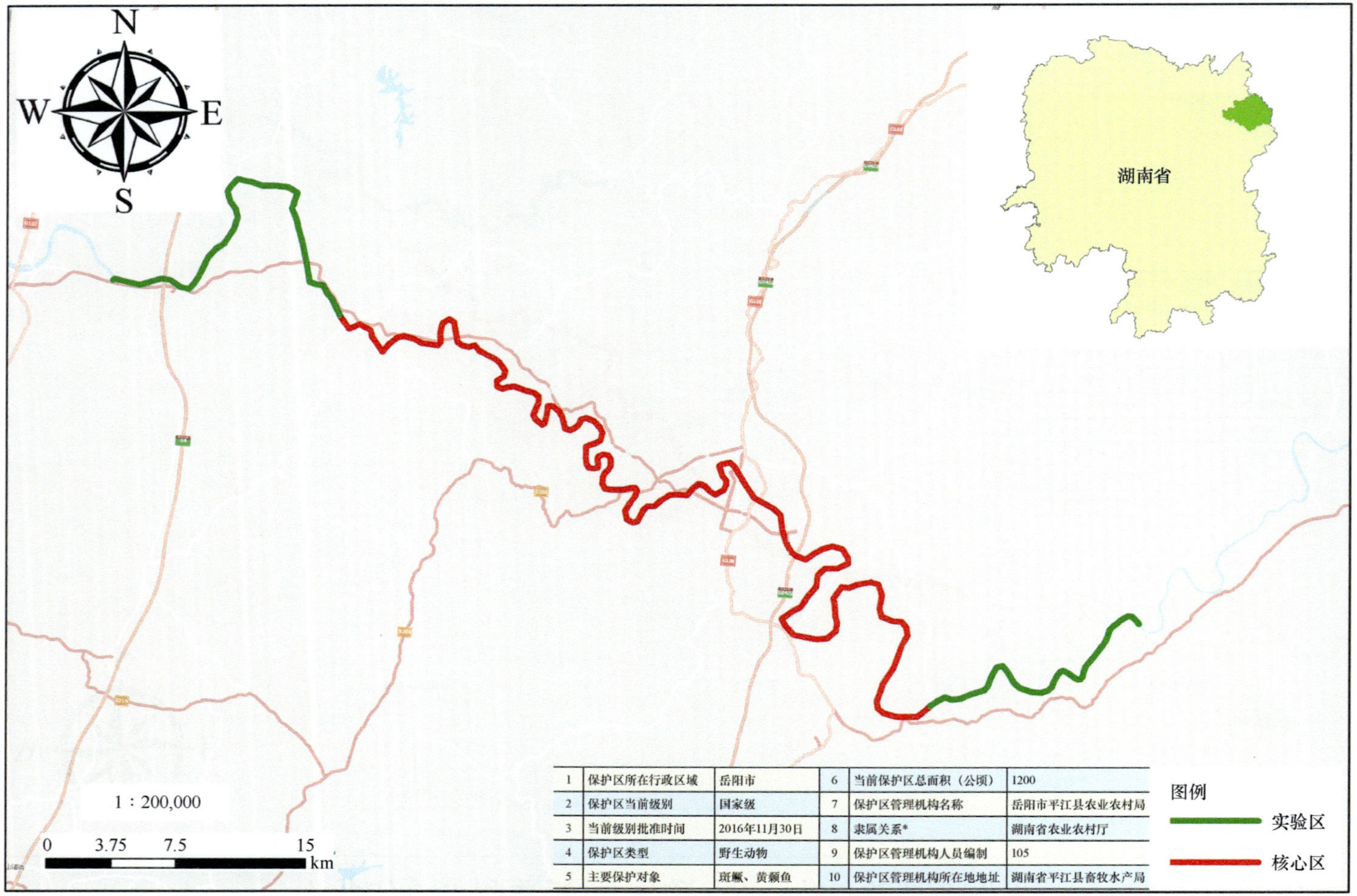

湖南省

附图 117

1	保护区所在行政区域	岳阳市	
2	保护区气候级别	国家级	
3	当前级别批准时间	2016年11月30日	
4	保护区类型	野生动物	
5	主要保护对象	斑鳜、黄颡鱼	
6	当前保护区总面积（公顷）	1200	
7	保护区管理机构名称	岳阳市平江县农业农村局	
8	隶属关系	湖南省农业农村厅	
9	保护区管理机构人员编制	105	
10	保护区管理机构所在地地址	湖南省平江县畜牧水产局	

图例
实验区
核心区

1：200,000

0　3.75　7.5　15 km

东洞庭湖鲤鲫黄颡国家级水产种质资源保护区

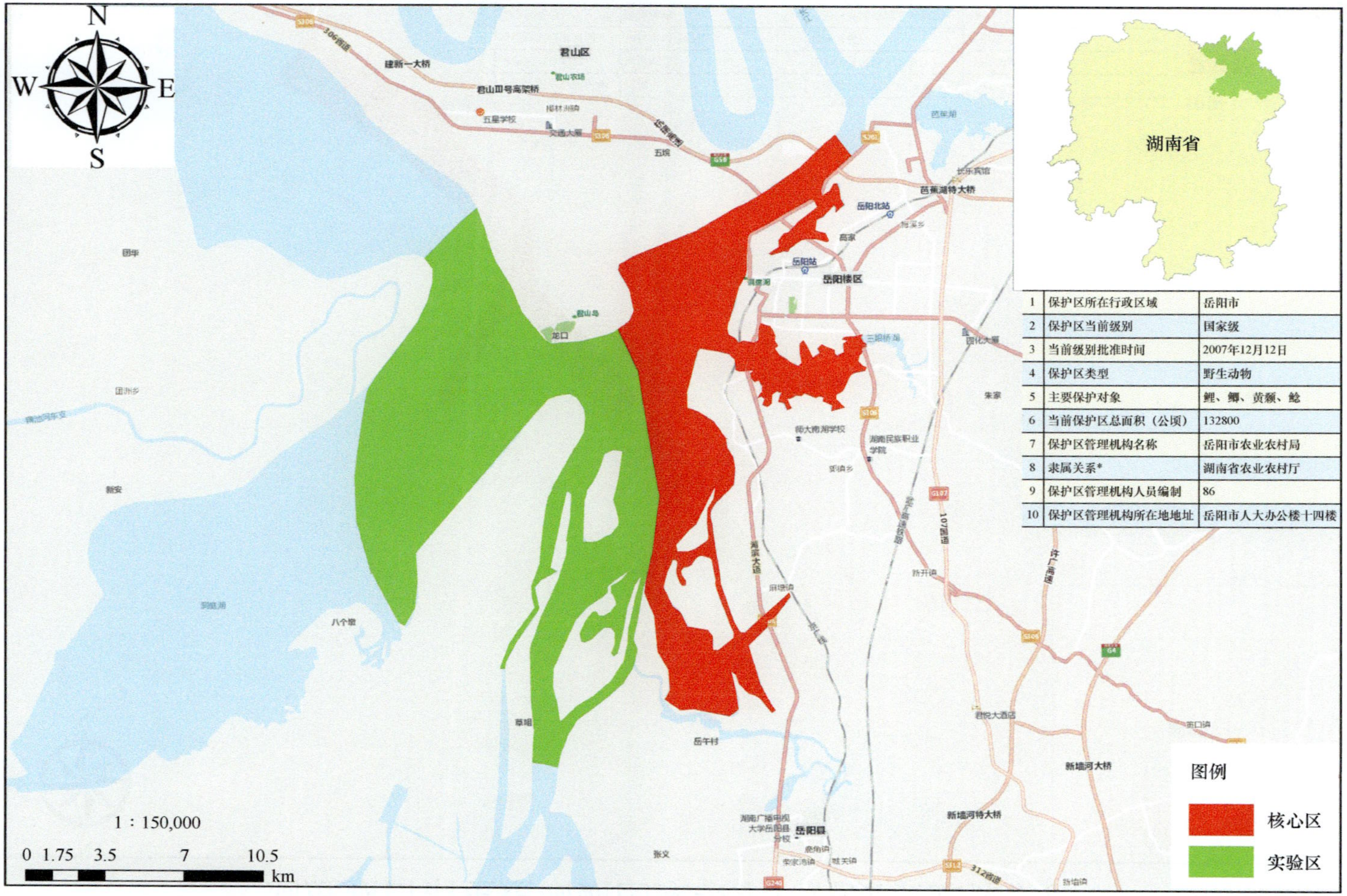
N
W
E
S
湖南省
君山区
岳阳楼区
岳阳县
图例
核心区
实验区
1：150,000
0 1.75 3.5 7 10.5
km

1	保护区所在行政区域	岳阳市
2	保护区当前级别	国家级
3	当前级别批准时间	2007年12月12日
4	保护区类型	野生动物
5	主要保护对象	鲤、鲫、黄颡、鲶
6	当前保护区总面积（公顷）	132800
7	保护区管理机构名称	岳阳市农业农村局
8	隶属关系*	湖南省农业农村厅
9	保护区管理机构人员编制	86
10	保护区管理机构所在地地址	岳阳市人大办公楼十四楼

附图 118

洞庭湖口铜鱼短颌鲚国家级水产种质资源保护区

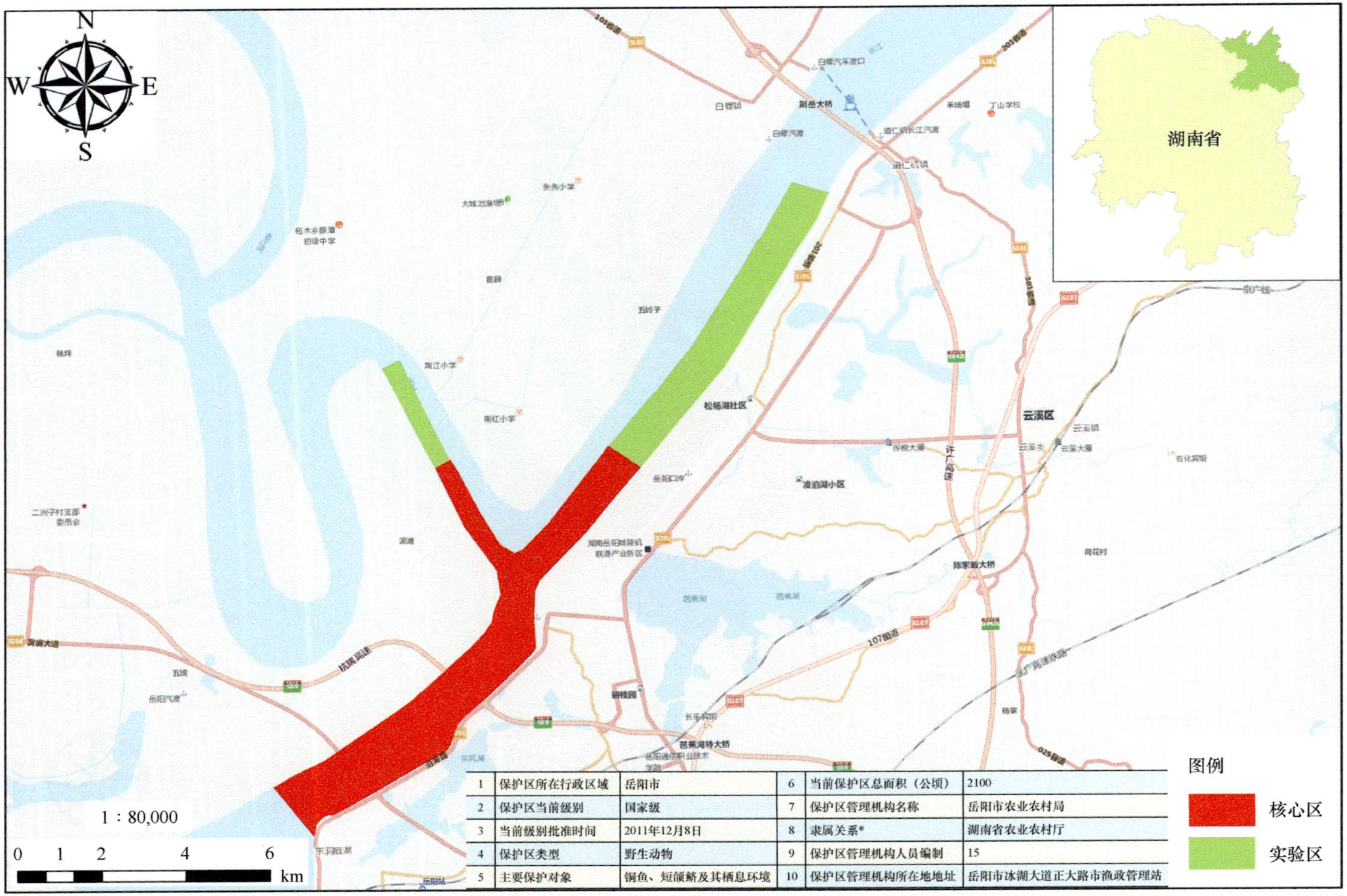

湖南省

图例
核心区
实验区

1	保护区所在行政区域	岳阳市	6	当前保护区总面积（公顷）	2100
2	保护区等级	国家级	7	保护区管理机构名称	岳阳市农业农村局
3	当前级别批准时间	2011年12月8日	8	隶属关系*	湖南省农业农村厅
4	保护区类型	野生动物	9	保护区管理机构人员编制	15
5	主要保护对象	铜鱼、短颌鲚及其栖息水域	10	保护区管理机构所在地地址	岳阳市冰湖大道正大路市渔政管理站

1 : 80,000

0　1　2　4　6　km

附图 119

南洞庭湖大口鲶青虾中华鳖国家级水产种质资源保护区

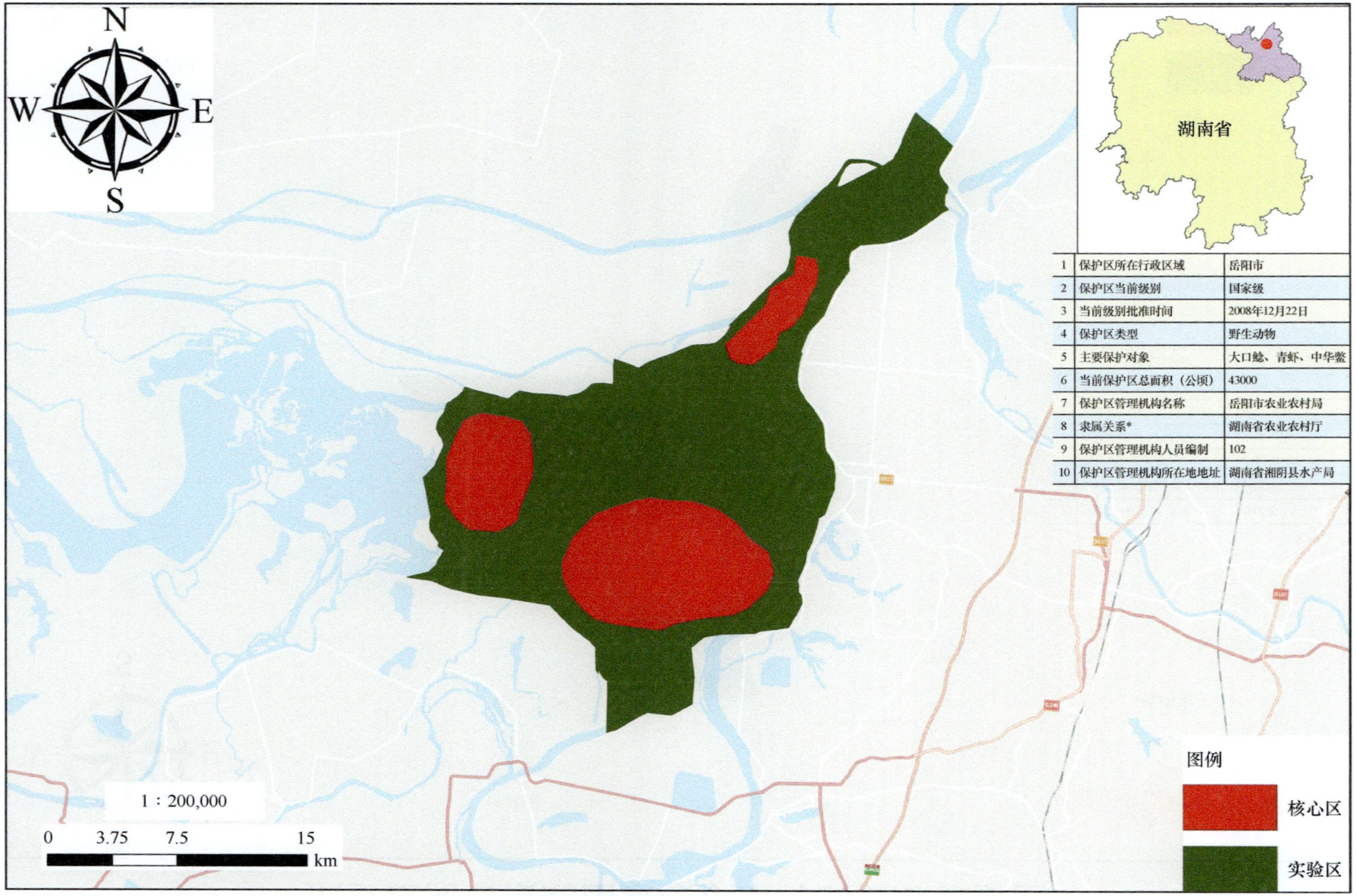

1	保护区所在行政区域	岳阳市
2	保护区当前级别	国家级
3	当前级别批准时间	2008年12月22日
4	保护区类型	野生动物
5	主要保护对象	大口鲶、青虾、中华鳖
6	当前保护区总面积（公顷）	43000
7	当前保护区管理机构名称	岳阳市农业农村局
8	隶属关系	湖南省农业农村厅
9	保护区管理机构人员编制	102
10	保护区管理机构所在地地址	湖南省湘阴县水产局

湖南省

图例
核心区
实验区

N E S W

1 : 200,000

0   3.75   7.5   15 km

附图 120

附　图

—243—

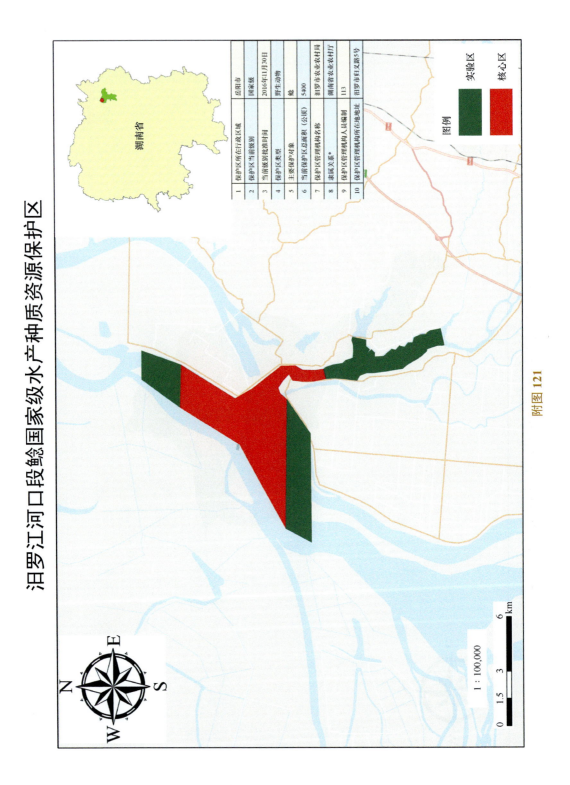

汨罗江河口段鲶国家级水产种质资源保护区

1	保护区所在行政区域	岳阳市
2	保护区当前级别	国家级
3	当前级别批准时间	2016年11月30日
4	保护区类型	野生动物
5	主要保护对象	鲶
6	当前保护区总面积（公顷）	5400
7	保护区管理机构名称	汨罗市农业农村局
8	隶属关系	湖南省农业农村厅
9	保护区管理机构人员编制	113
10	保护区管理机构所在地地址	汨罗市归义路5号

图例

实验区
核心区

湖南省

附图 121

1 : 100,000

0 1.5 3 6 km

东洞庭湖中国圆田螺国家级水产种质资源保护区

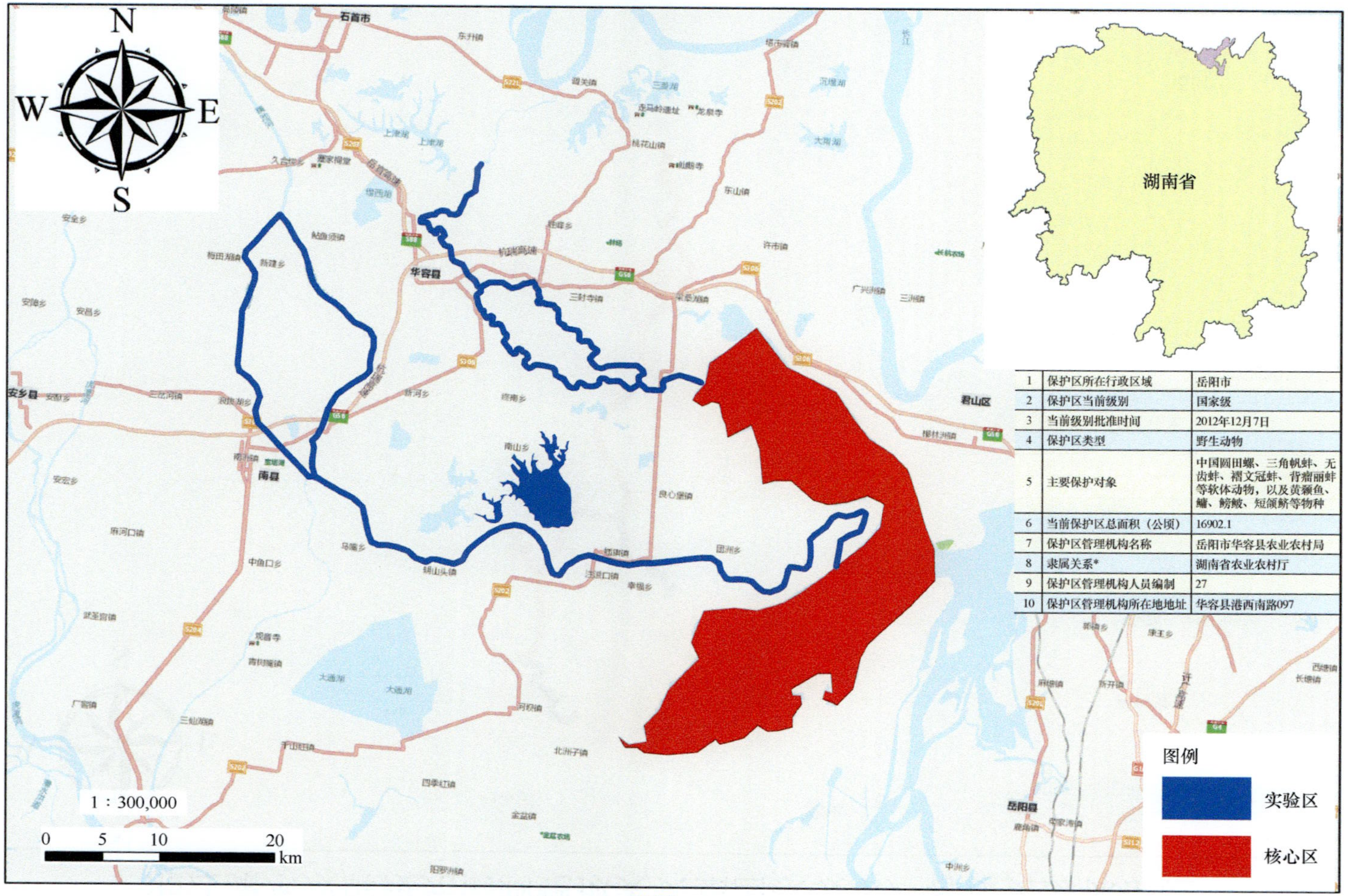

1	保护区所在行政区域	岳阳市	
2	保护区当前级别	国家级	
3	当前级别批准时间	2012年12月7日	
4	保护区类型	野生动物	
5	主要保护对象	中国圆田螺、三角帆蚌、无齿蚌、褶文冠蚌、背瘤丽蚌等软体动物，以及波纹鳜、鳙、鳡鳅、短颌鲚等物种	
6	保护区总面积（公顷）	16902.1	
7	保护区管理机构名称	岳阳市华容县农业农村局	
8	隶属关系	湖南省农业农村厅	
9	保护区管理机构人员编制	27	
10	保护区管理机构所在地址	华容县潘南路87	

图例

实验区

核心区

1：300,000

附图 122

湘江潇水双牌段光倒刺鲃拟尖头鲌国家级水产种质资源保护区

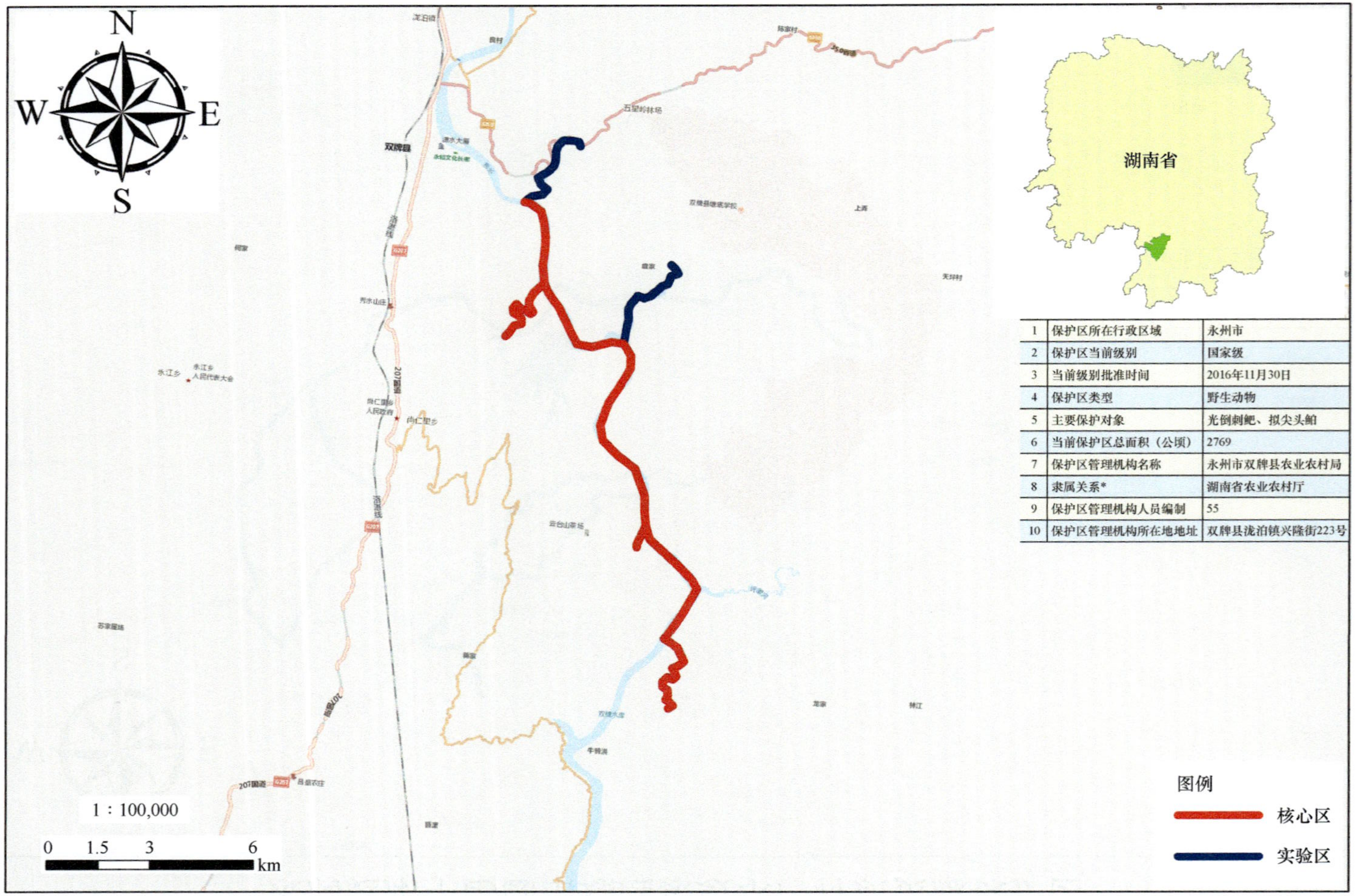
N
W
E
S
湖南省
图例
核心区
实验区
1：100,000
0 1.5 3 6
km

1	保护区所在行政区域	永州市
2	保护区当前级别	国家级
3	当前级别批准时间	2016年11月30日
4	保护区类型	野生动物
5	主要保护对象	光倒刺鲃、拟尖头鲌
6	当前保护区总面积（公顷）	2769
7	保护区管理机构名称	永州市双牌县农业农村局
8	隶属关系*	湖南省农业农村厅
9	保护区管理机构人员编制	55
10	保护区管理机构所在地地址	双牌县泷泊镇兴隆街223号

附图 123

湘江刺鲃鲌厚唇鱼华鳊国家级水产种质资源保护区

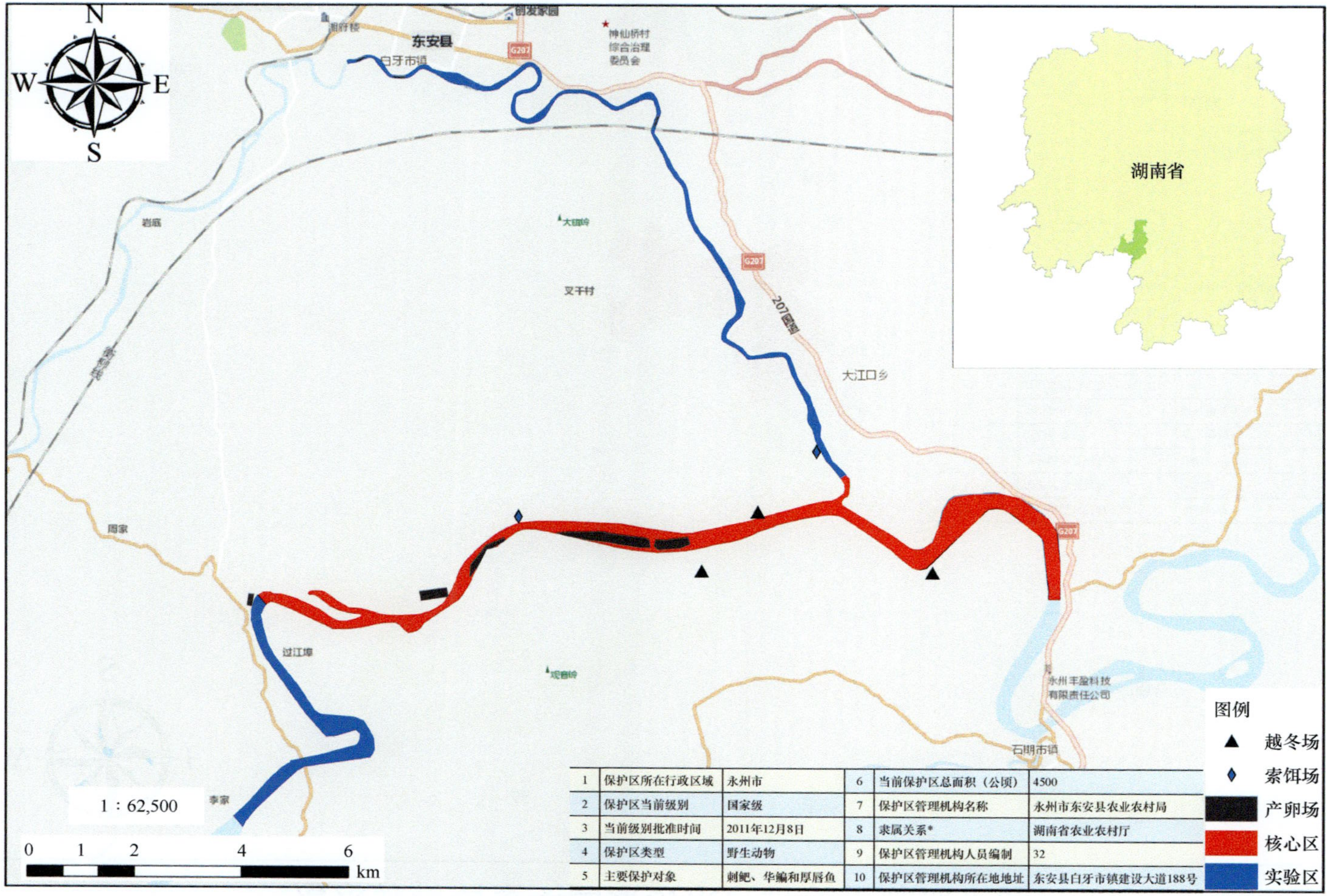

附图 124

1	保护区所在行政区域	永州市	6	当前保护区总面积（公顷）	4500
2	保护区当前级别	国家级	7	保护区管理机构名称	永州市东安县农业农村局
3	当前级别批准时间	2011年12月8日	8	隶属关系*	湖南省农业农村厅
4	保护区类型	野生动物	9	保护区管理机构人员编制	32
5	主要保护对象	刺鲃、华鳊和厚唇鱼	10	保护区管理机构所在地地址	东安县白牙市镇建设大道188号

澧水源特有鱼类国家级水产种质资源保护区

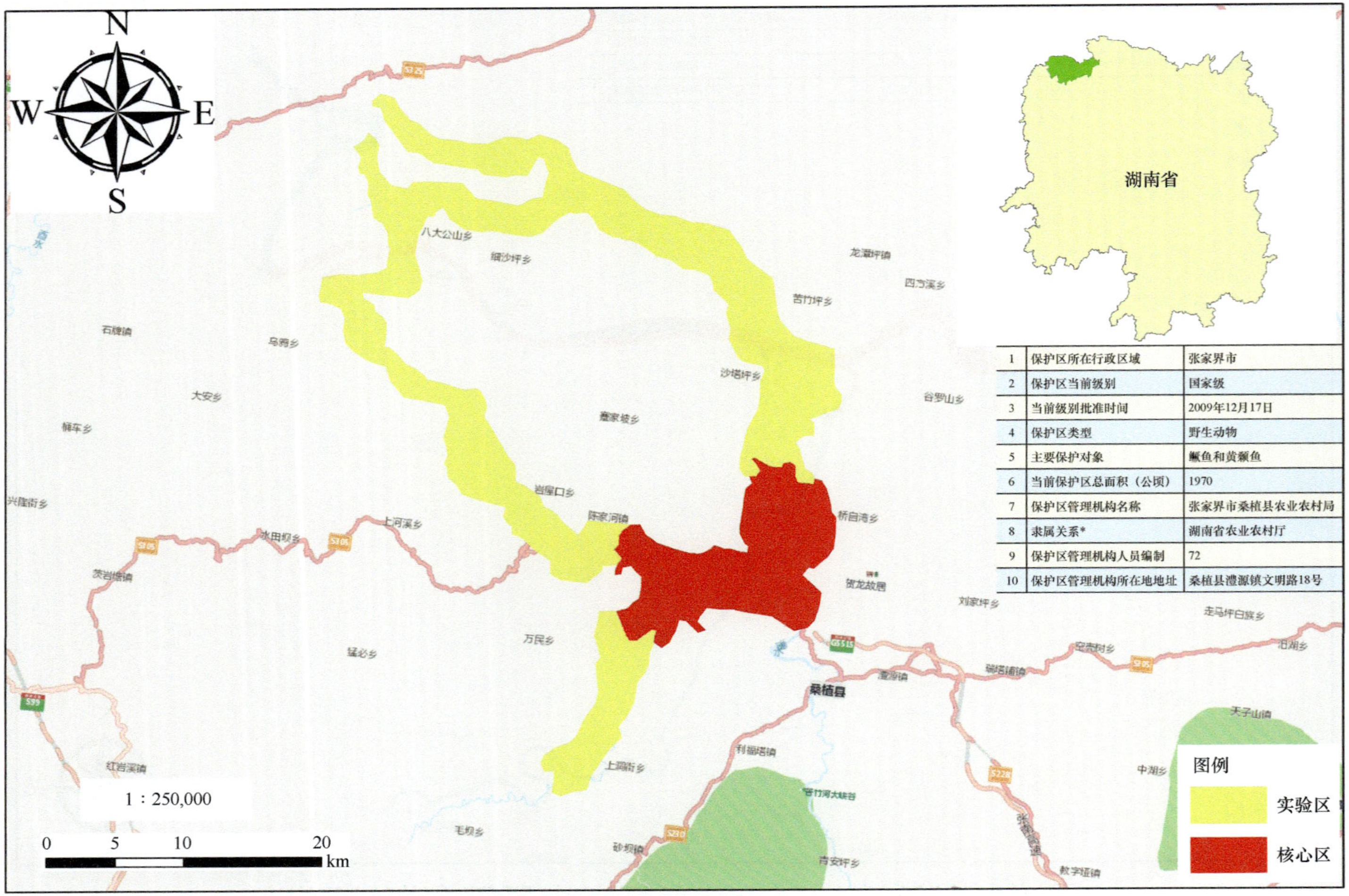

1	保护区所在行政区域	张家界市
2	保护区当前级别	国家级
3	当前级别批准时间	2009年12月17日
4	保护区类型	野生动物
5	主要保护对象	瓣鱼和洞庭鲹鱼
6	当前保护区总面积（公顷）	1970
7	保护区管理机构名称	张家界市桑植县农业农村局
8	隶属关系*	湖南省农业农村厅
9	保护区管理机构人员编制	72
10	保护区管理机构所在地地址	桑植县澧源镇文明路18号

图例：实验区　核心区

1：250,000

附图 125

—248—

沅水辰溪段鲌类黄颡鱼国家级水产种质资源保护区

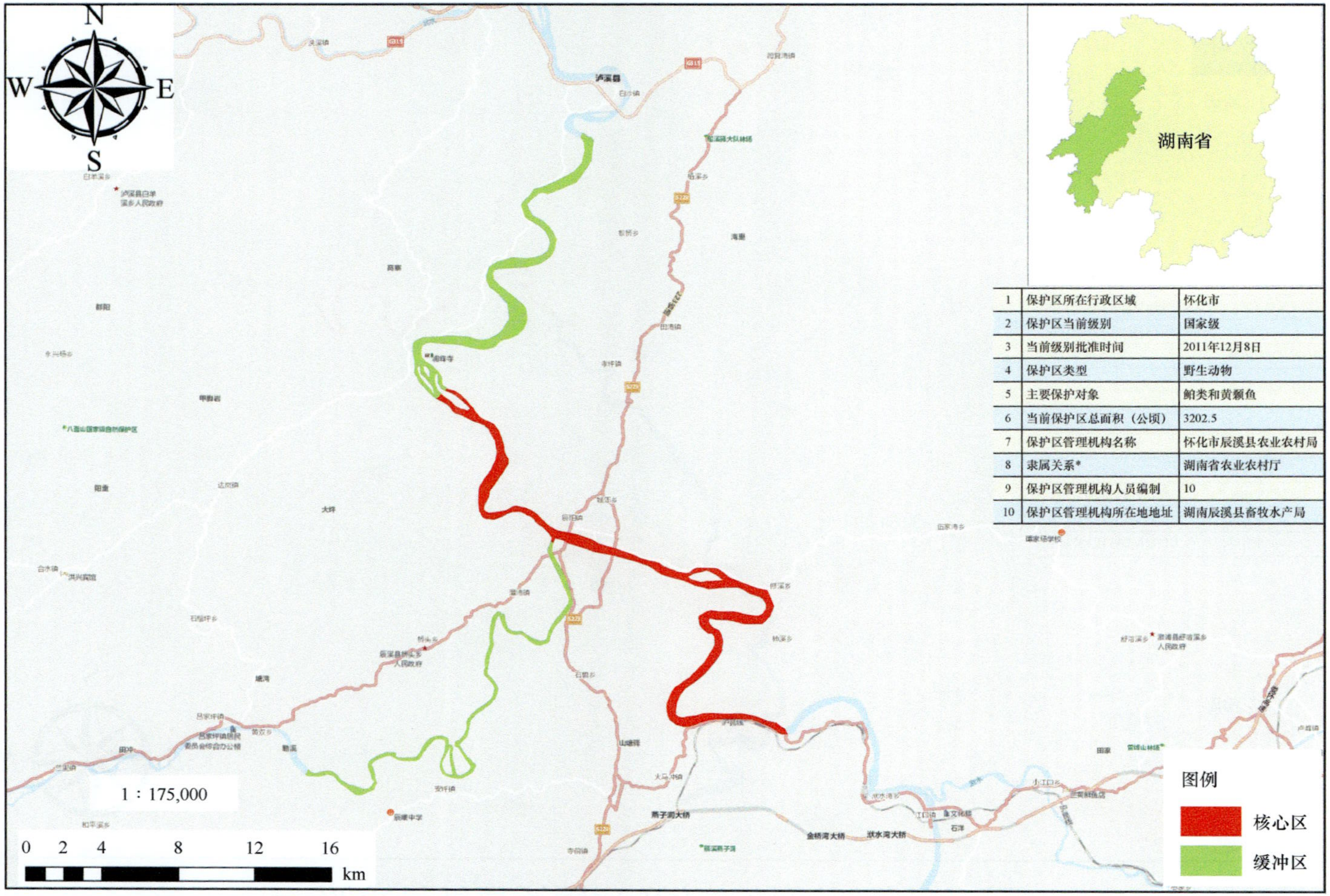
N
S
W
E
湖南省
图例
核心区
缓冲区
1 : 175,000
0 2 4 8 12 16
km

1	保护区所在行政区域	怀化市
2	保护区当前级别	国家级
3	当前级别批准时间	2011年12月8日
4	保护区类型	野生动物
5	主要保护对象	鲌类和黄颡鱼
6	当前保护区总面积（公顷）	3202.5
7	保护区管理机构名称	怀化市辰溪县农业农村局
8	隶属关系*	湖南省农业农村厅
9	保护区管理机构人员编制	10
10	保护区管理机构所在地地址	湖南辰溪县畜牧水产局

附图 126

沅水特有鱼类国家级水产种质资源保护区

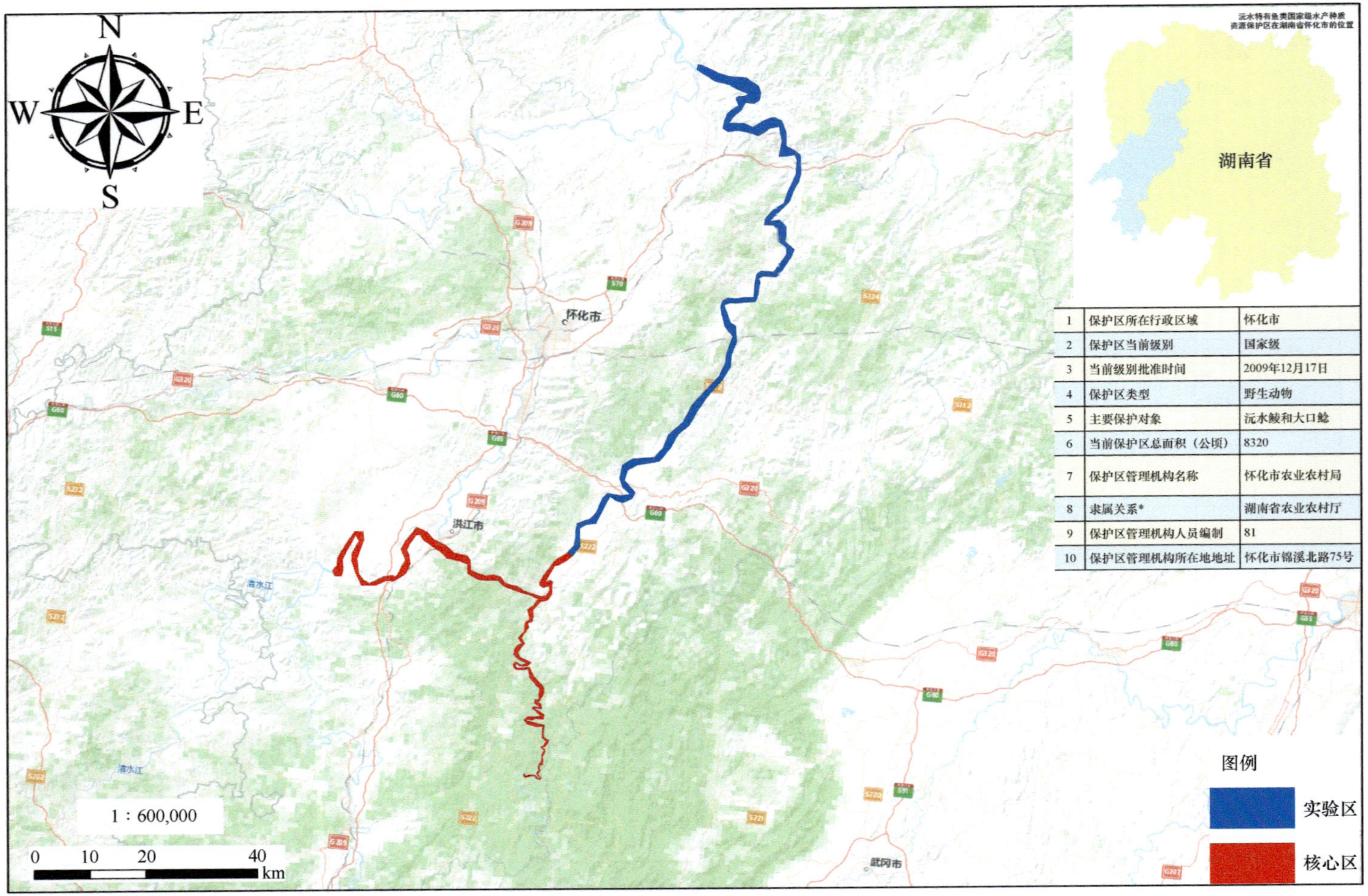

1	保护区所在行政区域	怀化市
2	保护区当前级别	国家级
3	当前级别批准时间	2009年12月17日
4	保护区类型	野生动物
5	主要保护对象	沅水鲴和大口鲶
6	当前保护区总面积（公顷）	8320
7	保护区管理机构名称	怀化市农业农村局
8	隶属关系*	湖南省农业农村厅
9	保护区管理机构人员编制	81
10	保护区管理机构所在地地址	怀化市锦溪北路75号

湖南省

图例

实验区

核心区

附图 127

1 : 600,000

0   10   20   40
                   km

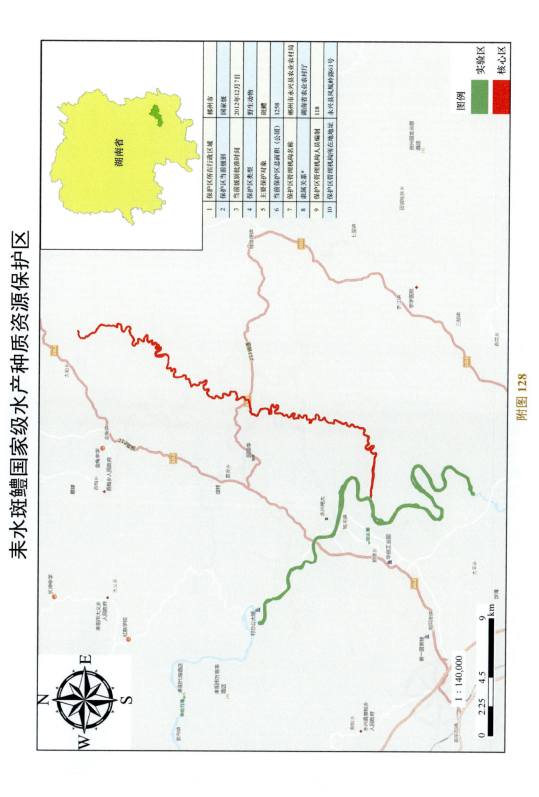

耒水斑鳢国家级水产种质资源保护区

1	保护区所在行政区域	郴州市
2	保护区当前级别	国家级
4	当前级别批准时间	2012年12月7日
5	保护区类型	野生动物
6	主要保护对象	斑鳢
7	当前保护区总面积（公顷）	1258
8	保护区管理机构名称	郴州市永兴县农业农村局
9	隶属关系*	湖南省农业农村厅
10	保护区管理机构人员编制	118
	保护区管理机构所在地地址	永兴县凤凰岭源61号

图例　实验区　核心区

附图 128

1 : 140,000

北江武水河临武段黄颡鱼黄尾鲴国家级水产种质资源保护区

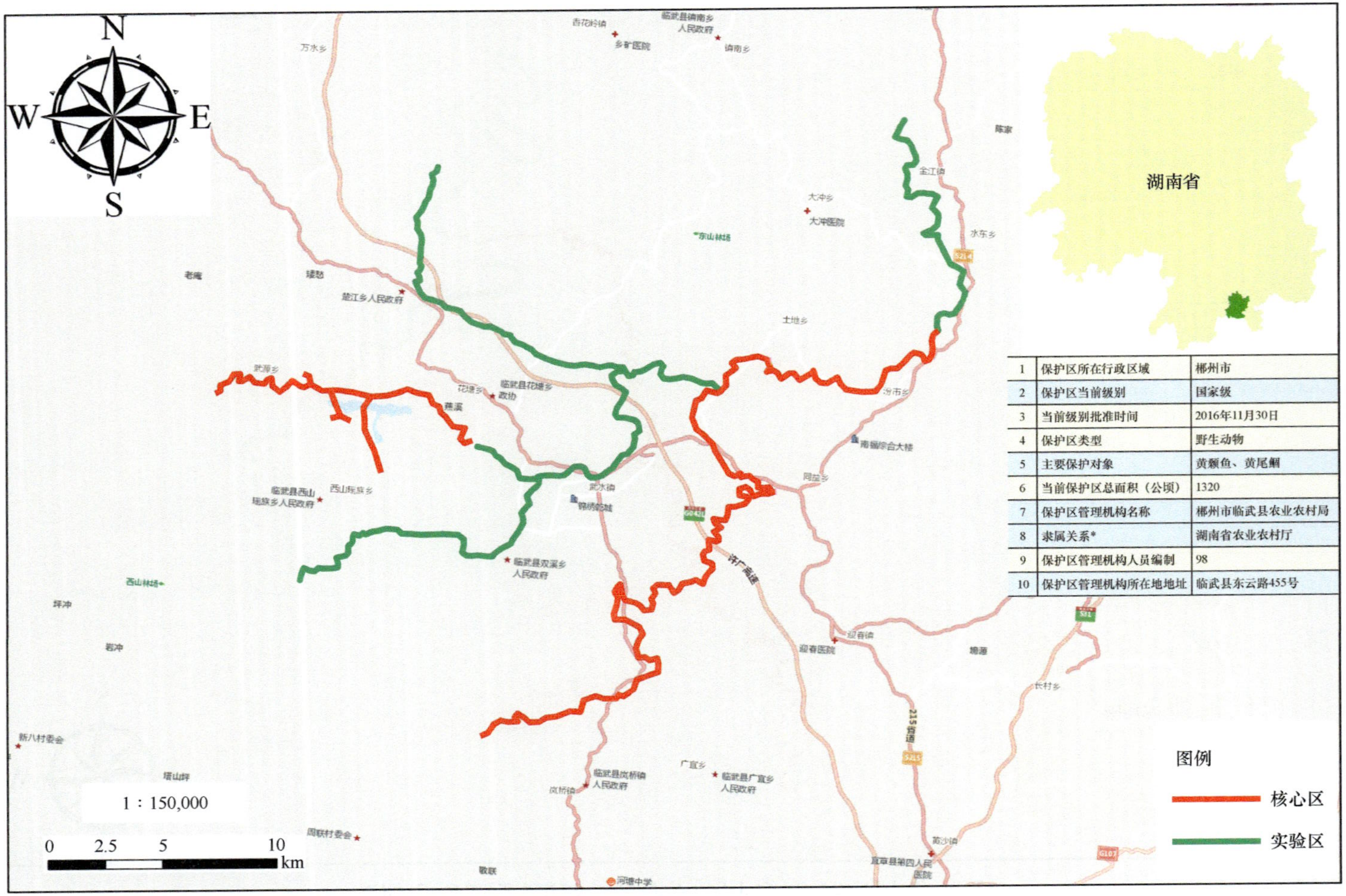

1	保护区所在行政区域	郴州市
2	保护区当前级别	国家级
3	当前级别批准时间	2016年11月30日
4	保护区类型	野生动物
5	主要保护对象	黄颡鱼、黄尾鲴
6	保护区总面积（公顷）	1320
7	当前保护区管理机构名称	郴州市临武县农业农村局
8	隶属关系*	湖南省农业农村厅
9	保护区管理机构人员编制	98
10	保护区管理机构所在地地址	临武县东云路455号

图例 核心区 实验区

附图 129

浙水资兴段大刺鳅条纹二须鲃国家级水产种质资源保护区

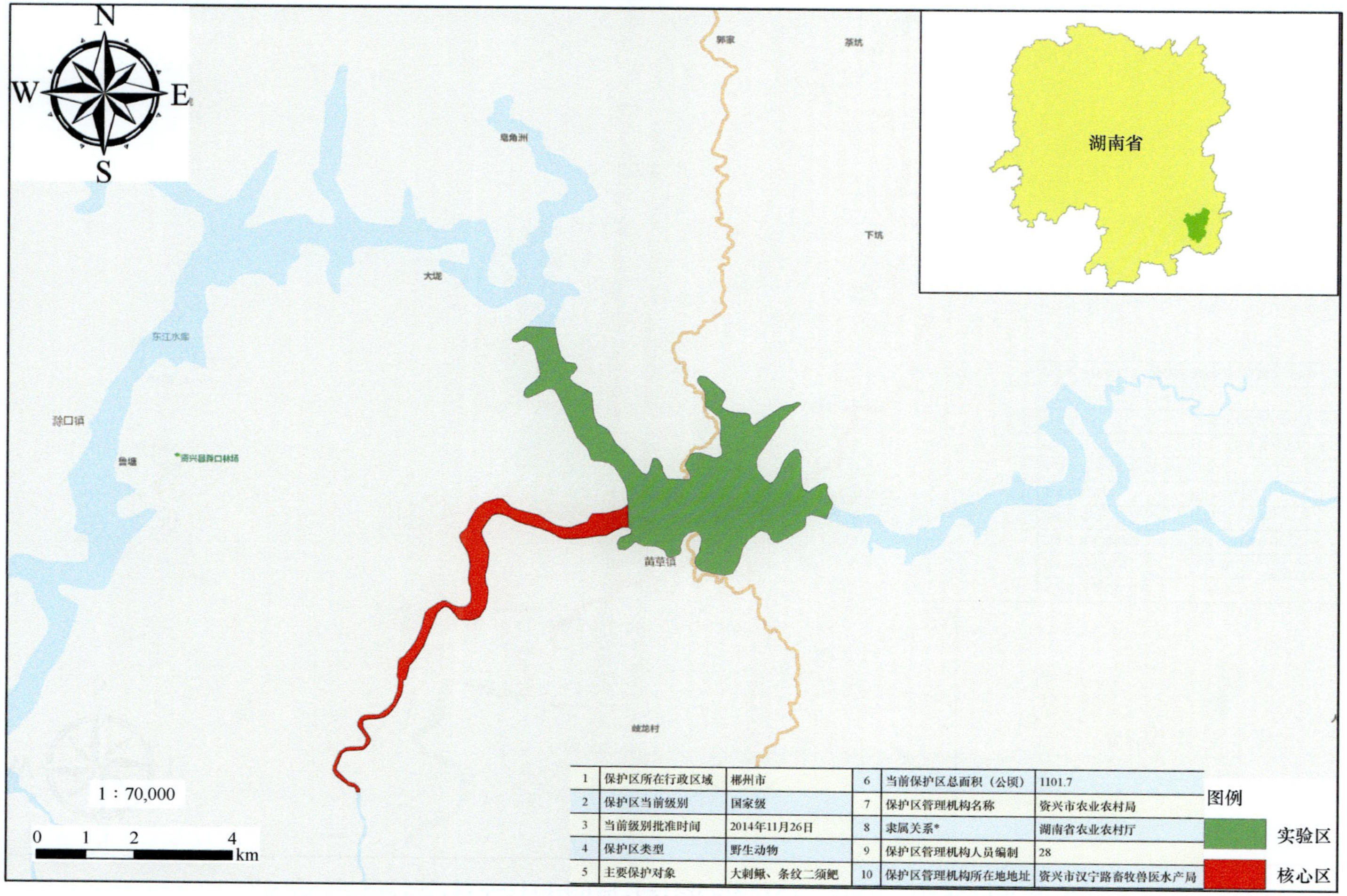

1	保护区所在行政区域	郴州市	6	当前保护区总面积（公顷）	1101.7	
2	保护区当前级别	国家级	7	保护区管理机构名称	资兴市农业农村局	
3	当前级别批准时间	2014年11月26日	8	隶属关系*	湖南省农业农村厅	
4	保护区类型	野生动物	9	保护区管理机构人员编制	28	
5	主要保护对象	大刺鳅、条纹二须鲃	10	保护区管理机构所在地地址	资兴市汉宁路畜牧兽医水产局	

图例

实验区

核心区

附图 130

1 : 70,000

0 1 2 4 km

洣水茶陵段中华倒刺鲃国家级水产种质资源保护区

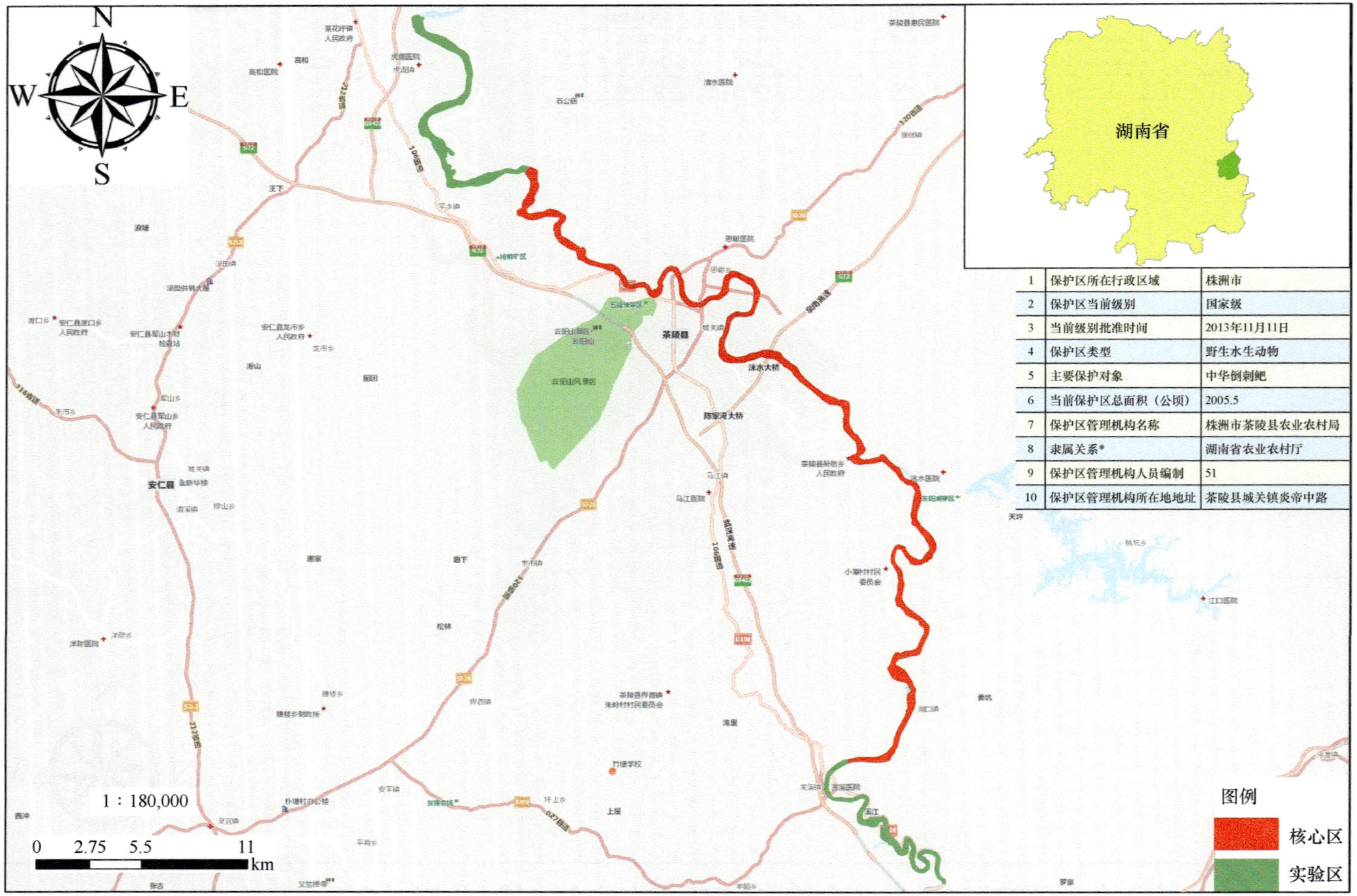
N
S
W
E
湖南省
茶陵县
洣水大桥
陈家湾大桥
云阳山风景区
1：180,000
0 2.75 5.5 11
km
图例
核心区
实验区

1	保护区所在行政区域	株洲市
2	保护区当前级别	国家级
3	当前级别批准时间	2013年11月11日
4	保护区类型	野生水生动物
5	主要保护对象	中华倒刺鲃
6	当前保护区总面积（公顷）	2005.5
7	保护区管理机构名称	株洲市茶陵县农业农村局
8	隶属关系*	湖南省农业农村厅
9	保护区管理机构人员编制	51
10	保护区管理机构所在地地址	茶陵县城关镇炎帝中路

附图 131

湘江株洲段鲴鱼国家级水产种质资源保护区

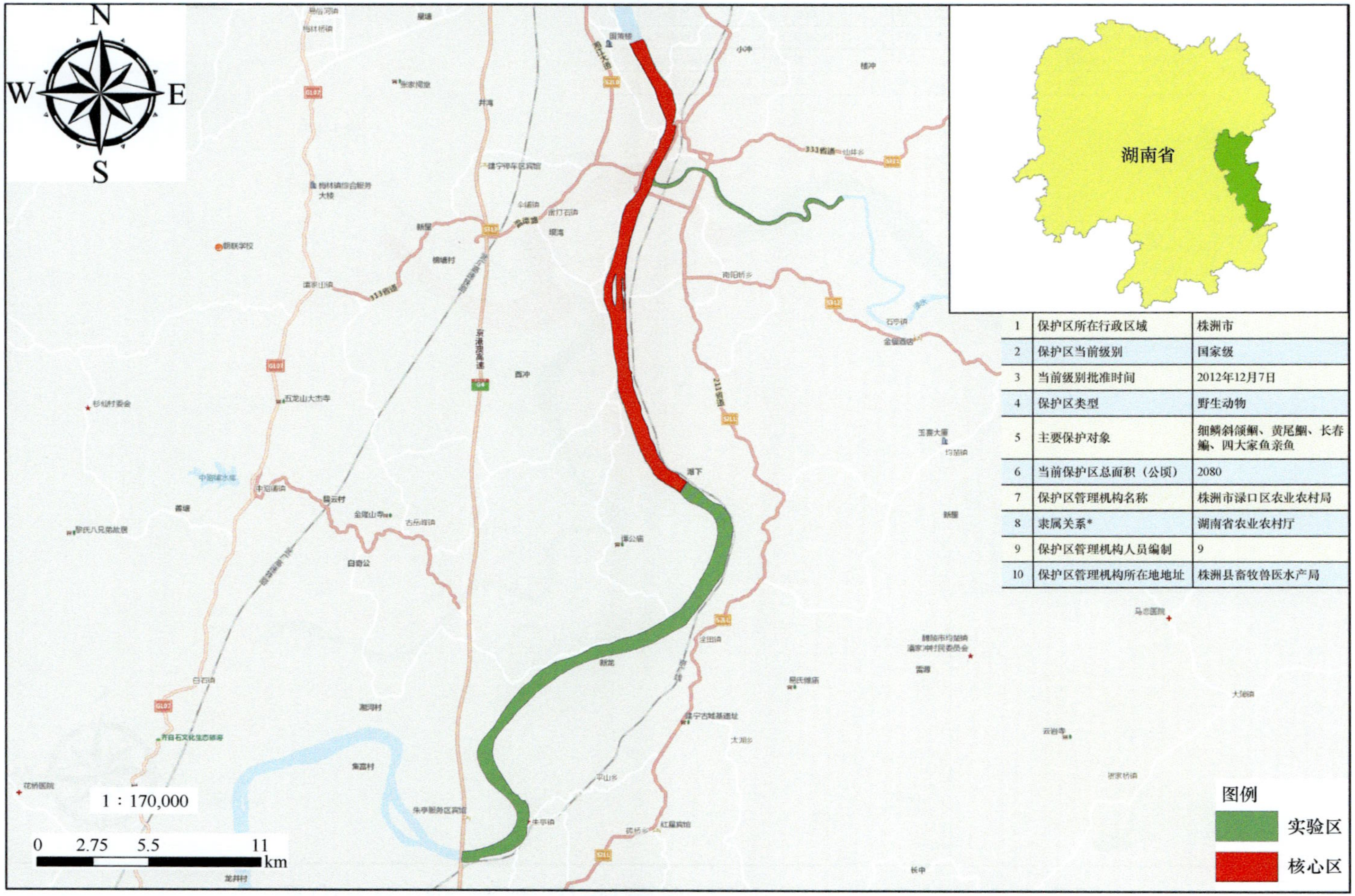
N
S
W
E
湖南省
1：170,000
0 2.75 5.5 11
km
图例
实验区
核心区

1	保护区所在行政区域	株洲市
2	保护区当前级别	国家级
3	当前级别批准时间	2012年12月7日
4	保护区类型	野生动物
5	主要保护对象	细鳞斜颌鲴、黄尾鲴、长春鳊、四大家鱼亲鱼
6	当前保护区总面积（公顷）	2080
7	保护区管理机构名称	株洲市渌口区农业农村局
8	隶属关系*	湖南省农业农村厅
9	保护区管理机构人员编制	9
10	保护区管理机构所在地地址	株洲县畜牧兽医水产局

附图 132

澧水石门段黄尾密鲴国家级水产种质资源保护区

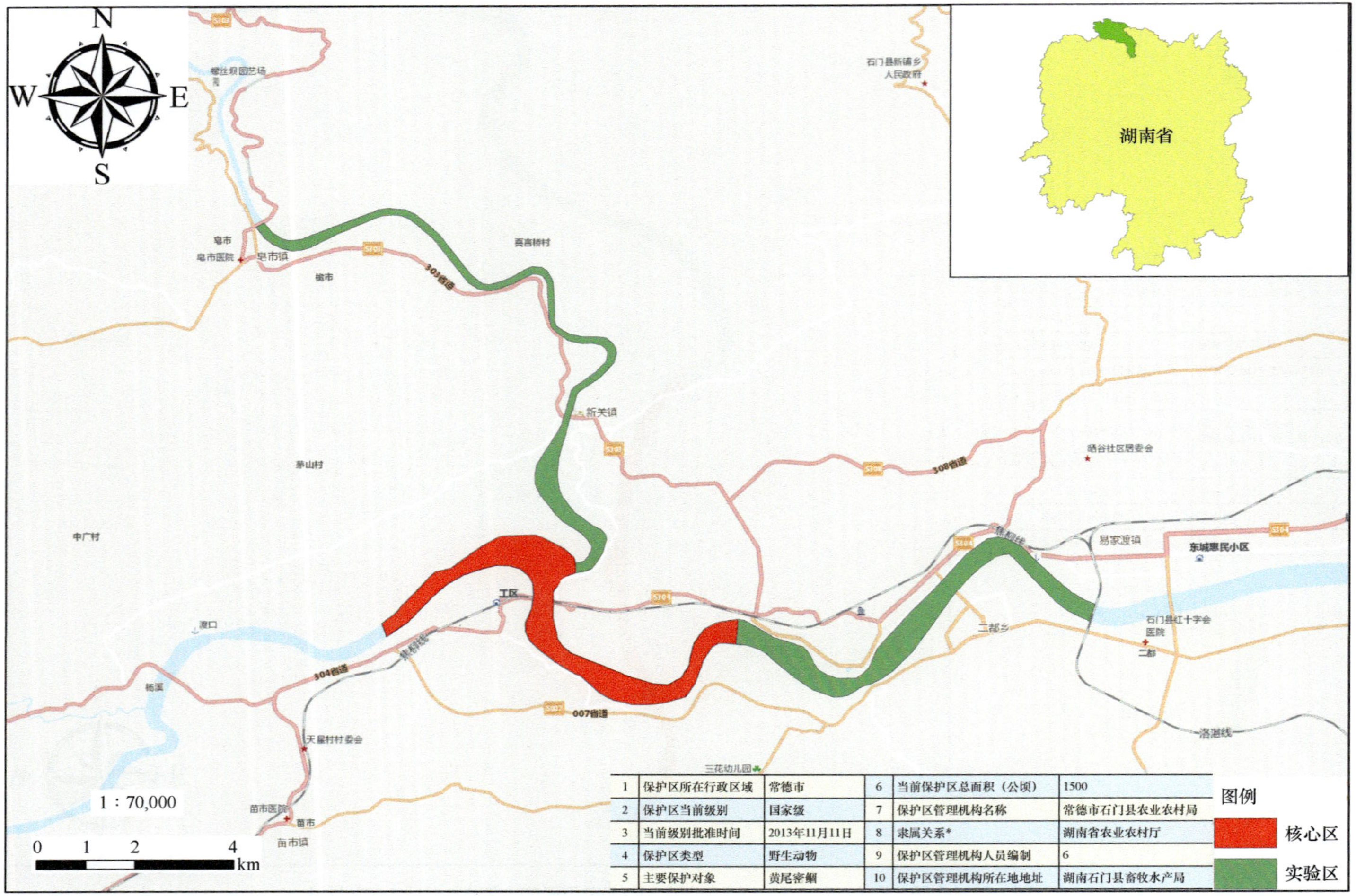

1	保护区所在行政区域	常德市	6	当前保护区总面积（公顷）	1500
2	保护区当前级别	国家级	7	保护区管理机构名称	常德市石门县农业农村局
3	当前级别批准时间	2013年11月11日	8	隶属关系	湖南省农业农村厅
4	保护区类型	野生动物	9	保护区管理机构人员编制	6
5	主要保护对象	黄尾密鲴	10	保护区管理机构所在地地址	湖南石门县畜牧水产局

图例　■ 核心区　■ 实验区

附图 133

沅水桃源段黄颡鱼黄尾鲴国家级水产种质资源保护区

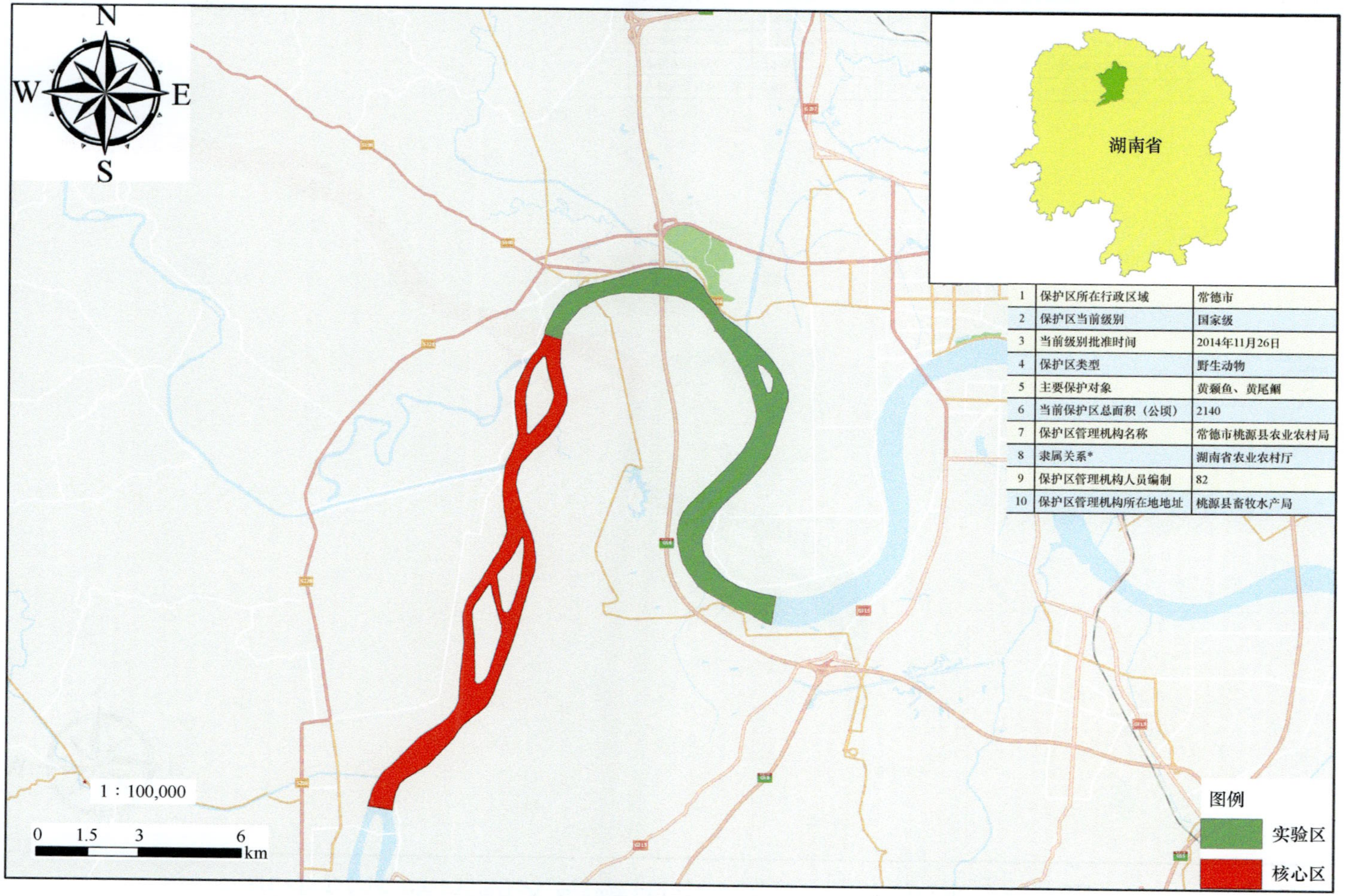
N
S
W
E
湖南省
图例
实验区
核心区
1：100,000
0 1.5 3 6
km

1	保护区所在行政区域	常德市
2	保护区当前级别	国家级
3	当前级别批准时间	2014年11月26日
4	保护区类型	野生动物
5	主要保护对象	黄颡鱼、黄尾鲴
6	当前保护区总面积（公顷）	2140
7	保护区管理机构名称	常德市桃源县农业农村局
8	隶属关系*	湖南省农业农村厅
9	保护区管理机构人员编制	82
10	保护区管理机构所在地地址	桃源县畜牧水产局

附图 134

沅水桃花源段鲂大鳍鳠国家级水产种质资源保护区

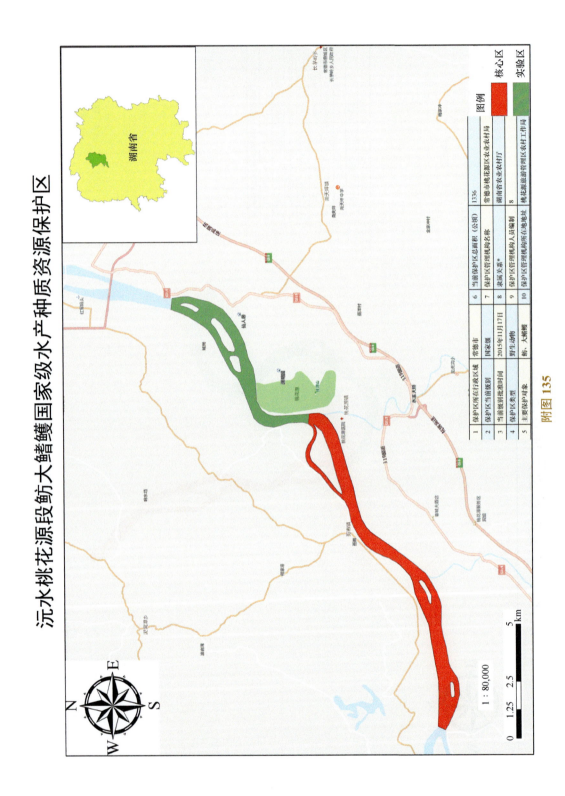

1	保护区所在行政区域	常德市	6	当前保护区总面积（公顷）	1336	
2	保护区当前级别	国家级	7	保护区管理机构名称	常德市桃花源区农业农村局	
3	当前级别批准时间	2015年11月17日	8	隶属关系 *	湖南省农业农村厅	
4	保护区类型	野生动物	9	保护区管理机构人员编制	8	
5	主要保护对象	鲂、大鳍鳠	10	保护区管理机构所在地地址	桃花源旅游管理区农村工作局	

附图 135

沅水鼎城段褶纹冠蚌国家级水产种质资源保护区

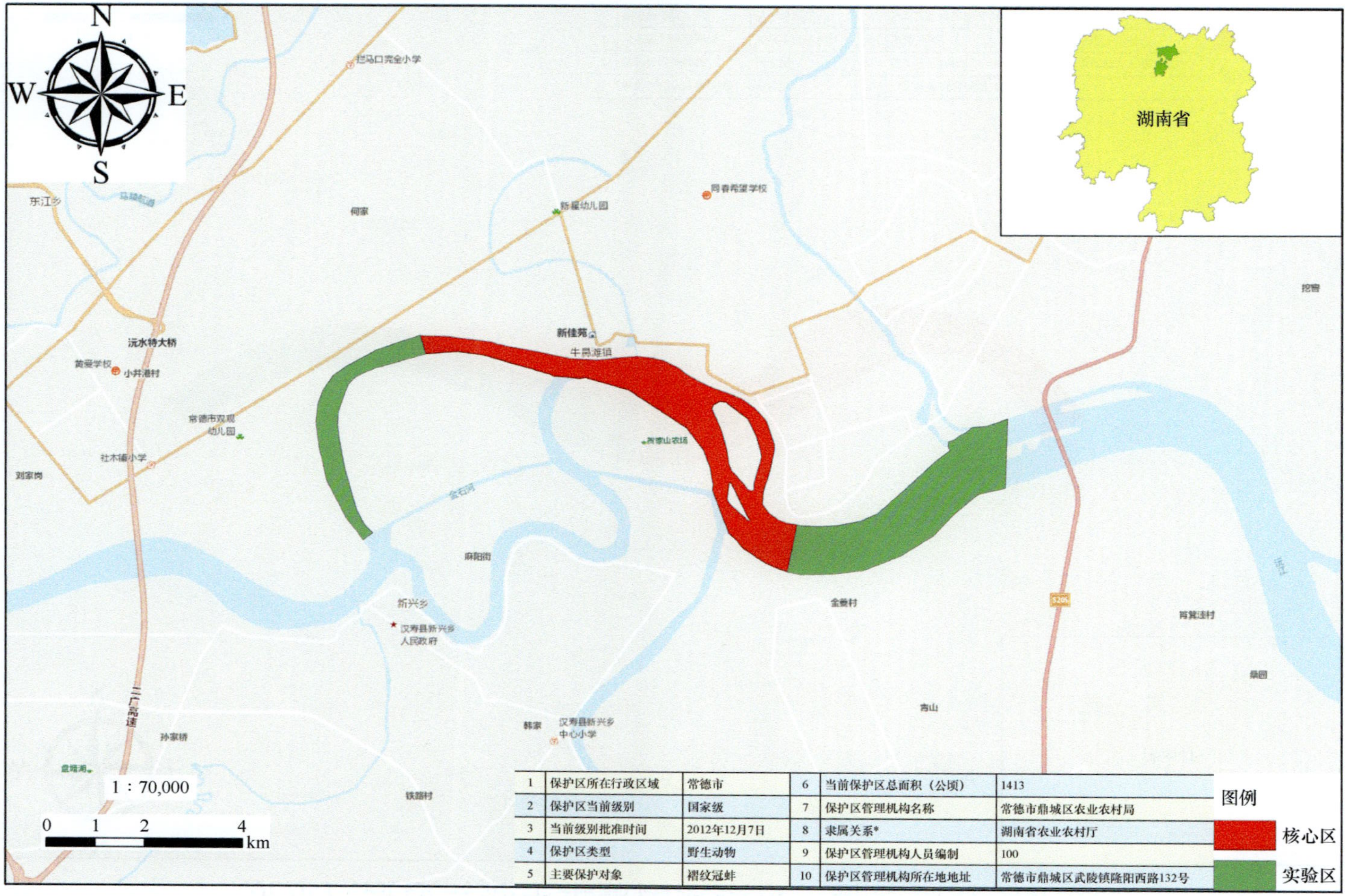
N
S
W
E
湖南省
1：70,000
0 1 2 4 km
图例
核心区
实验区
新佳苑
沅水特大桥
金蚕村
青山

1	保护区所在行政区域	常德市	6	当前保护区总面积（公顷）	1413
2	保护区当前级别	国家级	7	保护区管理机构名称	常德市鼎城区农业农村局
3	当前级别批准时间	2012年12月7日	8	隶属关系*	湖南省农业农村厅
4	保护区类型	野生动物	9	保护区管理机构人员编制	100
5	主要保护对象	褶纹冠蚌	10	保护区管理机构所在地地址	常德市鼎城区武陵镇隆阳西路132号

附图 136

沅水武陵段青虾中华鳖国家级水产种质资源保护区

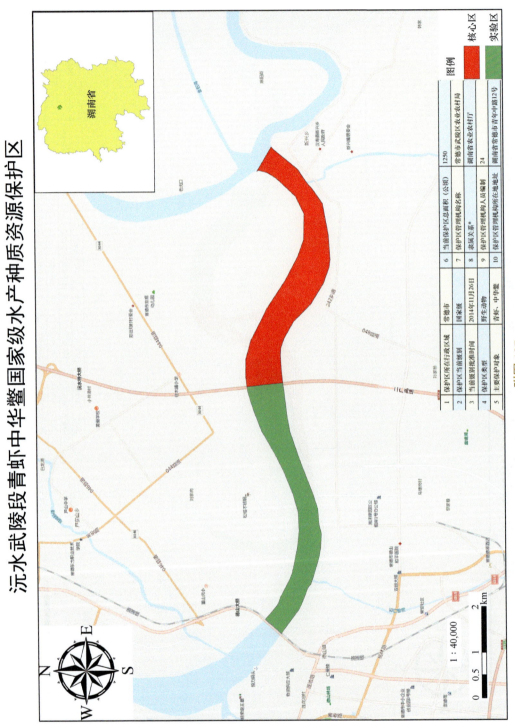

1	保护区所在行政区域	常德市	6	当前保护区总面积（公顷）	1250	
2	保护区当前级别	国家级	7	保护区管理机构名称	常德市武陵区农业农村局	
3	当前级别批准时间	2014年11月26日	8	隶属关系*	湖南省农业农村厅	
4	保护区类型	野生动物	9	保护区管理机构的人员编制	24	
5	主要保护对象	青虾、中华鳖	10	保护区管理机构所在地地址	湖南省常德市青年中路12号	

图例
核心区
实验区

附图 137

资水新邵段沙塘鳢黄尾鲴国家级水产种质资源保护区

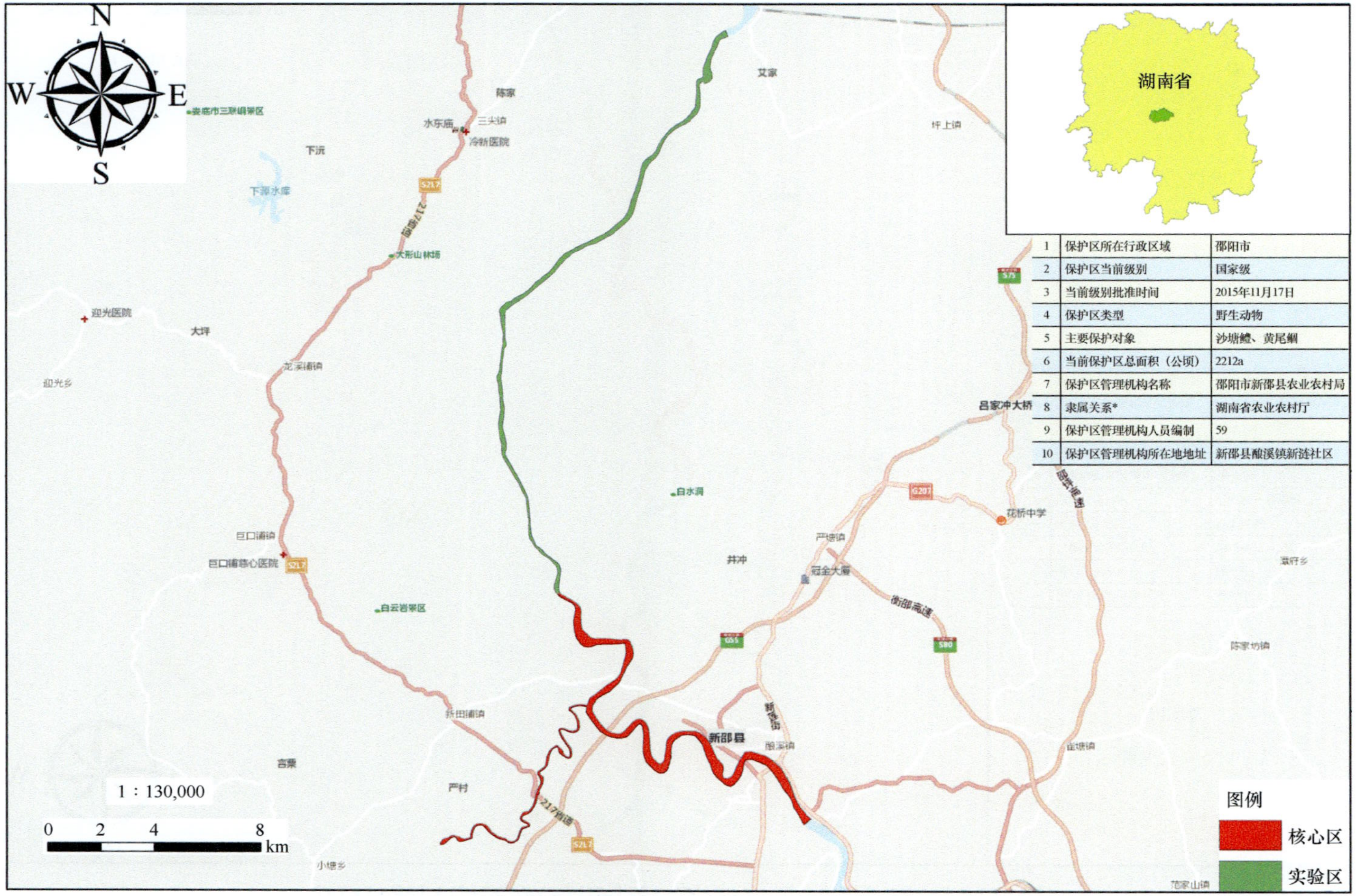

1	保护区所在行政区域	邵阳市
2	保护区当前级别	国家级
3	当前级别批准时间	2015年11月17日
4	保护区类型	野生动物
5	主要保护对象	沙塘鳢、黄尾鲴
6	当前保护区总面积（公顷）	2212a
7	当前保护区管理机构名称	邵阳市新邵县农业农村局
8	隶属关系*	湖南省农业农村厅
9	保护区管理机构人员编制	59
10	保护区管理机构所在地地址	新邵县酿溪镇新滩社区

图例
核心区
实验区

附图 138

资水新化段鳜鲌国家级水产种质资源保护区

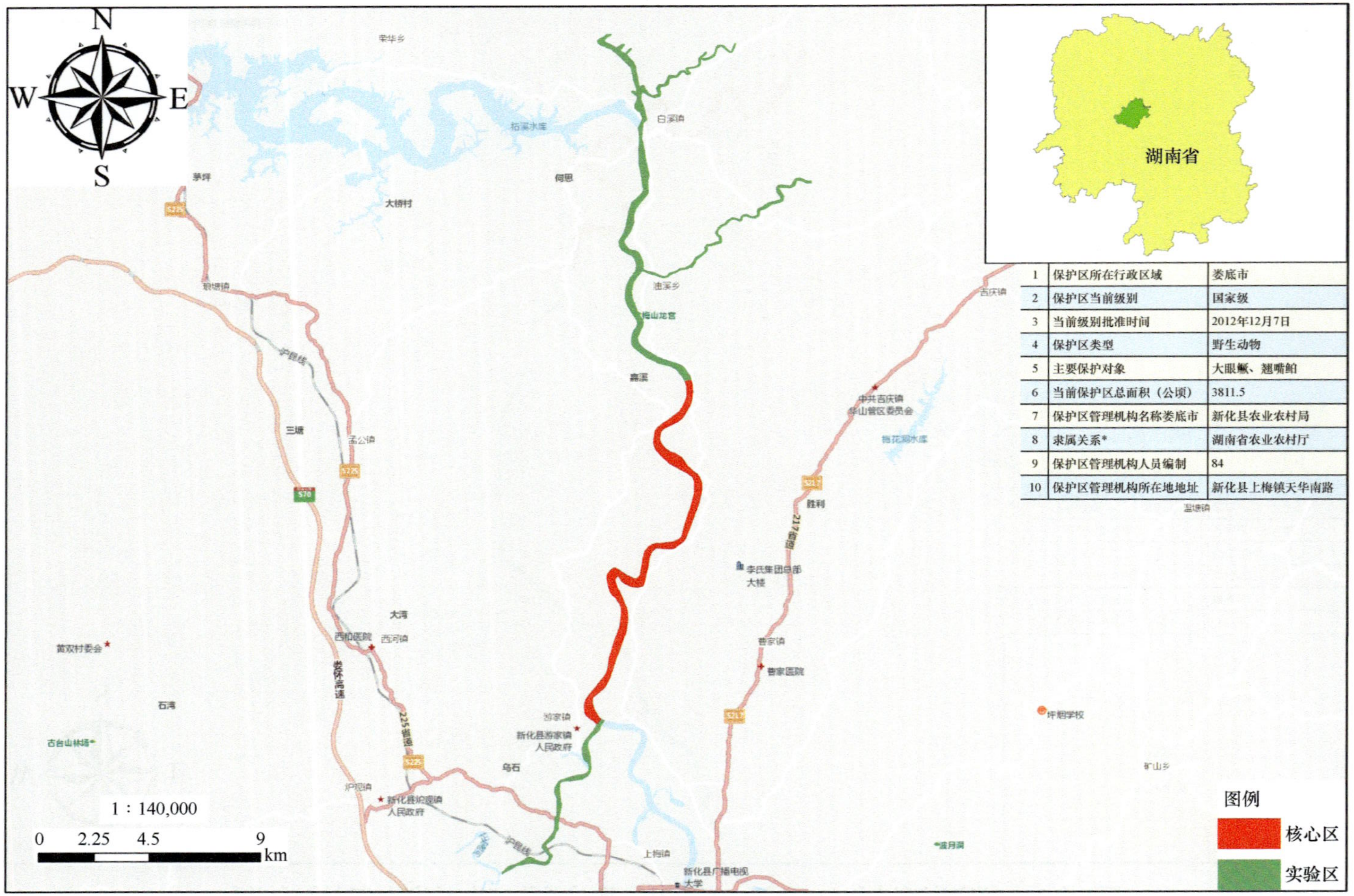

1	保护区所在行政区域	娄底市
2	保护区当前级别	国家级
3	当前级别批准时间	2012年12月7日
4	保护区类型	野生动物
5	主要保护对象	大眼鳜、翘嘴鲌
6	当前保护区总面积（公顷）	3811.5
7	保护区管理机构名称及级别	新化县农业农村局
8	隶属关系	湖南省农业农村厅
9	保护区管理机构人员编制	84
10	保护区管理机构所在地地址	新化县上梅镇天华南路

图例
- 核心区
- 实验区

附图 139

资江油溪河拟尖头鲌蒙古鲌国家级水产种质资源保护区

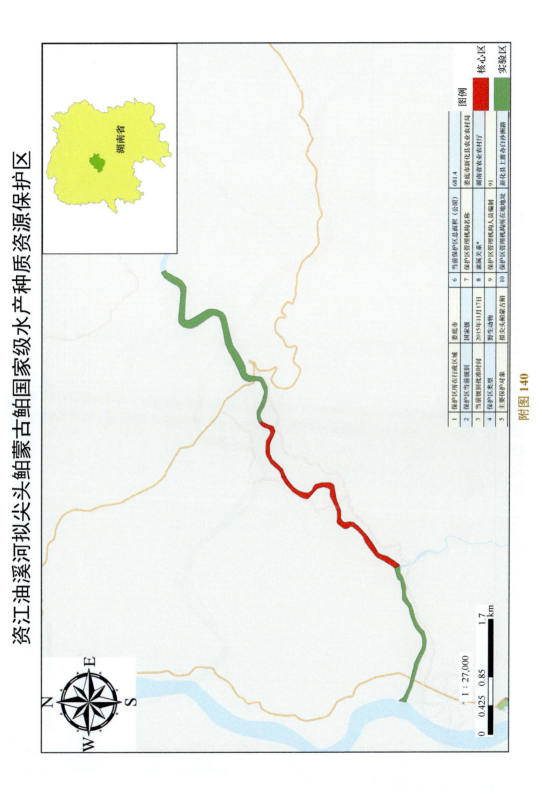

1	保护区所在行政区域	娄底市	6	当前保护区总面积（公顷）	681.4
2	保护区当前级别	国家级	7	保护区管理机构名称	娄底市新化县农业农村局
3	当前级别批准时间	2015年11月17日	8	隶属关系*	湖南省农业农村厅
4	保护区类型	野生动物	9	保护区管理机构人员编制	91
5	主要保护对象	拟尖头鲌蒙古鲌	10	保护区管理机构所在地地址	新化县上渡办白沙洲路

湖南省

图例

核心区

实验区

N
E
S
W

1 : 27,000

0 0.425 0.85   1.7
km

附图140

资水益阳段黄颡鱼国家级水产种质资源保护区

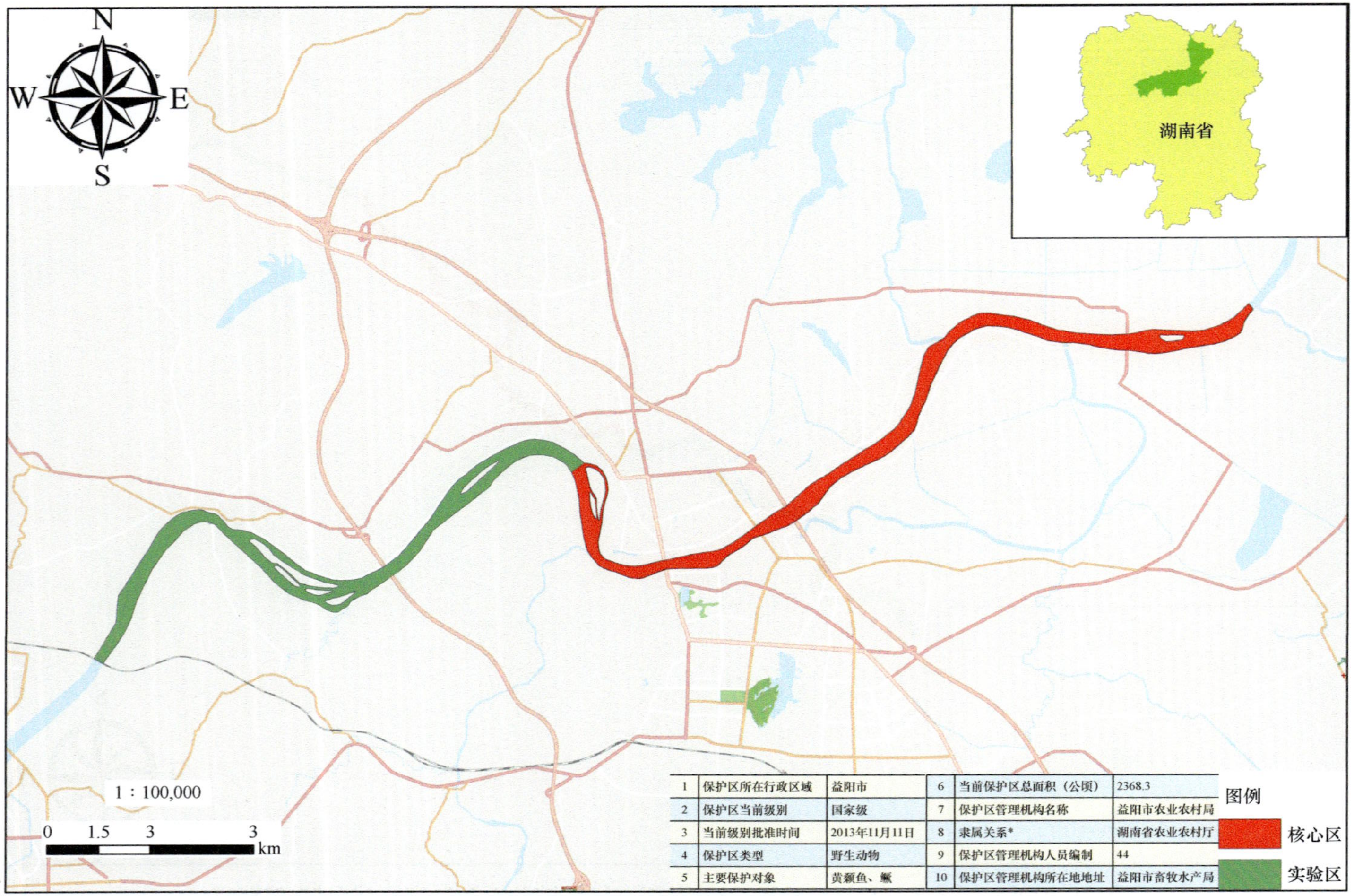

湖南省

1	保护区所在行政区域	益阳市		6	当前保护区总面积（公顷）	2368.3
2	保护区当前级别	国家级		7	保护区当前管理机构名称	益阳市农业农村局
3	当前级别批准批准时间	2013年11月11日		8	隶属关系*	湖南省农业农村厅
4	保护区类型	野生动物		9	保护区管理机构人员编制	44
5	主要保护对象	黄颡鱼、鳜		10	保护区管理机构所在地地址	益阳市畜牧水产局

图例

■ 核心区

■ 实验区

1 : 100,000

0 1.5 3 km

附图 141

南洞庭湖银鱼三角帆蚌国家级水产种质资源保护区

1	保护区所在行政区域	益阳市
2	保护区当前级别	国家级
3	当前级别批准时间	2007年12月12日
4	保护区类型	野生动物
5	主要保护对象	银鱼、三角帆蚌及国家和地方重点保护的珍稀濒危水生动物
6	当前保护区总面积（公顷）	38653.3
7	保护区管理机构名称	益阳市农业农村局
8	隶属关系*	湖南省农业农村厅
9	保护区管理机构人员编制	10
10	保护区管理机构所在地地址	湖南省益阳市大海塘

图例

核心区　缓冲区　实验区

湖南省

常德市

泊罗市

邵阳市

N E S W

1 : 470,000

0　6.25　12.5　25 km

南洞庭湖草龟中华鳖国家级水产种质资源保护区

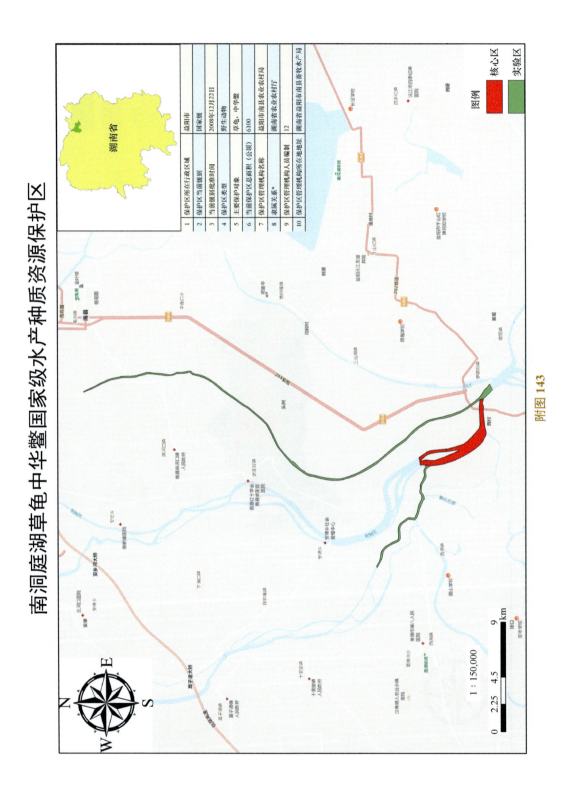

1	保护区所在行政区域	益阳市
2	保护区当前级别	国家级
3	当前级别批准时间	2008年12月22日
4	保护区类型	野生动物
5	主要保护对象	草龟、中华鳖
6	当前保护区总面积（公顷）	6100
7	当前保护区管理机构名称	益阳市南县农业农村局
8	隶属关系*	湖南省农业农村厅
9	保护区管理机构的人员编制	12
10	保护区管理机构所在地地址	湖南省益阳市南县畜牧水产局

图例

核心区

实验区

1：150,000

0   2.25   4.5   9
                       km

湘江湘潭段野鲤国家级水产种质资源保护区

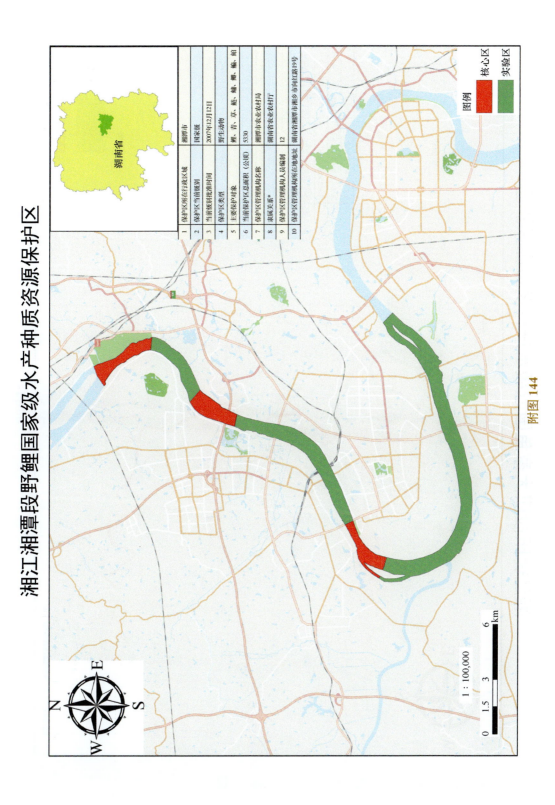

	保护区所在行政区域	湘潭市
1	保护区所在行政区域	湘潭市
2	保护区当前级别	国家级
3	当前级别批准时间	2007年12月12日
4	保护区类型	野生动物
5	主要保护对象	鳜、青、草、鲢、鳙、鲫、鳊、鲴
6	当前保护区总面积（公顷）	5530
7	保护区管理机构名称	湘潭市农业农村局
8	隶属关系	湖南省农业农村厅
9	保护区管理机构人员编制	12
10	保护区管理机构所在地地址	湖南省湘潭市湘乡市育红路19号

湖南省

图例
核心区
实验区

附图 144

湘江衡阳段四大家鱼国家级水产种质资源保护区

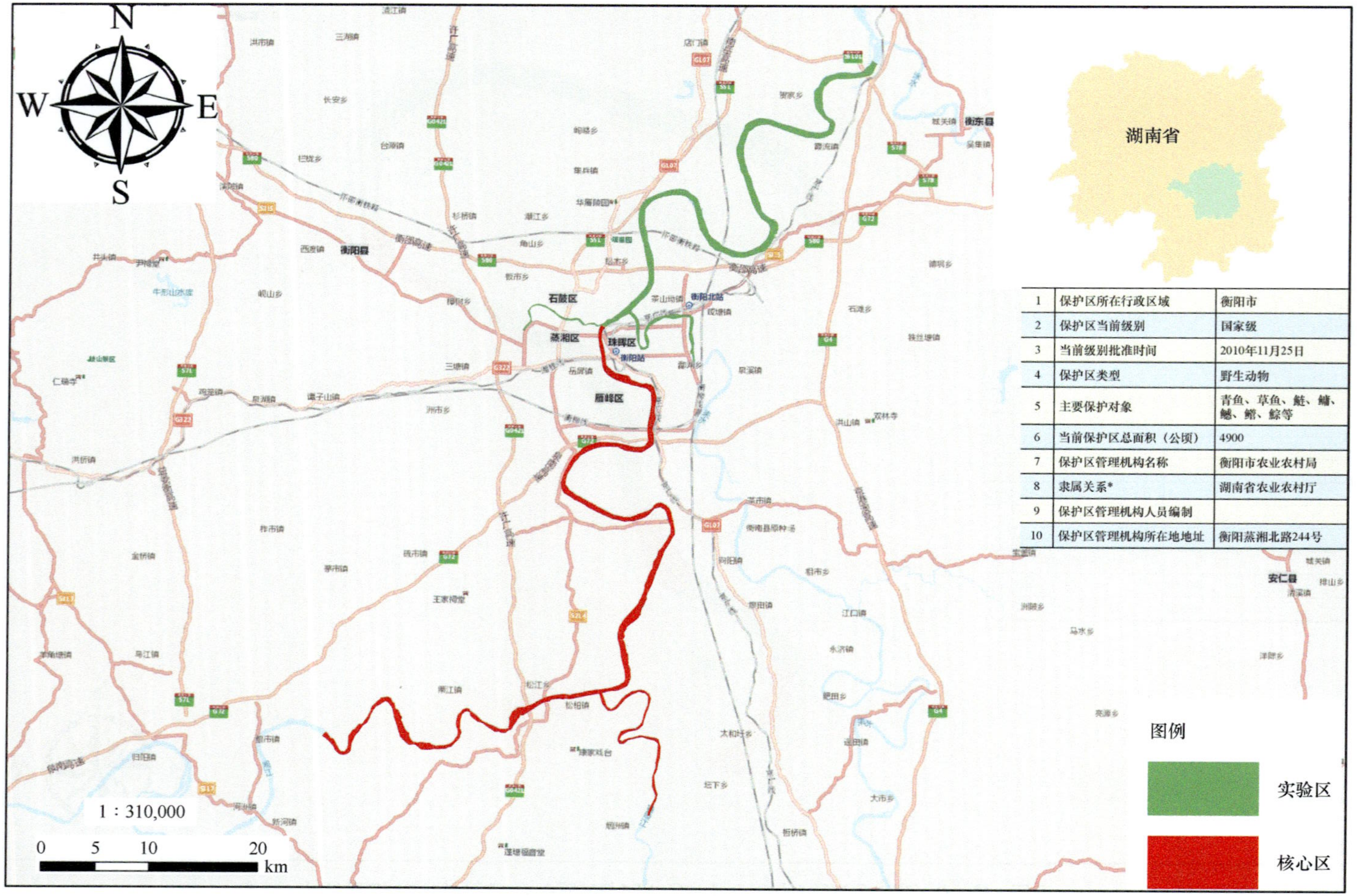

1	保护区所在行政区域	衡阳市
2	保护区当前级别	国家级
3	当前级别批准时间	2010年11月25日
4	保护区类型	野生动物
5	主要保护对象	青鱼、草鱼、鲢、鳙、鲤、鲫等
6	当前保护区总面积（公顷）	4900
7	保护区管理机构名称	衡阳市农业农村局
8	隶属关系	湖南省农业农村厅
9	保护区管理机构人员编制	
10	保护区管理机构所在地地址	衡阳燕湖北路244号

湖南省

图例

实验区

核心区

附图 145

1：310,000

0 5 10 20 km

— 268 —

永顺司城河吻鮈大眼鳜国家级水产种质资源保护区

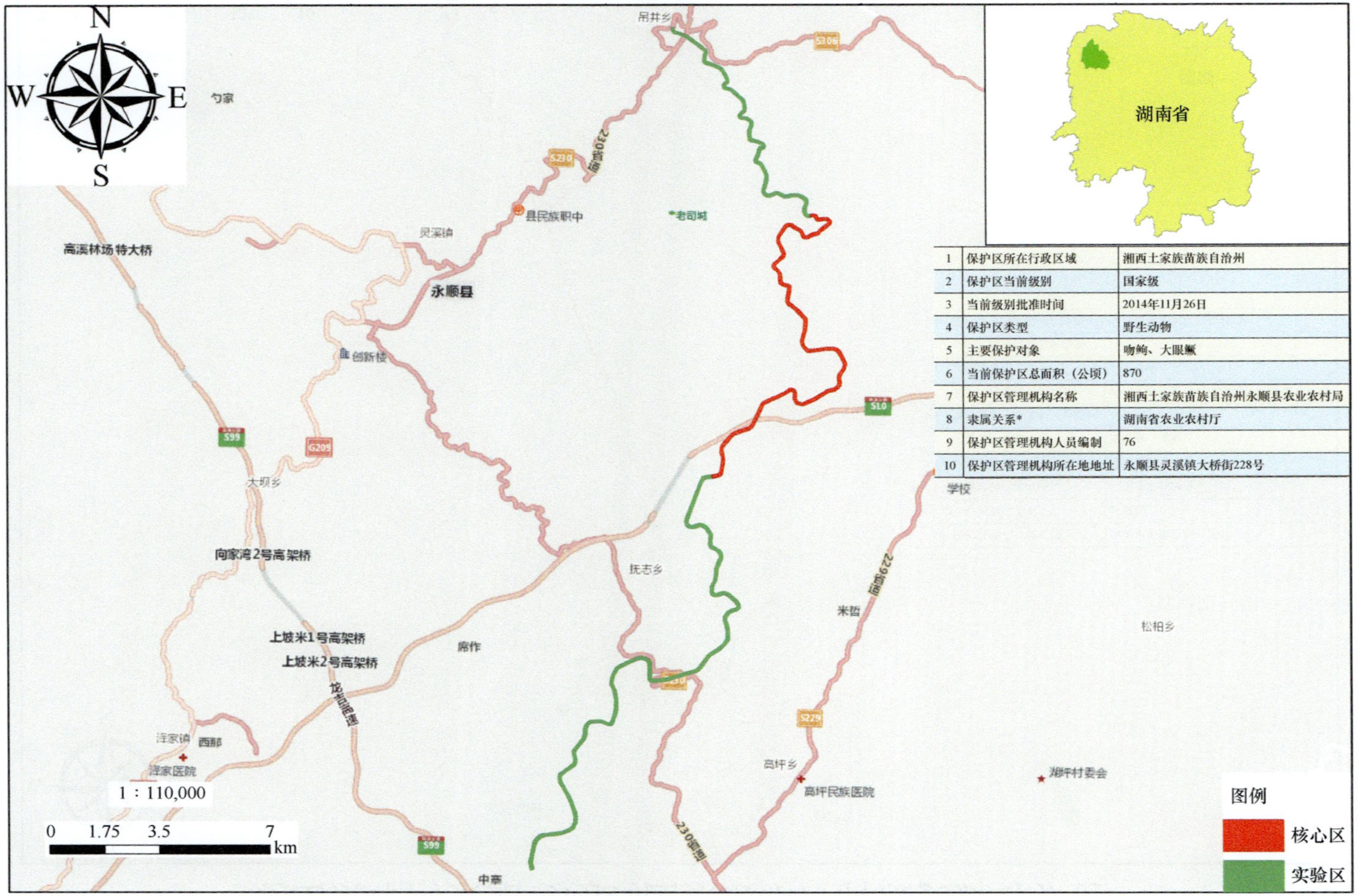

1	保护区所在行政区域	湘西土家族苗族自治州
2	保护区当前级别	国家级
3	当前级别批准时间	2014年11月26日
4	保护区类型	野生动物
5	主要保护对象	吻鮈、大眼鳜
6	当前保护区总面积（公顷）	870
7	保护区管理机构名称	湘西土家族苗族自治州永顺县农业农村局
8	隶属关系	湖南省农业农村厅
9	保护区管理机构的人员编制	76
10	保护区管理机构所在地地址	永顺县灵溪镇大桥路228号

图例

核心区
实验区

湖南省

附图146

1 ： 110,000

0　1.75　3.5　7
km

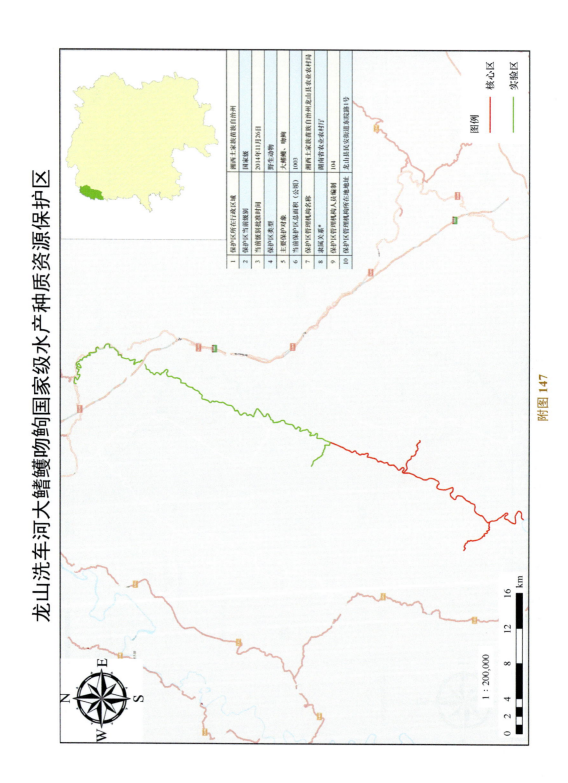

龙山洗车河大鲵鳜吻鮈国家级水产种质资源保护区

1	保护区所在行政区域	湘西土家族苗族自治州
2	保护区当前级别	国家级
3	当前级别批准时间	2014年11月26日
4	保护区类型	野生动物
5	主要保护对象	大鲵鳜、吻鮈
6	当前保护区总面积（公顷）	1003
7	保护区管理机构名称	湘西土家族苗族自治州龙山县农业农村局
8	隶属关系*	湖南省农业农村厅
9	保护区管理机构人员编制	104
10	保护区管理机构所在地地址	龙山县民安街道东院路1号

图例
核心区
实验区

1：200 000

0 2 4 8 12 16
km

附图 147

酉水湘西段翘嘴红鲌国家级水产种质资源保护区

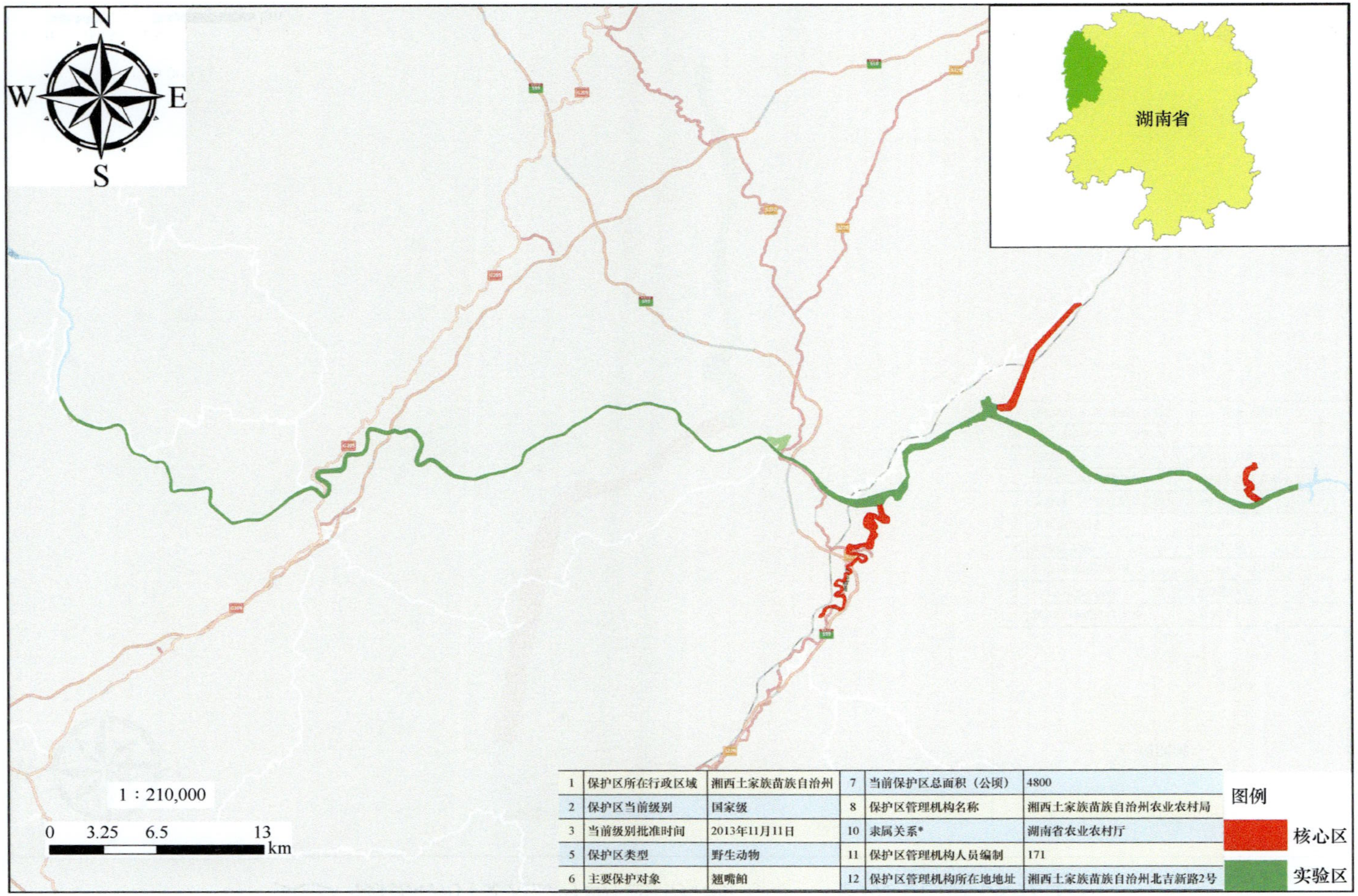

1	保护区所在行政区域	湘西土家族苗族自治州	7	当前保护区总面积（公顷）	4800
2	保护区当前级别	国家级	8	保护区管理机构名称	湘西土家族苗族自治州农业农村局
3	当前级别批准时间	2013年11月11日	10	隶属关系*	湖南省农业农村厅
5	保护区类型	野生动物	11	保护区管理机构人员编制	171
6	主要保护对象	翘嘴鲌	12	保护区管理机构所在地地址	湘西土家族苗族自治州北吉新源2号

图例
核心区　实验区

附图 148

N W S E

1 : 210,000

0 3.25 6.5 13 km

湖南省

安乡杨家河段短河鲚国家级水产种质资源保护区

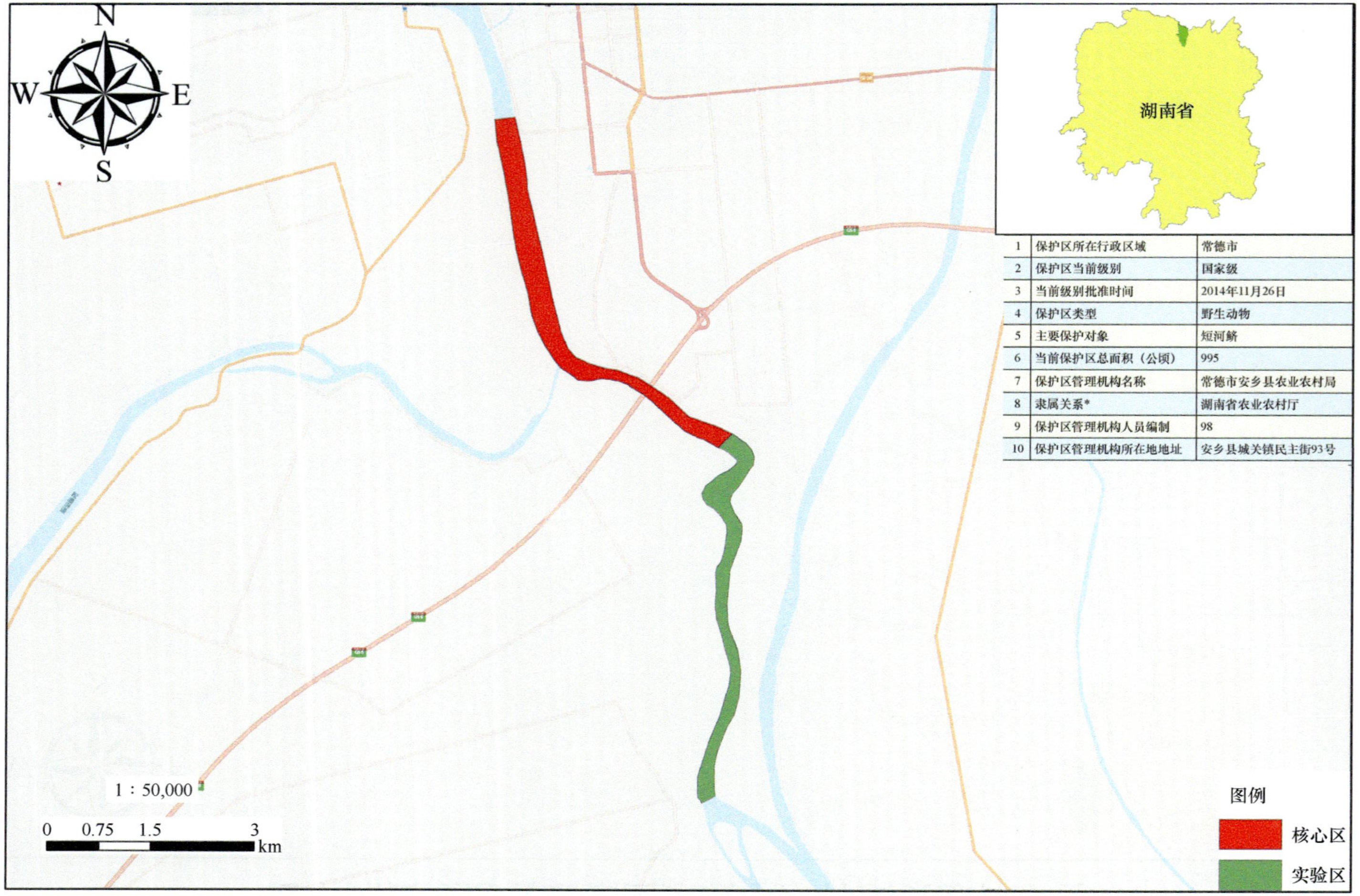

1	保护区所在行政区域	常德市
2	保护区当前级别	国家级
3	当前级别批准时间	2014年11月26日
4	保护区类型	野生动物
5	主要保护对象	短河鲚
6	当前保护区总面积（公顷）	995
7	保护区管理机构名称	常德市安乡县农业农村局
8	隶属关系*	湖南省农业农村厅
9	保护区管理机构人员编制	98
10	保护区管理机构所在地地址	安乡县城关镇民主街93号

图例

核心区

实验区

附图 149

虎渡河安乡段翘嘴鲌国家级水产种质资源保护区

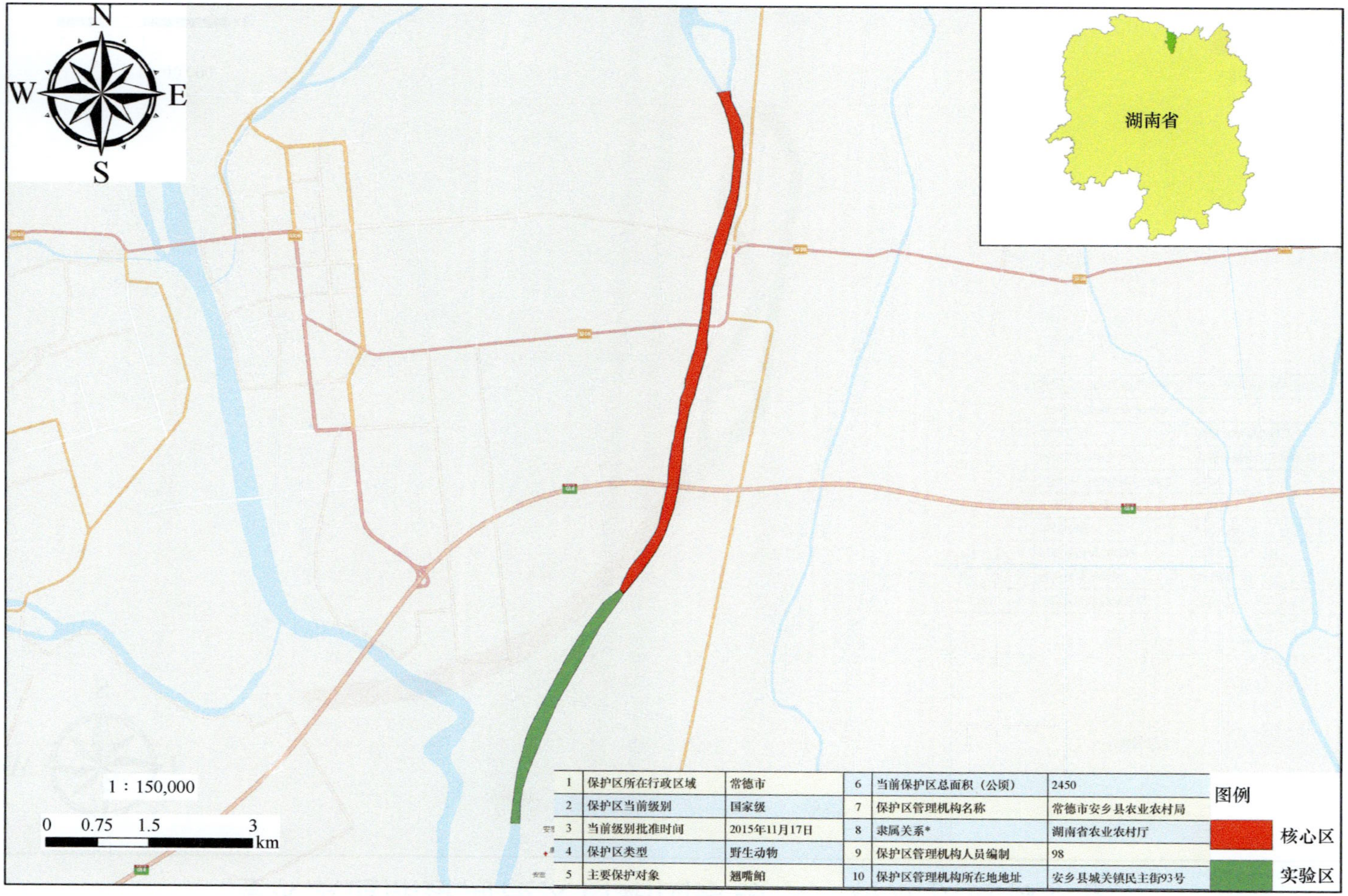

湖南省

图例
- 核心区
- 实验区

1	保护区所在行政区域	常德市	6	当前保护区总面积（公顷）	2450
2	保护区当前级别	国家级	7	保护区管理机构名称	常德市安乡县农业农村局
3	当前级别批准时间	2015年11月17日	8	隶属关系*	湖南省农业农村厅
4	保护区类型	野生动物	9	保护区管理机构人员编制	98
5	主要保护对象	翘嘴鲌	10	保护区管理机构所在地地址	安乡县城关镇主街93号

附图 150

1 : 150,000

0   0.75   1.5   3 km

澧水洪道熊家河段大口鲇国家级水产种质资源保护区

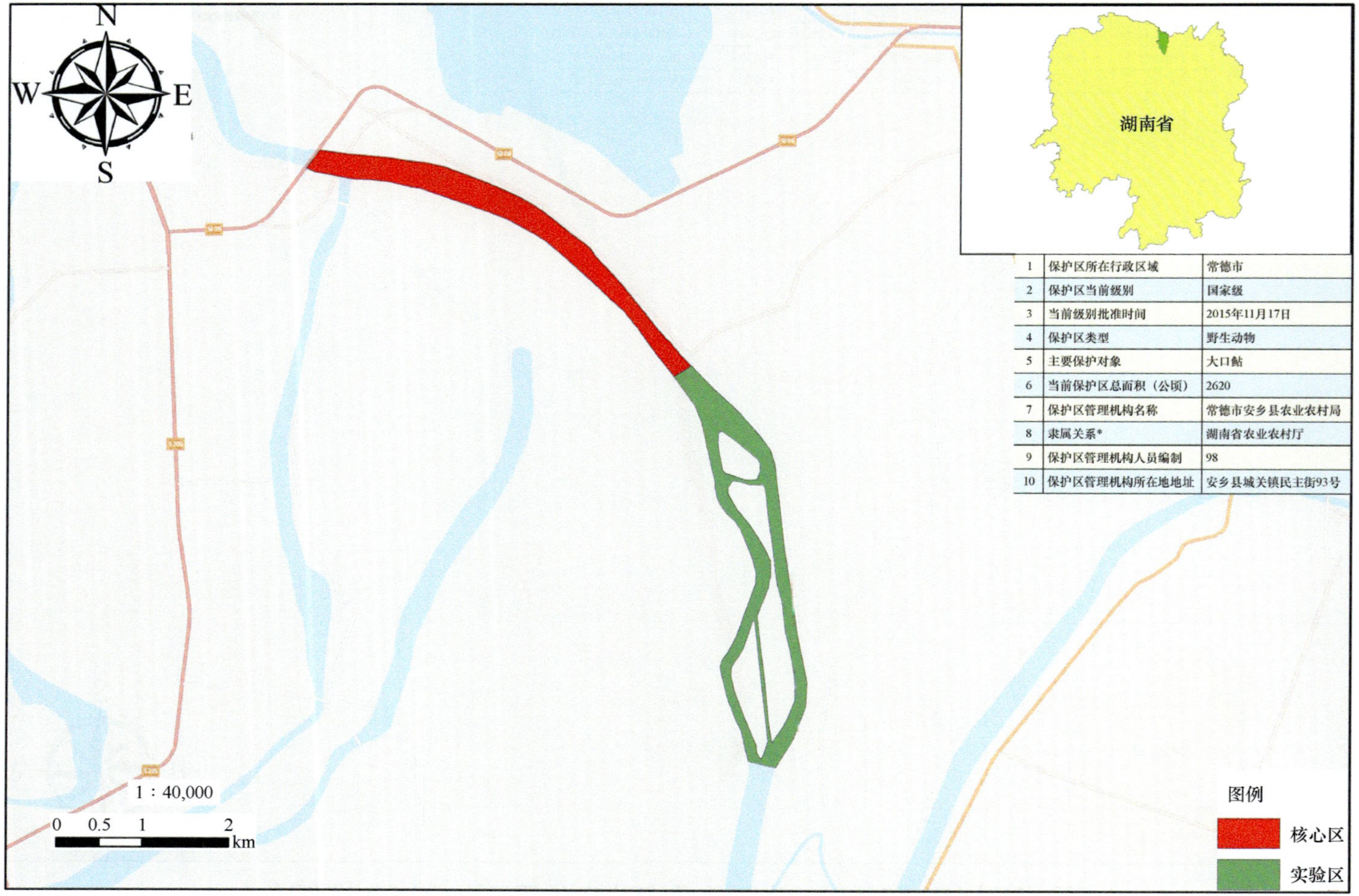

1	保护区所在行政区域	常德市
2	保护区当前级别	国家级
3	当前级别批准时间	2015年11月17日
4	保护区类型	野生动物
5	主要保护对象	大口鲇
6	当前保护区总面积（公顷）	2620
7	保护区管理机构名称	常德市安乡县农业农村局
8	隶属关系*	湖南省农业农村厅
9	保护区管理机构人员编制	98
10	保护区管理机构所在地地址	安乡县城关镇民主街93号

图例 核心区 实验区

附图 151

武湖黄颡鱼国家级水产种质资源保护区

1	保护区所在行政区域	武汉市
2	保护区当前级别	国家级
3	当前级别批准时间	2012年12月17日
4	保护区类型	野生动物
5	主要保护对象	黄颡鱼
6	当前保护区总面积（公顷）	2000
7	保护区管理机构名称	武汉市农业综合执法稽查总队
8	隶属关系*	武汉市农业农村局
9	保护区管理机构所在地地址	武汉市黄陂区六指街大咀村望家田188号
10		9

图例 核心区 实验区

附图 152

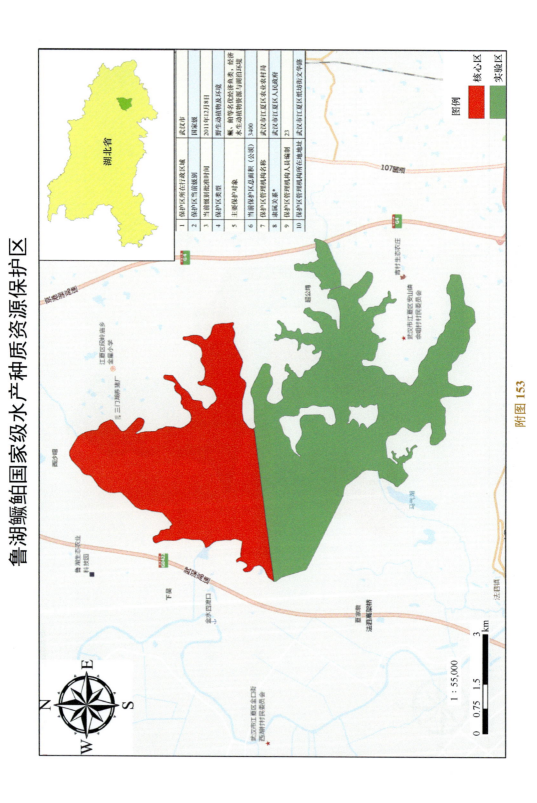

鲁湖鳜鲌国家级水产种质资源保护区

	保护区所在行政区域	武汉市
1	保护区当前级别	国家级
2		
3	当前级别批准时间	2011年12月8日
4	保护区类型	野生动植物及环境
5	主要保护对象	鳜、鲌等名优经济鱼类、经济水生动植物资源与湖泊环境
6	当前保护区总面积（公顷）	3400
7	保护区管理机构名称	武汉市江夏区农业农村局
8	隶属关系*	武汉市江夏区人民政府
9	保护区管理机构人员编制	23
10	保护区管理机构所在地地址	武汉市江夏区纸坊街文华路

图例
核心区
实验区

梁子湖武昌鱼国家级水产种质资源保护区

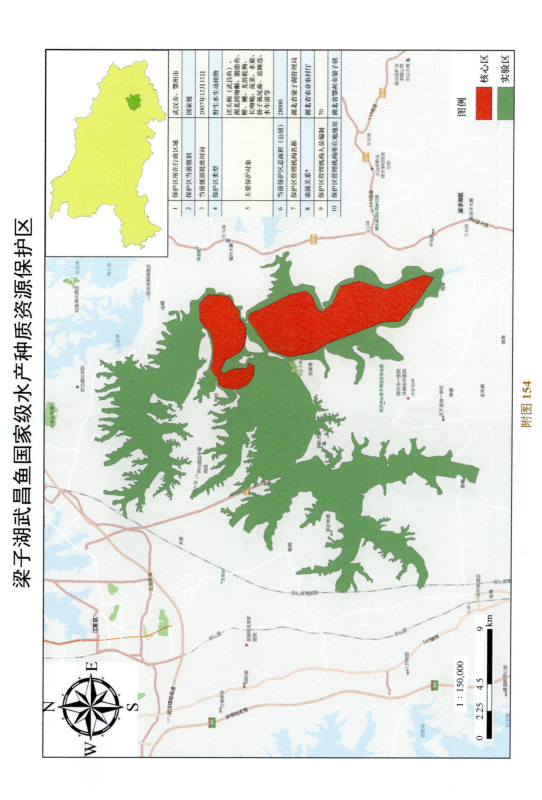

1	保护区所在行政区域	武汉市、鄂州市
2	保护区当前级别	国家级
3	当前级别批准时间	2007年12月12日
4	保护区类型	野生水生动植物
5	主要保护对象	团头鲂（武昌鱼）、湖北圆吻鲴、鳜鱼、鳊、鲴、光倒刺鲃、长吻鮠、鳡、鳜、水獭、扬子鳖尾藻、监顺鲎、水车前等
6	当前保护区总面积（公顷）	28000
7	保护区管理机构名称	湖北省梁子湖管理局
8	隶属关系*	湖北省农业农村厅
9	保护区管理机构人员编制	70
10	保护区管理机构所在地地址	湖北省鄂州市梁子镇

图例

🟥	核心区
🟩	实验区

1 : 150,000

0　2.25　4.5　9 km

附图 154

花马湖国家级水产种质资源保护区

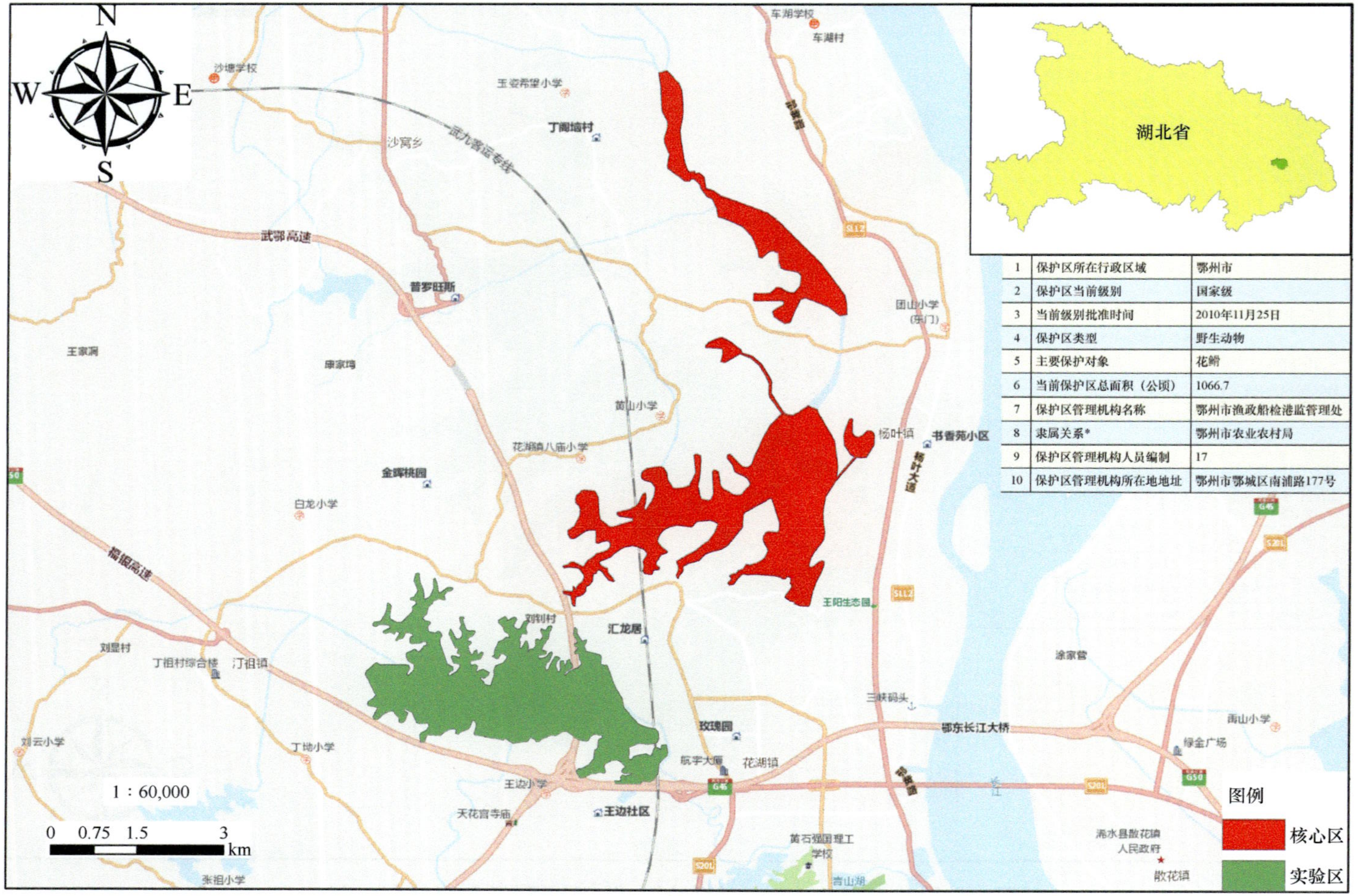

1	保护区所在行政区域	鄂州市
2	保护区当前级别	国家级
3	当前级别批准时间	2010年11月25日
4	保护区类型	野生动物
5	主要保护对象	花鲭
6	当前保护区总面积（公顷）	1066.7
7	保护区管理机构名称	鄂州市渔政船检港监管理处
8	隶属关系*	鄂州市农业农村局
9	保护区管理机构的人员编制	17
10	保护区管理机构所在地地址	鄂州市鄂城区南浦路177号

图例

核心区

实验区

附图 155

圣水湖黄颡鱼国家级水产种质资源保护区

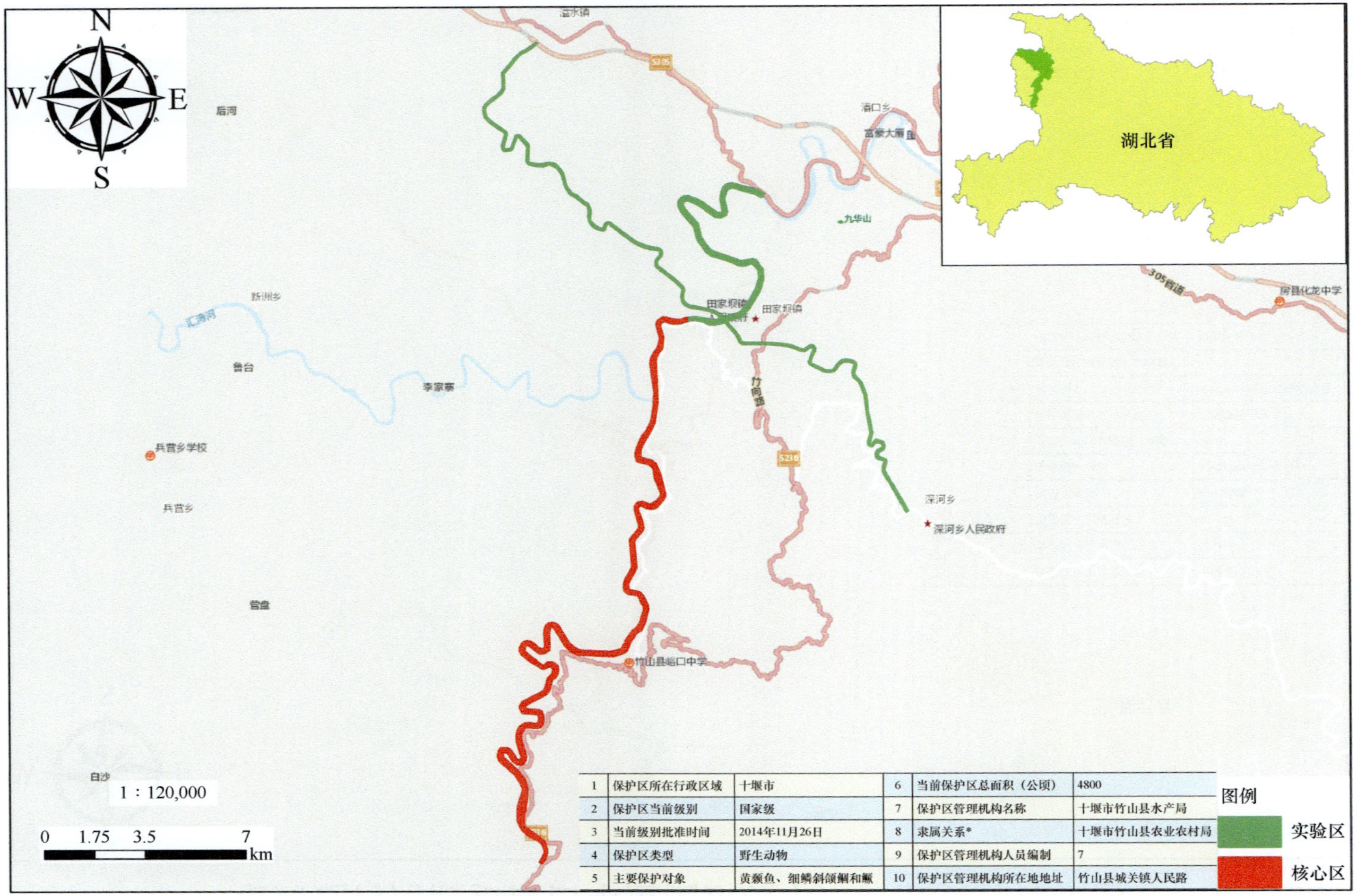

1	保护区所在行政区域	十堰市		6	当前保护区总面积（公顷）	4800	
2	保护区当前级别	国家级		7	保护区管理机构名称	十堰市竹山县水产局	
3	当前级别批准时间	2014年11月26日		8	隶属关系*	十堰市竹山县农业农村局	
4	保护区类型	野生动物		9	保护区管理机构人员编制	7	
5	主要保护对象	瓷颡鱼、细鳞斜颌鲴和鳜		10	保护区管理机构所在地地址	竹山县城关镇人民路	

图例

- 实验区
- 核心区

附图 156

堵河龙背湾段多鳞白甲鱼国家级水产种质资源保护区

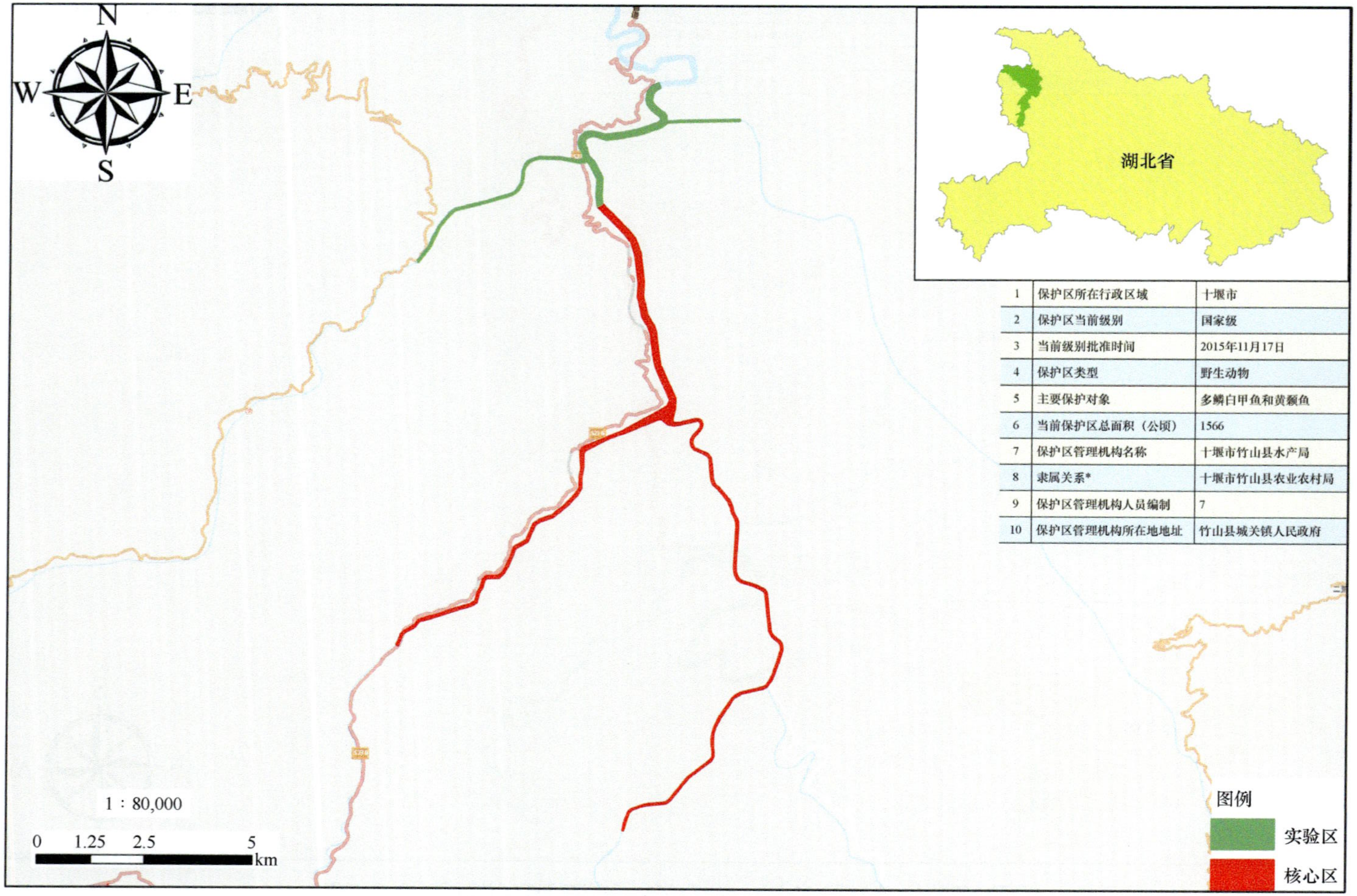
N
S
W
E
湖北省
1：80,000
0 1.25 2.5 5 km
图例
实验区
核心区

1	保护区所在行政区域	十堰市
2	保护区当前级别	国家级
3	当前级别批准时间	2015年11月17日
4	保护区类型	野生动物
5	主要保护对象	多鳞白甲鱼和黄颡鱼
6	当前保护区总面积（公顷）	1566
7	保护区管理机构名称	十堰市竹山县水产局
8	隶属关系*	十堰市竹山县农业农村局
9	保护区管理机构人员编制	7
10	保护区管理机构所在地地址	竹山县城关镇人民政府

附图 157

丹江鲌类国家级水产种质资源保护区

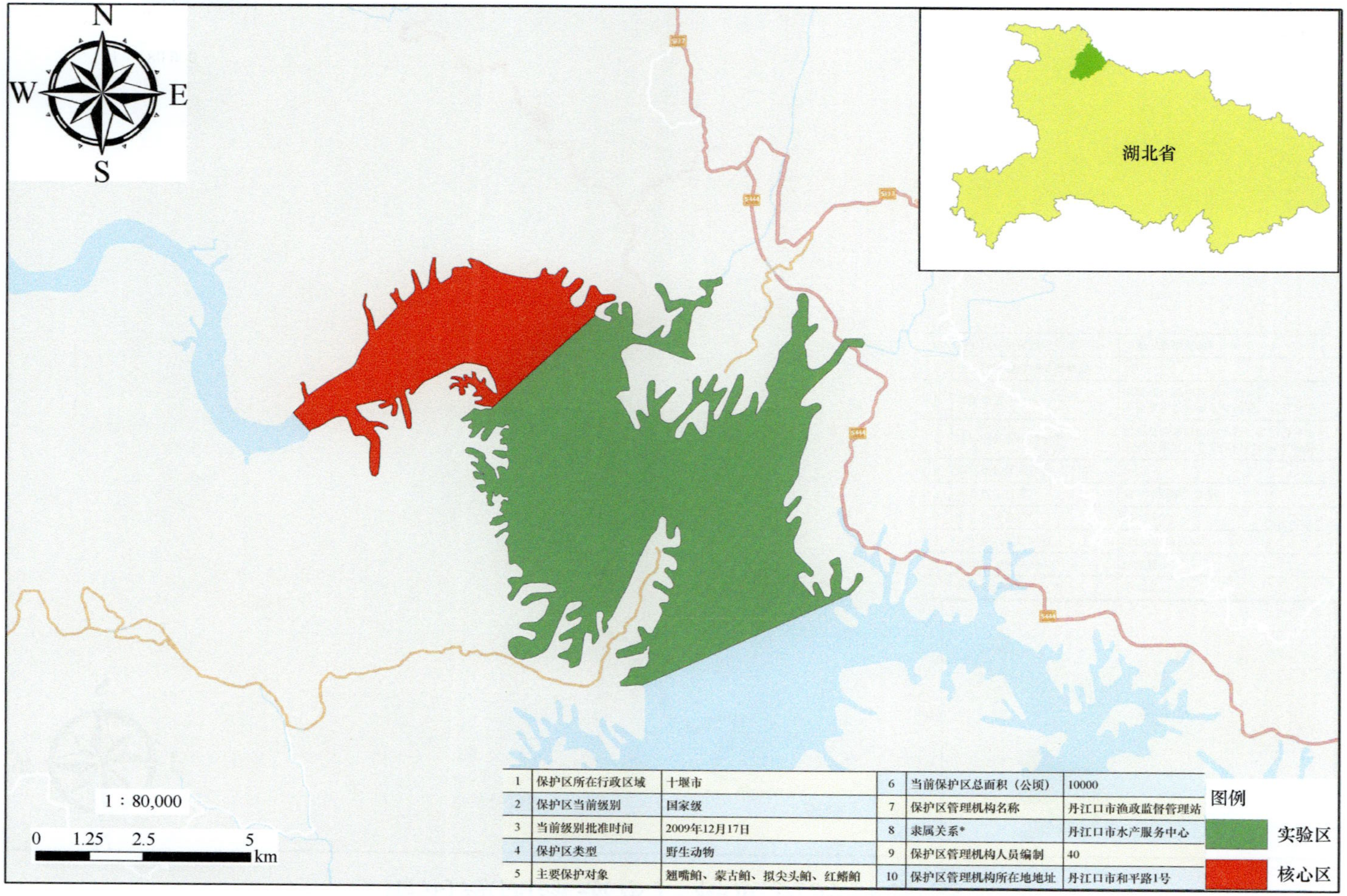
N
S
W
E
湖北省
1：80,000
0 1.25 2.5 5
km
图例
实验区
核心区

1	保护区所在行政区域	十堰市	6	当前保护区总面积（公顷）	10000
2	保护区当前级别	国家级	7	保护区管理机构名称	丹江口市渔政监督管理站
3	当前级别批准时间	2009年12月17日	8	隶属关系*	丹江口市水产服务中心
4	保护区类型	野生动物	9	保护区管理机构人员编制	40
5	主要保护对象	翘嘴鲌、蒙古鲌、拟尖头鲌、红鳍鲌	10	保护区管理机构所在地地址	丹江口市和平路1号

附图 158

堵河鳜国家级水产种质资源保护区

1	保护区所在行政区域	十堰市
2	保护区当前级别	国家级
3	当前级别批准时间	2013年11月11日
4	保护区类型	野生动物
5	主要保护对象	鳜、大鳍鳠、黄颡
6	当前保护区总面积（公顷）	4000
7	保护区管理机构名称	十堰市张湾区农业农村局畜牧水产服、房县农业农村局渔业股、竹山县水产局
8	隶属关系*	十堰市张湾区农业农村局、房县农业农村局、竹山县农业农村局
9	保护区管理机构人员编制	12
10	保护区管理机构所在地地址	十堰市东山路66号

图例

实验区

核心区

1 : 180,000

0   2.75   5.5   11
km

王家河鲌类国家级水产种质资源保护区

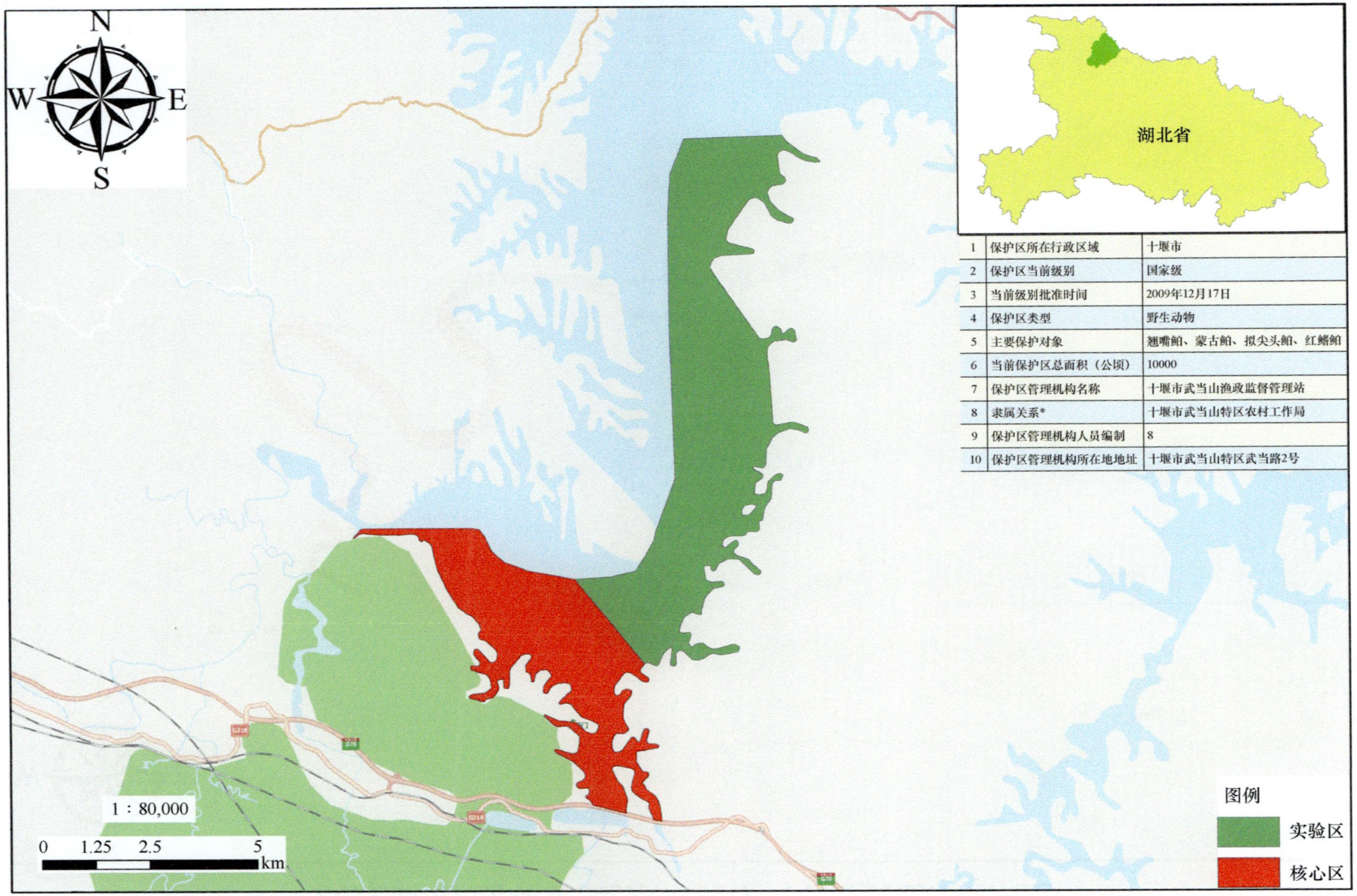

1	保护区所在行政区域	十堰市	
2	保护区当前级别	国家级	
3	当前级别批准时间	2009年12月17日	
4	保护区类型	野生动物	
5	主要保护对象	翘嘴鲌、蒙古鲌、拟尖头鲌、红鳍鲌	
6	当前保护区总面积（公顷）	10000	
7	保护区管理机构名称	十堰市武当山渔政监督管理站	
8	隶属关系*	十堰市武当山特区农村工作局	
9	保护区管理机构人员编制	8	
10	保护区管理机构所在地地址	十堰市武当山特区武当路2号	

湖北省

图例

实验区

核心区

附图 160

1 : 80,000

0 1.25 2.5 5 km

汉江郧县翘嘴鲌国家级水产种质资源保护区

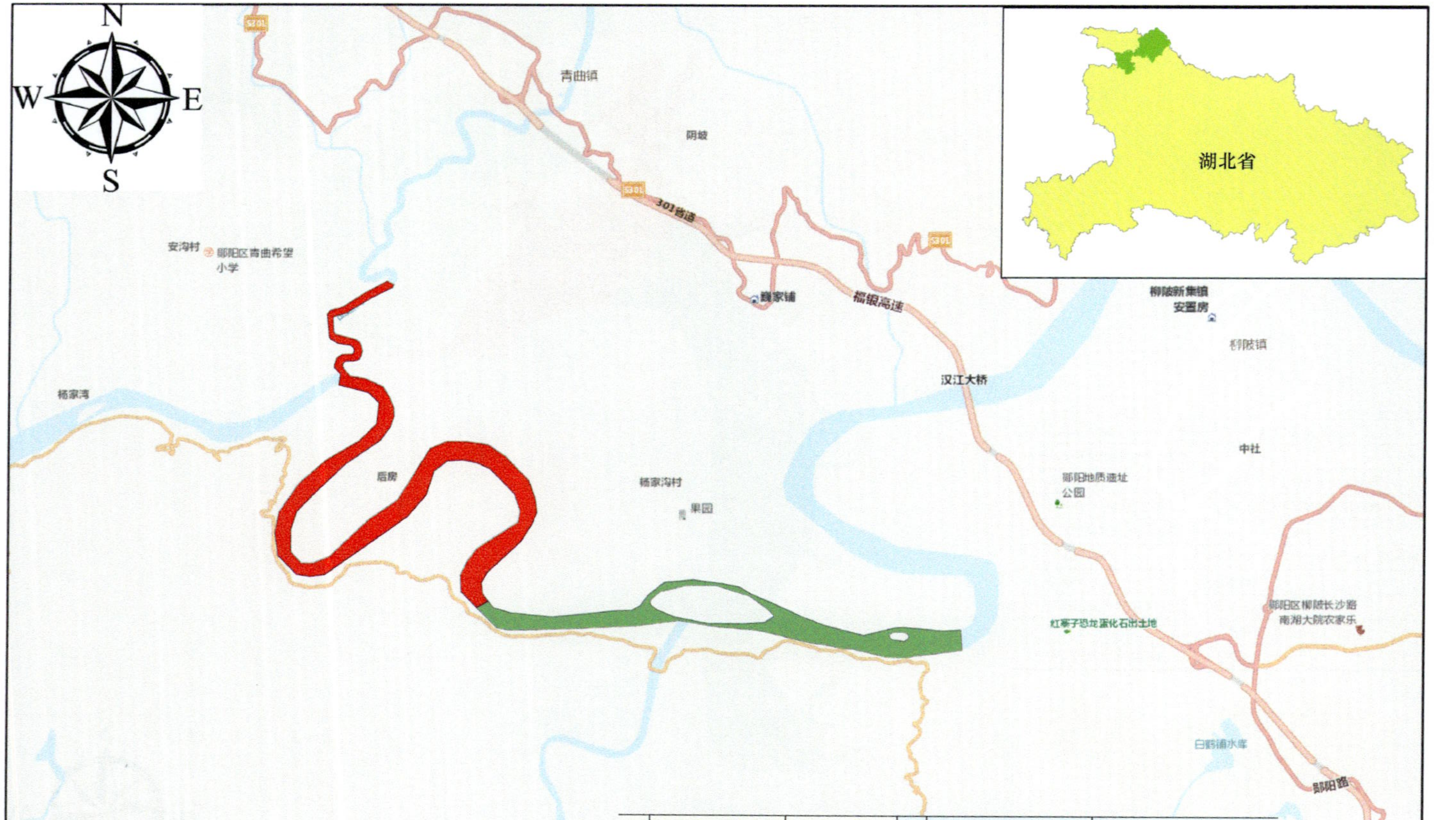

湖北省

1	保护区所在行政区域	十堰市	6	当前保护区总面积（公顷）	1750	
2	保护区当前级别	国家级	7	保护区管理机构名称	十堰市郧阳区渔政监督管理站	
3	当前级别批准时间	2014年11月26日	8	隶属关系*	十堰市郧阳区农业农村局	
4	保护区类型	野生动物	9	保护区管理机构人员编制	21	
5	主要保护对象	翘嘴鲌	10	保护区管理机构所在地地址	十堰市郧县城关镇友谊胡同2号	

图例

实验区　核心区

附图 161

1 : 60,000

0　0.75　1.5　　　　3
km

琵琶湖细鳞斜颌鲴国家级水产种质资源保护区

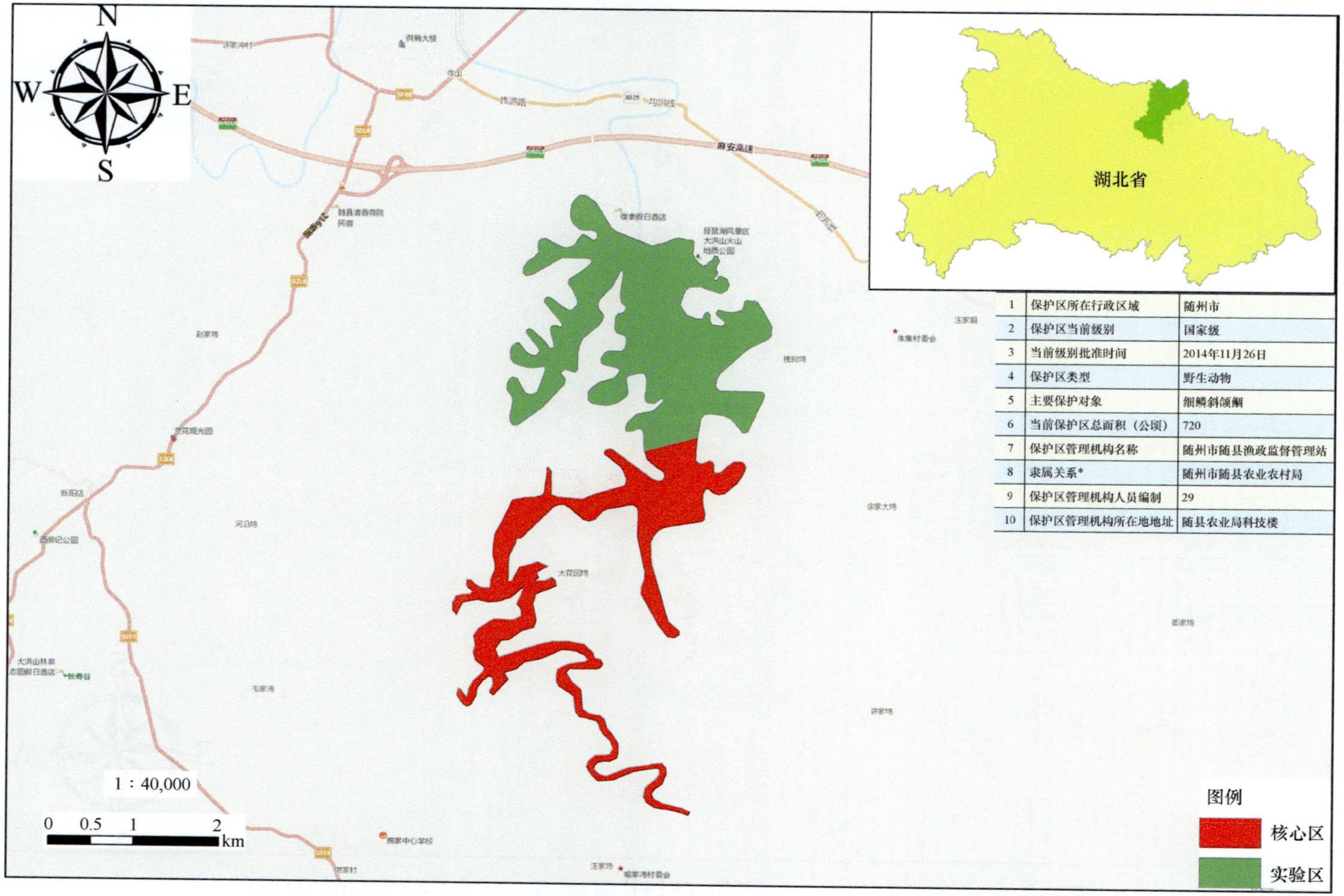

1	保护区所在行政区域	随州市
2	保护区当前级别	国家级
3	当前级别批准时间	2014年11月26日
4	保护区类型	野生动物
5	主要保护对象	细鳞斜颌鲴
6	当前保护区总面积（公顷）	720
7	保护区管理机构名称	随州市随县渔政监督管理站
8	隶属关系*	随州市随县农业农村局
9	保护区管理人员编制	29
10	保护区管理机构所在地地址	随县农业局农技楼

图例

■ 核心区

■ 实验区

附图 162

比例尺 1 : 40,000

0　0.5　1　2 km

—285—

涢水河黑屋湾段翘嘴鲌国家级水产种质资源保护区

1	保护区所在行政区域	随州市
2	保护区当前级别	国家级
3	当前级别批准时间	2015年11月17日
4	保护区类型	野生动物
5	主要保护对象	翘嘴鲌
6	当前保护区总面积（公顷）	870.79
7	保护区管理机构名称	随州市随县渔政监督管理站
8	隶属关系*	随州市随县农业农村局
9	保护区管理机构的人员编制	29
10	保护区管理机构所在地地址	随县农业局农科楼

图例

核心区

实验区

1 : 80,000

0   1.25   2.5   5 km

先觉庙漂水支流细鳞鲴国家级水产种质资源保护区

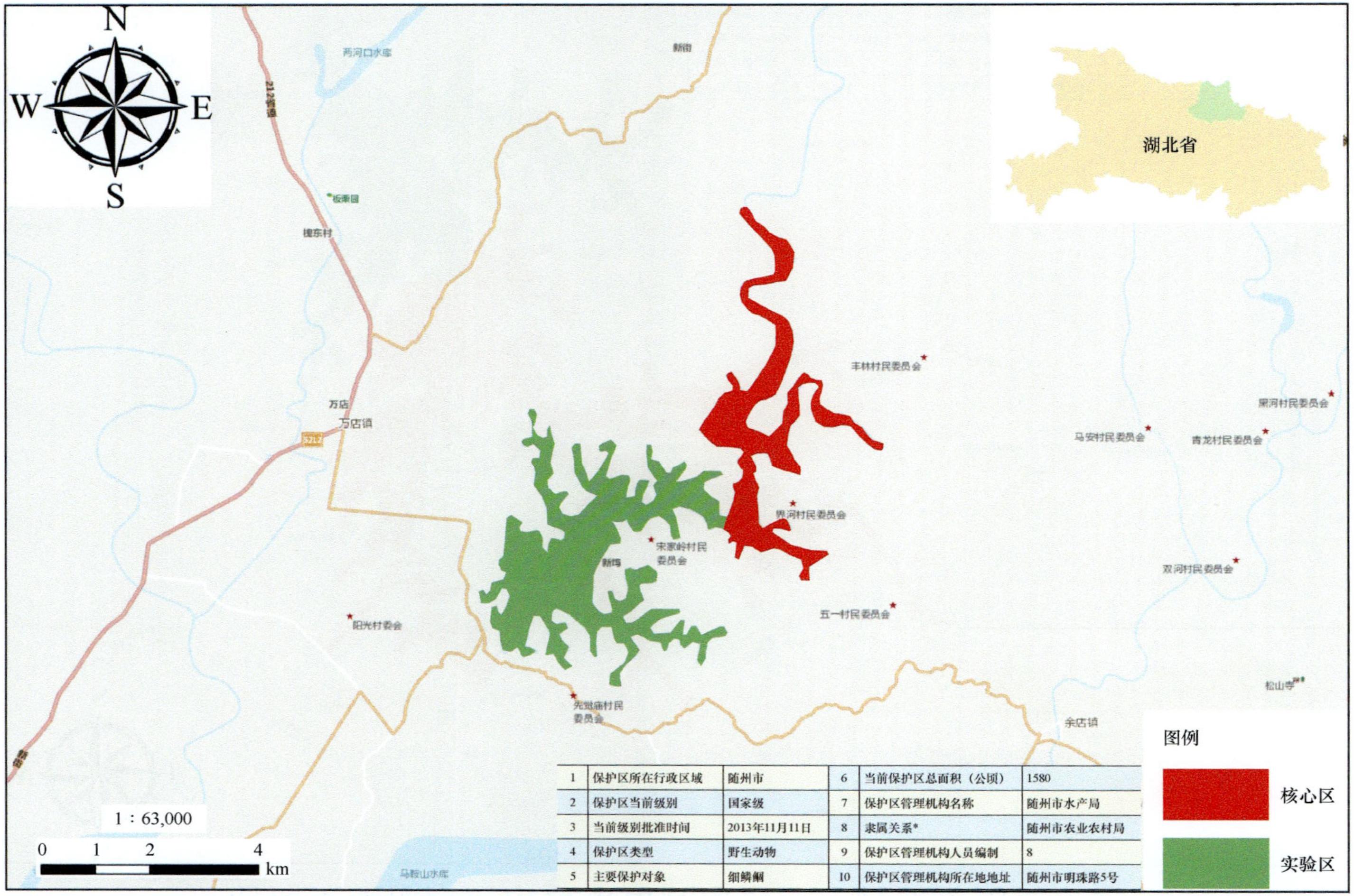

附图 164

1	保护区所在行政区域	随州市	6	当前保护区总面积（公顷）	1580
2	保护区当前级别	国家级	7	保护区管理机构名称	随州市水产局
3	当前级别批准时间	2013年11月11日	8	隶属关系	随州市农业农村局
4	保护区类型	野生动物	9	保护区管理机构人员编制	8
5	主要保护对象	细鳞鲴	10	保护区管理机构所在地地址	随州市明珠源5号

图例

核心区

实验区

1 : 63,000

km
0　1　2　　4

府河支流徐家河水域银鱼国家级水产种质资源保护区

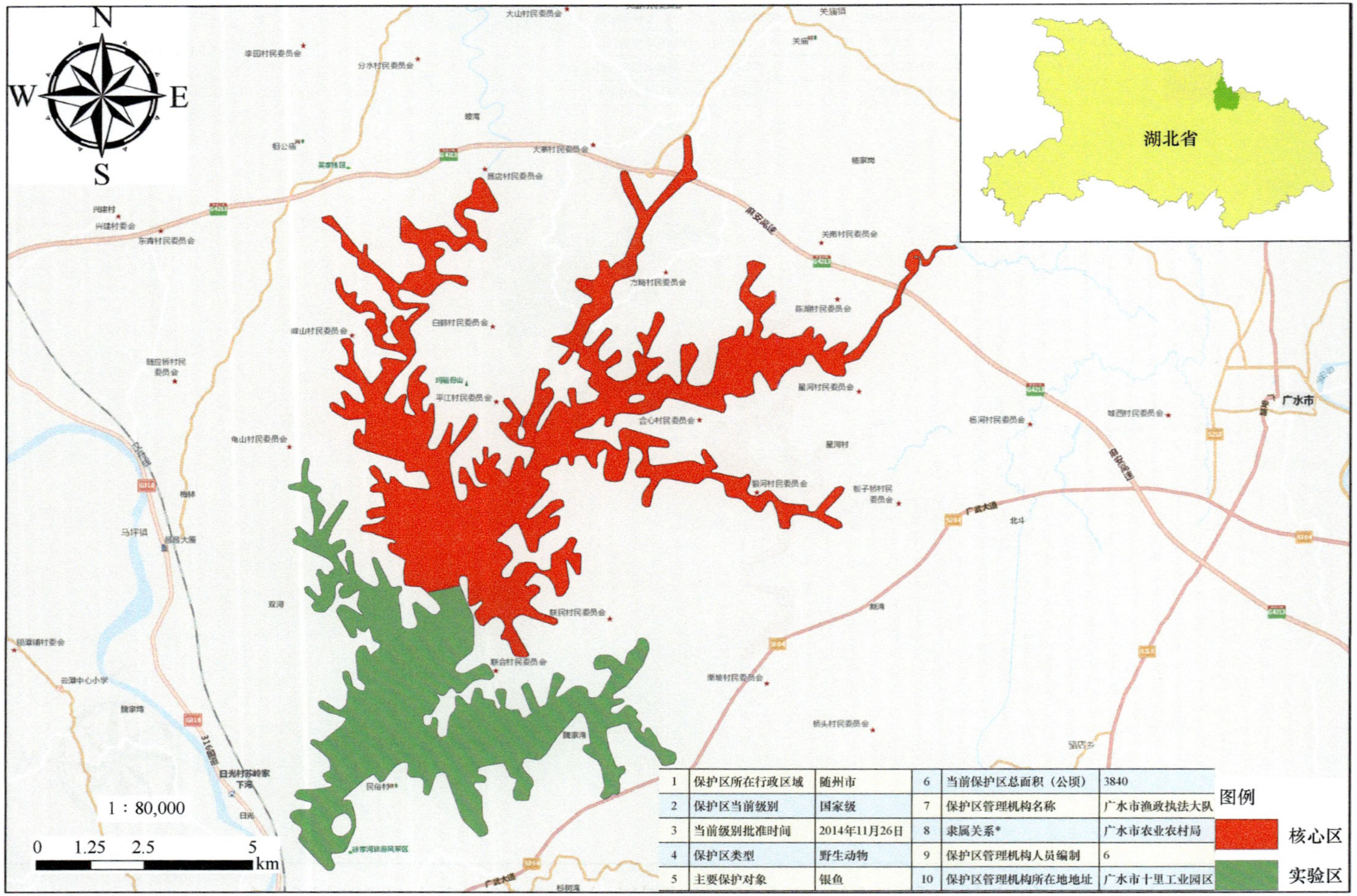
N
S
W
E
湖北省
广水市
1：80,000
0 1.25 2.5 5
km
图例
核心区
实验区

1	保护区所在行政区域	随州市	6	当前保护区总面积（公顷）	3840
2	保护区当前级别	国家级	7	保护区管理机构名称	广水市渔政执法大队
3	当前级别批准时间	2014年11月26日	8	隶属关系*	广水市农业农村局
4	保护区类型	野生动物	9	保护区管理机构人员编制	6
5	主要保护对象	银鱼	10	保护区管理机构所在地地址	广水市十里工业园区

附图 165

大富水河斑鳢国家级水产种质资源保护区

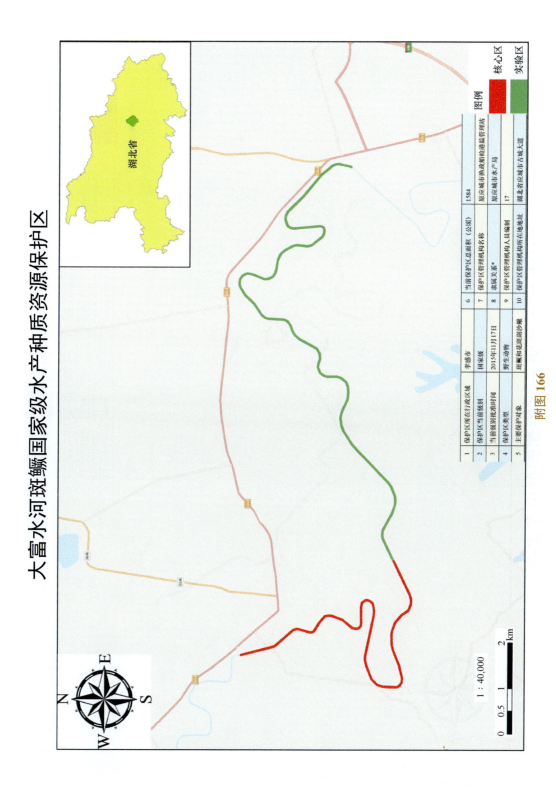

1	保护区所在行政区域	孝感市			6	当前保护区总面积（公顷）	1584		
2	保护区当前级别	国家级			7	保护区管理机构名称	应城市渔政船检港监管理站		
3	当前级别获批准时间	2015年11月17日			8	隶属关系*	应城市水产局		
4	保护区类型	野生动物			9	保护区管理机构人员编制	17		
5	主要保护对象	斑鳢和花䱻湖沙䱻			10	保护区管理机构所在地地址	湖北省应城市古城大道		

图例

核心区
实验区

附图 166

汉江汉川段国家级水产种质资源保护区

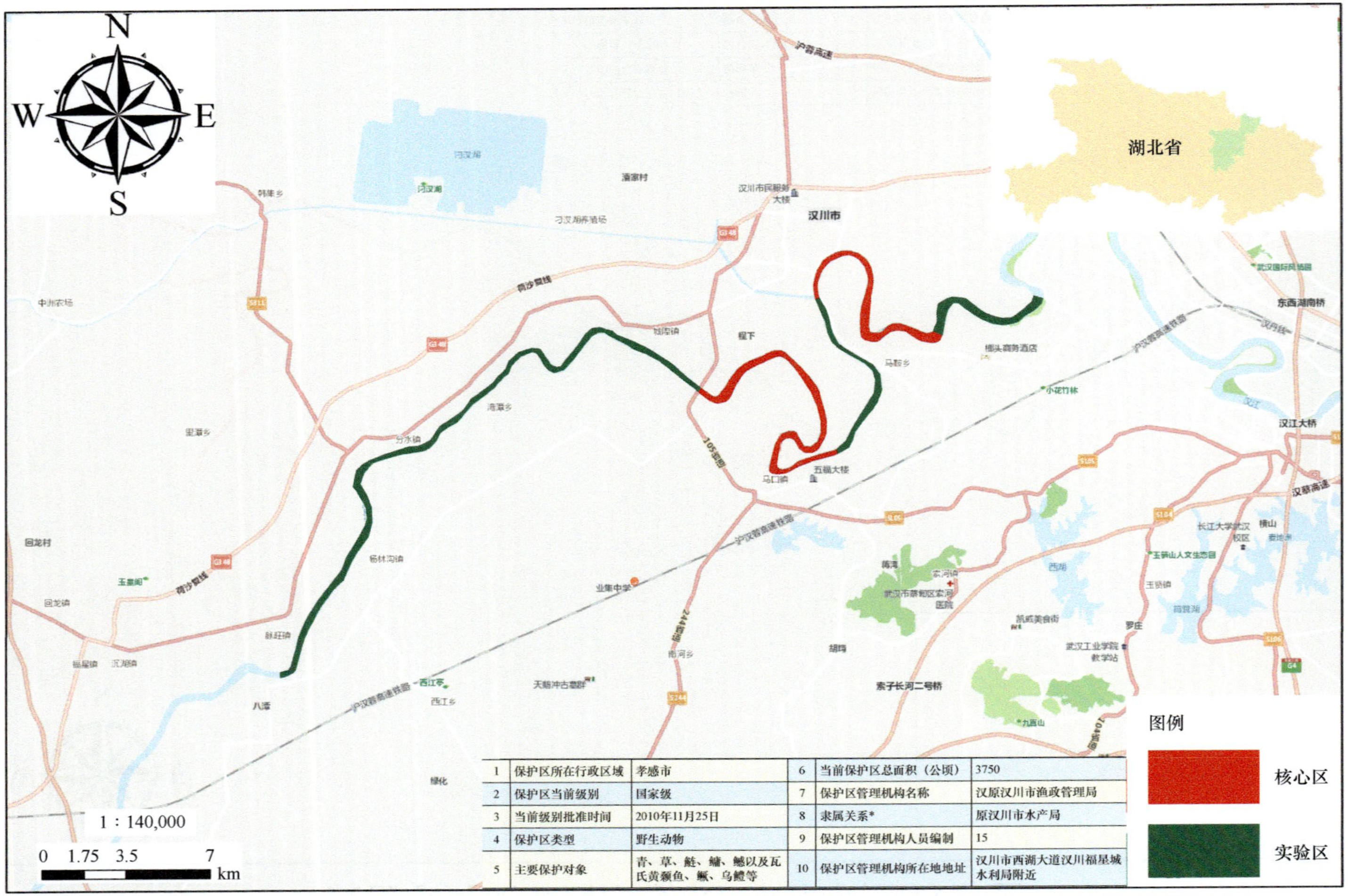
N
S
W
E
湖北省
汉川市
图例
核心区
实验区
1：140,000
0 1.75 3.5 7
km

1	保护区所在行政区域	孝感市	6	当前保护区总面积（公顷）	3750
2	保护区当前级别	国家级	7	保护区管理机构名称	汉原汉川市渔政管理局
3	当前级别批准时间	2010年11月25日	8	隶属关系*	原汉川市水产局
4	保护区类型	野生动物	9	保护区管理机构人员编制	15
5	主要保护对象	青、草、鲢、鳙、鳡以及瓦氏黄颡鱼、鳜、乌鳢等	10	保护区管理机构所在地地址	汉川市西湖大道汉川福星城水利局附近

附图 167

汉北河瓦氏黄颡鱼国家级水产种质资源保护区

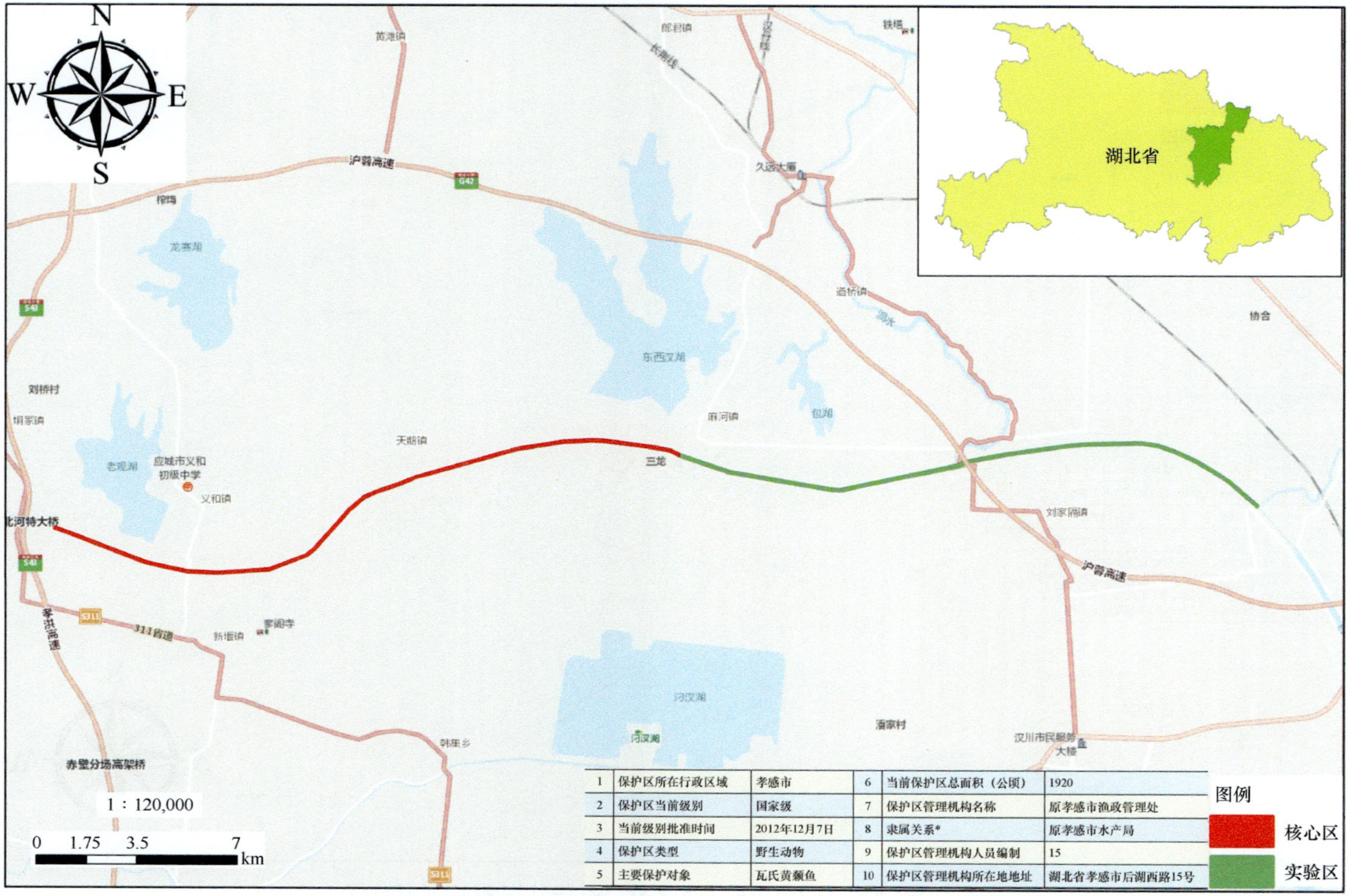

1	保护区所在行政区域	李感市	
2	保护区当前级别	国家级	
3	当前级别批准时间	2012年12月7日	
4	保护区类型	野生动物	
5	主要保护对象	瓦氏黄颡鱼	
6	当前保护区总面积（公顷）	1920	
7	保护区管理机构名称	原李感市渔政管理处	
8	隶属关系	原李感市水产局	
9	保护区管理机构人员编制	15	
10	保护区管理机构所在地地址	湖北省李感市后湖西路15号	

图例

■ 核心区　　■ 实验区

附图 168

1 : 120,000

0　1.75　3.5　7 km

涢水翘嘴鲌国家级水产种质资源保护区

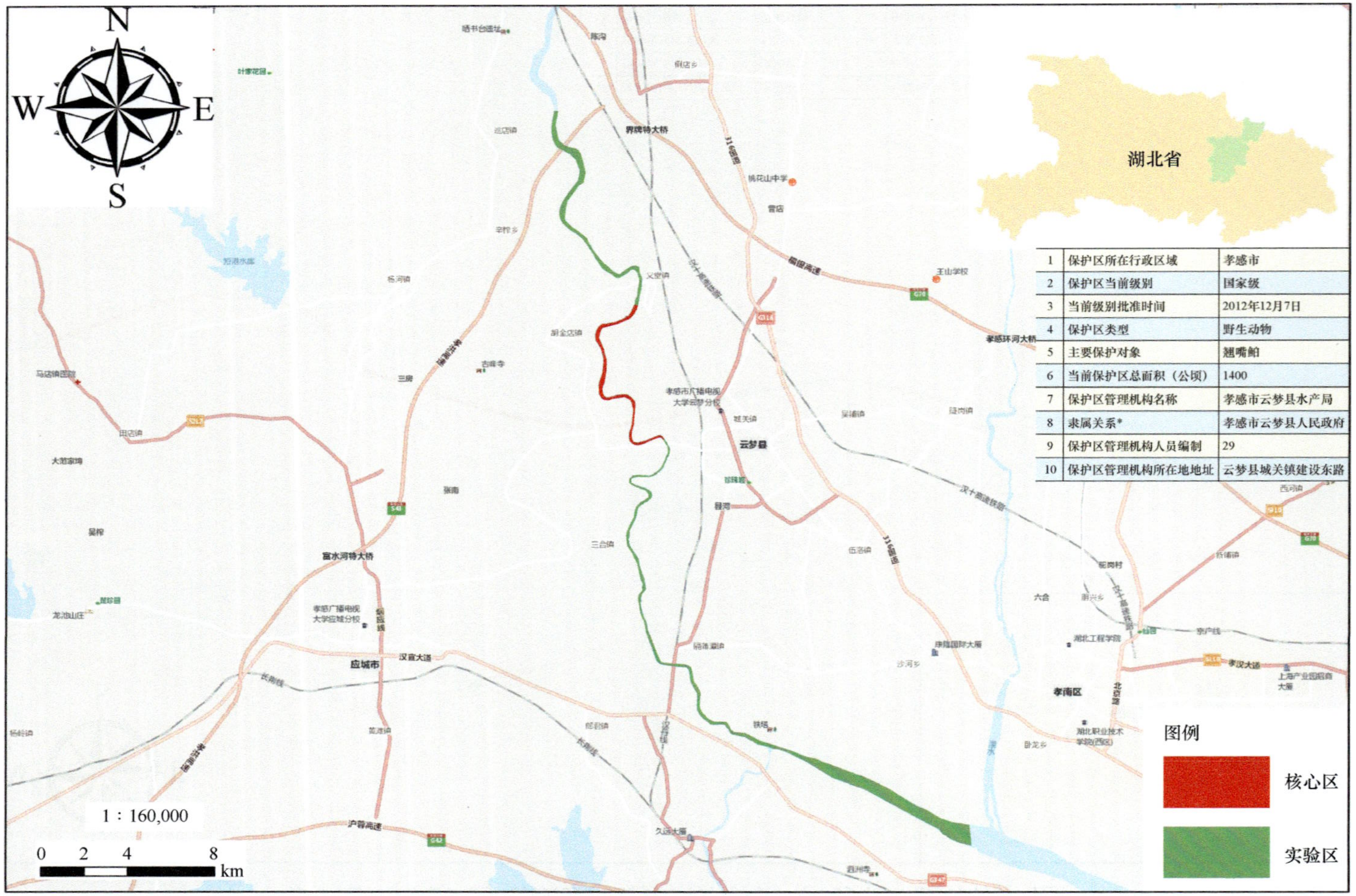

1	保护区所在行政区域	孝感市
2	保护区当前级别	国家级
3	当前级别批准时间	2012年12月7日
4	保护区类型	野生动物
5	主要保护对象	翘嘴鲌
6	当前保护区总面积（公顷）	1400
7	保护区管理机构名称	孝感市云梦县水产局
8	隶属关系*	孝感市云梦县人民政府
9	保护区管理机构人员编制	29
10	保护区管理机构所在地地址	云梦县城关镇建设东路

图例

核心区

实验区

1：160,000

0 2 4 8 km

湖北省

附图169

府河细鳞鲴国家级水产种质资源保护区

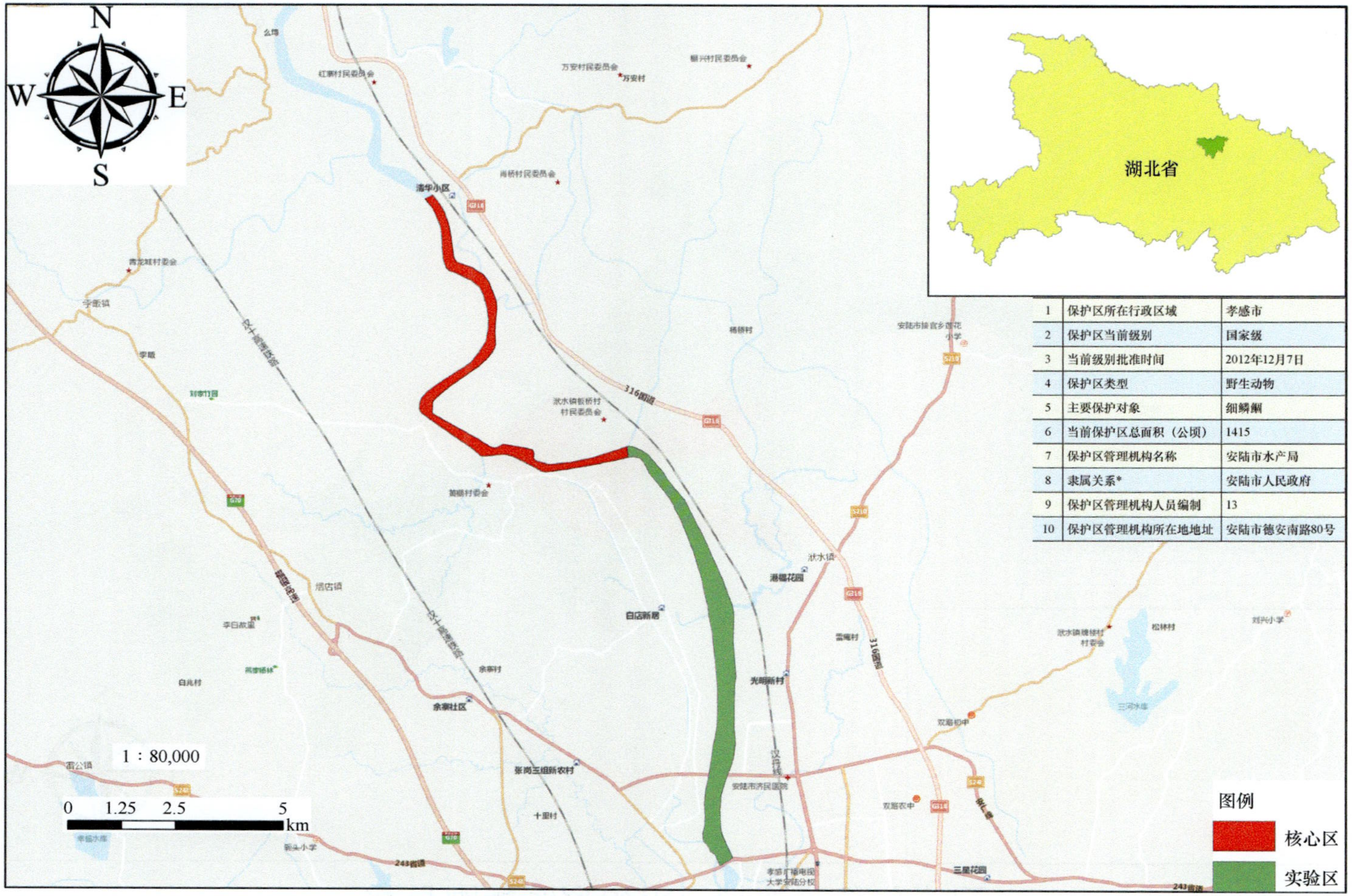

湖北省

1	保护区所在行政区域	孝感市
2	保护区当前级别	国家级
3	当前级别批准时间	2012年12月7日
4	保护区类型	野生动物
5	主要保护对象	细鳞鲴
6	当前保护区总面积（公顷）	1415
7	保护区管理机构名称	安陆市水产局
8	隶属关系*	安陆市人民政府
9	保护区管理机构人员编制	13
10	保护区管理机构所在地地址	安陆市德安南路80号

图例

核心区
实验区

附图 170

1 : 80,000

0　1.25　2.5　　　5
km

观音湖鳜国家级水产种质资源保护区

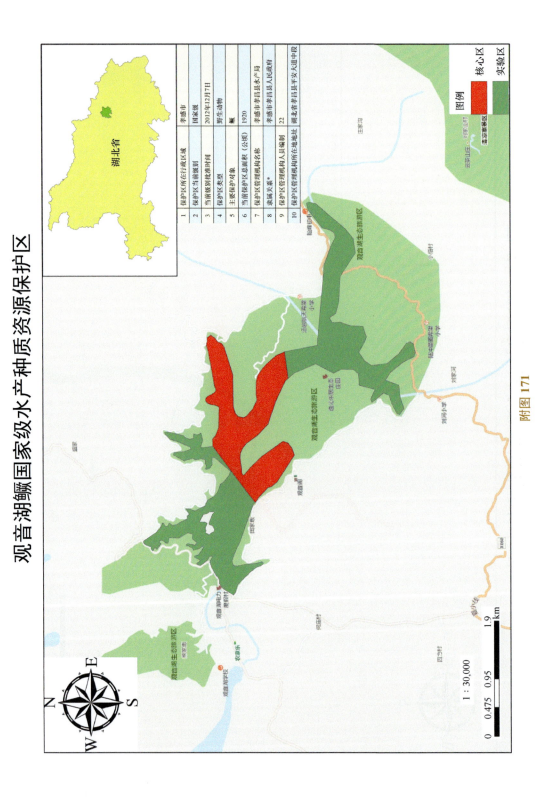

1	保护区所在行政区域	孝感市
2	保护区当前级别	国家级
3	当前级别批准时间	2012年12月7日
4	保护区类型	野生动物
5	主要保护对象	鳜
6	当前保护区总面积（公顷）	1920
7	保护区管理机构名称	孝感市孝昌县水产局
8	隶属关系*	孝感市孝昌县人民政府
9	保护区管理机构的人员编制	22
10	保护区管理机构所在地地址	湖北省孝昌县安陆大道中段

图例

核心区

实验区

1 : 30,000

0　0.475　0.95　　1.9
km

野猪湖鲌类国家级水产种质资源保护区

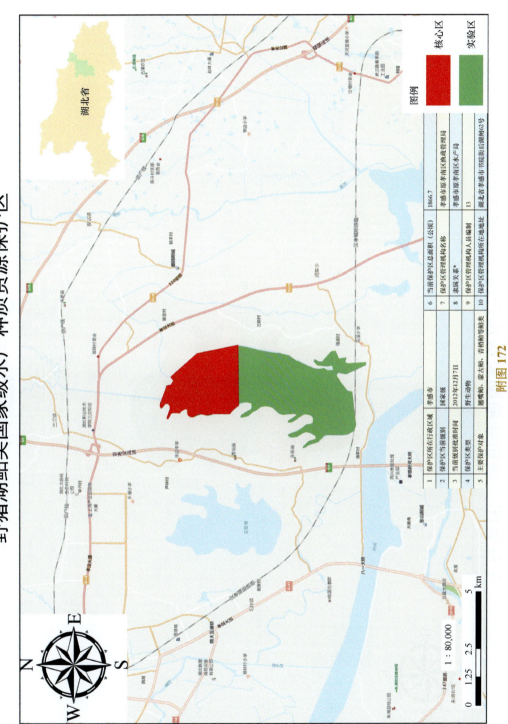

1	保护区所在行政区域	孝感市	
2	保护区类别	国家级	
3	当前级别批准时间	2012年12月7日	
4	保护区类型	野生动物	
5	主要保护对象	翘嘴鲌、蒙古鲌、青梢鲌等鲌类	
6	当前保护区总面积（公顷）	1866.7	
7	保护区管理机构名称	孝感市原孝南区渔政管理局	
8	隶属关系*	孝感市原孝南区水产局	
9	保护区管理机构人员编制	13	
10	保护区管理机构所在地地址	湖北省孝感市书院街后湖测湖62号	

附图 172

王母湖团头鲂短颌鲚国家级水产种质资源保护区

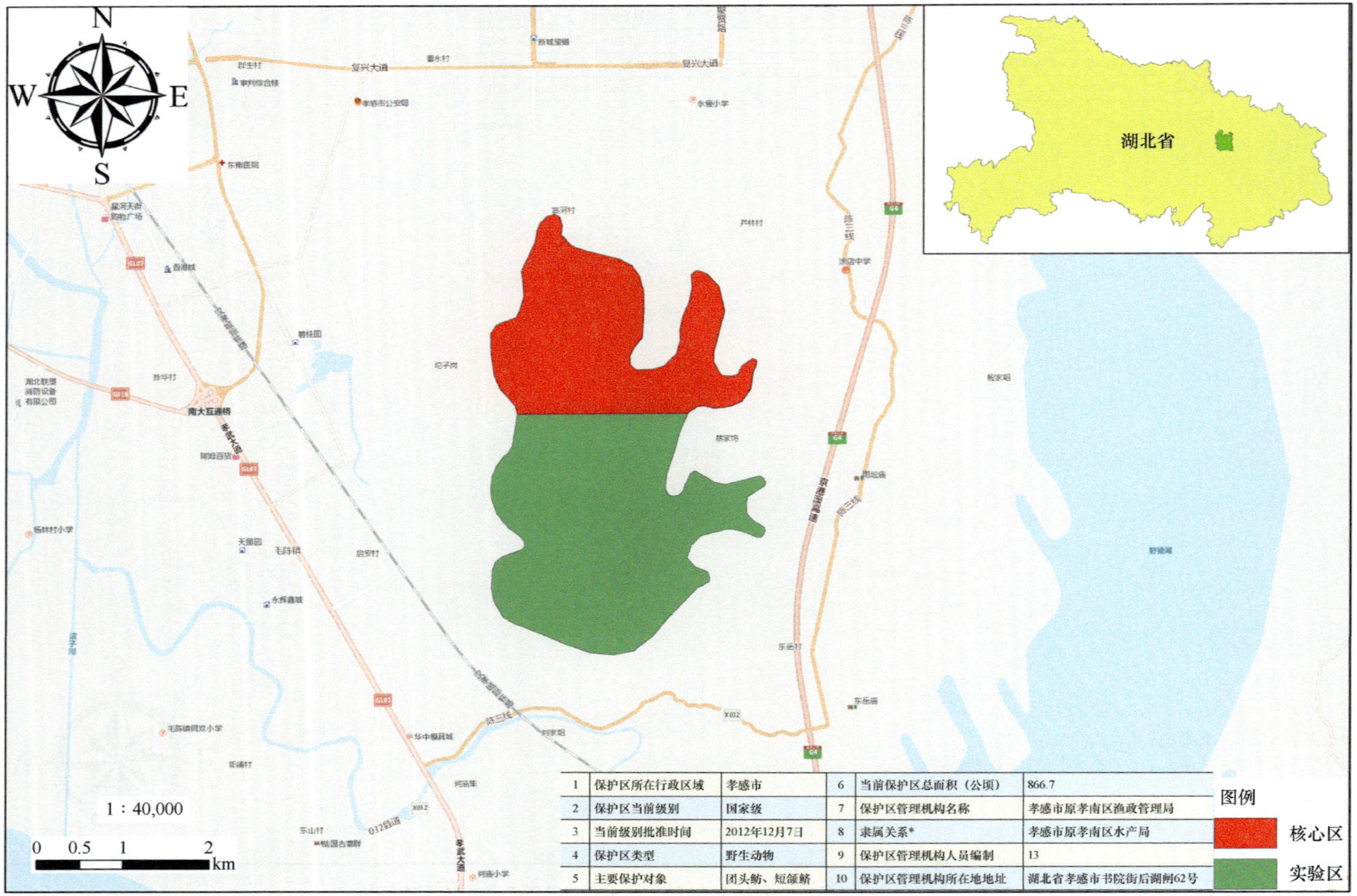
N
S
W
E
湖北省
图例
核心区
实验区
1：40,000
0 0.5 1 2
km

1	保护区所在行政区域	孝感市	6	当前保护区总面积（公顷）	866.7
2	保护区当前级别	国家级	7	保护区管理机构名称	孝感市原孝南区渔政管理局
3	当前级别批准时间	2012年12月7日	8	隶属关系*	孝感市原孝南区水产局
4	保护区类型	野生动物	9	保护区管理机构人员编制	13
5	主要保护对象	团头鲂、短颌鲚	10	保护区管理机构所在地地址	湖北省孝感市书院街后湖闸62号

附图 173

龙潭湖蒙古鲌国家级水产种质资源保护区

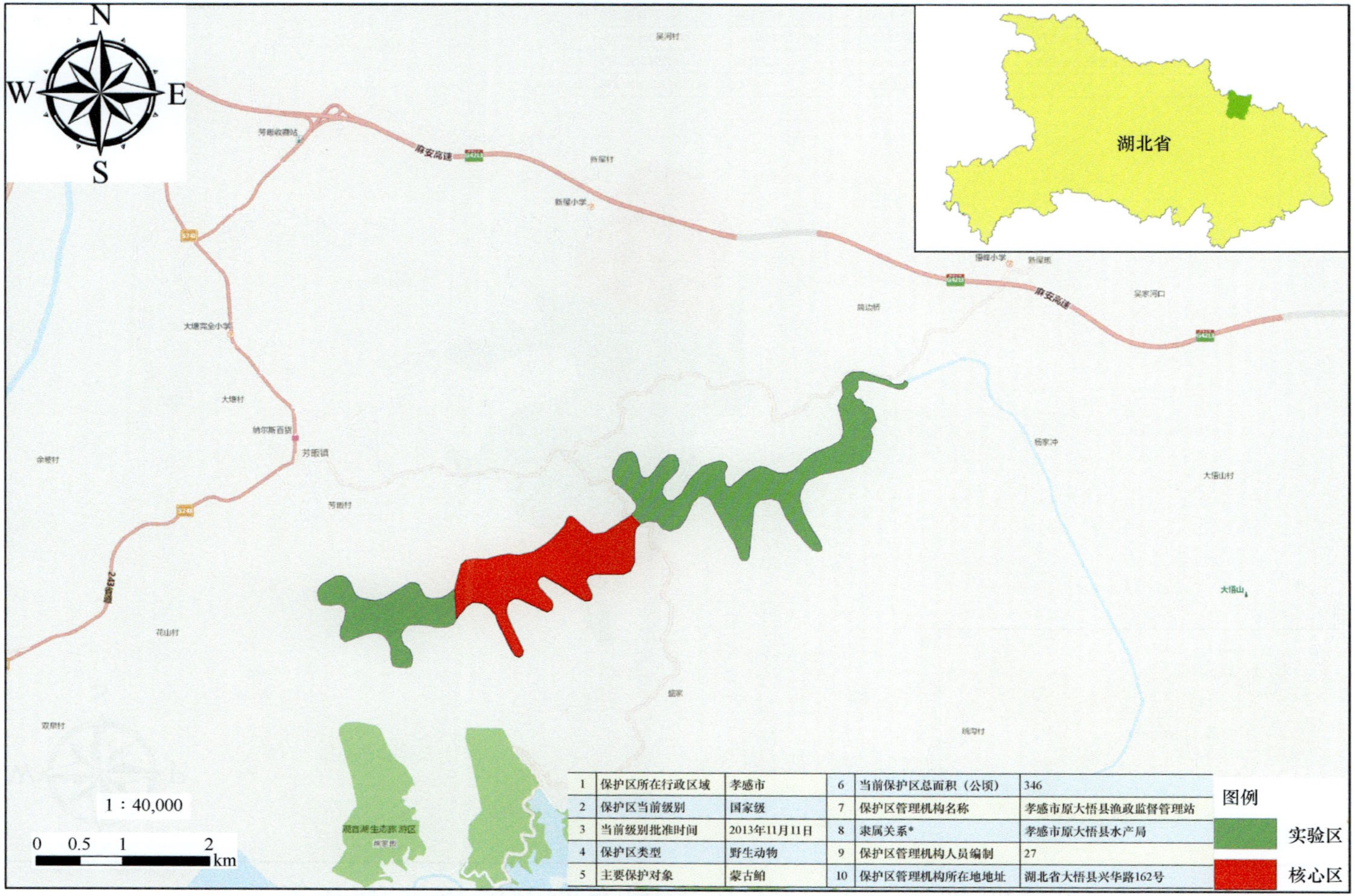

1	保护区所在行政区域	孝感市		6	当前保护区总面积（公顷）	346
2	保护区当前级别	国家级		7	保护区管理机构名称	孝感市原大悟县渔政监督管理站
3	当前级别批准时间	2013年11月11日		8	隶属关系*	孝感市原大悟县水产局
4	保护区类型	野生动物		9	保护区管理机构人员编制	27
5	主要保护对象	蒙古鲌		10	保护区管理机构所在地地址	湖北省大悟县兴华路162号

附图 174

龙赛湖细鳞鲴圆吻鲴翘嘴鲌国家级水产种质资源保护区

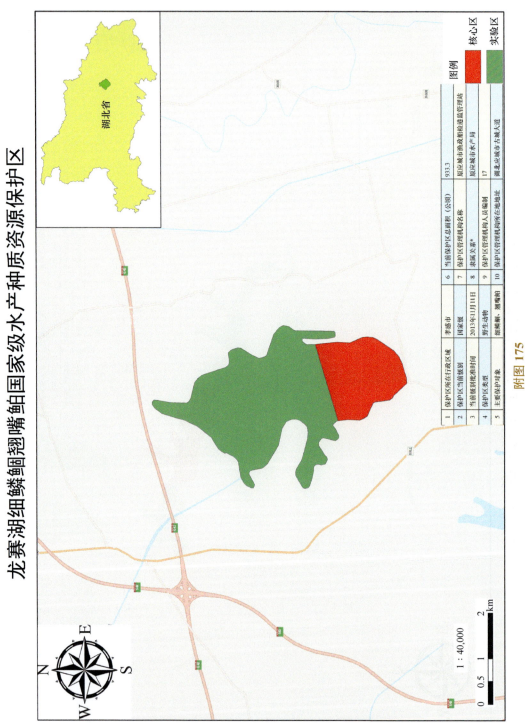

1	保护区所在行政区域	孝感市	6	当前保护区总面积（公顷）	933.3
2	保护区当前级别	国家级	7	保护区管理机构名称	原应城市渔政船检港监管理站
3	当前级别批准时间	2013年11月11日	8	隶属关系 *	原应城市水产局
4	保护区类型	野生动物	9	保护区管理机构人员编制	17
5	主要保护对象	细鳞鲴、圆吻鲴、翘嘴鲌	10	保护区管理机构所在地地址	湖北应城市古城大道

图例
核心区
实验区

附图 175

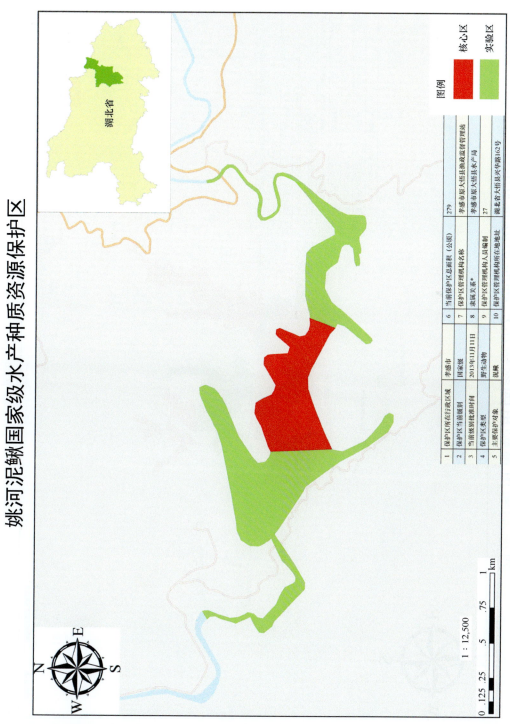

姚河泥鳅国家级水产种质资源保护区

1	保护区所在行政区域	孝感市	
2	保护区当前级别	国家级	
3	当前级别批准时间	2013年11月11日	
4	保护区类型	野生动物	
5	主要保护对象	泥鳅	

6	当前保护区总面积（公顷）	279	
7	保护区管理机构名称	孝感市原大悟县渔政监督管理站	
8	隶属关系*	孝感市原大悟县水产局	
9	保护区管理机构人员编制	27	
10	保护区管理机构所在地地址	湖北省大悟县兴华路162号	

图例

核心区

实验区

湖北省

1：12,500

0 .125 .25 .5 .75 1 km

附图176

附　图

—299—

西凉湖鳜鱼黄颡鱼国家级水产种质资源保护区

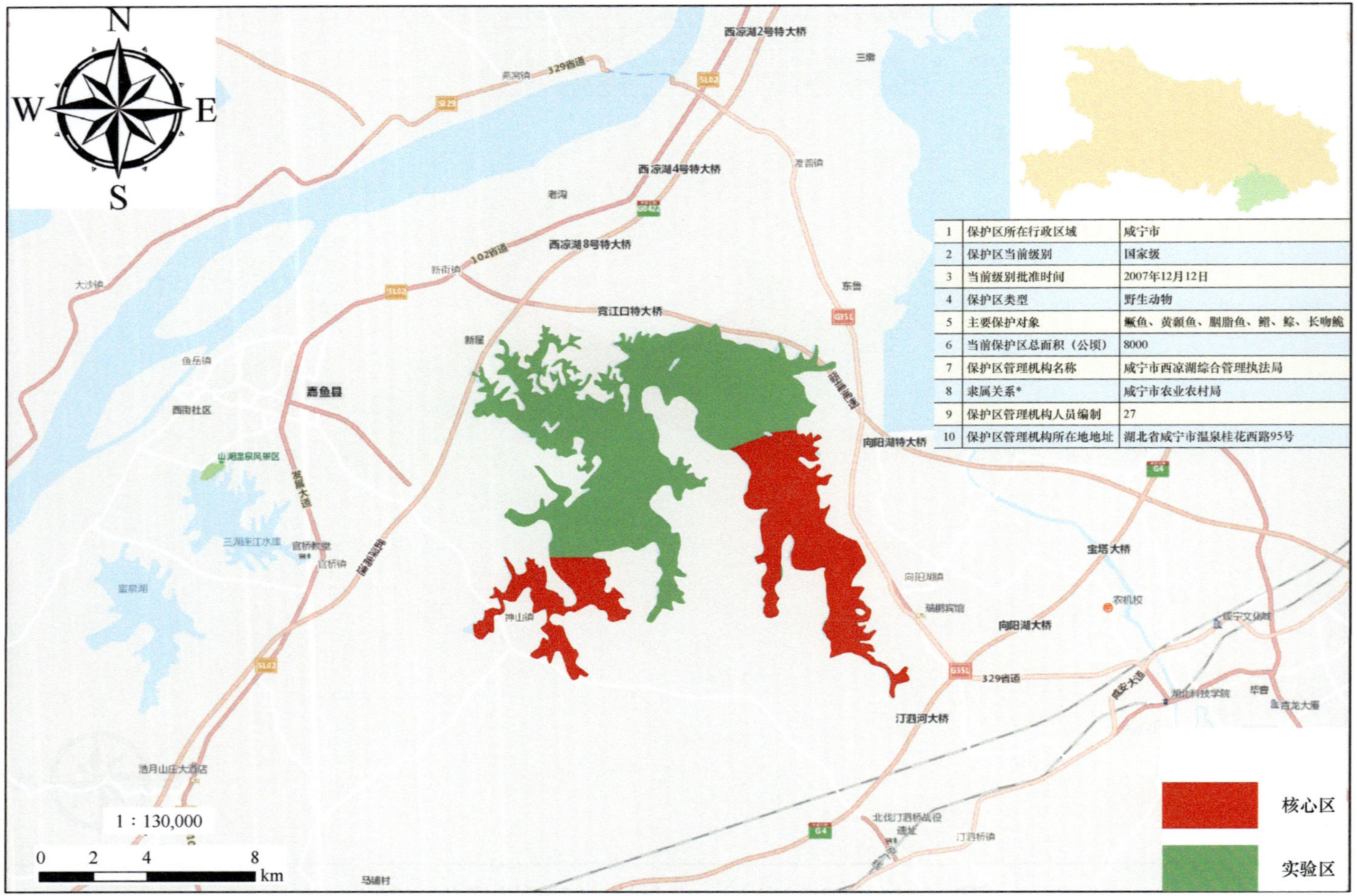

1	保护区所在行政区域	咸宁市
2	保护区当前级别	国家级
3	当前级别批准时间	2007年12月12日
4	保护区类型	野生动物
5	主要保护对象	鳜鱼、黄颡鱼、鲫、鲇、长颌鲚
6	当前保护区总面积（公顷）	8000
7	保护区管理机构名称	咸宁市西凉湖综合管理执法局
8	隶属关系*	咸宁市农业农村局
9	保护区管理机构人员编制	27
10	保护区管理机构所在地地址	湖北省咸宁市温泉桃花西路95号

核心区

实验区

附图177

蟠河特有鱼类国家级水产种质资源保护区

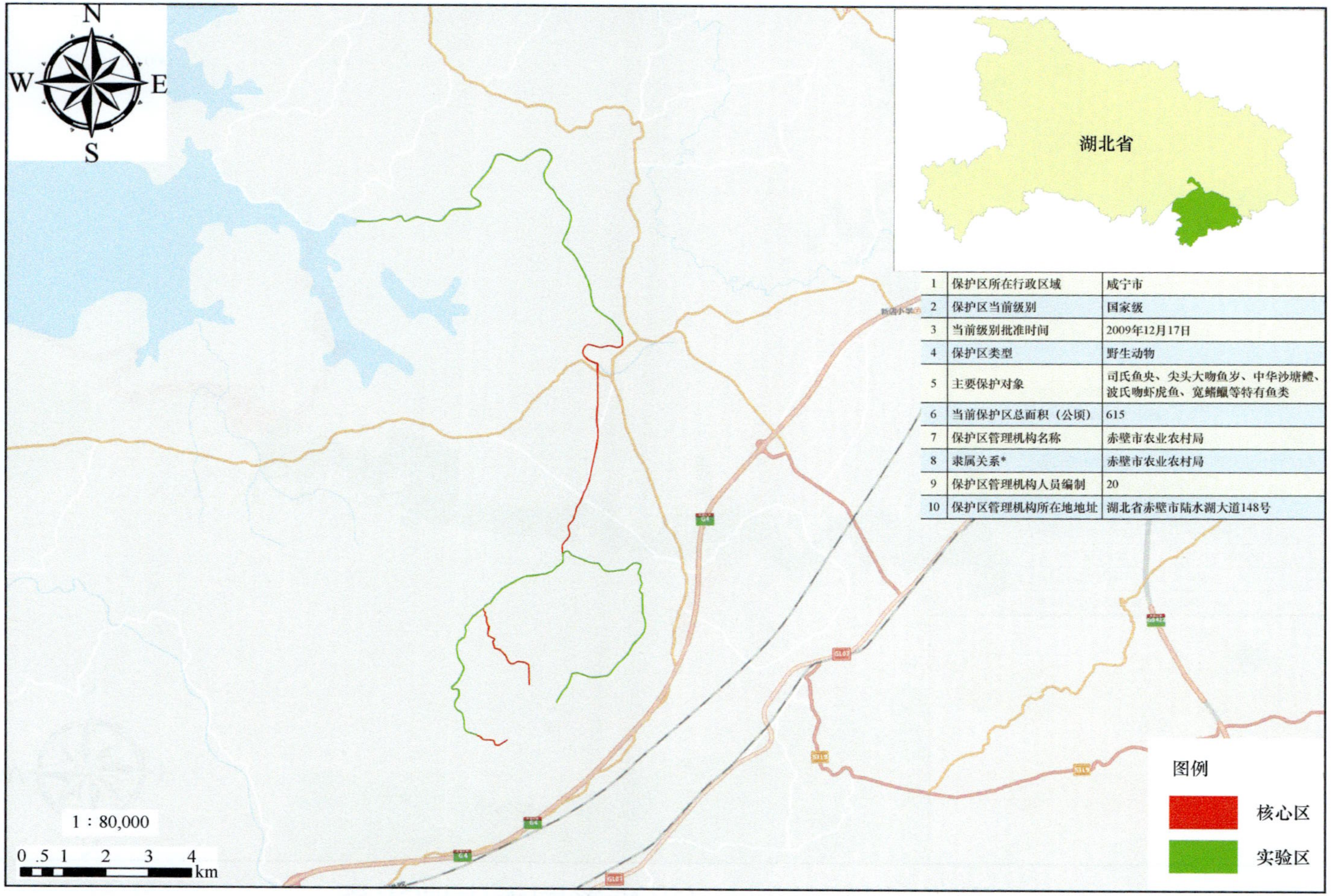

1	保护区所在行政区域	咸宁市
2	保护区当前级别	国家级
3	当前级别批准时间	2009年12月17日
4	保护区类型	野生动物
5	主要保护对象	司氏鱼央、尖头大吻鲅、中华纹胸鳅、波氏吻虾虎鱼、宽鳍鱲等特有鱼类
6	当前保护区总面积（公顷）	615
7	保护区管理机构名称	赤壁市农业农村局
8	隶属关系*	赤壁市农业农村局
9	保护区管理机构人员编制	20
10	保护区管理机构所在地地址	湖北省赤壁市陆水湖大道148号

图例

核心区

实验区

湖北省

1 : 80,000

0 5 1 2 3 4 km

附图178

富水湖鲌类国家级水产种质资源保护区

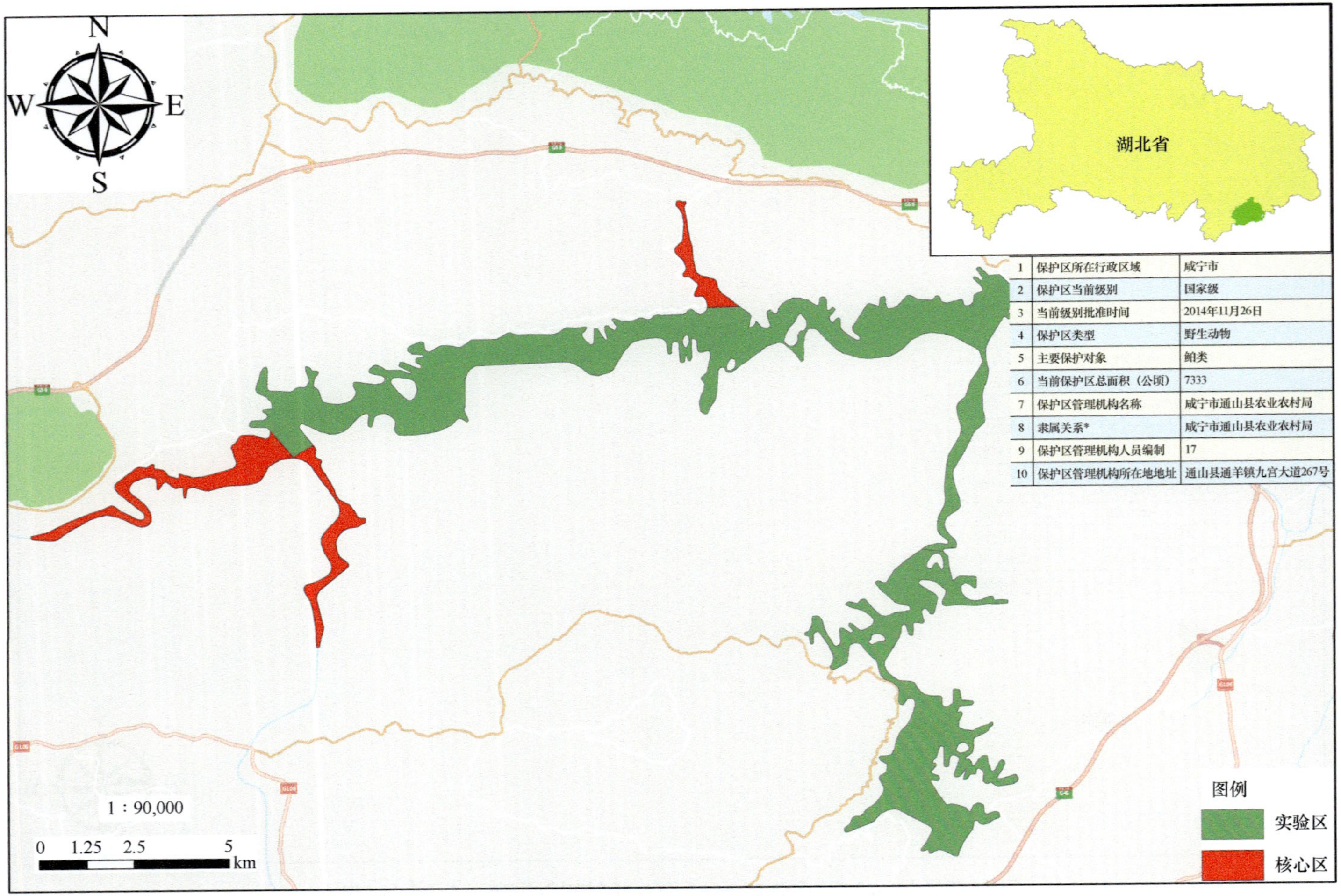

1	保护区所在行政区域	咸宁市
2	保护区当前级别	国家级
3	当前级别批准时间	2014年11月26日
4	保护区类型	野生动物
5	主要保护对象	鲌类
6	当前保护区总面积（公顷）	7333
7	保护区管理机构名称	咸宁市通山县农业农村局
8	隶属关系*	咸宁市通山县农业农村局
9	保护区管理机构人员编制	17
10	保护区管理机构所在地地址	通山县通羊镇九宫大道267号

湖北省

图例
实验区
核心区

1 : 90,000

0 1.25 2.5 5 km

附图 179

长江监利段四大家鱼国家级水产种质资源保护区

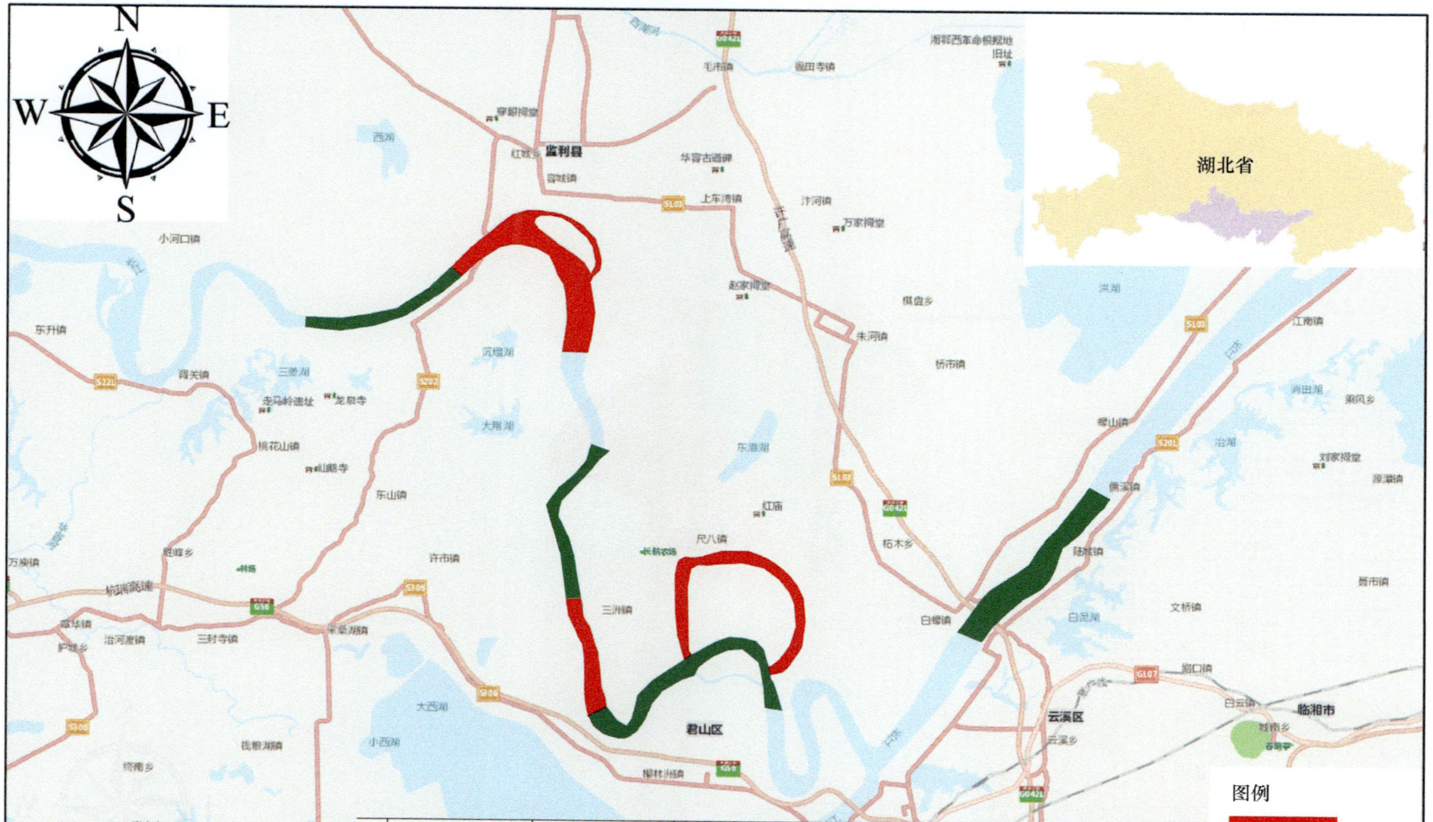

1	保护区所在行政区域	荆州	6	当前保护区总面积（公顷）	15996
2	保护区当前级别	国家级	7	保护区管理机构名称	长江监利段四大家鱼国家级水产种质资源保护区管理处
3	当前级别批准时间	2009年12月17日	8	隶属关系*	荆州市监利县农业农村局
4	保护区类型	野生动物	9	保护区管理机构人员编制	29
5	主要保护对象	青鱼、草鱼、鲢、鳙	10	保护区管理机构所在地地址	监利县容城镇玉沙大道99号

附图 180

杨柴湖沙塘鳢刺鳅国家级水产种质资源保护区

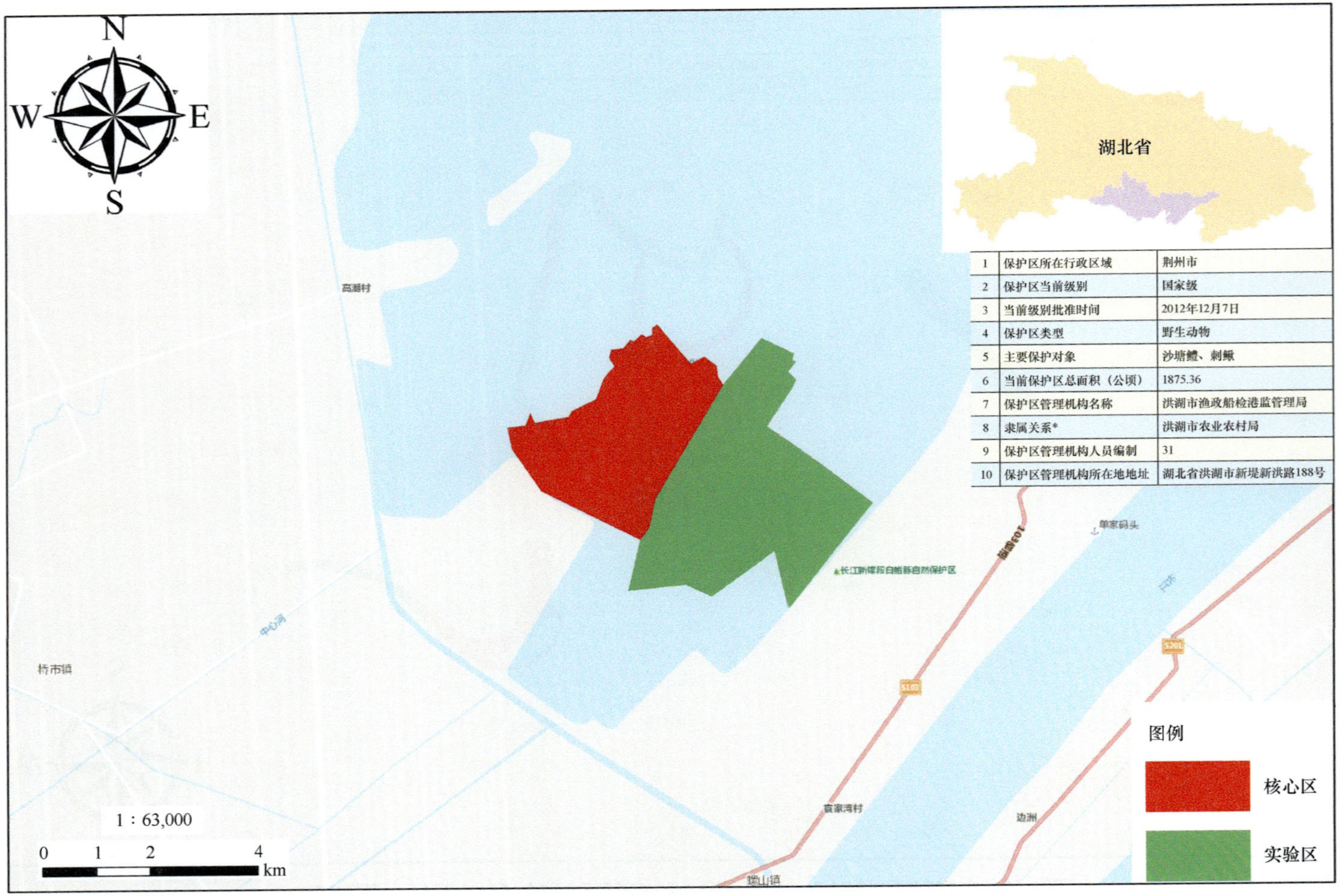

湖北省

1	保护区所在行政区域	荆州市
2	保护区当前级别	国家级
3	当前级别批准时间	2012年12月7日
4	保护区类型	野生动物
5	主要保护对象	沙塘鳢、刺鳅
6	当前保护区总面积（公顷）	1875.36
7	保护区管理机构名称	洪湖市渔政船检港监管理局
8	隶属关系*	31
9	保护区管理机构人员编制	洪湖市农业农村局
10	保护区管理机构所在地地址	湖北省洪湖市新堤新洪路188号

图例

核心区

实验区

1 : 63,000

0　　1　　2　　　　4 km

附图 181

淤泥湖团头鲂国家级水产种质资源保护区

1	保护区所在行政区域	荆州市	6	当前保护区总面积（公顷）	1373.3
2	保护区当前级别	国家级	7	保护区管理机构名称	荆州市公安县农业综合执法大队
3	当前级别批准时间	2008年12月22日	8	隶属关系*	荆州市公安县农业农村局
4	保护区类型	野生动物	9	保护区管理机构人员编制	48
5	主要保护对象	团头鲂	10	保护区管理机构所在地地址	荆州淤泥湖埠镇治安路17号

洪湖国家级水产种质资源保护区

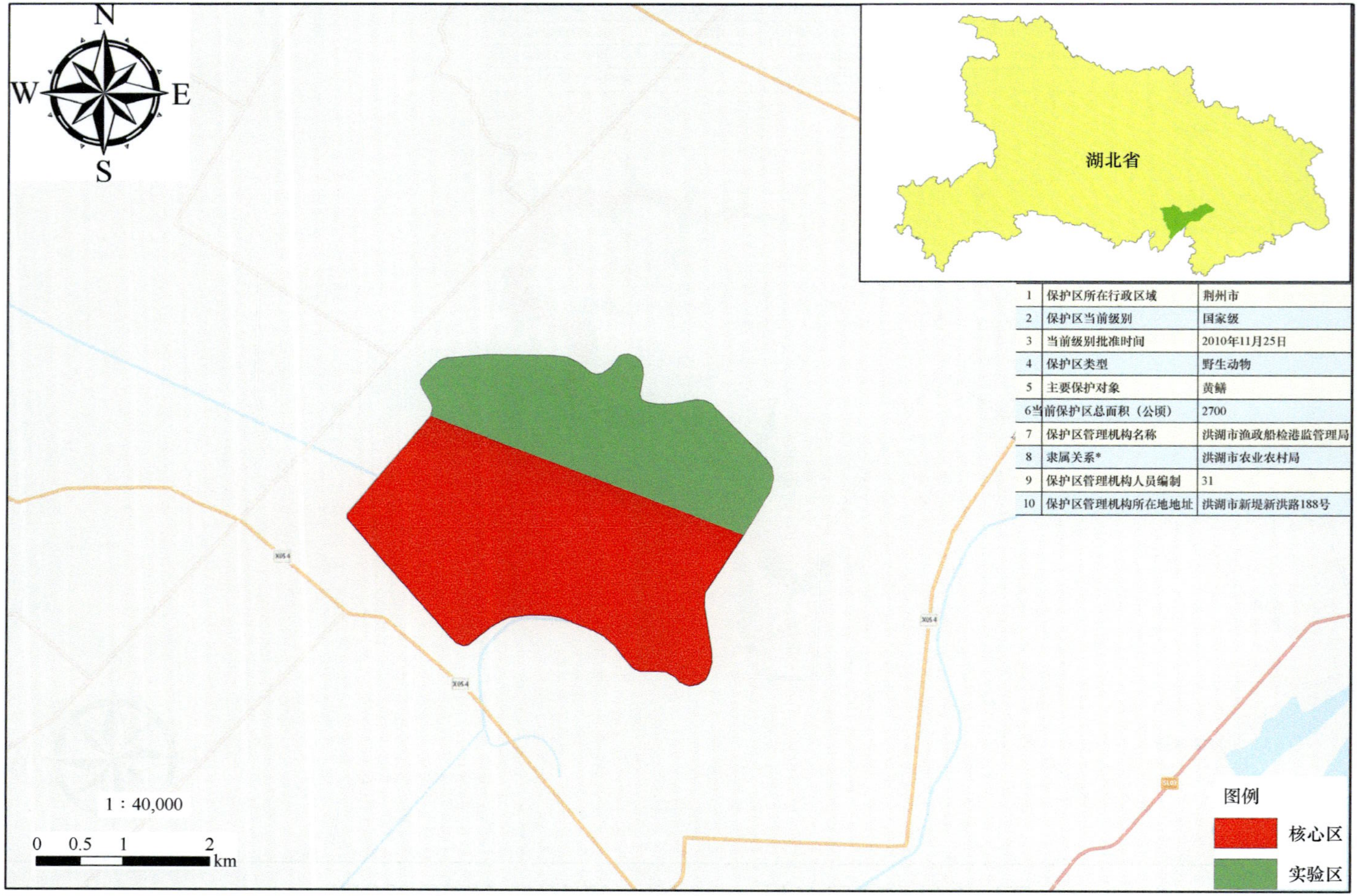

湖北省

1	保护区所在行政区域	荆州市
2	保护区当前级别	国家级
3	当前级别批准时间	2010年11月25日
4	保护区类型	野生动物
5	主要保护对象	黄鳝
6	当前保护区总面积（公顷）	2700
7	保护区管理机构名称	洪湖市渔政船检港监管理局
8	隶属关系*	洪湖市农业农村局
9	保护区管理机构人员编制	31
10	保护区管理机构所在地地址	洪湖市新堤新洪路188号

图例

核心区

实验区

附图 183

1 : 40,000

0 0.5 1 2 km

庙湖翘嘴鲌国家级水产种质资源保护区

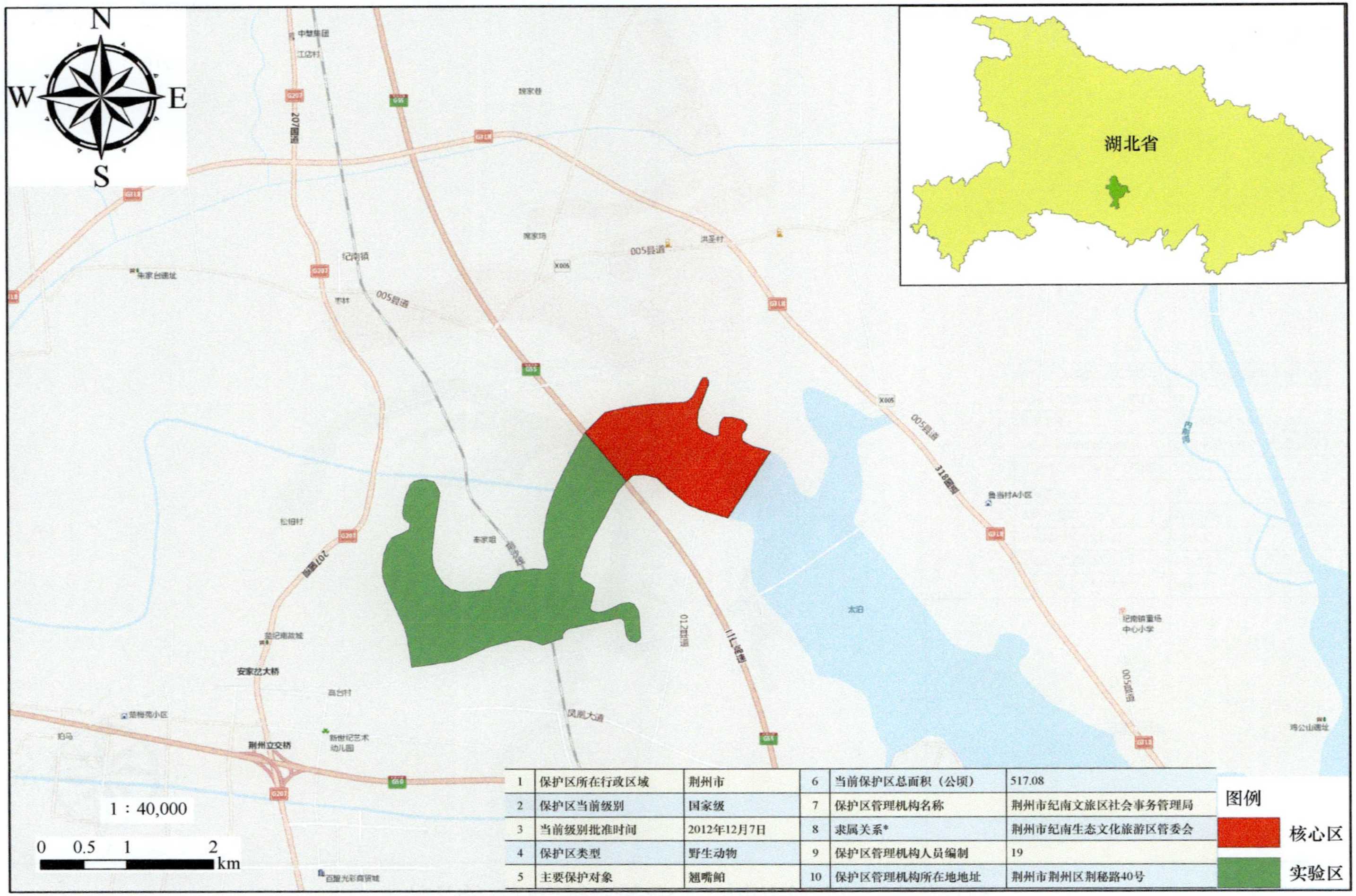

1	保护区所在行政区域	荆州市	6	当前保护区总面积（公顷）	517.08
2	保护区当前级别	国家级	7	保护区管理机构名称	荆州市纪南文旅区社会事务管理局
3	当前级别批准时间	2012年12月7日	8	隶属关系*	荆州市纪南生态文化旅游区管委会
4	保护区类型	野生动物	9	保护区管理机构人员编制	19
5	主要保护对象	翘嘴鲌	10	保护区管理机构所在地地址	荆州市荆州区荆楚路40号

图例
核心区
实验区

附图 184

牛浪湖鳜国家级水产种质资源保护区

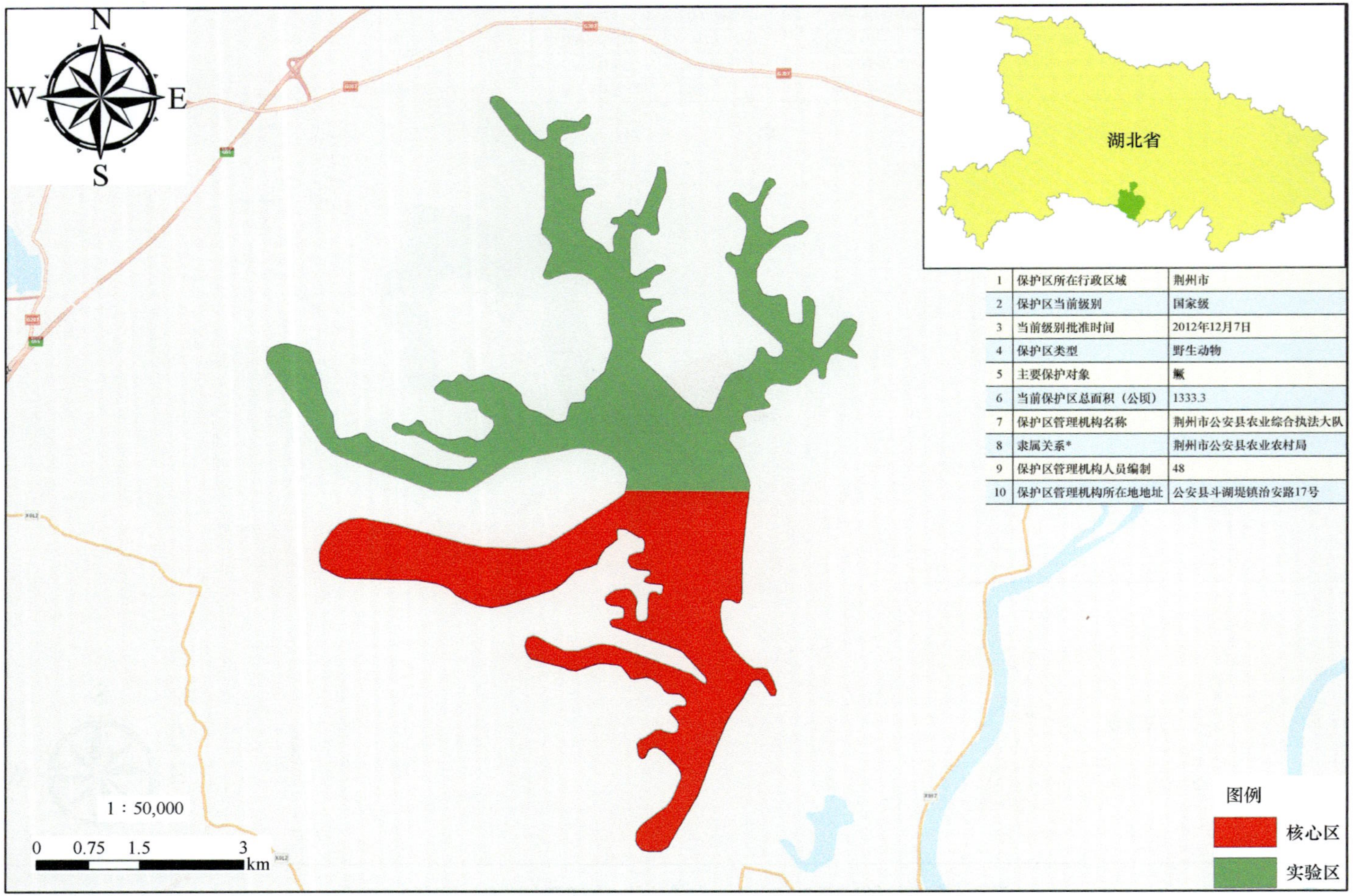

1	保护区所在行政区域	荆州市
2	保护区当前级别	国家级
3	当前级别批准时间	2012年12月7日
4	保护区类型	野生动物
5	主要保护对象	鳜
6	当前保护区总面积（公顷）	1333.3
7	保护区管理机构名称	荆州市公安县农业综合执法大队
8	退耕关系*	荆州市公安县农业农村局
9	保护区管理机构人员编制	48
10	保护区管理机构所在地地址	公安县斗湖堤镇治安路17号

湖北省

图例

核心区

实验区

1 : 50,000

0   0.75   1.5   3
━━━━━━━━━━━━━━━━ km

附图185

崇湖黄颡鱼国家级水产种质资源保护区

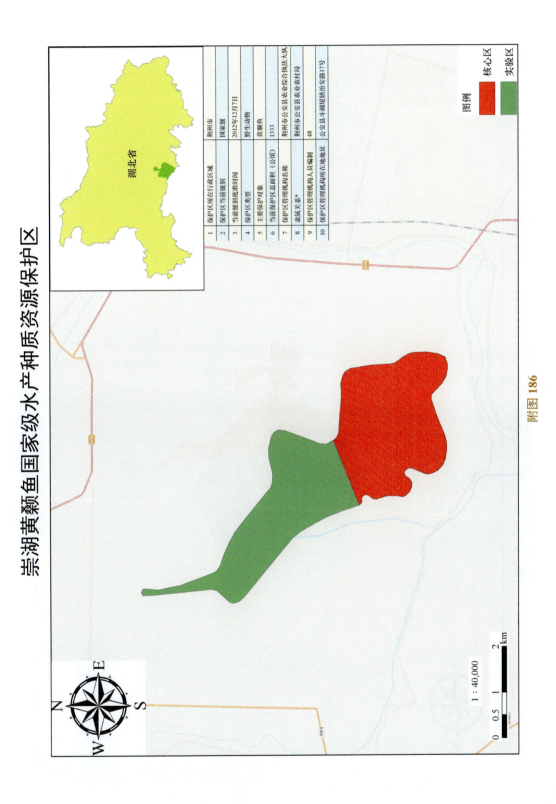

1	保护区所在行政区域	荆州市
2	保护区当前级别	国家级
3	当前级别批准时间	2012年12月7日
4	保护区类型	野生动物
5	主要保护对象	黄颡鱼
6	当前保护区总面积（公顷）	1333
7	保护区管理机构名称	荆州市公安县农业综合执法大队
8	隶属关系*	荆州市公安县农业农村局
9	保护区管理机构人员编制	48
10	保护区管理机构所在地地址	公安县斗湖堤镇治安路17号

图例

核心区

实验区

1 : 40,000

0　0.5　1　　　　2
km

附图 186

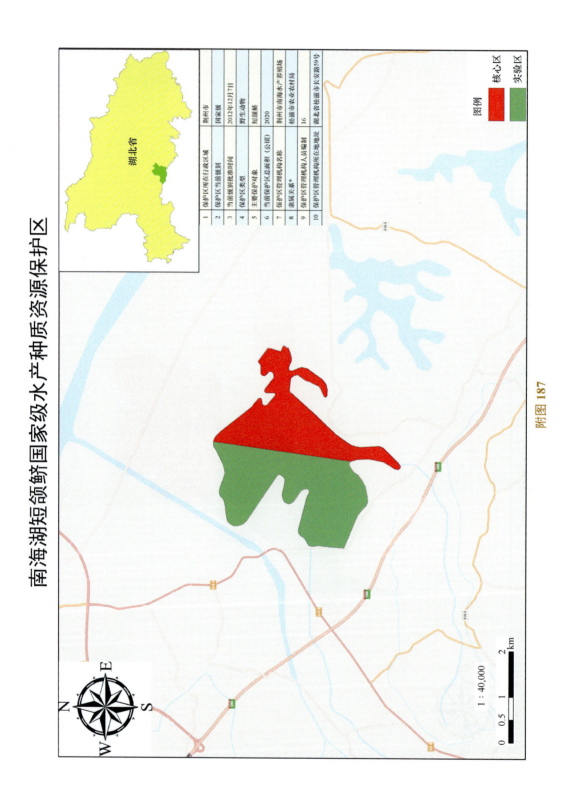

南海湖短颌鲚国家级水产种质资源保护区

1	保护区所在行政区域	荆州市
2	保护区当前级别	国家级
3	当前级别批准时间	2012年12月7日
4	保护区类型	野生动物
5	主要保护对象	短颌鲚
6	当前保护区总面积（公顷）	2020
7	保护区管理机构名称	荆州市南海水产苗种场
8	建园关系*	松滋市农业农村局
9	保护区管理机构所在人员编制	16
10	保护区管理机构所在地地址	湖北省松滋市长安路59号

湖北省

图例
■ 核心区
■ 实验区

1：40,000

0 0.5 1 2 km

沮水鳡国家级水产种质资源保护区

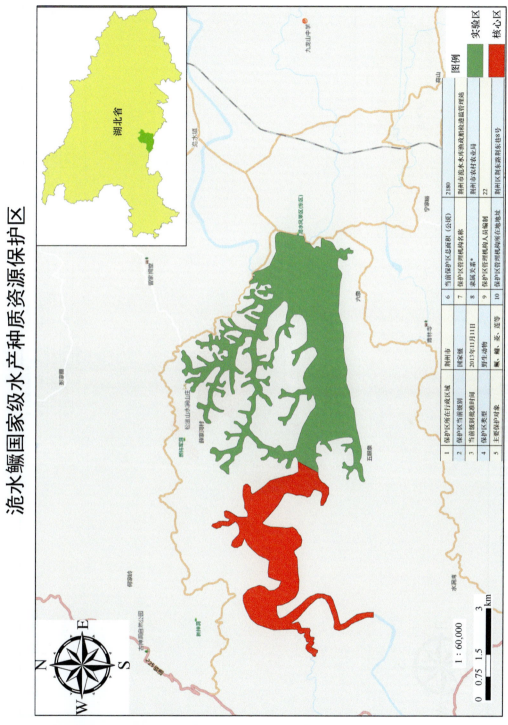

1	保护区所在行政区域	荆州市	6	当前保护区总面积（公顷）	2180
2	保护区当前级别	国家级	7	保护区管理机构名称	荆州市荒水水库渔政船检港监督管理站
3	当前级别批准时间	2013年11月1日	8	隶属关系*	荆州市农村农业局
4	保护区类型	野生动物	9	保护区管理机构人员编制	22
5	主要保护对象	鳡、鳙、麦、莲等	10	保护区管理机构所在地地址	荆州区,荆东源荆东巷8号

附图 188

图例
实验区
核心区

1 : 60,000

0　0.75　1.5　　　3
km

王家大湖绢丝丽蚌国家级水产种质资源保护区

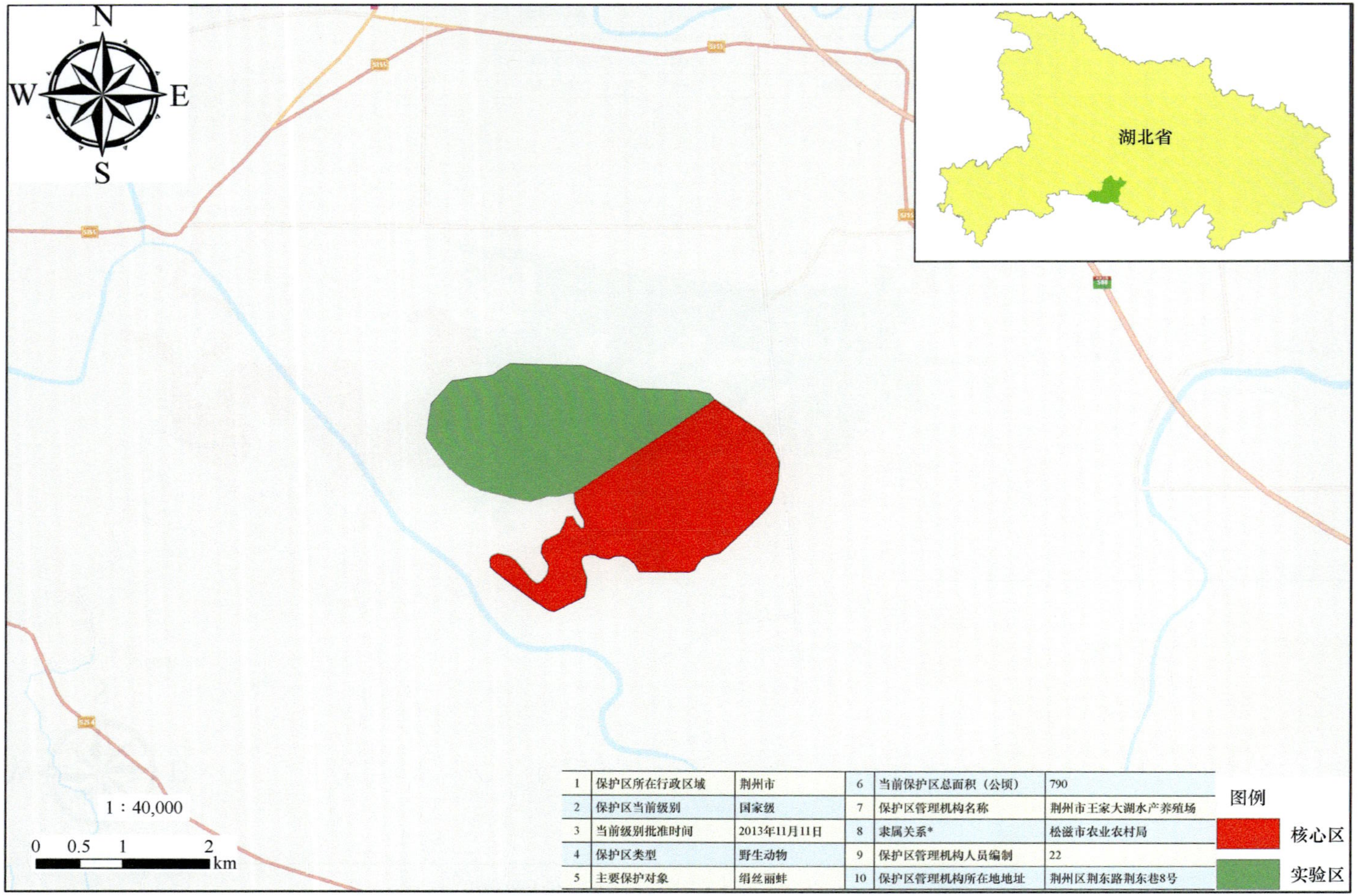

1	保护区所在行政区域	荆州市		6	当前保护区总面积（公顷）	790
2	保护区当前级别	国家级		7	保护区管理机构名称	荆州市王家大湖水产养殖场
3	当前级别批准时间	2013年11月11日		8	隶属关系	松滋市农业农村局
4	保护区类型	野生动物		9	保护区管理机构人员编制	22
5	主要保护对象	绢丝丽蚌		10	保护区管理机构所在地地址	荆州区荆东源荆东港8号

附图189

金家湖花䱻国家级水产种质资源保护区

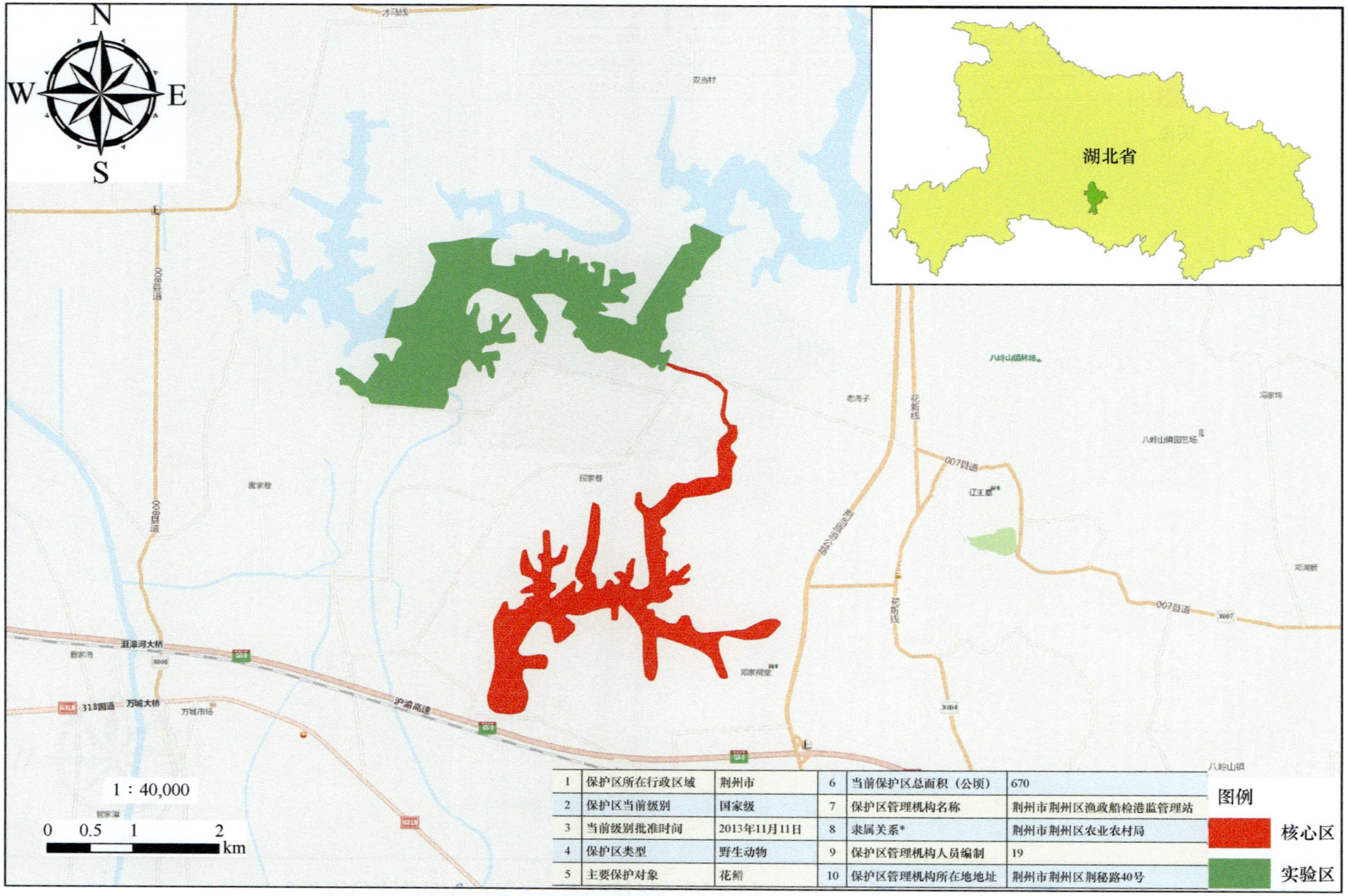

1	保护区所在行政区域	荆州市	6	当前保护区总面积（公顷）	670	
2	保护区当前级别	国家级	7	保护区管理机构名称	荆州市荆州区渔政船检港监管理站	
3	当前级别批准时间	2013年11月11日	8	隶属关系	荆州市荆州区农业农村局	
4	保护区类型	野生动物	9	保护区管理机构人员编制	19	
5	主要保护对象	花䱻	10	保护区管理机构所在地地址	荆州市荆州区荆秘路40号	

附图 190

红旗湖泥鳅黄颡鱼国家级水产种质资源保护区

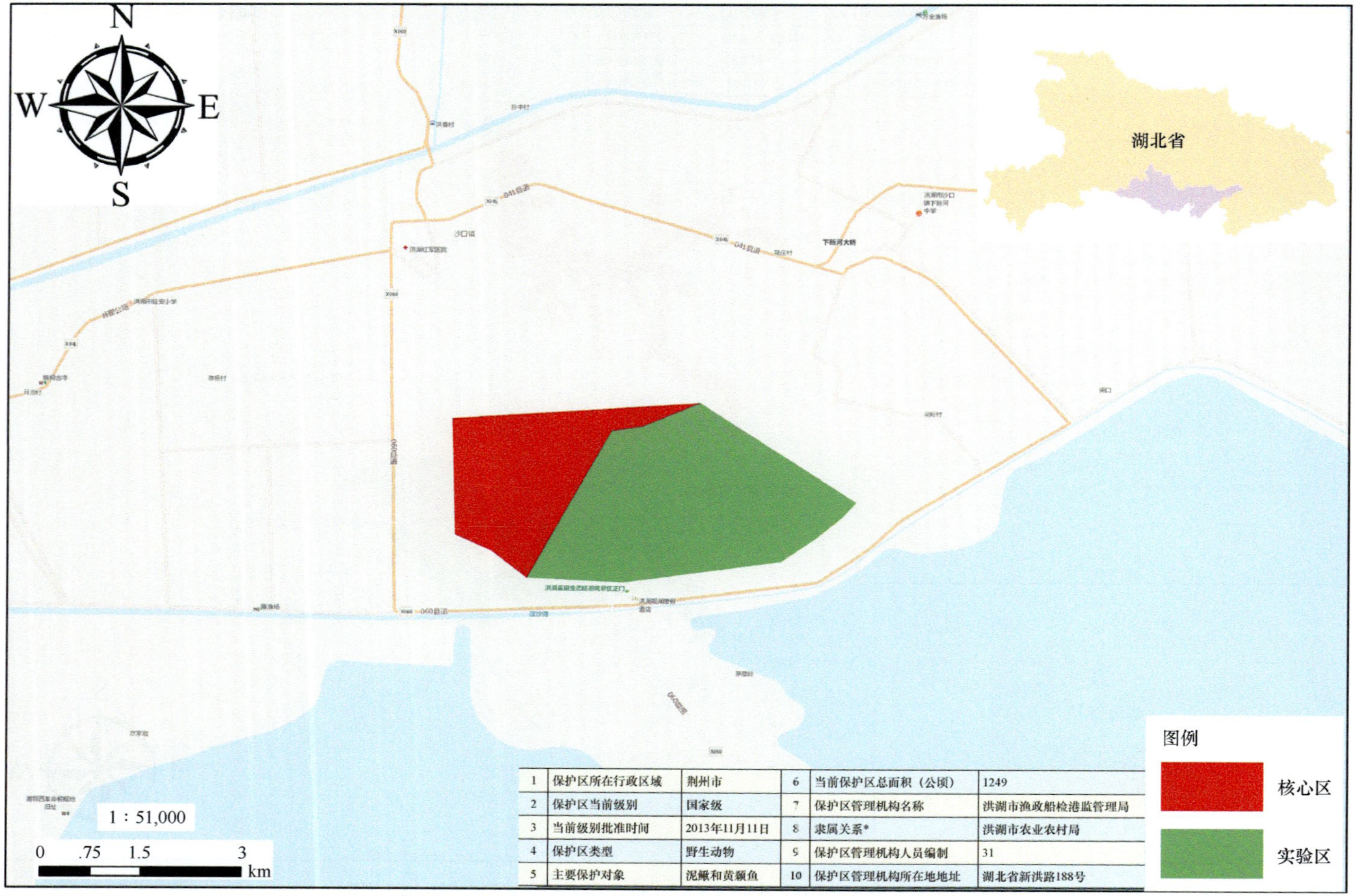

1	保护区所在行政区域	荆州市		6	当前保护区总面积（公顷）	1249	
2	保护区当前级别	国家级		7	保护区管理机构名称	洪湖市渔政船港监督管理局	
3	当前级别批准时间	2013年11月11日		8	洪湖市农业农村局		
4	保护区类型	野生动物		9	保护区管理机构人员编制	31	
5	主要保护对象	泥鳅和黄颡鱼		10	保护区管理机构所在地地址	湖北省新洪路188号	

附图 191

东港湖黄鳝国家级水产种质资源保护区

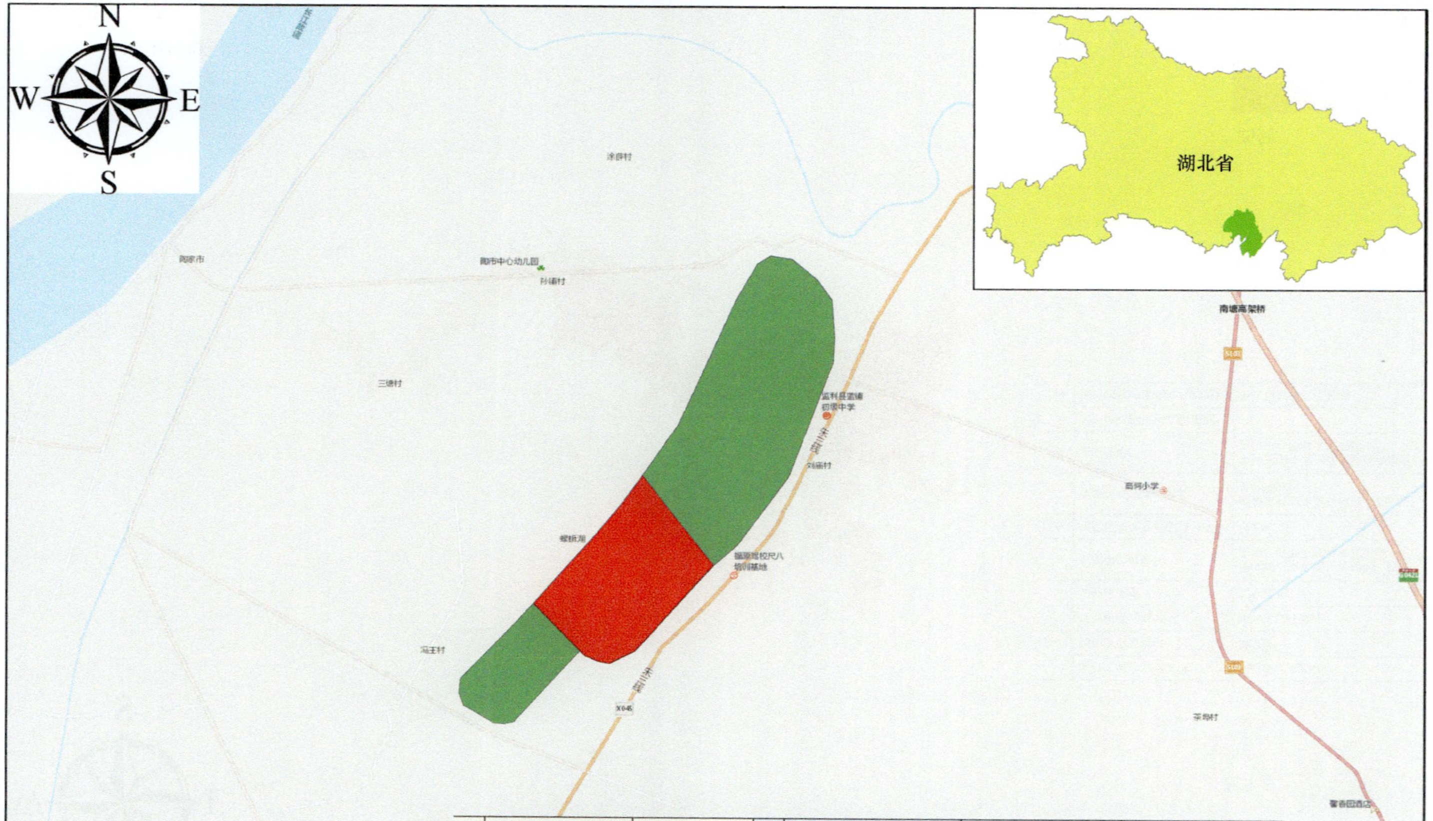

1	保护区所在行政区域	荆州市	6	当前保护区总面积（公顷）	602.3
2	保护区当前级别	国家级	7	保护区管理机构名称	荆州市东港湖黄鳝国家级水产种质资源保护区管理处
3	当前级别批准时间	2014年11月26日	8	隶属关系*	荆州市监利县农业农村局
4	保护区类型	野生动物	9	保护区管理机构人员编制	29
5	主要保护对象	黄鳝	10	保护区管理机构所在地地址	容城镇容江路26号

附图 192

长湖鲌类国家级水产种质资源保护区

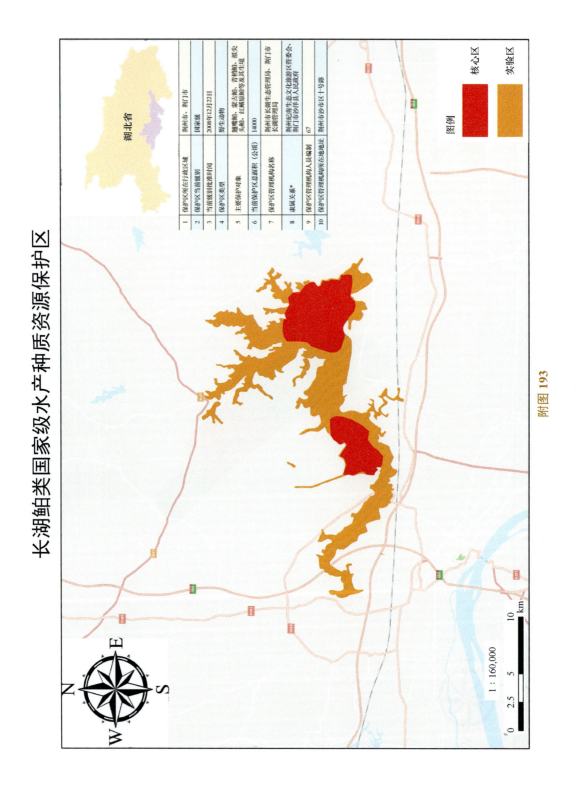

1	保护区所在行政区域	荆州市、荆门市
2	保护区当前级别	国家级
3	当前级别批准时间	2008年12月22日
4	保护区类型	野生动物
5	主要保护对象	翘嘴鲌、蒙古鲌、青梢鲌、拟尖头鲌、红鳍原鲌等及其生境
6	当前保护区总面积（公顷）	14000
7	保护区管理机构名称	荆州市长湖生态管理局、荆门市长湖管理局
8	隶属关系*	荆州市荆南生态文化旅游区管委会、荆门市沙洋县人民政府
9	保护区管理机构人员编制	67
10	保护区管理机构所在地地址	荆州市沙市区十号路

图例　核心区　实验区

比例 1 : 160,000

湖北省

附图 193

汉江钟祥段鳡鳤鳡鳤鱼国家级水产种质资源保护区

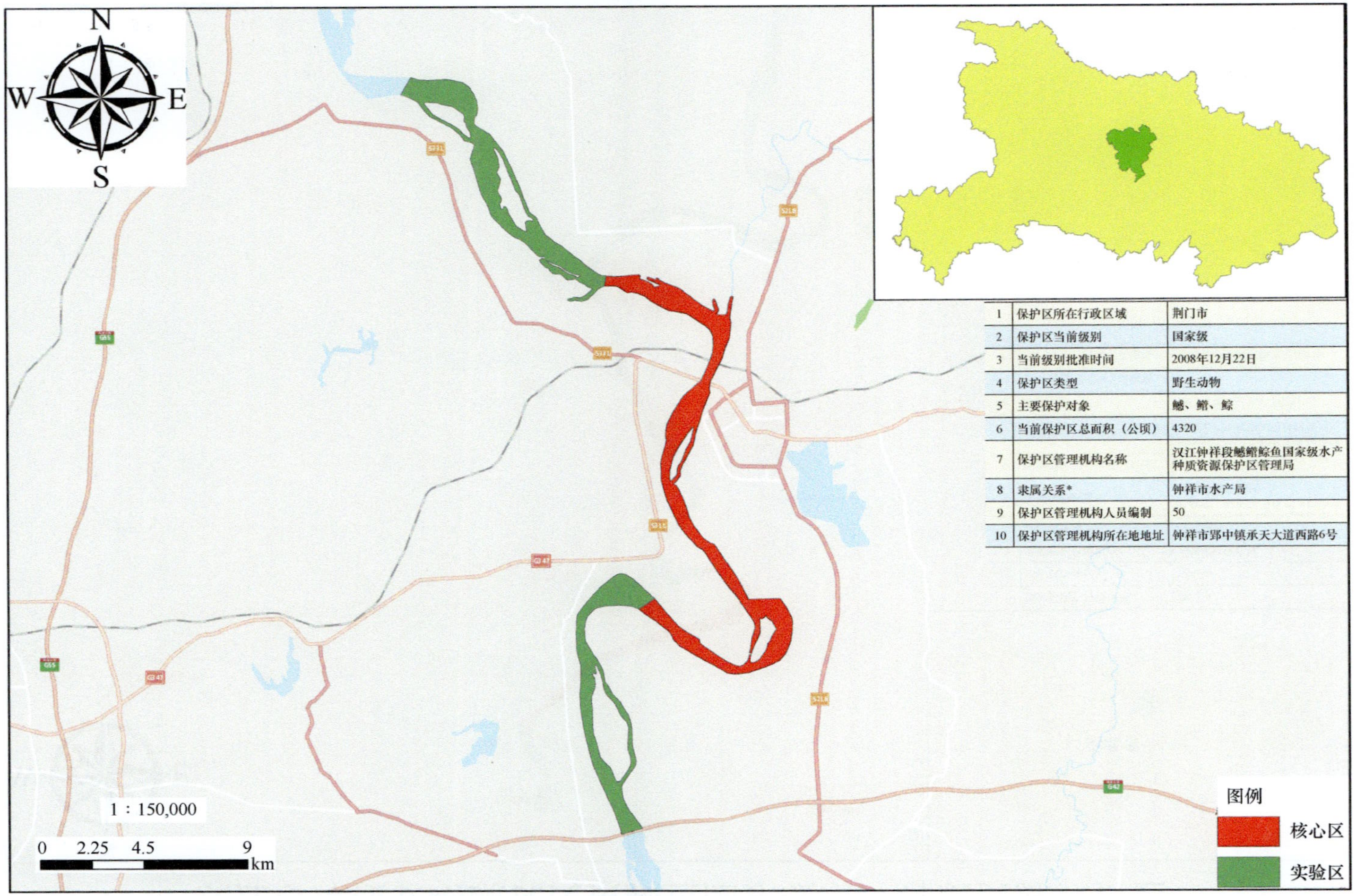

1	保护区所在行政区域	荆门市
2	保护区当前级别	国家级
3	当前级别批准时间	2008年12月22日
4	保护区类型	野生动物
5	主要保护对象	鳡、鳤、鳡
6	当前保护区总面积（公顷）	4320
7	保护区管理机构名称	汉江钟祥段鳡鳤鱼国家级水产种质资源保护区管理局
8	隶属关系*	钟祥市水产局
9	保护区管理机构人员编制	50
10	保护区管理机构所在地地址	钟祥市郢中镇承天大道西路6号

图例

核心区
实验区

附图 194

1 : 150,000

0   2.25   4.5   9
km

汉江沙洋段长吻鮠瓦氏黄颡鱼国家级水产种质资源保护区

湖北省

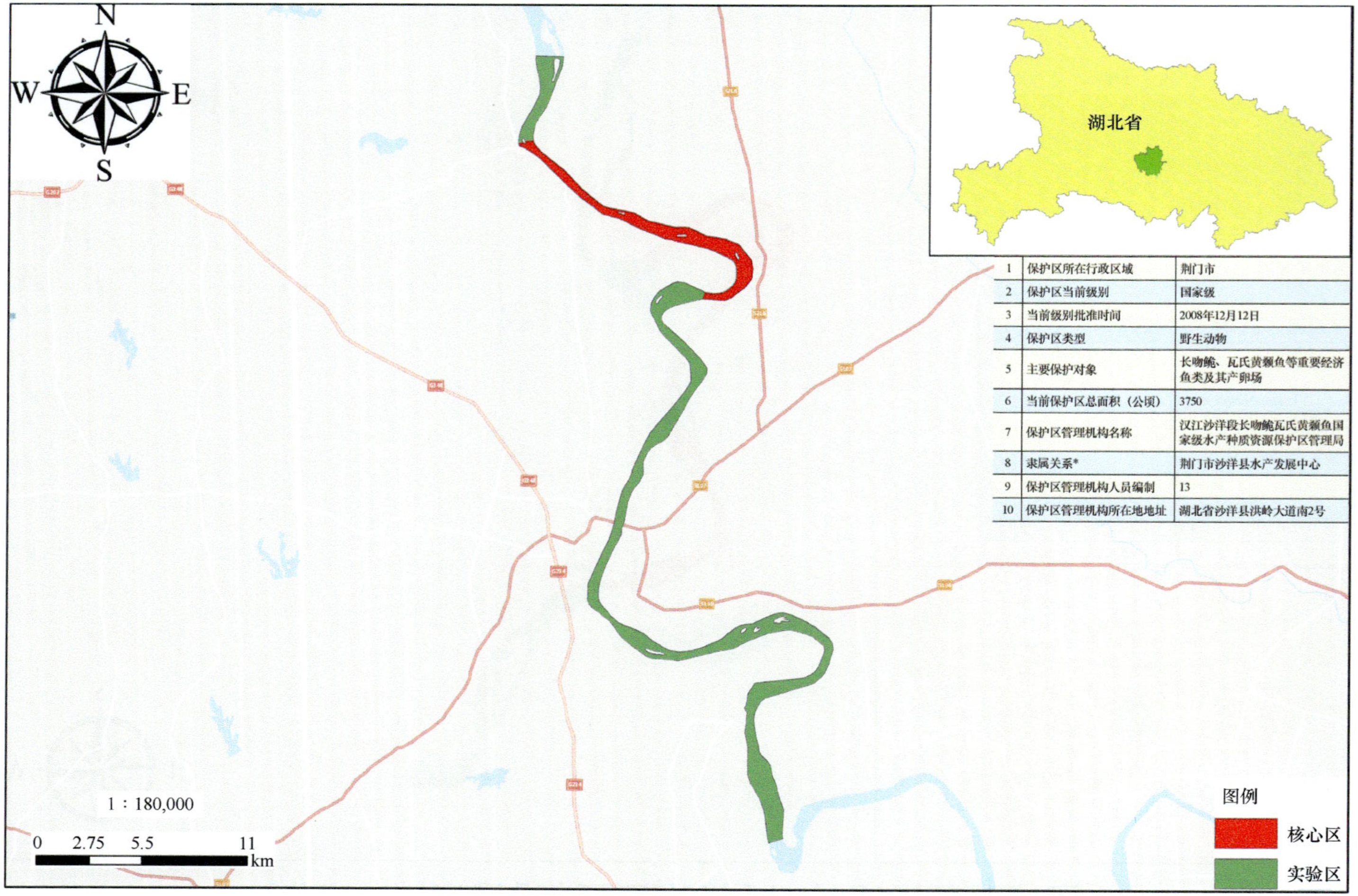

1	保护区所在行政区域	荆门市
2	保护区当前级别	国家级
3	当前级别批准时间	2008年12月12日
4	保护区类型	野生动物
5	主要保护对象	长吻鮠、瓦氏黄颡鱼等重要经济鱼类及其产卵场
6	当前保护区总面积（公顷）	3750
7	保护区沙洋段长吻鮠瓦氏黄颡鱼国国家级水产种质资源保护区管理局	
8	隶属关系*	荆门市沙洋县水产发展中心
9	保护区管理机构人员编制	13
10	保护区管理局所在地地址	湖北省沙洋县沙洋大道雨佗2号

图例

核心区

实验区

附图 195

钱河鲶国家级水产种质资源保护区

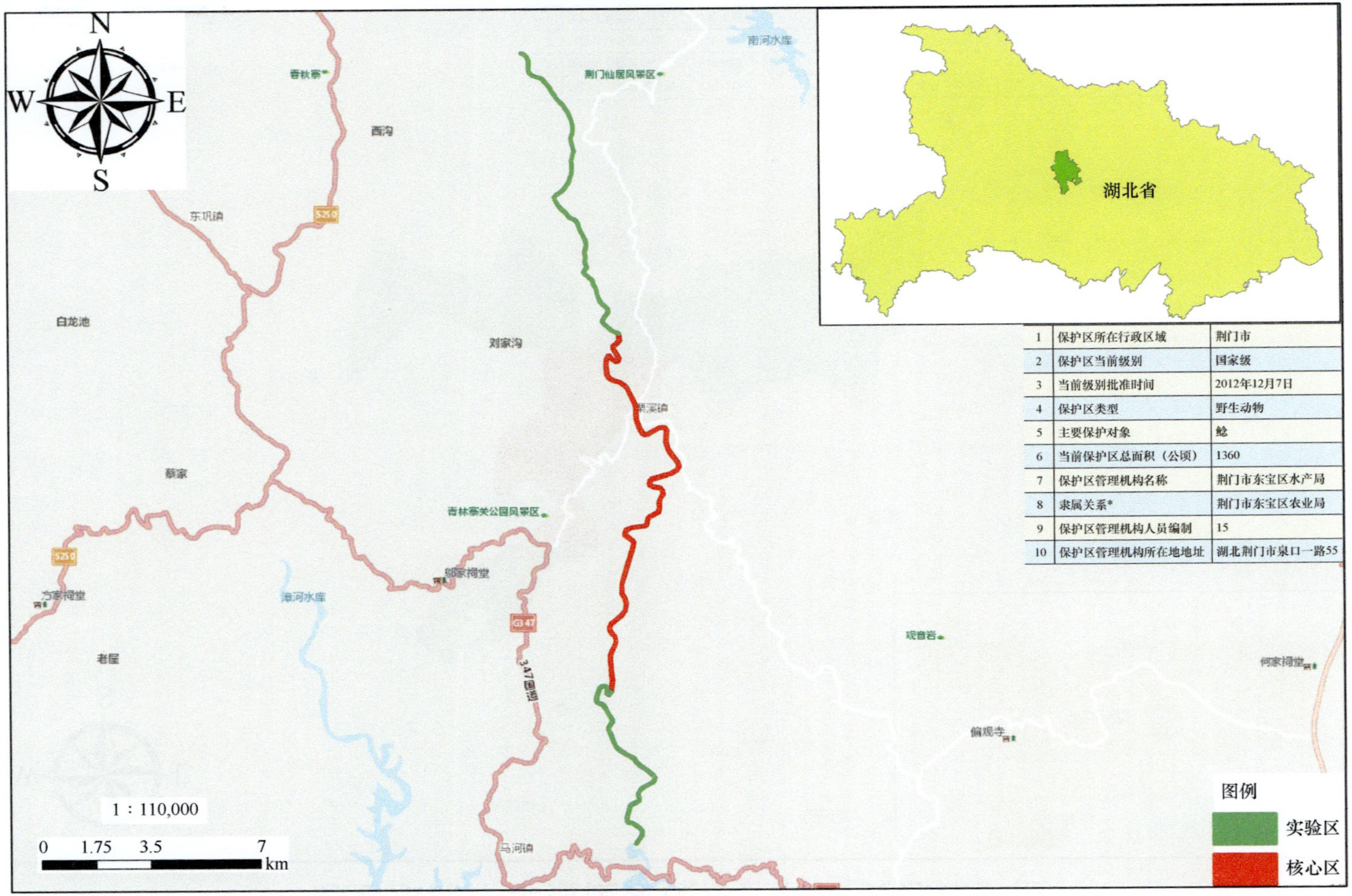

湖北省

1	保护区所在行政区域	荆门市
2	保护区当前级别	国家级
3	当前级别批准时间	2012年12月7日
4	保护区类型	野生动物
5	主要保护对象	鲶
6	当前保护区总面积（公顷）	1360
7	保护区管理机构名称	荆门市东宝区水产局
8	隶属关系*	荆门市东宝区农业局
9	保护区管理机构人员编制	15
10	保护区管理机构所在地地址	湖北荆门市象山一路55

图例
实验区
核心区

附图 196

1 : 110,000

0　1.75　3.5　7 km

惠亭水库中华鳖国家级水产种质资源保护区

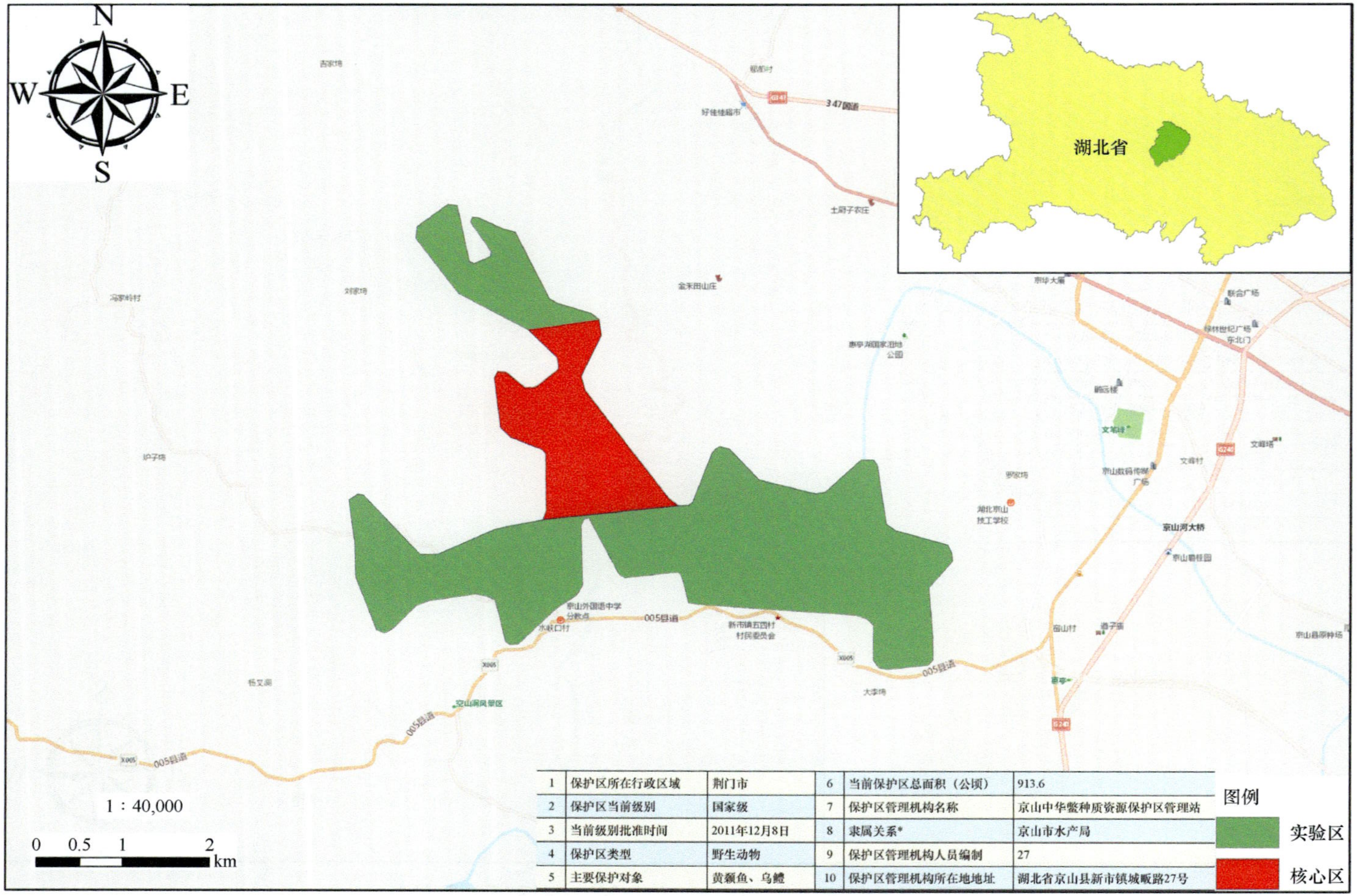

湖北省

实验区

核心区

图例

1	保护区所在行政区域	荆门市	6	当前保护区总面积（公顷）	913.6
2	保护区当前级别	国家级	7	保护区管理机构名称	京山中华鳖种质资源保护区管理站
3	当前级别批准时间	2011年12月8日	8	渎属关系	京山市水产局
4	保护区类型	野生动物	9	保护区管理机构人员编制	27
5	主要保护对象	黄颡鱼、乌鳢	10	保护区管理机构所在地地址	湖北省京山县新市镇城畈路27号

附图 197

1 : 40,000

0 0.5 1 2 km

南湖黄颡鱼乌鳢国家级水产种质资源保护区

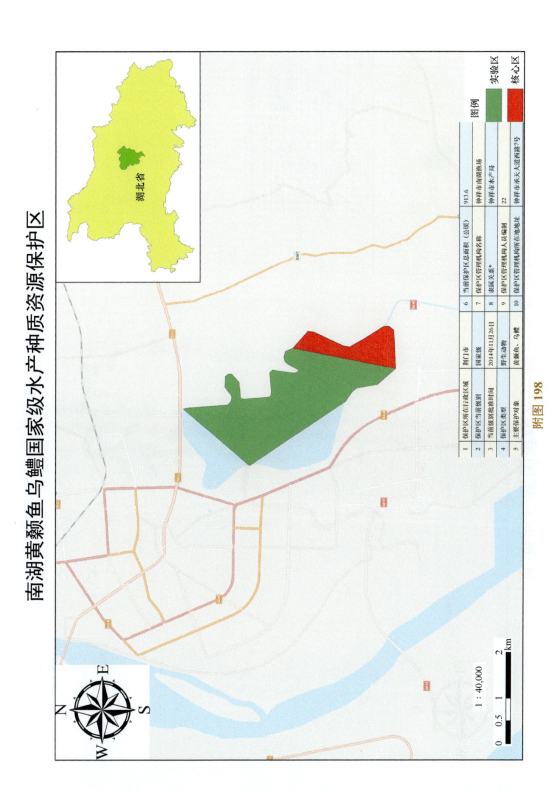

1	保护区所在行政区域	荆门市	6	当前保护区总面积（公顷）	913.6
2	保护区当前级别	国家级	7	保护区管理机构名称	钟祥市南湖渔场
3	当前级别批准时间	2014年11月26日	8	隶属关系*	钟祥市水产局
4	保护区类型	野生动物	9	保护区管理机构人员编制	22
5	主要保护对象	黄颡鱼、乌鳢	10	保护区管理机构所在地地址	钟祥市承天大道西源7号

图例

■	实验区
■	核心区

湖北省

1：40,000

0　0.5　1　2 km

附图 198

沙滩河乌鳢国家级水产种质资源保护区

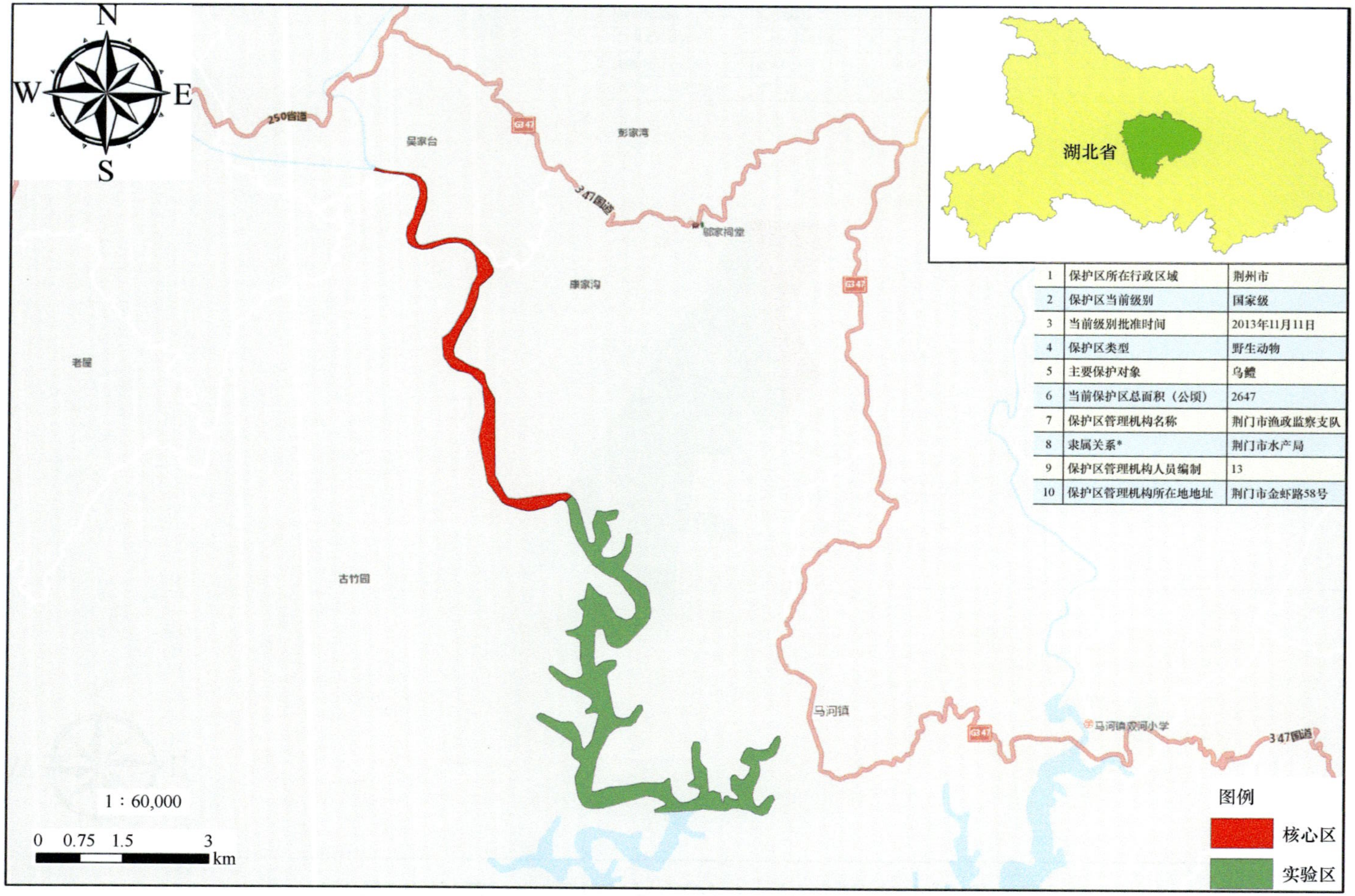

1	保护区所在行政区域	荆州市
2	保护区当前级别	国家级
3	当前级别批准时间	2013年11月11日
4	保护区类型	野生动物
5	主要保护对象	乌鳢
6	当前保护区总面积（公顷）	2647
7	保护区管理机构名称	荆门市渔政监察支队
8	隶属关系*	荆门市水产局
9	保护区管理机构人员编制	13
10	保护区管理机构所在地地址	荆门市金虾路58号

图例

■ 核心区

■ 实验区

1 : 60,000

0 0.75 1.5   3
km

附图 199

清江宜都段中华倒刺鲃国家级水产种质资源保护区

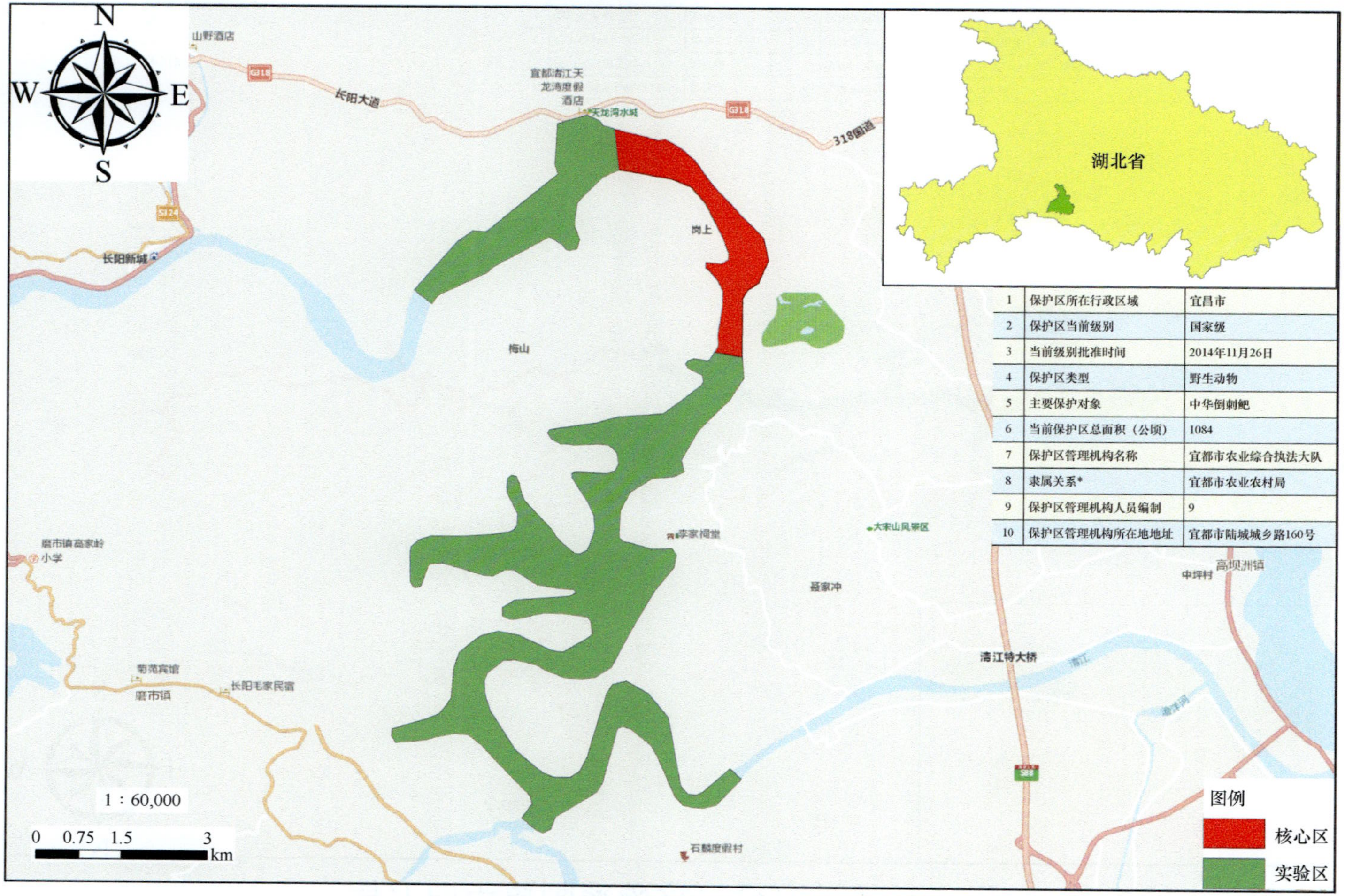

1	保护区所在行政区域	宜昌市
2	保护区当前级别	国家级
3	当前级别批准时间	2014年11月26日
4	保护区类型	野生动物
5	主要保护对象	中华倒刺鲃
6	当前保护区总面积（公顷）	1084
7	保护区管理机构名称	宜都市农业综合执法大队
8	隶属关系*	宜都市农业农村局
9	保护区管理机构人员编制	9
10	保护区管理机构所在地地址	宜都市陆城城乡路160号

图例

核心区
实验区

附图 200

1 : 60,000

0　0.75　1.5　　3
km

湖北省

清江白甲鱼国家级水产种质资源保护区

1	保护区所在行政区域	宜昌市	6	当前保护区总面积（公顷）	8000
2	保护区当前级别	国家级	7	保护区管理机构名称	宜昌市长阳土家族自治县水产服务中心
3	当前级别批准时间	2011年12月8日	8	隶属关系	宜昌市长阳土家族自治县农业农村局
4	保护区类型	野生动物	9	保护区管理机构人员编制	38
5	主要保护对象	清江白甲鱼	10	保护区管理机构所在地地址	长阳土家族自治县龙舟大道63号

图例

核心区

实验区

1 : 250,000

0 4 8 16 km

沮漳河特有鱼类国家级水产种质资源保护区

湖北省

1	保护区所在行政区域	宜昌市	
2	保护区当前级别	国家级	
3	当前级别批准时间	2010年11月25日	
4	保护区类型	野生动物	
5	主要保护对象	瓣结鱼、鳜	
6	当前保护区总面积（公顷）	1018	
7	当前保护区管理机构名称	当阳市农业综合执法大队	
8	隶属关系*	当阳市农业农村局	
9	保护区管理机构人员编制	26	
10	保护区管理机构所在地地址	湖北省当阳市玉阳路18号	

图例

核心区

实验区

1 : 160,000

0	2.5	5	10
			km

汉江襄阳段长春鳊国家级水产种质资源保护区

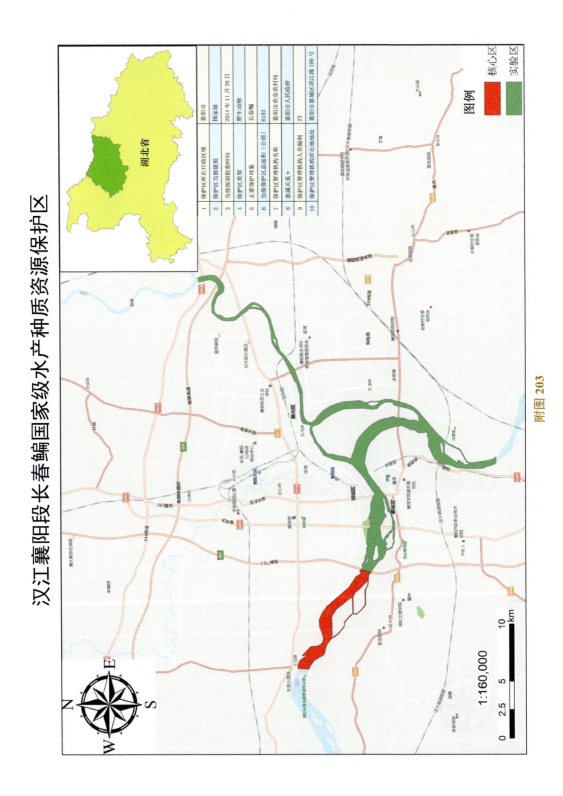

1	保护区所在行政区域	襄阳市
2	保护区当前级别	国家级
3	当前级别批准时间	2014年11月26日
4	保护区类型	野生动物
5	主要保护对象	长春鳊
6	当前保护区总面积（公顷）	6193
7	保护区管理机构名称	襄阳市农业农村局
8	决策关系 *	襄阳市人民政府
9	保护区管理机构人员编制	25
10	保护区管理机构所在地地址	襄阳市襄城区滨江路190号

图例

- 核心区
- 实验区

附图 203

1:160,000

0 2.5 5 10 km

保安湖鳜鱼国家级水产种质资源保护区

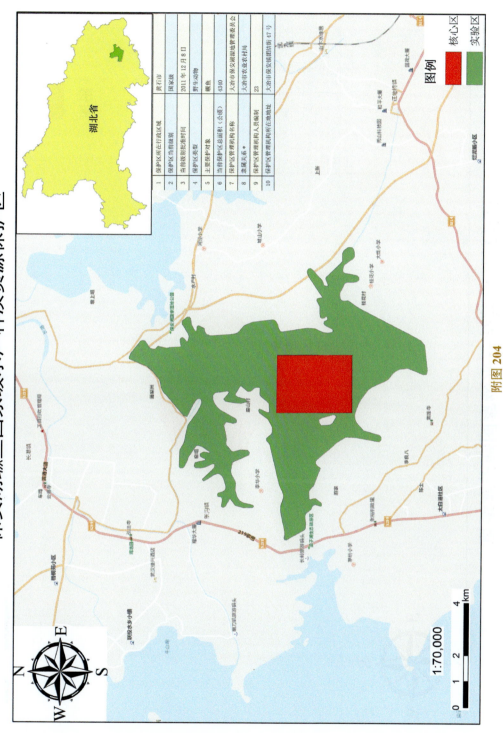

1	保护区所在行政区域	黄石市
2	保护区当前级别	国家级
3	当前级别批准时间	2011 年 12 月 8 日
4	保护区类型	野生动物
5	主要保护对象	鳜鱼
6	当前保护区总面积（公顷）	4340
7	保护区管理机构名称	大冶市保安湖湿地管理委员会
8	隶属关系 *	大冶市农业农村局
9	保护区管调机构人员编制	23
10	保护区管理机构所在地地址	大冶市保安城团防街 47 号

湖北省

图例
- 核心区
- 实验区

1:70,000

附图 204

猪婆湖花鲭国家级水产种质资源保护区

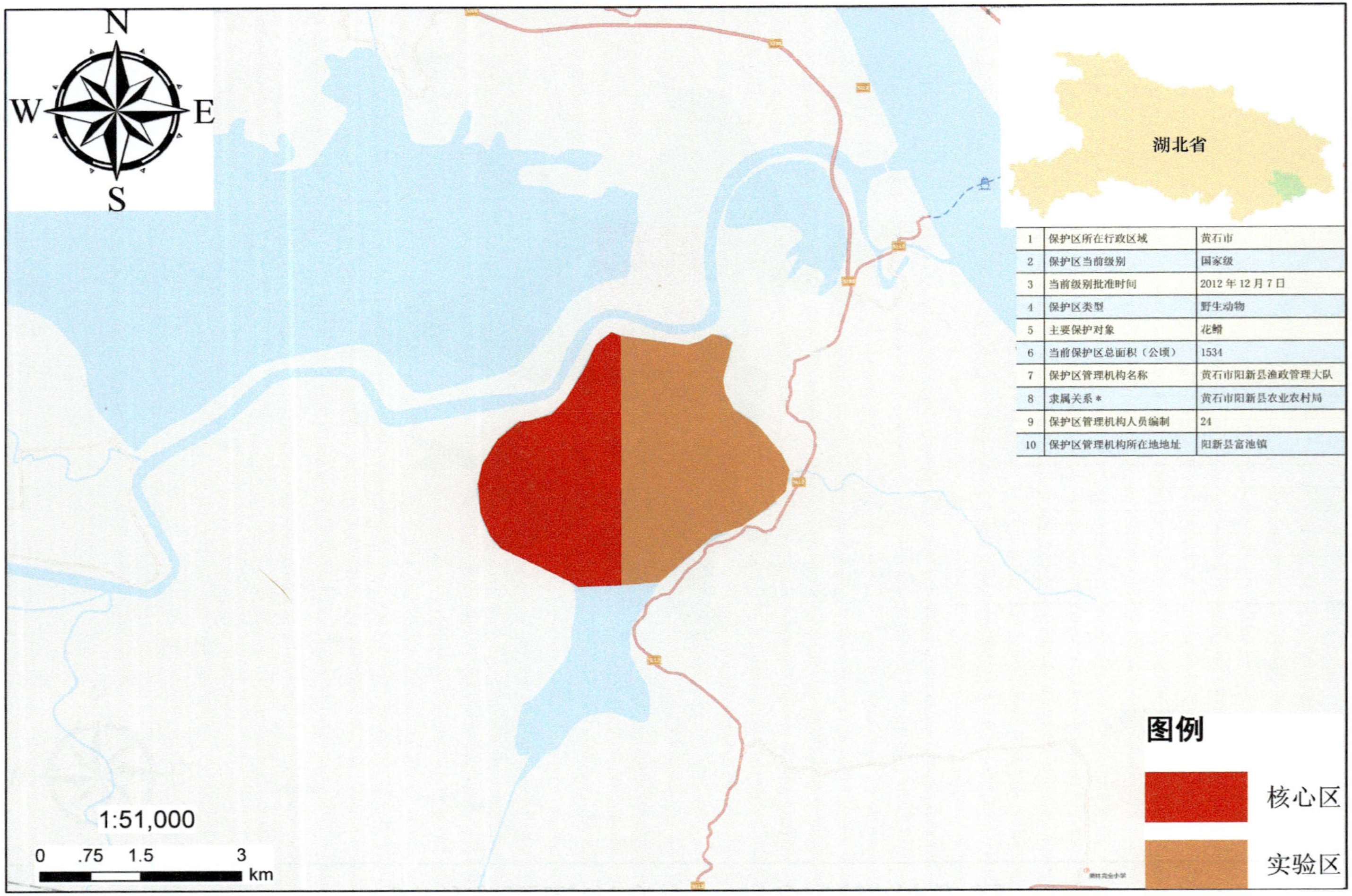

湖北省

1	保护区所在行政区域	黄石市
2	保护区当前级别	国家级
3	当前级别批准时间	2012年12月7日
4	保护区类型	野生动物
5	主要保护对象	花鲭
6	当前保护区总面积（公顷）	1534
7	当前保护区管理机构名称	黄石市阳新县渔政管理大队
8	隶属关系 *	黄石市阳新县农业农村局
9	保护区管理机构人员编制	24
10	保护区管理机构所在地地址	阳新县富池镇

图例

核心区

实验区

1:51,000

0   .75   1.5   3 km

附图 205

长江黄石段四大家鱼国家级水产种质资源保护区

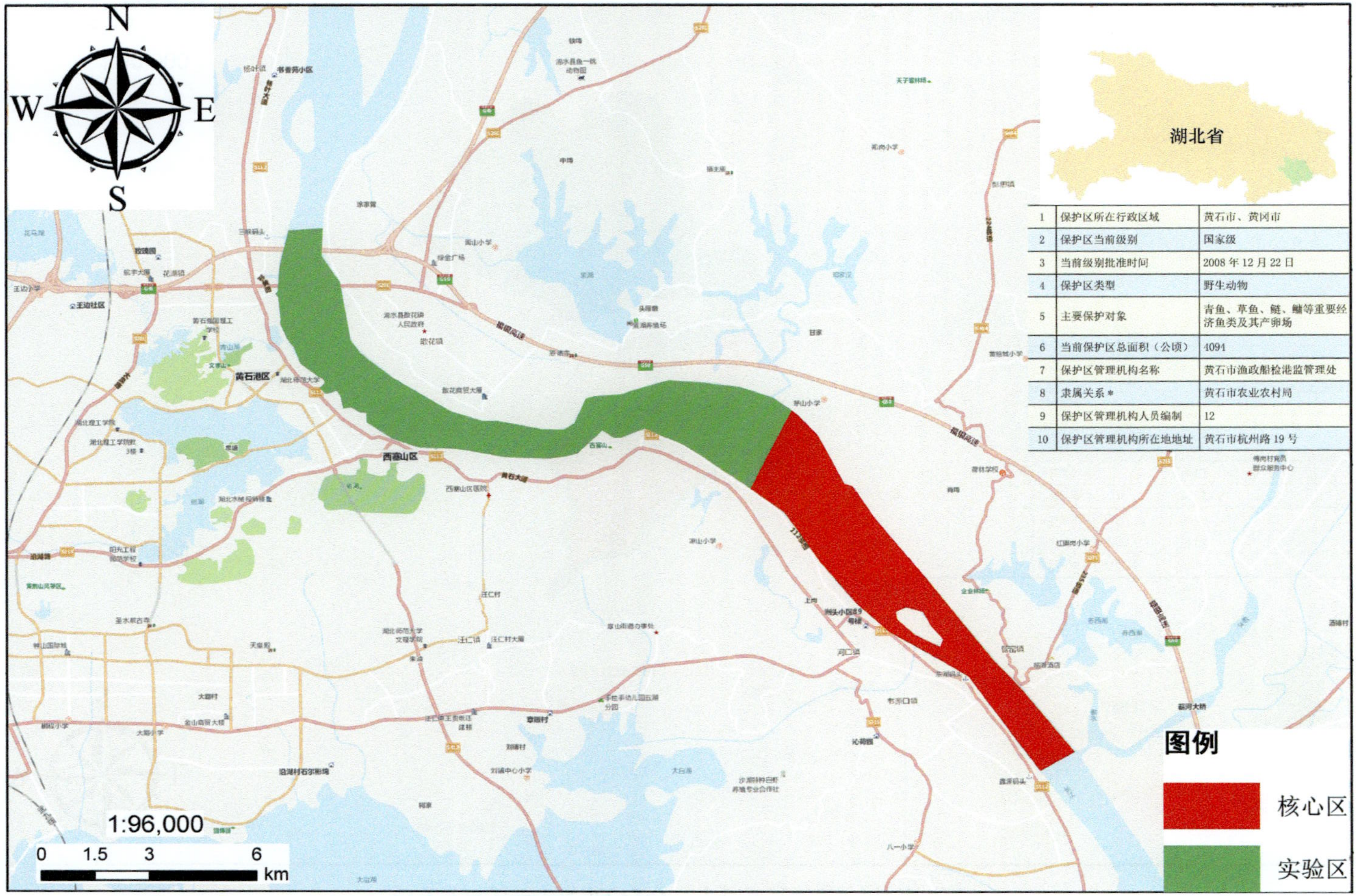
N
S
W
E
湖北省
图例
核心区
实验区
1:96,000
0 1.5 3 6 km
黄石港区
西塞山区

1	保护区所在行政区域	黄石市、黄冈市
2	保护区当前级别	国家级
3	当前级别批准时间	2008 年 12 月 22 日
4	保护区类型	野生动物
5	主要保护对象	青鱼、草鱼、鲢、鳙等重要经济鱼类及其产卵场
6	当前保护区总面积（公顷）	4094
7	保护区管理机构名称	黄石市渔政船检港监管理处
8	隶属关系＊	黄石市农业农村局
9	保护区管理机构人员编制	12
10	保护区管理机构所在地地址	黄石市杭州路 19 号

附图 206

大白湖国家级水产种质资源保护区

湖北省

1	保护区所在行政区域	黄冈市
2	保护区当前级别	国家级
3	当前级别批准时间	2009 年 12 月 17 日
4	保护区类型	野生动物
5	主要保护对象	翘嘴鲌、鳊、鳙、鲢、日本沼虾
6	当前保护区总面积（公顷）	2560.39
7	保护区管理机构名称	黄冈市农业综合执法支队
8	隶属关系*	黄冈市农业农村局
9	保护区管理机构人员编制	15
10	保护区管理机构所在地地址	黄冈市黄州大道 67 号

图例

■ 核心区
■ 实验区

策湖黄颡鱼乌鳢国家级水产种质资源保护区

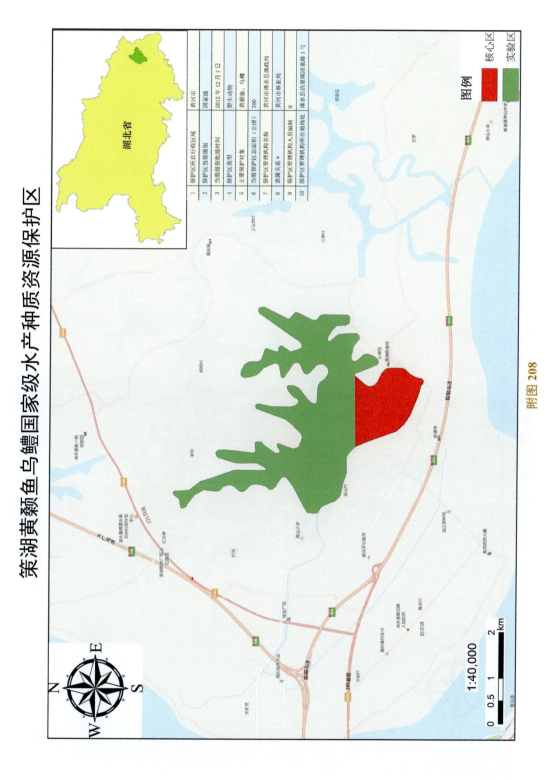

1	保护区所在行政区域	黄冈市	
2	保护区当前级别	国家级	
3	当前级别批准时间	2012年12月7日	
4	保护区类型	野生动物	
5	主要保护对象	黄颡鱼、乌鳢	
6	当前保护区总面积（公顷）	700	
7	保护区管理机构名称	黄冈市浠水区渔政局	
8	隶属关系*	黄冈市林业局	
9	保护区管理机构人员编制		9
10	保护区管理机构所在地地址	浠水县浠镇消泉路1号	

图例

核心区　实验区

附图208

1:40,000

0　0.5　1　2 km

赤东湖鳊鲌国家级水产种质资源保护区

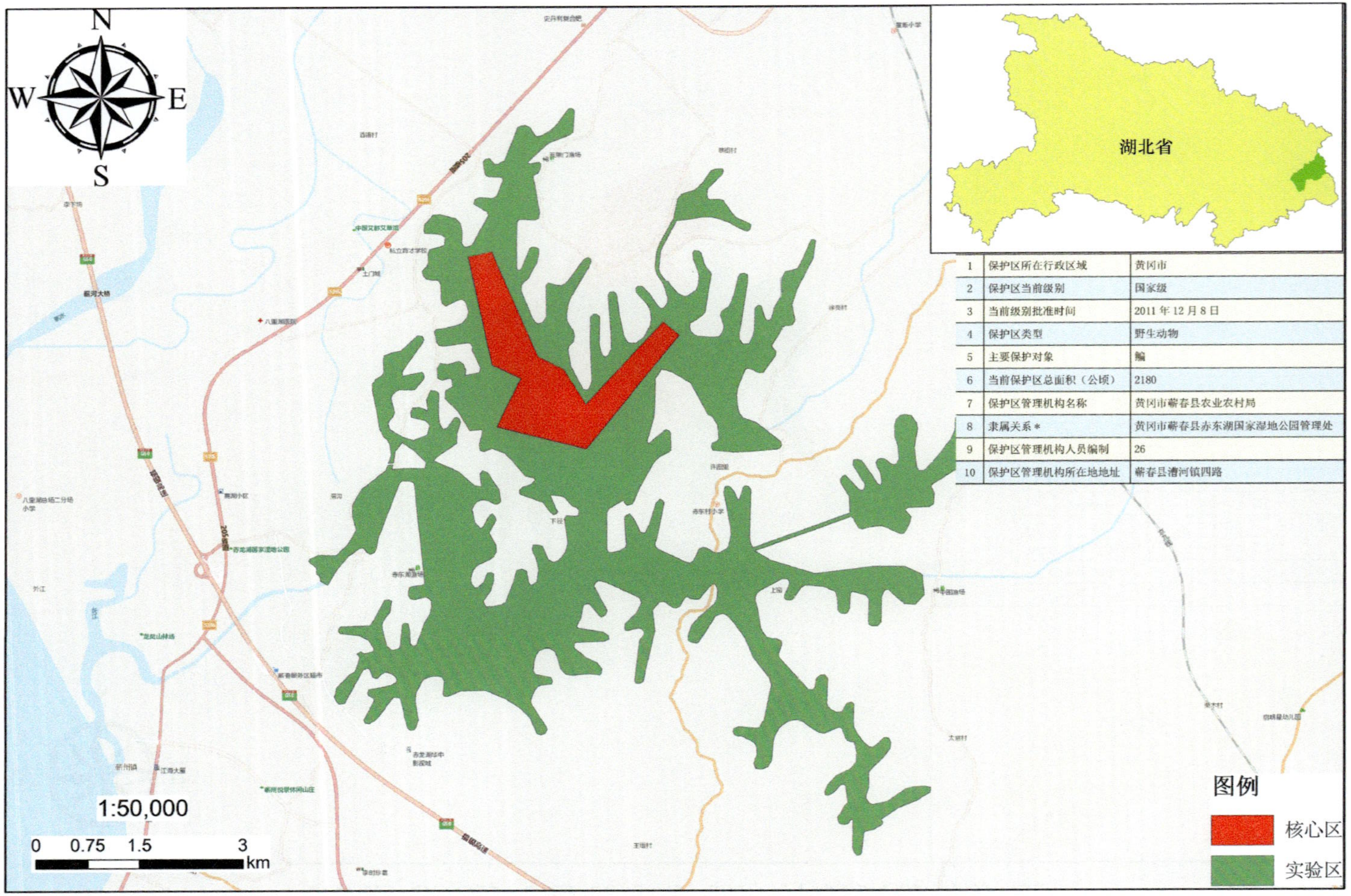

湖北省

1	保护区所在行政区域	黄冈市
2	保护区当前级别	国家级
3	当前级别批准时间	2011 年 12 月 8 日
4	保护区类型	野生动物
5	主要保护对象	鳊
6	当前保护区总面积（公顷）	2180
7	当前保护区管理机构名称	黄冈市蕲春县农业农村局
8	隶属关系 ※	黄冈市蕲春县赤东湖国家湖地公园管理处
9	保护区管理机构人员编制	26
10	保护区管理机构所在地地址	蕲春县漕河镇闸闸路

图例

核心区

实验区

附图 209

1:50,000

0   0.75   1.5   3
km

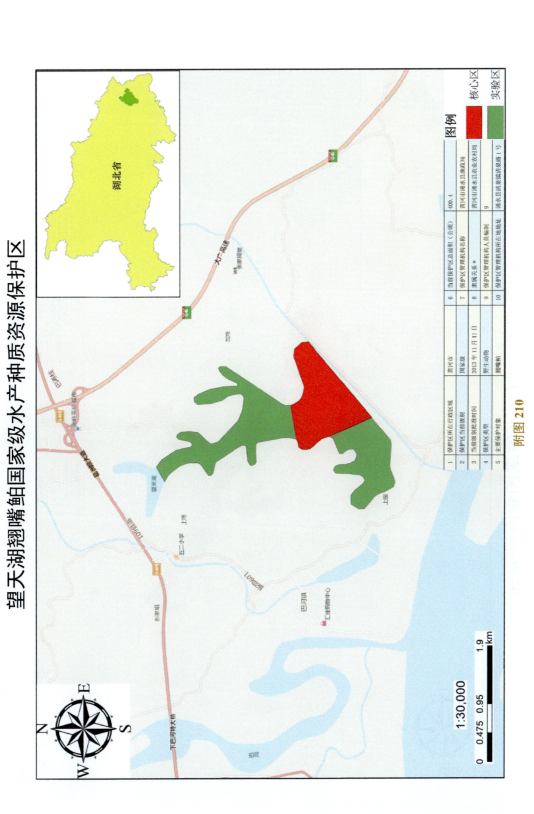

望天湖翘嘴鲌国家级水产种质资源保护区

湖北省

1	保护区所在行政区域	黄冈市	6	当前保护区总面积（公顷）	400.4
2	保护区当前级别	国家级	7	保护区管理机构名称	黄冈市浠水县渔政局
3	当前级别批准时间	2013年11月11日	8	隶属关系 *	黄冈市浠水县农业农村局
4	保护区类型	野生动物	9	保护区管理机构人员编制	
5	主要保护对象	翘嘴鲌	10	保护区管理机构所在地地址	浠水县清泉镇洗泉路1号

图例

| | 核心区 |
| | 实验区 |

附图 210

天堂湖鲌类国家级水产种质资源保护区

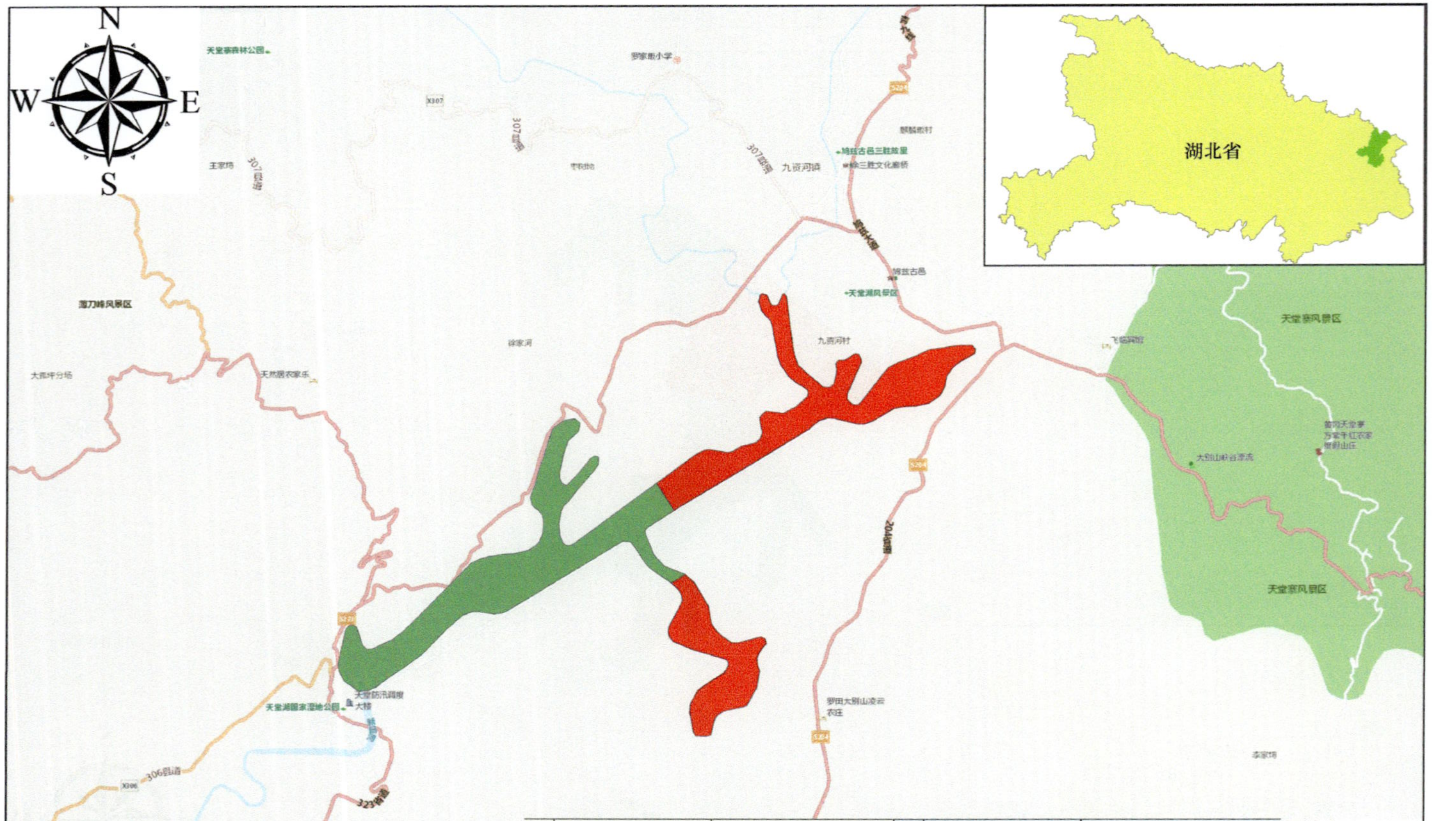

湖北省

1	保护区所在行政区域	黄冈市	6	当前保护区总面积（公顷）	673.4
2	保护区当前级别	国家级	7	保护区管理机构名称	黄冈市罗田县天堂湖湿地公园管理处
3	当前级别批准时间	2013年11月11日	8	隶属关系*	黄冈市罗田县人民政府
4	保护区类型	野生动物	9	保护区管理机构人员编制	9
5	主要保护对象	翘嘴鲌、达氏鲌、蒙古鲌等鲌类	10	保护区管理机构所在地地址	罗田县凤山镇民建街18号

图例

■ 核心区

■ 实验区

1:40,000

0　0.5　1　2 km

附图 211

金沙湖鳡国家级水产种质资源保护区

1	保护区所在行政区域	黄冈市
2	保护区当前级别	国家级
3	当前级别批准时间	2014 年 11 月 26 日
4	保护区类型	野生动物
5	主要保护对象	鳡
6	当前保护区总面积（公顷）	1422
7	当前保护区管理机构名称	黄冈市红安县渔政站
8	隶属关系 *	黄冈市红安县农业农村局
9	保护区管理机构人员编制	15
10	保护区管理机构所在地地址	红安县城关镇红坪大道 16 号

图例

核心区
实验区

湖北省

1:50,000

0　0.75　1.5　　3
km

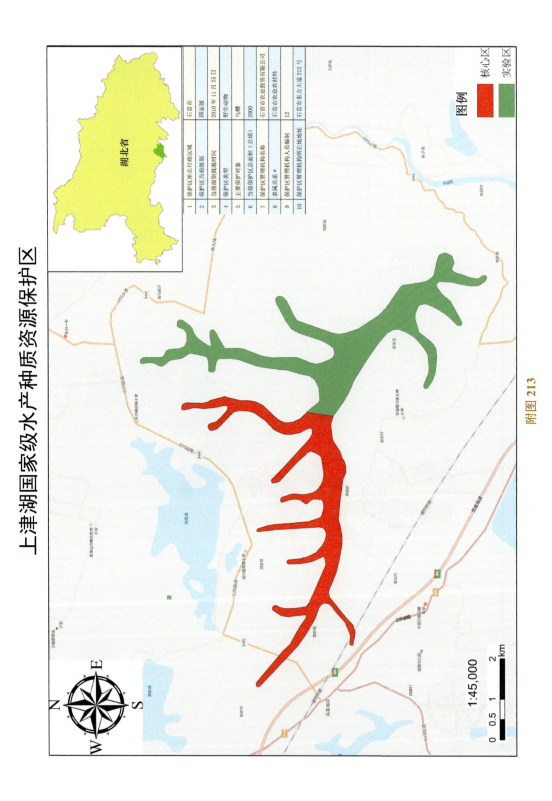

上津湖国家级水产种质资源保护区

1	保护区所在行政区域	石首市
2	保护区当前级别	国家级
3	当前级别批准时间	2010 年 11 月 25 日
4	保护区类型	野生动物
5	主要保护对象	乌鳢
6	当前保护区总面积（公顷）	2000
7	当前保护区管理机构名称	石首市农业数字有限公司
8	隶属关系 *	石首市农业农村局
9	保护区管理机构人员编制	12
10	保护区管理机构所在地地址	石首市东方大道212号

图例

核心区

实验区

附图 213

1:45,000

0 0.5 1 2 km

胭脂湖黄颡鱼国家级水产种质资源保护区

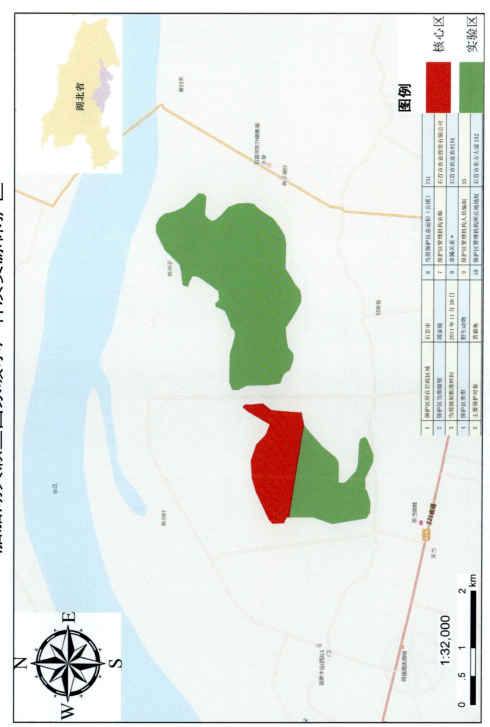

1	保护区所在行政区域	石首市	6	当前保护区总面积（公顷）	751	
2	保护区当前级别	国家级	7	保护区管理机构名称	石首市农业投资有限公司	
3	当前级别批准时间	2014年11月26日	8	隶属关系*	石首市农业农村局	
4	保护区类型	野生动物	9	保护区管理机构人员编制	35	
5	主要保护对象	黄颡鱼	10	保护区管理机构所在地地址	石首市东方大道212	

附图 214

玉泉河特有鱼类国家级水产种质资源保护区

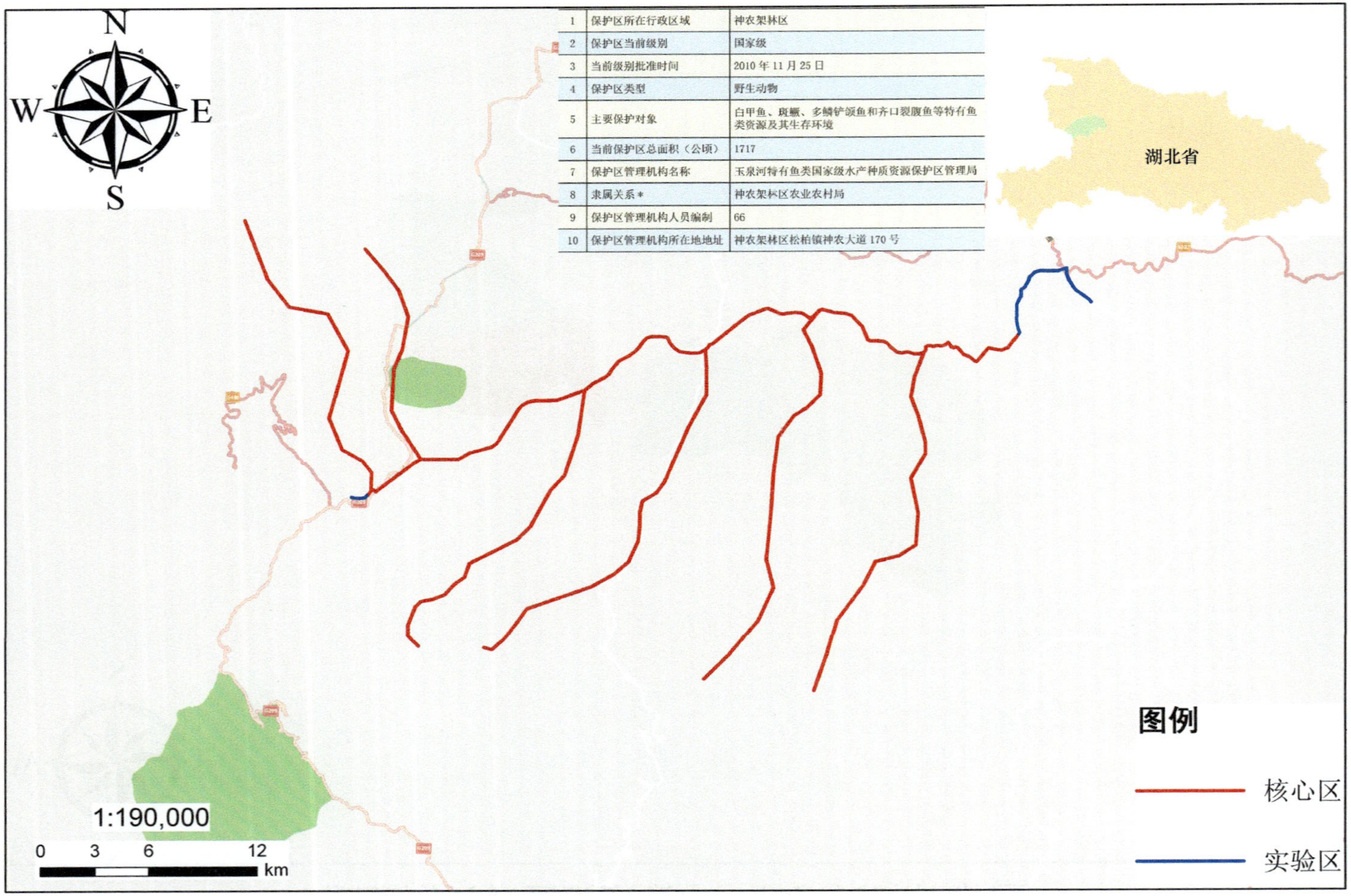

1	保护区所在行政区域	神农架林区
2	保护区当前级别	国家级
3	当前级别批准时间	2010年11月25日
4	保护区类型	野生动物
5	主要保护对象	白甲鱼、黄颡、多鳞铲颌鱼和齐口裂腹鱼等特有鱼类资源及其生存环境
6	当前保护区总面积（公顷）	1717
7	当前保护区管理机构名称	玉泉河特有鱼类国家级水产种质资源保护区管理局
8	隶属关系＊	神农架林区农业农村局
9	保护区管理机构人员编制	66
10	保护区管理机构所在地地址	神农架林区松柏镇神农大道170号

湖北省

图例

核心区

实验区

N E S W

1:190,000

0 3 6 12 km

附图 215

五湖黄鳝国家级水产种质资源保护区

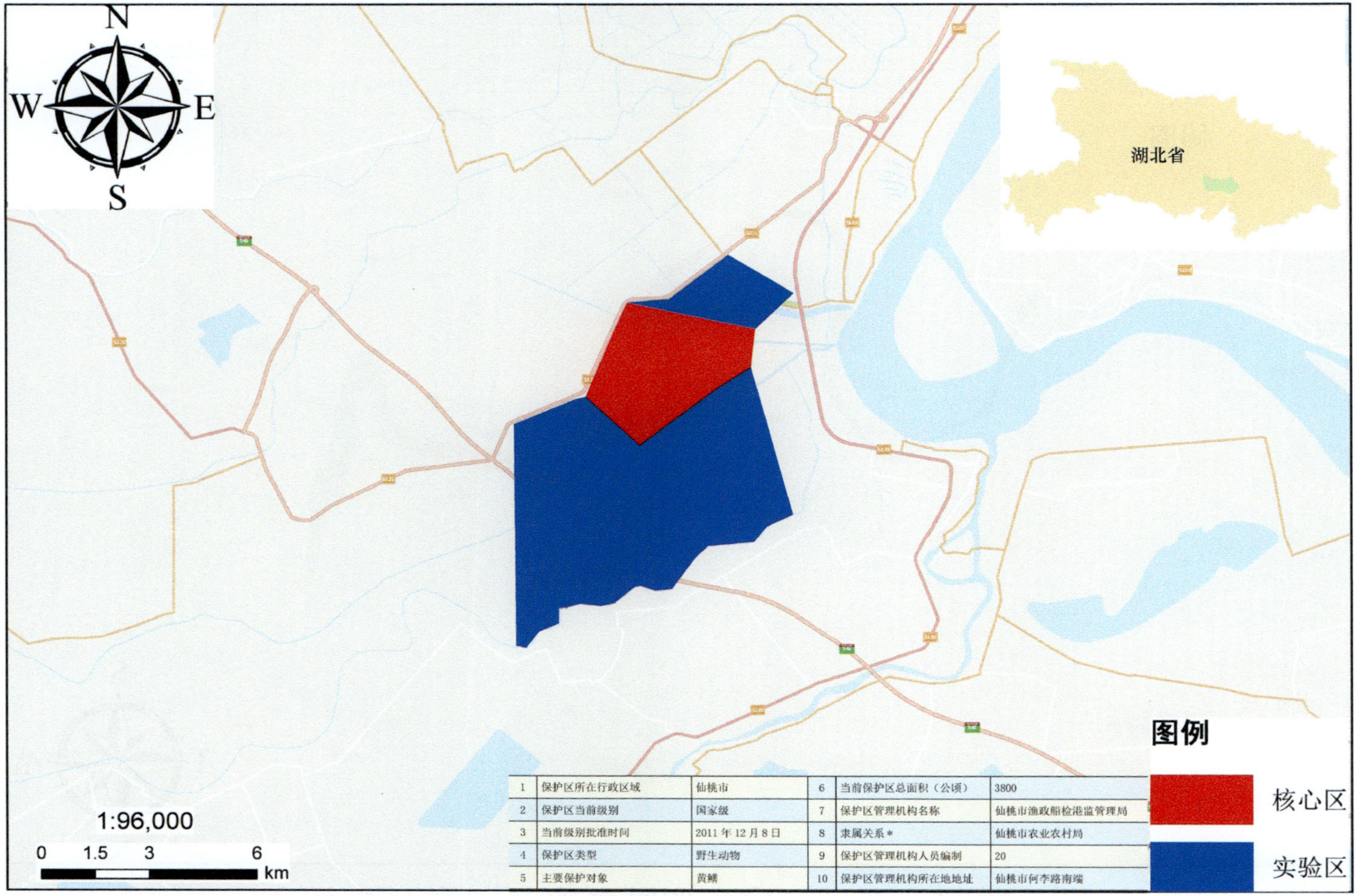

1	保护区所在行政区域	仙桃市	6	当前保护区总面积（公顷）	3800	
2	保护区当前级别	国家级	7	保护区管理机构名称	仙桃市渔政船检港监管理局	
3	当前级别批准时间	2011年12月8日	8	隶属关系*	仙桃市农业农村局	
4	保护区类型	野生动物	9	保护区管理机构人员编制	20	
5	主要保护对象	黄鳝	10	保护区管理机构所在地地址	仙桃市沔阳大道南端	

附图 216

汉江潜江段四大家鱼国家级水产种质资源保护区

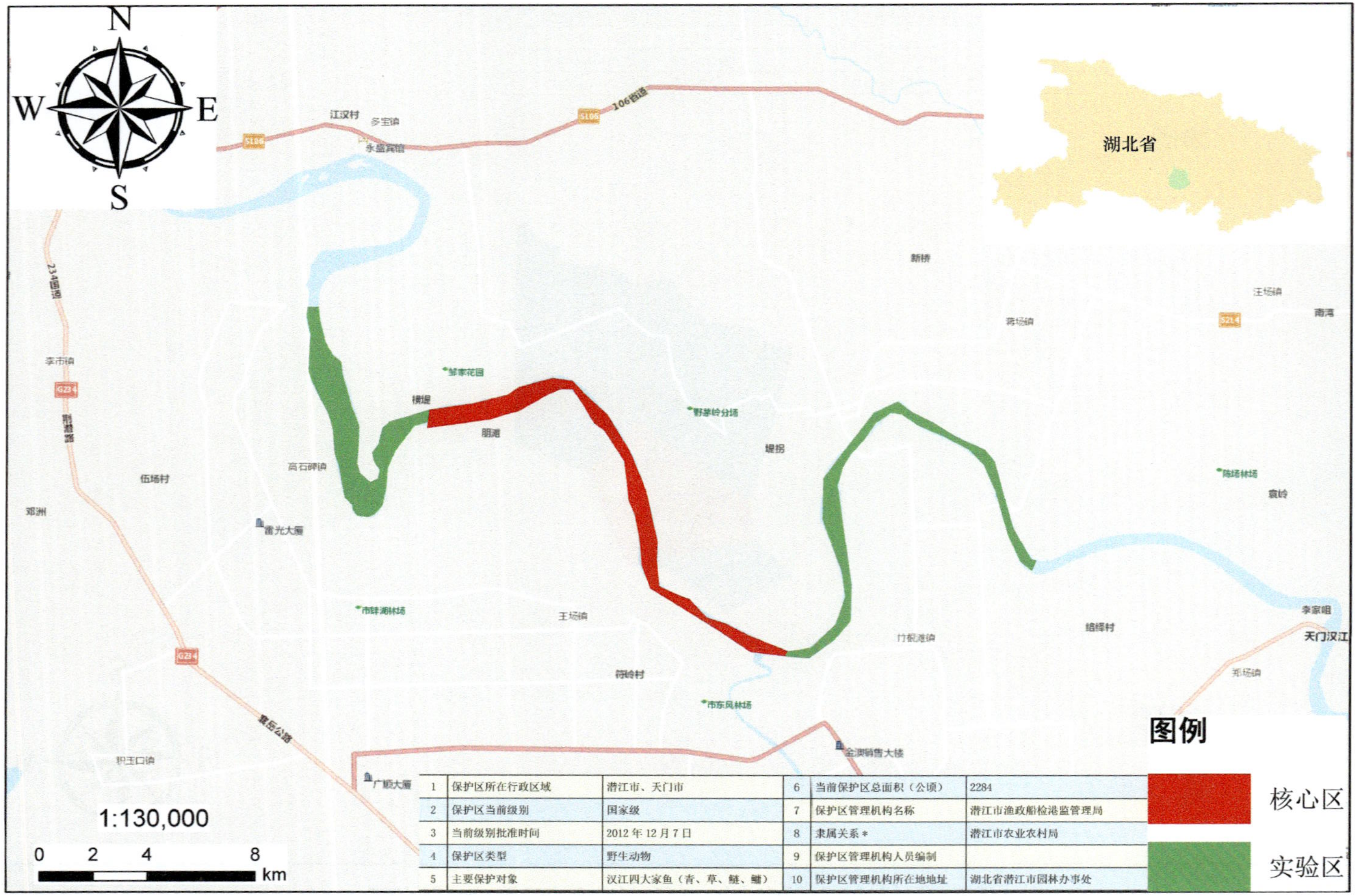

湖北省

1	保护区所在行政区域	潜江市、天门市	6	当前保护区总面积（公顷）	2284	
2	保护区当前级别	国家级	7	保护区管理机构名称	潜江市渔政船检港监管理局	
3	当前级别批准时间	2012年12月7日	8	隶属关系*	潜江市农业农村局	
4	保护区类型	野生动物	9	保护区管理机构人员编制		
5	主要保护对象	汉江四大家鱼（青、草、鲢、鳙）	10	保护区管理机构所在地地址	湖北省潜江市园林办事处	

图例

核心区

实验区

1:130,000

0 2 4 8 km

附图 217

丹江特有鱼类国家级水产种质资源保护区

1	保护区所在行政区域	南阳市
2	保护区当前级别	国家级
3	当前级别批准时间	2009 年 12 月 17 日
4	保护区类型	野生动物
5	主要保护对象	细鳞斜颌鲴
6	当前保护区总面积（公顷）	10168
7	保护区管理机构名称	南阳市淅川县渔政渔港监督管理站
8	隶属关系 *	南阳市淅川县农业农村局
9	保护区管理机构人员编制	28
10	保护区管理机构所在地地址	南阳市淅川县香花镇刘楼村

图例

核心区

实验区

河南省

1:90,000

0　1.25　2.5　　　　5 km

鸭河口水库蒙古红鲌国家级水产种质资源保护区

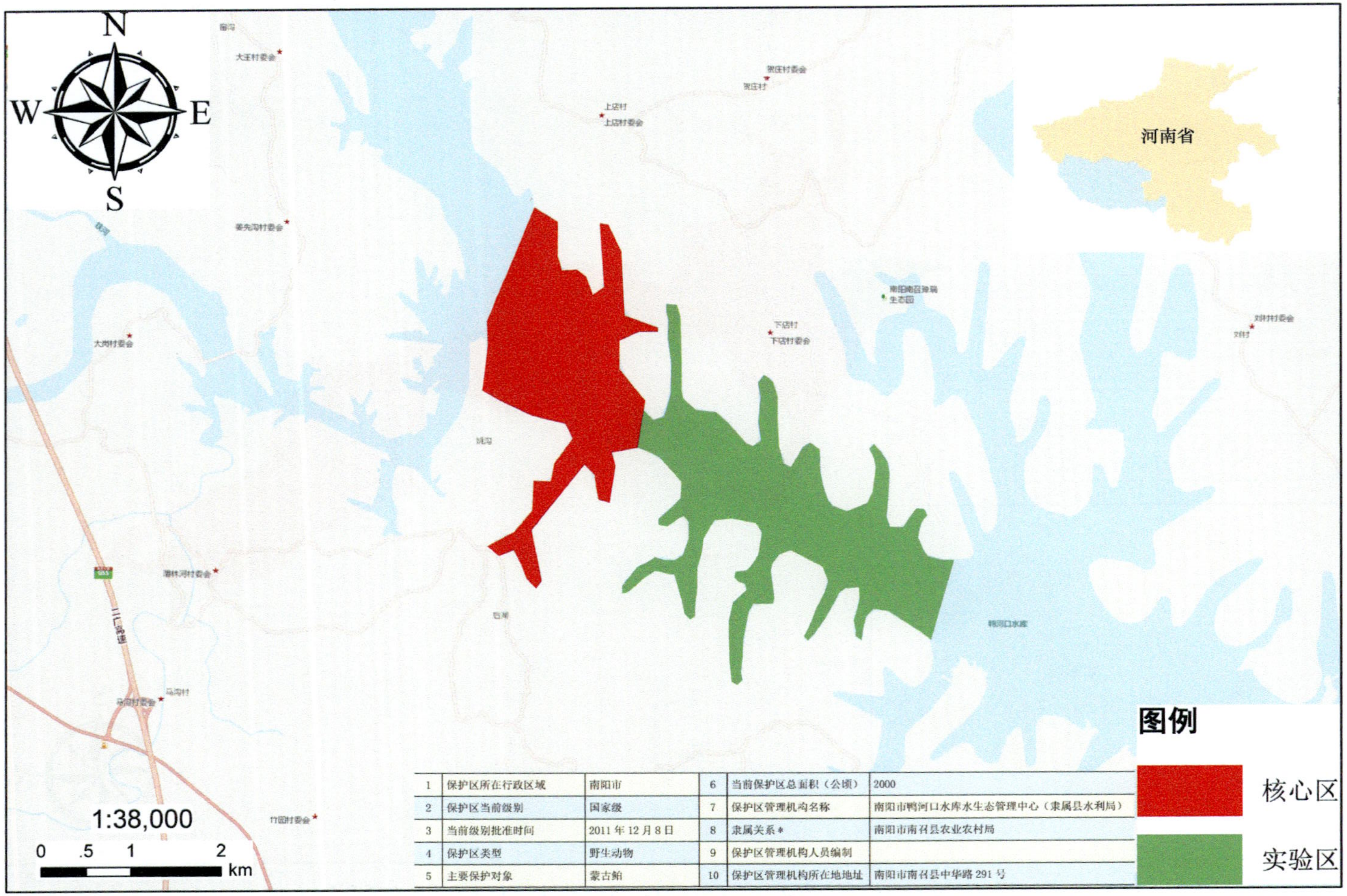

河南省

1	保护区所在行政区域	南阳市	6	当前保护区总面积（公顷）	2000
2	保护区当前级别	国家级	7	保护区管理机构名称	南阳市鸭河口水库水生态管理中心（隶属县水利局）
3	当前级别批准时间	2011年12月8日	8	隶属关系 *	南阳市南召县农业农村局
4	保护区类型	野生动物	9	保护区管理机构人员编制	
5	主要保护对象	蒙古鲌	10	保护区管理机构所在地地址	南阳市南召县中华路291号

图例

核心区

实验区

附图 219

鄱阳湖鳜鱼翘嘴红鲌国家级水产种质资源保护区

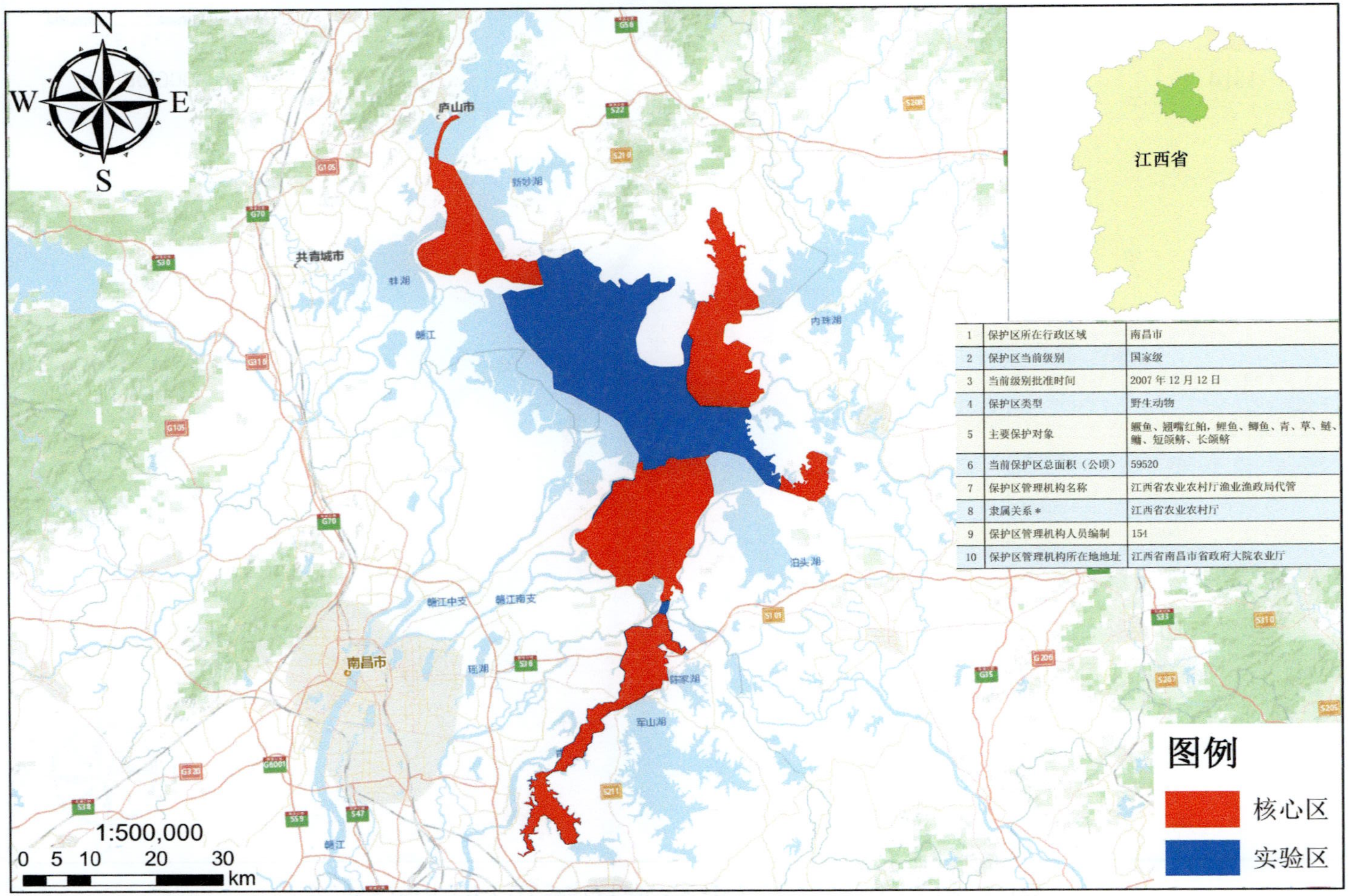

1	保护区所在行政区域	南昌市
2	保护区当值级别	国家级
3	当前级别批准时间	2007 年 12 月 12 日
4	保护区类群	野生动物
5	主要保护对象	鳜鱼、翘嘴红鲌、鲤鱼、青、草、鲢、鳙、短颌鲚、长颌鲚
6	当前保护区总面积（公顷）	59520
7	保护区管理机构名称	江西省农业农村厅渔业渔政局代管
8	隶属关系 *	江西省农业农村厅
9	保护区管理机构人员编制	151
10	保护区管理机构所在地地址	江西省南昌市省政府大院农业厅

图例

核心区

实验区

江西省

1:500,000

附图 220

万年河特有鱼类国家级水产种质资源保护区

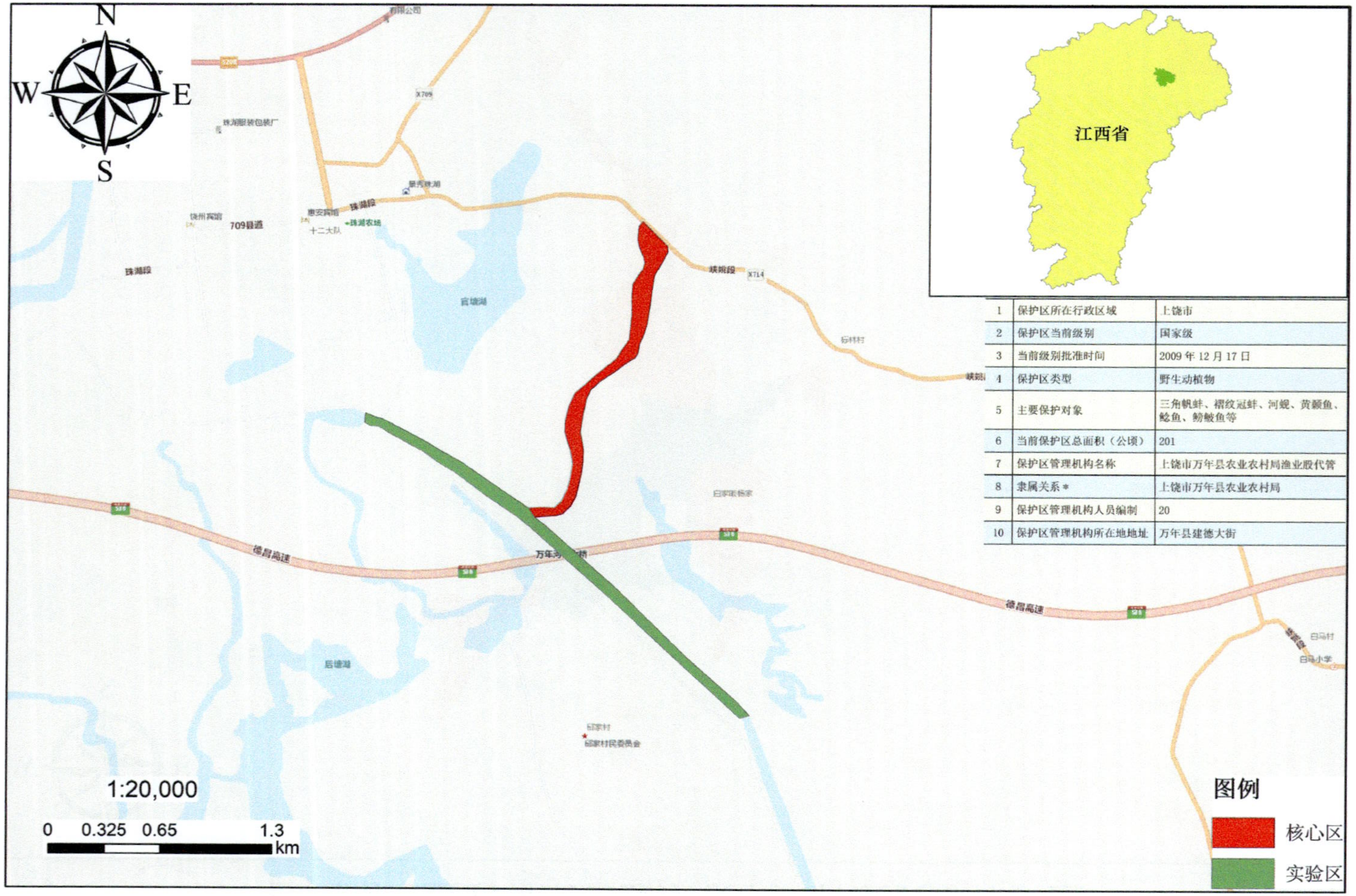

N
S
W
E
江西省
709县道
珠湖段
官塘湖
后塘湖
德昌高速
1:20,000
0 0.325 0.65 1.3
km
图例
核心区
实验区

1	保护区所在行政区域	上饶市
2	保护区当前级别	国家级
3	当前级别批准时间	2009 年 12 月 17 日
4	保护区类型	野生动植物
5	主要保护对象	三角帆蚌、褶纹冠蚌、河蚬、黄颡鱼、鲶鱼、鳑鲏鱼等
6	当前保护区总面积（公顷）	201
7	保护区管理机构名称	上饶市万年县农业农村局渔业股代管
8	隶属关系＊	上饶市万年县农业农村局
9	保护区管理机构人员编制	20
10	保护区管理机构所在地地址	万年县建德大街

附图 221

信江特有鱼类国家级水产种质资源保护区

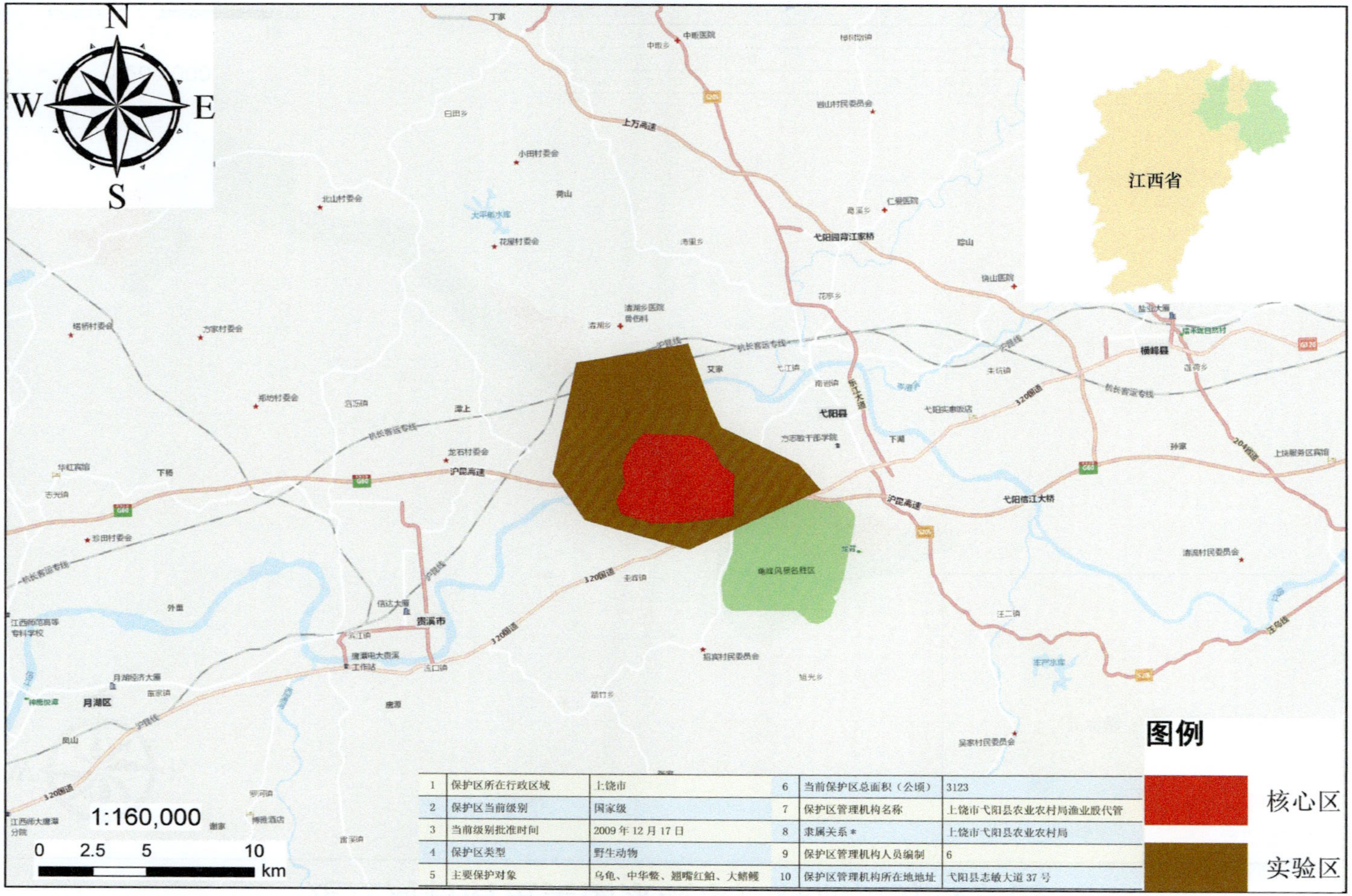

图例

	核心区
	实验区

1	保护区所在行政区域	上饶市	6	当前保护区总面积（公顷）	3123
2	保护区当前级别	国家级	7	保护区管理机构名称	上饶市弋阳县农业农村局渔业服务管
3	当前级别批准时间	2009年12月17日	8	隶属关系 *	上饶市弋阳县农业农村局
4	保护区类型	野生动物	9	保护区管理机构人员编制	6
5	主要保护对象	乌鳢、中华鳖、赣嘴红鲌、大鳍鳎	10	保护区管理机构所在地地址	弋阳县志敏大道37号

附图 222

定江河特有鱼类国家级水产种质资源保护区

江西省

定江河特有鱼类国家级水产种质资源保护区在铜鼓县的位置

1:200,000

0 3.25 6.5 13 km

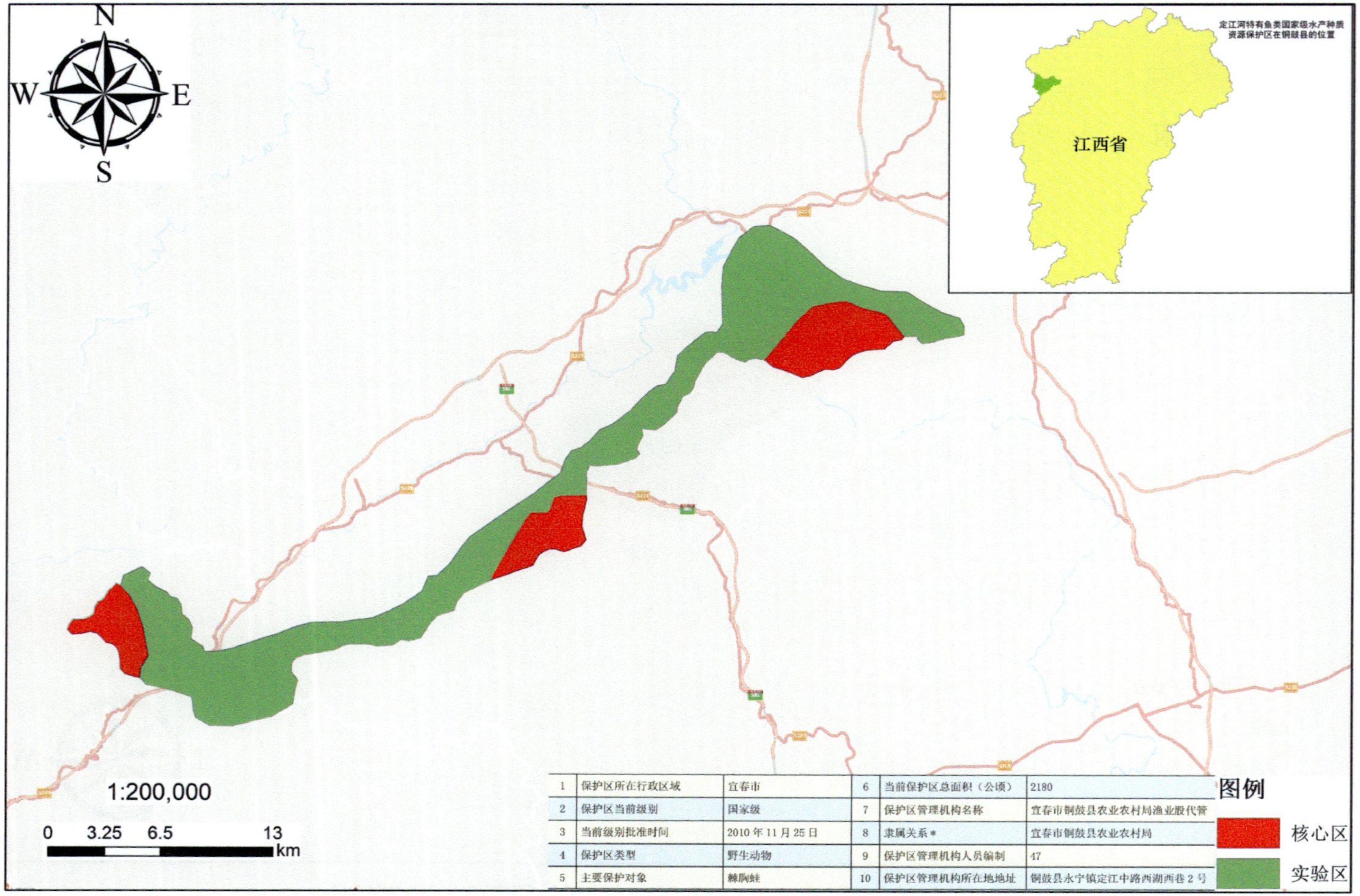

1	保护区所在行政区域	宜春市	
2	保护区当前级别	国家级	
3	当前级别批准时间	2010年11月25日	
4	保护区类型	野生动物	
5	主要保护对象	赣陶鲢桂	
6	当前保护区总面积（公顷）	2180	
7	保护区管理机构名称	宜春市铜鼓县农业农村局渔业股代管	
8	隶属关系*	宜春市铜鼓县农业农村局	
9	保护区管理机构人员编制	47	
10	保护区管理机构所在地地址	铜鼓县永宁镇定江中路永调两巷2号	

图例

核心区

实验区

附图223

袁河上游特有鱼类国家级水产种质资源保护区

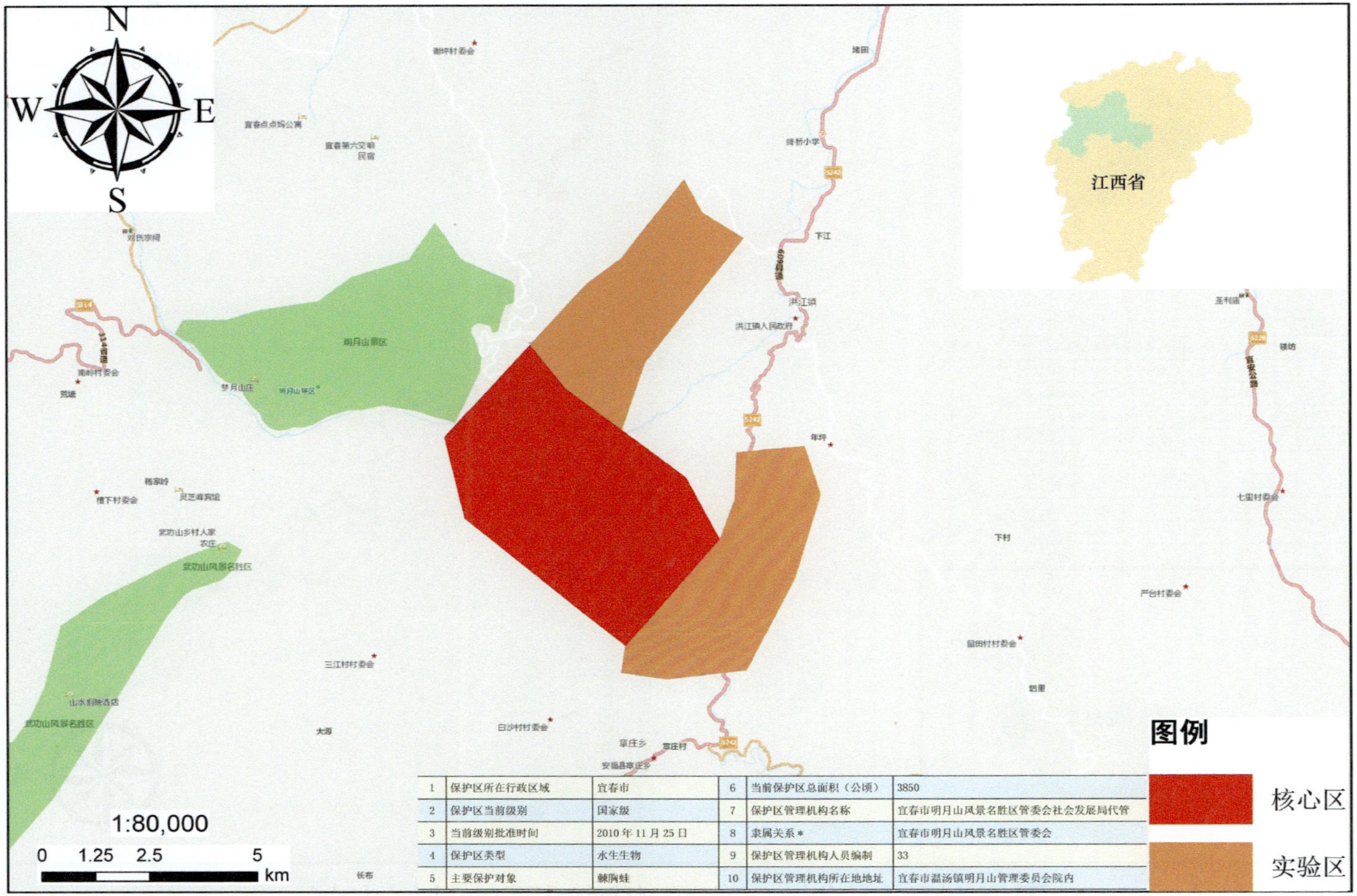

江西省

图例

核心区

实验区

1	保护区所在行政区域	宜春市	6	当前保护区总面积（公顷）	3850
2	保护区当前级别	国家级	7	保护区管理机构名称	宜春市明月山风景名胜区管委会社会发展局代管
3	当前晋级别批准时间	2010年11月25日	8	隶属关系*	宜春市明月山风景名胜区管委会
4	保护区类型	水生生物	9	保护区管理机构人员编制	33
5	主要保护对象	鳜鲫鳜	10	保护区管理机构所在地地址	宜春市温汤镇明月山管理委员会院内

附图 224

1:80,000

0　1.25　2.5　　　5 km

萍水河特有鱼类国家级水产种质资源保护区

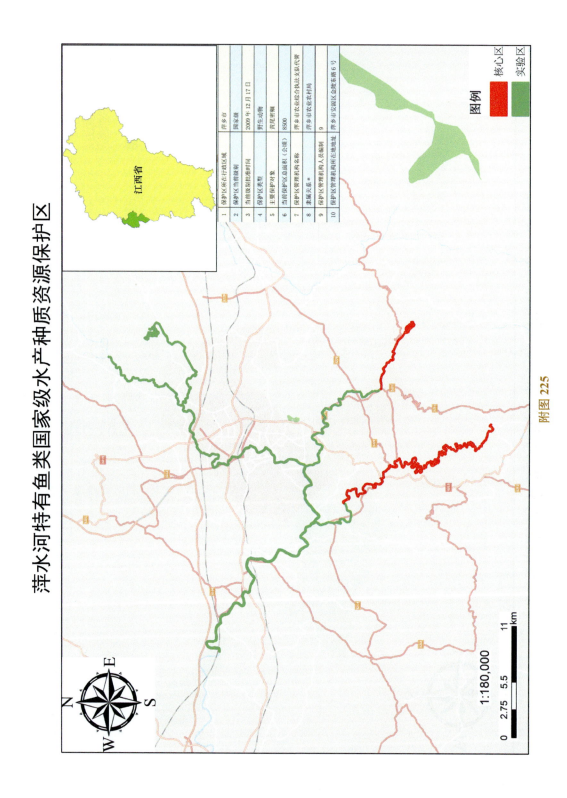

1	保护区所在行政区域	萍乡市
2	保护区当前级别	国家级
3	当前级别批准时间	2009年12月17日
4	保护区类型	野生动物
5	主要保护对象	宽鳍鱲
6	当前保护区总面积（公顷）	8500
7	保护区管理机构名称	萍乡市农业综合执法支队代管
8	隶属关系*	萍乡市农业农村局
9	保护区管理机构人员编制	9
10	保护区管理机构所在地地址	萍乡市安源区金陵东路6号

图例

核心区

实验区

江西省

1:180,000

0   2.75   5.5   11
km

附图225

芦溪棘胸蛙国家级水产种质资源保护区

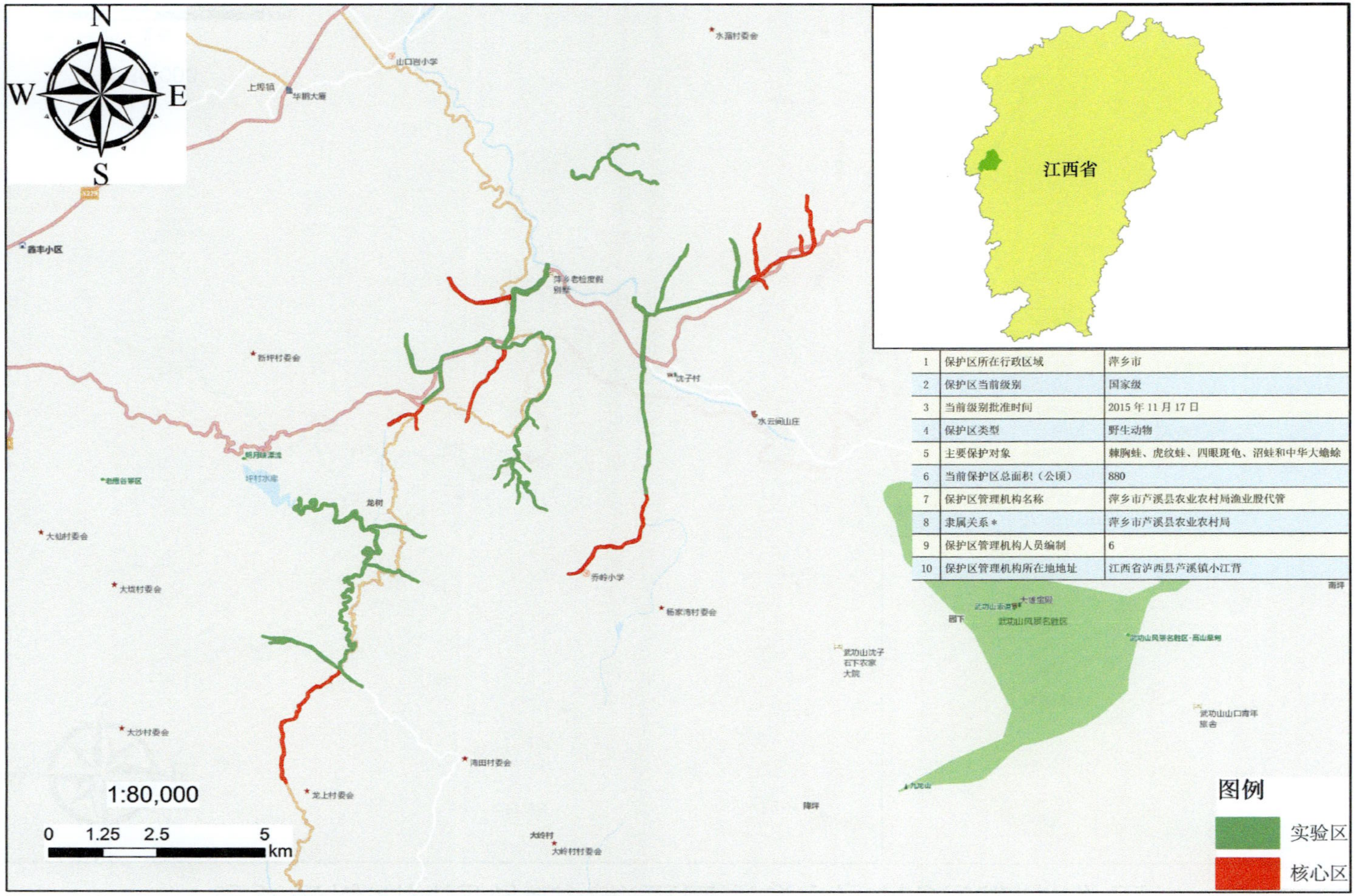

江西省

1	保护区所在行政区域	萍乡市
2	保护区当前级别	国家级
3	当前级别批准时间	2015年11月17日
4	保护区类别	野生动物
5	主要保护对象	棘胸蛙、虎纹蛙、四喇原鸡、沼蛙和中华大蟾蜍
6	当前保护区总面积（公顷）	880
7	保护区管理机构名称	萍乡市芦溪县农业农村局渔业股代管
8	隶属关系	萍乡市芦溪县农业农业村局
9	保护区管理机构所在人员编制	6
10	保护区管理机构所在地地址	江西省芦溪县芦溪镇小江背

图例

实验区

核心区

附图 226

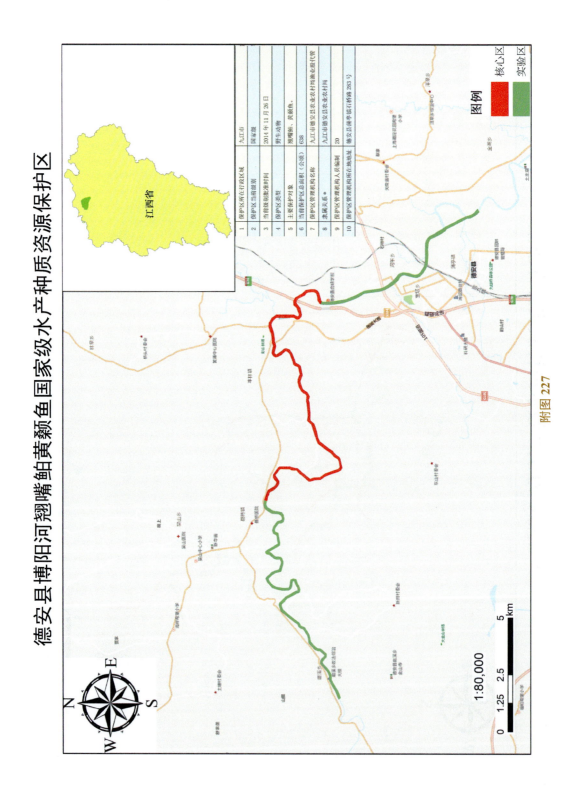

德安县博阳河翘嘴鲌黄颡鱼国家级水产种质资源保护区

江西省

1	保护区所在行政区域	九江市
2	保护区当前级别	国家级
3	当前级别批准时间	2014 年 11 月 26 日
4	保护区类型	野生动物
5	主要保护对象	翘嘴鲌、黄颡鱼
6	当前保护区总面积（公顷）	638
7	保护区管理机构名称	九江市德安县农业农村局渔业股代管
8	隶属关系 *	九江市德安县农业农村局
9	保护区管理机构人员编制	20
10	保护区管理机构所在地地址	德安县蒲亭镇石桥路 283 号

图例

核心区

实验区

1:80,000

0 1.25 2.5 5 km

附图 227

修水源光倒刺鲃国家级水产种质资源保护区

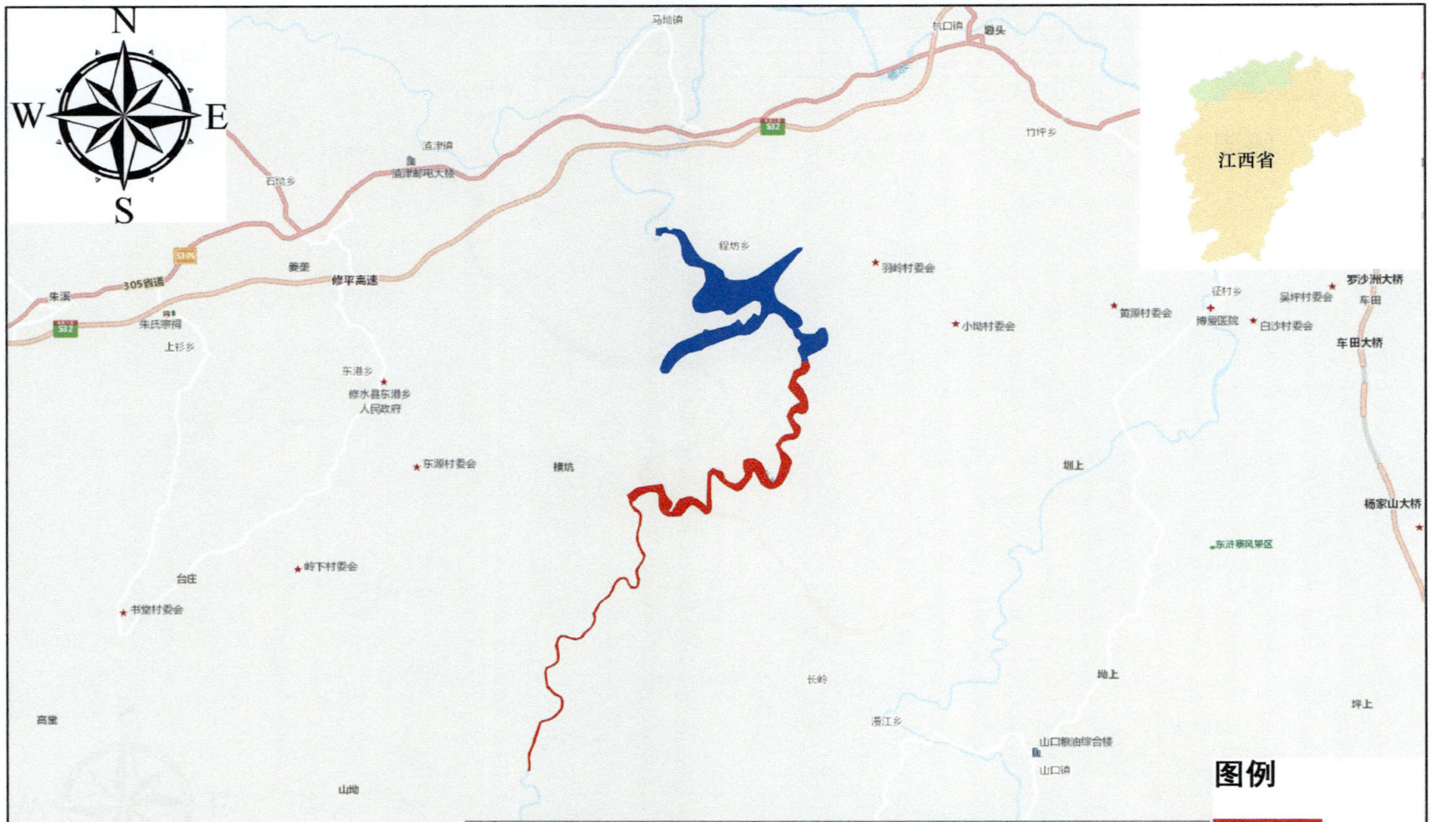

1	保护区所在行政区域	九江市		6	当前保护区总面积（公顷）	2130
2	保护区当前级别	国家级		7	保护区管理机构名称	九江市修水县畜牧水产局
3	当前级别批准时间	2013 年 11 月 11 日		8	隶属关系 *	九江市修水县农业农村局
4	保护区类型	野生动物		9	保护区管理机构人员编制	10
5	主要保护对象	光倒刺鲃、民鱼、黄颡鱼		10	保护区管理机构所在地地址	江九江市修水县义宁镇沿江路 23 号

附图 228

图例

核心区

实验区

N
S
E
W

1:130,000

0　2　4　8 km

江西省

修河下游三角帆蚌国家级水产种质资源保护区

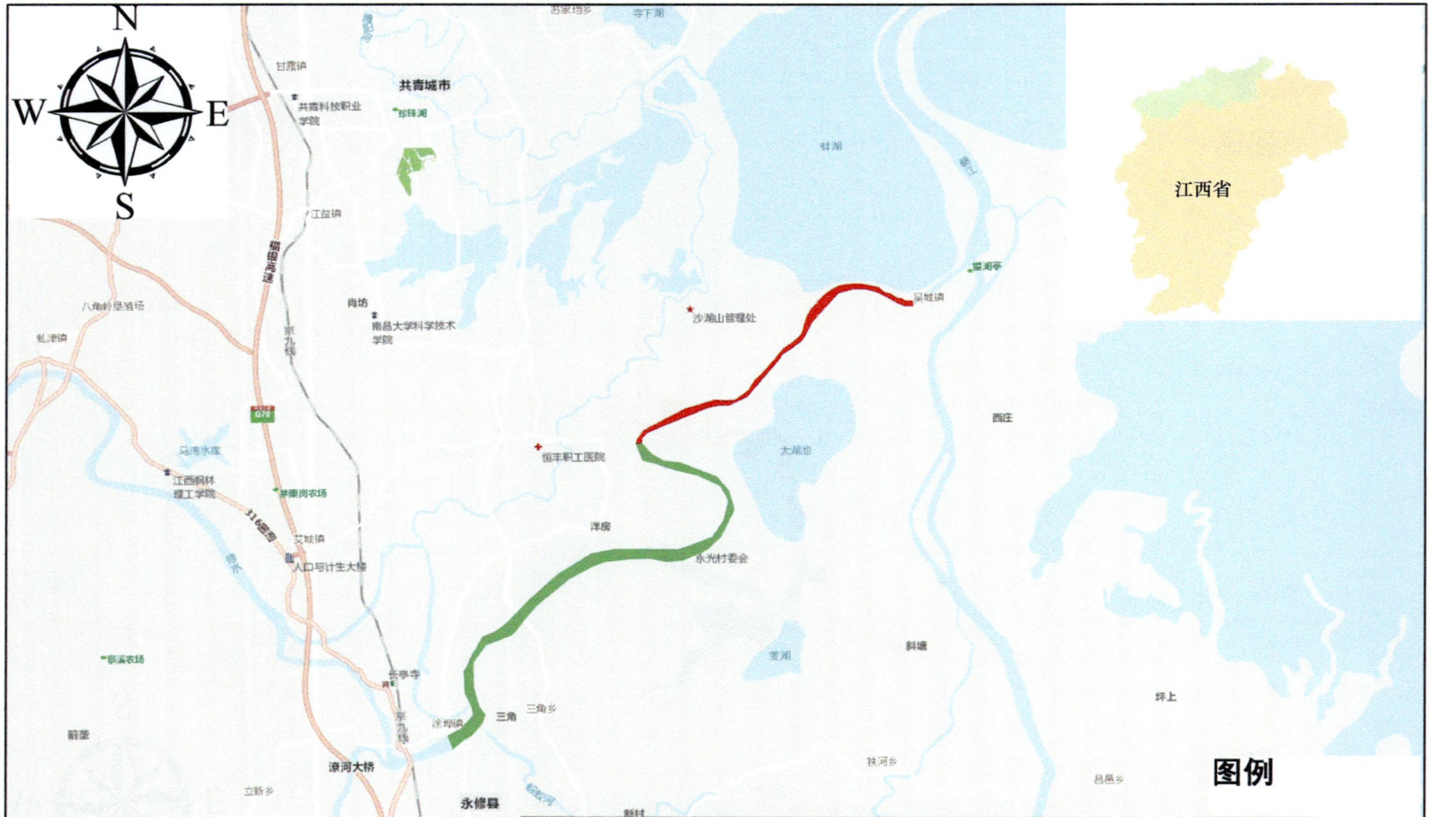

附图 229

长江江西段四大家鱼国家级水产种质资源保护区

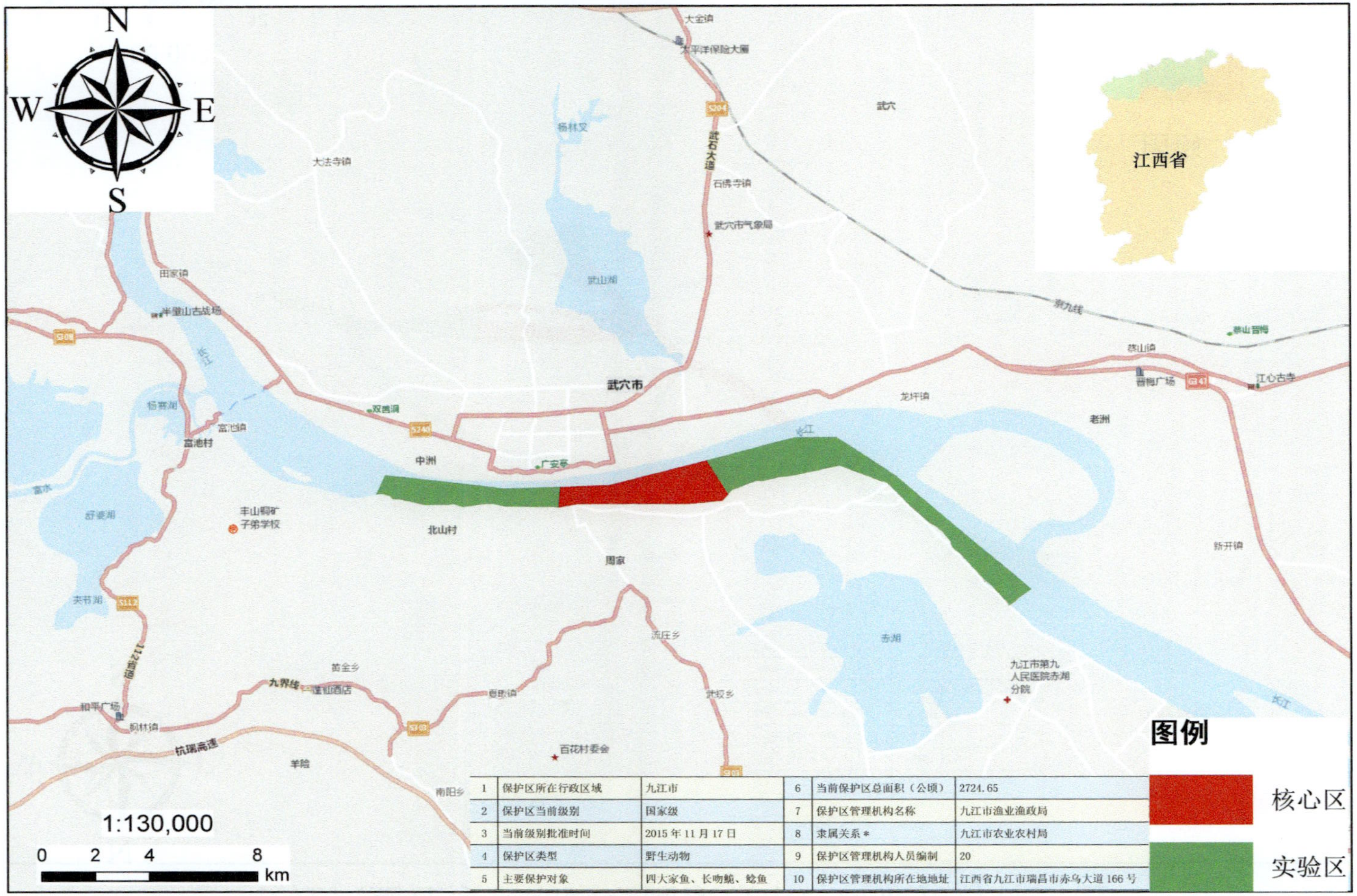

1	保护区所在行政区域	九江市		6	当前保护区总面积（公顷）	2724.65
2	保护区当前级别	国家级		7	保护区管理机构名称	九江市渔业政局
3	当前级别批准时间	2015年11月17日		8	隶属关系*	九江市农业农村局
4	保护区类型	剪生动物		9	保护区管理机构人员编制	20
5	主要保护对象	四大家鱼、长吻鮠、鳡鱼		10	保护区管理机构所在地地址	江西省九江市濂溪区九大道166号

附图 230

长江八里江段长吻鮠鳡鲶国家级水产种质资源保护区

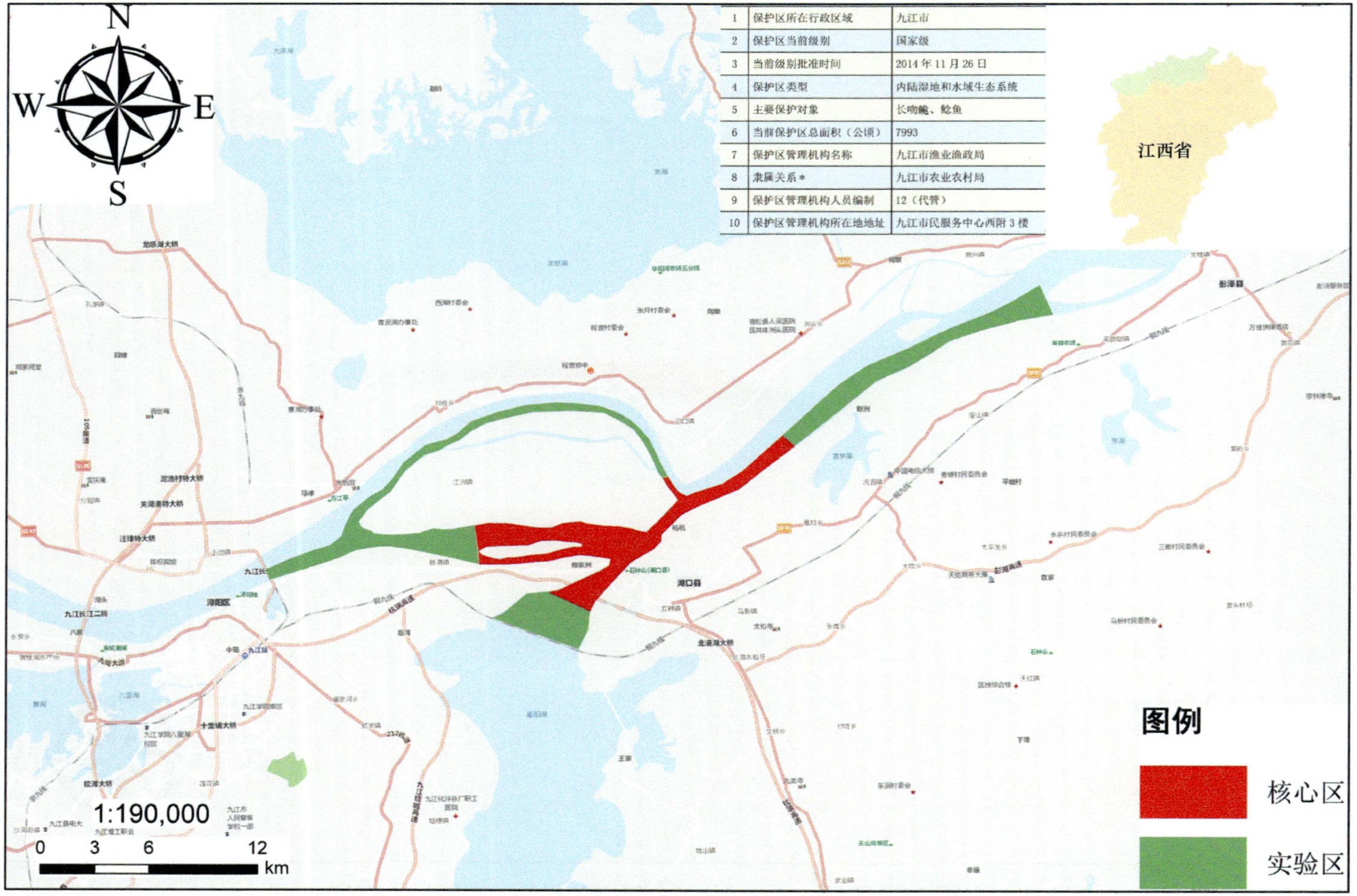

1	保护区所在行政区域	九江市
2	保护区当前级别	国家级
3	当前级别批准时间	2014年11月26日
4	保护区类型	内陆湿地和水域生态系统
5	主要保护对象	长吻鮠、鲶鱼
6	当前保护区总面积（公顷）	7993
7	保护区管理机构名称	九江市渔业渔政局
8	隶属关系*	九江市农业农村局
9	保护区管理机构人员编制	12（代管）
10	保护区管理机构所在地地址	九江市民服务中心内附3楼

江西省

图例

核心区

实验区

1:190,000

0 3 6 12 km

附图231

庐山西海鳡鱼国家级水产种质资源保护区

1	保护区所在行政区域	九江市
2	保护区当前级别	国家级
3	当前级别批准时间	2008 年 12 月 22 日
4	保护区类型	野生动物
5	主要保护对象	鳡
6	当前保护区总面积（公顷）	21800
7	保护区管理机构名称	九江市武宁县农业农村局渔业服代管
8	隶属关系 *	九江市武宁县农业农村局
9	保护区管理机构的人员编制	49
10	保护区管理机构所在地地址	江西省武宁县城古艾路 41 号

图例

核心区

实验区

1:100,000

大泊湖彭泽鲫国家级水产种质资源保护区

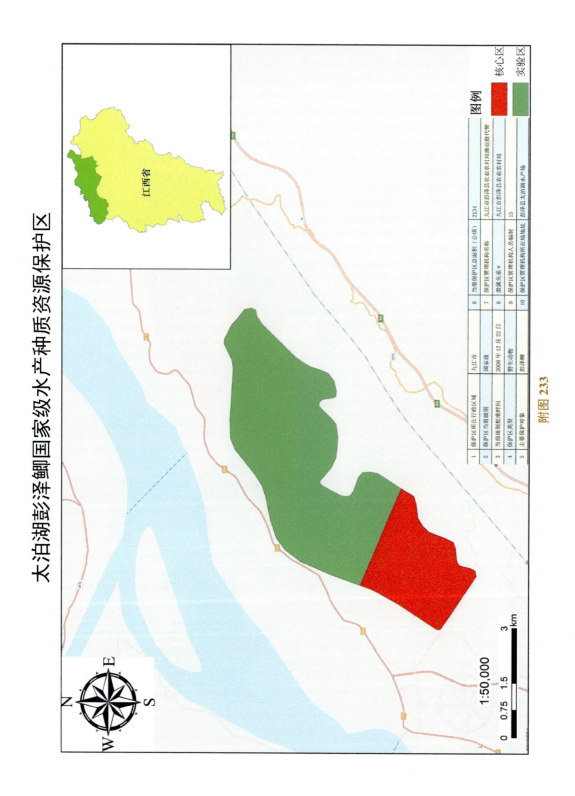

1	保护区所在行政区域	九江市		6	当前保护区总面积（公顷）	2134	
2	保护区当前级别	国家级		7	保护区管理机构名称	九江市彭泽县农业农村局渔业股代管	
3	当前级别批准时间	2008年12月22日		8	隶属关系*	九江市彭泽县农业农村局	
4	保护区类型	野生动物		9	保护区管理机构人员编制	15	
5	主要保护对象	彭泽鲫		10	保护区管理机构所在地地址	彭泽县太泊湖水产场	

附图 233

图例

核心区

实验区

1:50,000

0 0.75 1.5   3
km

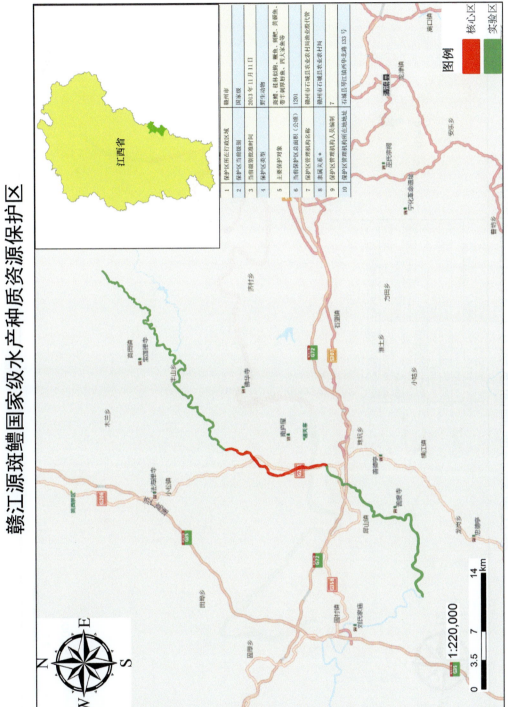

附图 234

琴江细鳞斜颌鲴国家级水产种质资源保护区

潋水特有鱼类国家级水产种质资源保护区

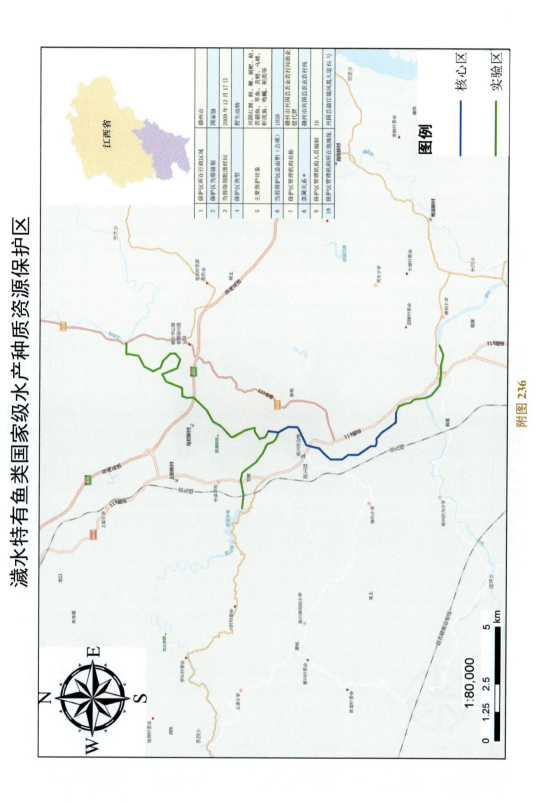

1	保护区所在行政区域	赣州市
2	保护区当前级别	国家级
3	当前级别批准时间	2009 年 12 月 17 日
4	保护区类型	野生动物
5	主要保护对象	兴国红鲤、鲤、鲫、鲫、鲇、黄颡鱼、草鱼、黄鳝、马鳎、虾虎鱼、鳑鲏、鳊类等
6	当前保护区总面积（公顷）	1030
7	保护区管理机构名称	赣州市兴国县农业农村局渔业股代管
8	隶属关系*	赣州市兴国县农业农村局
9	保护区管理机构人员编制	16
10	保护区管理机构所在地地址	兴国县潋江镇人道 61 号

图例

核心区

实验区

附图 236

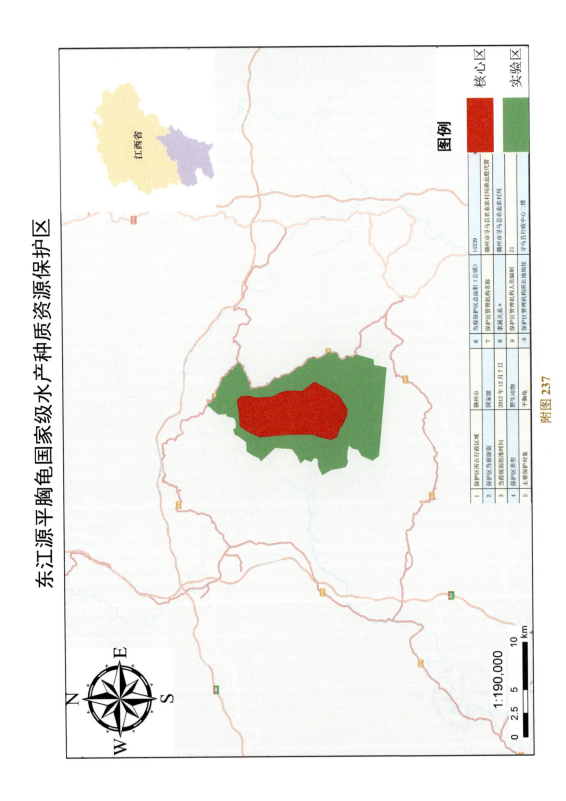

东江源平胸龟国家级水产种质资源保护区

1	保护区所在行政区域	赣州市	6	当前保护区总面积（公顷）	14339
2	保护区当前级别	国家级	7	保护区管理机构名称	赣州市寻乌县农业农村局渔业股代管
3	当前级别批准时间	2012年12月7日	8	隶属关系*	赣州市寻乌县农业农村局
4	保护区类型	野生动物	9	保护区管理机构人员编制	21
5	主要保护对象	平胸龟	0	保护区管理机构所在地地址	寻乌县行政中心二楼

附图237

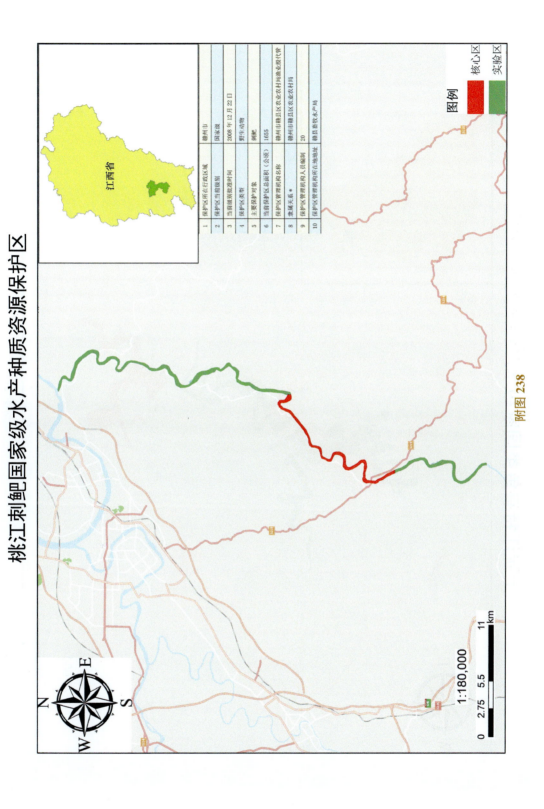

桃江刺鲃国家级水产种质资源保护区

1	保护区所在行政区域	赣州市
2	保护区当前级别	国家级
3	当前级别批准时间	2008 年 12 月 22 日
4	保护区类别	鲜生动物
5	主要保护对象	刺鲃
6	当前保护区总面积（公顷）	1655
7	保护区管理机构名称	赣州市赣县区农业农村局渔业股代管
8	隶属关系 *	赣州市赣县区农业农村局
9	保护区管理机构人员编制	20
10	保护区管理机构所在地地址	赣县畜牧水产局

图例
核心区
实验区

附图 238

1:180,000

—361—

上犹江特有鱼类国家级水产种质资源保护区

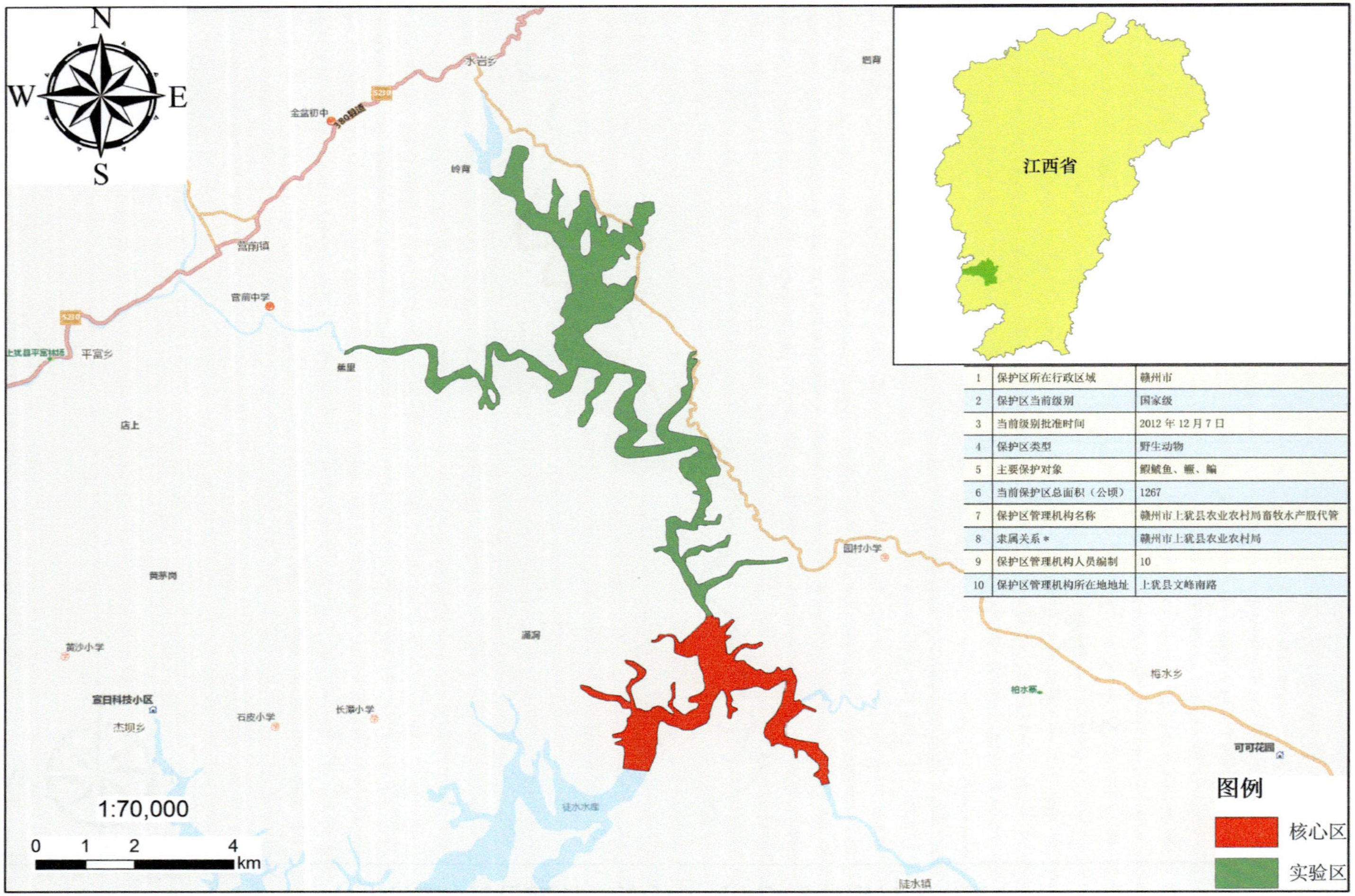

江西省

1	保护区所在行政区域	赣州市
2	保护区当前级别	国家级
3	当前级别批准时间	2012 年 12 月 7 日
4	保护区类型	野生动物
5	主要保护对象	鲶鳅鱼、鳜、鳙、编
6	当前保护区总面积（公顷）	1267
7	保护区管理机构名称	赣州市上犹县农业农村局畜牧水产股代管
8	隶属关系＊	赣州市上犹县农业农村局
9	保护区管理机构人员编制	10
10	保护区管理机构所在地地址	上犹县文畅南路

图例

核心区

实验区

1:70,000

0 1 2 4 km

附图 239

抚河鳜鱼国家级水产种质资源保护区

1	保护区所在行政区域	抚州市
2	保护区当前级别	国家级
3	当前级别批准时间	2008 年 12 月 22 日
4	保护区类型	野生动物
5	主要保护对象	鳜鱼
6	当前保护区总面积（公顷）	1500
7	保护区管理机构名称	抚州市南城县畜牧水产局
8	隶属关系	抚州市南城县农业农村局
9	保护区管理机构人员编制	19
10	保护区管理机构所在地地址	江西省抚州市南城县建昌大道

图例

■ 核心区
■ 实验区

江西省

1:80,000

0 1.25 2.5 5 km

宜黄棘胸蛙大鲵国家级水产种质资源保护区

1	保护区所在行政区域	抚州市
2	保护区当前级别	国家级
3	当前级别批准时间	2016年11月10日
4	保护区类型	野生动物
5	主要保护对象	棘胸蛙
6	当前保护区总面积（公顷）	2806
7	保护区管理机构名称	抚州市宜黄县农业农村局渔业股代管
8	隶属关系	抚州市宜黄县农业农村局
9	保护区管理机构人员编制	12
10	保护区管理机构所在地地址	抚州市宜黄县凤冈镇西习路76号

图例

实验区

核心区

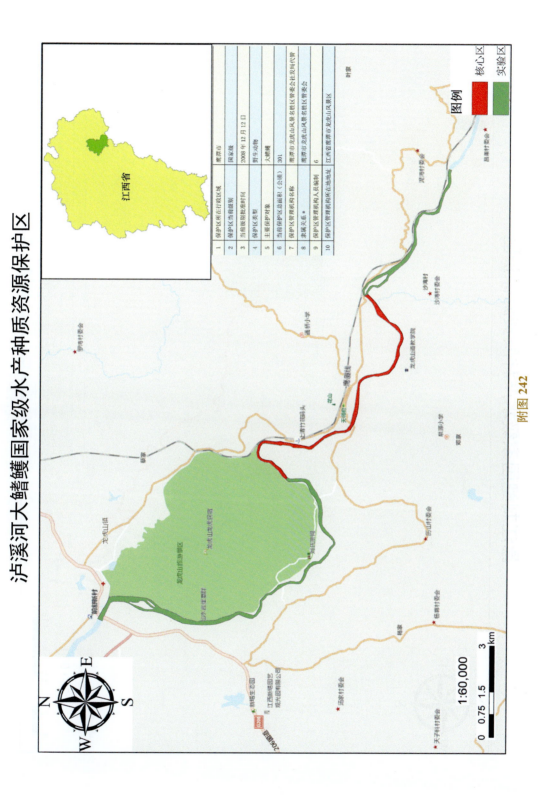

泸溪河大鳍鳠国家级水产种质资源保护区

1	保护区所在行政区域	鹰潭市
2	保护区当前级别	国家级
3	当前级别批准时间	2008年12月12日
4	保护区类型	野生动物
5	主要保护对象	大鳍鳠
6	当前保护区总面积（公顷）	301
7	当前保护区管理机构名称	鹰潭市龙虎山风景名胜区管理委员会龙虎山代管
8	隶属关系	鹰潭市龙虎山风景名胜区管理委员会
9	保护区管理机构所在地地址	鹰潭市龙虎山风景区
10	保护区管理机构所在地级别	江西省鹰潭市龙虎山风景区

图例

核心区
实验区

1:60,000

0 0.75 1.5 3 km

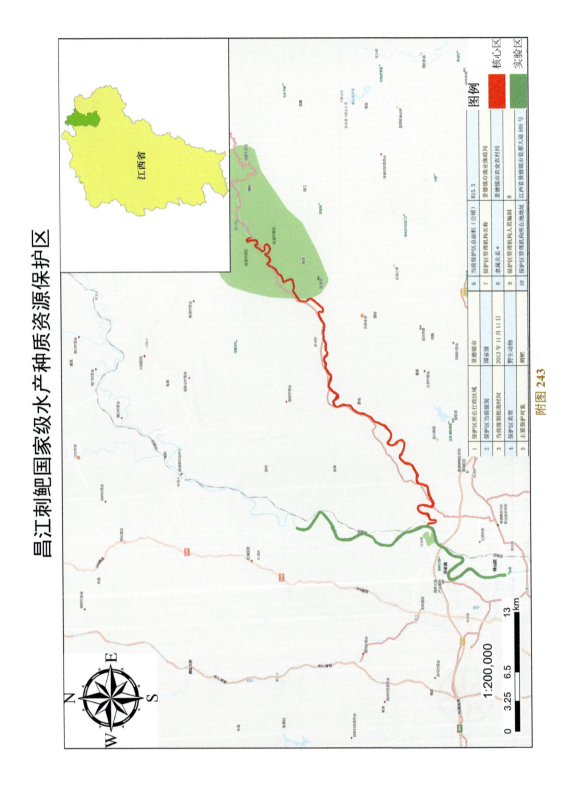

昌江刺鲃国家级水产种质资源保护区

1	保护区所在行政区域	景德镇市	6	当前保护区总面积（公顷）	815.5
2	保护区当前级别	国家级	7	保护区管理机构名称	景德镇市渔政渔政局
3	当前级别批准时间	2013年11月11日	8	隶属关系	景德镇市农业农村局
4	保护区类型	野生动物	9	保护区管理机构人员编制	
5	主要保护对象	刺鲃	10	保护区管理机构所在地地址	江西省景德镇市紫都大道505号

附图 243

赣江峡江段四大家鱼国家级水产种质资源保护区

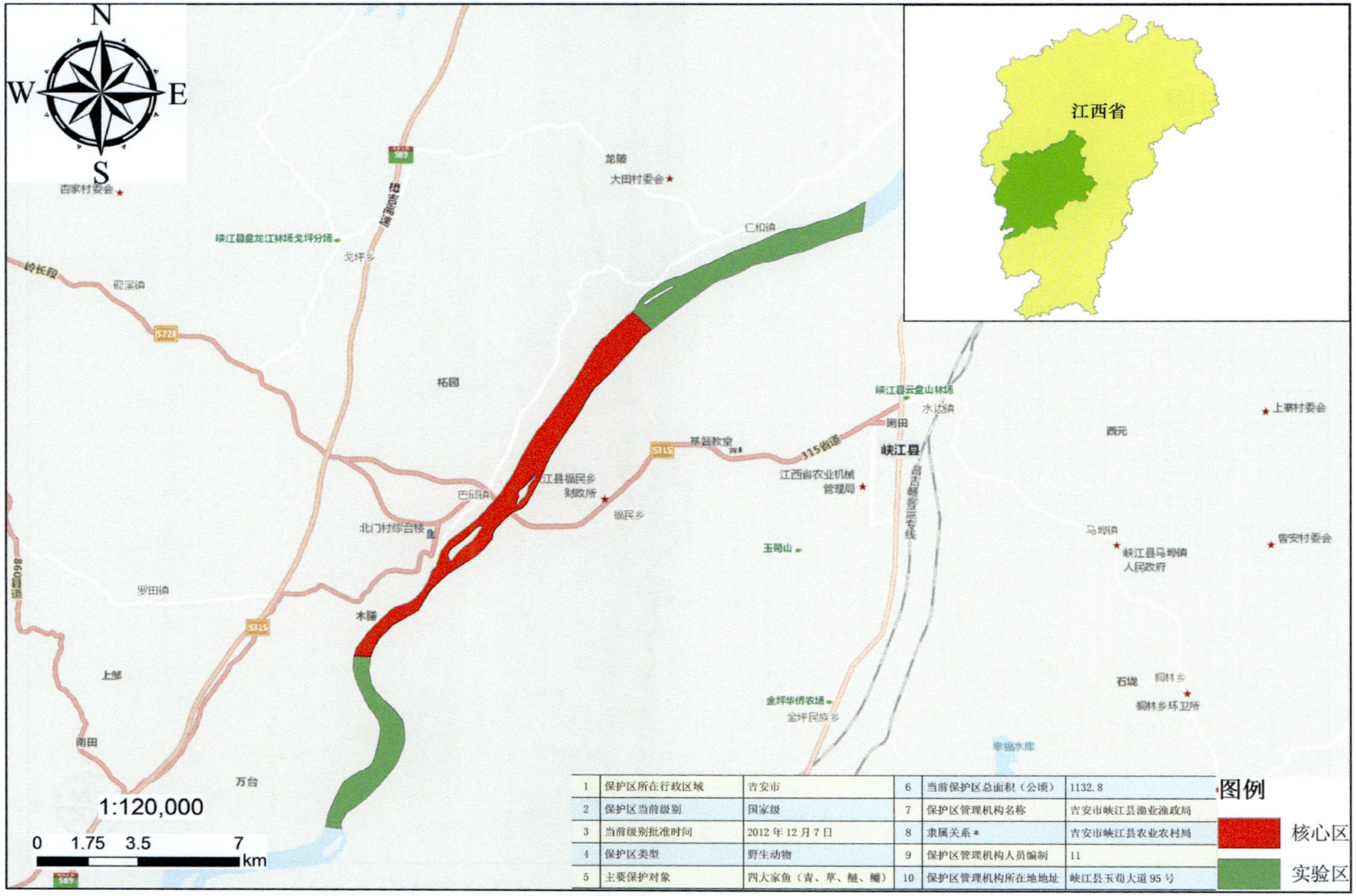

江西省

1	保护区所在行政区域	吉安市	6	当前保护区总面积（公顷）	1132.8
2	保护区当前级别	国家级	7	保护区管理机构名称	吉安市峡江县渔政局
3	当前级别批准时间	2012年12月7日	8	隶属关系 *	吉安市峡江县农业农村局
4	保护区类型	野生动物	9	保护区管理机构人员编制	11
5	主要保护对象	四大家鱼（青、草、鲢、鳙）	10	保护区管理机构所在地地址	峡江县玉峡大道95号

图例

■ 核心区

■ 实验区

附图 244

1:120,000

0　1.75　3.5　　　7
km

渠水靖州段埋头鲤省级水产种质资源保护区

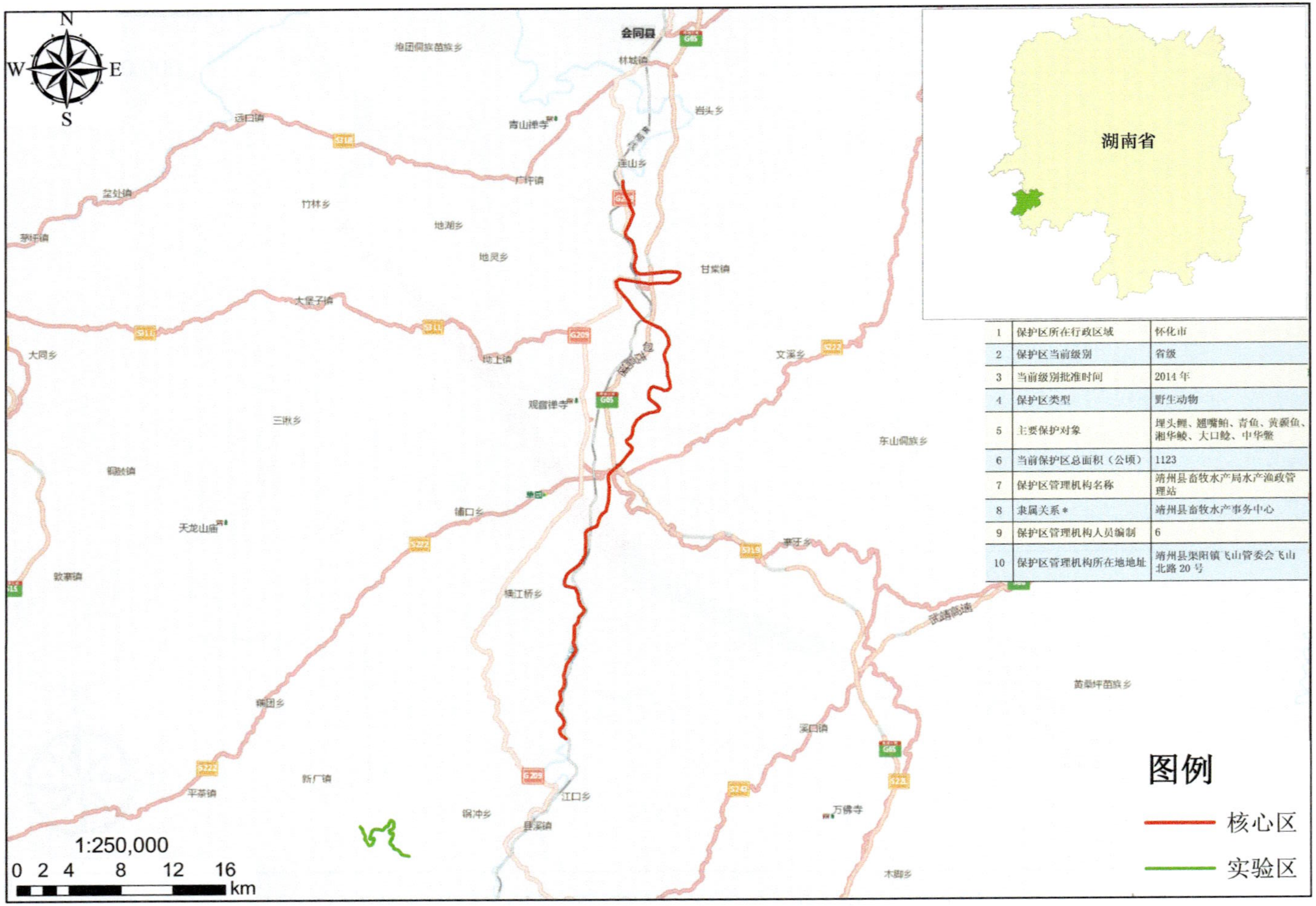

1	保护区所在行政区域	怀化市
2	保护区当前级别	省级
3	当前级别批准时间	2014年
4	保护区类型	野生动物
5	主要保护对象	埋头鲤、鳙嘴鲤、青鱼、黄颡鱼、湘华鲮、大口鲶、中华鳖
6	当前保护区总面积（公顷）	1123
7	保护区管理机构名称	靖州县畜牧水产局水产局渔政管理站
8	隶属关系	靖州县畜牧水产事务中心
9	保护区管理机构人员编制	6
10	保护区管理机构所在地地址	靖州县渠阳镇飞山管委会飞山北路20号

图例

核心区

实验区

1:250,000

附图 245

上犹江汝城段香螺省级水产种质资源保护区

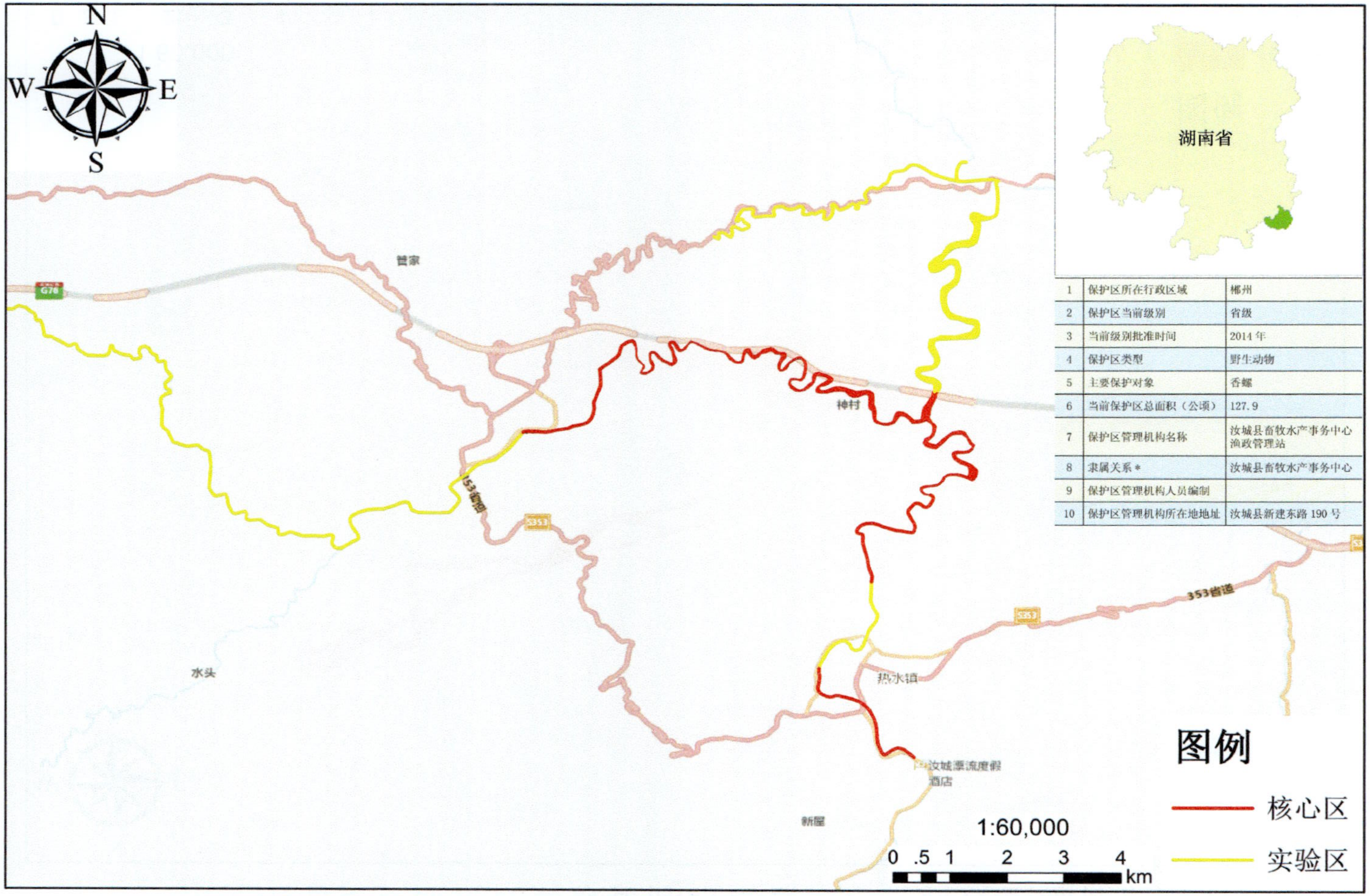

附图246

松虎洪道安乡段瓦氏黄颡鱼赤眼鳟省级水产种质资源保护区

1	保护区所在行政区域	常德市
2	保护区当前级别	省级
3	当前级别批准时间	2015 年
4	保护区类型	野生动物
5	主要保护对象	瓦氏黄颡鱼、赤眼鳟
6	当前保护区总面积（公顷）	823
7	当前保护区管理机构名称	安乡县畜牧水产事务中心
8	隶属关系	安乡县渔政管理站
9	保护区管理机构人员编制	
10	保护区管理机构所在地地址	安乡县深柳镇正街 77 号

图例

■ 核心区

■ 实验区

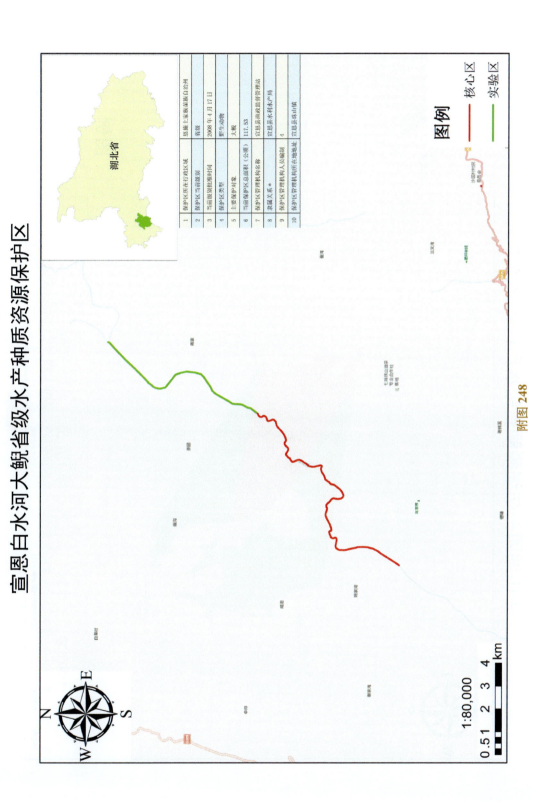

宣恩白水河大鲵省级水产种质资源保护区

1	保护区所在行政区域	恩施土家族苗族自治州
2	保护区当前级别	省级
3	当前级别批准时间	2008 年 4 月 17 日
4	保护区类型	野生动物
5	主要保护对象	大鲵
6	当前保护区总面积（公顷）	117.53
7	保护区管理机构名称	宣恩县渔政监督管理站
8	隶属关系 *	宣恩县水利水产局
9	保护区管理机构人员编制	4
10	保护区管理机构所在地地址	宣恩县珠山镇

湖北省

1:80,000

0.51 2 3 4
km

图例

核心区

实验区

附图 248

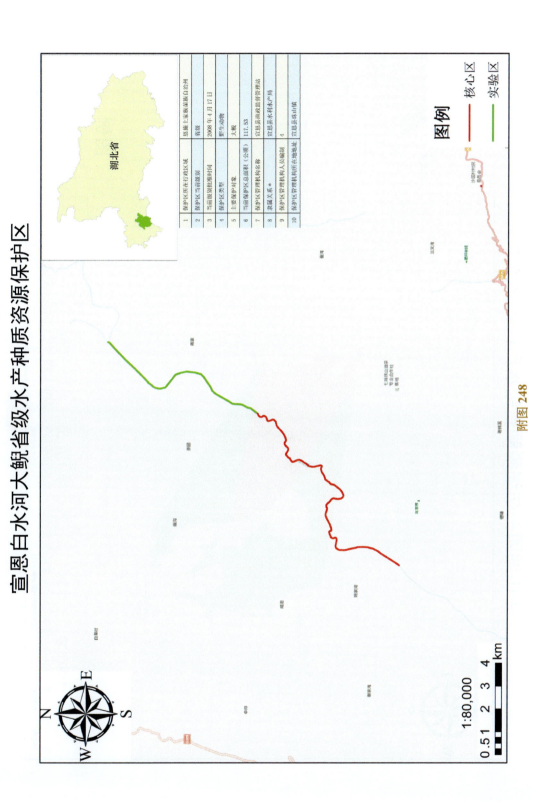

牛山湖团头鲂细鳞鲴鲴省级水产种质资源保护区

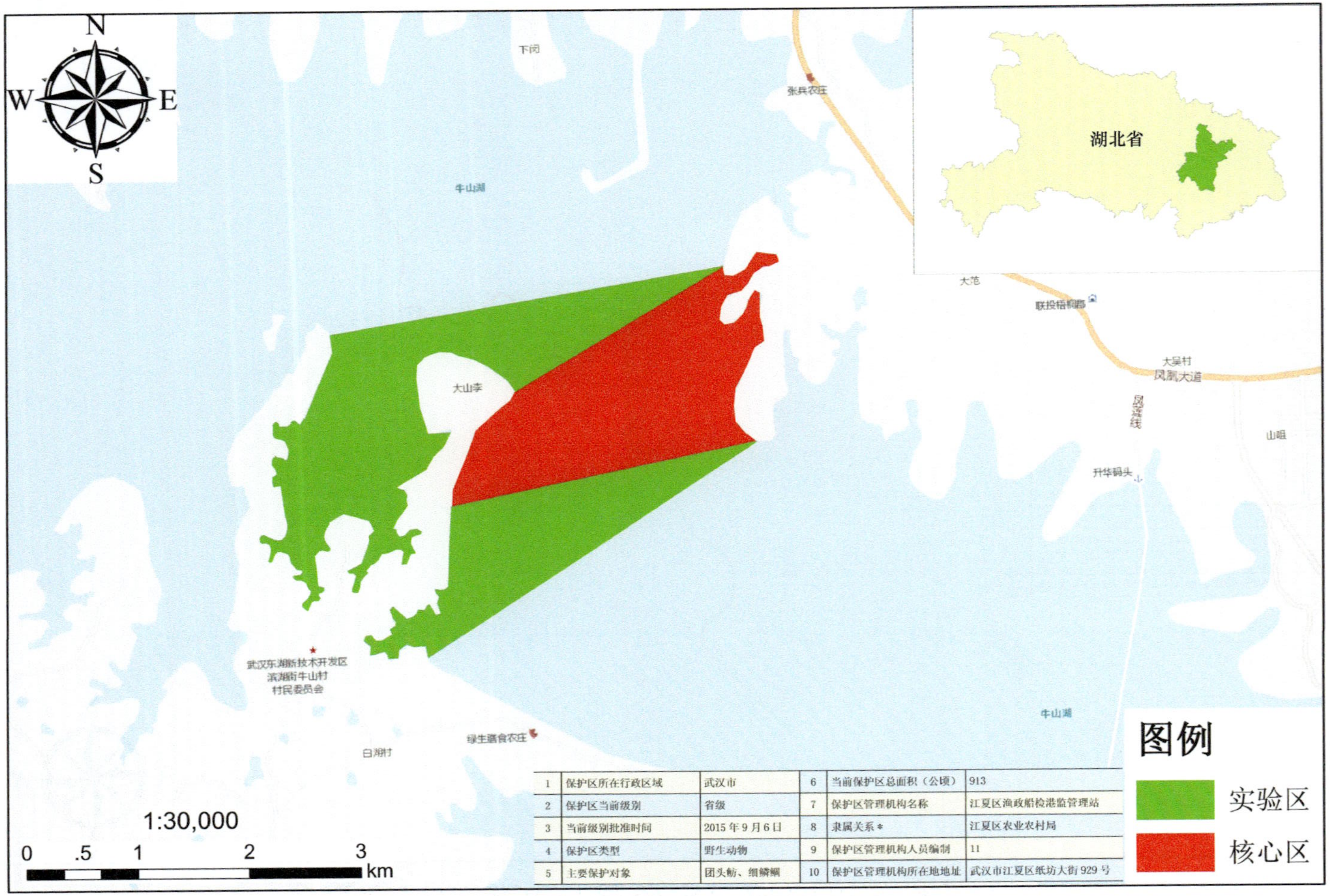

湖北省

1	保护区所在行政区域	武汉市	6	当前保护区总面积（公顷）	913
2	保护区当前级别	省级	7	保护区管理机构名称	江夏区南帆快港监管理站
3	当前级别批准时间	2015 年 9 月 6 日	8	隶属关系	江夏区农业农村局
4	保护区类型	野生动物	9	保护区管理机构人员编制	11
5	主要保护对象	团头鲂、细鳞鲴	10	保护区管理机构所在地地址	武汉市江夏区纸坊大街 929 号

附图 249

白斧池鳜省级水产种质资源保护区

1	保护区所在行政区域	洪湖市	6	当前保护区总面积（公顷）	832.65
2	保护区当前雏形	否缺	7	保护区管理机构快递监管理局	洪湖市渔政渔船快递监管理局
3	当前雏形批复时间	2015年8月26日	8	表隶关系*	洪湖市农业农村局
4	保护区类型	野生动物	9	保护区管理机构人员编制	31
5	主要保护对象	鳜	10	保护区管理机构所在池组地址	洪湖市新堤办事处新提路188号

附图 250

中湖翘嘴鲌鲌省级水产种质资源保护区

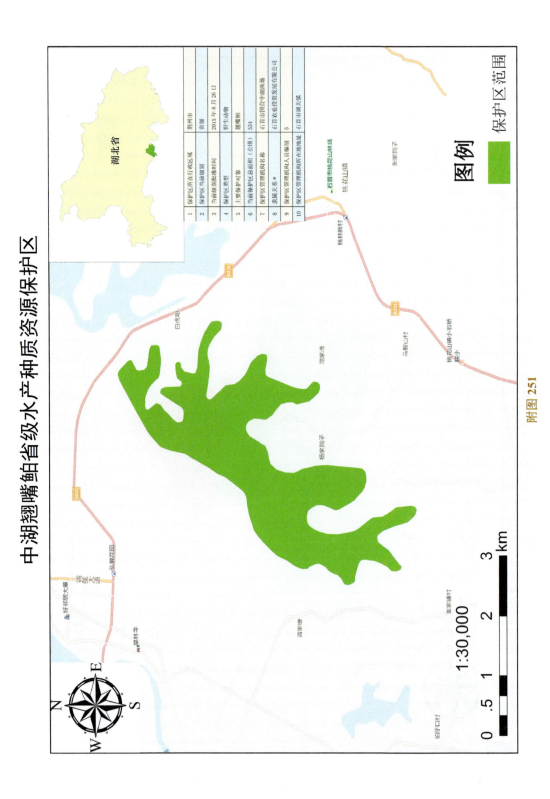

1	保护区所在行政区域	荆州市
2	保护区气候级别	省级
3	当前级别批准时间	2015 年 8 月 26 日
4	保护区类型	野生动物
5	主要保护对象	翘嘴鲌
6	当前保护区总面积（公顷）	534
7	保护区管理机构名称	石首山网窖中湖渔场
8	隶属关系※	石首农业投资发展有限公司
9	保护区管理机构人员编制	石首市洞庭湖
10	保护区管理机构所在地地址	石首市调关镇

图例

保护区范围

附图 251

丰溪河花䱻省级水产种质资源保护区

1	保护区所在行政区域	上饶市
2	保护区当前级别	省级
3	当前级别批准时间	2006 年 4 月 3 日
4	保护区类型	野生动物
5	主要保护对象	花䱻
6	当前保护区总面积（公顷）	2743
7	保护区管理机构名称	上饶市广丰区渔政管理站
8	隶属关系※	广丰区农业农村局
9	保护区管理机构人员编制	18
10	保护区管理机构所在地地址	广丰区永丰街办光明路 16 号

图例

核心区

实验区

江西省

1:100,000

0　1　2　4　6　8 km

萍乡红鲫省级水产种质资源保护区

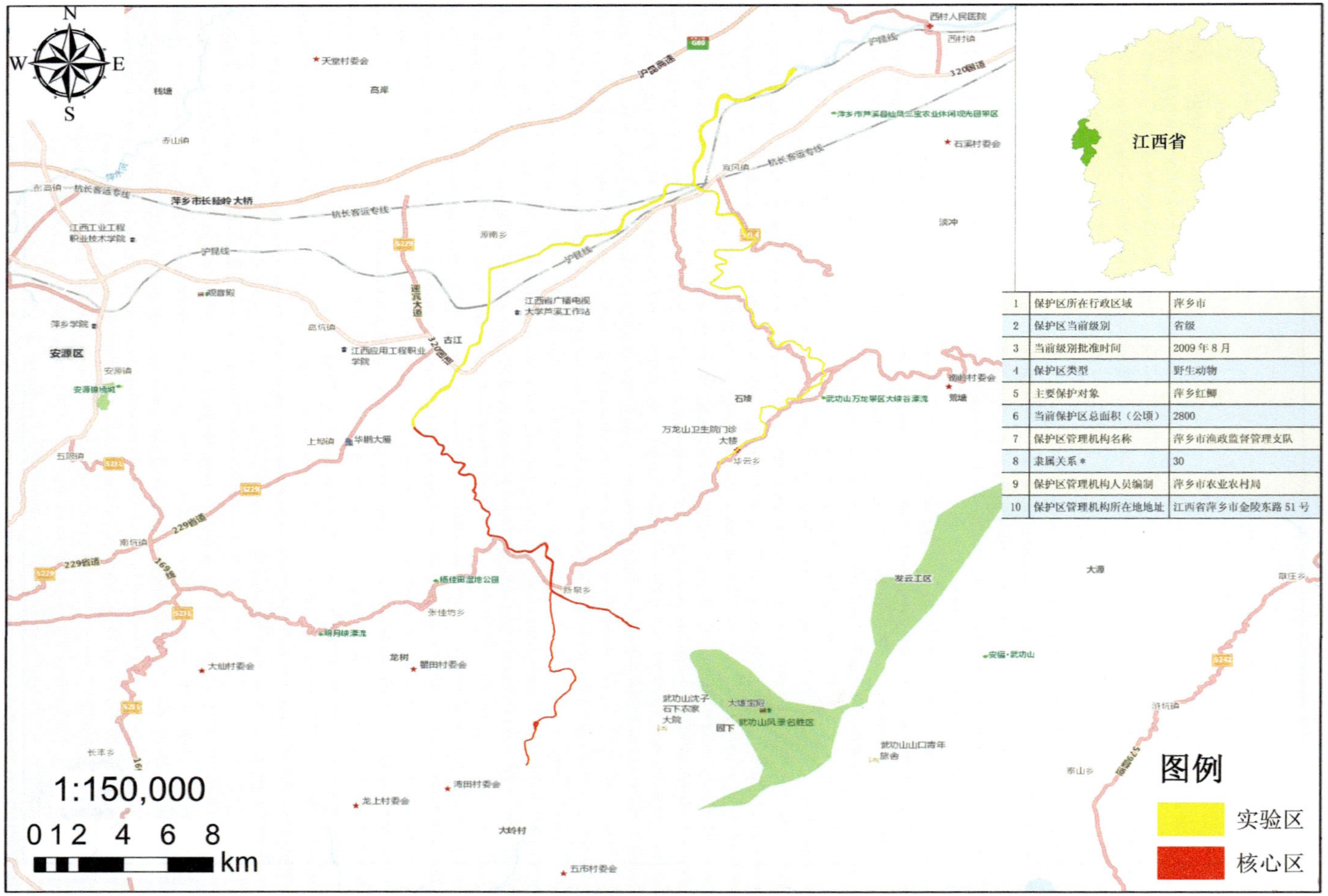

江西省

1	保护区所在行政区域	萍乡市
2	保护区当前级别	省级
3	当前级别批准时间	2009年8月
4	保护区类型	野生动物
5	主要保护对象	萍乡红鲫
6	当前保护区总面积（公顷）	2800
7	保护区管理机构名称	萍乡市渔政监督管理支队
8	隶属关系 ★	30
9	保护区管理机构人员编制	萍乡市农业农村局
10	保护区管理机构所在地地址	江西省萍乡市金陵东路51号

图例

实验区

核心区

1:150,000

0 1 2 4 6 8 km

附图253

信江翘嘴红鲌省级水产种质资源保护区

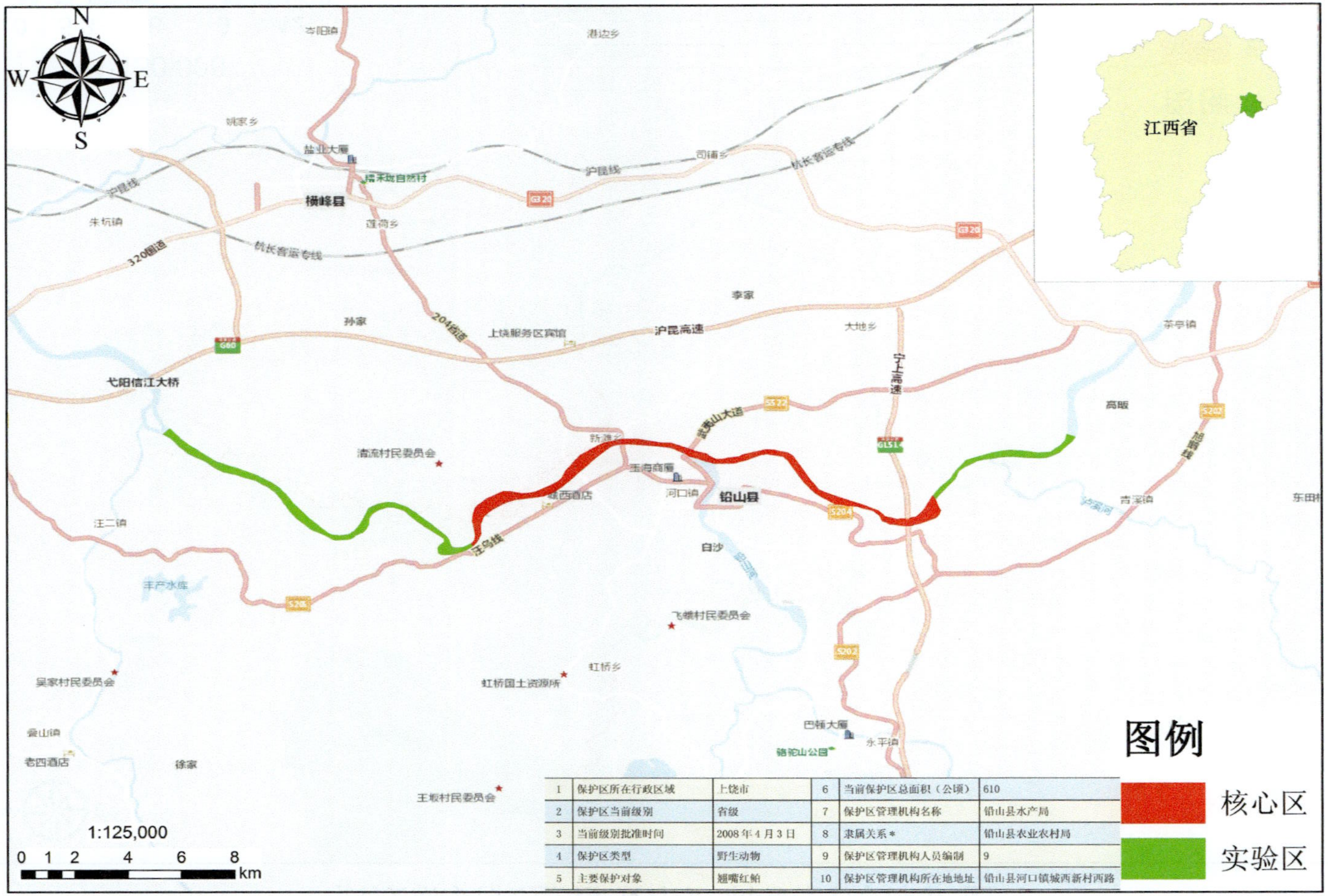

1	保护区所在行政区域	铅山县	6	当前保护区总面积（公顷）	610
2	保护区当前级别	省级	7	保护区管理机构名称	铅山县水产局
3	当前级别批准时间	2008 年 4 月 3 日	8	隶属关系	铅山县农业农村局
4	保护区类型	珍稀、濒危物种	9	保护区管理机构人员编制	9
5	主要保护对象	翘嘴红鲌	10	保护区管理机构所在地地址	铅山县河口镇城西新村西路

图例

核心区

实验区

附图 254

信江源黄颡鱼省级水产种质资源保护区

1	保护区所在行政区域	上饶市		6	当前保护区总面积（公顷）	2881.9	
2	保护区当前级别	省级		7	保护区管理机构名称	玉山县水产管理局	
3	当前级别获批准时间	2009 年		8	隶属关系 *	玉山县农业农村局	
4	保护区类型	野生动物		9	保护区管理机构人员编制	17	
5	主要保护对象	黄颡鱼		10	保护区管理机构所在地地址	江西省上饶市玉山县翠级东路 7 号	

图例

核心区

实验区

1:150,000

0 1.5 3 6 9 12 km

阊江特有鱼类国家级水产种质资源保护区

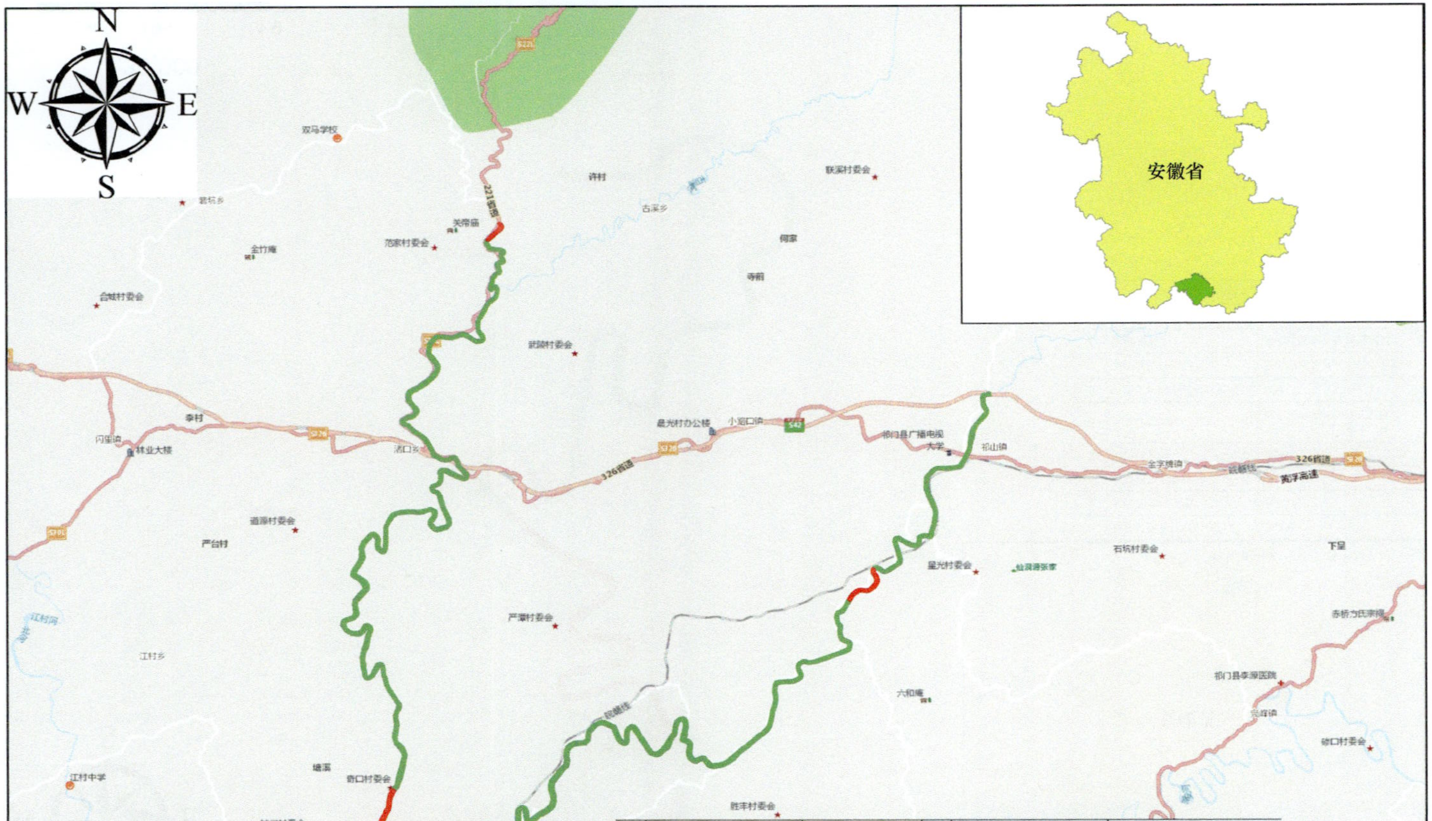

1	保护区所在行政区域	黄山市	6	当前保护区总面积（公顷）	2000
2	保护区当前级别	国家级	7	保护区管理机构名称	黄山市祁门县农业农村水利局
3	当前级别批准时间	2009年12月17日	8	隶属关系*	黄山市祁门县农业农村水利局
4	保护区类型	野生动物	9	保护区管理机构人员编制	黄山市祁门县农业农村水利局
5	主要保护对象	光倒刺鲃、光唇鱼	10	保护区管理机构所在地地址	祁门县水产局

附图 256

图例

核心区

实验区

1:150,000

0　2.25　4.5　　9　km

黄姑河光唇鱼国家级水产种质资源保护区

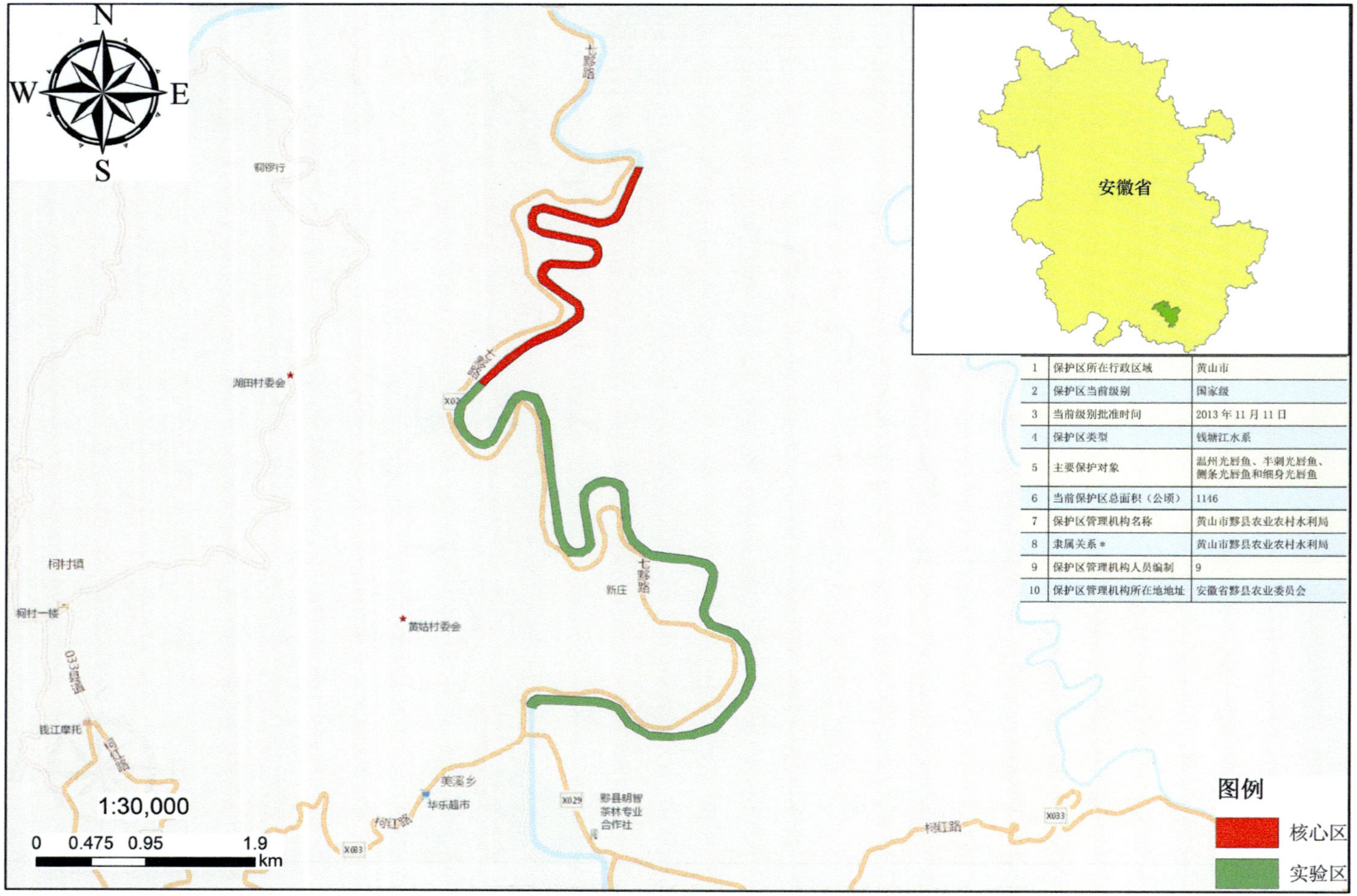

1	保护区所在行政区域	黄山市
2	保护区当前级别	国家级
3	当前级别批准时间	2013 年 11 月 11 日
4	保护区类型	钱塘江水系
5	主要保护对象	温州光唇鱼、半刺光唇鱼、侧条光唇鱼和侧身光唇鱼
6	当前保护区总面积（公顷）	1146
7	保护区管理机构名称	黄山市黟县农业农村水利局
8	隶属关系 *	黄山市黟县农业农村水利局
9	保护区管理机构人员编制	
10	保护区资源管理机构所在地地址	安徽省黟县农业委员会

图例

- ▮ 核心区
- ▮ 实验区

安徽省

1:30,000

0 0.475 0.95 1.9 km

附图 257

新安江歙县段尖头鱥光唇鱼宽鳍鱲国家级水产种质资源保护区

1	保护区所在行政区域	黄山市
2	保护区当前级别	国家级
3	当前级别批准时间	2016 年 11 月 30 日
4	保护区类型	野生动物
5	主要保护对象	黄颡鱼和泥鳅
6	当前保护区总面积（公顷）	888
7	保护区常驻机构名称	黄山市歙县渔政站
8	隶属关系 +	黄山市歙县农业农村局
9	保护区管理机构人员编制	
10	保护区管理机构所在地地址	黄山市歙县徽城镇紫阳路 36 号

安徽省

图例

—— 实验区

—— 核心区

1:250,000

0 3 6 12 km

长江河宽鳍鱲马口鱼国家级水产种质资源保护区

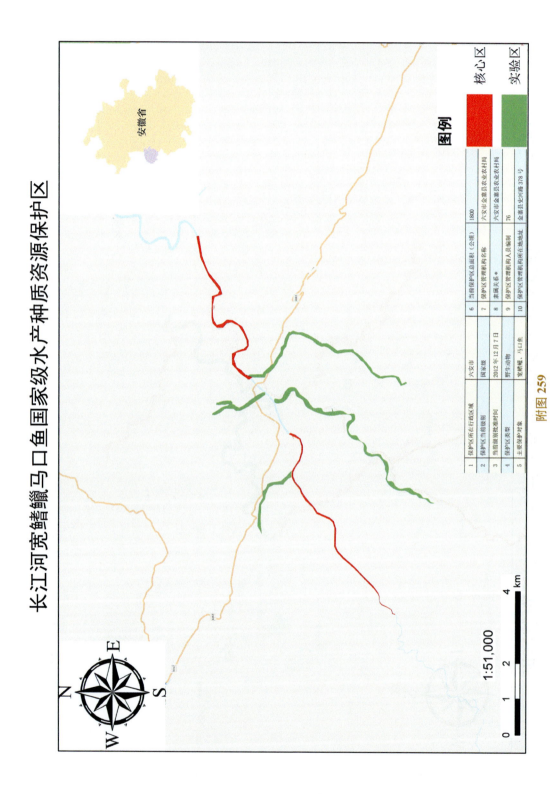

1	保护区所在行政区域	六安市	6	当前保护区总面积（公顷）	1800
2	保护区当前级别类别	国家级	7	保护区管理机构名称	六安市金寨县农业农村局
3	当前级别批准建时间	2012年12月7日	8	隶属关系 *	六安市金寨县农业农村局
4	保护区类型	野生动物	9	保护区管理机构人员编制	76
5	主要保护对象	宽鳍鱲、马口鱼	10	保护区管理机构所在地地址	金寨县史河路378号

附图259

城西湖国家级水产种质资源保护区

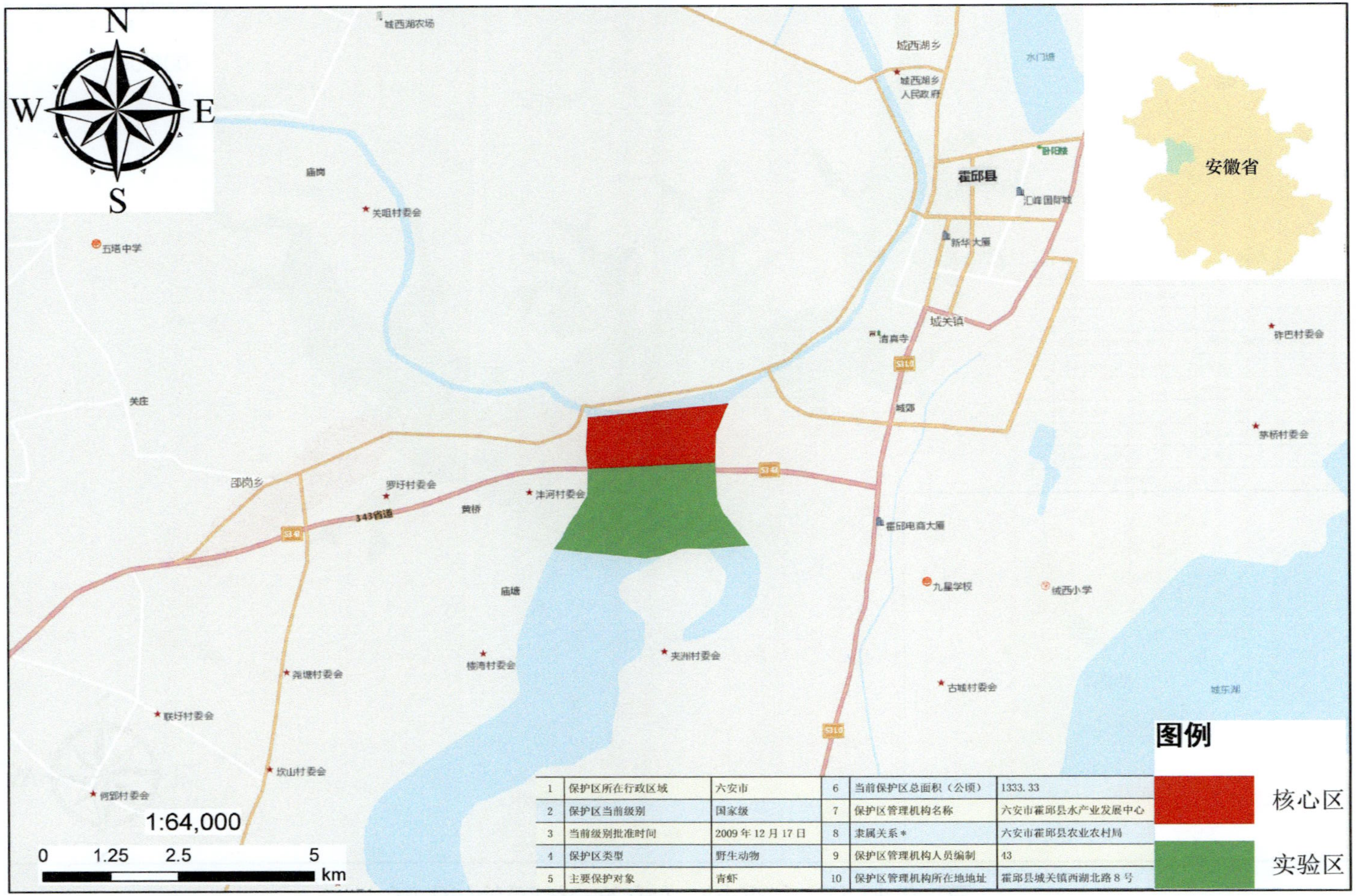

1	保护区所在行政区域	六安市	6	当前保护区总面积（公顷）	1333.33
2	保护区当前级别	国家级	7	保护区管理机构名称	六安市霍邱县水产业发展中心
3	当前级别批准时间	2009年12月17日	8	隶属关系 *	六安市霍邱县农业农村局
4	保护区类型	野生动物	9	保护区管理机构人员编制	13
5	主要保护对象	青虾	10	保护区管理机构所在地地址	霍邱县城关镇内湖北志路8号

图例

核心区

实验区

附图 260

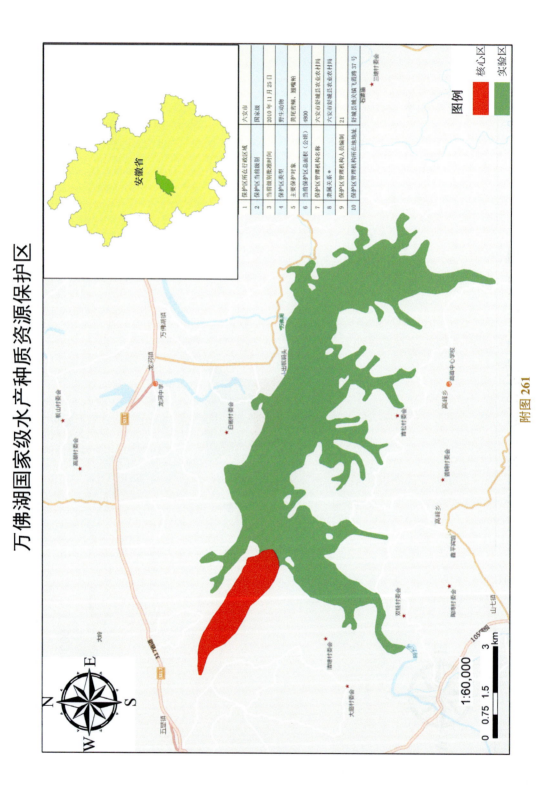

万佛湖国家级水产种质资源保护区

1	保护区所在行政区域	六安市
2	保护区当前级别	国家级
3	当前级别批准时间	2010年11月25日
4	保护区类型	野生动物
5	主要保护对象	黄尾密鲴、翘嘴鲌
6	当前保护区总面积（公顷）	4800
7	保护区管理机构名称	六安市舒城县农业农村局
8	隶属关系	六安市舒城县农业农村局
9	保护区管理机构人员编制	21
10	保护区管理机构所在地地址	舒城县城关镇天佛飞霞路37号

图例

核心区

实验区

附图261

城东湖国家级水产种质资源保护区

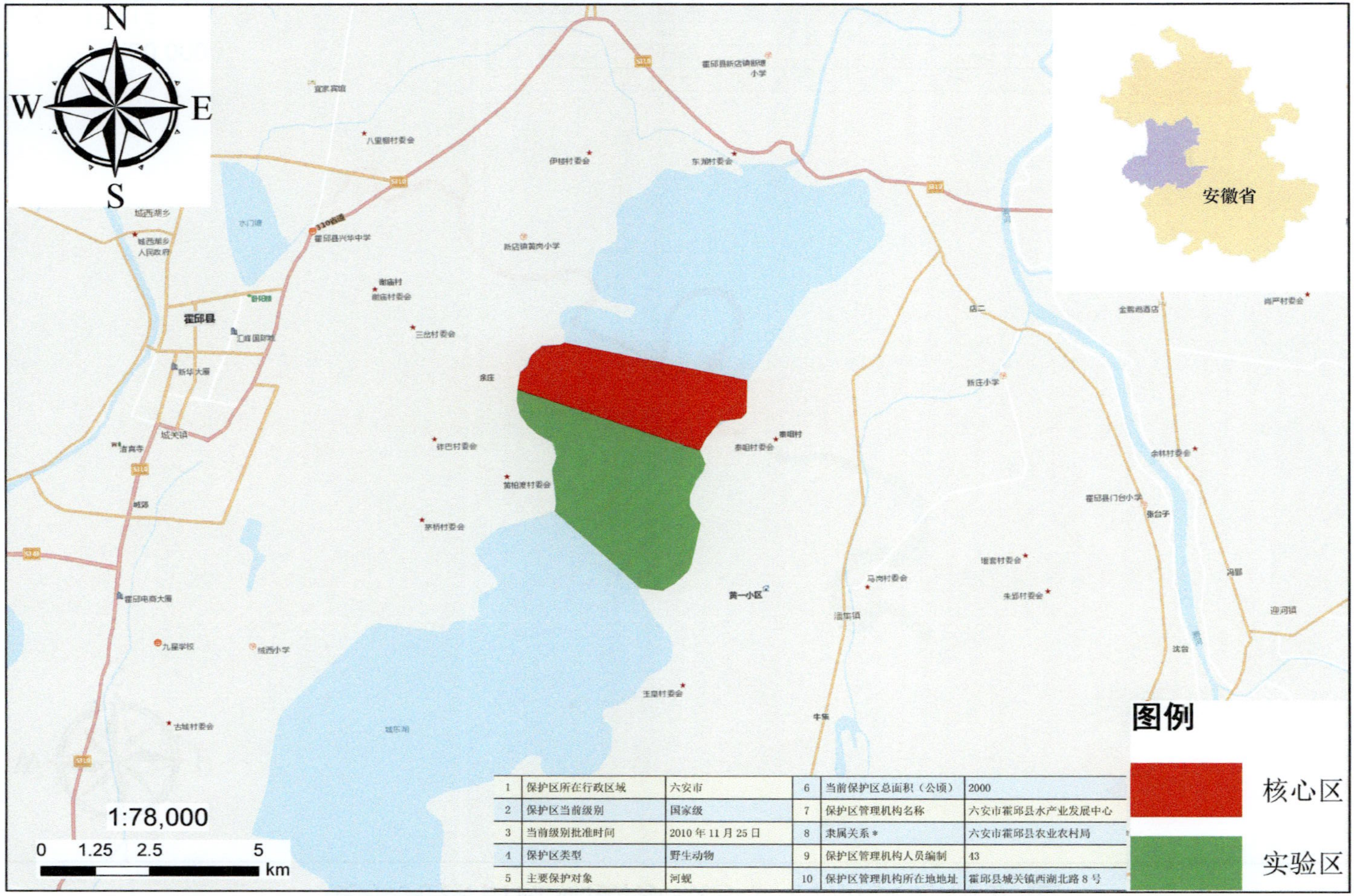
N
S
W
E
霍邱县
安徽省
图例
核心区
实验区
1:78,000
0 1.25 2.5 5
km

1	保护区所在行政区域	六安市	6	当前保护区总面积（公顷）	2000
2	保护区当前级别	国家级	7	保护区管理机构名称	六安市霍邱县水产业发展中心
3	当前级别批准时间	2010 年 11 月 25 日	8	隶属关系＊	六安市霍邱县农业农村局
4	保护区类型	野生动物	9	保护区管理机构人员编制	43
5	主要保护对象	河蚬	10	保护区管理机构所在地地址	霍邱县城关镇西湖北路 8 号

附图 262

漫水河蒙古红鲌国家级水产种质资源保护区

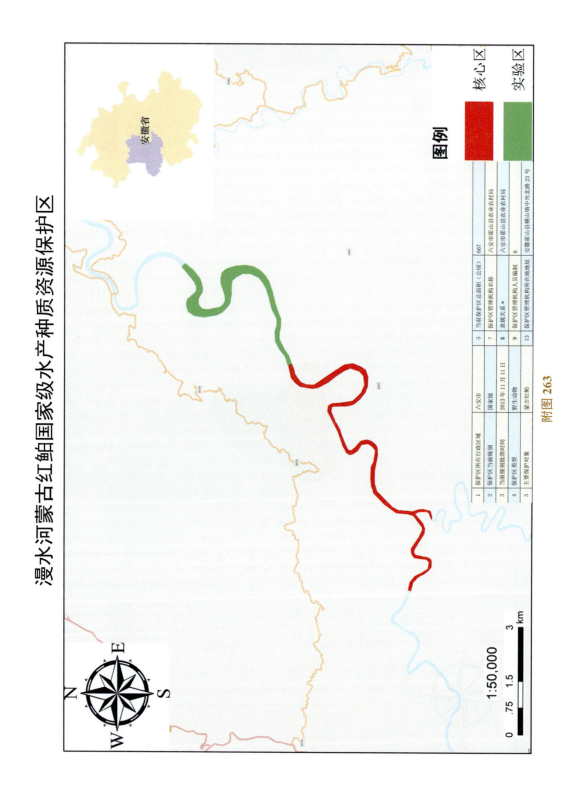

1	保护区所在行政区域	六安市	6	当前保护区总面积（公顷）	667
2	保护区当前级别	国家级	7	保护区管理机构名称	六安市霍山县农业农村局
3	当前级别批准时间	2013年11月11日	8	隶属关系 *	六安市霍山县农业农村局
4	保护区类型	野生动物	9	保护区管理机构人员编制	6
5	主要保护对象	蒙古红鲌	13	保护区管理机构所在地地址	安徽霍山县佛子岭镇中兴北路23号

图例

核心区

实验区

附图 263

武昌湖中华鳖暨黄鳝国家级水产种质资源保护区

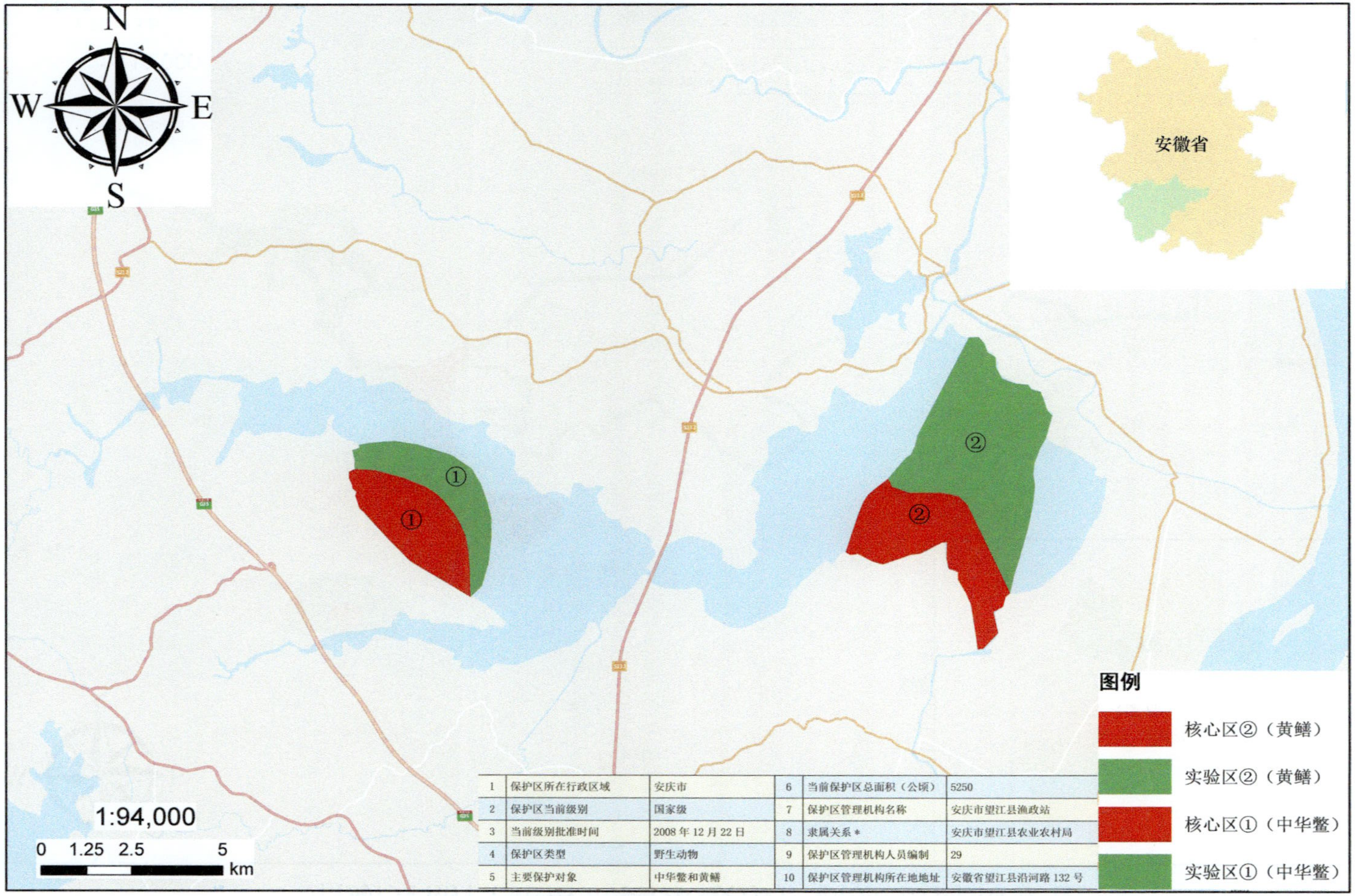

1	保护区所在行政区域	安庆市	6	当前保护区总面积（公顷）	5250
2	保护区当前级别	国家级	7	保护区管理机构名称	安庆市望江县渔政站
3	当前级别批准时间	2008 年 12 月 22 日	8	隶属关系 *	安庆市望江县农业农村局
4	保护区类型	野生动物	9	保护区管理机构人员编制	29
5	主要保护对象	中华鳖和黄鳝	10	保护区管理机构所在地地址	安徽省望江县沟河路 132 号

图例

■ (红)	核心区② （黄鳝）
■ (绿)	实验区② （黄鳝）
■ (红)	核心区① （中华鳖）
■ (绿)	实验区① （中华鳖）

安徽省

1 : 94,000

0 1.25 2.5   5
km

附图 264

泊湖秀丽白虾青虾国家级水产种质资源保护区

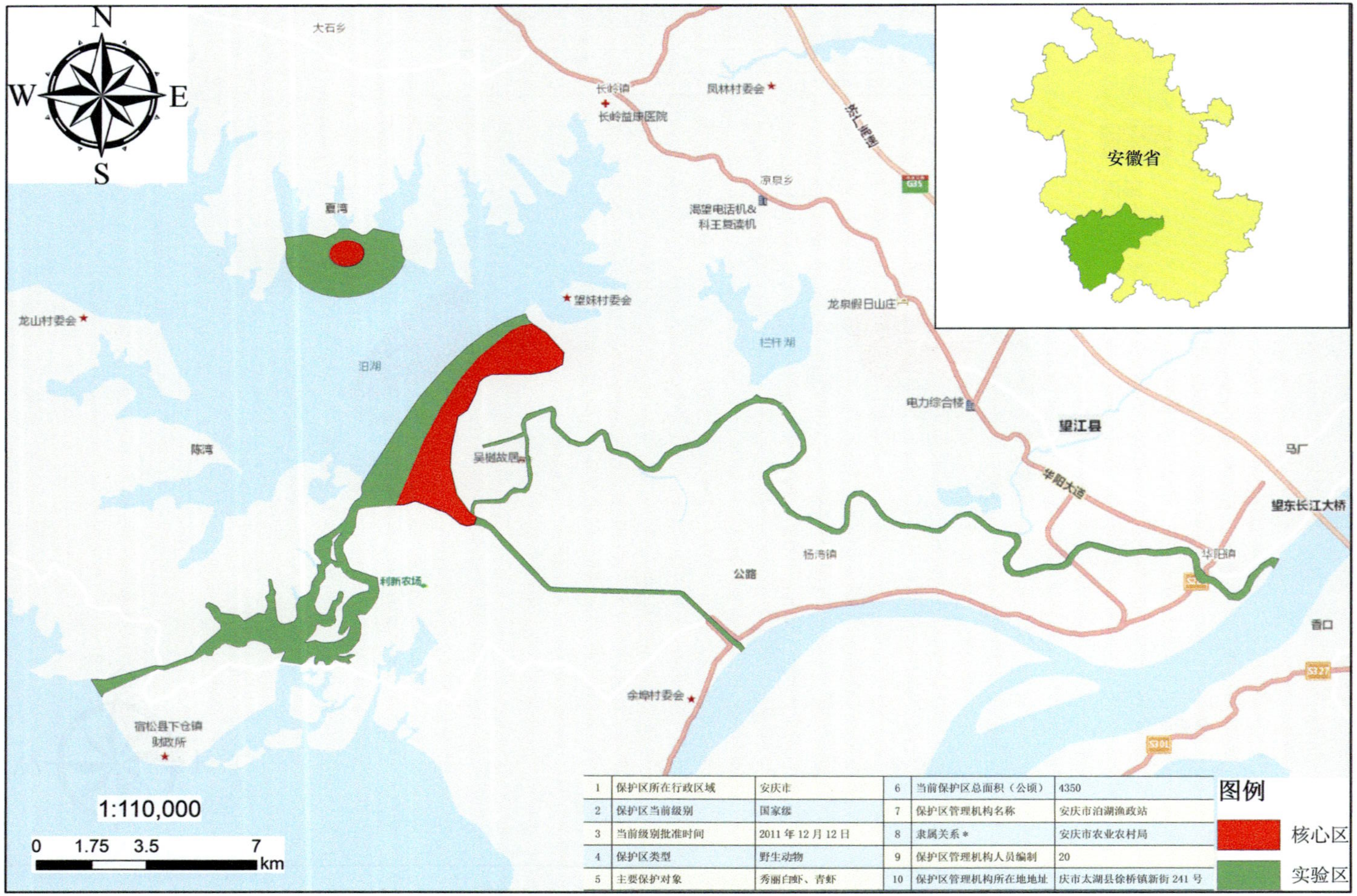

1	保护区所在行政区域	安庆市	6	当前保护区总面积（公顷）	4350	
2	保护区当前级别	国家级	7	保护区管理机构名称	安庆市泊湖渔政站	
3	当前级别批准时间	2011年12月12日	8	隶属关系＊	安庆市农业农村局	
4	保护区类型	养殖业产	9	保护区管理机构人员编制	20	
5	主要保护对象	秀丽白虾、青虾	10	保护区管理机构所在地地址	安庆市太湖县徐桥镇新街241号	

附图 265

长江安庆江段长吻鮠大口鲶鳜鱼国家级水产种质资源保护区

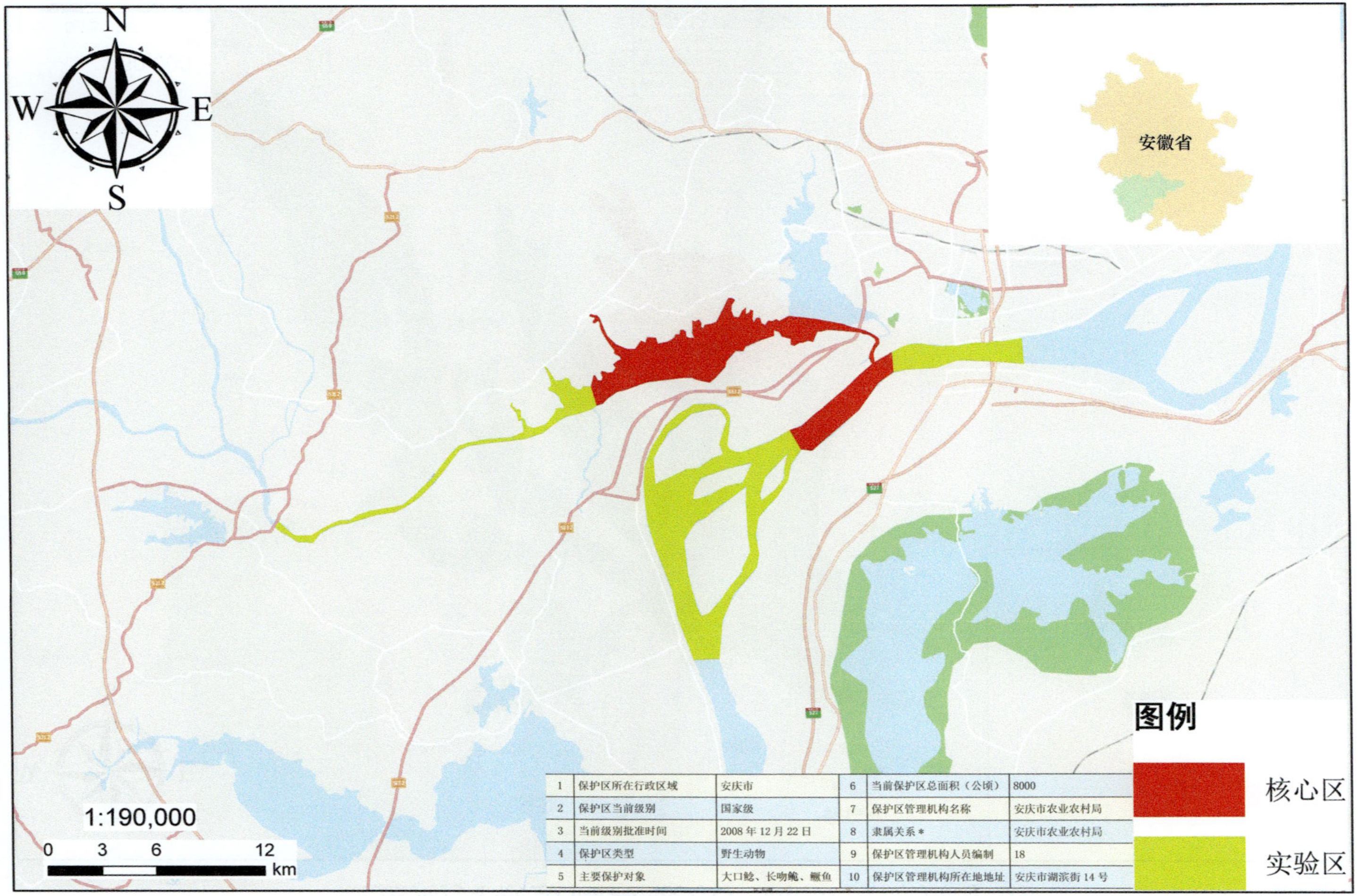

安徽省

1	保护区所在行政区域	安庆市	6	当前保护区总面积（公顷）	8000
2	保护区当前级别	国家级	7	保护区管理机构名称	安庆市农业农村局
3	当前级别批准时间	2008年12月22日	8	隶属关系 *	安庆市农业农村局
4	保护区类型	野生动物	9	保护区管理机构人员编制	18
5	主要保护对象	大口鲶、长吻鮠、鳜鱼	10	保护区管理机构所在地地址	安庆市湖滨街14号

图例

核心区

实验区

1:190,000

km
0　3　6　12

附图 266

破罡湖黄颡鱼国家级水产种质资源保护区

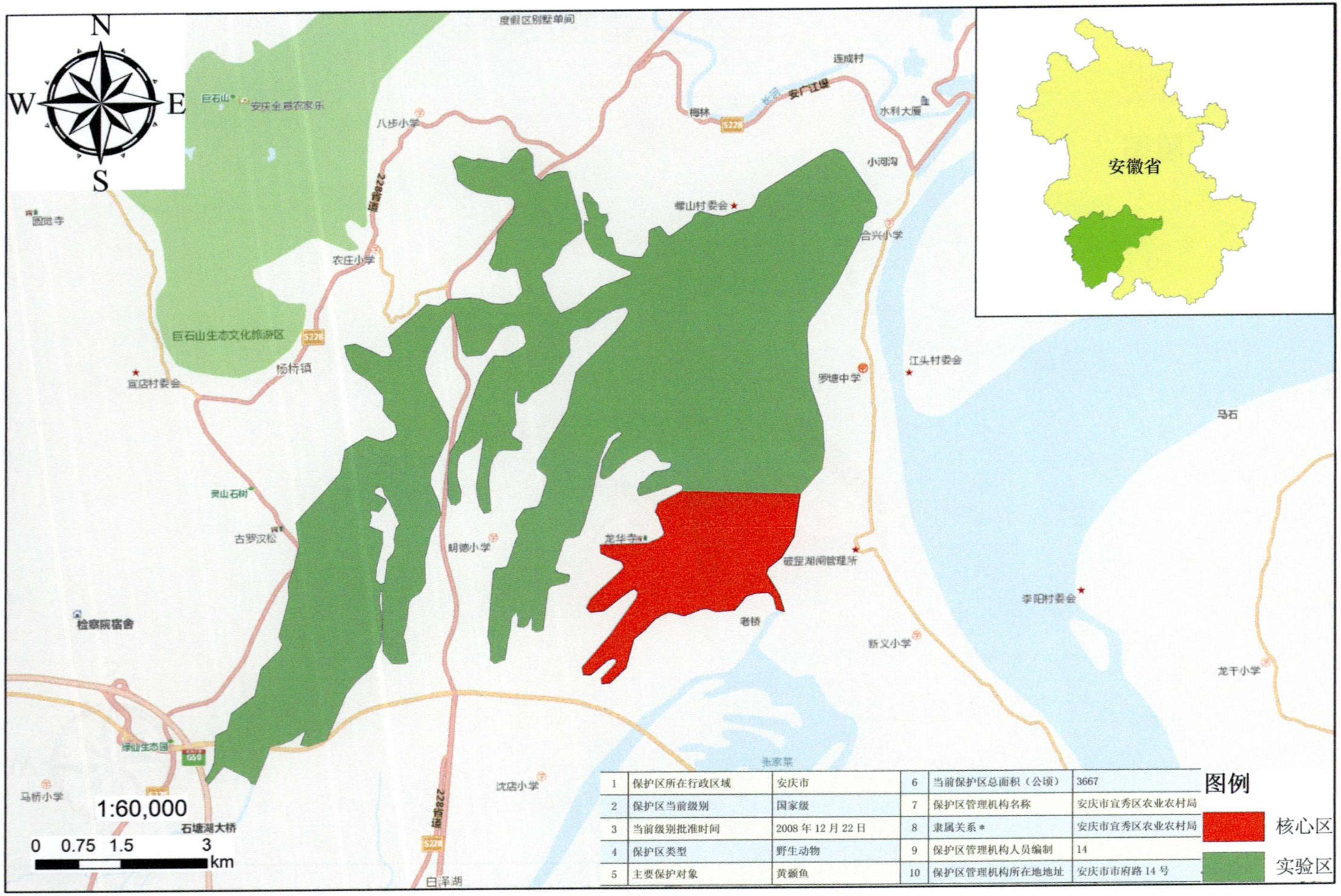

安徽省

1	保护区所在行政区域	安庆市	6	当前保护区总面积（公顷）	3667	
2	保护区当前级别	国家级	7	保护区管理机构名称	安庆市宜秀区农业农村局	
3	当前级别获批时间	2008年12月22日	8	隶属关系 *	安庆市宜秀区农业农村局	
4	保护区类型	野生动物	9	保护区管理机构人员编制	14	
5	主要保护对象	黄颡鱼	10	保护区管理机构所在地地址	安庆市市府路14号	

图例

核心区

实验区

附图 267

花亭湖黄尾密鲴国家级水产种质资源保护区

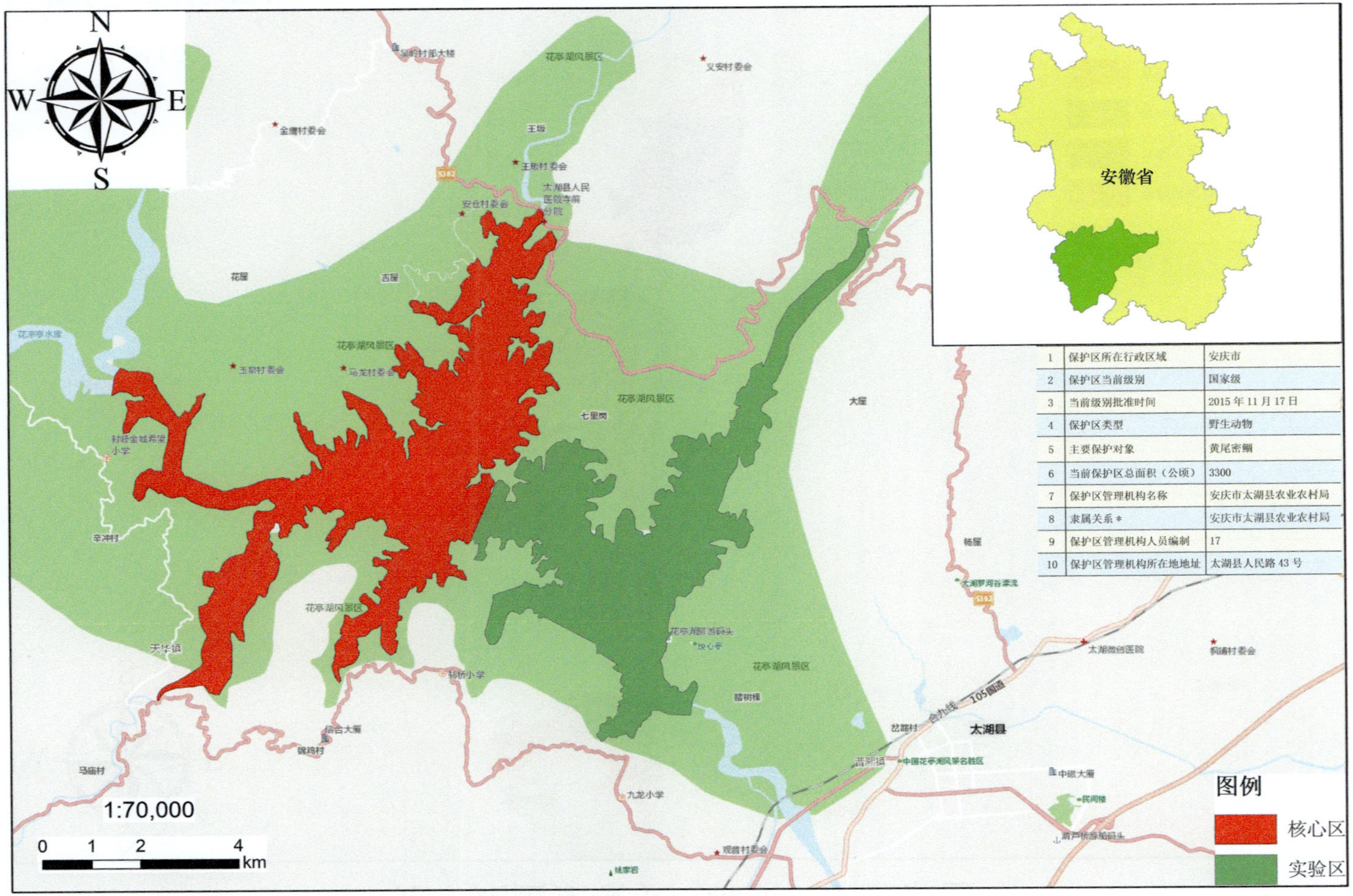

1	保护区所在行政区域	安庆市
2	保护区当前级别	国家级
4	当前级别批准时间	2015 年 11 月 17 日
3	保护区类型	野生动物
5	主要保护对象	黄尾密鲴
6	当前保护区总面积（公顷）	3300
7	保护区管理机构名称	安庆市太湖县农业农村局
8	隶属关系 *	安庆市太湖县农业农村局
9	保护区管理机构人员编制	17
10	保护区管理机构所在地地址	太湖县人民路 43 号

图例

核心区　实验区

安徽省

1:70,000

0　1　2　4 km

附图 268

嬉子湖国家级水产种质资源保护区

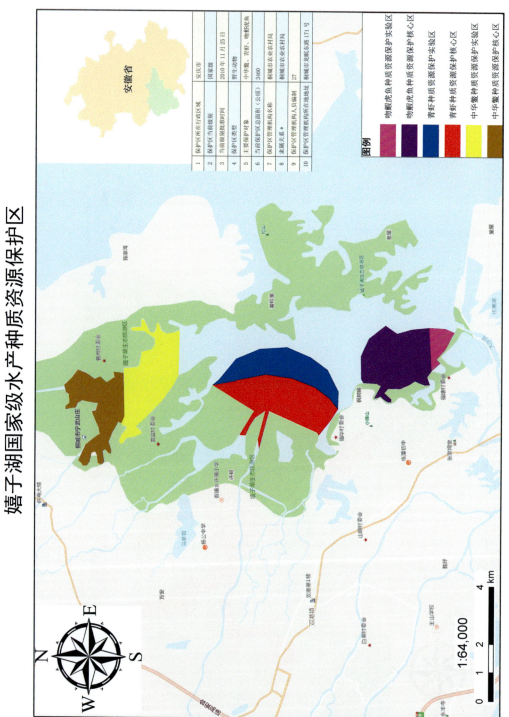

1	保护区所在行政区域	安庆市
2	保护区当前级别	国家级
3	当前级别批准时间	2010 年 11 月 25 日
4	保护区类型	野生动物
5	主要保护对象	中华鳖、青虾、吻鮈鱼
6	当前保护区总面积（公顷）	3460
7	保护区管理机构名称	桐城市农业农村局
8	隶属关系 *	桐城市农业农村局
9	保护区管理机构人员编制	27
10	保护区管理机构所在地地址	桐城市龙眠东路 171 号

图例

- 吻鮈虎鱼种质资源保护实验区
- 吻鮈虎鱼种质资源保护核心区
- 青虾种质资源保护实验区
- 青虾种质资源保护核心区
- 中华鳖种质资源保护实验区
- 中华鳖种质资源保护核心区

安徽省

1:64,000

0 1 2 4 km

长江安庆段四大家鱼国家级水产种质资源保护区

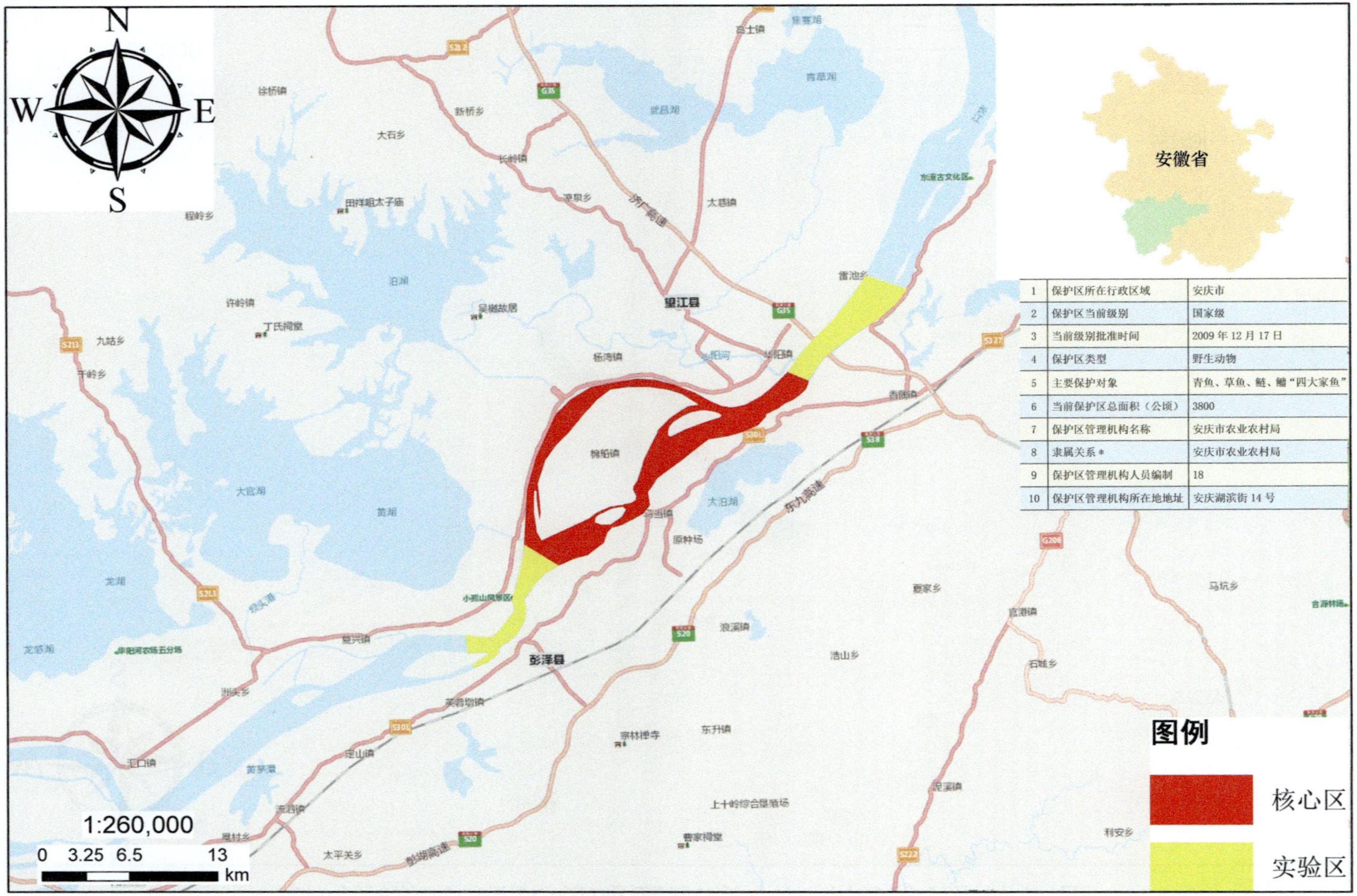
N
S
W
E
安徽省
望江县
彭泽县
图例
核心区
实验区
1:260,000
0 3.25 6.5 13
km

1	保护区所在行政区域	安庆市
2	保护区当前级别	国家级
3	当前级别批准时间	2009 年 12 月 17 日
4	保护区类型	野生动物
5	主要保护对象	青鱼、草鱼、鲢、鳙“四大家鱼”
6	当前保护区总面积（公顷）	3800
7	保护区管理机构名称	安庆市农业农村局
8	隶属关系 *	安庆市农业农村局
9	保护区管理机构人员编制	18
10	保护区管理机构所在地地址	安庆湖滨街 14 号

附图 270

淮河荆涂峡鲤长吻鮠国家级水产种质资源保护区

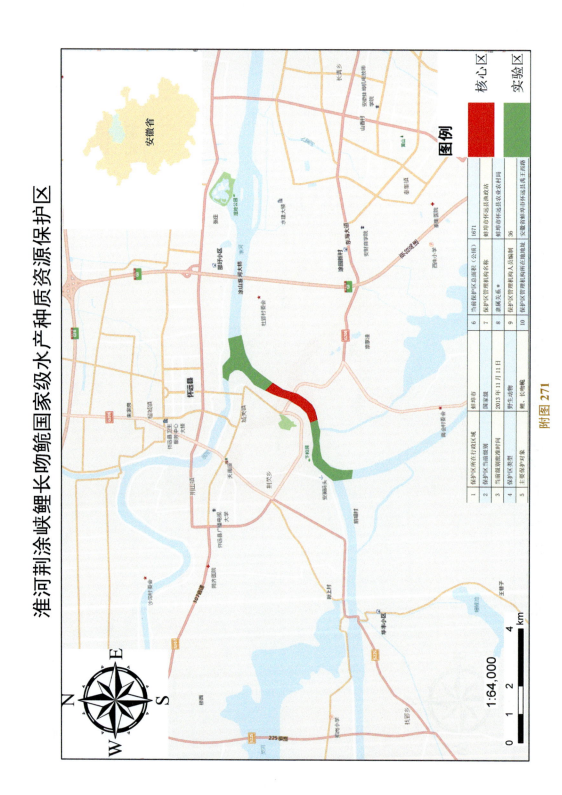

1	保护区所在行政区域	蚌埠市	6	当前保护区总面积（公顷）	1671
2	保护区当前级别	国家级	7	保护区管理机构名称	蚌埠市怀远县渔政站
3	当前级别批准时间	2013年11月11日	8	隶属关系★	蚌埠市怀远县农业农村局
4	保护区类型	野生动物	9	保护区管理机构的人员编制	36
5	主要保护对象	鲤、长吻鮠	10	保护区管理机构所在地地址	安徽省蚌埠市怀远县禹王西路

附图 271

怀洪新河太湖新银鱼国家级水产种质资源保护区

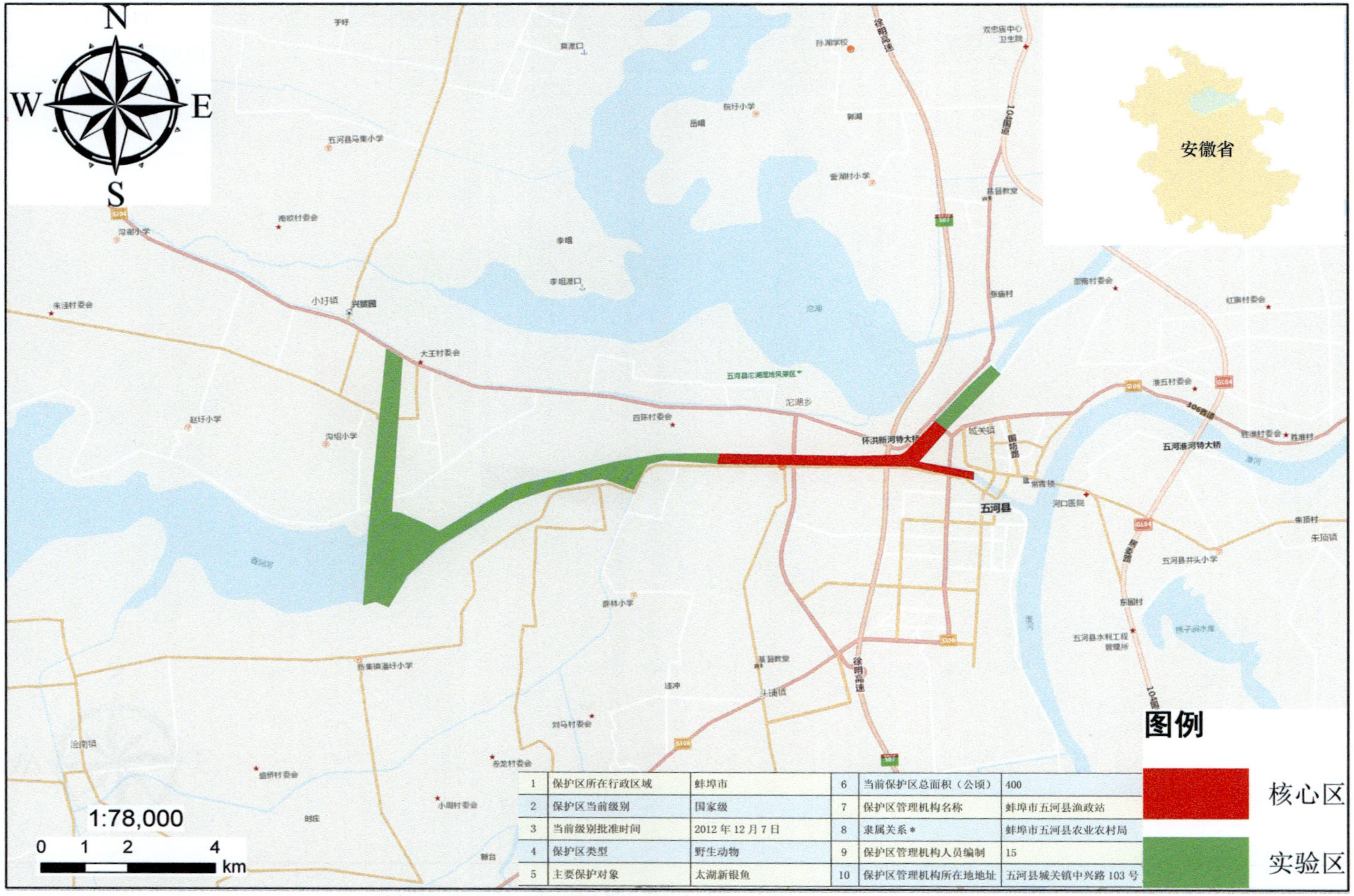
N
S
W
E
安徽省
五河县
图例
核心区
实验区
1:78,000
0 1 2 4
km

1	保护区所在行政区域	蚌埠市	6	当前保护区总面积（公顷）	400
2	保护区当前级别	国家级	7	保护区管理机构名称	蚌埠市五河县渔政站
3	当前级别批准时间	2012 年 12 月 7 日	8	隶属关系 *	蚌埠市五河县农业农村局
4	保护区类型	野生动物	9	保护区管理机构人员编制	15
5	主要保护对象	太湖新银鱼	10	保护区管理机构所在地地址	五河县城关镇中兴路 103 号

附图 272

焦岗湖芡实国家级水产种质资源保护区

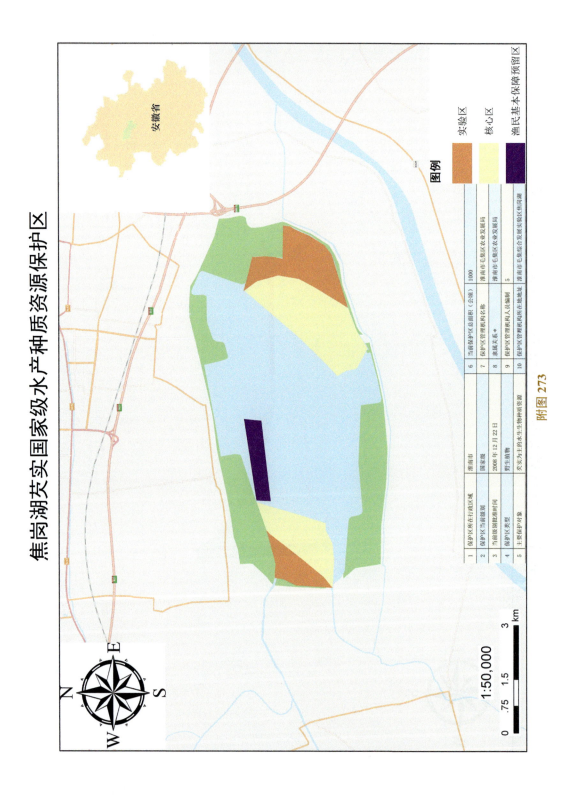

1	保护区所在行政区域	淮南市	6	当前保护区总面积（公顷）	1000
2	保护区当前级别	国家级	7	保护区管理机构名称	淮南市毛集区农业发展局
3	当前级别获批时间	2008年12月22日	8	隶属关系 *	淮南市毛集区农业发展局
4	保护区类型	野生植物	9	保护区管理机构人员编制	5
5	主要保护对象	芡实为主的水生生物种质资源	10	保护区管理机构所在地址	淮南市毛集综合发展实验区焦岗湖

图例
实验区
核心区
渔民基本保障预留区

1:50,000
0 .75 1.5 3 km

安徽省

附图 273

淮河淮南段长吻鮠国家级水产种质资源保护区

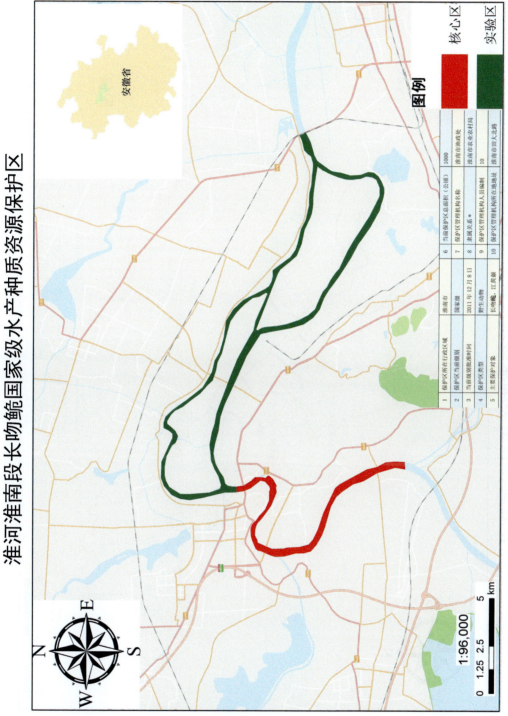

1	保护区所在行政区域	淮南市	6	当前保护区总面积（公顷）	1000
2	保护区当前级别	国家级	7	保护区管理机构名称	淮南市渔政处
3	当前级别批准时间	2011年12月8日	8	隶属关系*	淮南市农业农村局
4	保护区类型	野生动物	9	保护区管理机构人员编制	10
5	主要保护对象	长吻鮠、江黄颡	10	保护区管理机构所在地地址	淮南市田大北路

图例

核心区

实验区

N E S W

1:96,000

0　1.25　2.5　　　5　km

安徽省

附图 274

登源河特有鱼类国家级水产种质资源保护区

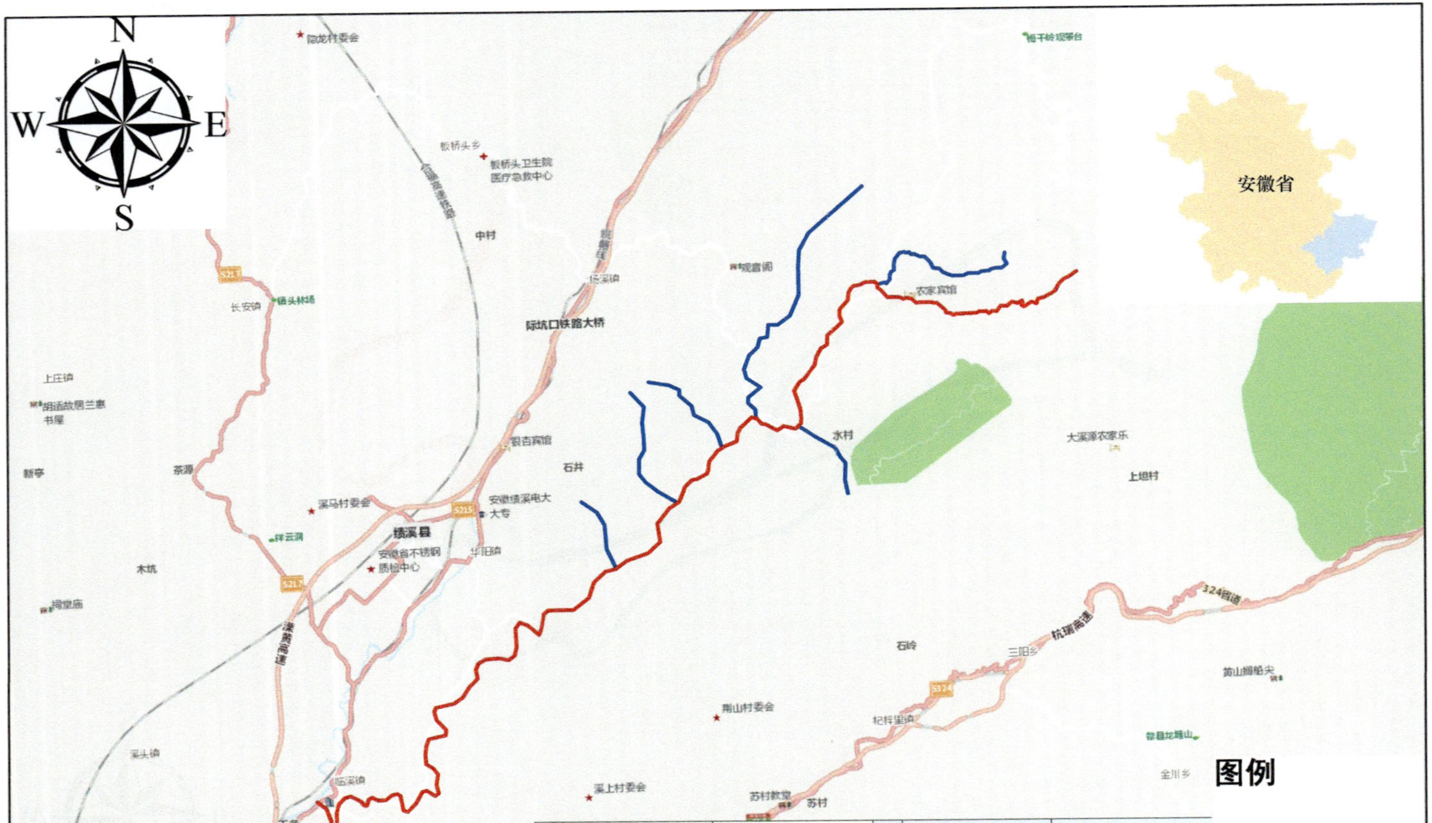

安徽省

图例

核心区

实验区

1	保护区所在行政区域	宣城市		6	当前保护区总面积（公顷）	334.2
2	保护区当前级别	国家级		7	保护区管理机构名称	宣城市绩溪县农业农村水利局
3	当前级别批准时间	2013年11月11日		8	隶属关系	宣城市绩溪县农业农村水利局
4	保护区类型	野生动物		9	保护区管理机构人员编制	5
5	主要保护对象	宽鳍鱲、温州光唇鱼		10	保护区管理机构所在地地址	绩溪县龙川大道28号

附图 275

1:130,000

0 2 4 8 km

青龙湖光倒刺鲃国家级水产种质资源保护区

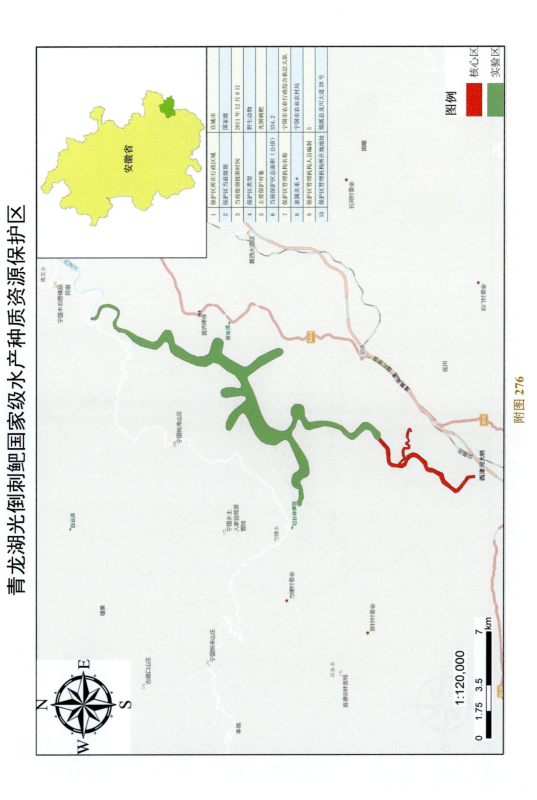

1	保护区所在行政区域	宣城市
2	保护区当前级别	国家级
3	当前级别批准时间	2011 年 12 月 8 日
4	保护区类型	野生动物
5	主要保护对象	光倒刺鲃
6	当前保护区总面积（公顷）	334.2
7	当前管理机构名称	宁国市农业行政综合执法大队
8	隶属关系 *	宁国市农业农村局
9	保护区管理机构人员编制	5
10	保护区管理机构所在地地址	绵溪县龙川大道 28 号

图例

■ 核心区
■ 实验区

附图 276

徽水河特有鱼类国家级水产种质资源保护区

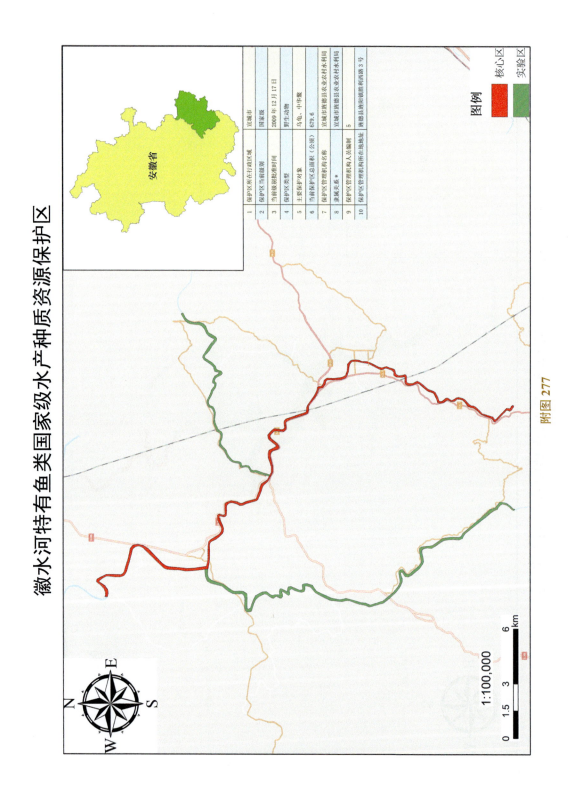

1	保护区所在行政区域	宣城市
2	保护区当前级别	国家级
3	当前级别批准时间	2009年12月17日
4	保护区类型	野生动物
5	主要保护对象	乌鳢、中华鳖
6	当前保护区总面积（公顷）	679.6
7	保护区管理机构名称	宣城市旌德县农业农村水利局
8	隶属关系＊	宣城市旌德县农业农村水利局
9	保护区管理机构人员编制	5
10	保护区管理机构所在地地址	旌德县旌阳镇胜利园路3号

图例

核心区

实验区

安徽省

1:100,000

0　1.5　3　6 km

附图277

秋浦河特有鱼类国家级水产种质资源保护区

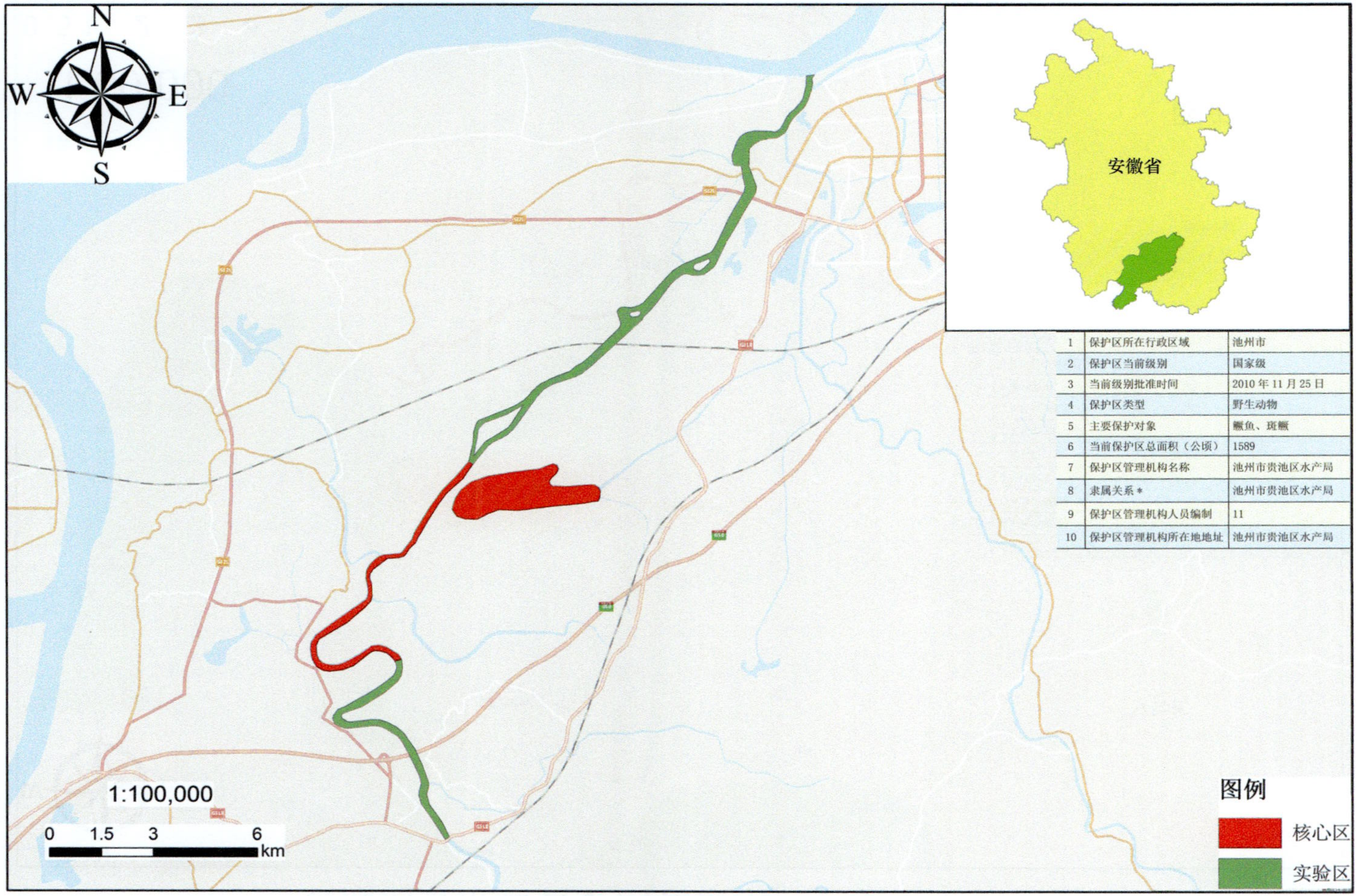

安徽省

1	保护区所在行政区域	池州市
2	保护区当前级别	国家级
4	当前级别批准时间	2010 年 11 月 25 日
	保护区类型	野生动物
5	主要保护对象	鳜鱼、胭脂
6	当前保护区总面积（公顷）	1589
7	保护区管理机构名称	池州市贵池区水产局
8	隶属关系 *	池州市贵池区水产局
9	保护区管理机构人员编制	11
10	保护区调管理机构所在地地址	池州市贵池区水产局

图例

核心区

实验区

1:100,000

0　1.5　3　6 km

附图 278

黄湓河虾虎鱼青虾国家级水产种质资源保护区

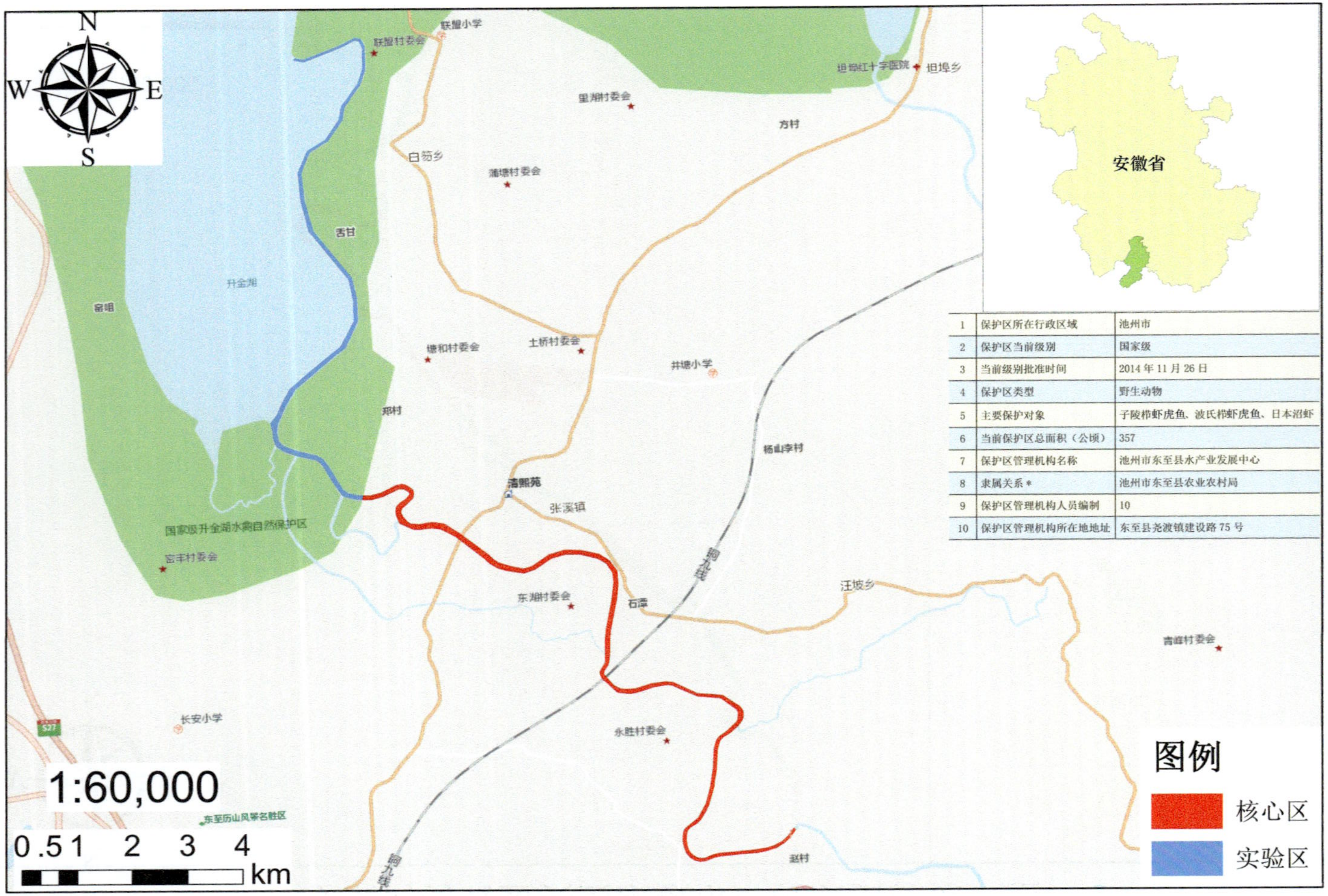

安徽省

1	保护区所在行政区域	池州市
2	保护区当前级别	国家级
3	当前级别批准时间	2014年11月26日
4	保护区类型	野生动物
5	主要保护对象	子陵栉虾虎鱼、日本沼虾
6	当前保护区总面积（公顷）	357
7	保护区管理机构名称	池州市东至县水产业发展中心
8	隶属关系 *	池州市东至县农业农村局
9	保护区管理机构人员编制	10
10	保护区管理机构所在地地址	东至县尧渡镇建设路75号

图例

核心区
实验区

1:60,000

0.5 1   2   3   4 km

附图 279

龙窝湖细鳞斜颌鲴鲴国家级水产种质资源保护区

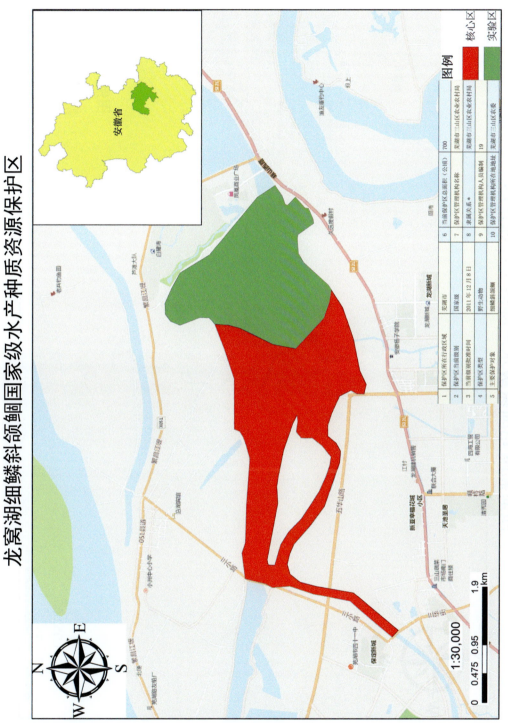

1	保护区所在行政区域	芜湖市			6	当前保护区总面积（公顷）	700	
2	保护区当前级别	国家级			7	保护区管理机构名称	芜湖市三山区农业农村局	
3	当前级别批准时间	2011年12月8日			8	隶属关系*	芜湖市三山区农业农村局	
4	保护区类型	野生动物			9	保护区管理机构人员编制	19	
5	主要保护对象	细鳞斜颌鲴鲴			10	保护区管理机构所在地地址	芜湖市三山区农委	

附图 280

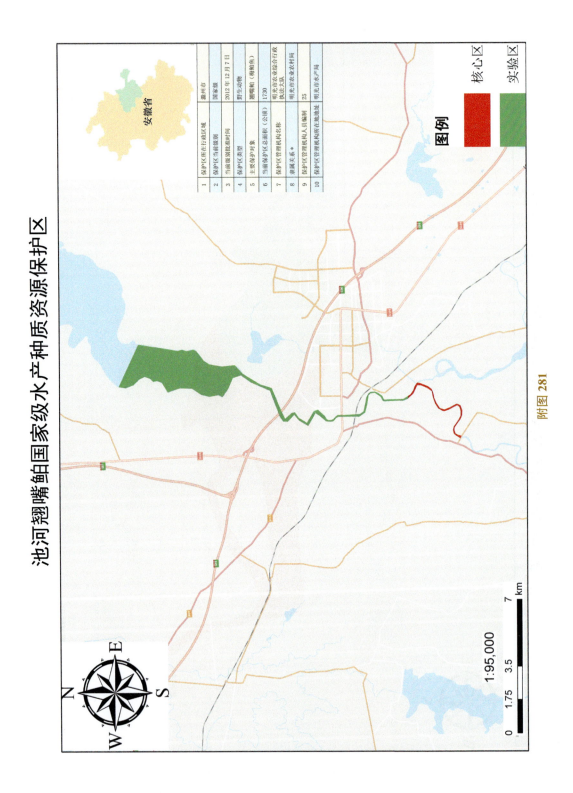

池河翘嘴鲌国家级水产种质资源保护区

1	保护区所在行政区域	滁州市
2	保护区当前级别	国家级
3	当前级别批准时间	2012年12月7日
4	保护区类型	野生动物
5	主要保护对象	翘嘴鲌（梢鲌鱼）
6	当前保护区总面积（公顷）	1730
7	保护区管理机构名称	明光市农业综合行政执法大队
8	隶属关系 *	明光市农业农村局
9	保护区管理机构人员编制	25
10	保护区管理机构所在地地址	明光市水产局

安徽省

图例

核心区

实验区

N E W S

1:95,000

0   1.75   3.5   7 km

附图 281

淮河阜阳段橄榄蛏蚌国家级水产种质资源保护区

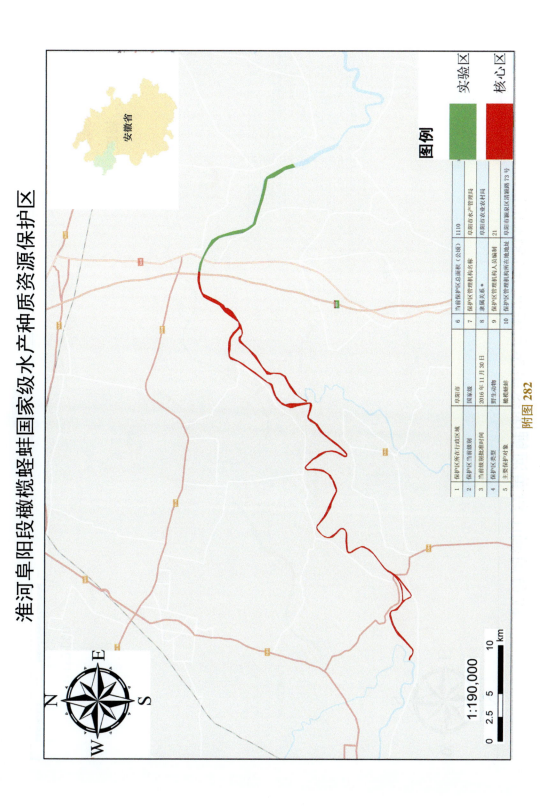

1	保护区所在行政区域	阜阳市		6	当前保护区总面积（公顷）	1110
2	保护区当前级别	国家级		7	保护区管理机构名称	阜阳市水产管理局
3	当前级别获批时间	2016 年 11 月 30 日		8	隶属关系*	阜阳市农业农村局
4	保护区类型	野生动物		9	保护区管理机构人员编制	21
5	主要保护对象	橄榄蛏蚌		10	保护区管理机构所在地地址	阜阳市颍泉区清源路 73 号

图例

- 实验区
- 核心区

1:190,000

0 2.5 5 10 km

附图 282

安徽省

故黄河砀山段黄河鲤国家级水产种质资源保护区

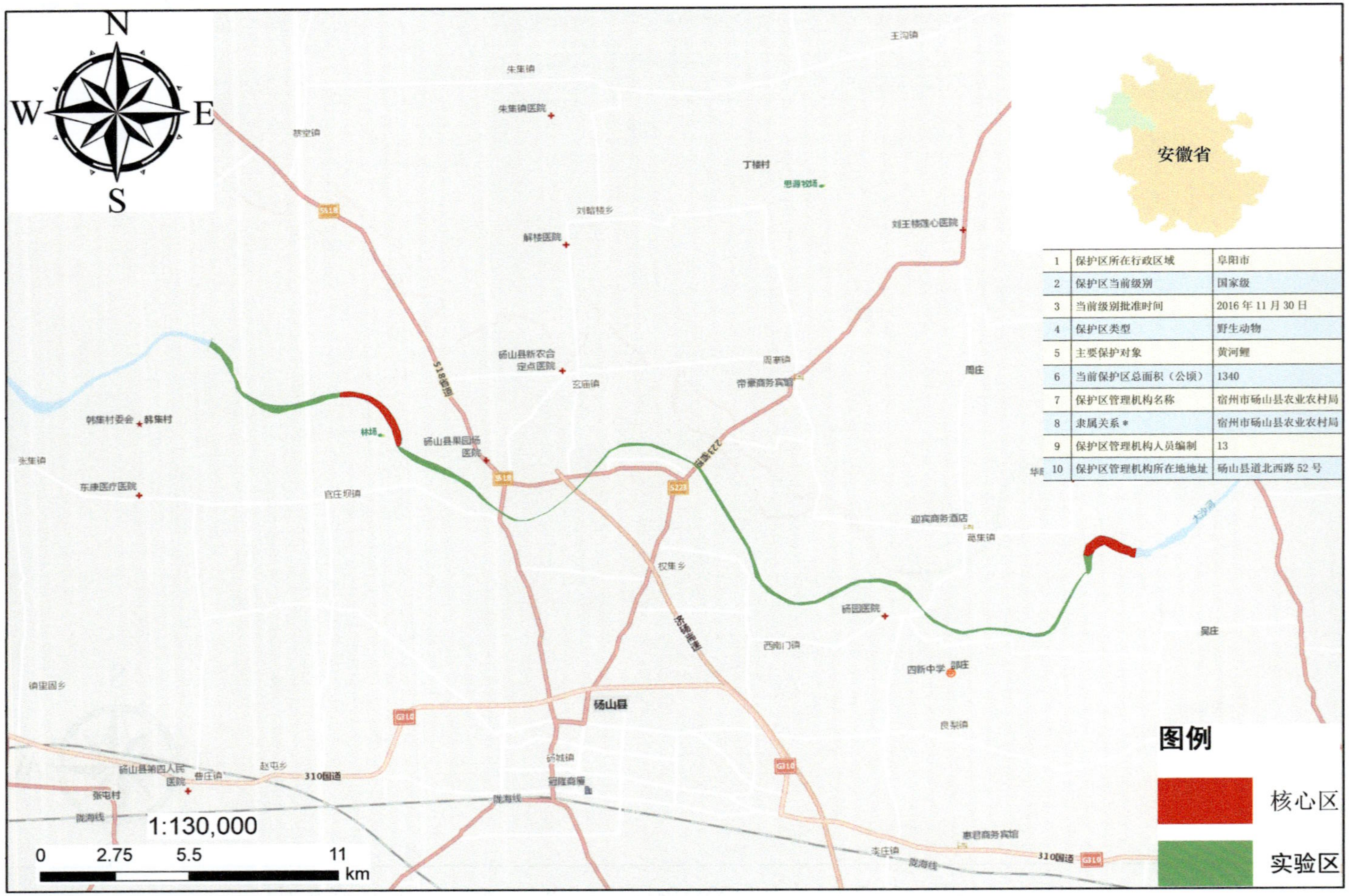

1	保护区所在行政区域	阜阳市
2	保护区当前级别	国家级
3	当前级别批准时间	2016年11月30日
4	保护区类型	野生动物
5	主要保护对象	黄河鲤
6	当前保护区总面积（公顷）	1340
7	保护区管理机构名称	宿州市砀山县农业农村局
8	隶属关系*	宿州市砀山县农业农村局
9	保护区管理机构人员编制	13
10	保护区管理机构所在地地址	砀山县道北西路52号

图例

- 核心区
- 实验区

安徽省

1:130,000

0　2.75　5.5　11 km

附图283

固城湖中华绒螯蟹国家级水产种质资源保护区

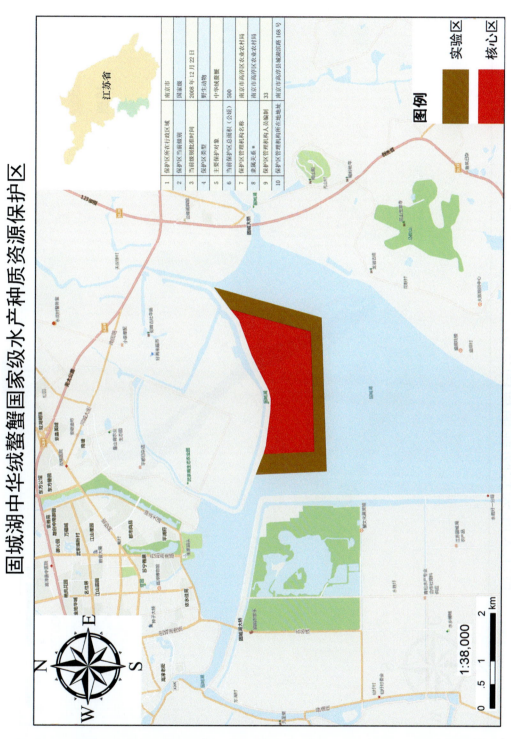

1	保护区所在行政区域	南京市
2	保护区当前级别	国家级
3	当前级别批准时间	2008 年 12 月 22 日
4	保护区类型	野生动物
5	主要保护对象	中华绒螯蟹
6	当前保护区总面积（公顷）	500
7	保护区管理机构名称	南京市高淳区农业农村局
8	隶属关系 *	南京市高淳区农业农村局
9	保护区管理机构人员编制	33
10	保护区管理机构所在地地址	南京市高淳县城湖滨路 168 号

图例

实验区

核心区

江苏省

1:38,000

附图 284

长江大胜关长吻鮠铜鱼国家级水产种质资源保护区

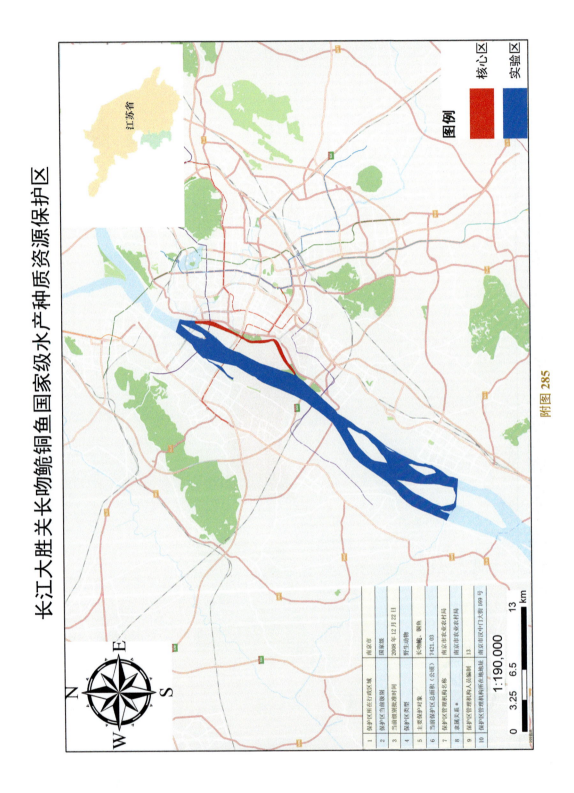

江苏省

图例

核心区

实验区

1	保护区所在行政区域	南京市
2	保护区当前级别	国家级
3	当前级别批准时间	2008年12月22日
4	保护区类型	野生动物
5	主要保护对象	长吻鮠、铜鱼
6	当前保护区总面积（公顷）	7421.03
7	保护区管理机构名称	南京市农业农村局
8	隶属关系*	南京市农业农村局
9	保护区管理机构人员编制	13
10	保护区管理机构所在地地址	南京市区中门大街169号

1:190,000

0   3.25   6.5   13
                                    km

附图 285

阳澄湖中华绒螯蟹国家级水产种质资源保护区

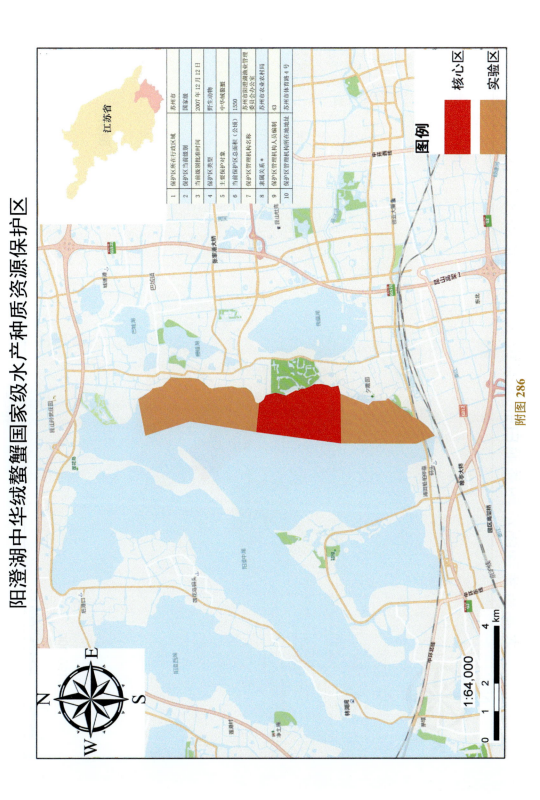

1	保护区所在行政区域	苏州市
2	保护区当前级别	国家级
3	当前级别批准时间	2007 年 12 月 12 日
4	保护区类型	野生动物
5	主要保护对象	中华绒螯蟹
6	当前保护区总面积（公顷）	1550
7	保护区管理机构名称	苏州市阳澄湖渔业管理委员会办公室
8	隶属关系 *	苏州市农业农村局
9	保护区管理机构人员编制	43
10	保护区管理机构所在地地址	苏州市体育路 4 号

图例
核心区
实验区

江苏省

1:64,000

附图 286

太湖银鱼翘嘴红鲌秀丽白虾国家级水产种质资源保护区

1	保护区所在行政区域	苏州市
2	保护区当前级别	国家级
3	当前级别批准时间	2007 年 12 月 12 日
4	保护区类型	野生动物
5	主要保护对象	太湖银鱼、秀丽白虾、翘嘴红鲌
6	当前保护区总面积（公顷）	17280
7	保护区管理机构名称	江苏省太湖渔业管理委员会办公室
8	隶属关系 *	江苏省农业农村厅
9	保护区管理机构人员编制	85
10	保护区管理机构所在地地址	苏州市吴中经济开发区管委会南

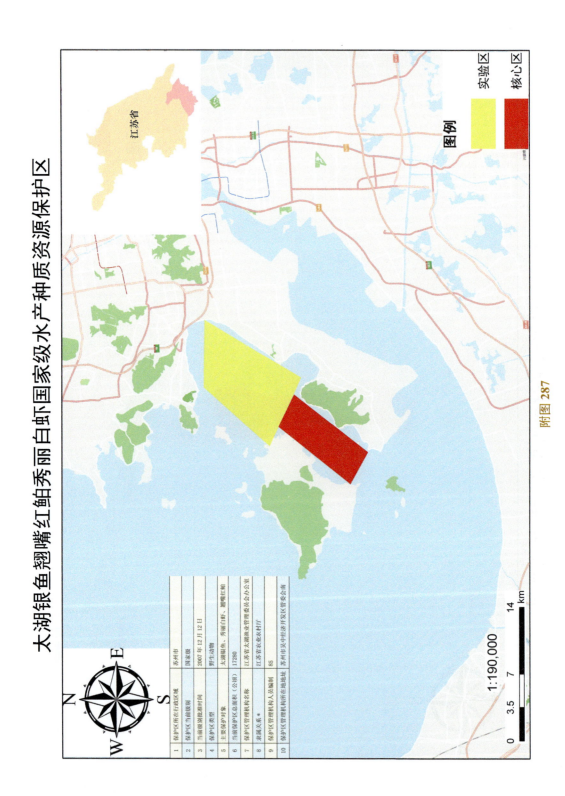

江苏省

图例

实验区

核心区

附图 287

1:190,000

0   3.5   7   14
km

太湖青虾中华绒螯蟹国家级水产种质资源保护区

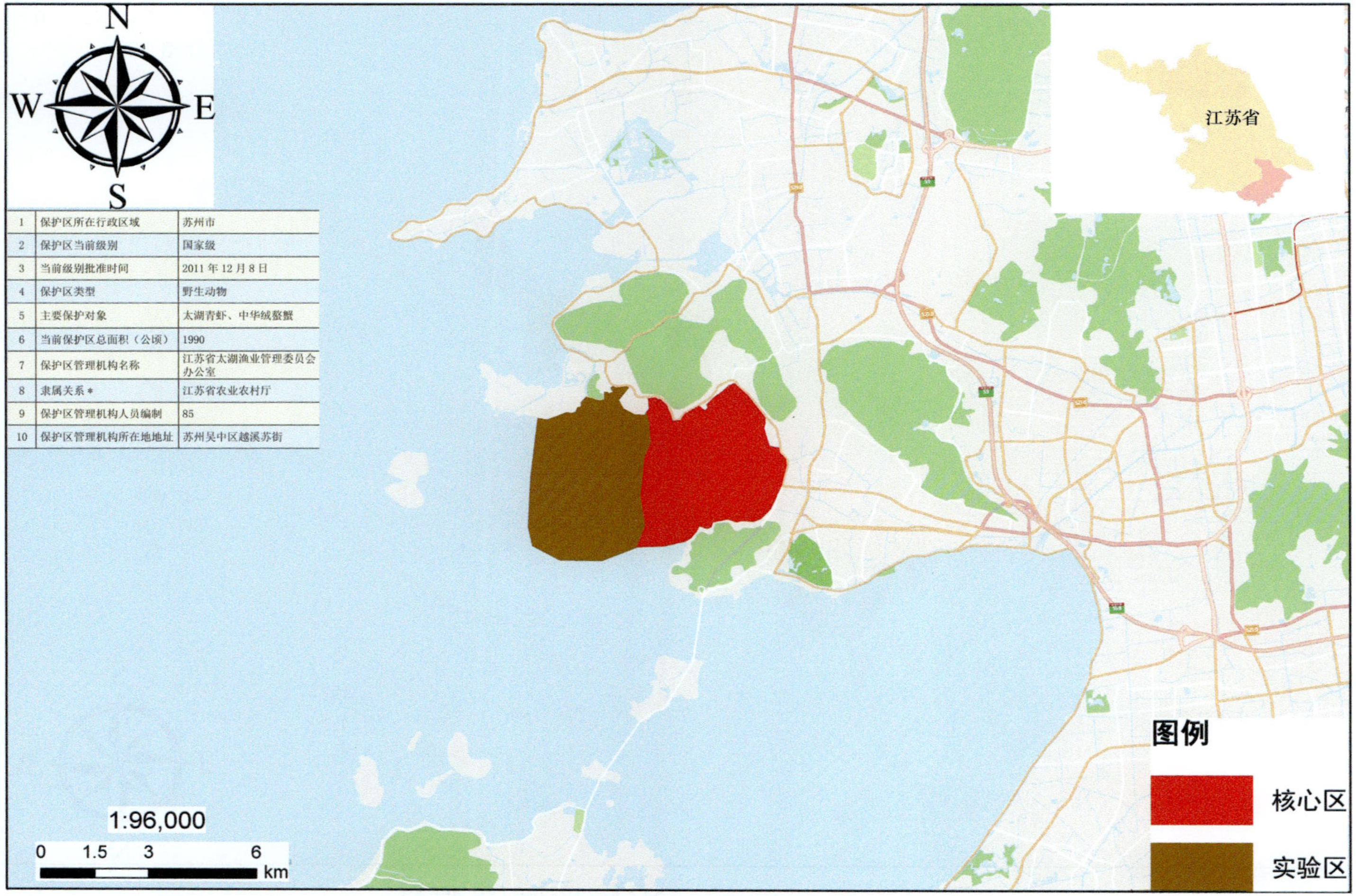

1	保护区所在行政区域	苏州市
2	保护区当前级别	国家级
3	当前级别批准时间	2011 年 12 月 8 日
4	保护区类型	野生动物
5	主要保护对象	太湖青虾、中华绒螯蟹
6	当前保护区总面积（公顷）	1990
7	保护区管理机构名称	江苏省太湖渔业管理委员会办公室
8	隶属关系 *	江苏省农业农村厅
9	保护区管理机构人员编制	85
10	保护区管理机构所在地地址	苏州市吴中区越溪苏街

图例

核心区

实验区

江苏省

1:96,000

0　1.5　3　　　6　km

附图 288

—411—

长漾湖国家级水产种质资源保护区

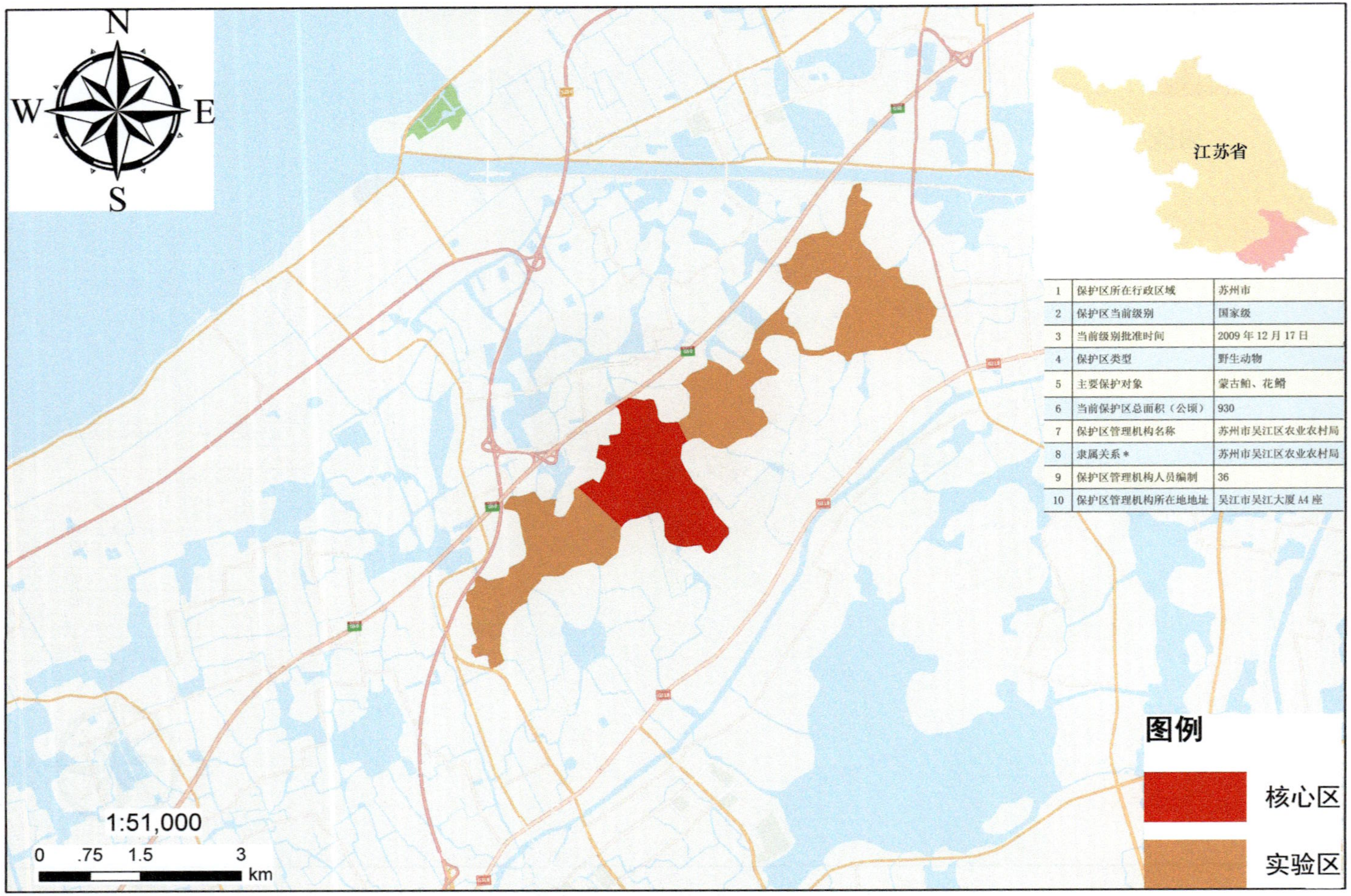
N
S
W
E
江苏省
图例
核心区
实验区
1:51,000
0 .75 1.5 3
km

1	保护区所在行政区域	苏州市
2	保护区当前级别	国家级
3	当前级别批准时间	2009 年 12 月 17 日
4	保护区类型	野生动物
5	主要保护对象	蒙古鲌、花䱻
6	当前保护区总面积（公顷）	930
7	保护区管理机构名称	苏州市吴江区农业农村局
8	隶属关系 *	苏州市吴江区农业农村局
9	保护区管理机构人员编制	36
10	保护区管理机构所在地地址	吴江市吴江大厦 A4 座

附图 289

淀山湖河蚬翘嘴红鲌国家级水产种质资源保护区

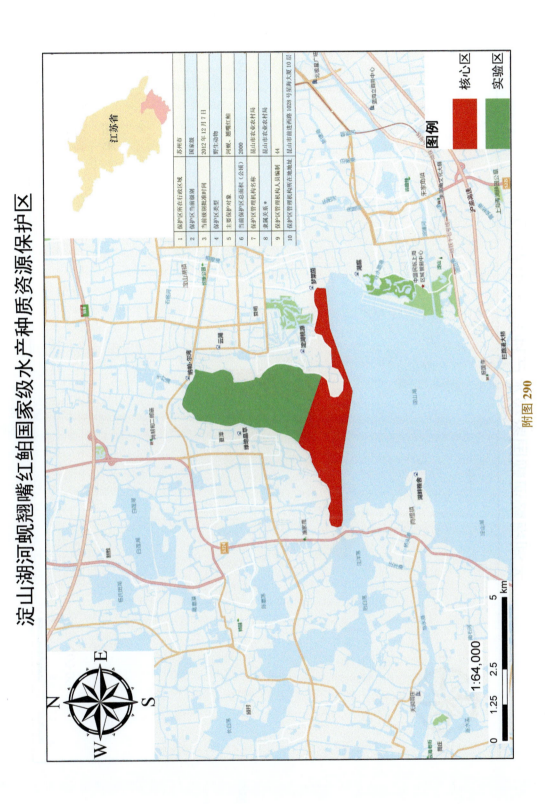

江苏省

1	保护区所在行政区域	苏州市
2	保护区当前级别	国家级
3	当前级别批准时间	2012年12月7日
4	保护区类型	野生动物
5	主要保护对象	河蚬、翘嘴红鲌
6	当前保护区总面积（公顷）	2000
7	当前保护区管理机构名称	昆山市农业农村局
8	隶属关系 *	昆山市农业农村局
9	保护区管理机构人员编制	44
10	保护区管理机构所在地地址	昆山市前进西路1028号昆都大厦10层

图例

核心区

实验区

太湖梅鲚河蚬国家级水产种质资源保护区

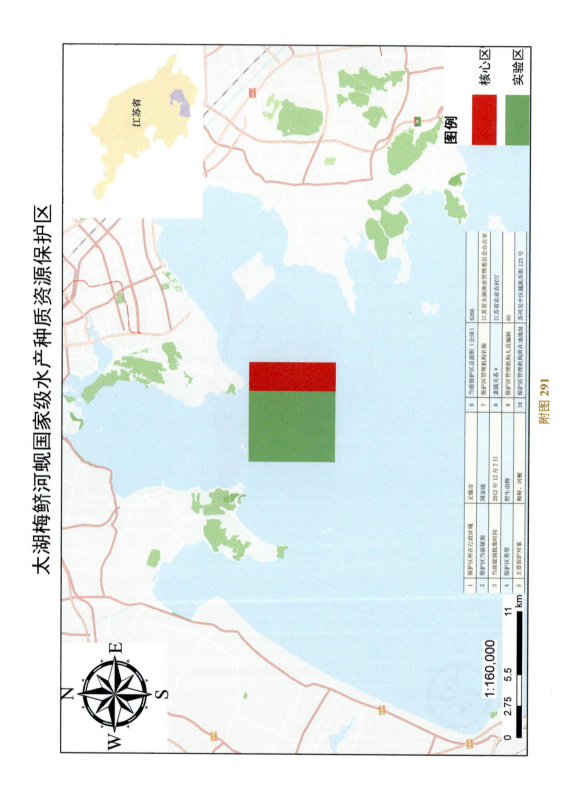

1	保护区所在行政区域	无锡市	6	当前保护区总面积（公顷）	6266
2	保护区当前级别	国家级	7	当前保护区管理机构名称	江苏省太湖渔业管理委员会办公室
3	当前级别批准时间	2012年12月7日	8	隶属关系*	江苏省农业农村厅
4	保护区类型	野生动物	9	保护区管理机构人员编制	85
5	主要保护对象	梅鲚·河蚬	10	保护区管理机构所在地地址	苏州吴中区越溪苏街123号

图例

核心区 ■

实验区 ■

宜兴团氿东氿翘嘴鲌国家级水产种质资源保护区

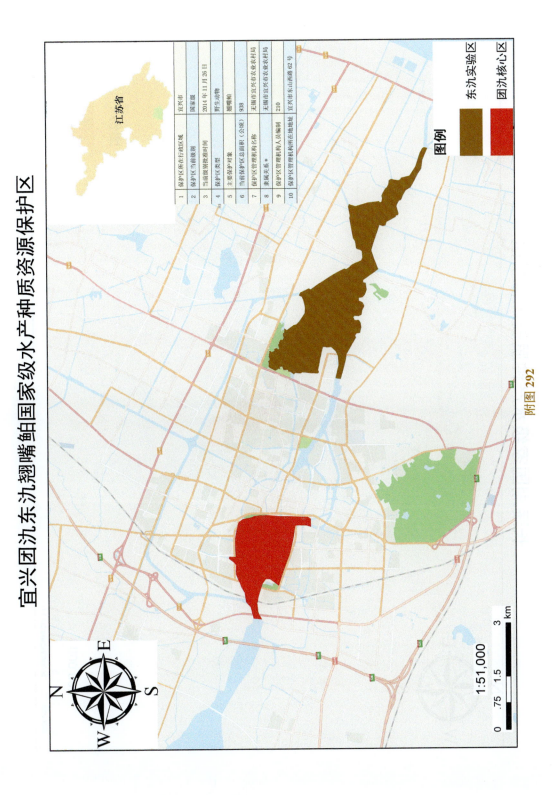

1	保护区所在行政区域	宜兴市
2	保护区当前级别	国家级
3	当前级别批准时间	2014年11月26日
4	保护区类型	野生动物
5	主要保护对象	翘嘴鲌
6	当前保护区总面积（公顷）	938
7	当前保护区管理机构名称	无锡市宜兴市农业农村局
8	隶属关系＊	无锡市宜兴市农业农村局
9	保护区管理机构人员编制	210
10	保护区管理机构所在地地址	宜兴市东氿西路62号

图例

■ 东氿实验区

■ 团氿核心区

江苏省

N
W E
S

1:51,000

0　.75　1.5　　　3 km

附图 292

长荡湖国家级水产种质资源保护区

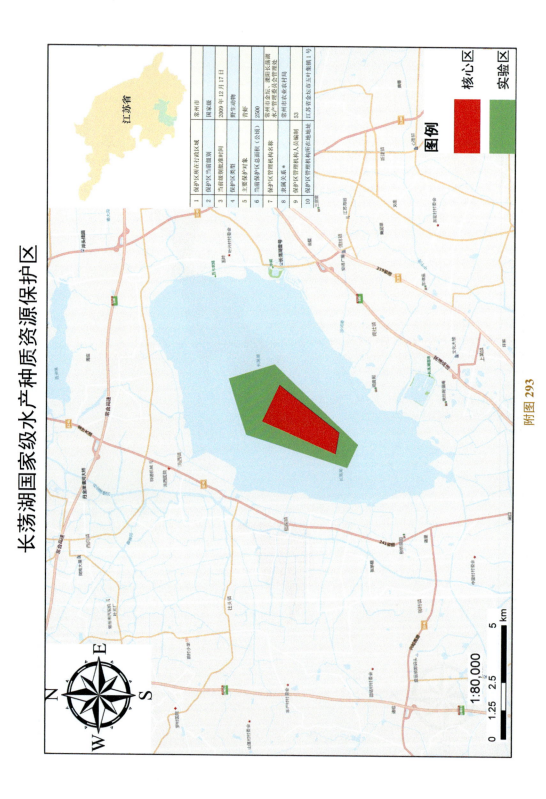

1	保护区所在行政区域	常州市
2	保护区当前级别	国家级
3	当前级别批准时间	2009年12月17日
4	保护区类型	野生动物
5	主要保护对象	青虾
6	当前保护区总面积（公顷）	2500
7	当前保护区管理机构名称	常州市金坛、溧阳长荡湖水产管理委员会管理处
8	隶属关系 *	常州市农业农村局
9	保护区管理机构所在人员编制 *	53
10	保护区管理机构所在地地址 *	江苏省金坛市五叶集镇1号

图例

核心区

实验区

滆湖国家级水产种质资源保护区

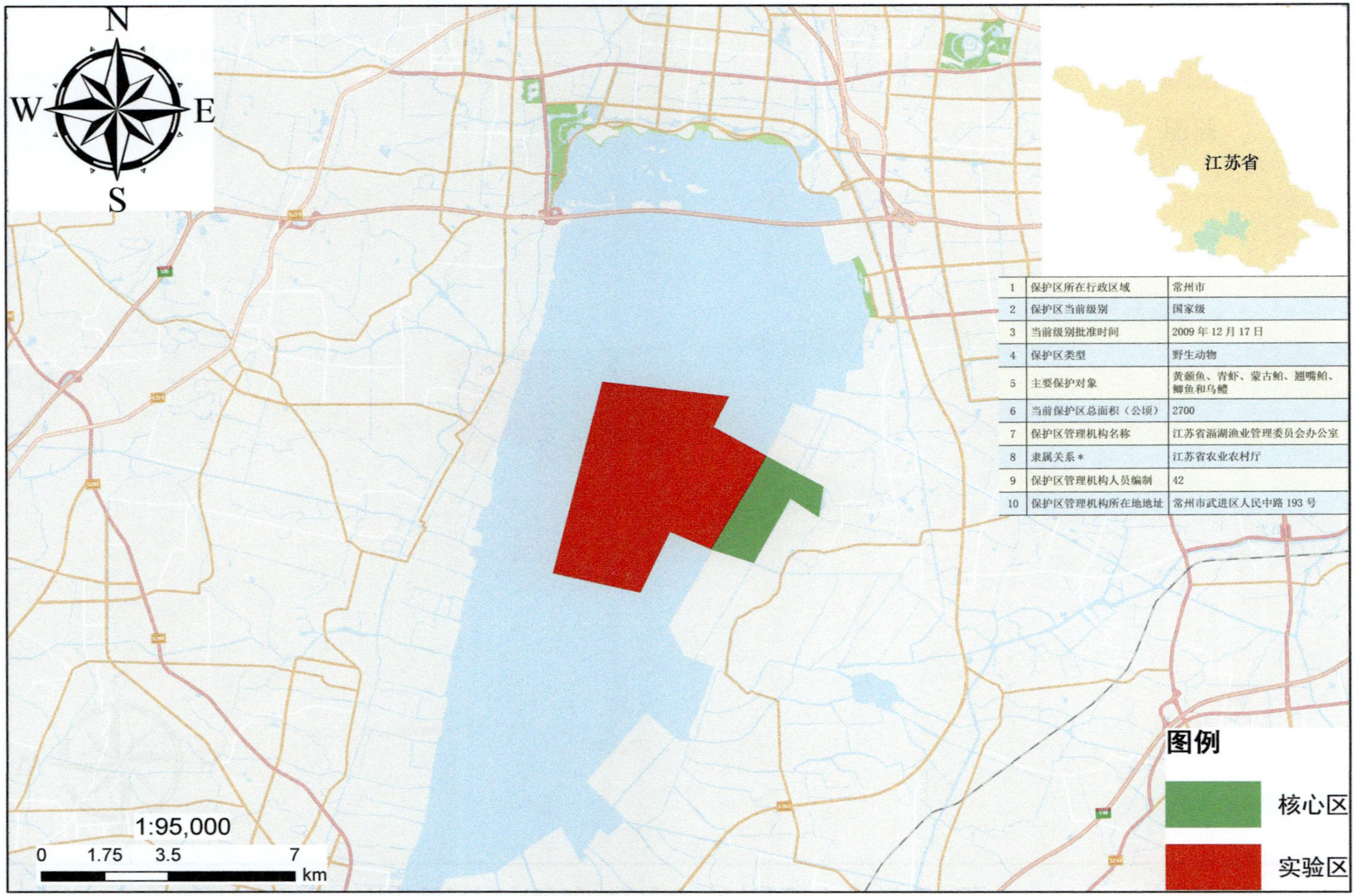

1	保护区所在行政区域	常州市
2	保护区当前级别	国家级
3	当前级别批准时间	2009 年 12 月 17 日
4	保护区类型	野生动物
5	主要保护对象	黄颡鱼、背瘤、鳑古蚌、圆顶珠蚌、鲫鱼和乌鳢
6	当前保护区总面积（公顷）	2700
7	保护区管理机构全称	江苏省滆湖渔业管理委员会办公室
8	隶属关系 *	江苏省农业农村厅
9	保护区管理人员编制	42
10	保护区管理机构所在地地址	常州市武进区人民中路 193 号

图例

■ 核心区

■ 实验区

江苏省

常州市

N
E
S
W

1:95,000

0   1.75   3.5   7 km

附图 294

滆湖鲌类国家级水产种质资源保护区

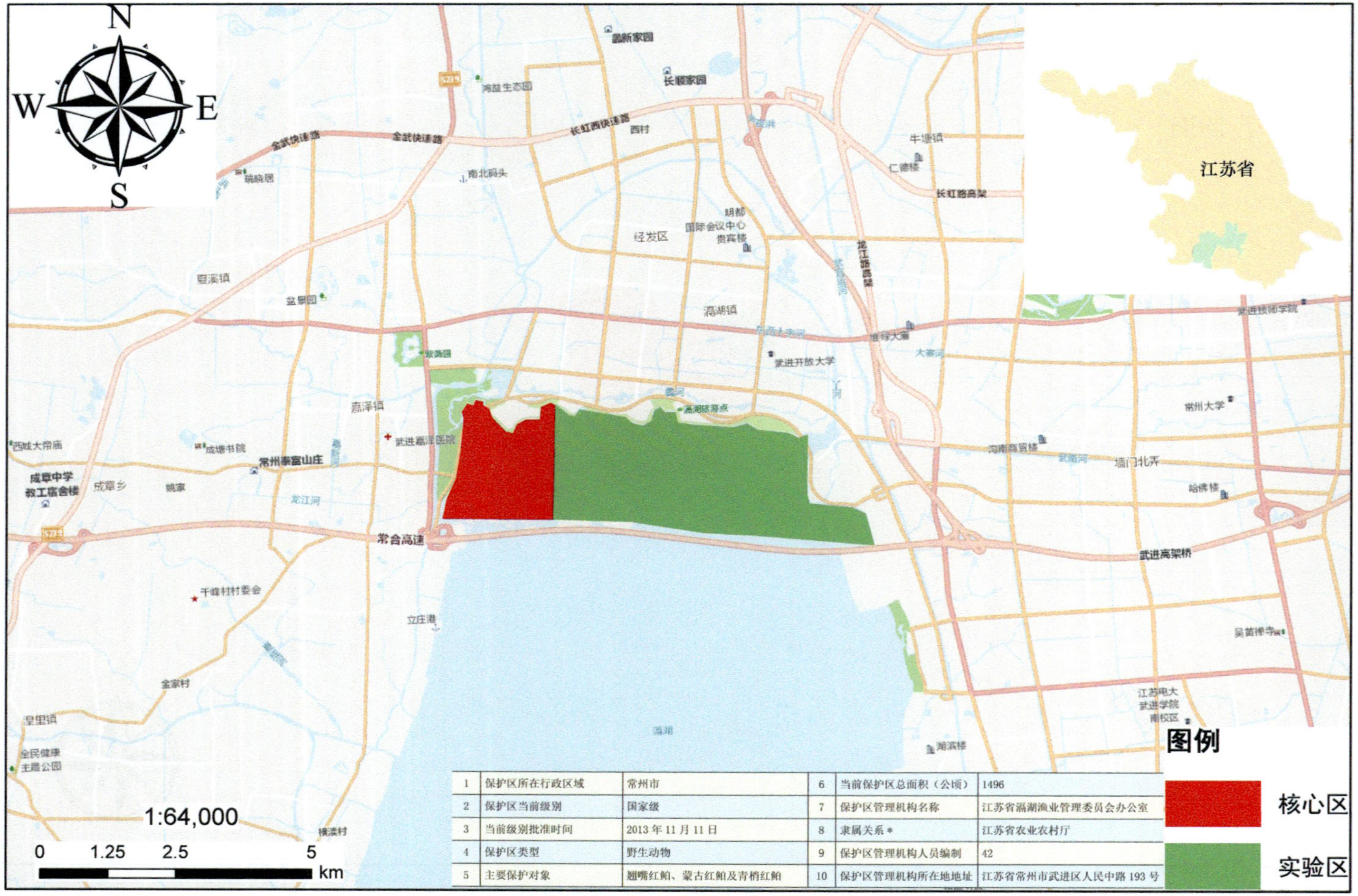

1	保护区所在行政区域	常州市		6	当前保护区总面积（公顷）	1496
2	保护区当前级别	国家级		7	保护区管理机构名称	江苏省滆湖渔业管理委员会办公室
3	当前级别批准时间	2013年11月11日		8	隶属关系 *	江苏省农业农村厅
4	保护区类型	野生动物		9	保护区管理机构人员编制	42
5	主要保护对象	翘嘴红鲌、蒙古红鲌及彭泽红鲌		10	保护区管理机构所在地地址	江苏省常州市武进区人民中路193号

图例

核心区

实验区

1:64,000

0 1.25 2.5 5 km

江苏省

附图 295

白马湖泥鳅沙塘鳢国家级水产种质资源保护区

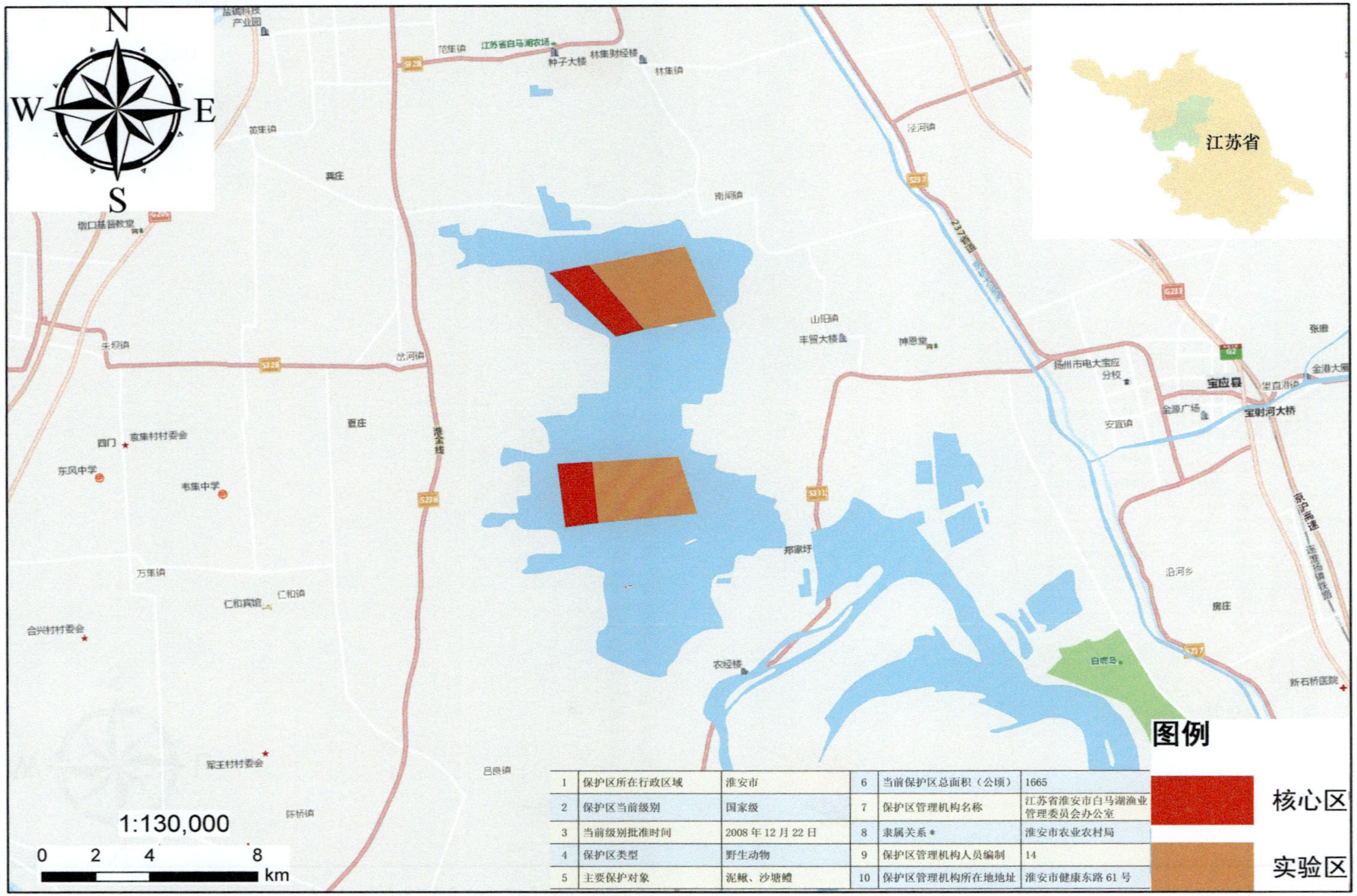

1	保护区所在行政区域	淮安市	
2	保护区当前级别	国家级	
3	当前级别批准时间	2008年12月22日	
4	保护区类型	野生动物	
5	主要保护对象	泥鳅、沙塘鳢	
6	当前保护区总面积（公顷）	1665	
7	保护区管理机构名称	江苏省淮安市白马湖渔业管理委员会办公室	
8	隶属关系 *	淮安市农业农村局	
9	保护区管理机构人员编制	14	
10	保护区管理机构所在地地址	淮安市健康东路61号	

图例

核心区
实验区

附图 296

—419—

洪泽湖青虾河蚬国家级水产种质资源保护区

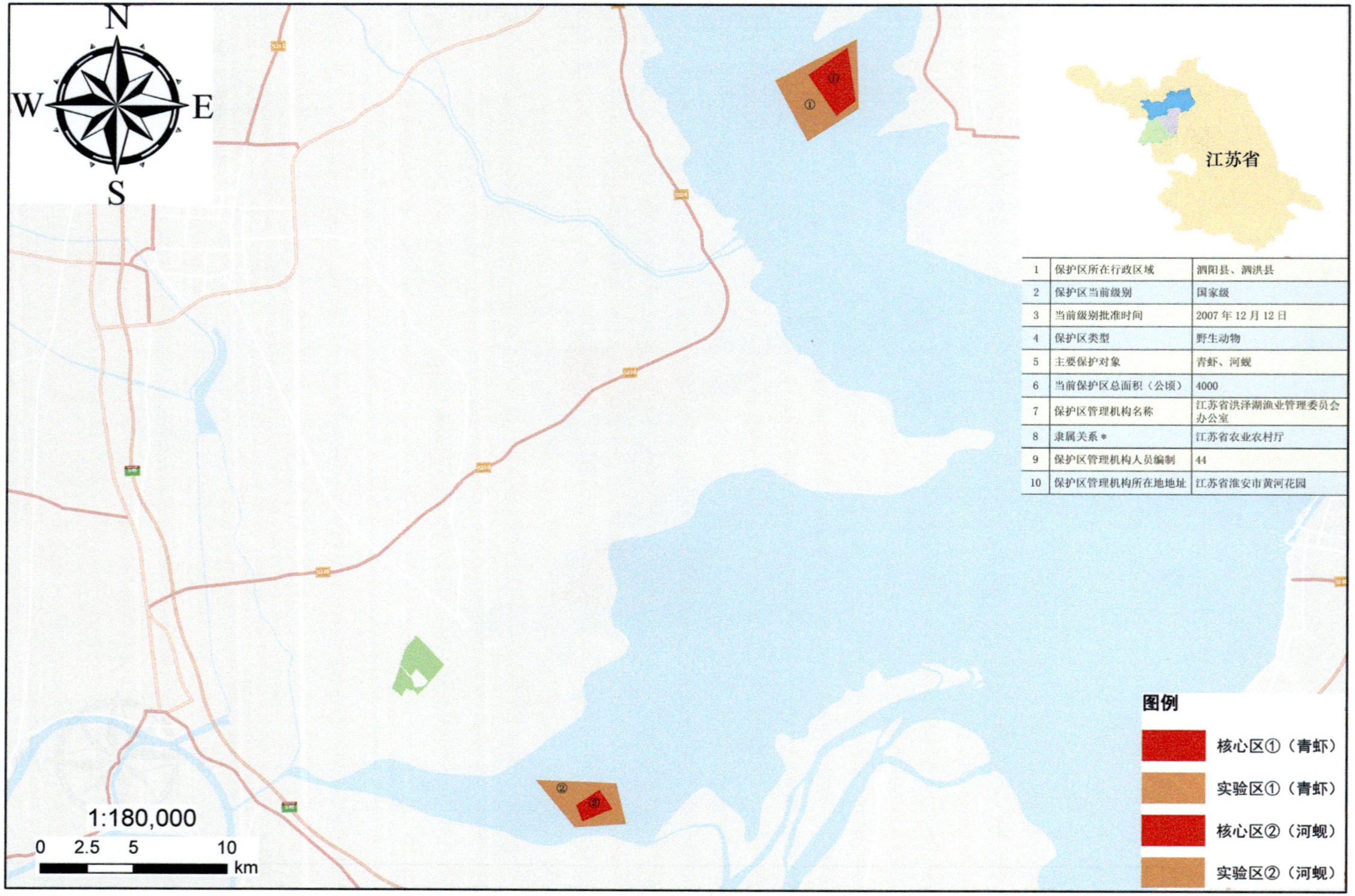
N
S
W
E
江苏省
①
②
图例
核心区①（青虾）
实验区①（青虾）
核心区②（河蚬）
实验区②（河蚬）
1:180,000
0
2.5
5
10
km

1	保护区所在行政区域	泗阳县、泗洪县
2	保护区当前级别	国家级
3	当前级别批准时间	2007 年 12 月 12 日
4	保护区类型	野生动物
5	主要保护对象	青虾、河蚬
6	当前保护区总面积（公顷）	4000
7	保护区管理机构名称	江苏省洪泽湖渔业管理委员会办公室
8	隶属关系 *	江苏省农业农村厅
9	保护区管理机构人员编制	44
10	保护区管理机构所在地地址	江苏省淮安市黄河花园

附图 297

洪泽湖银鱼国家级水产种质资源保护区

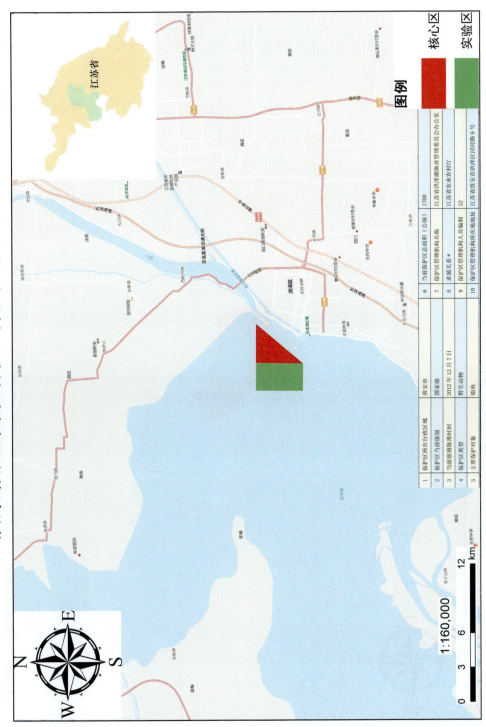

1	保护区所在行政区域	淮安市	
2	保护区当前级别	国家级	
3	当前级别批准时间	2012年12月7日	
4	保护区类型	野生动物	
5	主要保护对象	银鱼	

6	当前保护区总面积（公顷）	1700	
7	保护区管理机构名称	江苏省洪泽湖渔业管理委员会办公室	
8	隶属关系 *	江苏省农业农村厅	
9	保护区管理机构人员编制	52	
10	保护区管理机构所在地地址	江苏省淮安市洪泽区河河路9号	

图例

核心区

实验区

附图 298

高邮湖大银鱼湖鲚国家级水产种质资源保护区

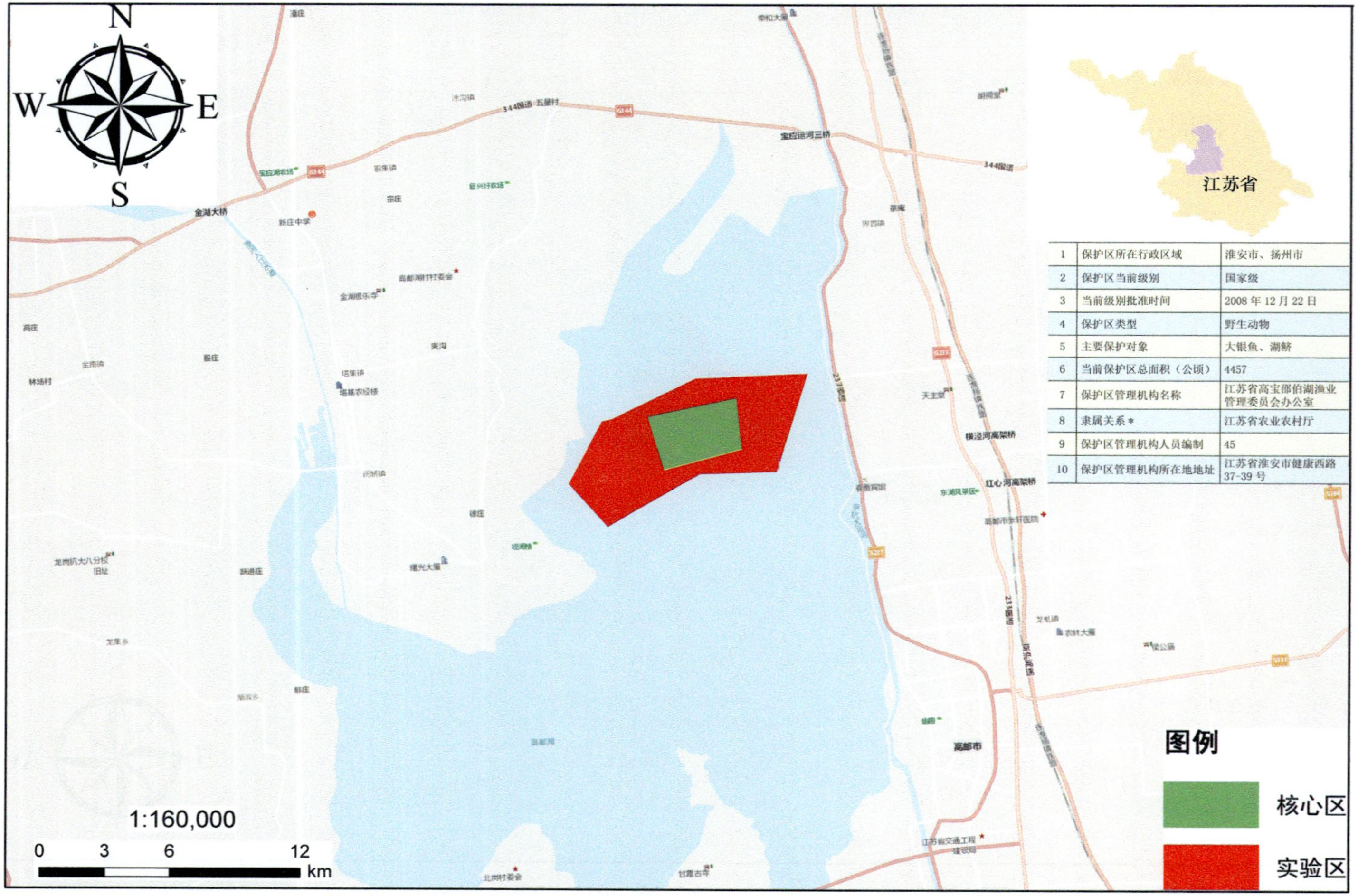
N
S
W
E
江苏省
1 保护区所在行政区域 淮安市、扬州市
2 保护区当前级别 国家级
3 当前级别批准时间 2008年12月22日
4 保护区类型 野生动物
5 主要保护对象 大银鱼、湖鲚
6 当前保护区总面积（公顷） 4457
7 保护区管理机构名称 江苏省高宝邵伯湖渔业管理委员会办公室
8 隶属关系＊ 江苏省农业农村厅
9 保护区管理机构人员编制 45
10 保护区管理机构所在地地址 江苏省淮安市健康西路37-39号
图例
核心区
实验区
1:160,000
0 3 6 12
km
高邮市
金湖大桥
新庄中学

附图 299

洪泽湖虾类国家级水产种质资源保护区

1	保护区所在行政区域	淮安市、宿迁市
2	保护区当前级别	国家级
3	当前级别批准时间	2015 年 11 月 17 日
4	保护区类型	野生动物
5	主要保护对象	秀丽白虾和日本沼虾等虾类
6	当前保护区总面积（公顷）	950
7	保护区管理机构名称	江苏省洪泽湖渔业管理委员会办公室
8	隶属关系 *	江苏省农业农村厅
9	保护区管理机构人员编制	52
10	保护区管理机构所在地地址	江苏省淮安市盱眙县金鹏大道 34 号

江苏省

图例

核心区

实验区

N
E
S
W

1:96,000

0　1.5　3　6 km

宝应湖国家级水产种质资源保护区

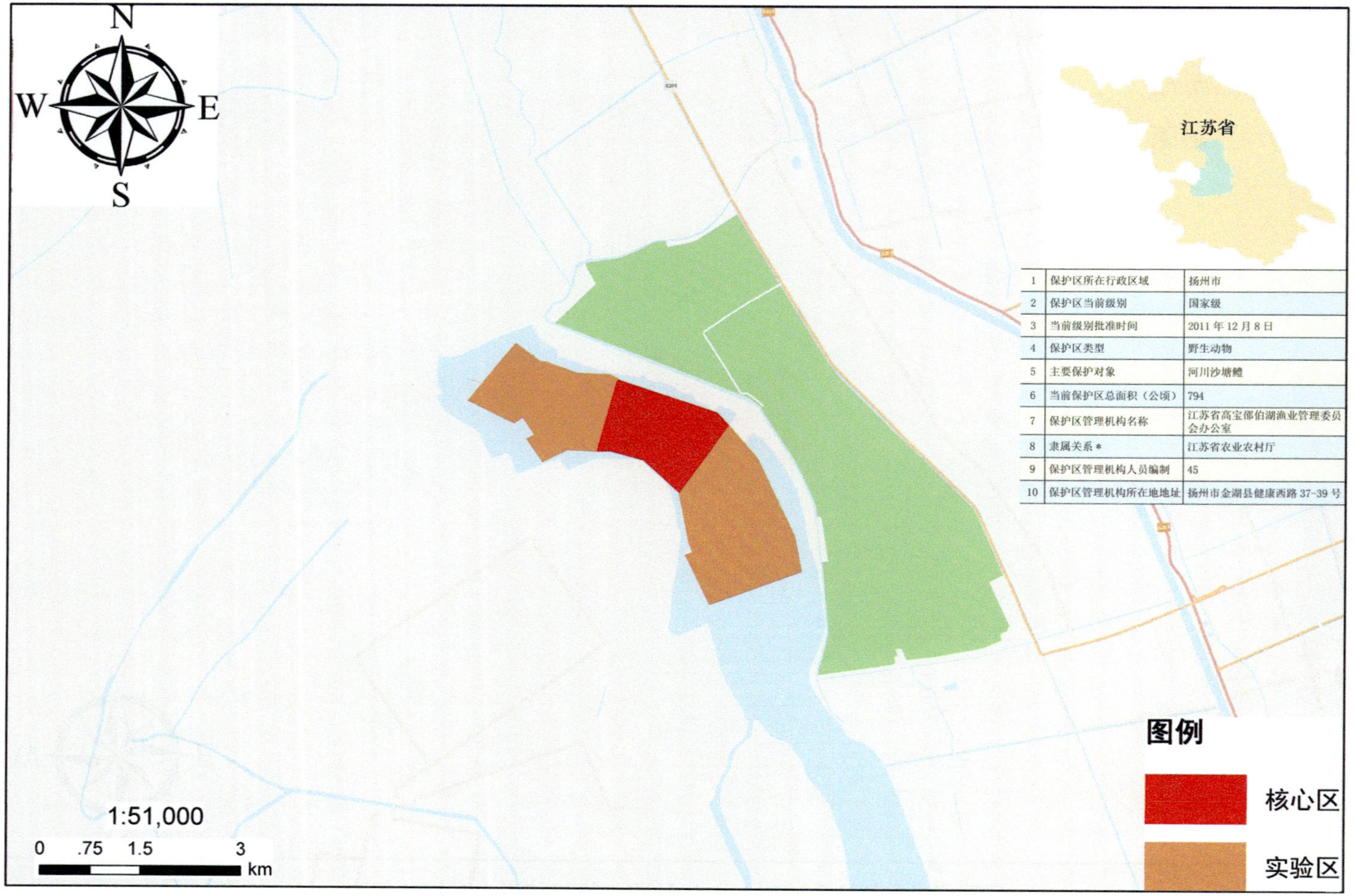

1	保护区所在行政区域	扬州市
2	保护区当前级别	国家级
3	当前级别批准时间	2011 年 12 月 8 日
4	保护区类型	野生动物
5	主要保护对象	河川沙塘鳢
6	当前保护区总面积（公顷）	794
7	保护区管理机构名称	江苏省宝应湖渔业管理委员会办公室
8	隶属关系 *	江苏省农业农村厅
9	保护区管理机构人员编制	45
10	保护区管理机构所在地地址	扬州市金湖县健康西路 37-39 号

图例

核心区

实验区

江苏省

1:51,000

0 .75 1.5 3 km

附图 301

—424—

长江扬州段四大家鱼国家级水产种质资源保护区

1	保护区所在行政区域	扬州市
2	保护区当前级别	国家级
3	当前级别批准时间	2008年12月22日
4	保护区类型	野生动物
5	主要保护对象	青鱼、草鱼、鲢、鳙和中华绒螯蟹
6	当前保护区总面积（公顷）	2000
7	当前保护区管理机构名称	扬州市农业农村局
8	隶属关系＊	扬州市农业农村局
9	保护区管理机构人员编制	160
10	保护区管理机构所在地地址	扬州市解放南路29号

图例

核心区

实验区

1:130,000

射阳湖国家级水产种质资源保护区

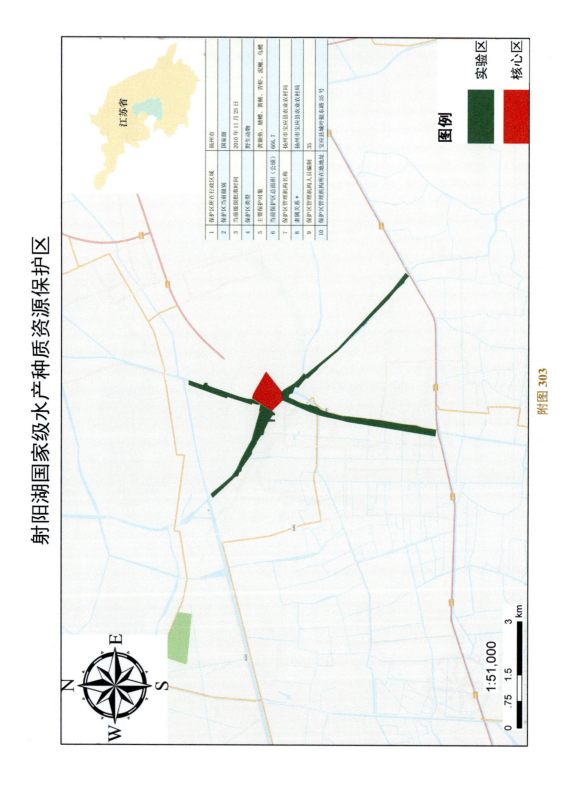

1	保护区所在行政区域	扬州市
2	保护区当前级别	国家级
3	当前级别批准时间	2010年11月25日
4	保护区类型	野生动物
5	主要保护对象	黄颡鱼、塘鳢、黄鳝、青虾、泥鳅、乌鳢
6	当前保护区总面积（公顷）	666.7
7	保护区管理机构名称	扬州市宝应县农业农村局
8	隶属关系 *	扬州市宝应县农业农村局
9	保护区管理机构人员编制	35
10	保护区管理机构所在地地址	宝应县城中镇车路东路35号

江苏省

图例

实验区

核心区

1:51,000

0 .75 1.5 3 km

附图 303

邵伯湖国家级水产种质资源保护区

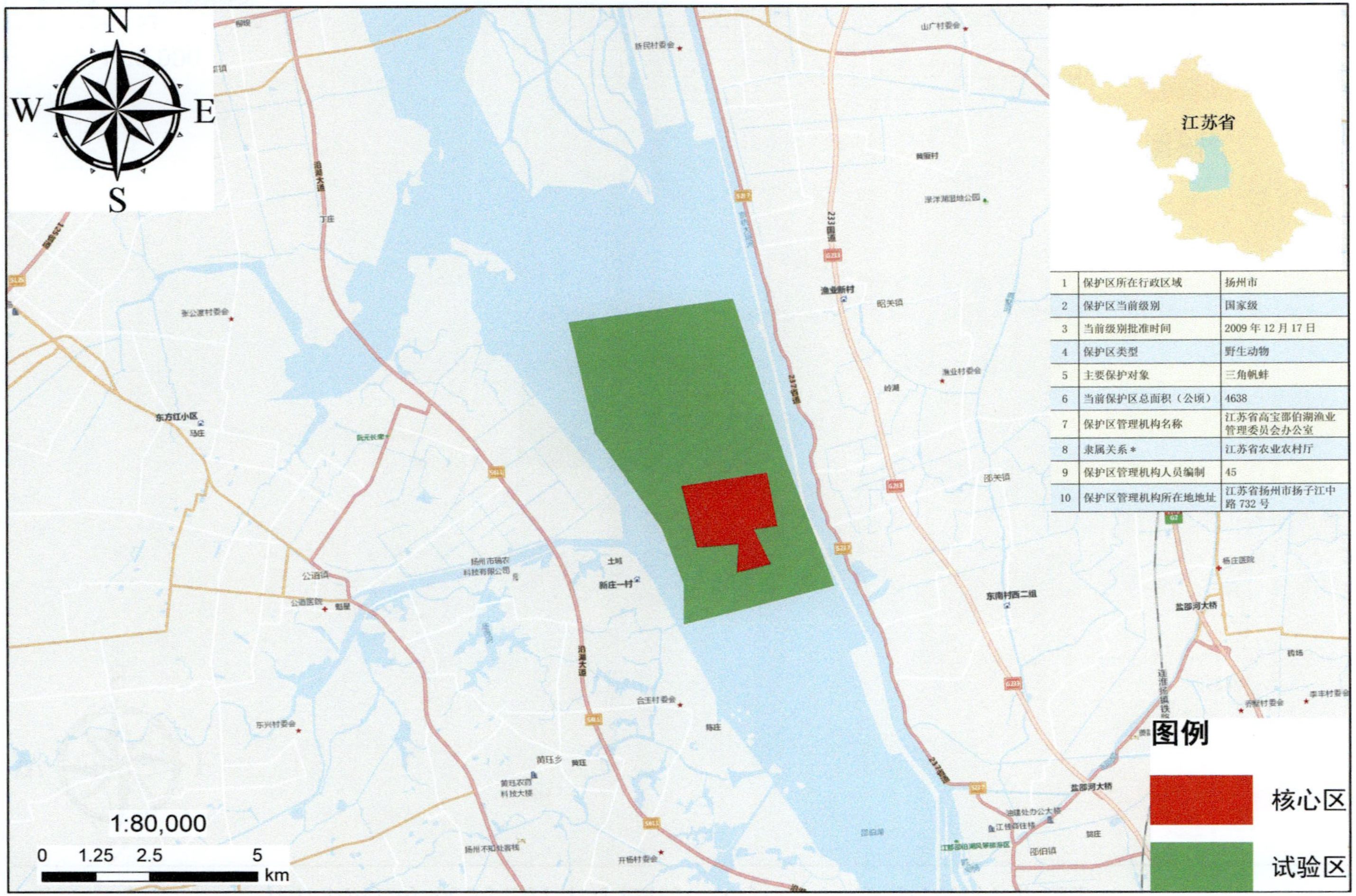

1	保护区所在行政区域	扬州市
2	保护区当前级别	国家级
3	当前级别批准时间	2009 年 12 月 17 日
4	保护区类型	野生动物
5	主要保护对象	三角帆蚌
6	当前保护区总面积（公顷）	4658
7	当前保护区管理机构名称	江苏省高宝邵伯湖渔业管理委员会办公室
8	隶属关系	江苏省农业农村厅
9	保护区管理机构的人员编制	45
10	保护区管理机构所在地地址	江苏省扬州市扬子江中路 732 号

图例

核心区

试验区

附图 304

1:80,000

0　1.25　2.5　5 km

—427—

高邮湖河蚬秀丽白虾国家级水产种质资源保护区

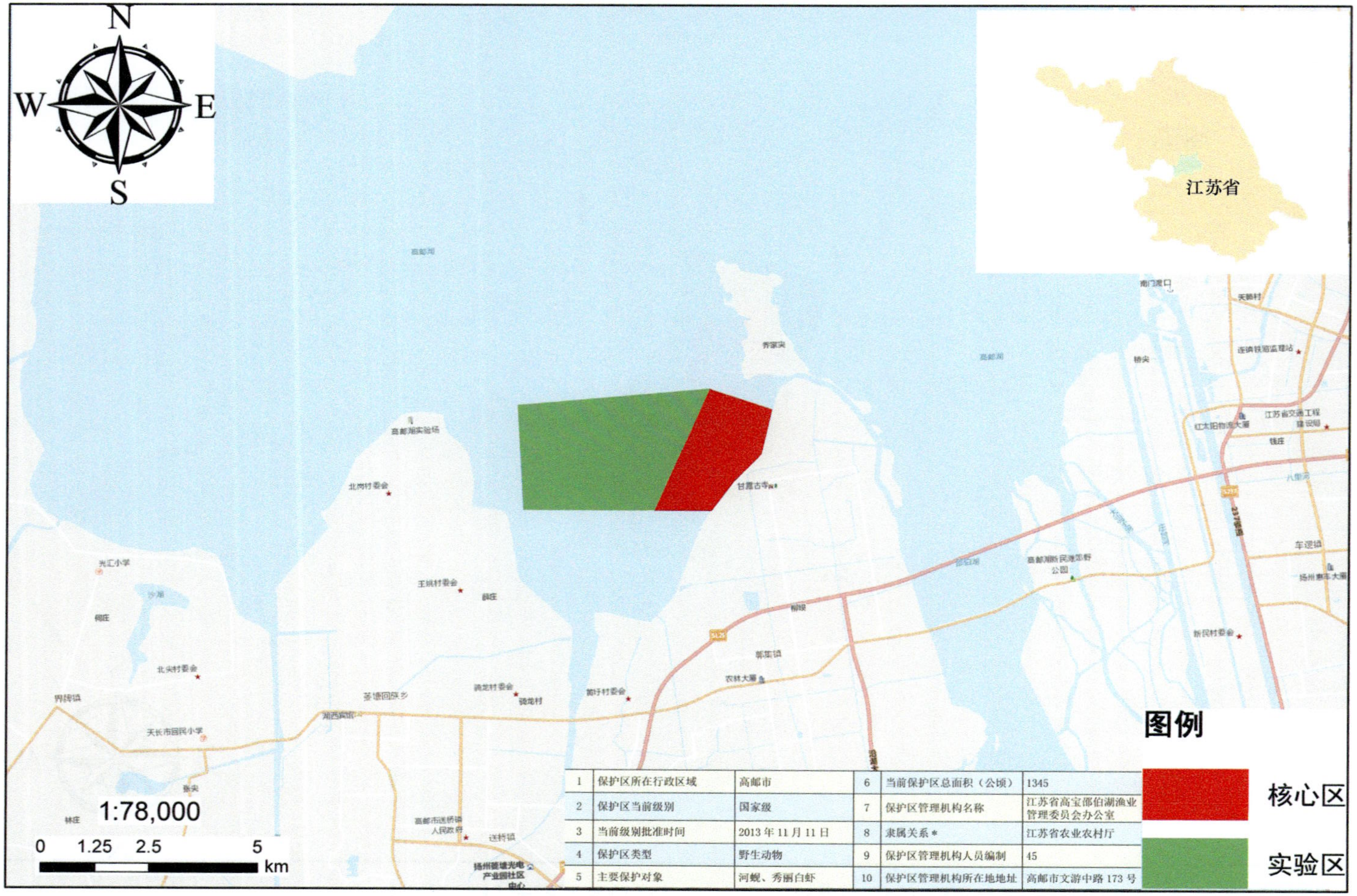
N
S
W
E
江苏省
1:78,000
0 1.25 2.5 5
km
图例
核心区
实验区

1	保护区所在行政区域	高邮市	6	当前保护区总面积（公顷）	1345
2	保护区当前级别	国家级	7	保护区管理机构名称	江苏省高宝邵伯湖渔业管理委员会办公室
3	当前级别批准时间	2013 年 11 月 11 日	8	隶属关系 *	江苏省农业农村厅
4	保护区类型	野生动物	9	保护区管理机构人员编制	45
5	主要保护对象	河蚬、秀丽白虾	10	保护区管理机构所在地地址	高邮市文游中路 173 号

附图 305

洪泽湖秀丽白虾国家级水产种质资源保护区

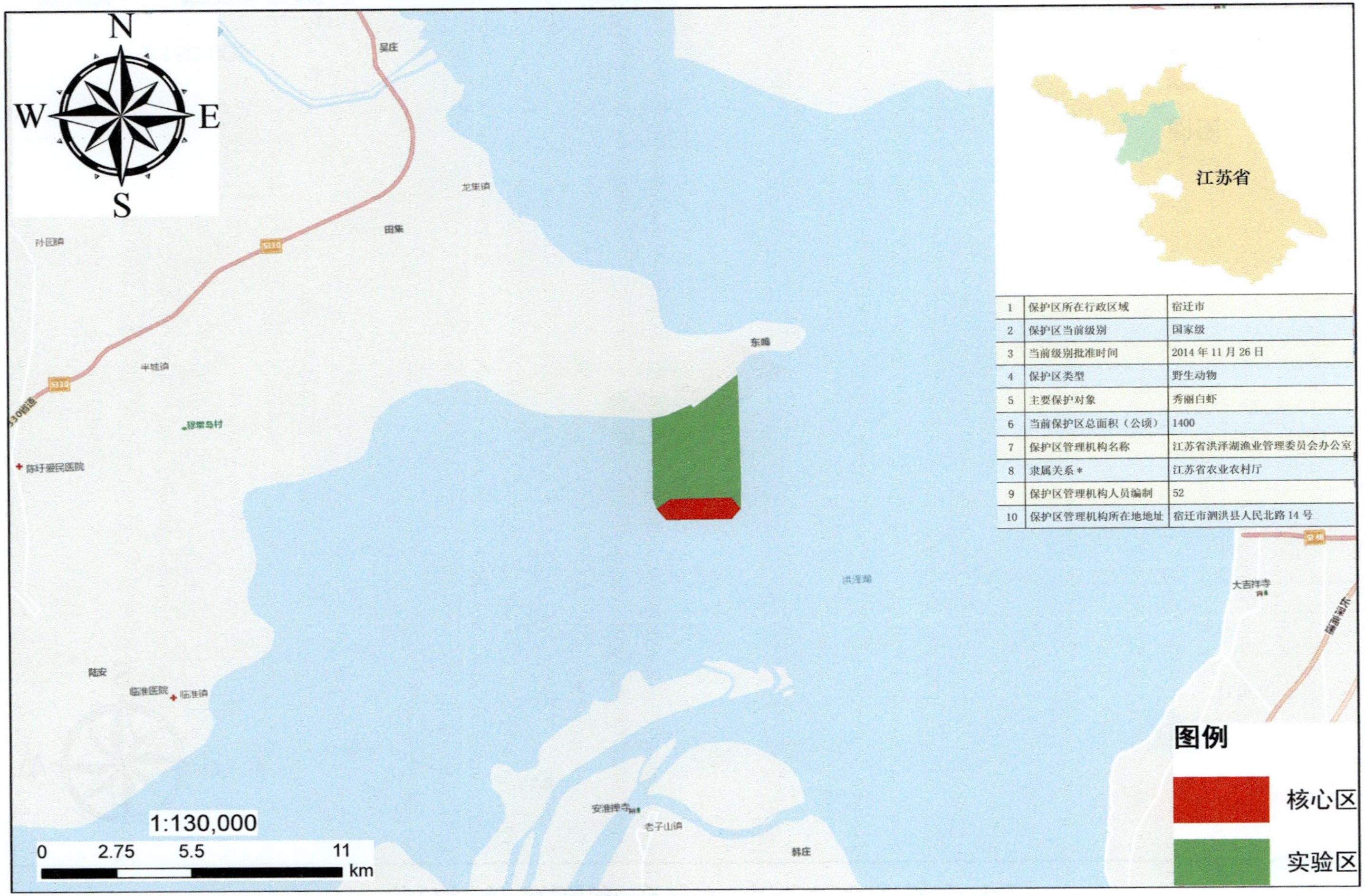

1	保护区所在行政区域	宿迁市
2	保护区当前级别划	国家级
3	当前级别批准时间	2014年11月26日
4	保护区类型	野生动物
5	主要保护对象	秀丽白虾
6	当前保护区总面积（公顷）	1400
7	保护区管理机构名称	江苏省洪泽湖渔业管理委员会办公室
8	隶属关系*	江苏省农业农村厅
9	保护区管理机构人员编制	52
10	保护区管理机构所在地地址	宿迁市泗洪县人民北路14号

图例

核心区

实验区

1:130,000

0　　2.75　　5.5　　　　11
km

附图 306

洪泽湖鳜国家级水产种质资源保护区

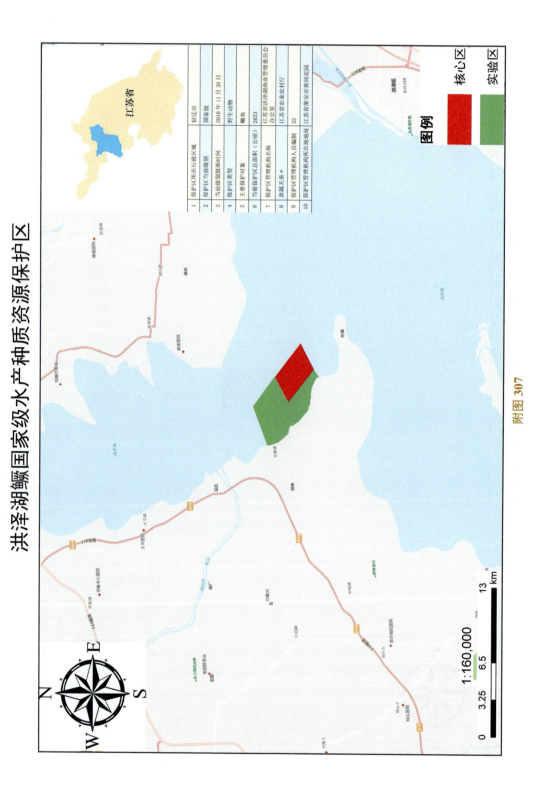

1	保护区所在行政区域	宿迁市
2	保护区当前级别	国家级
3	当前级别批准时间	2016年11月30日
4	保护区类型	野生动物
5	主要保护对象	鳜鱼
6	当前保护区总面积（公顷）	2633
7	保护区管理机构名称	江苏省洪泽湖渔业管理委员会办公室
8	隶属关系 *	江苏省农业农村厅
9	保护区管理机构人员编制	52
10	保护区管理机构所在地地址	江苏省淮安市黄河花园

图例

■ 核心区

■ 实验区

江苏省

1:160,000

0   3.25   6.5   13
km

附图307

骆马湖青虾国家级水产种质资源保护区

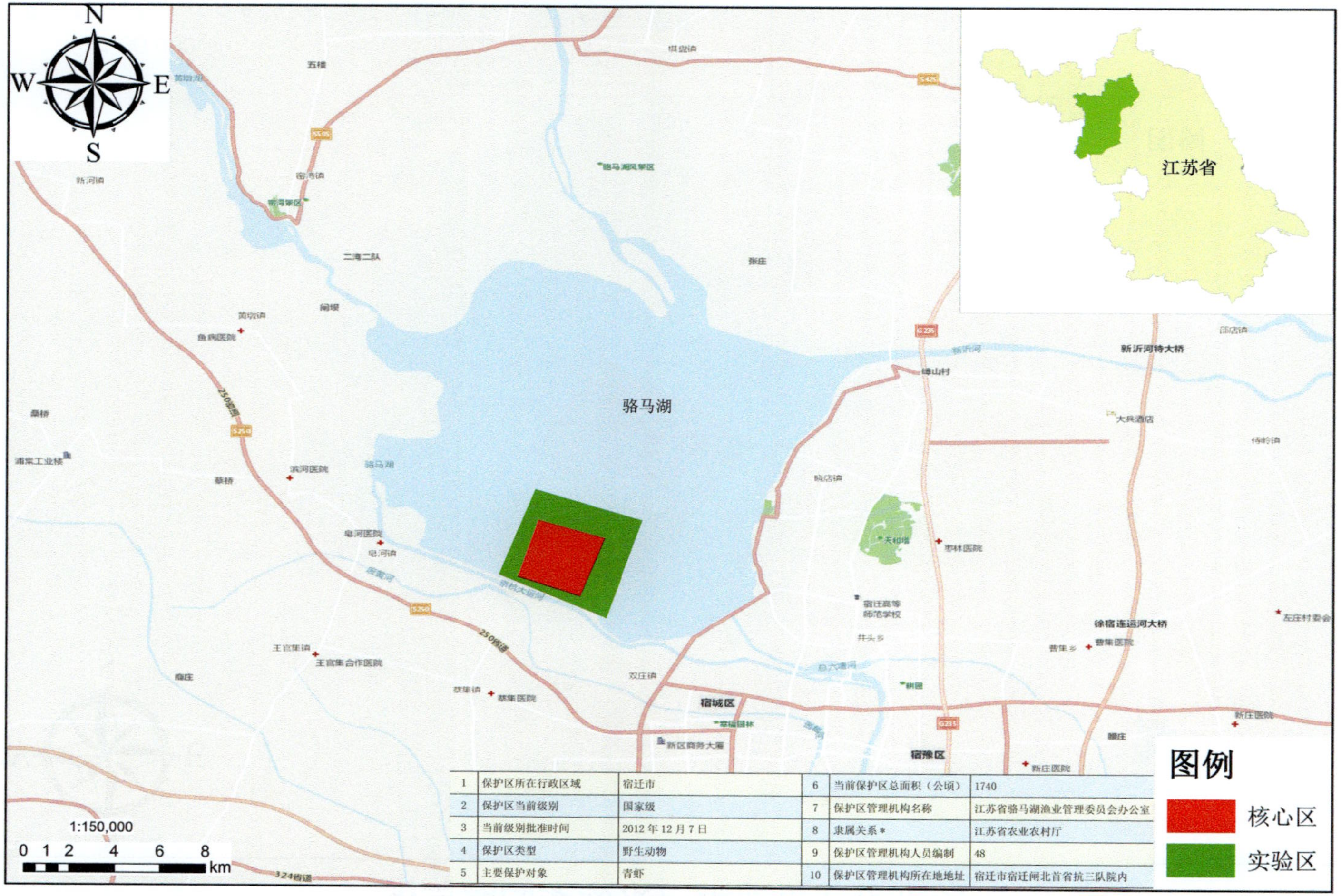
N
S
W
E
骆马湖
江苏省
宿城区
宿豫区
图例
核心区
实验区
1:150,000
0 1 2 4 6 8
km

1	保护区所在行政区域	宿迁市	6	当前保护区总面积（公顷）	1740
2	保护区当前级别	国家级	7	保护区管理机构名称	江苏省骆马湖渔业管理委员会办公室
3	当前级别批准时间	2012 年 12 月 7 日	8	隶属关系 *	江苏省农业农村厅
4	保护区类型	野生动物	9	保护区管理机构人员编制	48
5	主要保护对象	青虾	10	保护区管理机构所在地地址	宿迁市宿迁闸北首省抗三队院内

附图 308

骆马湖国家级水产种质资源保护区

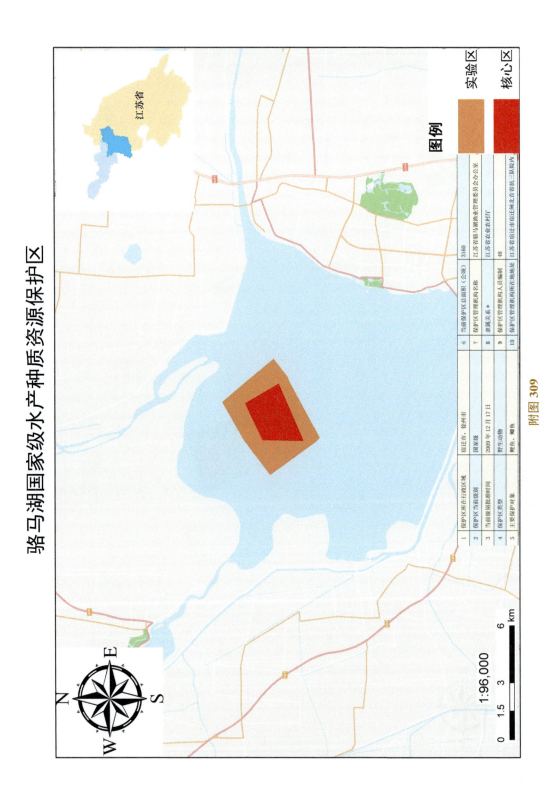

1	保护区所在行政区域	宿迁市、徐州市	6	当前保护区总面积（公顷）	3160
2	保护区当前级别	国家级	7	保护区管理机构名称	江苏省骆马湖渔业管理委员会办公室
3	当前级别批准时间	2009年12月17日	8	隶属关系 *	江苏省农业农村厅
4	保护区类型	野生动物	9	保护区管理机构人员编制	48
5	主要保护对象	鲤鱼、鲫鱼	10	保护区管理机构所在地地址	江苏省宿迁市宿城区稻北省抗三队院内

图例

实验区

核心区

1:96,000

附图 309

长江扬中段暗纹东方鲀刀鲚国家级水产种质资源保护区

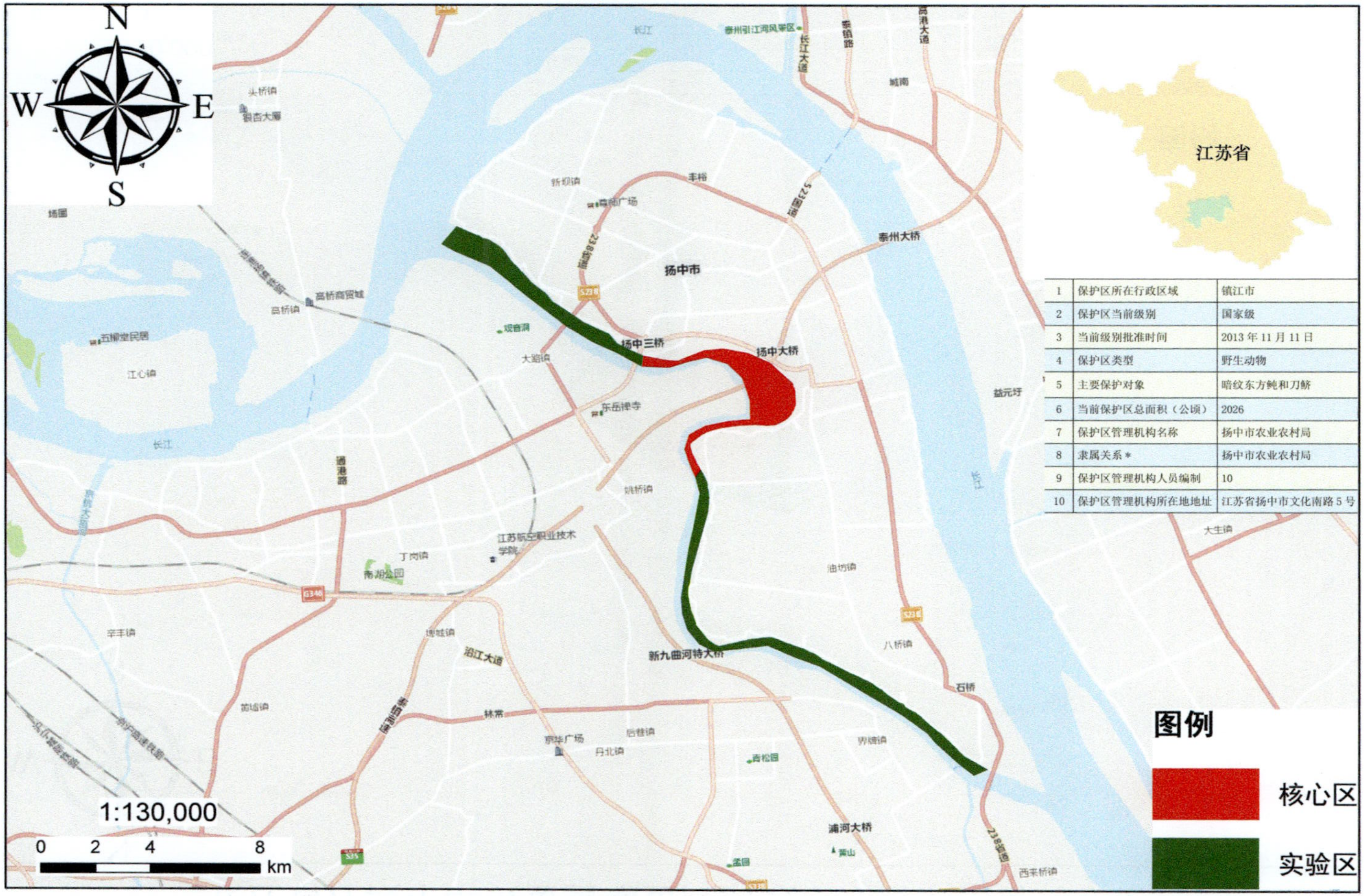

1	保护区所在行政区域	镇江市
2	保护区当前级别	国家级
3	当前级别批准时间	2013 年 11 月 11 日
4	保护区类型	野生动物
5	主要保护对象	暗纹东方鲀和刀鲚
6	当前保护区总面积（公顷）	2026
7	保护区管理机构名称	扬中市农业农村局
8	隶属关系 *	扬中市农业农村局
9	保护区管理机构人员编制	10
10	保护区管理机构所在地地址	江苏省扬中市文化南路 5 号

图例

核心区

实验区

1:130,000

0　2　4　8 km

附图 310

长江靖江江段中华绒螯蟹鳜鱼国家级水产种质资源保护区

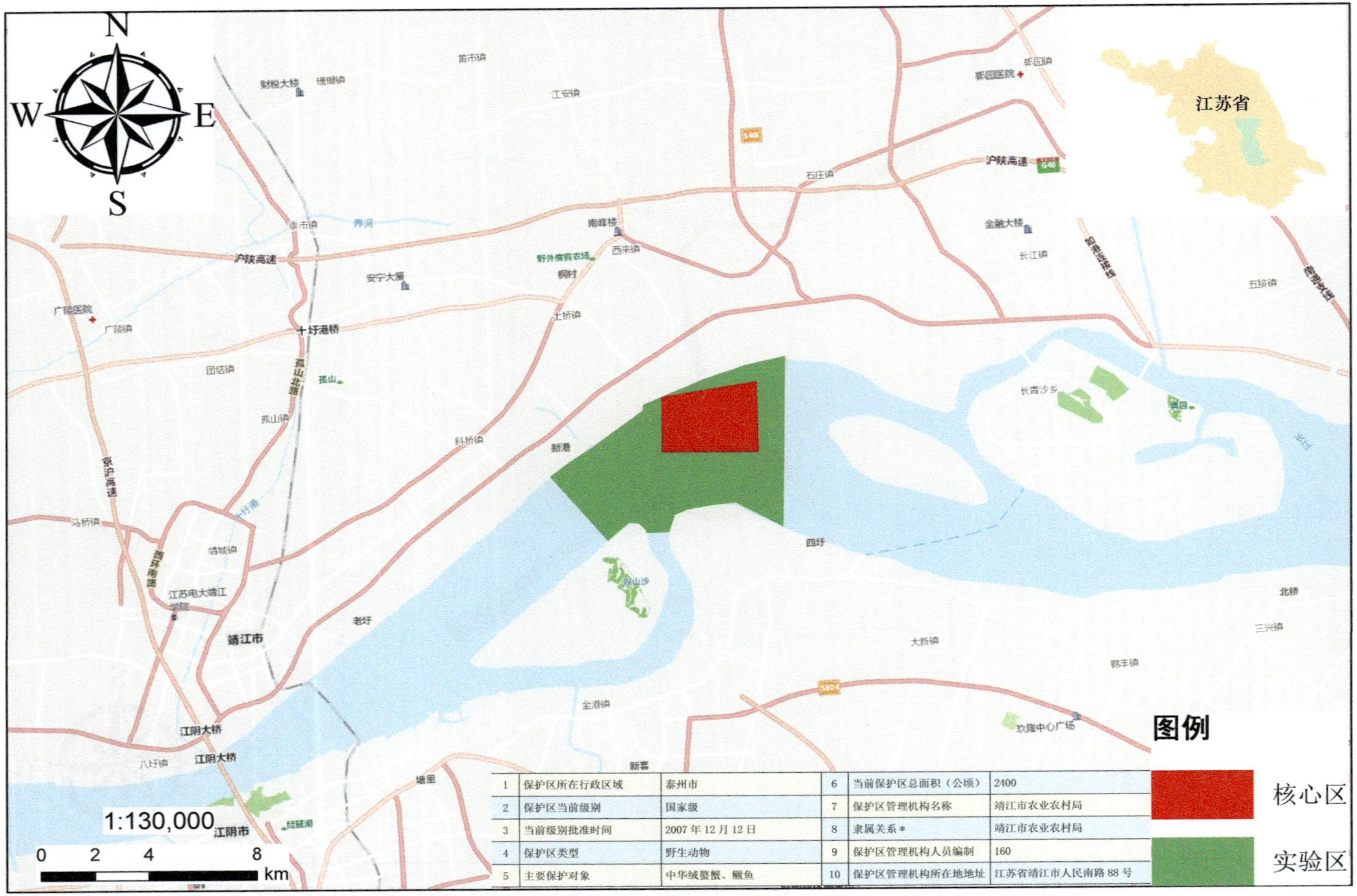

1	保护区所在行政区域	泰州市		6	当前保护区总面积（公顷）	2400
2	保护区当前级别	国家级		7	保护区管理机构名称	靖江市农业农村局
3	当前级别批准时间	2007年12月12日		8	隶属关系*	靖江市农业农村局
4	保护区类型	野生动物		9	保护区管理机构人员编制	160
5	主要保护对象	中华绒螯蟹、鳜鱼		10	保护区管理机构所在地地址	江苏省靖江市人民南路88号

图例

核心区

实验区

附图 311

金沙湖黄颡鱼国家级水产种质资源保护区

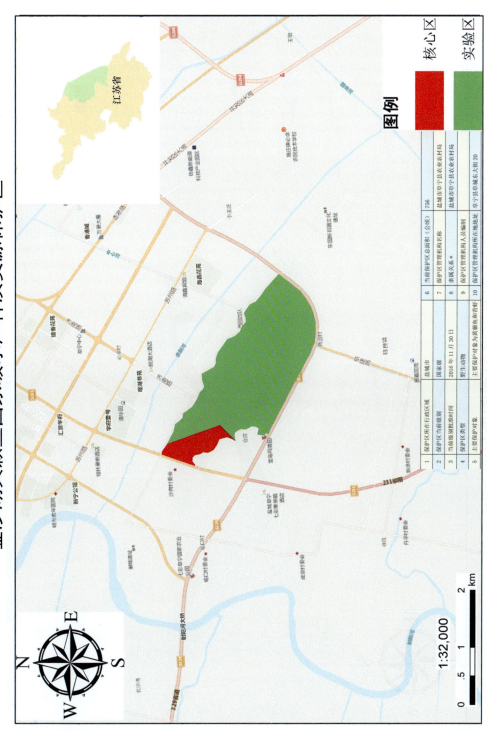

1	保护区所在行政区域	盐城市	6	当前保护区总面积（公顷）	756		
2	保护区当前级别	国家级	7	保护区管理机构名称	盐城市阜宁县农业农村局		
3	当前级别批准时间	2016年11月30日	8	隶属关系*	盐城市阜宁县农业农村局		
4	保护区类型	野生动物	9	保护区管理机构人员编制数			
5	主要保护对象	主要保护对象为黄颡鱼和青虾	10	保护区管理机构所在地地址	阜宁县城东大街东大街20		

附图 312

1:32,000

图例

核心区

实验区

长江如皋段刀鲚国家级水产种质资源保护区

1	保护区所在行政区域	南通市	6	当前保护区总面积（公顷）	4000
2	保护区当前级别	国家级	7	保护区管理机构名称	如皋市农业农村局
3	当前级别批准时间	2011年12月8日	8	隶属关系	如皋市农业农村局
4	保护区类型	野生动物	9	保护区管理机构人员编制	14
5	主要保护对象	刀鲚和凤鲚	10	保护区管理机构所在地地址	如皋市如城镇解放路

图例

核心区

实验区

附图 313

高邮湖青虾国家级水产种质资源保护区

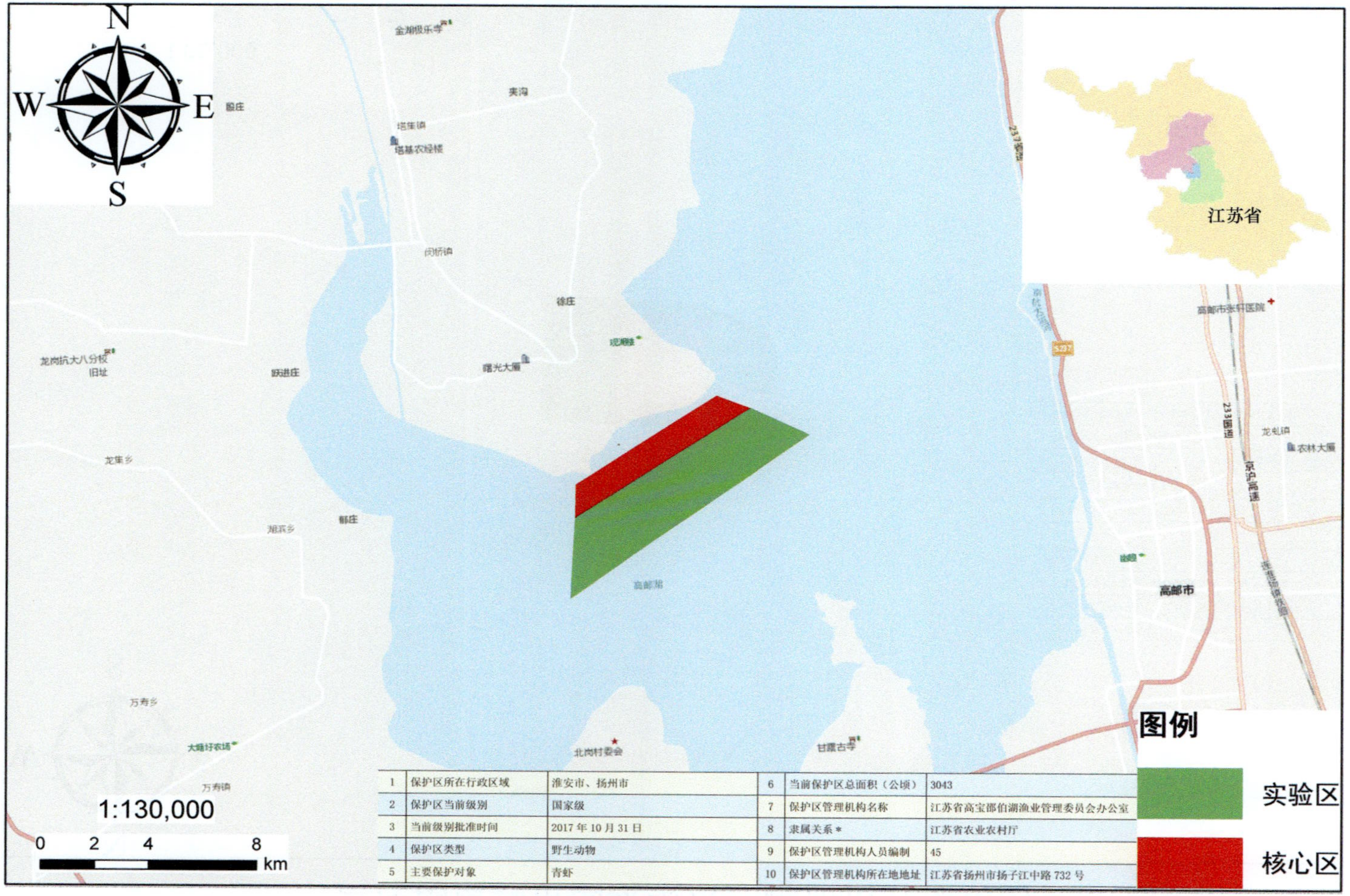

1	保护区所在行政区域	淮安市、扬州市	6	当前保护区总面积（公顷）	3043
2	保护区当前级别	国家级	7	保护区管理机构名称	江苏省高邮湖宝应湖渔业管理委员会办公室
3	当前级别批准时间	2017年10月31日	8	渠属关系*	江苏省农业农村厅
4	保护区类型	野生动物	9	保护区管理机构人员编制	45
5	主要保护对象	青虾	10	保护区管理机构所在地地址	江苏省扬州市场子扣中路732号

图例

	实验区
	核心区

附图314

洪泽湖黄颡鱼国家级水产种质资源保护区

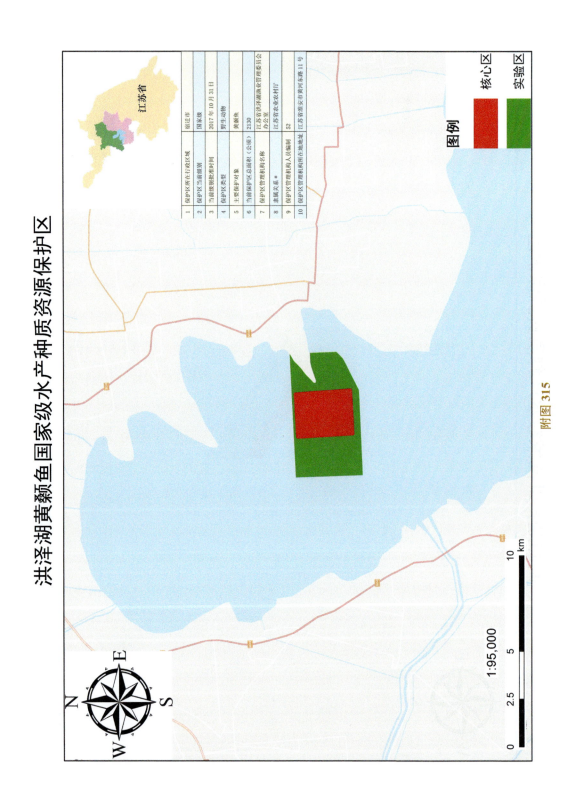

1	保护区所在行政区域	宿迁市
2	保护区当前级别	国家级
3	当前级别批准时间	2017 年 10 月 31 日
4	保护区类型	野生动物
5	主要保护对象	黄颡鱼
6	当前保护区总面积（公顷）	21130
7	保护区管理机构名称	江苏省洪泽湖渔业管理委员会办公室
8	隶属关系 *	江苏省农业农村厅
9	保护区管理机构人员编制	52
10	保护区管理机构所在地地址	江苏省淮安市黄河东路 11 号

图例

核心区

实验区

1:95,000

0   2.5   5   10
km

附图 315

长江刀鲚国家级水产种质资源保护区（安徽段）

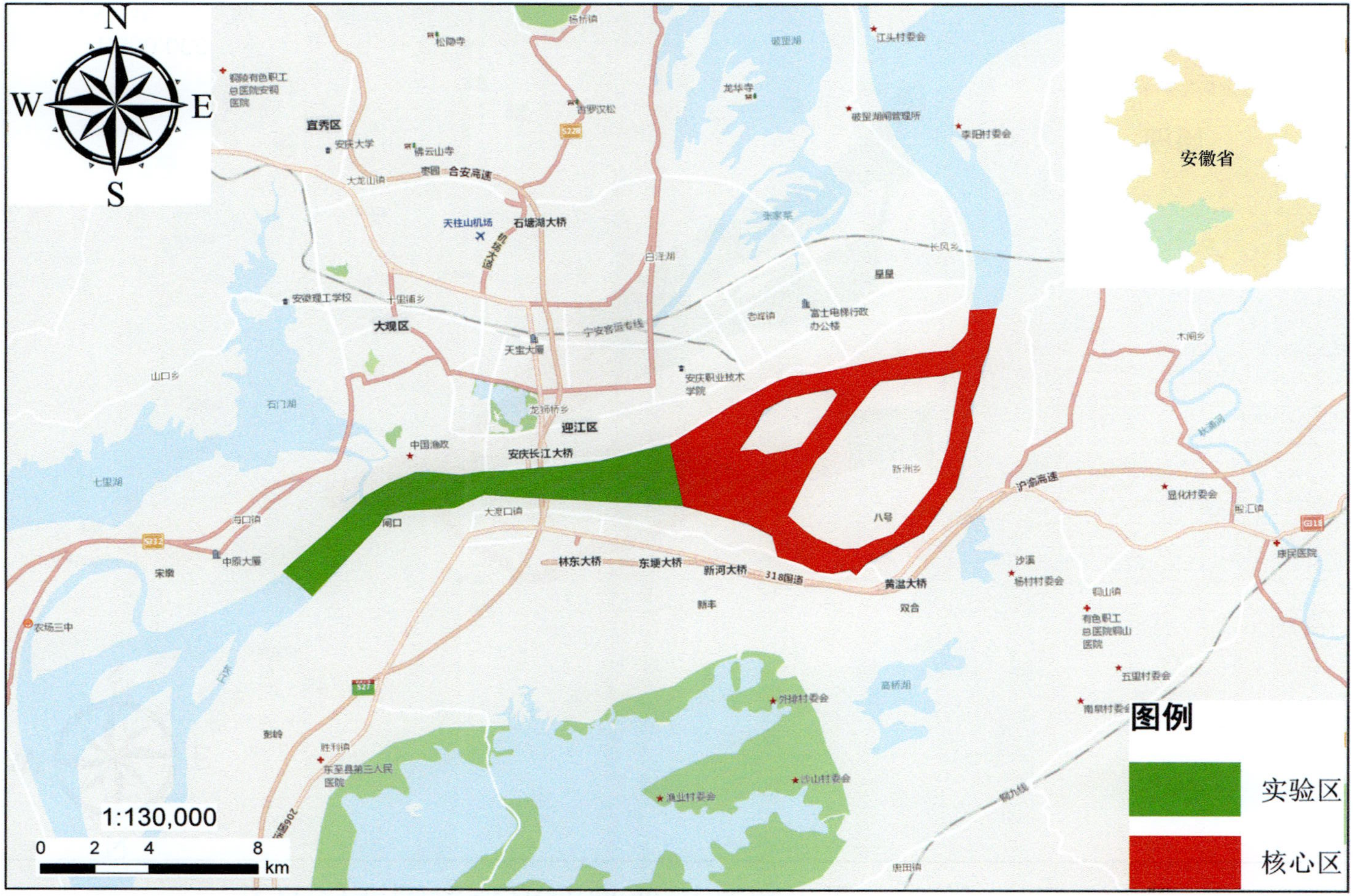

附图316

长江刀鲚国家级水质种质资源保护区（江苏、上海段）

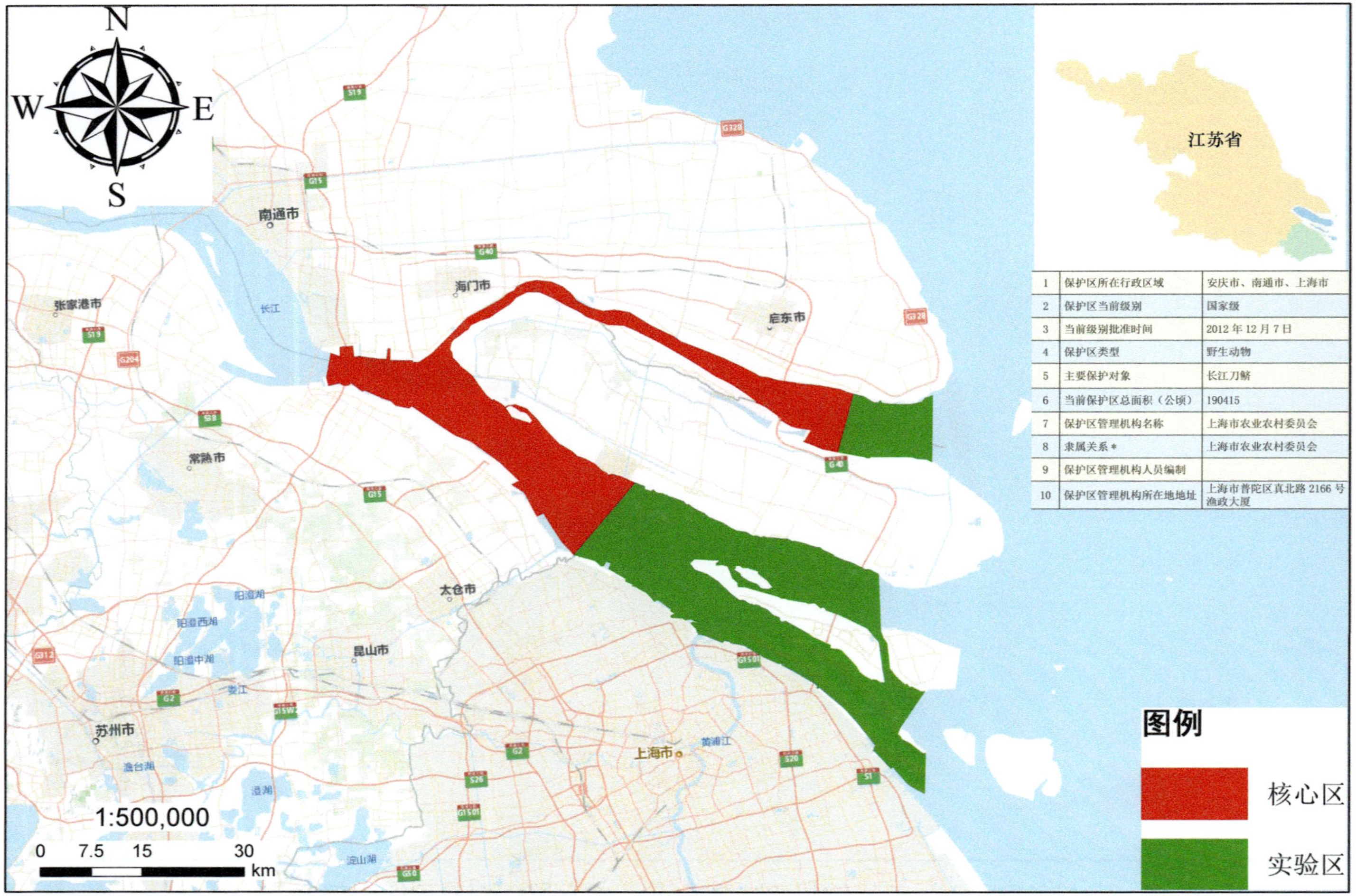

1	保护区所在行政区域	安庆市、南通市、上海市
2	保护区当前级别	国家级
3	当前级别批准时间	2012年12月7日
4	保护区类型	野生动物
5	主要保护对象	长江刀鲚
6	当前保护区总面积（公顷）	190415
7	保护区管理机构名称	上海市农业农村委员会
8	隶属关系 *	上海市农业农村委员会
9	保护区管理机构人员编制	
10	保护区管理机构所在地地址	上海市普陀区汉北路2166号渔政大厦

江苏省

图例

核心区

实验区

1:500,000

0   7.5   15   30 km

附图317

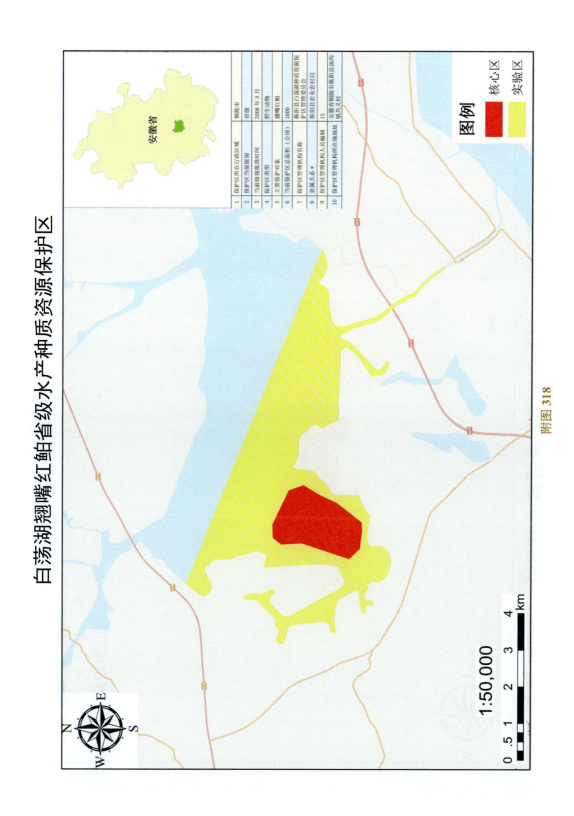

白荡湖翘嘴红鲌省级水产种质资源保护区

安徽省

1	保护区所在行政区域	铜陵市
2	保护区当前级别	省级
3	当前级别批准时间	2008 年 8 月
4	保护区类型	野生动物
5	主要保护对象	翘嘴红鲌
6	当前保护区总面积（公顷）	1600
7	当前保护区管理机构名称	枞阳县白荡湖种质资源保护区管理委员会
8	隶属关系	枞阳县农业农村局
9	保护区管理机构人员编制	15
10	保护区管理机构所在地地址	安徽省铜陵市枞阳县汤沟镇汤沟村

图例
核心区
实验区

1:50,000

0 .5 1 2 3 4 km

附图 318

黄湖中华绒螯蟹省级水产种质资源保护区

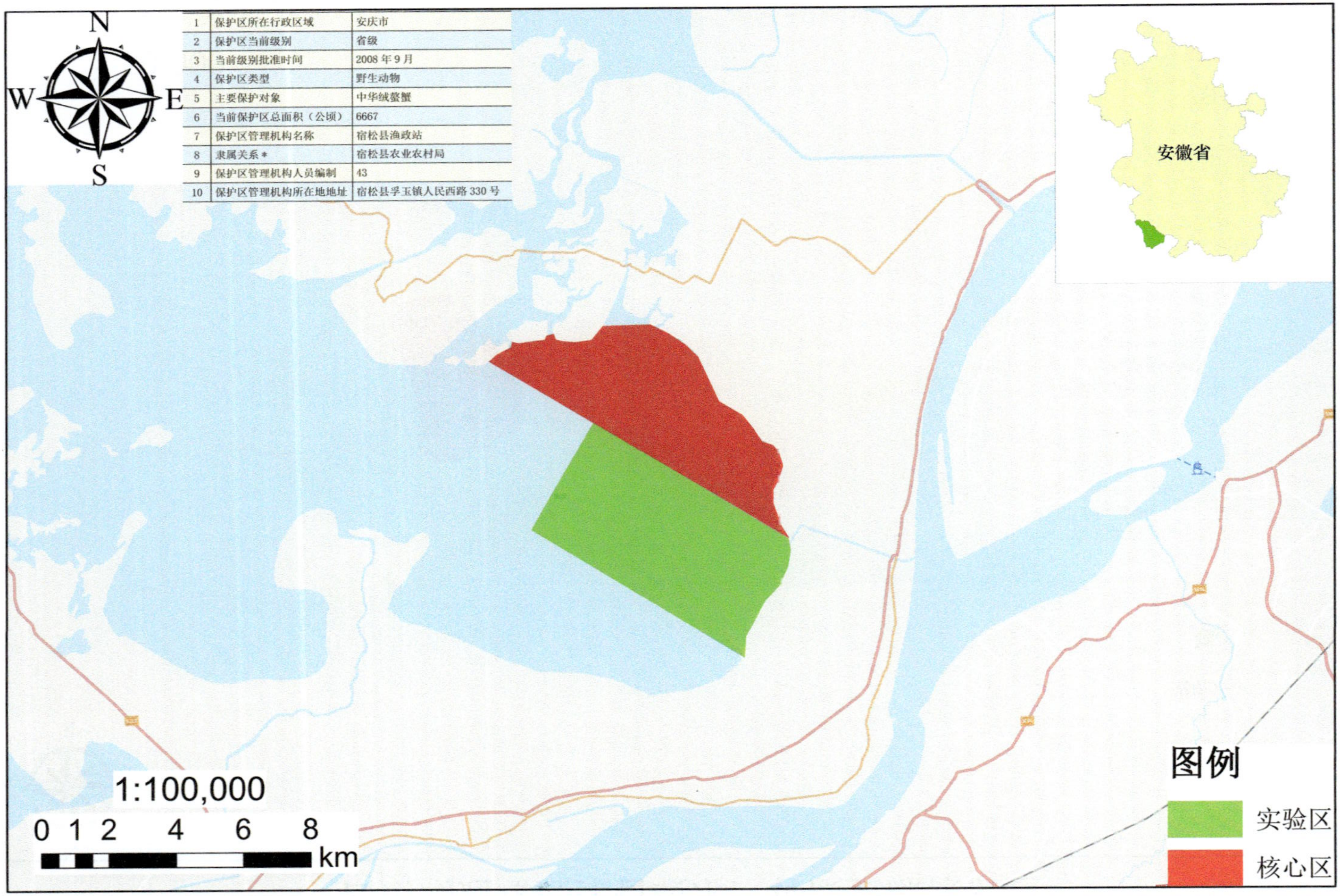

1	保护区所在行政区域	安庆市
2	保护区当前级别	省级
3	当前级别批准时间	2008 年 9 月
4	保护区类型	野生动物
5	主要保护对象	中华绒螯蟹
6	当前保护区总面积（公顷）	6667
7	保护区管理机构名称	宿松县渔政站
8	隶属关系 ＊	宿松县农业农村局
9	保护区管理机构人员编制	43
10	保护区管理机构所在地地址	宿松县孚玉镇人民西路 330 号

安徽省

图例

实验区

核心区

1:100,000

0 1 2   4   6   8
km

附图 319

旌德县平胸龟省级水产种质资源保护区

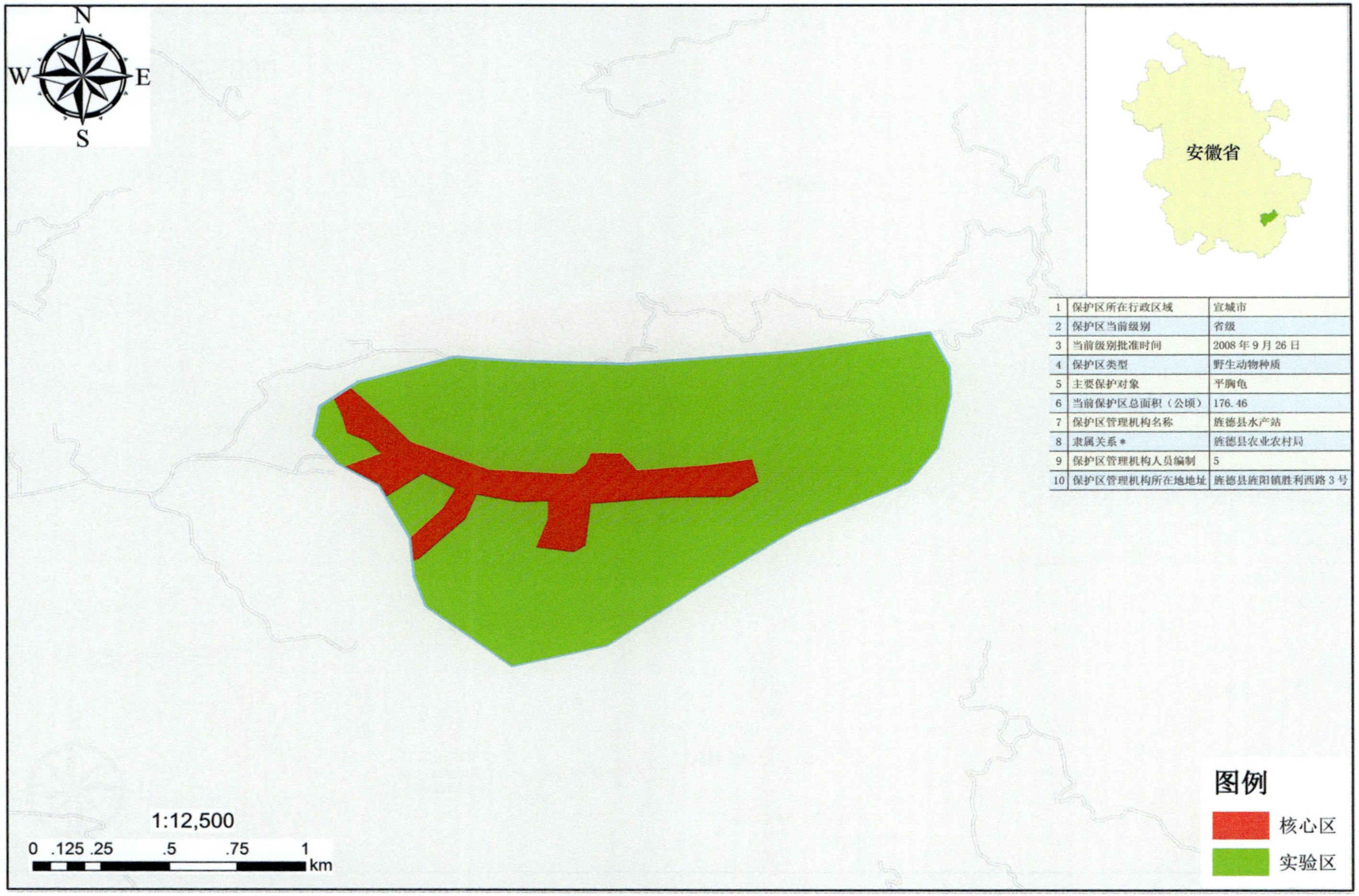

1	保护区所在行政区域	宣城市
2	保护区当前级别	省级
3	当前级别批准时间	2008 年 9 月 26 日
4	保护区类型	野生动物种质
5	主要保护对象	平胸龟
6	当前保护区总面积（公顷）	176.46
7	保护区管理机构名称	旌德县水产站
8	隶属关系 *	旌德县农业农村局
9	保护区管理机构人员编制	5
10	保护区管理机构所在地地址	旌德县旌阳镇胜利南路 3 号

安徽省

图例

- 核心区
- 实验区

1:12,500

0 .125 .25　　.5　　.75　　1
km

N
W—E
S

附图 320

淮河蚌埠段四大家鱼长春鳊省级水产种质资源保护区

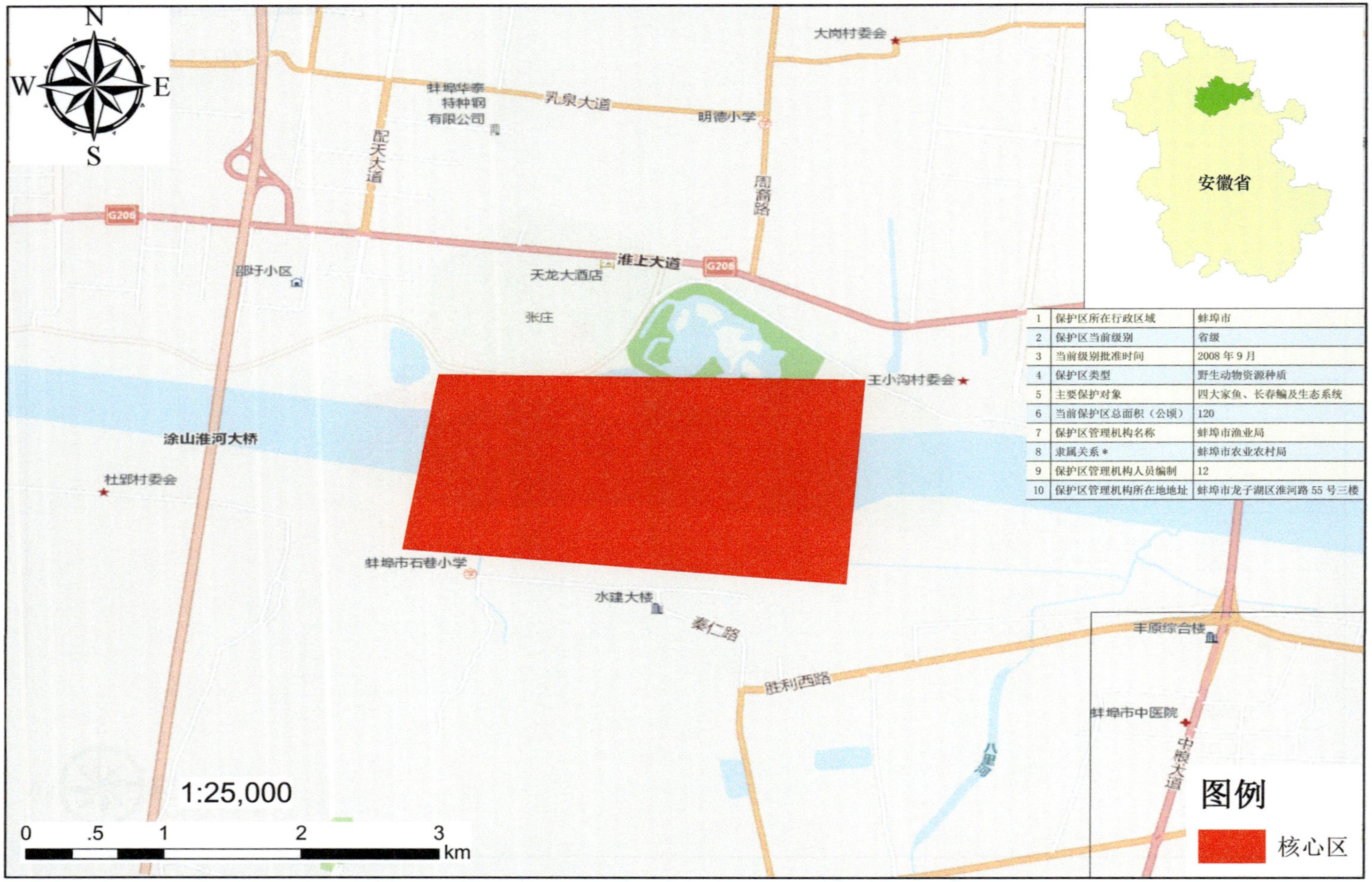

1	保护区所在行政区域	蚌埠市
2	保护区当前级别	省级
3	当前级别批准时间	2008 年 9 月
4	保护区类型	野生动物资源种质
5	主要保护对象	四大家鱼、长春鳊及生态系统
6	当前保护区总面积（公顷）	120
7	保护区管理机构名称	蚌埠市渔业局
8	隶属关系 *	蚌埠市农业农村局
9	保护区管理机构人员编制	12
10	保护区管理机构所在地地址	蚌埠市龙子湖区淮河路 55 号三楼

图例

核心区

附图 321

1:25,000

安徽省

城东湖芡实省级水产种质资源保护区

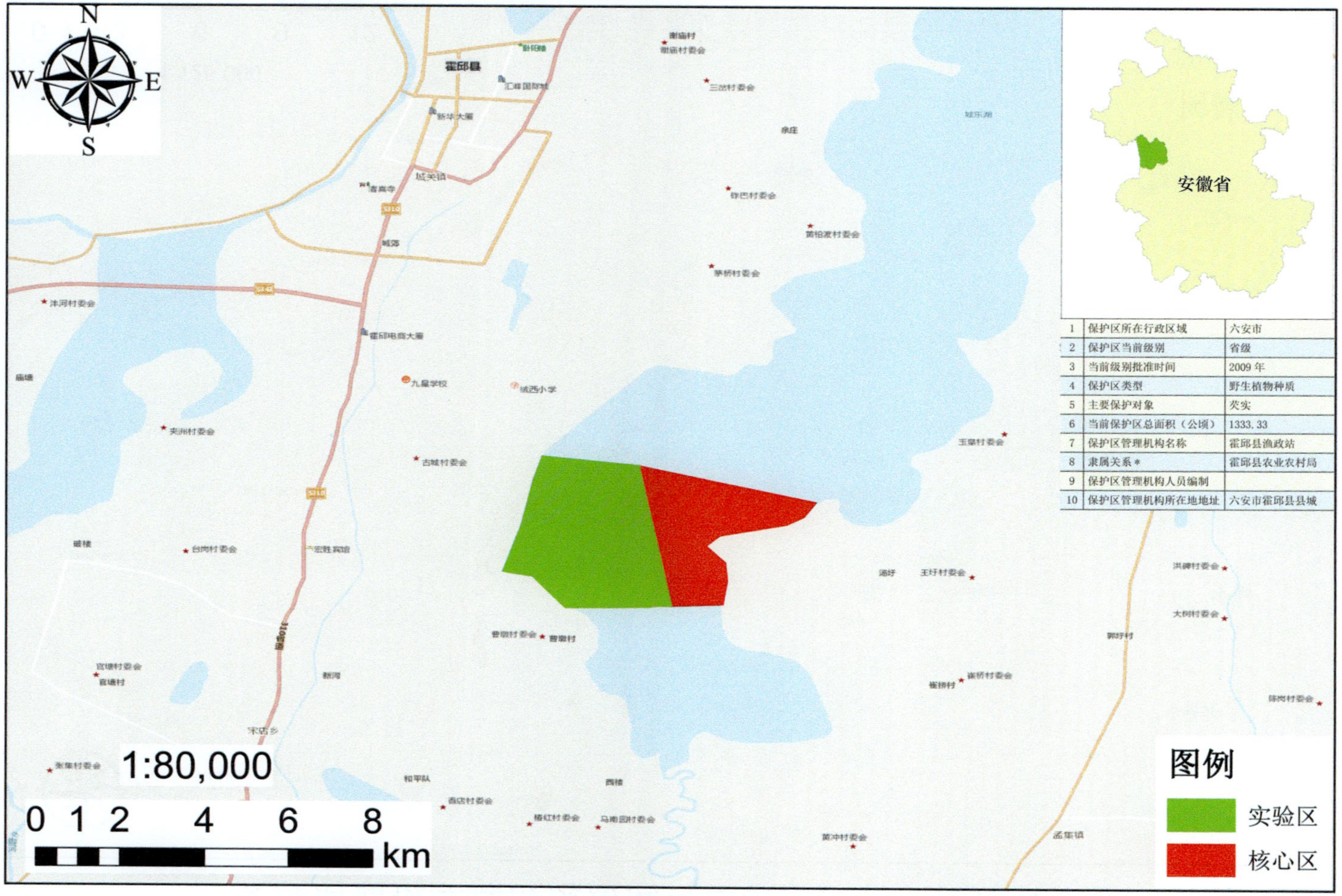

附图 322

夹溪河瘤拟黑螺放逸短沟蜷省级水产种质资源保护区

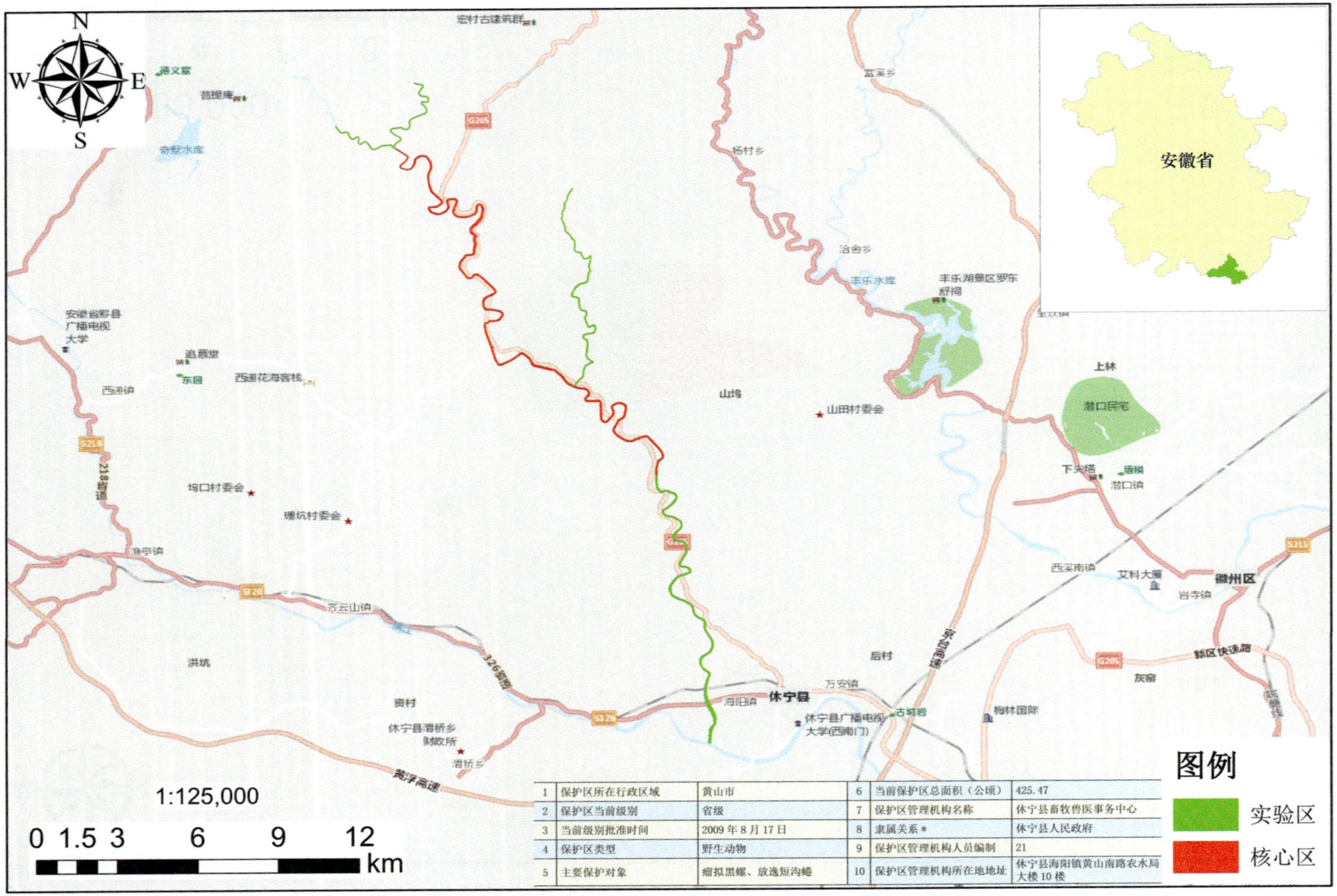

1	保护区所在行政区域	黄山市	6	当前保护区总面积（公顷）	425.47
2	保护区当前级别	省级	7	保护区管理机构名称	休宁县畜牧兽医服务中心
3	当前级别获批时间	2009年8月17日	8	隶属关系*	休宁县人民政府
4	保护区类型	野生动物	9	保护区管理机构人员编制	21
5	主要保护对象	瘤拟黑螺、放逸短沟蜷	10	保护区管理机构所在地地址	休宁县海阳镇黄山南路农水局大楼10楼

图例

实验区

核心区

附图 323

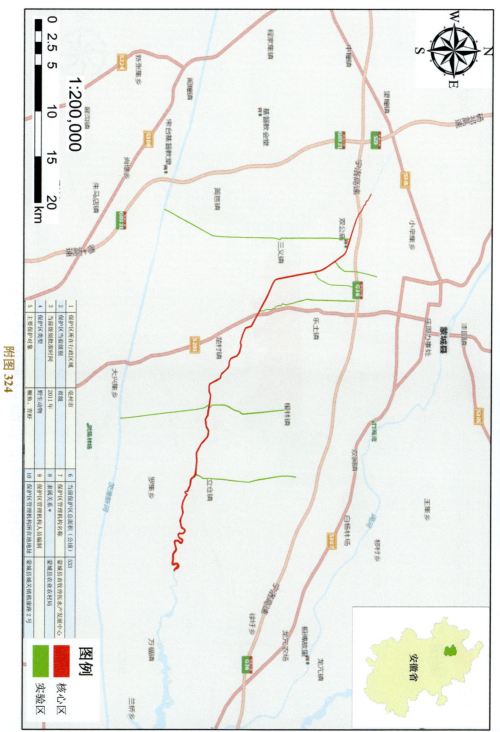

沱河鳜鱼青虾省级水产种质资源保护区

附图 324

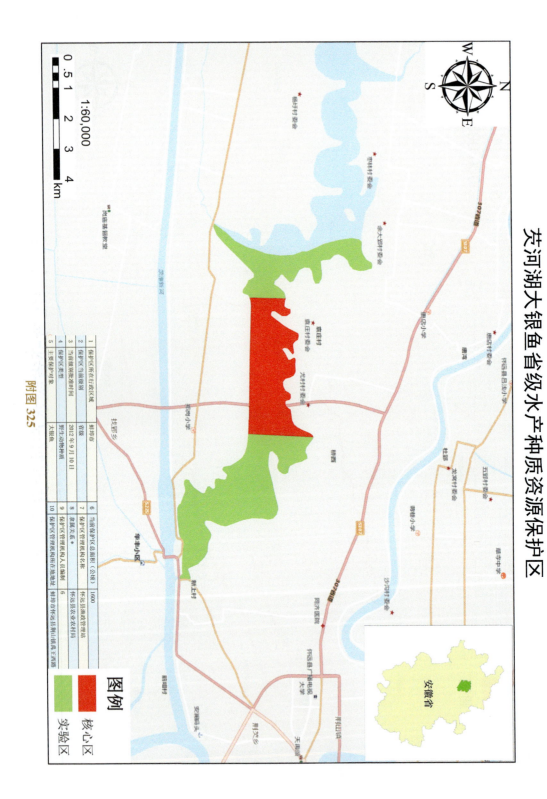

芡河湖大银鱼省级水产种质资源保护区

附图 325

1	保护区所在行政区域	蚌埠市
2	保护区当前级别	省级
3	当前保护级别时间	2012年9月10日
4	保护区类型	野生动物种原
5	主要保护对象	大银鱼

6	当前保护区总面积（公顷）	1600
7	保护区管理机构名称	怀远县渔政管理站
8	隶属关系＊	怀远县农业农村局
9	保护区管理机构人员编制	6
10	保护区管理机构所在地地址	蚌埠市怀远县荆山镇禹王西路

图例

核心区

实验区

安徽省